U0171682

中国地震年鉴

CHINA EARTHQUAKE YEARBOOK

2019

地震出版社

图书在版编目（CIP）数据

中国地震年鉴. 2019 /《中国地震年鉴》编辑部编. — 北京：地震出版社，2020.12
ISBN 978-7-5028-5254-2

Ⅰ. ①中…　Ⅱ. ①中…　Ⅲ. ①地震 – 中国 – 2019 – 年鉴　Ⅳ. ①P316.2-54

中国版本图书馆CIP数据核字（2020）第241385号

地震版　XM4829/P（6029）

中国地震年鉴（2019）

CHINA EARTHQUAKE YEARBOOK（2019）

《中国地震年鉴》编辑部
责任编辑：董　青　王　伟
特约编辑：李佩泽　刘小群
责任校对：刘　丽　凌　樱

出版发行：**地震出版社**
　　　　　北京市海淀区民族大学南路9号　　　　邮编：100081
　　　　　发行部：68423031
　　　　　总编室：68462709　68423029
　　　　　http://seismologicalpress.com
经销：全国各地新华书店
印刷：北京盛彩捷印刷有限公司

版（印）次：2020年12月第一版　2020年12月第一次印刷
开本：787×1092　1/16
字数：747千字
印张：31.5
书号：ISBN 978-7-5028-5254-2
定价：198.00元

版权所有　翻印必究
（图书出现印装问题，本社负责调换）

2019年7月27日，中国地震局与河北省人民政府签订《共同推进唐山市高质量建设全国防震减灾示范城市合作框架协议》（河北省地震局张帅伟　提供）

2019年2月3日，应急管理部副部长、中国地震局党组书记、局长郑国光到中国地震台网中心看望慰问春节期间值班值守人员，并向坚守在全国各地地震工作一线的广大干部职工致以新春的问候（中国地震台网中心　提供）

2019年1月24—26日，应急管理部副部长、中国地震局党组书记、局长郑国光到内蒙古自治区调研防震减灾工作（内蒙古自治区地震局周煊超　提供）

2019年5月10日，中国地震科学实验场办公室举办新闻发布会（中国地震局地震预测研究所　提供）

2019年7月24日，应急管理部副部长、中国地震局党组书记、局长郑国光指导贵州水城"7·23"特大山体滑坡灾害应急处置（贵州省地震局莫宏嵘　提供）

2019年9月19日、9月25日，应急管理部副部长、中国地震局党组书记、局长郑国光出席由中国地震台网中心组织多家单位联合召开的全国震情跟踪研判工作会议（中国地震台网中心　提供）

2019年9月30日，在中华人民共和国70周年前夕，应急管理部副部长、中国地震局党组书记、局长郑国光到中国地震台网中心看望慰问值班值守人员（中国地震台网中心提供）

2019年12月12日，应急管理部副部长、中国地震局党组书记、局长郑国光到防灾科技学院调研指导工作（防灾科技学院　提供）

2019年4月30日，中国地震局党组成员、副局长闵宜仁赴天津市地震局调研检查指导工作（天津市地震局　提供）

2019年5月28日，吉林省副省长侯淅珉会见中国地震局党组成员、副局长闵宜仁（吉林省地震局　提供）

2019年5月30日，中国地震局党组成员、副局长闵宜仁赴黑龙江省地震局调研（黑龙江省地震局　提供）

2019年7月18日，中国地震局党组成员、副局长闵宜仁赴山东省地震局开展防震减灾现代化建设试点调研（山东省地震局　提供）

2019年8月16日，中国地震局党组成员、副局长闵宜仁一行赴中国地震局地震预测研究所调研（中国地震局地震预测研究所　提供）

2019年1月10日，中国地震局党组成员、副局长阴朝民调研九江地震氡检测检定实验室（江西省地震局　提供）

　　2019年10月25日，中国地震局党组"不忘初心、牢记使命"主题教育领导小组副组长、党组成员、副局长阴朝民赴防灾科技学院，调研指导主题教育工作（防灾科技学院　提供）

　　2019年1月21—23日，中国地震局党组成员、副局长牛之俊赴安徽省地震局慰问基层干部职工，并调研指导防震减灾工作（安徽省地震局　提供）

2019年4月24日，中国地震局党组成员、副局长牛之俊赴长沙地震台调研指导工作（湖南省地震局提供）

2019年5月10日，应急管理部党组成员、中央纪委国家监委驻应急管理部纪检监察组组长艾俊涛（左三）赴安徽省地震局调研指导工作（安徽省地震局　提供）

2019年5月12日，江西省省长易炼红视察防震减灾科普宣传活动现场（江西省地震局　提供）

2019年10月11日，北京市政府召开北京市防震抗震工作领导小组会议（北京市地震局　提供）

2019年5月20日，天津市人大常委会副主任李虹赴天津市地震局调研（天津市地震局　提供）

2019年3月20日，湖南省政府召开湖南省防震减灾工作领导小组会议（湖南省地震局　提供）

2019年5月10日，河南省政府新闻办公室召开防震减灾地方标准实施新闻发布会（河南省地震局　提供）

2019年5月15日，海南省地震局召开海南省防震减灾工作联席（扩大）视频会议（海南省地震局　提供）

2019年5月7日，陕西省政府举行政策例行吹风会，对《陕西省地震预警管理办法》作解读（陕西省地震局　提供）

2019年2月7日，甘肃省召开省防震减灾工作领导小组会议（甘肃省地震局　提供）

　　2019年8月21日，海南省委常委、三亚市委书记童道驰（右三）视察三亚"8·20"地震震区，听取防震减灾工作汇报（海南省地震局王丽　提供）

　　2019年4月18日，第二届雄安城市建设和地震安全科技创新研讨会在雄安召开。谢礼立院士作学术讲座（河北省地震局张帅伟　提供）

2019年11月13日，中国地震局地球物理勘探中心主任王合领赴中国地震局地质研究所开展局所合作交流（中国地震局地质研究所　提供）

2019年5月14—16日，亚太空间合作组织在广西桂林召开APSCO地震二期项目（地震特征与前兆的卫星与地面联合观测项目）启动会，共建"一带一路"亚太地区星地联合观测系统（中国地震局地壳应力研究所喻建军　提供）

　　2019年12月5日，中国地震局工程力学研究所所长孙柏涛在第二届韧性城乡与防灾减灾论坛上作报告（中国地震局工程力学研究所赵建峰　提供）

　　2019年9月16日，中国地震局工程力学研究所北京园区恢先地震工程综合实验室、中国地震局工程力学研究所承担完成国家重点研发计划项目"重大工程地震紧急处置技术研发与示范应用（2017YFC1500800）"项目。图为其中一项主要研究内容——燃气管网地震紧急处置开关装置（中国地震局工程力学研究所高峰　提供）

　　2019年7月9日，印度尼西亚民主斗争党总主席、前总统梅加瓦蒂·苏加诺普特丽夫人访问中国地震台网中心（中国地震台网中心　提供）

　　2019年4月，中国地震局第一监测中心在青海东昆仑开展GNSS测量（中国地震局第一监测中心孙启凯　提供）

2019年9月16日，荷兰乌德勒支大学Christopher James Spiers教授在中国地震局第二监测中心开展学术交流（中国地震局第二监测中心王莺　提供）

2019年9月25日，中国地震局地球物理勘探中心流动重力观测人员在河北省张家口市沽源县开展流动重力观测（中国地震局地球物理勘探中心宋金跃　提供）

　　2019年6月6日，柬埔寨王国矿产能源部矿产资源总局与广东省地震局签署中柬合作开展地震地质灾害研究项目协议（广东省地震局　提供）

　　2019年9月25—28日，云南省地震局完成丽江市主要江河沿线水电站库区地震行政执法检查和地质灾害防治工作落实情况调研督导（云南省地震局李潇楠　提供）

2019年8月22日—9月13日，内蒙古自治区地震局开展"一带一路"地震监测台网项目蒙古国台站勘选工作（内蒙古自治区地震局张辉 提供）

2019年4月28日，"震道杯"防灾减灾公益漫画大赛启动仪式在浙江传媒学院举行（浙江省地震局祝林辉 提供）

　　2019年6月1日，"灾难面前，你可以做得更好——2019年广东省防震减灾科普知识展"在中山图书馆展出（广东省地震局　提供）

　　2019年7月7日，辽宁省地震局、应急管理厅、教育厅在省工会大厦举办第二届辽宁省防震减灾知识大赛（辽宁省地震局曲乐　提供）

2019年10月11日，黑龙江省首部防震减灾舞台剧《彩虹当空》举行首演仪式（黑龙江省地震局 提供）

2019年12月3日，广西壮族自治区地震局参加广西卫视《讲政策》栏目专题访谈，宣传普及防震减灾知识（广西壮族自治区地震局吕聪生 提供）

2019年7月16—19日，中国地震局地质研究所举办"第三届优秀大学生夏令营"活动（中国地震局地质研究所　提供）

2019年10月31日，由重庆市地震局主办的第七届重庆市防震减灾知识竞赛圆满落幕（重庆市地震局　耿波　提供）

2019年5月25日，中国地震局京区第七届职工运动会在防灾科技学院隆重召开
（防灾科技学院　提供）

2019年9月27日，防灾科技学院隆重举行庆祝中华人民共和国成立70周年师生大合唱比赛（防灾科技学院　提供）

目　录

专　载

应急管理部副部长、中国地震局党组书记、局长郑国光在 2019 年全国地震局长
　　会议上的工作报告（摘要）……………………………………………………（ 3 ）

应急管理部副部长、中国地震局党组书记、局长郑国光在全国地震系统全面从严
　　治党工作视频会上的讲话（摘要）……………………………………………（18）

应急管理部副部长、中国地震局党组书记、局长郑国光在地震系统全国"两会"
　　地震安全保障服务工作视频会上的讲话（摘要）……………………………（24）

应急管理部副部长、中国地震局党组书记、局长郑国光在地震系统"不忘初心、
　　牢记使命"主题教育集中学习会议上的讲话（摘要）………………………（28）

应急管理部副部长、中国地震局党组书记、局长郑国光在中国地震局 2019 年
　　专题研讨班上的讲话（摘要）…………………………………………………（35）

应急管理部副部长、中国地震局党组书记、局长郑国光在党的十九届四中全会
　　精神宣讲视频会议上的讲话（摘要）…………………………………………（43）

中国地震局党组成员、副局长闵宜仁在 2019 年全国地震局长会议上的总结
　　讲话（摘要）……………………………………………………………………（52）

中国地震局党组成员、副局长阴朝民在全国地震系统全面从严治党工作视频会
　　上的工作报告（摘要）…………………………………………………………（56）

中国地震局党组成员、副局长牛之俊在中国地震局地球物理研究所科技体制改革
　　启动动员会上的讲话（摘要）…………………………………………………（62）

吉林省人民政府令（第 259 号）……………………………………………………（64）

山西省人民政府令（第 264 号）……………………………………………………（68）

2019 年发布 1 项国家标准 …………………………………………………………（72）

地震与地震灾害

2019 年全球 $M \geqslant 7.0$ 地震目录 ………………………………………………（75）

2019 年中国大陆及沿海地区 $M \geqslant 4.0$ 地震目录 ……………………………（76）

地震与地震灾害概况

2019 年地震活动综述 ………………………………………………………………（81）

地震灾害

2019 年中国地震灾害情况综述 ……………………………………………………（83）

2019 年全球重要地震事件的震害及影响 …………………………………………（88）

各地区地震活动

首都圈地区 ……………………………………………………………… （94）

北京市 …………………………………………………………………… （94）

天津市及其邻近地区 …………………………………………………… （95）

河北省 …………………………………………………………………… （95）

山西省 …………………………………………………………………… （95）

内蒙古自治区 …………………………………………………………… （96）

辽宁省 …………………………………………………………………… （96）

吉林省 …………………………………………………………………… （97）

黑龙江省 ………………………………………………………………… （97）

上海市 …………………………………………………………………… （98）

江苏省 …………………………………………………………………… （98）

浙江省 …………………………………………………………………… （99）

安徽省 …………………………………………………………………… （99）

福建省及其近海地区（含台湾地区） ………………………………… （99）

江西省 …………………………………………………………………… （100）

山东省及近海地区 ……………………………………………………… （101）

河南省 …………………………………………………………………… （101）

湖北省 …………………………………………………………………… （102）

湖南省 …………………………………………………………………… （102）

广东省 …………………………………………………………………… （103）

广西壮族自治区及近海地区 …………………………………………… （103）

海南省 …………………………………………………………………… （103）

重庆市 …………………………………………………………………… （104）

四川省 …………………………………………………………………… （104）

贵州省 …………………………………………………………………… （105）

云南省 …………………………………………………………………… （105）

西藏自治区 ……………………………………………………………… （105）

陕西省 …………………………………………………………………… （106）

甘肃省 …………………………………………………………………… （106）

青海省 …………………………………………………………………… （107）

宁夏回族自治区 ………………………………………………………… （107）

新疆维吾尔自治区 ……………………………………………………… （107）

重要地震与震害

2019 年 1 月 3 日四川省宜宾市珙县 5.3 级地震 …………………… （108）

2019 年 2 月 24 日、25 日四川省自贡市荣县 4.7 级、4.3 级和 4.9 级地震 ………… （108）

2019 年 4 月 24 日西藏自治区林芝市墨脱县 6.3 级地震 …………… （109）

2019 年 5 月 18 日吉林省松原市宁江区 5.1 级地震 ………………… （110）

2019 年 6 月 17 日四川省宜宾市长宁县 6.0 级地震 ………………… （110）

2019 年 9 月 8 日四川省内江市威远县 5.4 级地震 ·············· （111）

2019 年 9 月 16 日甘肃省张掖市甘州区 5.0 级地震 ·············· （111）

2019 年 10 月 2 日贵州省铜仁市沿河县 4.9 级地震 ·············· （112）

2019 年 10 月 12 日广西壮族自治区玉林市北流市 5.2 级地震 ·············· （113）

2019 年 10 月 28 日甘肃省甘南州夏河县 5.7 级地震 ·············· （113）

2019 年 11 月 25 日广西壮族自治区百色市靖西市 5.2 级地震 ·············· （114）

2019 年 12 月 18 日四川省内江市资中县 5.2 级地震 ·············· （114）

2019 年 12 月 26 日湖北省孝感市应城市 4.9 级地震 ·············· （115）

防震减灾

2019 年防震减灾综述 ·············· （119）

地震监测预报预警

2019 年地震监测预报预警工作综述 ·············· （121）

局属各单位地震监测预报预警工作

北京市 ·············· （124）

天津市 ·············· （124）

河北省 ·············· （126）

山西省 ·············· （128）

内蒙古自治区 ·············· （130）

辽宁省 ·············· （131）

吉林省 ·············· （132）

黑龙江省 ·············· （133）

上海市 ·············· （134）

江苏省 ·············· （136）

浙江省 ·············· （137）

安徽省 ·············· （138）

福建省 ·············· （140）

江西省 ·············· （141）

山东省 ·············· （143）

河南省 ·············· （145）

湖北省 ·············· （147）

湖南省 ·············· （148）

广东省 ·············· （149）

广西壮族自治区 ·············· （151）

海南省 ·············· （153）

重庆市 ·············· （155）

四川省 ·············· （156）

贵州省 ·············· （158）

云南省 ··· （159）

西藏自治区 ··· （159）

陕西省 ··· （160）

甘肃省 ··· （161）

青海省 ··· （162）

宁夏回族自治区 ··· （163）

新疆维吾尔自治区 ··· （165）

中国地震局地球物理勘探中心 ····························· （166）

中国地震局第一监测中心 ···································· （167）

台站风貌

吉林省长春合隆地震台 ······································· （169）

江西省九江地震台 ··· （170）

河北省涉县地震台 ··· （171）

陕西省渭南中心地震台 ······································· （171）

地震灾害风险防治

2019年地震灾害防御工作综述 ····························· （173）

2019年地震应急响应保障工作综述 ······················ （175）

局属各单位地震灾害风险防治工作

北京市 ··· （178）

天津市 ··· （179）

河北省 ··· （180）

山西省 ··· （182）

内蒙古自治区 ·· （183）

辽宁省 ··· （184）

吉林省 ··· （186）

黑龙江省 ·· （188）

上海市 ··· （189）

江苏省 ··· （189）

浙江省 ··· （191）

安徽省 ··· （192）

福建省 ··· （194）

江西省 ··· （196）

山东省 ··· （198）

河南省 ··· （199）

湖北省 ··· （201）

湖南省 ··· （204）

广东省 ··· （206）

广西壮族自治区 ··· （207）

海南省 ··· （209）

重庆市 ……………………………………………………………………（212）

四川省 ……………………………………………………………………（213）

贵州省 ……………………………………………………………………（215）

云南省 ……………………………………………………………………（216）

西藏自治区 ………………………………………………………………（217）

陕西省 ……………………………………………………………………（219）

甘肃省 ……………………………………………………………………（220）

青海省 ……………………………………………………………………（222）

宁夏回族自治区 …………………………………………………………（223）

新疆维吾尔自治区 ………………………………………………………（224）

防震减灾公共服务与法治建设

2019 年防震减灾公共服务与法治建设综述 ……………………………（227）

局属各单位防震减灾公共服务与法治建设工作情况

北京市 ……………………………………………………………………（229）

天津市 ……………………………………………………………………（229）

河北省 ……………………………………………………………………（230）

山西省 ……………………………………………………………………（232）

内蒙古自治区 ……………………………………………………………（233）

辽宁省 ……………………………………………………………………（233）

吉林省 ……………………………………………………………………（235）

黑龙江省 …………………………………………………………………（235）

上海市 ……………………………………………………………………（236）

江苏省 ……………………………………………………………………（237）

浙江省 ……………………………………………………………………（238）

安徽省 ……………………………………………………………………（239）

江西省 ……………………………………………………………………（241）

山东省 ……………………………………………………………………（242）

河南省 ……………………………………………………………………（244）

湖北省 ……………………………………………………………………（246）

湖南省 ……………………………………………………………………（247）

广东省 ……………………………………………………………………（247）

广西壮族自治区 …………………………………………………………（248）

海南省 ……………………………………………………………………（250）

重庆市 ……………………………………………………………………（252）

四川省 ……………………………………………………………………（254）

贵州省 ……………………………………………………………………（255）

云南省 ……………………………………………………………………（256）

陕西省 ……………………………………………………………………（257）

甘肃省 ……………………………………………………………………（258）

青海省…………………………………………………………（258）

宁夏回族自治区………………………………………………（259）

新疆维吾尔自治区……………………………………………（262）

中国地震局地质研究所………………………………………（262）

中国地震局发展研究中心……………………………………（263）

中国地震局工程力学研究所…………………………………（264）

中国地震台网中心……………………………………………（267）

中国地震局地球物理勘探中心………………………………（268）

重要会议

2019 年国务院防震减灾工作联席会议…………………（270）

2019 年全国地震局长会议………………………………（270）

2020 年全国地震趋势会商会……………………………（272）

海南省防震减灾工作会议……………………………………（272）

重要活动

科技创新与成果推广

2019 年地震科技工作综述……………………………（279）

科技成果

2019 年中国地震局获得奖励情况………………………（281）

专利及技术转让

2019 年中国地震局专利及技术转让情况………………（282）

科技进展

天津市地震局…………………………………………………（290）

河北省地震局…………………………………………………（291）

内蒙古自治区地震局…………………………………………（291）

辽宁省地震局…………………………………………………（292）

吉林省地震局…………………………………………………（293）

黑龙江省地震局………………………………………………（294）

上海市地震局…………………………………………………（294）

江苏省地震局…………………………………………………（295）

浙江省地震局…………………………………………………（295）

安徽省地震局…………………………………………………（296）

江西省地震局…………………………………………………（297）

山东省地震局…………………………………………………（297）

河南省地震局…………………………………………………（299）

湖北省地震局…………………………………………………（300）

湖南省地震局…………………………………………………（301）

广东省地震局…………………………………………………（301）

广西壮族自治区地震局·····················（302）

海南省地震局···························（303）

重庆市地震局···························（304）

四川省地震局···························（304）

贵州省地震局···························（307）

云南省地震局···························（308）

陕西省地震局···························（308）

甘肃省地震局（中国地震局兰州地震研究所）··········（309）

宁夏回族自治区地震局·····················（310）

新疆维吾尔自治区地震局····················（310）

中国地震局地球物理研究所···················（311）

中国地震局地质研究所·····················（313）

中国地震局地壳应力研究所···················（314）

中国地震局地震预测研究所···················（315）

中国地震局工程力学研究所···················（316）

中国地震台网中心·······················（318）

中国地震灾害防御中心·····················（319）

中国地震局地球物理勘探中心··················（320）

中国地震局第一监测中心····················（321）

中国地震局第二监测中心····················（321）

防灾科技学院··························（322）

科学考察
四川长宁 6.0 级地震科学考察 ················（323）

广西北流 5.2 级地震科学考察 ················（324）

机构·人事·教育

机构设置
中国地震局领导班子名单····················（327）

中国地震局机关司、处级领导干部名单·············（327）

中国地震局所属各单位领导班子成员名单···········（330）

中国地震局所属单位机构变动情况···············（337）

吉林省调整防震抗震减灾工作领导机构············（337）

江苏省调整防震减灾工作联席会议成员············（337）

湖南省成立抗震救灾指挥部···················（339）

海南省调整防震减灾工作机构·················（339）

新疆维吾尔自治区抗震救灾指挥部和防震减灾联席会议领导名单···（339）

人事教育
2019 年人事教育工作综述 ··················（341）

中国地震局系统职工继续教育情况综述 ………………………………………（343）

中国地震局干部培训中心教育培训工作 …………………………………（344）

局属各单位教育培训工作

天津市地震局 ……………………………………………………………………（346）

河北省地震局 ……………………………………………………………………（346）

内蒙古自治区地震局 ……………………………………………………………（346）

辽宁省地震局 ……………………………………………………………………（347）

吉林省地震局 ……………………………………………………………………（347）

黑龙江省地震局 …………………………………………………………………（347）

上海市地震局 ……………………………………………………………………（348）

江苏省地震局 ……………………………………………………………………（348）

浙江省地震局 ……………………………………………………………………（348）

安徽省地震局 ……………………………………………………………………（349）

江西省地震局 ……………………………………………………………………（349）

河南省地震局 ……………………………………………………………………（349）

湖北省地震局 ……………………………………………………………………（350）

湖南省地震局 ……………………………………………………………………（350）

广东省地震局 ……………………………………………………………………（351）

广西壮族自治区地震局 …………………………………………………………（351）

海南省地震局 ……………………………………………………………………（351）

重庆市地震局 ……………………………………………………………………（352）

贵州省地震局 ……………………………………………………………………（352）

云南省地震局 ……………………………………………………………………（353）

陕西省地震局 ……………………………………………………………………（353）

甘肃省地震局 ……………………………………………………………………（353）

新疆维吾尔自治区地震局 ………………………………………………………（354）

中国地震局地球物理研究所 ……………………………………………………（354）

中国地震局地质研究所 …………………………………………………………（355）

中国地震局地壳应力研究所 ……………………………………………………（355）

中国地震局地震预测研究所 ……………………………………………………（356）

中国地震局工程力学研究所 ……………………………………………………（356）

中国地震台网中心 ………………………………………………………………（356）

中国地震灾害防御中心 …………………………………………………………（357）

中国地震局地球物理勘探中心 …………………………………………………（357）

中国地震局第一监测中心 ………………………………………………………（357）

中国地震局第二监测中心 ………………………………………………………（358）

防灾科技学院 ……………………………………………………………………（358）

人物

2019年入选人社部"百千万人才工程"人员 …………………………………（360）

2019 年入选中国地震局领军人才、骨干人才、青年人才、创新团队名单 …………（360）
2019 年中国地震局获研究员、正高级工程师任职资格人员名单 ………………（365）
2019 年中国地震局获得专业技术二级岗位聘任资格人员名单 …………………（367）

表彰奖励
人力资源社会保障部　中国地震局关于表彰全国地震系统先进集体和先进工作者
　的决定 ……………………………………………………………………………（368）

合作与交流

合作与交流项目
合作与交流工作综述 ………………………………………………………………（373）
合作交流 ……………………………………………………………………………（375）
2019 年出访项目 …………………………………………………………………（375）
2019 年来访项目 …………………………………………………………………（390）
2019 年港澳台合作交流项目 ……………………………………………………（398）

学术交流
河北省地震局 ………………………………………………………………………（400）
黑龙江省地震局 ……………………………………………………………………（400）
上海市地震局 ………………………………………………………………………（401）
江苏省地震局 ………………………………………………………………………（401）
安徽省地震局 ………………………………………………………………………（401）
广东省地震局 ………………………………………………………………………（402）
广西壮族自治区地震局 ……………………………………………………………（402）
海南省地震局 ………………………………………………………………………（402）
云南省地震局 ………………………………………………………………………（403）
陕西省地震局 ………………………………………………………………………（403）
中国地震局地球物理研究所 ………………………………………………………（404）
中国地震局地质研究所 ……………………………………………………………（404）
中国地震局地壳应力研究所 ………………………………………………………（406）
中国地震局地震预测所 ……………………………………………………………（407）
中国地震局工程力学研究所 ………………………………………………………（407）
中国地震台网中心 …………………………………………………………………（408）
中国地震灾害防御中心 ……………………………………………………………（408）
中国地震局地球物理勘探中心 ……………………………………………………（408）
中国地震局第二监测中心 …………………………………………………………（409）
防灾科技学院 ………………………………………………………………………（409）

政务·规划财务

政务与政策研究

政务工作综述……………………………………………………………（413）

电子政务建设和文书档案电子数字化工作综述…………………………（413）

新闻宣传工作综述………………………………………………………（414）

政策研究工作综述………………………………………………………（415）

规划财务

规划财务工作综述………………………………………………………（417）

防震减灾规划编制情况…………………………………………………（419）

重大项目建设情况………………………………………………………（420）

财务决算及分析…………………………………………………………（421）

机构、人员、台站、观测项目、固定资产等…………………………（422）

国有资产管理及政府采购工作…………………………………………（423）

党的建设

党建工作综述……………………………………………………………（427）

中国地震局"不忘初心、牢记使命"主题教育综述………………………（429）

全面从严治党工作综述…………………………………………………（432）

巡视工作综述……………………………………………………………（434）

审计工作综述……………………………………………………………（435）

附　录

中国地震局 2019 年大事记 ……………………………………………（439）

2019 年中国地震局系统各单位离退休人员人数统计 …………………（452）

地震科技图书简介………………………………………………………（454）

《中国地震年鉴》特约审稿人名单 ………………………………………（466）

《中国地震年鉴》特约组稿人名单 ………………………………………（467）

专　　载

　　主要收载党中央、
国务院、中国地震局
领导有关防震减灾工
作的重要讲话；国务
院、国务院办公厅和
中国地震局及省级机
关印发的有关防震减
灾工作的重要法规和
文件。

应急管理部副部长、中国地震局党组书记、局长郑国光 在2019年全国地震局长会议上的工作报告（摘要）

（2019年1月18日）

这次全国地震局长会议的主要任务是：以习近平新时代中国特色社会主义思想为指导，深入贯彻党的十九大和十九届二中、三中全会以及中央经济工作会议精神，认真贯彻习近平总书记关于提高自然灾害防治能力重要论述，贯彻落实国务院防震减灾工作联席会议和全国应急管理工作会议精神，总结2018年防震减灾工作，部署2019年重点任务。

会前，中共中央政治局常委、国务院总理李克强作出重要批示，国务委员王勇专门致信，充分肯定了过去一年防震减灾工作，对2019年工作提出要求，寄予殷切期望，并转达了党中央国务院对广大地震工作者的诚挚问候和新年祝福，充分体现了党中央国务院对防震减灾工作的高度重视和对广大地震工作者的亲切关怀。我们一定要认真学习领会，以此为动力，认真贯彻落实，全面做好防震减灾各项工作，以优异成绩回报党中央、国务院的关心和关怀。

下面，我代表中国地震局党组作工作报告。

一、2018年工作回顾

2018年是全面贯彻党的十九大精神开局之年，也是改革开放40周年。全国地震系统广大干部职工坚持以习近平新时代中国特色社会主义思想为指导，认真贯彻落实党中央、国务院决策部署，在应急管理部党组领导下，积极担当作为，认真做好各项工作，防震减灾取得新成效，圆满完成全年任务。

（一）深入学习贯彻习近平新时代中国特色社会主义思想和党的十九大精神

加强理论武装。地震系统把深入学习宣传贯彻习近平新时代中国特色社会主义思想和党的十九大精神作为首要政治任务，着力抓好6个方面23条具体任务的落实。充分发挥中国地震局党组（以下简称"局党组"）理论学习中心组带动作用，组织4次主题鲜明的局组理论学习中心组学习和14次局党组专题学习。坚持领导干部带头，组织局属单位党政主要负责人推进新时代防震减灾事业改革发展专题研讨、纪检组长（纪委书记）培训等7类专题学习班，安排司局级干部参加中央党校等学习。举办党校班、研讨会、讲党课、震苑大讲堂等，对广大干部职工进行轮训。督导局属单位举办学习培训，参加应急管理部举办的系列专题视频培训，真正在学懂弄通做实上下功夫。深入推进"两学一做"学习教育常态化制度化，落实"三会一课"制度，创新方式方法，综合运用各种传媒手段，推动学习贯彻不断往深里走、往实里走、往心里走，在全系统兴起学习贯彻高潮。大力弘扬理论联系实际的优良学风，不断强化问题意识、树立问题导向，着力增强"八个本领"，保持政治定力，坚持求真务实、开拓进取，自觉用习近平新时代中国特色社会主义思想武装头脑、指导实践、推动工作。

旗帜鲜明讲政治。局党组坚持以党的政治建设为统领，把握正确政治方向，出台关于加强和维护党中央集中统一领导的实施意见，带领地震系统广大党员干部，树牢"四个意识"，坚定"四个自信"，坚决做到"两个维护"，自觉在思想上政治上行动上同以习近平同志为核心的党中央保持高度一致。在工作实践中不断增强政治意识，提高政治站位，强化政治担当，丰富斗争经验，坚决防止"七个有之"，切实做到"五个必须"，坚决反对"三股势力"，同"两面人"做坚决斗争。

坚决贯彻党中央决策部署。及时传达学习习近平总书记在省部级主要领导干部专题研讨班，党的十九届二中、三中全会，长江考察，中央财经委员会第三次会议、中央全面深化改革委员会会议、中央经济工作会议等重要讲话精神，以及向国家综合性消防救援队伍致重要训词、汶川地震十周年国际研讨会暨第四届大陆地震国际研讨会致信，研究落实具体举措，加强督查督办。坚决贯彻落实深化党和国家机构改革的部署要求，顺利完成国务院抗震救灾指挥部办公室和震灾应急救援职责划转，以及震灾应急救援司和中国地震应急搜救中心机构人员转隶、预算与资产划拨工作，按照新的管理体制，调整中国地震局职能职责和内部业务布局。按照中央统一部署完成定点扶贫、援藏援疆年度工作任务。认真贯彻国务院防震减灾工作联席会议精神和《关于2018年地震趋势和进一步做好防震减灾工作的意见》，及时分解任务到各成员单位并开展督促检查，在全国地震局长会议上作出具体部署，确保落地见效。贯彻落实"四个全面"战略布局，坚持新发展理念，在2017年印发改革发展4个意见的基础上，局党组又出台了推进事业现代化、构建良好政治生态、加强法治建设等3个意见，构建了新时代防震减灾事业发展的"四梁八柱"，极大增强了全局系统推进事业发展的方向感和凝聚力。

（二）地震监测预报预警能力明显提高

地震监测能力不断提升。地震监测覆盖率进一步提高，在川西、西藏新建测震台110个，川西地震监测能力由2.4级提升到2.0级，西藏地震监控区域显著扩大。地震速报时间进一步缩短，国内地震自动速报平均用时从2017年的3分钟缩短到2分钟，正式测报平均用时从2017年的15分钟缩短到10分钟。地震监测服务领域进一步拓宽，在川藏山体滑坡和山东煤矿冲击地压事件中，及时产出事件判定报告。地震监测管理规范化水平进一步提升，出台地震监测专业设备管理办法和地震计量体系建设方案，并组织实施。

震情跟踪研判成效显著。联合科研院所、高等院校开展震情研判，加强全球地震趋势分析，大幅度增加会商次数，会商机制不断创新，开放力度明显加大。综合运用多种地震预报技术，探索开展地震概率预报，取得良好效果。新一代地震分析会商技术系统投入应用，首次实现我国大陆地区地震后30分钟内自动产出快速判定意见。2018年我国共发生5级以上地震31次，12个全国年度重点危险区中的4个发生了5级以上地震。

地震预警建设稳步推进。国家地震烈度速报与预警工程全面实施，京津冀、川滇交界和福建地区地震预警示范网建成，台湾海峡6.2级地震和四川兴文5.7级地震预警服务初显成效。提高地震信息自动化产出与服务水平，震后快速产出地震烈度分布图，服务抗震救灾和应急处置。与中国铁路总公司签订战略合作协议，联合研制高铁地震预警系统，出台

5 项高铁地震监测预警技术标准。

（三）震灾风险综合防控不断强化

地震应急保障有力有序。应急管理部黄明书记等部领导赴四川、云南、新疆等地检查指导地震应急准备工作，有效促进地方责任落实，云南墨江 5.9 级、新疆精河 5.4 级等地震的震情研判和应对处置取得良好减灾实效。修改完善地震应急预案，陕西、江西、新疆等多地开展应急演练。2018 年启动地震应急响应 56 次，高效服务吉林、四川、云南、新疆、西藏、台湾海峡等地 5 级以上地震的应急处置工作。

抗震防灾能力得到提高。服务川藏铁路、浙江海岛核电、海南昌江核电、中俄东线天然气管道等重大工程建设，开展 91 项地震安全性评价。推动房屋设施抗震设防，1300 余项新建工程应用减隔震技术，支持 190 多万户农村危房改造，中央补助资金达 266 亿元。震害防御基础进一步加强，四川、河南投入 3.1 亿元开展全省活动断层探测，在深圳、武威等 17 个城市开展活动断层探测和地震危险性评价，完成宜宾、兰州新区等 13 个市县地震小区划，圆满完成福建及台湾海峡三维地壳构造陆海三年联测任务。联合发布首个地震巨灾模型，全年地震巨灾保险金额 2570 多亿元，四川省地震巨灾保险已覆盖 16 个市州。

服务国家重大活动和重点工程更加主动。制定实施重大活动地震安全保障服务工作规则，完成全国"两会"、博鳌论坛、天津达沃斯论坛、上合组织青岛峰会、中非合作论坛北京峰会、上海进博会等重大活动，以及全国高考、汛期等特殊时段 16 次地震安全保障服务。新疆喀什国际地震救援实训基地项目立项工作取得积极进展。编制完成雄安新区、京津冀协同发展、海南自由贸易试验区等地震安全专项规划，北京市地震局主动服务北京城市副中心建设、冬奥会场馆建设。广东省地震局等为港珠澳大桥等 10 余项重大工程提供结构健康监测技术服务，进一步拓展服务领域。

科普宣传教育成绩显著。与应急管理部、教育部、科技部、中国科协、河北省政府联合举办全国首届地震科普大会，王勇国务委员作出重要批示。多部门联合印发加强新时代防震减灾科普工作的意见，河北、山东、陕西等 14 个省印发落实意见，青海、安徽等省召开省级地震科普大会，四川省防灾减灾教育馆、唐山地震遗址公园与科普馆等科普教育基地宣传效果突出。举办全国首届防震减灾知识大赛和科普作品大赛，联合主办"平安中国""防灾千场大讲座""防灾科普文化影视季"等活动。与民政部、中国气象局联合印发《全国综合减灾示范社区创建管理暂行办法》，与应急管理部、中国气象局指导各省（区、市）创建国家级示范社区 1498 个，新认定防震减灾科普示范学校 191 所、科普教育基地 58 个。防震减灾新闻宣传常态化，全年发布信息 5 万余条，重大活动宣传成效显著。新媒体平台进一步拓展，地震速报微博粉丝 700 余万，年累计阅读量 14 亿余人次，连续 5 年被人民日报评为"全国十大中央机构微博"。

（四）地震科技创新成效明显

汶川地震十周年国际研讨会圆满成功。联合应急管理部、科技部、住建部、四川省人民政府以及联合国减灾办公室、国际地震学会与地球内部物理学协会等 32 个国内外政府机构和国际组织，召开汶川地震十周年国际研讨会暨第四届大陆地震国际研讨会。习近平主席致信，强调"科学认识致灾规律，有效减轻地震灾害风险，实现人与自然和谐相处，需要国际社会共同努力"。王勇国务委员出席会议并致辞，黄明书记主持会议，来自 49 个国家和地区、16个国际组织的1400余名专家学者和官员参会。研讨会发布《汶川启示》，初步建立"一带一路"地震减灾合作机制，宣布建设中国地震科学实验场，发布"张衡一号"卫星观测成果和数据共享政策，充分展示我国防震减灾工作的突出成就，进一步促进了减灾国际合作。

国家地震科技创新工程有效实施。完成"重大自然灾害监测预警与防范"国家重点研发计划和地震科学联合基金项目立项，落实23项任务，总经费4.5亿元，在争取国家科研支持上创历史新高，在组织模式上打破科研"个体户"的格局，科研院所合力攻关的局面初步形成。重大工程地震紧急处置技术研发与示范应用等26个科研项目顺利启动。确定地震科学联合基金未来4年总体目标，完成2019年度15个项目指南的编印。首次利用大规模宽频带地震台阵，开展海洋地震观测和科学研究。

地震科技创新平台建设取得突破。制定中国地震科学实验场设计方案，启动建设集野外观测、数字模拟、科学实验和成果转化为一体的创新平台，着力打造中国特色、世界一流的国际地震科技创新高地。依托世界最大的地震工程模拟振动台建设，与天津大学合作筹建首个联合重点实验室。与中国电子科技集团加强战略合作，共同推进地震信息化建设。与中冶总局共建城市安全与地下空间研究院。成功发射"张衡一号"电磁监测试验卫星。

服务"一带一路"建设进展明显。组织编制"一带一路"防震减灾发展规划，推动国际减灾合作。完成援建尼泊尔地震监测台网6个站点建设，启动援老挝地震监测台网项目。成功举办中亚地震观测与防震减灾技术培训班、东盟地区论坛城市搜索与救援高级培训班。举行中美地震火山科技合作协调人会晤，确定新时期中美合作方向和重点。推进中韩、中日地震减灾务实合作，与埃及、厄瓜多尔、德国等21个国家相关机构开展双边高层会谈。

（五）现代化建设扎实推进

现代化顶层设计基本完成。以推进现代化建设为战略目标，出台大力推进新时代防震减灾事业现代化建设意见，构建地震科技、业务体系、公共服务、社会治理四个方面的现代化布局。组织开展地震灾害风险调查和隐患排查工程、陆海一体化地震灾害监测预警信息化工程、地震易发区房屋设施加固工程、国家重大建设工程地震风险性评价、地震灾害防治技术装备现代化等"五大工程"规划设计，积极争取列入中央财政有关计划支持。

现代化试点加快推进。广东省、山东省地震局先行先试，迈出现代化建设坚实步伐。广东省地震局组建防震减灾协同创新中心，编制防震减灾现代化体系建设项目方案，落实省级财政支持12个项目已到位启动资金。山东省地震局加快推进地震业务体系和服务体系现代化建设，落实省级自然灾害综合防治项目，到位项目资金，优化台网布局，开展滨州市等地活动断层探测。

信息化建设进展顺利。完成地震信息化顶层设计，提出发展总体目标，确立"两步走"战略，制定时间表和路线图，明确未来三年7大类29项重点建设任务。实施中国地震台网中心信息化一期工程，部署9项重点任务，建设新一代地震监测预报业务平台。政务信息化建设稳步推进，完成政务信息工程设计和招投标任务。制定历史观测资料抢救方案，并启动实施。

（六）全面深化改革有力推进

隆重庆祝改革开放 40 周年。 局党组年初就改革开放 40 周年庆祝活动作出安排。组织全系统认真学习习近平总书记在庆祝改革开放 40 周年大会上的重要讲话精神，组织参观改革开放 40 周年成就展，大力宣传国家改革开放 40 年重大成就。组织全面总结改革开放 40 年来防震减灾事业发展的光辉历程，编印《中国地震局改革开放 40 周年重要成就》。以"防震减灾 造福人民"为主题，举办改革开放 40 周年防震减灾事业发展展览。召开庆祝改革开放 40 周年视频座谈会。通过门户网站、微博、微信、专栏以及新媒体等多种形式，宣传防震减灾各领域的巨大变化，展示 40 年发展成果，显著增强地震系统干部职工的荣誉感、责任感，更加坚定新时代改革开放的自觉性、主动性。

专项改革稳步推进。 全年召开 8 次局党组全面深化改革领导小组会议，审议 28 项改革议题，科学统筹改革，狠抓任务落实。完成地震业务和行政管理体制改革顶层设计方案，批复台网中心、服务中心、发展研究中心深化改革方案。出台研究所领导干部任期制、促进科技成果转化等系列改革政策，开展研究所领导班子全员竞聘。完成全国强震动、地壳运动台网等业务整合。积极推动地震安全性评价改革。全面实施预算绩效管理及三年行动计划。推进局属事业单位实施绩效工资制度，完善激励机制。

改革试点初显成效。 福建省地震局率先出台改革总体方案，完成事业单位机构职能、业务布局的优化调整，在推进地震科技创新、地震预警能力建设、人才队伍培养等方面成效显著。省级地震局、研究所、业务中心试点改革深入推进，在职称评审权下放、人才引进、岗位设置、资金投入、项目支持等方面向改革试点单位倾斜，在重点领域、关键环节取得突破，形成一批可复制可推广的经验成果。工程力学研究所国家科技体制改革试点稳步推进。组建发展研究中心、深圳防灾减灾技术研究院、厦门海洋地震研究所，进一步优化事业布局。

（七）法治建设工作得到加强

认真配合全国人大常委会防震减灾法执法检查。 这是首次由全国人大常委会组织开展的防震减灾法执法检查。栗战书委员长作出重要批示，张春贤、艾力更·依明巴海和蔡达峰 3 位副委员长分别带队赴 6 个省（区）进行执法检查，并委托河北、山西等 10 个省（区、市）人大常委会在本行政区内开展检查。地震系统积极配合，制定整改任务分解方案，提出地震系统 31 个方面 71 条整改措施，将任务分解到 25 个部委和各级地方政府，督促各级政府及有关部门全面履行防震减灾法定职责，进一步提高防震减灾依法治理水平，有力促进防震减灾事业健康发展。

普法立法进一步加强。 全系统广泛开展宪法宣传活动，组织专题学习 23 次，浙江、甘肃等省地震局开展宪法宣誓活动，不断增强宪法意识，坚定宪法自信，坚决维护宪法尊严和权威。开展"七五"普法系列活动，完成中期检查。出台《关于加强防震减灾法治建设的意见》，推进法律法规、标准规范和法治监督体系建设。开展防震减灾法和地震安全性评价管理条例的修订研究。辽宁、陕西出台地震预警政府规章，黑龙江、重庆、云南等 9 个省修订 10 部地方性法规规章，江苏率先开展区域性地震安全性评价试点，浙江、河南等 9 个省地震局制定公共服务清单，进一步深化"放管服"改革。

依法依规管理进一步强化。 严格规范选人用人进人、预算、项目、招标采购等管理，组织开展文件清理工作，对中国地震局机关超过半数的文件予以废除，制定实施干部能上能下、年度综合考评、重大事项报告、预算管理、局属事业单位进人、研究所管理等20余项制度，不断完善有效管用的内部控制、监督机制，努力提高科学管理水平。

地震标准化工作积极推进。修订发布地震标准化管理办法及实施细则。编制完成地震信息化标准体系，印发实施23项地震信息化关键急需标准研制计划，修订中国地震烈度表，发布强震动台站建设规范等13项行业标准。河北、深圳推进地震应急避难场所地方标准制修订。

（八）坚定不移推动全面从严治党

管党治党持续用力。制定构建地震系统风清气正良好政治生态的实施意见，从提高政治站位等6个方面提出31项针对性举措。深化中央巡视整改，印发巡视工作规划和实施办法，启动新一轮内部巡视，完成年度巡视任务。地震系统各级党组织主动接受驻部纪检监察组监督，落实纪律检查意见，配合完成中央巡视移交全部问题线索处理。强化监督执纪问责，按照干部管理权限，查处违纪违规违法行为。组织经济责任审计和协作区联审互审，更好服务干部队伍建设和重点领域监督。与局属单位主要负责人、纪检组长（纪委书记）、新任职干部谈话，开展全员警示教育。学习宣传贯彻支部工作条例，进一步加强基层党组织建设。

组织人事工作进一步规范。全面梳理地震系统组织机构、干部人才、人员编制和岗位设置等情况，准确把握组织人事工作基本状况。把好进人关，实施全局系统年度进人计划统一管理，首次向社会集中公布局属单位进人计划，首次在北京、武汉、西安等地举办人才招聘专场活动，首次在全系统统一开展招聘考试。开展选人用人进人专项巡视，共巡视15个单位，着力解决选人用人进人突出问题。规范干部调训培训，执行培训计划45个，培训3000余人次。

干部人才队伍建设进一步加强。严格执行干部政策，突出政治标准，重实绩重实干，在对局属46个单位和9个司室领导班子逐一进行分析研判的基础上，进一步优化班子结构。全年选拔任用30名厅局级干部，组织2个事业单位负责人公开招聘，交流18名厅局级干部，选派优秀干部到机关挂职，配强扶贫、援藏、援疆干部。落实地震人才发展意见，通过人才专项支持13个单位人才建设，通过地震英才项目选派40名青年骨干出国进修，支持55名基层骨干进行交流访学。推进专技岗位因事设岗、评聘分离、动态管理，27人通过正高评审，8人通过二级岗位资格评审。

政风行风作风明显好转。严格落实中央八项规定及其实施细则精神，修订中国地震局实施意见，并严格执行。落实"三项治理"方案，集中整治形式主义、官僚主义，对4方面12类问题进行重点排查，提出5方面措施要求，明确整改任务，持续巩固整改成果。中国地震局机关以"改作风、促作为"为主题，首次开展"作风建设月"活动，着力改进学风、文风、会风和工作作风。局属各单位普遍开展作风建设活动，合力增强地震系统作风建设成效。认真落实《关于进一步激励广大干部新时代新担当新作为的意见》，充分调动广大干部积极性、主动性和创造性，激发干事创业活力。

加强保密、档案、信访、维稳、安全生产、财务管理、后勤保障、统战群团等工作。重视和加强老干部工作，老干部服务保障水平不断提高。

同志们，这些成绩的取得，关键在于习近平新时代中国特色社会主义思想的正确指引，得益于党中央国务院的坚强领导，应急管理部的有力领导，各部门各地方的大力支持，社会各界的积极参与，也是地震系统广大干部职工辛勤付出的结果！在此，我代表中国地震局党组向长期关心支持防震减灾工作的各有关部门、地方各级党委政府和社会各界，表示衷心的感谢！向地震系统广大干部职工致以诚挚的慰问！

在总结成绩的同时，我们也清醒地认识到防震减灾工作现状，与包括地震安全在内的人民日益增长的美好生活需求仍有差距。地震监测预报预警信息化水平不高；地震灾害风险底数和地震重点危险区域抗震能力底数仍不清楚；社会力量和公众对防震减灾工作参与度仍然不高；地方防震减灾和抗震救灾的工作机制尚待进一步理顺；地震系统依法治理能力偏弱；地震系统政治生态仍需进一步净化，落实全面从严治党的"两个责任"还有差距，一些领导干部不担当、不担责、不作为等问题突出，改革意识不强、创新能力不足等问题普遍，等等。这些问题制约了防震减灾事业高质量发展，与新时代新形势新要求不相适应，必须下大力气加以解决。

二、深入领会和贯彻落实习近平总书记关于提高自然灾害防治能力的重要论述

党的十八大以来，习近平总书记高度重视防灾减灾救灾工作，发表了系列重要论述，阐述了防灾减灾救灾新理念新思想新战略。2018年2月和5月，习近平主席分别向电磁监测试验卫星成功发射致贺电、向汶川地震十周年国际研讨会暨第四届大陆地震国际研讨会致信，12月亲自见证我国与厄瓜多尔签署地震和火山合作协议。特别是10月10日，习近平总书记主持召开中央财经委员会第三次会议，专门研究提高自然灾害防治能力并发表重要讲话。习近平总书记的重要论述，开辟了防灾减灾救灾和自然灾害防治理论与实践的新境界，是做好新时代防震减灾工作的根本遵循和行动指南。

（一）深刻领会习近平总书记重要论述的重大意义

习近平总书记指出，加强自然灾害防治是实现"两个一百年"奋斗目标、实现中华民族伟大复兴中国梦的必然要求，是关系人民群众生命财产安全和国家安全的大事，也是对我们党执政能力的重大考验。习近平总书记统揽全局，从全面建设社会主义现代化强国的战略高度，将自然灾害防治放到经济社会发展中谋划，融入人民幸福和国家总体安全中把握，统筹到治国理政中推动，深刻阐述了自然灾害防治的极端重要性，具有深远的政治意义。

习近平总书记指出，自然灾害防治是人类生存发展的永恒主题；在世界历史的长河中，很多文明，很多国家，都曾受到过自然灾害的威胁，有的文明甚至因为重大自然灾害而消亡；我国是世界上自然灾害多发频发的国家，一部中华文明史也是中华民族抗灾救灾史。习近平总书记纵观历史，从世界和中国古代重大自然灾害实例、新中国成立以来自然灾害防治成效的视角，分析了自然灾害规律和人类社会发展规律的关系，深化了对自然灾害防治的历史性、规律性认识，具有划时代的历史意义。

习近平总书记指出，自然灾害的威胁始终存在，我国自然灾害防治能力总体还比较弱，重特大自然灾害常常造成重大损失，是我们前进道路上必须应对的风险挑战之一，要坚持

预防为主，努力把自然灾害风险和损失降至最低，要学习借鉴发达国家的先进经验，积极参与联合国框架下的减灾合作机制。习近平总书记高瞻远瞩，从防范化解重特大风险、构建人类命运共同体的视角，深刻阐明了自然灾害风险管理和国际社会协力推动自然灾害防治的理念，蕴含了深邃的哲学思想、辩证思维和底线思维，具有重大的战略意义。

（二）准确把握习近平总书记重要论述的深刻内涵

准确把握提高自然灾害防治能力的指导思想。提高自然灾害防治能力，要全面贯彻习近平新时代中国特色社会主义思想和党的十九大精神，紧紧围绕统筹推进"五位一体"总体布局和协调推进"四个全面"战略布局，在防治宗旨上坚持以人民为中心的发展思想，在"防"与"救"关系上坚持以防为主、防抗救相结合，在"平"与"战"关系上坚持常态救灾和非常态救灾相统一，强化综合减灾、统筹抵御各种自然灾害，建立高效科学的自然灾害防治体系，提高全社会自然灾害综合防治能力，为保护人民群众生命财产安全和国家安全提供有力保障。

准确把握提高自然灾害防治能力的基本原则。提高自然灾害防治能力，要做到"六个坚持"。**一是坚持党的领导**。就是要强化灾害风险意识，健全权责一致、失职追责的责任体系，形成各方齐抓共管、协同配合的自然灾害防治格局，这是做好自然灾害防治工作的政治保障。**二是坚持以人为本**。就是要科学布局、严格设防、合理有效配置资源，营造安全适宜的人类活动环境，切实保护人民群众生命财产安全，这是自然灾害防治的根本宗旨。**三是坚持生态优先**。就是要科学合理地开发利用自然资源，落实主体功能区战略和制度，形成人口、经济与资源环境相协调的格局，减少人为因素引发自然灾害的概率，这是自然灾害防治的基本要求。**四是坚持预防为主**。就是要把自然灾害防治融入有关重大工程、重大规划、重大战略，强化防灾减灾救灾一体化建设，促进自然灾害防治能力同经济社会发展相协调，努力把自然灾害风险和损失降至最低，这是自然灾害防治的工作方针。**五是坚持改革创新**。就是要健全自然灾害防治法律法规体系，加强应急指挥体系建设，建设国家应急救援关键力量，完善灾后恢复重建体制，推进自然灾害防治体系和防治能力现代化，这是自然灾害防治的体制机制保障。**六是坚持国际合作**。就是要学习借鉴发达国家的先进经验，积极参与联合国框架下的减灾合作机制，广泛开展务实合作，协力推动自然灾害防治，这是自然灾害防治的重要途径。"六个坚持"基本原则从政治保障到根本宗旨、从基本要求到工作方针、从体制机制到重要途径，进行了系统科学的阐述，形成了全面科学的自然灾害防治新理论。

准确把握提高自然灾害防治能力的"九项重点工程"。提高自然灾害防治能力，必须构建统筹应对各灾种、有效覆盖防灾减灾救灾各环节、全方位全过程多层次的自然灾害防治体系，深刻认识以重点工程带动我国自然灾害防治能力和水平全面提升的重大部署，准确把握实施灾害风险调查和重点隐患排查、重点生态功能区生态修复、海岸带保护修复、地震易发区房屋设施加固、防汛抗旱水利提升、地质灾害综合治理和避险移民搬迁、应急救援中心建设、自然灾害监测预警信息化、自然灾害防治技术装备现代化等九项重点工程的重要意义和有关要求，增强推进重点工程建设的紧迫性和责任感。"九项重点工程"把握了"防"与"治"的辩证关系，布局全面、针对性强，为今后自然灾害防治工作提供了清晰的路线图。

（三）多措并举认真贯彻落实习近平总书记重要论述

地震灾害是重大自然灾害之一，突发性强，破坏性大，对人民生命财产安全和国家安全构成巨大威胁。习近平总书记重要论述为自然灾害防治工作提供了根本遵循，也为新时代防震减灾工作指明了方向。学习贯彻习近平总书记重要论述，既要"学进去""得其门而入"，更要"学出来""悟其道而出"，把思想和行动统一到习近平总书记关于提高自然灾害防治能力重要论述上来。

必须坚定信心，保持定力。 习近平总书记关于提高自然灾害防治能力的重要论述是做好灾害防治工作的思想和行动指南，更加坚定了我们做好防震减灾工作的信心。这种信心坚定于党的领导、升华于科学真理、凝聚于宏伟方略、植根于实践沃土。这种信心足够强大，必然转化为信念，一种"千磨万击还坚劲"的奋斗信念，一种"世上无难事，只要肯登攀"的担当信念，一种"不到长城非好汉"的必胜信念。习近平总书记科学分析研判自然灾害防治重大问题，也是地震灾害防治工作所面临的问题。要有效应对重大挑战、抵御重大风险、克服重大阻力，确保新时代防震减灾事业现代化建设的航船乘风破浪、勇往直前，必须保持战略定力。保持战略定力，必须以习近平新时代中国特色社会主义思想为指导，全面落实习近平总书记关于提高自然灾害防治能力的重要论述。保持战略定力，必须正确把握和判断形势，做到观大势、把方向、谋全局。保持战略定力，必须坚定不移地为实现新时代防震减灾事业现代化建设目标而奋斗，全面提高地震灾害防治能力。保持战略定力，必须忠诚、干净、担当，以一往无前的奋斗姿态努力开创新时代防震减灾事业发展新局面。

必须抢抓机遇，乘势而上。 党的十八大以来，习近平总书记多次就防震减灾工作作出重要指示批示，特别是 2018 年习近平总书记的重要致信、贺电和亲自见证以及关于提高自然灾害防治能力的重要论述，充分体现了习近平总书记对防震减灾工作的高度重视和殷切期待，**为新时代防震减灾事业发展提供了根本遵循**。经济社会高质量发展，特别是"一带一路"、京津冀一体化、长江经济带、长三角一体化等重大国家战略实施，对防震减灾的需求日益增长，人民群众对包括地震安全在内的美好生活向往和期待越来越高，**为新时代防震减灾事业发展增添了不竭动力**。贯彻落实防灾减灾救灾体制机制改革、深化党和国家机构改革决策部署，组建应急管理部，完善应急管理体制，**为新时代防震减灾事业发展拓展了广阔空间**。地震系统改革开放 40 年实践取得的显著成效和宝贵经验，特别是近两年来，局党组出台的 7 个重要指导意见，绘就了防震减灾事业发展蓝图，**为新时代防震减灾事业发展奠定了坚实基础**。当前，防震减灾事业发展处于重要战略机遇期，内涵也发生了变化，深化改革开放，加快业务优化升级，提升科技创新能力，推进信息化发展，加强"一带一路"国际合作，都是推动事业发展的新动力。我们要抢抓大好机遇，乘势而上，全面提高地震灾害防治能力。

必须应对挑战，革故鼎新。 习近平总书记强调，我国是世界上自然灾害影响最严重的国家之一，灾害种类多，地域分布广，发生频率高，造成损失重。当前，防震减灾体制机制有待完善，还存在灾害信息共享和防震减灾资源统筹不足、重救灾轻减灾思想比较普遍、防震减灾宣传教育不够普及等问题。面对复杂严峻的震情形势，我们必须直面挑战，勇担责任，攻坚克难。**要突破思想封闭关**，面对新形势新要求，要进一步转变观念、与时俱进，自觉用习近平新时代中国特色社会主义思想武装头脑，尽快跳出小格局、打破旧思维，真正做到解放思想永无止境。**要突破能力不足关**，面对风险和挑战，要把推进地震灾害防治体系和防治能力现代化当作主战场，切实提高把方向、管大局、保落实的能力，培育斗争精神，增强斗争本领，不断提升领导力、执行力、战斗力。**要突破作风不实关**，面对矛盾和问题，要以永远在路上的决心和韧劲，力戒形式主义、官僚主义，求真务实，开拓进取，推动中央重大决策部署落地见效。

必须只争朝夕，真抓实干。提高自然灾害防治能力，实施"九项重点工程"，已确定牵头部门，正明确具体项目，将落实资金来源，确保三年时间明显见效。我们必须增强大局观念、坚持问题导向，从历史和现实相贯通、国际和国内相关联、理论和实际相结合的宽广视角，对防震减灾一些重大理论和实践问题进行思考和把握，坚持提高地震灾害防治能力要一以贯之，推进防震减灾事业现代化建设要一以贯之，增强防范地震灾害风险意识要一以贯之。以时不我待、只争朝夕的精神投入工作，以习近平总书记重要论述为指导，把力量凝聚到实现事业现代化建设目标任务上来。2019 年是全面贯彻落实习近平总书记关于提高自然灾害防治能力重要论述的第一年，也是关键一年。**要真抓实干，着力汇聚齐抓共管的合力。**坚持党的领导，按照分级负责、属地管理的原则，促进各级地方党委政府在防震减灾中的领导和主体责任落实，组织社会力量广泛参与，做到灾前的"防"要多元参与、灾后的"救"要高效有序，形成地震灾害防治的新格局。**要真抓实干，着力激发改革创新的动力。**坚持改革创新和国际合作是推进新时代防震减灾事业现代化的重要途径，要围绕防震减灾全面深化改革的目标任务，把握重点，继续推进地震科技体制、业务体制、震灾预防体制、行政管理体制等改革，以改革试点示范破解难题、积累经验。围绕"一带一路"建设，以国际合作协力推动、共同应对重大自然灾害，为构建人类命运共同体作出积极贡献。**要真抓实干，着力增强关键领域的实力。**对接"九项重点工程"，从摸清风险隐患底数，到增强监测预警能力，从开展灾害风险评估，到地震易发区房屋设施鉴定加固，从信息化建设，到改善灾害防治技术装备，推动防震减灾若干重点工程建设，着力补短板、强弱项，解决"卡脖子"问题，全面提升地震灾害防治能力。

三、2019 年工作部署

2019 年是中华人民共和国成立 70 周年，是全面建成小康社会、实现第一个百年奋斗目标的关键之年，做好防震减灾工作责任重大。我们要坚决以习近平新时代中国特色社会主义思想为指导，深入贯彻党的十九大和十九届二中、三中全会以及中央经济工作会议精神，全面贯彻习近平总书记关于提高自然灾害防治能力重要论述，认真落实国务院防震减灾工作联席会议和全国应急管理工作会议精神，坚持以人民为中心的发展思想，贯彻新发展理念，落实高质量发展要求，全面加强地震监测预报预警工作，努力提高地震灾害防治能力，加快推进新时代防震减灾事业现代化建设，以优异成绩庆祝中华人民共和国成立 70 周年。

重点做好以下八个方面工作。

（一）强化理论武装，着力提高政治站位

要用习近平新时代中国特色社会主义思想武装头脑、指导实践、推动工作，各级党组织和党员干部必须坚持不懈学习，继续在真正学懂弄通做实上下功夫。坚持系统学，全面掌握这一科学理论的基本观点、理论体系；坚持跟进学，及时学习领会习近平总书记最新重要讲话精神；坚持联系实际学，紧密结合新时代新实践新要求，联系思想实际、工作实际，有针对性地重点学习，努力掌握贯穿于这一科学理论中的马克思主义立场、观点、方法，去观察、分析、处理实际问题，真正把这一科学理论落实到实际工作中去。要坚持党对防震减灾工作的全面领导，扎实履行全面从严治党主体责任，加强党的政治建设，严守政治纪律和政治规矩，树牢"四个意识"，坚定"四个自信"，坚决做到"两个维护"，始终同以习近平同志为核心的党中央保持高度一致，强化政治责任，保持政治定力，把准政治方向，提高政治能力，增强斗争精神，坚决同破坏政治纪律和政治规矩的行为作斗争。要坚决贯彻落实党中央决策部署，及时传达学习和研究部署中央会议和中央领导同志重要指示批示精神，采取有力有效措施贯彻落实，认真抓好援疆援藏和定点扶贫工作，确保政令畅通，决策落地生根。

（二）强化业务基础，着力提升地震监测预报预警水平

稳步提升地震监测能力。全面做好地震监测业务现代化建设工作。加快全国地震台网升级规划设计，实施青藏高原监测能力提升项目，着力提升观测覆盖率、精准度和时效性。召开全国地震台长工作会议，实施台站标准化建设，规范台站运行管理。健全地震监测专业设备管理制度，推进国家地震计量体系建设。启动2022年冬奥会地震安保监测台站建设。强化滑坡、矿山塌陷、爆炸等强地面震动事件监测业务能力建设。

切实做好震情跟踪研判工作。要立足于抗大震救大灾，强化震情监视跟踪和预报预警，完善全国震情监视跟踪业务体系，继续优化地震预报业务流程，进一步提高震情研判和预报水平。紧紧围绕中华人民共和国成立 70 周年、"一带一路"国际合作高峰论坛等重大活动，认真做好震情分析研判工作。运用大数据、云计算等先进技术，完善地震分析会商技术系统。启动新一版地震重点监视防御区确定工作，为全国地震风险防控提供科学依据。

扎实推进地震预警能力建设。加快地震烈度速报和预警工程项目建设步伐，尽快在四川等重点地区形成地震预警能力，开展地震速报预警信息服务到村到户试点示范。推动与铁路总公司战略合作协议落地见效，开展京张、京雄高铁和京津城际铁路地震预警试验。完成中央军民融合重大示范工程初步设计并启动工程建设。做好陆海一体化地震灾害风险监测预警信息化工程实施准备。

（三）强化服务大局，着力提高地震灾害防治能力

切实加强地震应急保障。进一步完善应急预案，健全区域地震应急联动协作机制，强化应急准备。加强地震应急基础数据库建设，发展灾情获取、灾害评估等关键技术，改进应急技术支撑系统。强化地震应急队伍专业培训，提升应急工作效能。开展年度重点危险区、重点地区地震灾害预评估，强化成果运用。积极推进新疆喀什国际救援实训基地项目立项建设。

着力提高全社会综合防御能力。组织实施地震灾害风险调查和重点隐患排查工程、地震易发区房屋设施加固工程。开展重大工程、生命线工程、可能发生严重次生灾害工程的地震安全性评价，在试点基础上推广区域性地震安全性评价。大力推广减隔震等抗震新技术新材料应用。继续强化地震风险与保险实验室建设，推进地震巨灾保险工作。

夯实震灾预防工作基础。进一步完善地震活动断层探测业务管理体系，建立地震活动断层探测数据中心，强化资源共享与成果应用，继续开展重点地区地震活动断层探测，利用气枪探测等新技术开展深部构造探测。大力推进唐山、成都、银川、大理等地防震减灾示范创建工作，扎实推进综合减灾示范社区建设，联合推动防灾减灾示范县和安全发展城市建设。

深化地震科普宣传教育。继续贯彻落实全国首届地震科普大会部署和《加强新时代防震减灾科普工作的意见》，制定防震减灾科普工作规划（2019—2025年）。启动"十个一"科普精品创作，编制科普系列教材，打造"地震科普"品牌。继续做好防灾减灾日等重要时段防震减灾科普活动，提高针对性和实效性。开展"互联网＋地震"科普设计，建设科普资源服务系统，建成中国数字地震科普馆，启动国家地震遗址遗迹公园项目设计。围绕中华人民共和国成立70周年等重大节点，集中开展重大宣传活动，大力宣传防震减灾事业发展成就，加强科普宣传队伍建设。

（四）强化创新驱动，着力推进事业现代化建设

大力实施国家地震科技创新工程。加强基础研究和应用研究，深入推进"四大研究计划"。建立创新工程年度报告制度。配合做好"地球深部探测"重大科技项目立项。开展中国地震科学台阵华北地区任务实施。推进电磁监测02星研制。实施好国家重点研发计划和地震科学联合基金项目。

积极构建协同创新平台。完善中国地震科学实验场科学设计，明确实验场全面发展分步实施路线图。引进国内外科研力量，开展实验场基础科学研究，构建科学模型。加快先进适用技术和地震科学产品的实验和应用示范。继续推进联合重点实验室建设，开展海洋地震科学研究。

编制实施现代化纲要。认真贯彻《大力推进新时代防震减灾事业现代化建设的意见》，出台新时代防震减灾事业现代化纲要，启动"十四五"防震减灾规划、科技创新中长期规划等专项规划预研究。各单位要制定完善现代化建设实施方案并抓好落实。做好现代化试点经验总结推广。中国地震局机关各内设机构要按照职责分工，认真组织做好任务分解、分类指导和监督检查。全力推进地震灾害防治重大工程立项实施，确保三年时间明显见效。

加快推进地震信息化建设。按照地震信息化顶层设计和行动方案以及应急管理信息化规划，扎实推进地震信息化工作。落实与中国电子科技集团有限公司战略合作协议，重点抓好中国地震台网中心信息化建设试点，持续开展地震信息化基础设施平台、地震数据资源平台、全流程一体化监控平台和综合视频会议系统、中国地震局深圳软件研发基地建设，初步形成对防震减灾核心业务科技支撑能力。

（五）强化改革开放，着力激发事业发展的活力和动力

深化地震科技体制改革。继续落实《科技体制改革顶层设计方案》。工程力学研究所要抓好试点改革并见成效，其余4个研究所完成改革方案制定，加快改革步伐。区域研究所要按照成熟一个组建一个的原则，加快推进组建工作，提升区域地震科技创新能力。深研院要初步形成创新能力，加快仪器设备标准制定和研发制造。防灾科技学院要创新与科研院所合作机制，建强优势学科并成为地震系统人才培养培训重要基地。出台加快科技创新团队建设意见等制度，抓好地震科技成果转化指导意见的落实，激发科技创新活力。

深化地震业务体制改革。继续落实《业务体制改革顶层设计方案》。完成国家测震台网和地球物理台网设计，健全台网运行、仪器装备、数据处理标准体系和管理制度。全面启动地震台站深化改革。培育社会力量参与地震仪器装备研发供给。推动地震概率预报业务应用。构建地震监测、预报和预警全链条业务综合评估体系框架，推进一体化建设试点。

深化震灾预防体制改革。尽快出台《震灾预防体制改革顶层设计方案》，优化任务布局，明确改革任务。中国地震灾害防御中心要加大试点改革力度，并尽早见成效。建立完善地震易发区域老旧房屋加固、新建建构筑物科学设计、应急避难场所规划等地震灾害风险管理机制。落实"放管服"改革要求，构建地震风险区划、区域性地震安全性评价和重大工程地震安全性强制性评估制度，完善抗震设防要求监管体系。调整优化活动断层探测、地震区划等业务布局，启动地震灾害风险管理与服务平台建设。推动地方落实防震减灾目标责任制。

深化行政管理体制改革。落实《推进行政管理体制改革实施方案》。优化中国地震局机关机构设置，提升运行效率。聚焦主责主业，优化中国地震局直属单位结构布局，重构业务工作体系，延伸工作链，提升支撑能力。进一步完善省级地震局双重领导管理和双重计划财务体制。配合应急管理部筹备召开省级防震减灾工作座谈会，构建地方地震部门与应急管理部门的协同、会商、联动等工作机制。按照政事分开，优化省级地震局直属单位设置。推进事业单位分类改革，充分发挥公益二类事业单位政策优势。出台组织、人事、行政和财务等管理制度，提升管理水平。推进预算绩效管理、政府会计制度、政府采购等改革，加强内控体系建设。

推动"一带一路"国际交流合作。服务"一带一路"国际合作高峰论坛，召开协调人会议，构建"一带一路"地震减灾协调人机制，推动与亚美尼亚等"一带一路"国家签署双边合作协议。举办第二届地震预警国际研讨会，协同开展联合项目申请，推动地震安全合作。持续推进援建尼泊尔、老挝地震监测台网及中国—东盟地震海啸监测预警系统项目，深化与德国、美国、印度、阿尔及利亚等国家及国际大地测量和地球物理学联合会等国际组织的交流合作。

（六）强化法治建设，着力提升防震减灾社会治理水平

做好执法检查整改工作。认真落实全国人大常委会和国务院关于防震减灾法执法检查整改任务，各单位要结合自身职责，积极开展科普宣传、科技创新、抗震设防、健全法制等方面的整改工作，及时总结经验、凝练成效，提高干部职工依法履职能力。加强法治宣传教育，组织开展法治培训，完善执法与监督工作机制，构建防震减灾事业依法发展的良好格局。

深化立法和政策研究。认真落实《关于加强防震减灾法治建设的意见》，开展地震预警、风险防范等防震减灾法修订重点问题专题研究。落实加强和改进调查研究工作的意见。开展地震灾害治理、地震易发区房屋设施加固等重大政策研究。推进地震安全性评价管理条例修订。开展地震监测管理条例、地震预报管理条例实施情况调研评估。推动地震预警管理等部门规章制定。各地继续做好防震减灾领域地方法规制修订工作。

加强地震标准化工作。持续推进地震标准体系研究，加快出台地震预警、地震信息化等关键急需标准，制修订地震安全性评价、活动断层探测与避让等重点标准。全面开展地震标准实施情况清理评估，制定立改废清单。试点建立地震标准执行清单制度，加强宣传贯彻与实施监督。

（七）强化责任担当，着力建设高素质专业化干部人才队伍

继续实施地震人才工程。 深入贯彻《关于加快地震人才发展的意见》，建设高素质专业化地震人才队伍。着眼服务重大战略、重点工程、重要领域和特殊地区，聚集形成一批领军人才、骨干人才、优秀年轻人才和创新团队，构建人才梯队。制定实施激励地震人才干事创业的实施意见，强化绩效考核，落实能进能出制度，加强人才队伍动态管理。制定实施教育培训规划，进一步提高人才素质。

深入贯彻党的组织路线选好人用好人。 认真贯彻新时代党的组织路线，全面落实新时期好干部标准，树立正确选人用人导向，注重领导班子综合研判，配强领导班子，把好干部选拔任用关。制定进一步规范组织人事工作实施意见，推进干部交流锻炼，加大各层级干部培训力度，强化干部日常教育管理监督，大力发现培养选拔优秀年轻干部，做好档案管理等人事基础工作。抓好选人用人进人专项巡视整改，严把进人关。加强人事干部队伍建设。

激励干部担当作为。 落实《关于进一步激励广大干部新时代新担当新作为的意见》，大胆起用敢于负责、勇于担当、善于作为、实绩突出的干部，果断调整不作为、乱作为的干部，营造有为者有位、吃苦者吃香的良好氛围。充分发挥干部考核评价的激励鞭策作用，增强干部考核的科学性、针对性，建立健全容错纠错机制，特别是完善信访举报核查处理反馈机制，切实保护敢于担当善于作为干部的积极性。

（八）强化党的建设，着力营造风清气正的政治生态

深入开展"不忘初心、牢记使命"主题教育。 坚持边实践边学习，坚持学懂弄通做实，紧扣主题主线，在学深悟透、务实戒虚、整改提高上持续发力，坚守我们党的初心使命、地震人的初心使命。注重建章立制，健全长效机制，把教育成果转化为坚定理想信念、砥砺党性心性、忠诚履职尽责的思想自觉和行动自觉。

强化党组织建设。 加强和改进中心组学习、民主生活会，准确把握并严格执行民主集中制，完善党委（党组）工作规则，规范履职行为。认真落实支部工作条例，以提升组织力为重点，突出政治功能，严格落实"三会一课"等制度，加强基层党组织建设。

持之以恒改进作风。 深入贯彻中央八项规定及实施细则精神，坚决落实应急管理部党组关于加强作风建设的意见，继续开展"作风建设月"活动，加强作风建设，营造干事创业良好氛围。继续落实"三项治理"方案，确保整改到位，力戒形式主义、官僚主义。发挥领导干部"头雁"作用，大兴调查研究之风，做到真抓实干、狠抓落实。

毫不松劲抓好反腐倡廉工作。 召开地震系统全面从严治党工作会议，贯彻落实十九届中央纪委三次全会精神，坚持把纪律和监督挺在前面，强化经常性纪律教育和警示教育。坚决查处违反中央八项规定精神问题，严防"四风"反弹回潮。持续深化中央巡视整改，全面开展内部巡视工作，着力提升内部巡视工作质量和实效。坚持监督执纪问责一体推进，精准运用监督执纪"四种形态"，提高廉政风险综合防控能力。健全党员干部廉政档案，严把党风廉政意见回复关。扎实做好重大决策部署、重点项目的审计监督。进一步加强纪检监察审计队伍建设，强化责任担当，提升履职能力。

大力弘扬和践行行业精神。努力践行习近平总书记"对党忠诚，纪律严明，赴汤蹈火，竭诚为民"重要训词精神，当好党和人民的"守夜人"。加强社会主义核心价值观宣传教育，大力弘扬应急管理特色文化和地震行业精神，树立主人翁意识，立足岗位建功立业。讲好事业发展和党建故事，持续选树宣传学习身边典型，更好地凝聚事业发展正能量。

继续做好离退休干部工作，统筹做好保密、档案、信访、维稳、政务信息、安全生产、财务管理、后勤保障、统战群团等各项工作。

（中国地震局办公室）

应急管理部副部长、中国地震局党组书记、局长郑国光 在全国地震系统全面从严治党工作视频会上的讲话（摘要）

（2019 年 2 月 22 日）

十九届中央纪委第三次全会后，1 月 31 日，召开了中央和国家机关党的工作暨纪检工作会议，丁薛祥同志作了重要讲话，提出了五方面要求。2 月 13 日，应急管理部召开了全国应急管理系统党风廉政建设工作视频会议，黄明书记作了重要讲话，部署了应急管理系统全面从严治党和党风廉政建设工作。今天，我们召开全国地震系统全面从严治党工作视频会议，主要任务是，深入学习贯彻习近平总书记在十九届中央纪委第三次全会上重要讲话精神，认真贯彻中央和国家机关党的工作暨纪检工作会议、全国应急管理系统党风廉政建设工作视频会议精神，研究部署地震系统 2019 年全面从严治党工作。刚才，阴朝民同志对地震系统 2018 年全面从严治党工作情况做了全面总结，对 2019 年重点工作做了部署，我完全赞同。中央纪委国家监委驻应急管理部纪检监察组丁进田副组长的讲话深入分析了地震系统党风廉政建设存在的突出问题，传达了艾俊涛组长在全国应急管理系统党风廉政建设工作视频会议上的讲话精神，对地震系统党风廉政建设提出了明确要求，大家要认真学习贯彻。下面，我代表局党组讲 6 个问题。

一、关于学习领会习近平总书记在十九届中央纪委第三次全会上的 重要讲话精神

习近平总书记在十九届中央纪委第三次全会上发表了重要讲话，全面阐述了党的十九大以来全面从严治党取得新的重大成果，深刻总结了改革开放 40 年来党进行自我革命的宝贵经验，对以全面从严治党巩固的团结统一、为决胜全面建成小康社会提供坚强保障作出了战略部署，对领导干部贯彻新形势下党内政治生活若干准则提出了明确要求。习近平总书记的重要讲话高瞻远瞩，思想深邃，直面问题，掷地有声，充分彰显了我们党自我净化、自我完善、自我革新、自我提高的高度自觉和坚定的信心，对推动新时代全面从严治党向纵深发展具有重大意义。我们一定要认真学习领会，坚决贯彻落实。

第一，坚决把政治建设摆在首位。政治纪律和政治规矩是刚性的、具体的，必须看行动、见实效。要牢固树立"四个意识"，坚定"四个自信"，坚决做到"两个维护"，特别要体现到认真贯彻落实习近平总书记重要指示批示和党中央决策部署上。要深刻认识到，加强党的政治工作，要看党员干部的政治言行和一贯表现，更要看重大事件和紧要关头的政治态度和政治立场，绝不能在大是大非问题上政治立场动摇，必须始终同以习近平同志为核心的党中央保持高度一致。

第二，全面加强党的建设。要深入贯彻落实习近平新时代中国特色社会主义思想和党的十九大精神，按照中央部署深入开展"不忘初心、牢记使命"主题教育，强化理论武装。要坚持党中央重大决策部署到哪里，监督检查就跟进到哪里，确保政令畅通、令行禁止。要认真贯彻落实新形势下党内政治生活若干准则，让党员干部接受经常性政治体检，强化党的意识和组织观念，发展积极健康的党内政治文化。要深入推进全面从严治党和反腐败工作，突出重点削减存量、零容忍遏制增量。要深化标本兼治，在严厉惩治、形成震慑的同时，扎牢制度笼子、规范权力运行，加强党性教育、提高思想觉悟，一体推进不敢腐、不能腐、不想腐。

第三，认真落实管党治党政治责任。各级党组织必须坚持党要管党、从严治党，坚决履行管党治党政治责任。要强化政治担当，履行主体责任，把严的标准、严的措施贯穿于管党治党工作全过程、各层面。要持续深化政治巡视，抓好巡视整改。要认真履行监督职责，在日常监督、长期监督上探索创新、实现突破。要坚持思想教育、政策感化、纪法威慑相结合，加强对党员、干部的经常性监督和全方位管理，在严管中体现厚爱。

第四，主动适应纪检监察体制改革要求。随着纪检监察体制改革，纪检监察监督实现了全覆盖。新修订的纪律处分条例、监督执纪工作规则，新制定的支部工作条例、党组讨论和决定党员处分事项工作程序规定等党内法规相继发布实施，为各级党委（党组）有效落实全面从严治党责任提供了依据，对纪检监察工作职责履行提供了遵循。要应知应会新制度，贯彻执行新制度。

第五，不断提升全面从严治党的质量。全面从严治党永远在路上，必须适应越往后越严的形势。要把确保习近平总书记重要指示批示和党中央决策部署贯彻落实作为监督工作的首要政治责任。要把落实全面从严治党要求体现到廉洁自律、以身作则上，体现在改进作风、担当作为上，体现在狠抓落实、干事创业上。把全面从严治党的成效体现到党的路线方针政策、党中央决策部署的贯彻落实上，体现到推进防震减灾事业改革发展上。

二、关于正确认识地震系统全面从严治党存在的突出问题

党的十八大以来，特别是 2016 年中央巡视以来，中国地震局党组坚决担当全面从严治党主体责任，始终把党的政治建设摆在首位，全面加强地震系统党的建设，坚决贯彻党中央决策部署，认真落实巡视整改政治责任，着力推动地震系统政治生态明显好转。经过努力，地震系统党内政治生活进一步规范，政治担当意识进一步强化，管党治党能力进一步提高，选人用人导向进一步匡正，行风政风作风进一步改进，工作动力和活力得到激发，切实增强了防震减灾事业发展的方向感和凝聚力，防震减灾事业发展呈现出良好的局面。

同时，我们必须清醒认识到，地震系统全面从严治党方面仍然存在一些突出问题：**一是全面从严治党"两个责任"落实还不到位**。"上热中温下冷"问题仍然突出，一些单位党委（党组）对全面从严治党认识仍然不到位，压实责任不够。**二是重大决策部署执行差距较大**。一些单位贯彻中央决策部署和上级要求采取有效措施不够、成效不明显。**三是违纪违规违法问题存量多**。从党的十八大以来纪律审查的结果来看，地震系统违纪违规问题多。黄明书记在全国应急管理系统党风廉政建设工作视频会议上直指地震系统存在的突出问题，

对此我们必须警醒起来。**四是工作作风不过硬**。虽然，近两年地震系统学风、文风、会风和工作作风得到了改善，但一些干部仍然存在不思进取、不接地气、不抓落实、不敢担当的现象。**五是政治生态还不够好**。有些干部考虑问题思想境界和工作格局不够高。

剖析这些问题，反映了以下几个方面深层次原因。**一是党性观念"差"**。一些党员领导干部政治意识不强，规矩意识薄弱，不学政策、不懂政策，作决策、抓工作自行其是，政治敏锐性差，思想和行动跟不上形势，管事、做事与政策形势脱节，或者说一套、做一套。**二是班子建设"弱"**。一些局属单位领导班子履职能力不强，一把手执行民主集中制不严格，决策不科学、执行不得力、监督不到位，领导班子的领导力、组织力、影响力不强，班子在职工中威信不高。**三是内部管理"软"**。宏观管理不宏观，微观管理不细致，用制度管人管事的思维没有牢固树立起来，有些工作没制度，有些制度管不住，更严重的是有了制度不执行，合意的就执行，不合意的就不执行，内控机制、约束机制不完善，导致违纪违规甚至违法问题多发。**四是廉政风险"多"**。地震系统违纪违规问题分布广，既有党的十八大之前的，也有党的十八大之后的，甚至还有个别发生在党的十九大之后的，这反映出地震系统存在权力运行的风险、监督管理的风险、廉洁自律的风险，体现在工程建设、项目管理、财务管理、选人用人进人等多方面。

面对地震系统全面从严治党的严峻复杂形势，系统上下必须有更加清醒的认识，进一步提高全面从严治党的自觉性。**一要切实增强政治责任感**。推进全面从严治党，是防范化解安全风险的政治要求，是推进事业改革发展的根本保证，是加强干部队伍建设的现实需要。只有把党组织建设好、建设强，事业才能发展好、发展强。各单位党委（党组）必须本着对事业高度负责的精神，强化管党治党的政治责任，不断推进全面从严治党向纵深发展。**二要切实增强工作紧迫感**。推进新时代防震减灾事业现代化建设，迫切需要一支敢于担当作为的高素质专业化干部队伍，也迫切需要风清气正的良好政治生态和干事创业的良好环境。推进全面从严治党，加快构建地震系统风清气正的良好政治生态，比以往任何时候显得更为紧迫。**三要切实增强斗争精神**。推进党风廉政建设和反腐败工作，发现问题、正视问题、解决问题，需要培养斗争精神，增强斗争本领，敢与违纪违规问题作斗争，敢与形式主义、官僚主义作斗争，敢与沉疴顽疾作斗争。各级领导干部要提升斗争本领，善于自我革新，锤炼党性修养，在构建地震系统风清气正的良好政治生态中率先垂范。

三、关于加强党中央决策部署贯彻落实的监督

十九届中央纪委第三次全会把督促党的路线方针政策、党中央决策部署贯彻落实，放到更加突出的重要位置，既是对各级纪检监察机关的工作要求，更是对各级党组织的工作要求。能不能把习近平总书记重要指示批示和党中央决策部署落实到位，是对领导干部党性原则、政治立场、工作作风的检验。深入学习贯彻习近平新时代中国特色社会主义思想和党的十九大精神，是全系统各级党组织的首要政治任务，要一以贯之、毫不放松。贯彻落实习近平总书记重要指示批示和党中央决策部署，是各级党组织的政治责任和基本要求，也是各级纪检监察机关监督职责的主要内容。地震系统各级党组织和纪检监察机构必须提高政治站位，把习近平总书记重要指示批示和党中央决策部署贯彻落实的监督作为全面从

严治党重中之重，抓深抓细抓实，切实做到党中央的决策部署到哪里，监督就要延伸到哪里，作用就要体现到哪里，确保习近平总书记重要指示批示和党中央决策部署得到坚决贯彻落实。

（一）**通过强化监督，抓落实、促发展。**地震系统各级党组织一定要加强理论武装，切实把学习贯彻习近平新时代中国特色社会主义思想作为首要政治任务，在学懂弄通做实上下功夫，特别要深入学习贯彻落实习近平总书记关于防灾减灾救灾和自然灾害防治重要论述、防震减灾重要指示批示精神。要抓好各层级、各领域干部职工的培训，加快知识更新，跟上时代脚步。各单位纪检监察机构要从监督政治理论学习着手，督促真学真懂真用。中央即将部署在全党开展"不忘初心、牢记使命"主题教育，各单位党委（党组）要高度重视，认真组织，加强领导，纪检监察机构要加强监督落实。

（二）**通过强化监督，改作风、促作为。**要严格落实中央八项规定精神，认真开展形式主义、官僚主义问题集中整治，对顶风违纪行为从严从重处理，坚决破除"四风"。2019年，中国地震局机关要继续开展"作风建设月"活动，努力解决"文山会海"问题。精简文件，重点是提高文件质量，增强文件的针对性和可操作性；减少会议，重点是开有用的会、开有准备的会，不开没有实质性内容的会议。要严格控制各类总结报告，解决好报表材料过多问题，切实减少基层负担，让广大干部有更多精力抓贯彻落实。要深入基层调研，全面了解真实情况，帮助解决实际困难。

（三）**通过强化监督，严纪律、促担当。**政治纪律是最重要、最根本、最关键的纪律。习近平总书记的重要论述和重要指示批示，既是工作要求、也是政治纪律，既要有部署安排、还要有具体贯彻措施、阶段性进展，取得工作成效。我们要用铁的纪律教育和约束党员干部。对落实习近平总书记重要指示要求不力的，对落实党中央决策部署不力的，都要追究政治责任。我们要以秦岭北麓西安境内违建别墅问题为戒。要加大重点领域专项整治力度，切实优化事业发展环境。纪检监察机构要加强对党组织和领导干部担当作为的监督，发现不担当作为、消极应对、慵懒散漫的现象，该提醒的提醒，该问责的问责，该处理的处理。

四、关于落实全面从严治党的政治责任

全面从严治党是一项长期的政治任务，也是一项系统工程。全面从严治党永远在路上，反腐倡廉永远在路上。地震系统各级党组织和纪检监察机构都要有清醒的认识和足够的定力，切实落实管党治党政治责任，持之以恒地正风肃纪、反腐倡廉，不断提升全面从严治党工作质量，不断巩固党风廉政建设成果。要正确处理好"四个关系"。

一要正确处理主体责任与监督责任的关系。要切实压实"两个责任"，这是全面从严治党的前提。从实际情况看，一些单位党组织对全面从严治党主体责任和监督责任的关系认识不清。主体责任和监督责任相辅相成，党委（党组）书记要支持纪委书记（纪检组长）履行监督责任，纪委书记（纪检组长）要协助督促党委（党组）书记履行主体责任。

二要正确处理监督执纪与综合防控的关系。纪检监察机构要严格履行监督执纪职责，对违反党的纪律的行为，发现一起查处一起，做到零容忍、无禁区。要严格执行民主集中制，严格规范"三重一大"决策和权力运行。要深入查找权力运行中的风险点，完善有效管用的内控和监督机制，特别是注重严格规范项目、预算、财务、招标采购、国有资产、选人用人进人等管理。要全面实施预算绩效管理，使之覆盖所有财政资金，贯穿预算编制、执行全过程。要加强重点工程和重点项目决策、执行和监督管理。要注重重大决策部署贯彻落实审计监督，紧盯重大项目、重点环节和重点对象，强化审计监督。

三要正确处理巡视监督与日常监督的关系。要严格落实政治巡视要求，把坚决维护习近平总书记的核心地位、坚决维护党中央权威和集中统一领导，作为巡视工作的政治责任，深化政治巡视，发挥巡视利剑作用。要持续深入推进中央巡视整改落实，开展巡视"回头看"，经常对照检查，发现问题及时整改。要继续组织开展内部巡视工作，选择问题反映多的单位开展巡视。各单位要注重自我日常监督，充分运用好执法检查、财务稽查、内部审计、专项检查、信访举报和群众监督等手段，加强经常性监督，主动发现问题，自觉解决问题。

四要正确处理问题查处与长效机制的关系。通过监督执纪发现问题、查处问题，是为了解决问题、少出问题。要用好问责这个利器，发现问题坚决查处，发挥震慑和警示作用，以强有力问责唤醒责任意识。要认真汲取教训，通过问题查处，分析原因，堵塞漏洞，制定有针对性的制度措施，建立行之有效的长效机制。要通过制度管人管事管权，有效防范化解廉政风险。

五、关于构建风清气正的良好政治生态

2018 年初，中国地震局党组印发了《关于构建地震系统风清气正的良好政治生态的实施意见》。一年来，通过系统上下共同努力，全系统政治生态明显好转。但也必须认识到，构建良好政治生态是一项长期的艰巨任务，必须久久为功，持之以恒地推进。各单位要进一步认识政治生态建设的重要性、紧迫性、长期性，采取更加有效的措施，持续构建地震系统风清气正的良好政治生态，着力在以下三方面下功夫。

（一）在加强领导班子建设方面下功夫。净化政治生态，必须强化组织领导，关键在于提升各单位领导班子的政治领导力。班子是龙头，一把手是关键。班子强、一把手正，一个单位的政治生态就好；一把手不正、履职能力弱、甚至违法乱纪，就会成为政治生态的首要污染源。抓住班子和一把手，就抓住了政治生态建设的关键。各单位党委（党组）书记要切实履行第一责任人的职责，把构建风清气正的良好政治生态作为全面从严治党的总抓手，狠抓压力传导和责任落实。纪委书记（纪检组长）要全力助推本单位政治生态建设，认真履行监督执纪问责职责。

（二）在规范选人用人进人方面下功夫。反思地震系统全面从严治党方面存在的问题，关键是干部监督教育管理方面的问题。近两年局党组花大力气开展局属单位领导班子集中研判，开展选人用人进人专项巡视，加大干部交流轮岗力度，实施局属单位主要负责人集中述职、单位目标考核，建立领导干部能上能下制度，等等，这些措施就是要解决干部监督教育管理方面存在的问题。中国地震局党组严格执行党政领导干部选拔任用工作条例等干部制度，坚持选贤用能，不唯学历看能力，不唯职称看水平，不唯资历看业绩，不唯身份看素质，按照人岗相适、以事择人的原则选拔使用干部，充分调动广大干部的积极性。应当强调的是，选拔干部必须严格执行新时期好干部标准，必须坚持把政治关放在首位，把干部政治素质考实考准，切实把政治过关、品行过关、廉洁过关、能力过关、作风过关的好干部选出来、用起来。深刻汲取地震系统选人用人的教训，以对事业负责、对干部负责的精神，坚决把"两面人"挡在门外，现在已经在岗位的也要坚决清理出去。各单位党委（党组）和组织人事部门要切实担负起选人用人政治责任，切实把事关事业长远发展的干部工作抓实抓好。

（三）在激励干部职工担当作为方面下功夫。推进新时代防震减灾事业改革发展，迫切需要地震系统各级党组织和广大党员干部认清形势，鼓足干劲，振奋精神，积极担当作为。要营造激励先进、鞭挞落后的良好氛围，对担当负责、狠抓落实的干部要大张旗鼓地表扬。要把握好"三个区分开来"，对敢于担当、敢于作为的干部，当他们受到误解、非议、甚至诬告时，组织要敢于为他们说话，及时澄清事实、消除影响。对恶意中伤、诬告陷害、散布谣言等歪风邪气要坚决斗争。要善于发现、大胆使用优秀年轻干部，为担当者担当、为干事者撑腰。关于构建地震系统风清气正的良好政治生态，中国地震局党组将根据一年多来的实践，不断完善工作措施，定期分析研判，突出重点，落实责任，强化问责，加强督促检查，持续推进。各单位党委（党组）必须担负起构建良好政治生态的政治责任，定期研判本单位政治生态，提出有针对性的措施，树正气、树新风、树典型、立示范，营造干事创业的良好环境。

六、关于加强纪检监察队伍建设

打铁必须自身硬。面临新形势新要求，地震系统广大纪检监察干部必须把责任扛起来，把担子挑起来，把作用发挥出来。

（一）完善纪检监察体制机制。坚决落实中央关于纪律监察体制改革的要求，积极接受驻部纪检监察组的指导和监督，在日常监督、问题查处中要积极支持、主动配合，在责任落实上要形成合力。同时，针对地震系统垂直管理体制的特点，在实施纪委书记（纪检组长）履行监督职责向中国地震局党组报告工作"直通车"制度的基础上，积极探索局党组向局属单位派驻纪检监察机构机制。进一步完善纪委书记（纪检组长）异地交流工作机制。

（二）提升纪检监察队伍素质。加强全系统纪检监察干部业务轮训、以干代训工作，定期分层次对纪检监察干部进行培训，熟练掌握党的方针政策、党纪党规和监督执纪知识。要把各单位纪检监察干部组织起来，通过参加巡视、审计和专项工作等方式，多种方式历练，提升实战能力。

（三）强化纪检监察职责履行。要全面正确履行纪检监察工作职责，既要执纪、又要执法，既要注重日常监督、又要注重执纪问责，既要针对违纪违规行为做出合理处理决定、又要保证处理决定执行到位，既要履行监督执纪问责职能、又要保障事业改革发展，不断提升地震系统纪检监察工作质量和水平。

（中国地震局办公室）

应急管理部副部长、中国地震局党组书记、局长郑国光在地震系统全国"两会"地震安全保障服务工作视频会上的讲话（摘要）

（2019年2月28日）

2月27日下午，国务院安委会办公室、应急管理部召开了全国"两会"期间安全防范工作视频会议，黄明书记传达了李克强总理等中央领导同志重要批示精神和国务院关于做好全国"两会"期间有关工作的部署，对做好全国"两会"期间安全防范工作提出要求，并专门就做好地震安全保障工作作出批示。他批示指出，近期小震不断，春夏也是地震多发期，地震局要专题部署，把预测、防范、救援讲得细些实些，更具针对性实效性。为了贯彻上述会议精神和黄明书记的批示要求，中国地震局党组专门召开专题会议研究全国"两会"期间地震安全保障服务工作，并决定今天召开地震系统视频会议。这次视频会议的主要任务是，认真学习贯彻习近平总书记关于坚持底线思维防范化解重大风险的重要论述，认真贯彻李克强总理等中央领导同志的批示精神以及全国"两会"期间安全防范工作视频会议精神，对全国"两会"期间地震安全保障服务工作作出部署安排。根据黄明书记批示要求，今天应急管理部指挥中心、救援协调局、地震地质司、消防救援局、森林消防局负责同志也参加会议，目的就是共同努力，打好全国"两会"期间地震安全保障这场硬仗。刚才，中国地震台网中心、北京市地震局分别汇报了本单位全国"两会"地震安全保障服务工作的准备情况，阴朝民同志对震情跟踪工作进行了部署，讲得都很好。下面，我再强调几点。

一、认真贯彻全国"两会"期间安全防范工作视频会议精神，进一步增强做好全国"两会"期间地震安全保障服务的责任感

全国"两会"是党和国家政治生活中的一件大事，全力以赴为全国"两会"营造安全、和谐、稳定的政治社会环境，是应急管理系统的一项重要政治任务，也是当前地震系统一项重中之重的任务，昨天应急管理部召开全国"两会"期间安全防范工作视频会议，传达了习近平总书记和李克强总理的重要指示批示精神，以及肖捷国务委员对做好全国"两会"期间工作的五点要求。

根据肖捷国务委员的指示，黄明书记要求应急管理系统各单位要认真学习贯彻习近平总书记关于安全生产重要指示精神，按照李克强总理等中央领导同志批示要求和国务院关于做好全国"两会"各项工作的部署，紧紧围绕防范化解重大风险、坚决遏制重特大事故，进一步提高政治站位、强化风险意识，真正地深下去、严起来，以最高标准、最严措施全力抓好全国"两会"期间的安全防范工作，确保安全形势稳定。黄明书记昨天下午在视频

讲话中特别强调了三点，一是要求认真学习领会中央领导同志重要指示批示精神，切实增强做好全国"两会"期间安全防范工作的政治自觉和责任自觉；二是要深刻吸取事故教训，正确处理好"三个关系"（即安全生产三个责任的关系、严格安全监管与放管服改革的关系、各执法层级的关系）；三是以极端认真负责的态度和严实的作风，全力打好全国"两会"期间安全防范攻坚战。他讲话特别要求密切监测地质、地震、凌汛、雨雪冰冻等灾害，做好防范工作。

国务院领导同志和黄明书记对做好安全防范工作要求很明确也很具体，地震系统各单位要认真学习贯彻落实会议精神，进一步提高思想认识，进一步细化落实举措，做细做实地震安全保障服务工作。特别要充分认识地震突发事件影响面广、社会关注度高、与社会稳定和政治风险关联性强等特点，一定要坚持底线思维，强化风险意识、突出问题导向，把防范化解地震灾害风险的重大政治责任扛在肩上、落在行动上，切实有效防范化解地震灾害风险。

二、以极端负责的态度和严实的作风全力做好全国"两会"期间地震安全保障服务工作

第一，切实抓好震情监视跟踪研判。2018 年，我国大陆地震活动水平不高，没有发生 6 级以上地震。2019 年以来，我国大陆地区又趋于活跃，发生了 5 级以上地震 4 次，最大的是四川珙县 5.3 级地震。党中央、国务院高度重视，国务院防震减灾工作联席会议对震情跟踪工作作出专门部署。2 月 24—25 日，四川荣县不到 32 小时先后发生 3 次 4 级以上地震，造成 2 人死亡 10 余人受伤，社会影响很大。我们一定不能掉以轻心，务必进一步牢固树立"震情第一"的理念，"宁可千日不震，不可一日不防"，紧盯震情，常备不懈。全国"两会"期间，地震系统各单位**一要**强化每日业务系统巡检，确保系统正常运转；**二要**强化数据处理与异常核实分析，发现异常第一时间要核实；**三要**强化震情会商研判与信息服务，中国地震台网中心从今天起要每日组织震情会商，滚动研判全国震情形势，着力提升研判意见的科学性和可用行，第一时间报告应急管理部指挥中心。各地要及时将震情研判意见传递给当地应急管理、消防和森林消防部门，使有关部门及时了解震情形势，提前做好应对处置。

第二，切实抓好风险防范和应急准备。地震地质司、消防救援局、救援协调局要抓紧研究完善重特大地震应急方案和工作机制。地震系统各单位要按照国务院防震减灾联席会议的要求，在地方党委政府的领导下，做好应急准备各项工作，全面排查评估全国"两会"所在地区及附近区域地震灾害风险。**一是**完善专项方案。各地应急管理厅局成立之后，地震应急预案要及时修订跟进，各单位要针对全国"两会"强化预案管理，进一步修改完善，并针对全国"两会"地震安保制定专项工作方案，明确应急准备手册和响应流程，确保职责明确、流程清晰、人员到位。从此次四川荣县地震应急处置来看，还存在统筹协调不够等问题，地震系统要加强与当地应急管理、消防、森林消防部门主动沟通对接。**二是**强化出队准备。地震、应急、消防等单位要组织清理、检查应急车辆、装备和物资器材，保持良好状态，地震应急现场工作人员做好随时出队准备。**三是**确保指挥系统正常运行。地震、

应急、消防等各部门一定要加强沟通协调，完善协调机制，形成合力。

第三，切实抓好全国"两会"期间值班值守。各单位一定要站在讲政治的高度，迅速进入应急状态，安排好全国"两会"期间值班值守。各单位领导干部要切实承担起领导责任，不仅要在岗，还要查岗、亲力亲为、主动上手。要对重点部位、薄弱环节进行检查、重点防范，切实做到心中有数、手上有招。要紧盯突发事件应急处置，反应灵敏、抓早抓小、第一时间汇报情况，领导干部要第一时间赶赴现场亲自指挥，及时有效处置。要始终绷紧神经，决不允许松懈马虎。中国地震局机关已经进行了安排，强化中国地震局领导带班和值班工作，局领导不离京出差，局机关司级干部24小时在岗带班，值班室实行24小时双岗值班。各单位要严格落实三级带班值班制度，特别是各省级地震局和有应急任务的直属单位负责同志、处级干部、值班员要24小时在岗带班值班，应急工作人员24小时通讯要畅通，应急指挥大厅实行24小时值班。严禁带班值班同志擅离值守，坚决杜绝值班联络不顺畅、非正式人员顶岗值班、信息报告不及时、谎报漏报瞒报信息等情况发生。

第四，切实保障好业务系统稳定运行。地震系统各单位要对全国"两会"期间业务系统、门户网站、政务新媒体信息与网络安全保障工作作出全面细致部署。**一是**要组织开展自查、检查，全面掌握安全状况，对检查发现的问题和隐患第一时间整改；**二是**要加强值班值守和信息通报工作，确保值守力量充足，对重要信息系统和网站安全状况进行24小时实时监测，确保系统安全运行；**三是**要做好应急准备，业务系统发生突发事件后，相关单位要迅速开展应急处置。特别是中国地震台网中心在做好本单位核心业务系统、中国地震局门户网站、邮件系统等重要信息系统网络安全保障的同时，还要发挥好网络安全业务牵头单位的抓总和协调作用，指导各单位做好自查、值守通报和应急准备工作，确保发生网络安全事件时第一时间快速处理。

第五，切实抓好新闻宣传和舆情引导。2017年4月12日，时任国务院副总理汪洋视察中国地震局时讲话强调，防震减灾工作虽然不是中心却能够影响中心，不是大局却能够牵动大局。全社会对防震减灾的期望和要求越来越高，我们经常看到，地震还没有发生，就有传闻甚至谣言，就会造成人心惶惶，影响社会稳定和老百姓生活。因此，要从讲政治的高度，充分认识地震信息发布和科普宣传的重要性。各单位党组（党委）要对信息发布和新闻宣传工作负起政治责任和领导责任，主要负责同志要带头把方向、管阵地、强队伍，当好第一责任人。**一**要把国家利益、社会稳定放在首位。认真反思、认真谋划、认真做好信息发布、新闻宣传和舆论引导工作。**二**要进一步严肃新闻采访和信息发布工作纪律。严格落实信息发布审核机制，要内外有别，坚持先审后发，未经授权，不得擅自发布信息。发布内容涉及其他单位、部门的，必须进行充分沟通，达成共识。需要特别强调的是，震情趋势、会商意见的发布，必须依法依规进行。**三**要积极做好舆情跟踪和分析研判。要健全舆情应对机制，加强舆情收集和分析研判，实时掌握情况，一旦发现苗头性、倾向性问题，及时上报。涉事责任单位作为第一责任主体，要对各类信息发布特别是专家言论严格把关，切实管好自己的"责任田"，要在舆论热点问题上科学研判、妥善处置，及时发布权威科学的信息，正确引导社会舆论，防范和化解舆情风险，切实维护社会安全稳定。

第六，切实抓好安全生产和信访维稳。地震系统各单位要高度重视安全生产和信访维稳工作。**一要落实领导责任。要切实抓好安全生产责任**，采取有效防范措施，严密防范各类安全事故。**二要**开展专项检查。各单位要针对防火安全、交通安全等开展有针对性的安全教育，要针对火灾隐患、消防器材、疏散通道等安全措施进行专项检查，发现问题及时整改。**三要**做好信访维稳。深入开展信访矛盾排查化解，针对排查出的矛盾纠纷，逐一明确责任领导、责任人和化解时限，及时把矛盾化解在早、化解在小、化解在基层。对重点人员要制定工作方案，安排专人负责，把矛盾化解在当地，把人员稳定在当地。希望有关单位一定要落实责任，做好相关工作。

（中国地震局办公室）

应急管理部副部长、中国地震局党组书记、局长郑国光 在地震系统"不忘初心、牢记使命"主题教育 集中学习会议上的讲话（摘要）

（2019 年 6 月 6 日）

按照中央统一部署，今天上午应急管理部召开全系统开展"不忘初心、牢记使命"主题教育动员部署视频会，黄明书记作了动员讲话，对应急管理系统主题教育作出部署，提出要求。中央第二十四指导组宋秀岩组长从 5 个方面提出要求，给予指导。今天下午，我们以集中学习的方式对地震系统开展主题教育再动员、再部署。下面，我代表中国地震局党组（以下简称"局党组"）讲几点意见。

一、充分认识开展"不忘初心、牢记使命"主题教育的重大意义

习近平总书记在党的十九大报告中指出，中国共产党人的初心和使命，就是为中国人民谋幸福，为中华民族谋复兴。这个初心和使命是激励中国共产党人不断前进的根本动力。

2019 年 5 月 13 日，中共中央政治局召开会议，研究决定从 2019 年 6 月开始，在全党自上而下开展"不忘初心、牢记使命"主题教育。5 月 21 日，中共中央印发《关于在全党开展"不忘初心、牢记使命"主题教育的意见》。5 月 31 日，召开"不忘初心、牢记使命"主题教育工作会议，习近平总书记出席会议并发表重要讲话，对开展主题教育进行动员部署，深刻阐述了开展主题教育的重大意义，深刻阐明了主题教育的总要求、根本任务和重点措施，对开展主题教育提出了明确要求，具有很强的政治性、思想性、针对性、指导性，是开展"不忘初心、牢记使命"主题教育的根本指针，是新时代加强党的建设的纲领性文献。党内教育是党的思想建设，党的思想建设是党的基础性建设，习近平总书记反复强调"革命理想高于天"。在全党开展"不忘初心、牢记使命"主题教育，是坚定全党理想信念的重要举措、是全面从严治党的重要安排，是以习近平同志为核心的党中央统揽伟大斗争、伟大工程、伟大事业、伟大梦想作出的重大部署，对我们党不断进行自我革命，团结带领人民在新时代把坚持和发展中国特色社会主义这场伟大社会革命推向前进，对统筹推进"五位一体"总体布局、协调推进"四个全面"战略布局，实现"两个一百年"奋斗目标、实现中华民族伟大复兴中国梦，具有十分重大的意义。

6 月 2 日和 3 日，应急管理部党组和中国地震局党组分别召开理论学习中心组会议，传达学习习近平总书记在"不忘初心、牢记使命"主题教育工作会议上的重要讲话精神和王沪宁同志的总结讲话精神，研究主题教育实施方案。今天上午，黄明书记和宋秀岩组长讲话都提出明确要求。地震系统各级党组织和广大党员干部一定要深刻领会，充分认识开

展"不忘初心、牢记使命"主题教育的重大意义,自觉把思想和行动统一到习近平总书记重要讲话精神上来,统一到中央部署和应急管理部党组要求上来,坚持学做结合、查改贯通,以思想自觉引领行动自觉、以行动自觉深化思想自觉,扎实开展主题教育。

中央关于主题教育的意见明确提出,**开展主题教育**,要坚持思想建党、理论强党,推动全体党员深入学习贯彻习近平新时代中国特色社会主义思想;要贯彻新时代党的建设总要求,同一切影响党的先进性、弱化党的纯洁性的问题作坚决斗争,努力把我们党建设得更加坚强有力;要教育引导全体党员牢记党的宗旨,坚持以人民为中心,把群众观点和群众路线深深植根于思想中、具体落实在行动上,不断巩固党执政的阶级基础和群众基础;要教育引导全党同志勇担职责使命,焕发干事创业精气神,扎实做好工作,把党的十九大精神和党中央决策部署落实到位。**开展主题教育的根本任务**是深入学习贯彻习近平新时代中国特色社会主义思想,锤炼忠诚干净担当的政治品格,团结带领全国各族人民为实现伟大梦想共同奋斗;**总要求十二个字**,是守初心、担使命、找差距、抓落实;**目标任务五句话**,是理论学习有收获、思想政治受洗礼、干事创业敢担当、为民服务解难题、清正廉洁作表率;将力戒形式主义、官僚主义作为主题教育**重点内容**。地震系统开展主题教育,就是要引导和教育广大党员干部深入贯彻习近平新时代中国特色社会主义思想,深入贯彻习近平总书记关于防灾减灾救灾、提高自然灾害防治能力重要论述和关于防震减灾重要指示批示精神,牢记中国共产党人的初心和使命,牢牢把握主题教育的总要求,努力实现五句话目标任务。

二、进一步增强开展"不忘初心、牢记使命"主题教育的责任感和使命感

地震系统开展"不忘初心、牢记使命"主题教育,就是要把广大地震工作者思想和行动统一到习近平新时代中国特色社会主义思想和党的十九大精神上来,统一到中国共产党人初心使命上来,统一到为决胜全面建成小康社会、全面建成社会主义现代化强国、实现中华民族伟大复兴中国梦提供强有力的地震安全保障上来。

(一)**开展主题教育,是坚持用习近平新时代中国特色社会主义思想指导防震减灾工作的生动实践**。地震系统开展主题教育首先要深入学习贯彻习近平新时代中国特色社会主义思想,学懂弄通习近平总书记关于防灾减灾救灾重要论述和对防震减灾工作重要指示批示精神。要深刻认识到,习近平总书记重要论述和重要指示批示是习近平新时代中国特色社会主义思想的重要组成部分,是新时代防灾减灾救灾和防震减灾理论的一次重大升华、发展思路的重大转变,是指引新时代防震减灾事业发展的强大思想武器和行动指南,具有里程碑的意义。地震系统广大党员干部一定要深刻领会和贯彻落实习近平新时代中国特色社会主义思想,深刻领会习近平总书记关于防灾减灾救灾重要论述和防震减灾工作重要指示批示的丰富内涵和精神实质,大力推进新时代防震减灾事业现代化建设,不断增强防震减灾工作保障中国特色社会主义现代化事业的能力和水平。

(二)**开展主题教育,是深入推进地震系统党的建设的必然要求**。地震系统开展主题教育要认真贯彻新时代党的建设总要求,以刮骨疗伤的勇气和坚忍不拔的韧劲坚决同一切削

弱党的力量，损害党和人民事业，影响党的先进性、纯洁性的问题作坚决斗争，努力把地震系统党的工作建设得更加坚强有力。

（三）开展主题教育，是地震系统践行党的宗旨、坚持以人民为中心发展的必然要求。地震系统开展主题教育，要教育引导广大党员干部自觉践行党的根本宗旨，把党的群众路线贯穿于我们全部工作的始终。防震减灾事业是党和国家事业的一部分，我们要紧紧围绕着力解决广大人民群众最关心最现实的利益问题，认真做好防震减灾各项工作，不断增强人民群众对党的信任和信心，筑牢党长期执政最可靠的阶级基础和群众根基。我们要认真践行习近平总书记以人民为中心的发展思想，始终把人民放在心中最高的位置，实现好、维护好、发展好最广大人民的根本利益，始终把人民对包括地震安全在内的美好生活向往作为我们的奋斗目标，把确保人民群众生命财产安全作为我们的根本任务，筑牢全社会防震减灾的安全底线，全面提高全社会防范地震灾害风险的综合能力和水平，使人民群众有更多的获得感、幸福感、安全感。

（四）开展主题教育，是地震系统实现党中央国务院提出的防震减灾事业发展目标的必然要求。2010年国务院印发《关于进一步加强防震减灾工作的意见》，明确提出2020年我国防震减灾事业发展的目标任务。党的十八大以来，习近平总书记就防灾减灾救灾发表系列重要论述，对防震减灾工作先后作出70余次重要指示批示，为新时代防震减灾事业发展指明了方向。党的十九大后，中国地震局党组认真学习贯彻习近平新时代中国特色社会主义思想和党的十九大精神，适应决胜全面建成小康社会、全面建设社会主义现代化强国奋斗目标的根本要求，研究出台了《大力推进新时代防震减灾事业现代化建设的意见》，提出了到21世纪中叶新时代防震减灾事业现代化建设三步走的奋斗目标，印发了《新时代防震减灾事业现代化纲要（2019—2035年）》，绘就了新时代防震减灾事业现代化宏伟蓝图。开展主题教育，就是要教育引导地震系统广大党员干部以时不我待、只争朝夕的紧迫感，以开拓进取、攻坚克难的使命感，以功成必定有我、舍我其谁的担当精神，加快推进新时代防震减灾事业现代化建设，全力保障全面建成小康社会、建成社会主义现代化强国奋斗目标如期实现。

三、全面准确地把握主题教育的目标任务和基本要求

按照党中央统一部署和应急管理部党组具体要求，中国地震局党组就主题教育认真研究，制定了《中国地震局党组开展"不忘初心、牢记使命"主题教育实施方案》，明确了地震系统开展主题教育的总体要求、目标任务、主要内容和工作安排，地震系统各级党组织一定要认真学习贯彻，高标准、高质量组织开展好主题教育。我强调一下需要把握的重点。

第一，要准确把握好主题教育的总体安排和基本要求。这次主题教育以处级以上领导干部为重点，分两批开展，总体安排6个月时间。中国地震局机关和45个局属单位作为第一批从2019年6月开始，8月底基本结束。防灾科技学院作为第二批从9月开始，11月底基本结束。主题教育不划阶段、不分环节，要把学习教育、调查研究、检视问题、整改落实贯穿主题教育全过程，即四个"贯穿始终"，做到"四个坚持"：**一要坚持初心使命。**我们要始终牢记全心全意为人民服务的根本宗旨，牢记人民对美好生活的向往就是我们的奋

斗目标，牢记肩负为实现中华民族伟大复兴提供地震安全保障的历史使命，勇于担当负责，积极主动作为，战胜前进道路上的一切艰难险阻。**二要坚持群众路线。**我们要始终坚守人民立场，自觉同人民想在一起、干在一起，深入基层了解民情、掌握实情，着力解决群众的操心事、烦心事、揪心事，不断增强人民群众的获得感、幸福感、安全感。**三要坚持实事求是。**我们要始终牢记党的宗旨，牢固树立正确政绩观，力戒形式主义、官僚主义，注重实际效果，解决实质问题，转变作风，真抓实干，把习近平新时代中国特色社会主义思想转化为推进改革发展和党的建设各项工作的实际行动。**四要坚持问题导向。**我们要深入查找在增强"四个意识"、坚定"四个自信"、做到"两个维护"方面的差距，在知敬畏、存戒惧、守底线方面的差距，在群众观点、群众立场、群众感情、服务群众方面的差距，在思想觉悟、能力素质、道德修养、作风形象方面的差距，在勇于担当、敢于负责、实际表现方面的差距。坚持边学边查边改，做到立行立改、即知即改，确保取得实效。

第二，**要切实抓好学习教育，做到走深走心走实**。地震系统各级党组织和广大党员干部要将学习贯穿始终，推动学习贯彻习近平新时代中国特色社会主义思想往深里走、往心里走、往实里走，把学习成效体现到增强党性、提高能力、改进作风、推动工作上来。**一是原原本本自学。**地震系统广大党员干部要以自学为主，学习党的十九大报告和党章，学习《习近平关于"不忘初心、牢记使命"重要论述选编》《习近平新时代中国特色社会主义思想学习纲要》，跟进学习习近平总书记最新重要讲话文章，学习习近平总书记关于应急管理、防灾减灾救灾、提高自然灾害防治能力的重要论述，学习习近平总书记关于防震减灾工作论述摘编，以及对综合性消防救援队伍的重要训词精神，理解其核心要义和实践要求，自觉对标对表，及时校准偏差。**二是集中学习研讨。**各单位党委（党组）要集中时间，通过党委（党组）理论学习中心组学习、举办读书班等形式，列出专题，交流研讨。各党支部每个月集中安排1天时间，开展主题党日活动。各单位要结合重要时间节点，积极开展革命传统教育、形势政策教育、先进典型教育和警示教育，增强学习教育的针对性、实效性和感染力。**三是抓好重点培训。**6—8月，中国地震局将举办地震系统干部队伍建设暨改革发展研讨班、局属单位纪检干部培训班、党组管理干部任职培训班。各类培训都要将主题教育作为重点内容，坚定理想信念，提高运用党的创新理论指导实践、推动工作的能力。

第三，**要深入开展调查研究，做到掌握实情、拿出实招**。调查研究要树立鲜明的问题导向，注重实效。各级党员干部要结合重大决策部署、重点工作，着眼解决实际问题，深入开展调研，沉下去了解民情、掌握实情，拿出破解难题的实招、硬招，推动局党组重大决策部署落实落地。**一是聚焦重点问题开展调研。**在2019年初局党组调研活动安排基础上，中国地震局党组同志和机关内设机构、局属单位领导班子成员，要围绕贯彻落实习近平总书记重要指示批示精神，围绕应对和化解地震灾害风险挑战，围绕解决防震减灾事业改革发展焦点痛点和群众反映强烈的热点难点，围绕构建地震系统风清气正良好政治生态的紧迫问题等进行调研，真正把情况摸清楚，把症结分析透，研究提出解决问题、改进工作的办法措施。**二是提高调研工作质量。**调查研究要接地气，认真选择调研地点和调研方向，真正深入基层群众、深入工作一线、深入地震台站、深入服务对象，掌握第一手材料。要轻车简从，统筹安排，不增加基层负担。**三是强化调研成果应用。**要认真梳理问题，提出解决措施，交流调研成果，既要总结成绩经验又要查找问题不足，既梳理表面现象又剖析内在原因，把调研成果转化为解决问题的具体行动。各级领导班子成员要带头讲党课。我作为局党组书记，首先要带头讲党课，局党组其他同志在分管内设机构或局属单位讲党课。各单位主要负责同志要带头讲党课，班子副职在分管部门或基层单位讲党课。党课要联系防震减灾工作，讲学习体会收获，讲运用习近平新时代中国特色社会主义思想指导实践、推动工作存在的差距和改进工作的思路举措。**四是加强统筹安排。**围绕这次主题教育和中央部署要求，结合地震系统工作实际，局党组还部署开展地震系统"解决形式主义突出问题为基层减负"专项整治行动，在局机关开展以"力戒形式主义、促进实干担当"为主题的"作风建设月"活动。各单位要认真研究，统筹安排好，力求取得实实在在的成效。

第四，要深刻检视剖析，做到刀刃向内、深挖根源。地震系统广大党员干部要对照习近平新时代中国特色社会主义思想和党中央决策部署，对照党章党规，对照初心使命，查摆自身不足，查找工作短板，深刻检视剖析。**一是听取意见要"广"。**要结合调查研究，通过召开座谈会、个别谈话、设立意见箱、上门走访等多种方式，充分听取工作服务对象和基层党员群众对领导班子、领导干部存在突出问题的反映，对改进作风、改进工作的意见和建议。局党组要结合内部巡视、专项检查、干部考察等情况，对下级单位领导班子及其成员提出意见。**二是问题清单要"实"。**局党组、局机关内设机构、局属单位要认真梳理近年来接受各项监督检查发现的共性问题、突出问题和整改不到位、屡查屡犯问题，深刻剖析原因。近期，局党组将综合巡视、审计、财务稽查、干部考察、工作考核、民主生活会整改等情况，对局属单位和机关内设机构领导班子进行分析研判。各单位党委（党组）也要开展内设部门、基层单位领导班子分析研判，建立问题清单。**三是检视反思要"深"。**要对照习近平新时代中国特色社会主义思想和党中央决策部署，对照习近平总书记关于防灾减灾救灾、提高自然灾害防治能力重要论述和关于防震减灾的重要指示批示精神，对照党章党规，对照初心使命，实事求是检视自身差距，把问题找实、把根源找深，明确努力方向。领导班子要聚焦党的政治建设、思想建设、作风建设存在的突出问题进行检视反思，查找工作短板。检视剖析要一条一条列出问题，不搞官样文章，不硬性规定字数。

第五，要强化整改落实，做到盯住整改、力求实效。要突出主题教育的实践性，坚持边学边查边改。**一是开展专项整治。**对照中央和应急管理部提出的专项整治重点，全面清理清查地震系统和本单位存在的突出问题，重点整治贯彻落实习近平新时代中国特色社会主义思想和党中央决策部署表态多、调门高、行动少、落实差的问题；整治干事创业精气神不够，只想当官不想干事，只想揽权不想担责，不愿担当作为，不敢较真碰硬，不能攻坚克难等问题；整治违反中央八项规定精神和形式主义、官僚主义突出问题，会议文件空话套话多，实质内容少，检查考核过多过频，重留痕不重实绩，碰到问题往上推、落实责任往下甩等问题；整治领导干部配偶、子女及其配偶违规经商办企业等问题；整治基层党组织软弱涣散、党员教育宽松软、管党治党责任缺失等问题。局机关内设机构、局属单位要结合实际，有针对性地列出需要整治的突出问题，进行集中整治。专项整治情况要以适当方式向干部职工通报。对专项整治中发现的违纪违法问题，要严肃查处。**二是全面整改落实。**对调研发现的问题、群众反映强烈的问题、巡视巡察反馈的问题、排查出来的问题等，要列出清单。要把"改"字贯穿主题教育始终，立查立改、即知即改，能够当下改的，明确时限和要求，按期整改到位；一时解决不了的，要盯住不放，通过不断深化认识、增强自觉，明确阶段目标，持续整改。局机关要结合"作风建设月"活动，在改进办文办会、纠正过度留痕、强化责任落实、激励担当作为等方面狠下功夫，全面整治形式主义、官僚主义等方面存在的突出问题。**三是开好专题民主生活会**。主题教育结束前，局党组召开专题民主生活会，运用学习调研成果，针对检视反思的问题，联系整改落实情况，认真开展批评和自我批评。局机关内设机构、局属单位于 8 月中下旬召开领导班子专题民主生活会。会后要制定整改方案，明确责任，限期整改。各党支部要组织召开专题组织生活会，重点解决基层党组织软弱涣散、作用发挥不充分等问题。**四是建立长效机制**。要认真总结主题教育开展情况，从领导干部自身素质提升、解决问题成效、群众评价反映等方面，客观评估主题教育效果。针对突出问题，注重健全制度，堵塞管理漏洞，减少潜在风险，把主题教育中形成的好经验好做法固化为规章制度。

四、加强对主题教育的组织领导，力求取得实效

（一）**强化领导，明确责任职责**。地震系统主题教育在中央第二十四指导组的指导下，在应急管理部党组和局党组领导下开展。局党组成立了主题教育领导小组，全面负责主题教育的组织领导、协调督促、监督检查。领导小组下设办公室，由直属机关党委、办公室、人事教育司组成，负责日常工作。我作为地震系统主题教育第一责任人，一定会认真履职，努力发挥好示范带头作用，带头参加学习、带头调查研究、带头检视问题、带头开展批评和自我批评、带头整改落实。局属单位党委（党组）要成立相应领导机构和工作机构，党委（党组）主要负责人要履行第一责任人职责，党委（党组）成员要认真履行"一岗双责"，对分管领域加强指导督促。中国地震局机关和局属单位管理部门、领导班子和领导干部要抓好自身教育和整改，作出表率。各党支部要开展主题教育，党支部书记、支委要发挥好示范带头作用。各级党组织一定要增强责任感和使命感，加强组织领导，坚持领导带头，精心组织实施，加强督查指导。

（二）**加强督导，确保任务落实**。局党组组建了 6 个指导组，采取巡回检查、随机抽查、调研访谈等方式，对局属各单位和中国地震局机关各内设机构进行督促指导。各单位党委（党组）要结合实际，做好对基层党组织的督促指导和成效检验。督促各单位既要认真落实党中央统一部署，把"规定动作"做到位，又要结合防震减灾和自身实际，安排好主题教育各方面工作，确保提高教育成效。对有不足之处的，要明确指出，帮助弥补；对问题较多、工作不力的，要责其纠正、加大工作力度；对走过场的，要严肃批评，令其重新进行。

（三）**加大宣传，营造良好氛围**。各单位要运用网站、新媒体等方式，深入宣传党中央精神和局党组部署，及时反映进展成效、经验做法，加强正面引导，防范负面舆情，为主题教育营造良好氛围。选树宣传先进典型，尤其要宣传那些秉持理想信念、保持崇高境界、坚守初心使命、敢于担当作为的先进典型，形成学先进、当先进的良好风尚。

（四）**务求实效，力戒形式主义**。各单位要结合实际，创新方式方法开展好主题教育，以好的作风开展主题教育，坚决防止形式主义。学习教育不对写读书笔记、心得体会等提出硬性要求，坚决防止和克服"抄党章、查笔记"等形式主义问题；调查研究不搞不解决实际问题的调研，不扎堆、不折腾、不扰民；检视问题不大而化之、隔靴搔痒，不避重就

轻、避实就虚，不以工作业务问题代替思想政治问题；整改落实不能表面整改、假装整改、敷衍整改，不能虎头蛇尾、久拖不决。严控简报数量，重点刊发指导性强和反映突出问题的简报。不随意要求基层填报材料，不将有没有领导批示、开会发文发简报、台账记录、工作笔记等作为主题教育是否落实的标准。要把力戒形式主义作为重要内容，认真把握主题教育的部署要求，坚决防止产生新的形式主义。

（五）坚持"**两手抓两促进**"。各单位要把开展"不忘初心、牢记使命"主题教育，同推进"两学一做"学习教育常态化制度化结合起来，同深入贯彻落实党中央重大决策部署、防范地震灾害风险结合起来，同深化地震系统改革发展、推动新时代防震减灾事业现代化建设结合起来，同锤炼地震系统广大党员干部忠诚干净担当的政治品格、加强地震干部人才队伍建设、营造风清气正良好政治生态结合起来，坚决防止"两张皮"。坚持发扬斗争精神，注重实际效果，解决实际问题，创造性开展工作，力争取得实实在在的成效。

（中国地震局办公室）

应急管理部副部长、中国地震局党组书记、局长郑国光 在中国地震局 2019 年专题研讨班上的讲话（摘要）

（2019 年 7 月 22 日）

2017 年 11 月，我们在这里举办了地震系统司局级主要领导干部学习贯彻党的十九大精神专题研讨班，分析地震系统存在的两大问题，一是缺乏方向感，二是缺少凝聚力。经过两年来的学习思考和工作实践，在深入学习习近平新时代中国特色社会主义思想的基础上，我们谋划了新时代防震减灾事业现代化建设的宏伟蓝图，事业发展规划的四梁八柱都确立了，得到了上上下下的响应，有效解决了缺乏方向感的问题。同时，我们持之以恒推动全面从严治党，构建风清气正的良好政治生态，着力打造忠诚干净担当的干部队伍，就是想解决好缺少凝聚力的问题。

举办这次专题研讨班的主要任务是：以习近平新时代中国特色社会主义思想为指导，不忘初心、牢记使命，深入贯彻习近平总书记关于防灾减灾救灾重要论述，以及新时代党的组织路线和干部工作方针政策，深入研讨地震系统高素质专业化干部队伍建设和推进新时代防震减灾事业现代化建设等重大问题，奋力开创新时代防震减灾事业改革发展新局面。

下面，我重点就高素质专业化干部队伍建设讲几点意见。

一、深刻认识干部队伍建设在新时代防震减灾事业 现代化建设中的重要作用

2019 年是中华人民共和国成立 70 周年，回顾防震减灾事业发展历程，我们深刻认识到，不忘初心、牢记使命，是贯穿事业发展奋斗历程的重大主题，是激励一代代地震人无私奉献、艰苦奋斗的根本动力。事业发展与干部队伍建设紧密相连，事业为干部提供实践舞台，干部在事业中实现成长进步。担负新时代防震减灾事业改革发展的历史使命，必须深入学习贯彻习近平新时代中国特色社会主义思想，锤炼忠诚干净担当的政治品格，在主题教育中筑牢守初心的思想之魂，凝聚担使命的强大力量，为事业发展提供坚强组织保障。

（一）学习贯彻习近平新时代中国特色社会主义思想，必须把新时代党的组织路线和干部政策坚持好落实好

习近平总书记在 2018 年全国组织工作会议上明确指出，新时代党的组织路线是全面贯彻新时代中国特色社会主义思想，以组织体系建设为重点，着力培养忠诚干净担当的高素质干部，着力集聚爱国奉献的各方面优秀人才，坚持德才兼备、以德为先、任人唯贤，为坚持和加强党的全面领导、坚持和发展中国特色社会主义提供坚强组织保证。明确了干部培育、选拔、管理、使用工作需要建立的 5 大体系和新时期好干部标准。强调要坚持党管

干部的原则，强化党组织领导和把关作用，着力培养选拔理想坚定、为民服务、勤政务实、敢于担当、清正廉洁的好干部。要坚持德才兼备、以德为先，坚持五湖四海、任人唯贤，突出政治标准，培养造就忠诚、干净、担当的干部队伍。要严把选人用人政治关、品行关、能力关、作风关、廉洁关，坚持凡提四必，坚决纠正选人用人上的"四唯"问题，防止干部带病提拔，推进干部能上能下，坚决匡正选人用人风气。要坚持党管人才的原则，把党内外、国内外各方面的优秀人才集聚到党和人民的伟大奋斗中来。

忠诚、干净、担当，蕴藏的内涵非常丰富。忠诚是一种信仰，是品质之魂。邓小平同志指出，我们这么大的一个国家怎么才能团结起来、组织起来呢？一靠理想，二靠纪律，理想就是信仰，信仰就是忠诚，忠诚是底线。对党员干部来说忠诚首先是要对党忠诚，就是要绝对忠诚于党，忠诚于祖国，忠诚于人民。在任何情况下不管遇到什么样的困难，不管遇到什么样的大风大浪，都要坚决做到"两个维护"，坚决地同以习近平同志为核心的党中央保持高度一致。对党忠诚是党员领导干部最根本的政治品质，是党性的基本要求。党员领导干部如果丧失了对党的忠诚，就丧失了作为一个共产党员最起码的资格和底线，要把对党忠诚体现到坚决做到"两个维护"上。

干净是一种修为，是立身之本。习近平总书记给广大党员干部指出了方法，就是要多洗洗澡、治治病，把干净当作紧箍咒，把廉洁当作防火墙，明于心、刻于脑，努力做到心不动、眼不红、嘴不馋、手不沾，正确对待得失，正确理解苦乐。经常对照审视自己、反省自己、警示自己，常修为政之德，常思贪欲之害，常怀律己之心，常弃非分之想。要守得住清贫，耐得住寂寞，稳得住心神，禁得住考验。习近平总书记经常讲想当官就不要想发财，想发财就不要去当官。我们党是全心全意为人民服务的，要坚持做到权为民所用，情为民所系，利为民所谋，想民之所想，急民之所急，忧民之所忧，做一个清白干净的人。

担当是一种责任，体现履职能力。担当是一种高尚的道德品质，一种崇高的精神境界，是一种催人奋进的力量，是一种不辱使命的气概。勇于担当是一种精神，人总要有一点精神，在这个岗位上你就要敢于担当。敢于担当是一种习惯，做好分内是基本，做好分外是进取。习近平总书记明确指出是否具有担当精神，是否能够忠诚履职、尽心尽责、勇于担责是检验每一个领导干部身上是否真正体现共产党先进性和纯洁性的重要方面，担当是党员干部一种高尚的政治品德，一种必备的履职能力，一种过硬的工作作风，一种良好的精神状态。敢于担当是共产党人的政治品格，是领导干部的职责所系、使命所在，是否具有担当，是否能够忠诚履职、尽心尽责、勇敢担当，是检验每一个党员领导干部是否真正具有先进性、纯洁性的重要方面。

在新时代敢于担当的关键就是要敢想敢做敢当，敢挑重担、敢负责任、坚持原则、认真负责，就要有一种革命的精神。习近平总书记多次强调，党员领导干部必须弘扬革命精神。最近习近平总书记在中央和国家机关党的建设工作会上，对怎样处理好干净与担当的关系又进行了全面阐述，我们要深入学习，理解丰富内涵。要通过这次学习准确把握好新时代党的组织路线和干部政策，真正落实到树牢"四个意识"，坚定"四个自信"，坚决做到"两个维护"上，落实到全面贯彻党中央重大决策部署上，落实到做好本职工作推动事业发展上。

政治路线确定之后，干部就是决定的因素。事业发展是靠人干起来的，新时代防震减灾事业现代化的建设蓝图要靠地震系统广大干部职工绘就。要培养造就一批政治过硬、本领高强的干部，这是防震减灾事业发展的动力源泉，是关乎事业发展的百年大计。在这次主题教育学习中一定要按照新时期好干部的标准来锤炼党员领导干部忠诚、干净、担当的政治品格，不断提升政治境界、思想境界、道德境界。要用按照忠诚、干净、担当的要求去发现培养优秀年轻干部。

（二）回顾新中国防震减灾事业发展历程，必须高度肯定一代代地震工作者在艰苦实践中取得的显著成绩

回顾过去，在防震减灾事业极不平凡的发展历程中，我们始终坚持中国共产党的坚强领导，始终践行全心全意为人民服务的根本宗旨，认真践行中国共产党人的初心，致力于保护人民群众生命财产安全，为人民谋幸福、谋安全；认真践行中国共产党人的使命，致力于服务经济社会发展，为中华民族谋复兴提供强有力的地震安全保障。几代地震人在一次次惨痛地震灾害教训面前，在抗震救灾的危难面前，在攻坚克难的成败面前，在社会舆论的巨大压力面前，始终是中国共产党人理想信念的坚定者、为人民服务的实践者、事业发展的传承者。面对地震预报这个不可回避而又不堪重负的世界难题，广大地震工作者知难而进，始终秉持崇高的理想信念和执着的敬业精神，在科学探索的道路上，甘于寂寞、不计名利、严谨求实、不懈努力。面对一次次重大地震灾害，广大地震工作者心系人民、舍生忘死，不畏艰险，勇往直前，以特别能吃苦、特别能战斗、特别能奉献的钢铁意志，一次次拯救废墟下的生命。每次地震发生后，地震人总是最先到达地震灾害现场的人，哪里发生了地震、哪里最危险，我们就奔赴哪里、战斗在哪里。面对经济社会快速发展，广大地震工作者以科技支撑为引领、开拓创新、积极探索，主动服务国家重大战略，主动回应社会需求，在保障经济社会可持续发展、人民安居乐业中发挥着重要作用。特别是党的十八大以来，我们深入学习贯彻习近平总书记关于防灾减灾救灾、提高自然灾害防治能力重要论述和防震减灾重要指示批示，不折不扣地落实国家应急管理改革和防灾减灾救灾体制机制改革决策部署，着眼党和国家事业发展全局，坚持新时代防震减灾事业改革发展的战略定力，与时俱进地谋划和确定了新时代防震减灾事业现代化建设的"四梁八柱"，采取一系列战略性、标志性的重大举措，极大地增强了新时代事业改革发展的方向感和凝聚力。

筚路蓝缕、玉汝于成，在几代地震人不断探索和艰苦努力下，我国防震减灾事业在曲折的道路上不断发展进步。当前，我国防震减灾事业发展理念更加清晰，地震监测预报基础能力持续增强，地震灾害风险防治的举措更加有力，防震减灾公共服务的领域不断拓展，地震科技支撑能力不断提高，防震减灾工作在防范化解重大风险攻坚战中发挥着重要作用。回顾过去，防震减灾事业得到持续发展，关键在于广大党员干部牢记初心使命，站稳人民立场，深化改革创新，锤炼过硬作风。面向未来，我们要更加深刻地认识到，干部队伍是推进事业发展的中坚力量，是落实党中央决策部署的根本保证，也是事业发展中最具潜力、最有可塑性的要素。只有坚守党的性质宗旨、理想信念、初心使命不动摇，不断强化政治自觉、思想自觉、行动自觉，把广大党员干部的积极性、主动性、创造性充分激发出来，才能形成建功新时代、争创新业绩的浓厚氛围和生动局面。

（三）展望新时代防震减灾事业改革发展，必须切实增强建设高素质专业化干部队伍的责任感使命感

习近平总书记强调，中国特色社会主义进入新时代，我们比历史上任何时期都更接近、更有信心和能力实现中华民族伟大复兴。我们千万不能在一片喝彩声、赞扬声中丧失革命精神和斗志，逐渐陷入安于现状、不思进取、贪图享乐的状态，而是要牢记船到中流浪更急、人到半山路更陡，把不忘初心、牢记使命作为加强党的建设的永恒课题，作为全体党员、干部的终身课题。当前，防震减灾事业处于新的发展阶段，经济社会发展和人民对美好生活的向往对防震减灾事业提出了新要求、新需求，广大地震工作者必须要有新担当、新作为，展示新状态、练就新本领，赶上新时代、建立新功勋。

从形势任务看，要求干部队伍必须提高政治站位、拓宽发展视野。 党的十八大以来，习近平总书记对防灾减灾救灾和提高自然灾害防治能力进行了一系列重要论述，就防震减灾作出了一系列重要指示批示，从发展理念、指导思想、工作方针、工作思路、重要任务和重点工程等方面指明了方向。我国经济社会正在高质量发展，一系列重大战略相继实施，人民群众对地震安全的需求更加广泛、更加迫切，这为新时代防震减灾事业发展增添了不竭动力，提出了更高要求。随着国家应急管理和防灾减灾救灾体制机制改革不断深入，如何借助"大应急"管理平台，着力提升地震灾害防治能力，真正做到"两个坚持"、实现"三个转变"，是防震减灾事业面临的新课题。中国地震局党组主动适应新时代新要求，加强顶层设计和统筹谋划，提出了推进防震减灾事业改革发展的"四梁八柱"，为广大党员干部担当作为提供了广阔舞台。新形势、新任务，必然对干部队伍提出了新要求，我们必须提高政治站位，拓宽发展视野，担负时代使命。

从组织保障看，要求干部队伍必须数量更加充沛、结构更加优化。 毛泽东同志曾精辟地指出："指导伟大的革命，要有许多最好的干部；没有多数才德兼备的领导干部，是不能完成其历史任务的"。总体来说，地震工作队伍呈现萎缩的趋势，编制数、领导职数、正高级岗位数、处级岗位数，4个空缺三分之一，这是由各方面因素形成的。一段时间以来，局党组深入贯彻新时代党的组织路线，落实好干部标准，树立干事创业的鲜明导向，落实干部政策，加强动态研判，促进干部交流，加大选拔力度，局属单位和机关内设机构领导班子建设得到加强，领导班子结构不断优化。但是要清醒地看到，我们的干部队伍数量仍不充足，班子副职缺员较多，一些单位班子年龄结构、知识结构、工作履历搭配不够合理，一些干部履职能力、专业背景、岗位适应的矛盾比较突出。特别是，地震系统优秀年轻干部匮乏，选人难已成为干部队伍建设非常棘手的问题，经常面对岗位空缺选不出合适的人选。迫切要求我们从事业发展后继有人的高度，做好干部工作的长远谋划、持续推进，加强各层级干部的战略储备，统筹干部队伍资源，改善领导班子结构、提高干部队伍综合能力，为事业改革发展提供坚强组织保障。

从履职要求看，要求干部队伍必须加强素质培养、丰富实践历练。 防震减灾作为专业性很强的工作，存在基础能力、业务能力不强的困境。适应经济社会发展形势，社会管理能力、公共服务能力与社会需求和群众期盼的差距更大。这些差距归根结底是干部队伍能力素质的差距。

从担当作为看，要求干部队伍必须提振精神状态、努力干事创业。 十部干部，干字当头。担当精神是共产党人的魂。没有担当，忠诚就会黯然失色；没有担当，干净也会大打折扣。党中央出台了《关于进一步激励广大干部新时代新担当新作为的意见》，形成了鼓励干事创业的鲜明导向。局党组采取了一些激励干部职工担当作为的举措，不断完善干部考核评价机制，今后在选人用人上将更加突出实践、实干、实绩导向，真正为想干事、能干事、干成事的干部提供机会和舞台。

二、坚持新时期好干部标准，建设地震系统高素质专业化干部队伍

十年树木，百年树人。建设高素质专业化干部队伍是一项长期的重大任务，必须首先找准干部队伍建设存在的薄弱环节，采取有针对性的措施加以改进。从地震系统干部队伍建设的状况来看，主要存在以下问题与短板：**一是队伍结构不合理。二是队伍素质不够强。三是队伍管理不规范。**

深入分析产生以上问题的原因，主要归结为 3 点。**一是把握队伍建设规律不够。二是树立选人用人导向不够。三是落实干部工作责任不够。**

找准了问题症结，分析了原因所在，进一步加强地震系统干部队伍建设，关键要把握好以下几点要求：

一要把党管干部原则坚持好、贯彻好。必须坚持党管干部原则，发挥好党组织在选人用人工作中的领导把关作用，始终确保党对干部工作的绝对领导。要把党的领导贯穿干部工作全过程，分析研判、选人用人、教育培训、管理监督等重大工作，必须坚持党委（党组）集体决策，把党组织领导把关作用体现在具体人、具体事上，管思想、管作风、管作为、管选用，真正达到组织路线服务政治路线的目的。

二要把干部政策制度学习好、执行好。党的十八大以来，习近平总书记率先垂范抓领导班子建设，就干部队伍建设发表了一系列重要论述，指引干部工作取得了一系列重大理论、实践、制度创新成果，为干部队伍建设提供了根本遵循。2018 年召开了全国组织工作会议，提出了新时代党的组织路线。最近中央陆续颁布了《中华人民共和国公务员法》《党政领导干部选拔任用工作条例》《干部人事档案工作条例》《公务员职务与职级并行规定》等政策制度。做好干部工作，必须把党中央有关干部政策制度学习好、领悟透、落实到位。

三要把选人用人导向树起来、坚持好。当前事业发展处在爬坡过坎、攻坚克难的关键时期，需要一批符合新时期好干部标准，特别是担当作为、开拓进取的"能将""干将"。要在选人用人上更加突出讲担当、重担当的鲜明导向，把敢不敢扛事、愿不愿做事、善不善干事、能不能成事作为识别和使用干部的重要标准。让担当作为的干部有平台、有空间、有盼头。

四要把干部日常监管严起来、做到位。干部管理监督必须抓早抓小、防微杜渐。要突出监督重点，加强对权力集中、资金集中的重点部门和关键岗位干部的监督。要严格遵守政治纪律和政治规矩，加强对贯彻落实党中央决策部署情况的监督。要拓展选人用人专项检查内容，既看"干净"情况，又看"忠诚""担当"情况。要建立干部管理监督体系，注重日常监督，发挥审计、巡视等监督合力。

三、领导干部必须履职尽责，提升防震减灾事业改革发展的组织领导力

局属单位领导班子成员，是地震系统干部队伍的"关键少数"，是防震减灾事业的骨干力量。要深入学习贯彻习近平总书记在中央和国家机关党的建设工作会议上的重要讲话精神，坚持问题导向，坚持自我净化、自我完善、自我革新、自我提高，真刀真枪解决问题，把局属各单位领导班子建设好、建设强，把各级党组织建设好、建设强，切实提升防震减灾事业改革发展的组织领导力。

（一）领导干部要切实增强政治领导能力

在领导干部的所有能力中，政治能力是第一位的；在领导班子的所有领导能力中，政治领导能力是第一位的。政治领导的根本要义，在于紧密团结广大干部职工，深入贯彻落实中央决策部署，以一往无前的奋斗姿态投身事业改革发展。**要把握政治领导的方向性**，提高广大党员干部政治站位，切实以习近平新时代中国特色社会主义思想武装头脑，树牢"四个意识"，坚定"四个自信"，坚决做到"两个维护"，使之转化为思想自觉、党性观念、纪律要求和实际行动。**要坚持政治领导的原则性**，要严格执行新形势下党内政治生活若干准则，增强党内政治生活的政治性、时代性、原则性、战斗性，提高政治辨别力和敏感性，提高政治觉悟和政治修养，把旗帜鲜明讲政治落到实处。**要增强政治领导的实效性**，讲政治是具体的，政治领导也是具体的，要结合各单位改革发展实际，引导党员干部在谋划发展方向上凝聚政治认同，在观察分析形势中把握政治因素，在筹划推动工作中落实政治要求，在处理解决问题中防范政治风险。

（二）领导干部要切实发挥把方向谋大局定政策促改革的关键作用

把方向，就是要把习近平总书记重要指示和党中央决策部署吃准吃透，确保事业发展始终在正确航向上行进。要深入学习领会习近平新时代中国特色社会主义思想和党的十九大精神，特别要学习贯彻习近平总书记关于防灾减灾救灾、提高自然灾害防治能力重要论述和防震减灾重要指示批示精神，把党中央、国务院决策部署学深悟透。**谋大局**，就是要树立战略思维，善于观大势、谋大事，站得高、望得远，自觉把防震减灾事业融入党和国家事业大局、经济社会发展全局，更好地服务国家、服务社会、服务人民。要善于调动各方资源，把握机遇，找准需求，动员全社会力量参与到地震灾害风险防治中来，使"独角戏"变成"合奏曲"。**定政策**，就是要做到科学依法民主决策，坚持民主集中制，全面正确履行决策、执行和监督职责，做到有令则行、有禁则止，确保政策制度落地生效。**促改革**，就是要有开拓意识和进取精神，破解事业发展的体制机制障碍，不断释放发展的活力和动力。统筹推进地震科技体制、业务体制、灾害防治体制和行政管理体制四大改革往深里走、往实里走。要把顶层设计和基层探索紧密结合起来，进一步加强改革试点的分类指导，从投入、放权、政策等方面，充分调动改革试点单位的积极性、主动性、创造性，尽快形成示范效应。要以钉钉子精神狠抓改革落实，用改革成效检验使命担当。

（三）领导干部要切实走在前作表率

领导干部要做事业改革发展的促进派、实干家。**一要在对标看齐上走在前作表率**。领导班子要时刻向习近平总书记看齐，向党中央看齐，向党的理论和路线方针政策看齐，向

党中央决策部署看齐，善于从政治高度谋划和推进事业改革发展。**二要在担当作为上走在前作表率**。领导班子要履行事业改革发展的责任，既要发号施令、又要冲锋在前，敢于担当、善于作为，一级带着一级干、一级做给一级看，有问题一起解决、有困难共同克服。**三要在改进作风上走在前作表率**。要坚决纠正"四风"，特别要下力气整治形式主义、官僚主义，领导干部要身体力行、带头改进作风，要求下面不能做的自己首先不做，抓作风、促作为，凝聚形成干事创业的良好氛围。

四、着眼事业长远发展，大力发现培养选拔优秀年轻干部

初心使命需要传承，事业发展需要持续，要求必须造就一代代高素质干部队伍。发现培养选拔优秀年轻干部，是加强领导班子和干部队伍建设的一项基础性工程，是关系事业长远发展的战略任务。推进新时代防震减灾事业现代化建设不断取得成功和进步，关键在于建设一支高素质专业化干部队伍，归根到底在于培养造就一代又一代可靠接班人。我们要本着对历史、对事业、对干部负责的态度，大力发现培养选拔优秀年轻干部，不断为事业发展注入新的生机和活力。

2018 年，中央印发《关于适应新时代要求大力发现培养选拔优秀年轻干部的意见》，中央组织部专门召开会议，并组织开展了优秀年轻干部调研。近日，中国地震局党组印发了《加强优秀年轻干部队伍建设的指导意见》，对加强地震系统优秀年轻干部队伍建设进行全面部署。

各单位要把加强优秀年轻干部队伍建设放到重要日程来抓，对本单位干部结构进行综合分析研判，采取有针对性措施加快优秀年轻干部培养锻炼。在工作中要注重把握好以下几点：

第一，要准确把握优秀年轻干部标准。坚持新时期好干部标准，对优秀年轻干部关键要突出以下三点：**一是对党忠诚**，把政治上是否合格作为选拔任用优秀年轻干部的首要标准。优秀年轻干部必须坚持以习近平新时代中国特色社会主义思想为指导，坚决贯彻执行党的理论和路线方针政策，坚决落实局党组决策部署，做到在思想上认同、政治上坚定、组织上服从，严明政治纪律和政治规矩，把对党忠诚融入血液，甘于奉献、勇往直前。**二是堪当重任**，适应新时代防震减灾事业现代化建设需要，具有专业能力和专业精神，能够练就科学高效、专业精准的过硬本领，善于破解改革难题、驾驭复杂局面、应对各种风险挑战，经受过艰苦地方和吃劲岗位历练，工作业绩突出。**三是作风优良**，必须坚持以人民为中心的发展思想，有家国情怀，有奉献精神。要信念如磐、意志如铁，遇到挫折撑得住，关键时刻顶得住。要公道正派，实事求是，勇于改革，敢于担当。要艰苦奋斗，廉洁自律，自觉抵制"四风"，有原则、有底线、有规矩。

第二，要把优秀年轻干部发现出来培养起来。如何发现优秀年轻干部？要坚持五湖四海，善于通过调研、考核、承担重大任务等途径发现优秀年轻干部，注重在深化改革主战场和第一线、急难险重任务中发现优秀年轻干部。

最后，我代表党组对这次专题研讨班再提几点要求。

一要认真学习。学习习近平新时代中国特色社会主义思想是贯穿本次主题教育的主线，

要通过此次研讨班，进一步深刻领悟习近平总书记关于"不忘初心、牢记使命"重要论述，深刻理解习近平新时代中国特色社会主义思想的核心要义、精神实质、丰富内涵、实践要求，掌握蕴含其中的马克思主义立场观点方法，把学习成效体现在增强党性、提高能力、改进作风、推动工作上来。

二要聚焦主题。要准确把握此次研讨班的主题，聚焦深入贯彻习近平总书记关于防灾减灾救灾重要论述，聚焦深入贯彻新时代党的组织路线和干部工作方针政策，聚焦加强地震系统高素质专业化干部队伍建设，结合新时代防震减灾事业改革发展进行深入学习研讨。要深刻把握好践行初心使命、推进事业发展、加强干部队伍建设的关系，充分运用辩证思维、系统思维、战略思维，做到学思用贯通、知信行统一。

三要深入研讨。本次研讨班安排了两次教学研讨，希望大家精心做好发言准备，结合实际深入研讨，不能只作表态，也不能只提问题、不思考答案。既要谈学习体会认识，也谈工作实践感悟；既谈事业发展机遇，也谈面临风险挑战；既谈各自做法经验，也要认真检视问题；既谈本单位情况，也要格局大一些、多思考全局性问题。通过交流研讨，提升学习成果。

（中国地震局办公室）

应急管理部副部长、中国地震局党组书记、局长郑国光在党的十九届四中全会精神宣讲视频会议上的讲话（摘要）

（2019 年 11 月 22 日）

2019 年 10 月 28—31 日，党的十九届四中全会在北京胜利召开，会议审议通过了《中共中央关于坚持和完善中国特色社会主义制度、推进国家治理体系和治理能力现代化若干重大问题的决定》。根据中央要求，我今天给大家宣讲党的十九届四中全会精神。

本次全会是我们党站在"两个一百年"奋斗目标历史交汇点上召开的一次十分重要的会议，是在新中国成立 70 周年之际、我国处于中华民族伟大复兴关键时期召开的一次具有开创性、里程碑意义的会议。

本次全会全面贯彻习近平新时代中国特色社会主义思想，深入回答了在我国国家制度和国家治理体系上"坚持和巩固什么、完善和发展什么"这个重大政治问题，集中了全党智慧，反映了人民意愿，是当代中国马克思主义国家学说的标志性成果，是新时代国家制度和国家治理体系建设举旗定向的政治宣言。

习近平总书记在全会上发表了重要讲话，系统总结一年多来党和国家工作，深刻阐述了坚持和完善中国特色社会主义制度、推进国家治理体系和治理能力现代化的重要性和紧迫性，围绕坚定制度自信深入回答了一系列方向性、根本性、全局性重大问题，对贯彻落实全会精神提出了明确要求，为坚持和完善中国特色社会主义制度、推进国家治理体系和治理能力现代化提供了科学指南和基本遵循。这次全会取得的重要成果、作出的重大部署，对坚定全党全社会的道路自信、理论自信、制度自信、文化自信，统揽伟大斗争、伟大工程、伟大事业、伟大梦想，实现"两个一百年"奋斗目标、实现中华民族伟大复兴的中国梦，具有重大现实意义和深远历史意义。

学习宣传贯彻党的十九届四中全会精神是当前和今后一个时期全党全国一项重要政治任务，学习领会好党的十九届四中全会精神，重点要把握好以下几点。

一、准确把握坚持和完善中国特色社会主义制度、推进国家治理体系和治理能力现代化的重大意义

坚持和完善中国特色社会主义制度、推进国家治理体系和治理能力现代化，是关系党和国家事业兴旺发达、国家长治久安、人民幸福安康的重大问题。以习近平同志为核心的党中央用一次全会就这个重大问题进行研究部署，是从政治上、全局上、战略上全面考量，立足当前、着眼长远作出的重大决策，具有重大而深远的意义。

这是实现"两个一百年"奋斗目标的重大任务。党的十八大以来，中央把制度建设摆

到更加突出的位置。党的十八届三中全会首次提出了"推进国家治理体系和治理能力现代化"这一重大命题，并把"完善和发展中国特色社会主义制度、推进国家治理体系和治理能力现代化"作为全面深化改革的总目标。党的十八届五中全会进一步强调"十三五"时期要实现"各方面制度更加成熟更加定型，国家治理体系和治理能力现代化取得重大进展，各领域基础性制度体系基本形成"。党的十九大作出到 21 世纪中叶要把我国建成富强民主文明和谐美丽的社会主义现代化强国的战略部署，提出到 2035 年"各方面制度更加完善，国家治理体系和治理能力现代化基本实现"、到 21 世纪中叶"实现国家治理体系和治理能力现代化"的目标。党的十九届二中、三中全会分别就修改宪法、深化党和国家机构改革作出部署，在制度建设和治理能力建设上迈出了新的重大步伐。这次全会对坚持和完善中国特色社会主义制度、推进国家治理体系和治理能力现代化进行系统总结，提出与时俱进完善和发展的前进方向和工作要求，正是为坚持和完善中国特色社会主义制度、推动各方面制度更加成熟更加定型，明确了时间表、路线图。

这是把新时代改革开放推向前进的根本要求。党的十八届三中全会推出 336 项重大改革举措。经过 5 年多的努力，重要领域和关键环节改革成效显著，主要领域基础性制度体系基本形成，为推进国家治理体系和治理能力现代化打下了坚实基础。但是我们也要看到，这些改革举措有的尚未完成，有的甚至需要相当长的时间去落实。相比过去，新时代改革开放具有许多新的内涵和特点，其中很重要的一点就是制度建设分量更重，改革更多面对的是深层次体制机制问题，对改革顶层设计的要求更高，对改革的系统性、整体性、协同性要求更强，相应地建章立制、构建体系的任务更重。新时代谋划全面深化改革，必须以坚持和完善中国特色社会主义制度、推进国家治理体系和治理能力现代化为主轴，深刻把握我国发展要求和时代潮流，把制度建设和治理能力建设摆到更加突出的位置，继续深化各领域各方面体制机制改革，推动各方面制度更加成熟更加定型，推进国家治理体系和治理能力现代化。

这是应对风险挑战、赢得主动的有力保证。当今世界正经历百年未有之大变局，国际形势复杂多变，改革发展稳定、内政外交国防、治党治国治军各方面任务之繁重前所未有，我们面临的风险挑战之严峻前所未有。这些风险挑战，有的来自国内，有的来自国际，有的来自经济社会领域，有的来自自然界。我们要打赢防范化解重大风险攻坚战，就必须坚持和完善中国特色社会主义制度、推进国家治理体系和治理能力现代化，运用制度威力应对风险挑战的冲击。

二、准确把握中国特色社会主义制度和国家治理体系显著优势，坚定中国特色社会主义制度自信

制度竞争是国家间最根本的竞争。新中国成立 70 年来，中华民族之所以能迎来从站起来、富起来到强起来的伟大飞跃，最根本的是因为党领导人民建立和完善了中国特色社会主义制度，形成和发展了党的领导和经济、政治、文化、社会、生态文明、军事、外事等各方面制度，不断加强和完善国家治理。

党的十九届四中全会第一次系统总结概括了中国特色社会主义制度和国家治理体系的13 个方面的显著优势。这就是：坚持党的集中统一领导，坚持党的科学理论，保持政治稳定，确保国家始终沿着社会主义方向前进的显著优势；坚持人民当家作主，发展人民民主，密切联系群众，紧紧依靠人民推动国家发展的显著优势；坚持全面依法治国，建设社会主义法治国家，切实保障社会公平正义和人民权利的显著优势；坚持全国一盘棋，调动各方面积极性，集中力量办大事的显著优势；坚持各民族一律平等，铸牢中华民族共同体意识，实现共同团结奋斗、共同繁荣发展的显著优势；坚持公有制为主体，多种所有制经济共同发展和按劳分配为主体，多种分配方式并存，把社会主义的制度和市场经济有机结合起来，不断解放和发展社会生产力的显著优势；坚持共同的理想信念、价值理念、道德观念，弘扬中华民族优秀传统文化、革命文化、社会主义先进文化，促进全体人民在思想上精神上紧紧团结在一起的显著优势；坚持以人民为中心的发展思想，不断保障和改善民生、增进人民福祉，走共同富裕道路的显著优势；坚持改革创新、与时俱进，善于自我完善、自我发展，使社会始终充满生机活力的显著优势；坚持德才兼备、选贤任能，聚天下英才而用之，培养造就更多更优秀人才的显著优势；坚持党指挥枪，确保人民军队绝对忠诚于党和人民，有力保障国家主权、安全、发展利益的显著优势；坚持"一国两制"，保持香港、澳门长期繁荣稳定，促进祖国和平统一的显著优势；坚持独立自主和对外开放相统一，积极参与全球治理，为构建人类命运共同体不断作出贡献的显著优势。

　　这十三个显著优势，是我们党领导人民创造经济快速发展和社会长期稳定"两大奇迹"的根本保障所在，是"中国之治"的制度密码所在，也是坚持"四个自信"的基本依据所在。中国特色社会主义制度和国家治理体系不是从天上掉下来的，而是在中国的社会土壤中生长起来的，是经过革命、建设、改革长期实践形成的，是党领导人民在实践中干出来的，是历经艰辛探索得出来的规律性认识，是在党的十八大以来的伟大实践中得到进一步丰富、发展和检验的成功经验的理论凝练，是马克思主义基本原理同中国具体实际相结合的产物，是理论创新、实践创新、制度创新相统一的成果，凝聚着党和人民的智慧，具有深刻的历史逻辑、理论逻辑、实践逻辑。这些优势，就是对中国特色社会主义制度和国家治理经验的系统总结，也是对中国特色社会主义道路的系统总结。

　　习近平总书记指出："我们治国理政的根本，就是中国共产党领导和社会主义制度。"中国特色社会主义制度是党和人民在长期实践探索中形成的科学制度体系，具有鲜明本质特征。党的十九届四中全会系统论述了我国国家制度和国家治理体系具有的13 个方面显著优势，充分体现了中国特色社会主义制度具有巨大的优越性。当前，我国已经成为世界第二大经济体，货物贸易、外汇储备、世界经济增长贡献率等均位居世界第一位；文化软实力不断加强；教育、就业、社会保障、医疗卫生等民生领域的公共服务更是发生了日新月异的变化，人民群众有了更多的获得感、幸福感、安全感。这些伟大成就的取得，一条重要的原因就是我们建立了一系列符合我国国情的制度。当前，我国处于实现"两个一百年"奋斗目标的历史交汇点，处于国家社会发展转型的关键点，处于全面脱贫的攻坚点，我们更要牢牢把握历史机遇，坚持走中国特色社会主义道路，充分发挥中国特色社会主义制度优势，始终坚定中国特色社会主义制度自信。

三、准确把握坚持和完善中国特色社会主义制度、推进国家治理体系和治理能力现代化的总体要求、总体目标和重点任务

坚持和完善中国特色社会主义制度、推进国家治理体系和治理能力现代化的总体要求是，坚持以习近平新时代中国特色社会主义思想为指导，坚持党的领导、人民当家作主、依法治国有机统一，坚持解放思想、实事求是，坚持改革创新，突出坚持和完善支撑中国特色社会主义制度的根本制度、基本制度、重要制度，着力固根基、扬优势、补短板、强弱项，构建系统完备、科学规范、运行有效的制度体系，加强系统治理、依法治理、综合治理、源头治理，把我国制度优势更好转化为国家治理效能。

坚持和完善中国特色社会主义制度、推进国家治理体系和治理能力现代化的总体目标就是：到我们党成立 100 周年时在各方面制度更加成熟更加定型上取得明显成效，到 2035 年各方面制度更加完善、基本实现国家治理体系和治理能力现代化，到新中国成立 100 年时全面实现国家治理体系和治理能力现代化，使中国特色社会主义制度更加巩固、优越性充分展现。

坚持和完善中国特色社会主义制度、推进国家治理体系和治理能力现代化的重点任务有 13 项，在《决定》里面进行了充分的阐述，就是 13 个坚持和完善：坚持和完善党的领导制度体系；坚持和完善人民当家作主制度体系；坚持和完善中国特色社会主义法治体系；坚持和完善中国特色社会主义行政体制；坚持和完善社会主义基本经济制度；坚持和完善繁荣发展社会主义先进文化的制度；坚持和完善统筹城乡的民生保障制度；坚持和完善共建共治共享的社会治理制度；坚持和完善生态文明制度体系；坚持和完善党对人民军队的绝对领导制度；坚持和完善"一国两制"制度体系；坚持和完善独立自主的和平外交政策；坚持和完善党和国家监督体系。在坚持和完善共建共治共享的社会治理制度体系中，明确要求要完善党委领导、政府负责、民主协商、社会协同、公众参与、法治保障、科技支撑的社会治理体系，建设人人有责、人人尽责、人人享有的社会治理共同体，确保人民安居乐业、社会安定有序，建设更高水平的平安中国。要健全公共安全体制机制，完善和落实安全生产责任和管理制度，建立公共安全隐患排查和安全预防控制体系，着力构建统一指挥、专常兼备、反应灵敏、上下联动的应急管理体制，优化我国应急管理的能力体系建设，提高防灾减灾救灾能力。我们要通过深入学习领会，把中央精神和防震减灾实际紧密结合，认真谋划和落实好这次全会提出的重大部署和创新举措，全面提升防震减灾工作能力，全面加快推进新时代防震减灾事业现代化建设。

四、准确把握国家治理的关键和根本是中国共产党的领导

坚持和完善中国特色社会主义制度最根本的是坚持和完善党的领导。《决定》把"坚持和完善党的领导制度体系，提高党科学执政、民主执政、依法执政水平"排在第一位，充分彰显出党的领导制度体系在中国特色社会主义制度体系中的重要地位。党的领导制度是国家的根本领导制度，统领和贯穿其他 12 个方面。这次全会把坚持和完善党的领导制度体系放在首要位置，体现到其他各方面制度安排之中，突出的正是党的领导制度在中国特色

社会主义制度和国家治理体系中的统领地位，彰显了我们党牢记初心使命、以坚强领导铸就千秋伟业的责任担当。

国家治理的关键和根本，就是要完善坚持党的领导的体制机制。针对坚持和完善党的领导制度体系，《决定》6个方面的要求，包括建立不忘初心、牢记使命的制度，完善坚定维护党中央权威和集中统一领导的各项制度，健全党的全面领导制度，健全为人民执政、靠人民执政各项制度，健全提高党的执政能力和领导水平制度，完善全面从严治党制度。这6个方面要求可以视为坚持和完善党的领导制度体系的具体实现形式，把这6个方面要求落到实处，进一步健全总揽全局、协调各方的党的领导制度体系，把党的领导落实到国家治理各领域各方面各环节，确保国家始终沿着社会主义方向前进。

五、准确把握坚持和完善中国特色社会主义制度、推进国家治理体系和治理能力现代化的基本保证

习近平总书记指出，制度的生命力在于执行。有的人对制度缺乏敬畏，根本不按照制度行事，甚至随意更改制度；有的人千方百计钻制度空子、打擦边球；有的人不敢也不愿遵守制度，甚至极力逃避制度的监管。因此，强化制度执行力，加强对制度执行的监督。习近平总书记这段讲话，一针见血指出了当前在制度执行力度方面存在的突出问题和顽疾。

坚持和完善中国特色社会主义制度，推进国家治理体系和治理能力现代化，必须严格遵守和执行制度，提高制度的执行力。各级党员领导干部必须强化制度意识，带头维护制度权威，做制度执行的表率，带动全党全社会自觉尊崇制度、严格执行制度、坚决维护制度，确保党和国家的重大决策部署、重大工作安排都按照制度要求落到实处。要切实防止各自为政、标准不一、宽严失度等问题的发生，充分发挥制度指引方向、规范行为、提高效率、维护稳定、防范化解风险的重要作用。要构建全覆盖的制度执行监督机制，把制度执行和监督贯穿到国家治理全过程，坚决杜绝制度执行上做选择、搞变通、打折扣的现象，严肃查处有令不行、有禁不止、阳奉阴违的行为，确保制度时时生威、处处有效。要引导广大干部提高运用制度干事创业的能力，严格按照制度履行职责、行使权力、开展工作。

要加强制度理论研究和宣传教育，引导广大干部充分认识中国特色社会主义制度的本质特征和优越性，坚定制度自信。要准确把握推进国家治理体系和治理能力现代化对各级党组织和广大党员干部能力建设提出的新要求，不断增强党员干部的学习本领、政治领导本领、改革创新本领、科学发展本领、依法执政本领、群众工作本领、狠抓落实本领、驾驭风险本领，增强斗争本领，以改革创新精神纵深推进全面从严治党，把各级党组织建设得更加坚强有力。

我从五个方面，就党的十九届四中全会精神，给大家进行传达、宣讲。党的十九届四中全会结束之后，应急管理部党组第一时间就进行了传达，并部署学习宣传贯彻落实工作。中国地震局党组（以下简称"局党组"）高度重视党的十九届四中全会精神的学习贯彻工作。11月1日，中国地震局党组全体同志参加了应急管理部党组的传达学习会，局机关全体干部也参加了11月1日下午应急管理部传达学习贯彻四中全会精神的视频会。11月4日，中

国地震局党组召开专题会议，再次传达学习党的十九届四中全会精神，研究部署地震系统学习贯彻四中全会精神的工作。11月5日，印发《关于认真学习宣传贯彻党的十九届四中全会精神的通知》，部署了地震系统学习宣传贯彻四中全会精神的工作。11月6日、7日下午，局党组分别召开2次理论学习中心组学习，传达学习领会习近平总书记在党的十九届四中全会上的重要讲话和学习贯彻四中全会通过的《中共中央关于坚持和完善中国特色社会主义制度推进国家治理体系和治理能力现代化若干重大问题的决定》。11月13日下午，又召开地震系统视频学习会议，邀请中央党校教授为地震系统全体党员作了党的十九届四中全会精神专题学习辅导报告。

11月19—20日，用两整天的时间，召开了局党组学习贯彻党的十九届四中全会精神理论学习中心组专题学习会议，邀请了中央组织部干部四局、驻部纪检监察组、应急管理部机关党委有关领导参会。在学习会上大家紧紧围绕"坚持和完善中国特色社会主义制度、推进国家治理体系和治理能力现代化"，联系实际，谈认识、谈体会、谈思考、谈打算，进一步深化了对党的十九届四中全会精神的认识，深刻分析了当前防震减灾事业发展中面临的突出问题和挑战，认真研究了贯彻落实四中全会精神的措施，会议达到了预期效果。主要有3点收获。

一是深化了对党的十九届四中全会重大意义和深刻内涵的认识。

通过学习研讨，大家一致认为，这次全会是我们党站在"两个一百年"奋斗目标历史交汇点上召开的一次具有特殊性和战略性的重要会议，充分体现了以习近平同志为核心的党中央高瞻远瞩的战略眼光和强烈的历史担当，充分反映了新时代党和国家事业发展的新要求和人民群众的新期待，对决胜全面建成小康社会、全面建设社会主义现代化国家，对巩固党的执政地位、确保国家长治久安，具有重大而深远的意义。

大家一致认为，这次全会通过的《决定》从党和国家事业发展的全局和长远出发，准确把握我国国家制度和国家治理体系的演进方向和规律，深刻回答了"坚持和巩固什么、完善和发展什么"这个重大政治问题，聚焦坚持和完善中国特色社会主义制度的根本制度、基本制度、重要制度，作出了重大的战略部署，必将对推动各方面制度更加成熟更加定型、使我国制度优势更好转化为国家治理效能产生重大而深远的影响。

二是进一步增强了学习宣传贯彻党的十九届四中全会精神的责任感和使命感。

通过学习研讨，大家一致认为，学习宣传贯彻好党的十九届四中全会精神，就是要把广大干部职工的思想、政治、行动统一到四中全会精神上来，统一到习近平总书记在全会上重要讲话精神上来。要深刻理解全会作出的部署和安排，始终坚持和完善党的领导制度，坚定中国特色社会主义制度自信，把我国制度优势更好地转化为国家治理效能。

大家一致认为，要深入学习贯彻习近平总书记重要讲话和党的十九届四中全会精神，进一步增强"四个意识"，坚定"四个自信"，做到"两个维护"，在以习近平同志为核心的党中央坚强领导下，依法履职、担当进取、开拓创新，坚持以新时代防震减灾事业现代化建设为主线，大力提升地震灾害风险防治能力，为坚持和完善中国特色社会主义制度、推进国家治理体系和治理能力现代化作出应有的贡献。我们要从中国特色社会主义事业发展全局的高度出发，始终坚持以人民为中心的发展思想，始终以习近平总书记关于防灾减灾救灾重要论述和防震减灾重要指示批示精神为指导，紧紧围绕国家需求，坚持解放思想，实事求是，坚持改革创新，认真学习好、领会好、贯彻好、落实好党的十九届四中全会精神。

三是更加坚定了全面推进新时代防震减灾事业现代化建设的信心和决心。

通过学习研讨，大家一致认为，2017 年以来，中国地震局党组出台了系列指导性意见，构建了新时代防震减灾事业发展的"四梁八柱"，为大力推进新时代防震减灾现代化建设提供了重要支撑。经过 2 年多的努力，事业发展"四梁八柱"的重要领域和关键环节改革成效显著，四大体系顶层设计方案全部出台，防震减灾法治化、规范化水平不断提升，防震减灾治理取得明显进展，为推进新时代防震减灾事业现代化建设打下了坚实基础。但是，我们对照党的十九届四中全会的新要求，对照习近平总书记关于防灾减灾救灾重要论述和防震减灾重要指示批示精神，当前防震减灾工作还存在许多很大的差距，对此，我们必须有清醒认识。

大家一致认为，要紧紧围绕坚持和完善中国特色社会主义制度、推进国家治理体系和治理能力现代化的总目标，固根基、扬优势、补短板、强弱项。全面推进新时代防震减灾事业现代化建设，是地震系统深入贯彻落实党的十九届四中全会精神的具体行动。我们一定要以推进新时代防震减灾事业现代化建设为主线，把制度建设和治理能力建设摆到更加突出的位置，深化体制机制改革，切实把事业发展"四梁八柱"制度化、规范化，推动防震减灾各方面制度更加成熟、更加定型，努力实现防震减灾事业高质量发展。我们这一段学习，三个方面的体会还是初步的。下一步我们还要继续深入学习领会、深入贯彻四中全会精神，真正落实在防震减灾事业改革发展的各个方面、各个环节。

下面，借此机会，我就学习宣传贯彻党的十九届四中全会精神再强调几点。

第一，加强组织领导，掀起学习宣传党的十九届四中全会精神的热潮。地震系统各级党组织一定要把学习宣传贯彻党的十九届四中全会精神作为当前和今后一个时期一项重要政治任务，掀起学习宣传贯彻热潮。各单位主要负责同志要亲自抓、负总责，通过集中学习研讨，带头学习，带头宣讲，带头贯彻，发挥示范带动作用。党的十九届四中全会结束之后，中国地震局党组的一系列传达、学习、研讨，就是发挥了引领示范作用。根据了解，有的单位政治站位不高，到现在还没有组织深入学习党的十九届四中全会精神，我们要求相关部门对此进行严查，发现一个单位问责一个单位。要把党的政治建设摆在首位，"不忘初心、牢记使命"的主题，就是深入学习贯彻习近平新时代中国特色社会主义思想，要增强"四个意识"，坚定"四个自信"，坚决做到"两个维护"，这是我们每一位党员领导干部的首要政治责任。当前学习宣传贯彻好四中全会的精神，也是各级党组织的首要政治任务，是各个单位党委（党组）书记的首要政治任务，不要因为抽不出时间，就把学习宣传贯彻落实工作放在次要位置，这就是政治态度、依法履职不到位的表现。我们还要组织副处级以上干部、副高级职称以上专业技术人员进行集中轮训。各党支部要结合"三会一课"，组织专题学习研讨，把全会精神传达到每一名党员，努力做到学深学透、弄懂弄通，推动广大党员自觉把思想和行动统一到全会精神上来，把智慧和力量凝聚到完成全会提出的重大任务上来，确保全会精神落到实处、取得实效。

第二，保持战略定力，全面推进新时代防震减灾事业现代化建设。我们 2018 年 6 月出台了《中国地震局党组关于认真贯彻习近平新时代中国特色社会主义思想 大力推进新时代防震减灾事业现代化建设的意见》，2019 年 5 月份又出台了《新时代防震减灾事业现代化纲要（2019—2035 年）》，我们要始终坚持以党的十九届四中全会精神指导防震减灾工作，认真贯彻好新时代防震减灾事业现代化建设的意见和新时代防震减灾事业现代化的纲要，我们按照"共建共治共享"的社会治理制度建设原则，坚定不移推进新时代防震减灾事业现代化建设，构建党政领导、社会协同、公众参与、法治保障、科技支撑的地震灾害风险防治新格局。我们要完善防震减灾"四梁八柱"体系，加快完善配套政策措施，着力提高制度执行力，为事业改革发展提供坚实的制度保障。我们要全面推进新时代防震减灾事业现代化建设，关键在于我们要主动适应国家治理体系和治理能力现代化要求，在治理理念、体制机制和业务布局等方面主动创新发展，有所作为。我们要扎实推进现代化纲要的落实，加快推进地震灾害风险防治体系、地震基本业务体系、地震科技创新体系、地震社会治理体系建设。要强化试点示范带动，加快指标体系建设，加强动态跟踪和评估。各单位要结合学习贯彻党的十九届四中全会精神，不等不靠地认真落实新时代防震减灾事业现代化意见和纲要，谋划和推进本单位现代化建设。要认真做好"十四五"规划编制，进一步聚焦现代化建设目标和任务，组织凝练好重大项目。

第三，凝聚力量，全面推进防震减灾事业高质量发展。防震减灾是一项复杂的系统工程。推进防震减灾事业改革发展，要坚定不移地把新时代防震减灾事业现代化建设深度融入国家治理体系和治理能力现代化之中，融入"五位一体"总体布局和"四个全面"战略布局之中，融入国家重大战略部署之中。我们要深入推进全面深化改革工作，紧紧围绕新时代防震减灾事业现代化建设目标和任务，细化实化各项改革顶层设计的实施方案，凝练本单位职责定位，加强制度建设，激发广大干部职工干事创业的积极性和主动性，焕发事业发展的活力和动力，要在"全灾种、大应急"体制下巩固和发展好防震减灾多元共治格局，广泛凝聚各级党委政府、各有关部门、社会各界力量，形成推进防震减灾事业高质量发展的合力。我们要充分发挥双重计划财务管理体制机制的作用，按照"优化协同高效"的原则认真研究和推动地震系统事业单位改革，深化行政管理体制改革。要建立共建共治共享的公共服务体系，建立地震公共服务目录和服务标准，提高防震减灾公共服务供给能力，激发社会力量参与防震减灾事业发展的动力和活力。

第四，增强制度执行力，持续构建地震系统风清气正的良好政治生态。地震系统存在许多问题，一个突出问题就是制度意识淡薄，缺乏制度执行力，这是制约着我们事业发展的最大制约因素之一。地震系统各级领导干部要深入贯彻党的十九届四中全会精神，切实强化制度意识，提高制度执行力，特别是党员领导干部要带头维护制度权威。坚持"制度面前人人平等、执行制度没有例外"，加大制度执行的监督检查力度，开展常态化监督。我们要认真贯彻中国地震局党组关于加强防震减灾法制建设的意见，不断提高法制意识和依法行政、依法办事的能力，提高制度的执行力，我们要把提高治理能力作为新时代干部队伍建设的重大任务，把制度执行力和治理能力作为干部选拔任用、考核评价的重要依据，激励干部担当作为，培养斗争精神和斗争本领。我们要进一步强化作风建设，作风转变不可能轻轻松松，一蹴而就，必须驰而不息、久久为功。要巩固和拓展"不忘初心、牢记使命"主题教育和机关"作风建设月"的成果，持续改进文风、会风、学风和工作作风。要严格落实全面从严治党的主体责任和监督责任，严格执行中央八项规定精神及实施细则精神，严纪律、树正气、立新风，弘扬先进文化，凝聚正能量，持续构建地震系统风清气正的良好政治生态，为广大干部职工干事创业和推进事业改革发展营造良好的氛围。

地震系统各级党组织要把学习贯彻党的十九届四中全会精神与深入学习贯彻习近平新时代中国特色社会主义思想有机结合，与领导班子建设、干部教育培训、推进党建工作高质量发展等有机结合起来，与巩固"不忘初心、牢记使命"主题教育的成果结合起来，与当前正在做的事情结合起来，对标补短板、强弱项，确保完成全年各项目标任务，为做好明年工作打下良好基础。

（中国地震局办公室）

中国地震局党组成员、副局长闵宜仁在 2019 年全国地震局长会议上的总结讲话（摘要）

（2019 年 1 月 19 日）

一、会议的主要特点

这次会议，是地震系统全面贯彻习近平总书记关于提高自然灾害防治能力重要论述、深入落实党中央、国务院决策部署的一次重要会议，也是党和国家机构改革，地震系统组建到应急管理部以来召开的第一次全国地震局长会，是一次非常重要的会议。会议开得很好、很成功，具有以下几个主要特点：

一是领导重视。会前，李克强总理对防震减灾工作作出重要批示，王勇国务委员审阅会议报告并致信。中央领导同志充分肯定了过去一年来的防震减灾工作，转达了党中央、国务院对广大地震工作者的诚挚问候和新年祝福，对 2019 年工作提出更高要求，寄予殷切期望。这是对广大地震工作者的极大鼓舞和激励，对安排部署好全年防震减灾各项工作任务具有重要指导意义。

二是主题鲜明。会议号召广大地震工作者"强化责任担当、勇于改革创新，以优异成绩庆祝中华人民共和国成立七十周年"。与 2017 年全国地震局长会"坚定信心，开拓创新，努力开创防震减灾事业的新局面"、2018 年"凝心聚力，改革创新，大力推进新时代防震减灾事业现代化建设"一脉相承，体现了中国地震局党组咬定青山不放松的战略定力和抓实抓细抓具体的鲜明导向。要实现提高地震灾害防治能力 3 年见成效的目标，必须树立信心、凝心聚力谋发展，更要强化责任担当，实现好、完成好这项艰巨而光荣的任务，也必须勇于改革创新，大力推进新时代防震减灾事业现代化建设，取得更好成绩。"以优异成绩庆祝中华人民共和国成立七十周年"，既有鲜明的时代感，又有强烈的责任担当，对地震系统来说，责任更加重大，任务更加艰巨，使命更加光荣。

三是任务明确。会议以习近平新时代中国特色社会主义思想为指导，深入贯彻党的十九大和十九届二中、三中全会以及中央经济工作会议精神，贯彻落实国务院防震减灾工作联席会议和全国应急管理工作会议精神，全面总结 2018 年工作，准确把握防震减灾重大战略机遇，深刻理解新内涵，认真谋划部署 2019 年重点任务，目标明确，措施具体。

四是内容丰富。此次会议传达学习了国务院领导同志的重要批示和致信。部分代表参加了全国应急管理工作会议和全国应急管理工作座谈会，聆听了王勇国务委员的重要讲话和黄明书记的工作报告。郑国光同志代表中国地震局党组（以下简称"局党组"）在全国地震局长会上作的报告，旗帜鲜明、政治站位高，统揽全局、思路清措施实，既有理论上的概括，又有实践上的指导，针对性强，可操作性强，是一个求真务实、振奋精神、催人奋进的报告。

五是交流充分。此次会议，专门安排福建省地震局等 6 个单位围绕深化改革、地震监测预测核心业务、应急准备、区域性地震安评、科技体制改革等作了典型交流发言，介绍了各自好的经验和做法，值得大家学习借鉴。与会代表围绕李克强总理重要批示、王勇国务委员致信，郑国光同志报告进行分组讨论，就抓好会议精神贯彻落实，提高地震灾害防治能力，提出了很多很好的意见和建议。

二、会议主要成果

一是统一思想、提高认识。这次会议，进一步深化了对习近平总书记重要论述重大意义、深刻内涵的认识和把握。大家纷纷表示，习近平总书记重要论述为新时代防震减灾工作指明了方向，为提高地震灾害防治能力提供了根本遵循，一定要把思想和行动统一到习近平总书记重要论述、李克强总理重要批示和王勇国务委员重要讲话上来。黄明书记、郑国光局长的报告进一步明确了防震减灾工作思路和任务，一定要更加坚定信心，坚定不移地为实现新时代防震减灾事业现代化目标而奋斗。

二是交流互鉴、拓展思路。这次会议邀请了 20 多个中央部委、科研院所、高校、央企等单位参加，共商防震减灾事业发展。本次会议与全国应急管理工作会议套开，既与应急管理系统代表们研讨应急管理事业改革发展问题，又在地震系统代表中深入研讨防震减灾工作，充分交流了各单位好的做法和工作亮点，开阔了视野，拓展了思路，为做好今后工作提供了有益借鉴。

三是明确任务、强化责任。会议紧扣主题，聚焦理论武装、业务、服务、创新、改革、法治、人才队伍、政治生态等关键问题，明确了 2019 年需要集中发力的 8 个方面重点任务，具有很强的指导性、针对性和操作性。大家表示，要深刻领会会议精神，强化责任担当，勇于改革创新，以更加饱满的热情、更加扎实的作风、更加有效的举措，努力提高地震灾害防治能力，加快推进新时代防震减灾事业现代化建设。

三、关于几个共性问题的把握

会上，大家结合当前防震减灾工作面临的新形势新要求，反映了一些新情况新问题，提出了很好的意见建议，在此，做简要归纳，并对一些共性问题作出说明。

（一）如何理顺省级地震局与地方应急管理部门关系问题

在党和国家机构改革中，中国地震局已圆满完成各项改革任务。截至 2018 年底，各地应急管理体制改革总体上与党和国家机构改革方向基本一致，但进度上有差别，细节上也不尽相同，大家对如何适应改革、如何界定和发挥地震应急处置作用有些困惑。对于这个问题，局党组高度重视，2018 年 12 月述职述廉会议后专门召开了座谈会，进行了研讨和分析，形成了共识，明确了要求。关于这个问题，目前有 3 个方面的考虑：**一是**坚决贯彻落实党和国家机构改革部署，主动适应地方应急管理机构改革要求，着力为构建系统完备、科学规范、运行高效的应急管理体系贡献力量。**二是**积极作为，主动担当，用有为推动有位，要充分发挥好地震部门的技术优势、专业优势，切实在自然灾害防治中发挥支撑作用，要主动与应急管理部门沟通，不能坐等改革结果，通过主动工作推动改革发展。**三是落实国务院防震减灾工作联席会议部署**，2019年"5·12"前后，配合应急管理部筹备省级防震减灾工作座谈会，就构建地方地震部门与应急管理部门的协同、会商、联动等工作机制进行深入研讨。

（二）如何贯彻落实现代化建设意见问题

一是关于现代化纲要的问题。局党组已经出台了大力推进新时代防震减灾事业现代化建设意见，构建了新时代防震减灾事业发展框架体系。目前正在编制现代化纲要，在业务化、信息化、标准化3个方面，对地震科技、业务体系、公共服务、社会治理四大体系进一步细化，已经形成初稿。**二是关于现代化试点问题。**2018年启动广东、山东省地震局先行先试工作，迈出现代化建设坚实步伐。广东省地震局编制防震减灾现代化体系建设项目方案。山东省地震局加快推进地震业务体系和服务体系现代化建设，落实省级自然灾害综合防治项目。广东省地震局、山东省地震局2019年要在重点项目和任务上有所突破，发挥示范引领作用。其他单位也要围绕现代化建设四大体系，谋划推动，争取取得突破。**三是关于改革问题。**局党组出台了全面深化改革意见，谋划了四个方面的专项改革，改革总体要求、重大举措符合国家全面深化改革总目标。当前改革，主要是解决防震减灾事业发展过程中存在的重大问题，着力完善体制机制，补短板，强弱项。下一步要坚持问题导向和目标导向相统一，围绕防震减灾事业现代化建设推进改革。

（三）如何对接"九项重点工程"问题

对接自然灾害防治"九项重点工程"，局党组初步凝练并提出地震灾害防治的五大工程，局有关司室要加强与有关部门的沟通和联系，积极争取中央财政支持。下一步在应急管理部统筹协调下推进工程实施。各单位要深刻分析当地防震减灾工作短板和弱项，研究提出符合本地区实际的工程项目，并积极与中国地震局五大工程对接，争取地方党委政府的支持。

（四）如何建设高素质干部人才队伍问题

郑国光同志已就建设高素质专业化干部人才队伍作了部署，这里再补充几点，**一是要正视问题。**继续抓好中央巡视整改，抓好选人用人进人专项巡视、财务稽查、内部审计发现问题的整改落实，克服"新人不理旧账""雨过地皮湿"等现象。**二是要从严管理，加强监督。**坚决贯彻落实十九届中央纪委三次全会精神，春节后将召开地震系统全面从严治党工作会议，要"严"字当头，一抓到底。**三是要把好选人用人进人关。**坚持新时期好干部标准，坚持公开公平公正进人，形成干部人才梯队。**四是要营造良好的氛围。**实施地震人才工程，激励干部担当作为，靠"事业留人""效益留人""感情留人"。

与会代表还就加强政策出台、震情跟踪、震灾防御、应急处置等方面，提出了一些很好的意见建议，会后各有关司室要认真研究，采取措施，不断改进和完善相关工作。

四、关于会议精神的贯彻落实

一分部署，九分落实。2019年的重点任务已经明确，关键在于抓好落实，就做好会议精神贯彻落实提四点要求：

一是要及时学习传达。各省级地震局要及时向当地党委、政府汇报中央领导同志的重要批示以及会议精神，提出贯彻落实的措施建议。各单位党组（党委）要在认真学习会议精神的基础上，组织好本单位的学习贯彻落实，贯彻落实要向基层延伸，传达到每一位职工，进一步统一思想、凝心聚力，自觉将认识和行动统一到中国地震局党组的部署和要求上来。

二是要抓好任务落实。各单位、各内设机构务必吃准吃透会议精神，结合实际认真贯彻，抓紧抓实抓出成效。中国地震局办公室牵头将重点任务分解到机关各司室，各司室要按照职能职责，将任务细化分解部署到系统各单位，把工作任务纳入年度工作目标。各单位要结合实际逐一分解具体目标任务，压实责任、责任到人，确保完成各项任务。

三是要做好震情跟踪和应急准备工作。要坚决落实国务院防震减灾工作联席会议精神，紧紧围绕年度重点危险区安排好震情跟踪工作，"宁可千日不震，不可一日不防"。要聚焦主责主业，扎实做好震情监视，强化异常核实和震情分析研判，时刻绷紧"震情"这根弦，强化各项应急准备，为地震应急做好支撑保障。

四是要做好年初岁末各项工作。安排好对老同志、困难职工、基层一线职工的节日走访慰问。严格落实安全生产责任制，开展隐患排查，同时做好信访维稳等工作。严格执行中央八项规定及实施细则精神，过一个廉洁、祥和、文明的春节。

（中国地震局办公室）

中国地震局党组成员、副局长阴朝民在全国地震系统全面从严治党工作视频会上的工作报告（摘要）

（2019 年 2 月 22 日）

地震系统全面从严治党工作会议是中国地震局党组（以下简称"局党组"）部署召开的一次重要会议，主要任务是：深入学习贯彻习近平新时代中国特色社会主义思想，认真落实十九届中央纪委三次全会精神以及中央和国家机关工委、应急管理部党组工作部署，总结 2018 年地震系统全面从严治党工作，部署 2019 年重点任务。下面，根据会议安排我作工作报告。

一、2018 年工作回顾

2018 年，在党中央、国务院坚强领导下，在应急管理部悉心指导下，局党组和驻部纪检监察组合力推进地震系统全面从严治党向纵深发展，不断取得新成效。

（一）坚持把政治建设摆在首位，确保党中央决策部署坚决落实

政治建设明显强化。坚持以党的政治建设为统领，把牢固树立"四个意识"、坚定"四个自信"、坚决做到"两个维护"体现到事业改革发展全领域全过程。制定《关于加强和维护党中央集中统一领导的实施意见》，把政治建设抓紧抓牢抓实。学习贯彻习近平总书记重要讲话和指示批示精神及时、深入，确保中央政令畅通、令行禁止。**落实重大决策部署坚决有力。**制定《贯彻落实中央决策部署和中央领导同志批示办理规定》，健全落实情况跟踪催办机制。2018 年又出台构建政治生态、加强法治建设、推进事业现代化等 3 个指导意见，全面推进防震减灾事业改革发展。**管党治党政治责任进一步压实。**调整成立全面从严治党工作领导小组，召开地震系统全面从严治党工作会议，统筹推进全面从严治党工作。首次对各单位进行综合考评，分别开展局属单位主要负责人和纪委书记（纪检组长）集中述职，强化履职监督与交流。局党组积极与驻部纪检监察组协调沟通重大决策部署，研究重点举措，落实纪律检查意见，多次约谈局属单位主要负责人、纪委书记（纪检组长），指导地震系统纪检监察机构提升监督质量。

（二）注重加强思想建设，强化习近平新时代中国特色社会主义思想理论武装

开展局党组中心组学习扎实深入。落实中心组学习规则，把习近平新时代中国特色社会主义思想和党的十九大精神作为重中之重，引领地震系统党员干部学思践悟。党组中心组全年开展 4 次主题研讨和 14 次专题学习，每次做到有方案、有研讨、有成果、有通报。组织开展庆祝改革开放 40 周年系列活动，强化改革意识。**落实机构改革政治任务平稳有序。**完成国务院抗震救灾指挥部和震灾应急救援职能划转、人员转隶，加强思想教育，掌握思想动态，确保思想不乱、工作不断、队伍不散、干劲不减。推进内部机构改革，各省级地

震局主动跟进和适应地方机构改革，实现平稳过渡。福建省地震局等试点单位深化改革稳步推进，取得实效。**"两学一做"学习教育继续深化。**党委（党组）书记带头讲党课，组织一把手改革发展专题研讨班，选派 37 名司局级干部参加"一校五院"调训，举办党校班和"震苑大讲堂"专题讲座，多次举办党务、纪检、人事业务培训班，执行培训计划 45 个，培训 3000 余人次。开展纪检业务网络学习答题活动，组织 100 余人次参加巡视督导、执纪审查、审计等专项工作，提升履职能力。

（三）贯彻新时代党的组织路线，持续加强基层党组织和干部队伍建设

党内政治生活严肃规范。严格执行民主集中制、重大事项报告、双重组织生活、"三会一课"、民主评议党员等制度，及时组织学习贯彻纪律处分条例和支部工作条例。通报局属单位民主生活会召开情况，强化现场督导。积极开展"不忘初心，重温入党志愿书"主题党日、微党课比赛等活动，强化基层党组织建设。**干部队伍结构逐步优化。**加强调研，准确把握组织人事工作基本状况。对各单位领导班子进行综合研判。按照新时期好干部标准选拔任用干部，进行干部交流，安排干部挂职，建立优秀年轻干部储备库。严把进人关，严格进人计划审批，改进进人方式，拓宽进人渠道，提升进人质量。通过"一报告两评议"、个人事项报告查核、函询、现场核查等方式，加强干部日常监督。**规章制度体系不断完善。**系统梳理全面从严治党制度 370 余项，形成系列汇编。制定干部年度考核办法、领导班子履职规范、研究所领导人员任期制等制度和系列政策解读，规范干部管理。制定干部交流、挂职锻炼、能上能下等制度，规范干部选拔任用。制定事业单位进人管理、培训管理、深化职称评审改革等制度，规范人才管理。

（四）持之以恒狠抓作风建设，营造干事创业良好氛围

严格落实中央八项规定精神。修订党组落实中央八项规定精神实施意见。精简文件简报，严控会议培训数量、规模、时长、经费开支等，以视频会代替现场会，改进新闻报道。落实"三项治理"要求，集中整治形式主义、官僚主义。在全系统集中开展会议费、津补贴专项清理，制定 40 余项制度，巩固整改成果，建立长效机制。**扎实开展"作风建设月"活动。**中国地震局机关以"改作风、促作为"为主题，首次开展为期 2 个月的"作风建设月"活动。局党组率先公布 9 条措施，主动接受监督。广泛征求意见建议，提出 157 项整改措施，废改立制度 447 项，减少 50%。组织青年干部开展评估，检验作风建设成效。局属单位普遍开展"作风建设月"活动，合力增强地震系统作风建设成效。**不断激发干事创业活力。**向全系统通报各单位年度综合考核排名，通报违纪违规问题，激励干事创业。把握好"三个区分开来"，容错纠错，为一些干部澄清事实、消除影响，保护积极性。严格落实津贴补贴政策，推进局属事业单位实施绩效工资制度，完善激励机制。

（五）坚持加强纪律建设，严格监督执纪问责

深入开展经常性纪律教育。编发案例选编，召开全系统警示教育视频会议。规范重大事项报告、野外工作管理，严肃纪律。开展新任处级以上干部廉政谈话。局属单位积极开展形式多样的警示教育活动，对苗头性问题及时约谈或批评教育。河北省地震局、安徽省地震局等单位探索进一步发挥纪委委员、纪检委员作用。**科学运用监督执纪"四种形态"。**规范处置信访举报和问题线索，中国地震局系统纪检监察机构全年共接收信访举报 221 件，按照干部管理权限查核百余件问题线索，给予 109 个党组织和个人党纪政务处分、组织处理及责任追究，其中第一种形态 86 人次、第二种形态 18 人次、第三种形态 2 人次、第四种形态 3 人次，涉及司局级干部 18 人次。开展党的十八大以来未办结问题线索"大督办"，严把初核报告、立案审查等关键环节。中央巡视有关干部处理意见全部执行到位。做到件件有着落，努力减少存量、遏制增量。**充分发挥审计监督作用。**成立审计工作领导小组，制定预警工程项目审计管理办法等 3 项制度。组织开展协作区联审互审。

（六）持续深化巡视整改，政治生态逐步好转

中央巡视整改持续深化。局党组全年召开 4 次会议专题研究巡视工作。落实应急管理部党组部署，制定 30 条推进中央巡视整改措施，推进整改资料建卷归档。吸取"4·19"地震应急演练"乌龙事件"教训，着力解决突出问题。把中央巡视整改落实情况纳入内部巡视重点督查内容，逐项检查评估，扎实做好巡视整改"后半篇文章"。**新一轮内部巡视扎实有力。**印发《局党组巡视工作实施办法》和《局党组巡视工作规划（2018—2022 年）》，严格对标对表十九届中央巡视新部署新要求，对 4 个局属单位党委（党组）开展政治巡视，强化中期现场指导和巡视反馈，实施被巡视单位整改进展月报告制度，监督推进任务落实。组织局属单位开展选人用人进人工作自查，对 15 个单位开展专项巡视，着力解决选人用人进人突出问题。**良好政治生态正在形成。**全面落实局党组《关于构建地震系统风清气正的良好政治生态的实施意见》，采取巡视监督、重点督办、实地调研、个别提醒等方式，发现问题及时研究解决。山东省地震局、山西省地震局、甘肃省地震局等 26 个局属单位开展政治生态分析、制订实施方案，推动政治生态日趋好转。

地震系统全面从严治党取得的成效，离不开驻部纪检监察组的有力监督和悉心指导。驻部纪检监察组扎实履行监督责任，做实做细日常监督工作。建立健全监督执纪工作机制，派员参加党组会和局务会，深入开展驻点调研，依规核查问题线索，约谈司局级干部，严把廉政意见回复关，及时反馈日常监督反映的共性问题，督导局属单位民主生活会，开展纪检监察业务培训，指导机关纪委和局系统纪检监察机构工作，全面提升地震系统监督执纪工作水平，做了大量卓有成效的工作。特别是机构改革后，党组主体责任与驻部纪检监察组监督责任共同用力、齐心协力、形成合力，有力推进纪检监察体制改革重大决策部署在地震系统得到全面落实，有力推进地震系统全面从严治党工作，更好地保障了防震减灾事业改革发展。

同时要清醒认识到，地震系统全面从严治党、党风廉政建设和反腐败工作形势依然严峻复杂，仍然还存在不少问题，一些单位"两个责任"落实不到位，党内政治生活不规范不严肃，重大决策部署落实不得力，选人用人进人不规范，违纪违规问题仍有发生，信访举报居高不下，一些干部干事创业精气神不足、作风不实，等等，这些问题必须引起各级党组织高度重视，在今后工作中必须下大力气认真加以解决。

二、2019 年重点任务

2019 年是中华人民共和国成立 70 周年，是决胜全面建成小康社会的关键之年。做好 2019 年地震系统全面从严治党工作，责任重大、意义重大。总体要求是：坚持以习近平新时代中国特色社会主义思想为指导，认真学习贯彻十九届中央纪委三次全会精神，认真落实全国应急管理系统党风廉政建设工作视频会议和全国地震局长会议精神，全面加强地震系统党的政治、思想、组织、作风、纪律和制度建设，坚持稳中求进工作总基调，持续构建地震系统风清气正的良好政治生态，更好地保障新时代防震减灾事业改革发展。

（一）坚持用党的创新理论武装头脑，扎实开展"不忘初心、牢记使命"主题教育

持续在学懂弄通做实上下功夫。紧密结合实际开展"大学习"，切实掌握习近平新时代中国特色社会主义思想核心要义、丰富内涵和实践要求，用马克思主义立场、观点和方法指导新时代防震减灾事业现代化建设，把习近平总书记关于防灾减灾救灾和自然灾害防治重要论述作为推进防震减灾工作的根本遵循和行动指南，准确把握政治和业务的关系，形成新时代防震减灾事业改革发展的生动实践。

扎实开展"不忘初心、牢记使命"主题教育。坚持边学习边实践，紧扣主题主线，深入学习贯彻习近平新时代中国特色社会主义思想，学习贯彻习近平总书记关于防灾减灾救灾、自然灾害防治重要论述和重要训词精神，在学深悟透、务实戒虚、整改提高上持续发力，坚守职责定位，坚守共产党员的初心使命，坚守地震人的初心使命，弘扬地震行业精神，始终为党为民守夜。同时，注重建章立制，健全长效机制，把教育成果转化为坚定理想信念、砥砺党性心性、忠诚履职尽责的思想自觉和行动自觉。

（二）切实加强党的政治建设，坚决做到"两个维护"

切实把讲政治落到实际行动。认真学习贯彻《中共中央关于加强党的政治建设的意见》《中国共产党重大事项请示报告工作条例》，增强"四个意识"，坚定"四个自信"，坚决做到"两个维护"，真正把讲政治体现在时时事事处处，坚定坚决、不折不扣、落实落细党中央决策部署。严守政治纪律政治规矩，在重大原则问题和大是大非面前，必须做到立场坚定、旗帜鲜明。

坚决落实重大决策部署。主动担当政治责任，坚决贯彻落实习近平总书记重要指示批示和党中央决策部署，特别是关于防灾减灾救灾、自然灾害防治重要论述和防震减灾重要指示批示，对标对表，找准方位，真正把防震减灾事业融入经济社会发展，结合实际研究提出贯彻举措，大力推进防震减灾事业现代化建设，确保中央重大决策部署真正落实到防震减灾各领域各层面。

努力构建良好政治生态。全面落实局党组《关于构建地震系统风清气正的良好政治生态的实施意见》，认真总结构建良好政治生态的成效和经验教训，坚持问题导向，有效解决影响政治生态的突出问题，营造良好政治文化氛围。坚持典型示范，讲好事业改革发展故事，大力弘扬地震行业精神，立足岗位建功立业，激发干部干事创业。

（三）突出政治功能，大力加强党组织建设

加强党委（党组）班子建设。选好配强局属单位领导班子，增强把方向、管大局、保落实的领导能力。修订印发党组工作规则和局工作规则，贯彻民主集中制，规范议事规则和决策程序。举办局属单位主要负责人专题研讨班，加强局管干部教育培训，增强履职尽责本领。

加强基层党支部建设。落实支部工作条例，加强党支部标准化、规范化建设。针对机关、研究所、业务中心、基层台站等特点，研究有效管用的党建工作措施，加强分类指导。按要求开展党组织换届，加强党支部书记队伍建设，推动责任落实。把政治标准放在首位，严把发展党员入口关。严格党员教育管理，严格组织生活，提升组织力。强化党建述职评议考核，督促履行政治责任。

严肃党内政治生活。严格执行新形势下党内政治生活若干准则，开展对党的组织生活规定执行情况的监督检查，认真落实民主集中制、批评和自我批评、"三会一课"、领导干部双重组织生活等基本制度。严格执行请示报告制度，坚决防止重要情况不请示、重大事项不报告等问题。

（四）突出忠诚干净担当，着力建设地震系统高素质专业化干部队伍

坚持党管干部原则。认真贯彻落实全国组织工作会议精神，把党的领导贯穿干部人事工作全过程，把党组织领导把关作用体现在选、育、管、用等每一个重要环节。贯彻落实新修订的《党政领导干部选拔任用工作条例》，坚持新时期好干部标准，严把选人用人关，选优配强各级领导干部。

从严监督管理干部。坚持严字当头，加强对各级领导干部特别是一把手的监督，加强对权力、资金、资源集中的重点部门和关键岗位干部的监督。制定进一步规范组织人事工作实施意见，持续抓好选人用人进人专项巡视整改。严格落实干部人事档案工作条例和个人有关事项报告制度。

强化干部担当作为。深入贯彻中央《关于进一步激励广大干部新时代新担当新作为的意见》，改进选人用人导向，让想干事、能干事、干成事的干部有机会、有舞台。落实干部考核制度，把考核结果与干部选拔任用、能上能下、评优评奖等挂起钩来。按照"三个区分开来"的要求，建立容错纠错机制，完善信访举报核查处理反馈机制，保护敢于担当的干部积极性。

（五）落实监督责任，形成全局系统监督合力

扎实开展日常监督。严格落实党委（党组）党内监督的主体责任，强化相关部门的职能监督。探索局系统纪检监察机构派驻机制，强化专责监督。督促各级党组织、党员干部主动、严肃、具体地履行日常监督职责。突出关键人、关键处，突出关键事、关键时，畅通监督渠道，强化民主监督。把日常监督做实、做到位，形成主动监督与愿意接受监督的良好氛围。

持续深化巡视监督。统筹组织开展系统内部常规巡视、专项巡视和巡视"回头看"，着力发现并解决党的领导弱化、党的建设缺失、全面从严治党不力、巡视整改不到位等问题。建立巡视整改定期督查制度，压实整改主体责任。对巡视整改责任不落实、敷衍塞责的，严肃追责问责。

综合防控廉政风险。推进廉政风险排查经常化，强化对局属单位监管，开展局系统廉政风险状况分析，进行精准施策。深入开展审计监督，创新审计工作方法，做好重大项目跟踪审计，组织开展协作区联审互审。加强巡视、审计、财务稽查、专项检查，形成工作合力，及时发现问题、堵塞漏洞、防范风险。

（六）强化正风肃纪，提升全面从严治党质量

巩固拓展作风建设成果。贯彻落实应急管理部党组要求，制定地震系统进一步加强和改进作风建设的实施意见。持续落实中央八项规定精神及其实施细则，紧盯公款吃喝、滥发津补贴等老问题，狠抓"四风"隐形变异、改头换面等新动向。对顶风违反中央八项规

定精神的问题，一律从严从重惩处和公开曝光。持续开展"作风建设月"活动。

持续整治形式主义、官僚主义。深入查摆、坚决纠正存在的形式主义、官僚主义突出问题，特别是空泛表态、应景造势、敷衍塞责、出工不出力、抓落实不力等问题。及时通报曝光形式主义、官僚主义典型案例。继续落实"三项治理"方案，统筹规范督查检查考核工作。

严格监督执纪问责。强化经常性纪律教育和警示教育，深刻汲取高荣胜、黄宝森、苗崇刚、王尚彦等严重违纪违法案件教训。精准运用监督执纪"四种形态"，在减少存量、遏制增量上下功夫。加强监督执纪重点制度执行情况的监督检查，提升执纪办案质量。认真落实党组讨论决定党员处分工作规定，组织开展党的十八大以来办结案件的纪律处分决定执行情况的专项检查。健全领导干部廉政档案，严把廉政意见回复关。

（七）提升履职能力，强化党务纪检干部队伍建设

打铁必须自身硬。按照政治过硬、本领高强要求，选拔有潜力的优秀年轻干部到党务纪检岗位培养锻炼，通过转岗、交流等方式，促进党务纪检干部与业务干部双向交流。党务纪检干部用权要慎之又慎，律己要严之又严，要忠诚坚定、担当尽责、遵纪守法、清正廉洁，做忠诚干净担当的表率。

提升队伍素质。增强党务纪检干部学习本领，强化理论素养，学习落实监督执纪工作规则，提高熟练运用党章党规党纪的专业能力。加大党务纪检干部培训力度，开展经验交流、现场观摩等活动。把巡视、执纪审查和专项检查作为培养锻炼干部的重要平台，以干代训，增强实干能力。

（中国地震局办公室）

中国地震局党组成员、副局长牛之俊
在中国地震局地球物理研究所科技体制改革
启动动员会上的讲话（摘要）

（2019 年 4 月 10 日）

一、充分认识地震科技发展面临的新形势

以习近平同志为核心的党中央高度重视科技创新，全国科技创新大会吹响了建设世界科技强国的号角，对于加快推进我国科技创新发展、实现中华民族伟大复兴具有里程碑意义。习近平总书记强调，科技是国之利器，国家赖之以强，企业赖之以赢，人民生活赖之以好。不创新不行，创新慢了也不行。党的十九大把加快建设创新型国家和建设科技强国作为坚持和发展新时代中国特色社会主义的重要战略任务。习近平总书记在大会报告中明确强调，创新是引领发展的第一动力，是建设现代化经济体系的战略支撑。郑国光局长指出，地震科技兴则地震事业兴，地震科技强则地震行业强。新形势下，科技的地位和要求发生了变化，科技创新从"配角"走向"主角"的位置。我们要进一步增强科技创新引领防震减灾事业发展的责任感和使命感，切实把科技创新作为防震减灾事业发展的根本驱动力和核心支撑，加快推进国家地震科技创新体系建设，加紧建设国家地震科技创新工程和地震人才工程，努力使我国地震科技整体实力和水平得到明显提升，更好地服务国家经济社会发展。

二、客观看待地震科技发展中面临的新问题

多年来，我国地震科技取得了长足进展，一大批基础研究和应用研究成果支撑了防震减灾能力提升，为经济发展和社会文明进步发挥了重要作用。但是，我国地震科技创新也还存在诸多不足。我国地震科技与国际先进水平存在差距，在基础研究领域，模仿跟踪多、前沿原创少，经验总结多、理论模型少，碎片研究多、系统探索少。中国地震局基础研究与中国科学院、大学在竞争国家科技项目和高水平论文成果产出等方面也存在明显差距。在应用研究领域，大多数核心关键技术尚未突破，技术装备标准化、产业化水平不高，科技创新成果不能及时转化为防震减灾能力。科技管理与创新要求不相适应。科技创新体系不完善，研究所职能定位不清、主业不明，研究方向存在"小而全"和重叠现象。研究所管理体制机制不适应科技创新需求，不利于调动研究所的创新积极性，不利于出创新成果、出创新人才、出创新思想。科研队伍规模偏小，领军人才引不进、稳不住、留不下，青年

人才储备不足。以知识价值为导向的激励分配政策尚未建立，科研人员分类评价尚未健全，成果推广转化、激励分配政策落实不到位，科研人员创新活力有待充分释放。开放合作有待深化，产学研用协同创新机制尚不完善，地震科技创新能力总体偏弱，科技创新对防震减灾事业发展的贡献率偏低。

三、切实增强深化科技体制改革的紧迫感

2019 年是新中国成立 70 周年，是防震减灾事业改革的重要一年，也是地震科技改革关键年，要坚定不移将地震系统全面深化改革推向深入，加快全面深化改革各项任务落地见效，积极谋划改革思路和重要举措。地震科技已经到了"不改革不行，改革慢了也不行"的境地。解决制约地震事业发展的主要矛盾和深层次问题，补齐发展短板和不足，必须依靠全面深化改革。我们必须坚定不移推进地震科技管理体制改革，优化自身科技布局，对科研院所进行分类定位、分类评价、分类管理，从根本上突破体制机制壁垒，让机构、人才、装置、资金、项目都充分活跃起来，形成创新发展的强大合力。

四、强化责任担当推动改革措施落地见效

中国地震局地球物理研究所作为这次中国地震局科技体制改革试点单位，先行先试，充分体现了中国地震局党组对地球物理研究所的信任和殷切希望，既是挑战也是机遇。地球物理研究所干部职工要深入贯彻落实习近平总书记防灾减灾救灾重要论述和提高自然灾害防治能力的重要指示，紧紧抓住并用好重要战略机遇期推进研究所改革，坚决把党中央、国务院的决策部署以及应急管理部和中国地震局党组要求落到实处，大力推进新时代防震减灾事业现代化建设。全所干部职工要积极支持和参与改革，改革是事业发展保持生机活力的不竭动力，要从思想上跟上改革的节拍，从大局和事业发展必然性出发，认识到改革的意义，领会改革的精神，推进改革。要扭住关键，精准发力，取得实效，要与中国地震局科技体制改革顶层设计衔接，学习借鉴兄弟单位好的改革做法，真正创新体制机制，最大限度地激发科研人员创新的积极性、主动性和创造性，释放创新活力。

吉林省人民政府令

（第 259 号）

《吉林省地震与火山监测管理办法》已经 2016 年 8 月 22 日省政府第 10 次常务会议审议通过，现予公布，自 2016 年 11 月 1 日起施行。

省长　蒋超良

2016 年 8 月 29 日

吉林省地震与火山监测管理办法

（2016 年 8 月 29 日吉林省人民政府令第 259 号公布　根据 2019 年 12 月 17 日吉林省人民政府令第 272 号公布的《吉林省人民政府关于修改和废止部分省政府规章的决定》修改）

第一条　为了加强对地震与火山监测活动的管理，提高地震与火山监测能力，根据《中华人民共和国防震减灾法》《地震监测管理条例》等法律、法规，结合本省实际，制定本办法。

第二条　本办法适用于本省行政区域内地震与火山监测台网的规划、建设、运行和管理以及监测设施和观测环境的保护。

第三条　县级以上人民政府地震工作主管部门负责本行政区域内地震与火山监测的监督管理工作。

县级以上人民政府财政、发展改革、自然资源、公安等部门应当按照各自职责，负责地震与火山监测的相关工作。

第四条　县级以上人民政府应当加强地震与火山监测的体系建设，建立地震与火山监测、预警、信息传输、灾情和地震烈度速报、现场流动监测等系统，并支持地震与火山监测的科学研究、技术研发和推广应用，鼓励社会力量参与地震与火山监测相关产品的研发和生产等活动。

第五条　省人民政府和火山所在地设区市及县级人民政府应当加强火山监测台网和预警系统建设，提高火山灾害监控防御能力。

第六条　本省地震与火山监测台网由省级地震与火山监测台网和设区的市及县级地震与火山监测台网组成。

专用地震监测台网和社会地震监测台站（点）是本省地震与火山监测台网的补充。

第七条　省人民政府地震工作主管部门应当加强对设区的市及县级地震与火山监测台网规划编制工作的指导，并提供必要的技术支持。

第八条　地震与火山监测台网选址、建设应当符合相关规划要求，履行基本建设管理程序，执行相关国家标准和行业标准。

在风景名胜区、历史文物保护区等区域建设的地震与火山监测设施，应当采用景观化的建设方案。

第九条　建设地震与火山监测台网所采用的仪器设备和软件应当符合相关国家标准和行业标准，具备地震与火山监测台网入网条件。

第十条　下列建设工程应当建设专用地震监测台网：

（一）坝高100米以上、库容5亿立方米以上，且可能诱发5级以上地震的水库；

（二）受地震破坏后可能引发严重次生灾害的油田、矿山、石油化工等重大建设工程；

（三）法律、法规规定的其他工程。

第十一条　下列重大建设工程应当设置强震动监测设施：

（一）核电站；

（二）水库大坝；

（三）特大桥梁；

（四）发射塔；

（五）法律、法规规定的其他工程。

第十二条　应当建立专用地震监测台网或者强震动监测设施的，建设单位应当将专用地震监测台网或者强震动监测设施的建设情况报送建设工程所在地设区的市级人民政府地震工作主管部门备案，设区的市级人民政府地震工作主管部门向省人民政府地震工作主管部门备案。

第十三条　县级以上人民政府地震工作主管部门组织新建、改建地震与火山监测台网的，应当在正式投入运行前，将地震与火山监测设施建设情况报上一级人民政府地震工作主管部门备案。

第十四条　本省地震与火山监测台网正式运行后，不得擅自中止或者终止。确需中止或者终止省级地震与火山监测台网的，应当报国务院地震工作主管部门批准；确需中止或终止设区的市或县级地震与火山监测台网的，应当提前6个月向省人民政府地震工作主管部门提交书面申请，注明理由、时限、相应措施等内容，经省人民政府地震工作主管部门批准后实施，同时由省人民政府地震工作主管部门报国务院地震工作主管部门备案。

专用地震监测台网中止或者终止运行的，应当报省人民政府地震工作主管部门备案。

第十五条　县级以上人民政府地震工作主管部门应当对本行政区域的专用地震监测台网和社会地震监测台站（点）的建设和运行维护予以指导，并根据需要提供必要的基础资料和技术支持。

第十六条　县级以上人民政府地震工作主管部门应当加强对水库地震、矿山地震的监测，及时向本级政府报告相关信息，并通报相关部门。

第十七条　省人民政府地震工作主管部门应当建立全省地震与火山监测数据备份系统和信息共享平台，为社会提供服务。

第十八条　县级以上人民政府地震工作主管部门应当加强地震与火山监测资料质量管理，定期组织开展监测资料质量检查，及时将地震与火山监测相关信息报送上一级人民政府地震工作主管部门，并保证监测数据以及监测资料的连续性、准确性和完整性。

任何单位和个人不得伪造、删除、篡改或者损毁原始监测资料。

第十九条　本省地震、火山灾害预警信息由县级以上人民政府根据有关法律、行政法规和国务院规定的权限和程序发布。任何单位和个人不得擅自向社会发布地震、火山灾害预警信息。

第二十条　各级人民政府应当依法保护地震与火山监测设施和观测环境。任何单位和个人有权向当地人民政府或者有关部门举报危害、破坏地震与火山监测设施和观测环境的行为。

第二十一条　省人民政府地震工作主管部门应当加强地震与火山监测设施和观测环境保护工作的指导和监督管理，规定地震与火山监测设施和观测环境保护标志的样式，并向社会公布。

第二十二条　在地震与火山观测环境保护范围内的新建、扩建、改建建设工程，县级以上人民政府城乡规划主管部门在依法核发选址意见书时，应当事先征求同级地震工作主管部门的意见；不需要核发选址意见书的，城乡规划主管部门在依法核发建设用地规划许可证或者乡村建设规划许可证时，应当征求同级地震工作主管部门的意见。地震工作主管部门应当在 10 日内反馈意见。

第二十三条　禁止占用、拆除、损坏下列地震与火山监测设施：

（一）地震与火山监测仪器、设备和装置；

（二）供地震与火山监测使用的山洞、观测井（泉）；

（三）地震与火山监测台网中心、中继站、遥测点的用房；

（四）地震与火山监测标志；

（五）地震与火山监测专用无线通信频段、信道和通信设施；

（六）用于地震与火山监测的供电、供水设施。

第二十四条　除法律、法规允许的建设活动外，禁止在已划定的地震与火山观测环境保护范围内从事下列活动：

（一）爆破、采矿、采石、钻井、抽水、注水；

（二）在测震观测环境保护范围内设置无线信号发射装置、进行振动作业和往复机械运动；

（三）在电磁观测环境保护范围内铺设金属管线、电力电缆线路、堆放磁性物品和设置高频电磁辐射装置；

（四）在地形变观测环境保护范围内进行振动作业；

（五）在地下流体观测环境保护范围内堆积和填埋垃圾、进行污水处理；

（六）在观测线和观测标志周围设置障碍物或者擅自移动地震与火山观测标志。

第二十五条　地震与火山监测设施需要委托所在地单位或者个人负责保护的，委托方与被委托方应当签订地震与火山监测设施委托保护协议。

第二十六条　各级人民政府地震工作主管部门的工作人员，有下列行为之一的，由本级或者上级人民政府地震工作主管部门责令改正，并采取相应补救措施；对直接负责的主管人员和其他直接责任人员，依法给予处分：

（一）未按照有关法律、法规和国家有关标准进行地震与火山监测台网建设的；

（二）未按照规定采用地震与火山监测设备和软件的；

（三）擅自中止或者终止地震与火山监测台网运行的；

（四）伪造、删除、篡改或者损毁原始监测资料的。

第二十七条　有本办法第二十三条、第二十四条所列行为之一的，由县级以上人民政府地震工作主管部门给予警告，责令停止违法行为，对单位处 2 万元以上 5 万元以下的罚款，情节严重的，处 5 万元以上 10 万元以下的罚款，对个人可以处 500 元以上 2000 元以下的罚款；构成犯罪的，依法追究刑事责任；造成损失的，依法承担赔偿责任。

第二十八条　本办法自 2016 年 11 月 1 日起施行。

（吉林省地震局）

山西省人民政府令

（第 264 号）

《山西省地震预警管理办法》业经 2019 年 10 月 26 日省人民政府第 49 次常务会议通过，现予公布，自 2020 年 3 月 1 日起施行。

省长　楼阳生

2019 年 11 月 6 日

山西省地震预警管理办法

第一章　总　　则

第一条　为了加强地震预警工作的管理，有效发挥地震预警作用，减轻地震灾害损失，保障人民生命和财产安全，根据《中华人民共和国防震减灾法》《中华人民共和国突发事件应对法》《地震监测管理条例》《山西省防震减灾条例》等法律、法规，结合本省实际，制定本办法。

第二条　在本省行政区域内从事地震预警系统规划与建设，地震预警信息发布与处置、监督管理与保障以及其他相关活动，适用本办法。

第三条　本办法所称地震预警，是指地震发生后，在破坏性地震波到达可能遭受破坏的区域前，通过地震专业技术系统向该区域发出地震警报信息的行为。

第四条　地震预警工作应当遵循政府主导、部门协同、社会参与的原则，实行统一规划、统一管理、统一发布的工作机制。

第五条　县级以上人民政府应当将地震预警工作纳入国民经济和社会发展规划，建立地震预警协调工作机制，统筹解决地震预警重大问题，所需经费列入同级财政预算。

第六条　县级以上人民政府负责管理地震工作的部门或者机构（以下简称地震工作管理部门）负责本辖区内地震预警工作和有关监督管理工作。

县级以上人民政府其他有关部门应当按照各自职责做好地震预警相关工作。

第七条　鼓励和支持公民、法人和其他组织依法参与地震预警系统建设，开展地震预警科学技术研究，推进地震预警相关产品的研发和成果应用。

第八条　地震工作管理部门应当广泛开展地震预警知识宣传教育工作，指导、督促、协助学校和医院等重点单位开展地震预警应急演练，提高公众科学应用地震预警信息进行避险的能力。

机关、团体、企业、事业等单位应当组织开展地震预警知识的宣传普及和地震预警应急演练。

广播、电视、报刊、互联网、移动网络以及其他有关媒体，应当配合地震工作管理部门开展地震预警知识的公益宣传。

第九条　县级以上人民政府应当对在地震预警工作中作出突出贡献的单位和个人给予表彰和奖励。

第二章　地震预警系统规划与建设

第十条　省地震工作管理部门应当根据国家地震预警系统建设规划和相关要求，会同自然资源、生态环境、住房和城乡建设、交通运输、水利、农业农村、文化旅游、能源等部门组织编制全省地震预警系统建设规划，报省人民政府批准后组织实施。

第十一条　全省地震预警系统建设规划应当包括地震预警监测台站系统、通信网络系统、数据处理系统、信息服务系统、技术支持与保障系统等内容。

第十二条　省地震工作管理部门按照地震预警系统建设规划，组织建设全省统一的地震预警系统。设区的市、县（市、区）地震工作管理部门协助做好地震预警系统建设的相关工作。

地震预警监测台站建设应当充分利用和整合已有的各类地震监测台站资源，避免重复建设。

第十三条　高速铁路、城市轨道交通、电力调控中心、输油输气管线（站）、石油化工、通信、煤矿、水库等重大建设工程和其他可能产生严重次生灾害的建设工程，可以根据需要建设专用地震预警系统。所建设的专用地震预警系统应当报省地震工作管理部门备案，省地震工作管理部门可以根据需要将其纳入全省地震预警系统。纳入全省地震预警系统的专用地震预警系统应当按要求传送监测数据。

专用地震预警系统的建设、运行、维护经费，由建设单位承担。

第十四条　社会力量参与地震预警建设，应当符合国家预警建设规划和相关技术要求，所建地震预警台站可以纳入全省地震预警系统。

第十五条　省级地震预警系统建成后，应当试运行一年以上，并经省级以上地震工作管理部门验收合格后，方可正式运行。

专用地震预警系统由省级地震工作管理部门验收。

第三章　地震预警信息的发布与处置

第十六条　本省行政区域内地震预警信息由省人民政府授权省地震工作管理部门统一发布。

任何单位和个人不得以任何形式向社会发布地震预警信息。

第十七条 地震预警信息发布的条件、范围、方式等应当符合国家、行业和省有关规定。地震预警信息内容应当包括发震时刻、震中参考地名、震级、破坏性地震波类型和到达时间、预估地震烈度等要素。

第十八条 地震预警信息应当通过省人民政府确定的广播、电视、互联网、移动网络等媒体和机构向公众播发。

被确定的媒体和机构应当建立地震预警信息自动接收播发机制，及时、准确地播发地震预警信息。

第十九条 重大建设工程和其他可能产生严重次生灾害的建设工程，应当制定地震预警应急预案，建立地震预警信息接收及应急处置系统；接收到破坏性地震预警信息，应当按照各自行业规定、技术规范和地震预警应急预案进行紧急处置。

第二十条 地震重点监视防御区的学校、医院、车站、机场、体育场馆、影剧院、商业中心、博物馆、图书馆、旅游景区等其他人员密集场所，应当设立地震预警信息接收和播发装置，建立应急处置机制。

第二十一条 地震预警的系统建设、运行管理、信息发布与传播等相关技术及应用，应当遵守国家有关法律、法规，并符合国家标准和行业标准。

第四章　监督管理与保障

第二十二条 省地震工作管理部门应当定期对地震预警系统运行情况进行监督检查。

县级以上人民政府地震工作管理部门应当加强对地震预警设施和观测环境的保护工作，地震预警设施和观测环境遭受破坏的，应当及时组织修复。

第二十三条 地震预警系统运行管理单位和地震预警信息接收单位，应当加强对地震预警设施、装置及其系统的维护和管理，保障地震预警系统的正常运行。

第二十四条 任何单位和个人不得侵占、毁损、拆除或者擅自移动地震预警设施，不得危害地震预警观测环境。

地震预警设施所在地的乡（镇）人民政府或者街道办事处和县级以上人民政府公安、自然资源、地震工作管理等部门应当依法保护地震预警设施和观测环境。

第五章　法　律　责　任

第二十五条 违反本办法规定的行为，有关法律、法规已有处罚规定的，从其规定。

第二十六条 违反本办法规定，擅自向社会发布地震预警信息或者编造、传播虚假地震预警信息的，由县级以上人民政府地震工作管理部门责令改正；违反治安管理行为的，由公安机关依法给予处罚；构成犯罪的，依法追究刑事责任。

第二十七条 违反本办法第二十条规定，未设立地震预警信息接收和播发装置，建立应急处置机制的，由县级以上人民政府地震工作管理部门责令改正，予以通报；对直接负责的主管人员和其他直接责任人员，依法给予处分。

第二十八条 违反本办法规定，有下列行为之一的，由县级以上人民政府地震工作管理部门责令改正，并采取相应补救措施：

（一）建设专用地震预警系统，未向省地震工作管理部门备案的；

（二）纳入全省地震预警系统，未按规定传送监测数据的；

（三）地震预警系统建成后，未按照本办法规定进行试运行和验收的；

（四）地震预警的系统建设、运行管理、信息发布与传播等相关技术及应用，违反国家有关法律、法规，或者不符合国家标准和行业标准的。

第二十九条　违反本办法规定，有下列行为之一的，由县级以上人民政府地震工作管理部门责令停止侵害，恢复原状或者采取其他补救措施；造成损失的，依法承担赔偿责任；危害公共安全的，由公安机关依法给予处罚；构成犯罪的，依法追究刑事责任。

（一）侵占、毁损、拆除或者擅自移动地震预警设施的；

（二）危害地震预警观测环境的。

第三十条　县级以上人民政府地震工作管理部门和有关责任单位以及相关部门的工作人员，在地震预警工作中滥用职权、玩忽职守、徇私舞弊的，按其管理权限，由有关部门对直接负责的主管人员和其他直接责任人员依法给予处分；构成犯罪的，依法追究刑事责任。

第六章　附　　则

第三十一条　本办法自 2020 年 3 月 1 日起施行。

（山西省地震局）

2019 年发布 1 项国家标准

标准名称：GB/T 38226—2019《地震烈度图制图规范》

英文名称：Specification for seismic intensity mapping

发布日期：2019 年 12 月 10 日

实施日期：2020 年 7 月 1 日

范　　围：本标准规定了地震烈度图的制图要求、制度程序、制图内容、版式要求、输出数据格式与质量检查。本标准适用于地震烈度图的绘制。

地震与地震灾害

本部分包括四方面内容：一是全球 $M \geq 7.0$ 地震目录；二是中国大陆及沿海地区 $M \geq 4.0$ 地震目录；三是对我国及全球一年来（1月1日至12月31日）地震活动的综述、我国及世界地震灾害情况简介；四是对一年来我国各地地震活动及破坏性地震震害的宏观考察加以记载。

2019 年全球 $M \geq 7.0$ 地震目录

序号	月	日	时:分:秒	纬度/°	经度/°	震级M	地　　点
1	02	22	18:17:21	-2.20	-76.90	7.5	厄瓜多尔
2	03	01	16:50:40	-14.60	-70.10	7.0	秘鲁
3	05	07	05:19:35	-7.00	146.50	7.1	巴布亚新几内亚
4	05	14	20:58:28	-4.20	152.50	7.6	新不列颠岛地区
5	05	26	15:41:12	-5.80	-75.20	7.8	秘鲁北部
6	06	16	06:55:00	-30.80	-178.10	7.2	新西兰克马德克群岛
7	06	24	10:53:38	-6.40	129.20	7.3	班达海
8	07	14	17:10:49	-0.50	128.20	7.1	哈马黑拉岛
9	11	15	00:17:40	1.55	126.48	7.2	印度尼西亚马鲁古海北部

注：经纬度中，正数值表示东经和北纬，负数值表示西经和南纬。表中日期和时间为北京时间。

2019 年中国大陆及沿海地区 $M \geqslant 4.0$ 地震目录

序号	月	日	时：分：秒	纬度 / °N	经度 / °E	震级 M	地　　点
1	01	03	08:48:07	28.20	104.86	5.3	四川宜宾市珙县
2	01	04	02:02:50	22.90	121.04	4.4	台湾台东县
3	01	07	00:22:31	39.92	77.66	4.8	新疆喀什地区伽师县
4	01	08	20:16:45	23.20	121.64	4.7	台湾台东县海域
5	01	10	20:00:54	21.26	101.71	4.2	云南西双版纳州勐腊县
6	01	12	12:32:02	39.57	75.59	5.1	新疆喀什地区疏附县
7	01	17	21:32:36	41.75	81.52	4.3	新疆阿克苏地区拜城县
8	01	19	02:11:21	44.85	93.07	4.5	新疆哈密市巴里坤县
9	01	20	10:52:02	29.92	94.93	4.4	西藏林芝市巴宜区
10	01	20	22:28:33	30.09	87.77	5.0	西藏日喀则市谢通门县
11	01	20	23:06:41	30.20	87.64	4.6	西藏日喀则市谢通门县
12	01	22	11:19:26	22.24	121.42	4.5	台湾台东县海域
13	01	30	13:21:34	23.77	122.43	5.2	台湾花莲县海域
14	01	30	23:14:54	22.02	120.37	4.3	台湾屏东县海域
15	02	02	05:26:06	27.11	100.93	4.1	云南丽江市宁蒗县
16	02	02	05:54:41	46.73	83.34	5.2	新疆塔城地区塔城市
17	02	07	13:35:50	29.22	87.44	4.0	西藏日喀则市昂仁县
18	02	08	00:52:05	23.28	120.61	4.6	台湾嘉义县
19	02	12	22:49:56	22.85	101.40	4.4	云南普洱市宁洱县
20	02	13	00:39:03	24.94	122.43	4.1	台湾宜兰县海域
21	02	13	02:23:03	23.75	121.60	4.1	台湾花莲县海域
22	02	15	22:08:06	23.81	121.81	4.1	台湾花莲县海域
23	02	20	11:40:12	38.45	97.37	4.5	青海海西州德令哈市
24	02	24	05:38:10	29.47	104.49	4.7	四川自贡市荣县
25	02	25	08:40:26	29.46	104.50	4.3	四川自贡市荣县
26	02	25	13:15:59	29.48	104.49	4.9	四川自贡市荣县
27	03	07	11:49:02	20.93	120.22	4.2	台湾屏东县海域
28	03	08	03:37:20	23.94	99.31	4.4	云南临沧市永德县
29	03	08	10:32:14	22.46	121.34	5.3	台湾台东县海域
30	03	10	20:34:35	35.37	91.99	4.2	青海玉树州治多县
31	03	13	12:32:35	23.65	121.64	4.6	台湾花莲县海域
32	03	14	05:07:23	23.04	121.42	4.3	台湾台东县海域

序号	月	日	时:分:秒	纬度 / °N	经度 / °E	震级M	地　　点
33	03	14	13:32:43	34.97	101.83	4.3	青海黄南州泽库县
34	03	15	02:14:24	38.78	91.10	4.2	新疆巴音郭楞州若羌县
35	03	15	18:40:52	38.72	91.12	4.0	新疆巴音郭楞州若羌县
36	03	17	04:25:48	41.19	83.71	4.0	新疆阿克苏地区库车县
37	03	28	05:36:31	38.28	90.89	5.0	青海海西州茫崖市
38	03	28	07:00:20	38.32	90.92	4.2	青海海西州茫崖市
39	04	01	10:54:37	24.95	122.22	4.3	台湾新北市海域
40	04	03	09:52:57	22.95	120.87	5.7	台湾台东县
41	04	04	09:56:56	23.00	120.85	5.1	台湾台东县
42	04	08	14:58:10	22.05	121.49	4.4	台湾台东县海域
43	04	09	23:13:23	23.96	121.61	5.0	台湾花莲县海域
44	04	10	04:24:14	23.93	121.65	4.3	台湾花莲县海域
45	04	10	06:57:52	24.21	121.94	4.0	台湾花莲县海域
46	04	14	19:20:55	44.32	81.11	4.3	新疆伊犁州霍城县
47	04	15	02:31:07	32.26	89.39	4.3	西藏那曲市双湖县
48	04	18	13:01:06	24.02	121.65	6.7	台湾花莲县海域
49	04	24	04:15:49	28.40	94.61	6.3	西藏林芝市墨脱县
50	04	24	19:56:43	34.89	82.47	4.2	西藏阿里地区改则县
51	04	28	04:27:37	39.19	97.45	4.8	甘肃张掖市肃南县
52	04	29	08:23:21	39.32	73.67	4.2	新疆克孜勒苏州阿克陶县
53	05	02	15:57:58	30.43	103.01	4.5	四川雅安市芦山县
54	05	08	23:48:49	24.75	122.55	4.4	台湾宜兰县海域
55	05	10	03:15:54	45.11	80.44	4.0	新疆博尔塔拉蒙古自治州温泉县
56	05	12	05:55:28	39.96	100.58	4.0	内蒙古阿拉善盟阿拉善右旗
57	05	16	04:33:31	28.07	103.53	4.7	云南昭通市永善县
58	05	18	06:24:48	45.30	124.75	5.1	吉林松原市宁江区
59	05	22	09:37:25	23.96	121.67	4.0	台湾花莲县海域
60	05	23	04:41:28	23.73	122.16	4.1	台湾花莲县海域
61	05	23	14:12:49	24.02	121.57	4.5	台湾花莲县
62	05	26	09:44:54	30.34	87.70	4.3	西藏日喀则市谢通门县
63	05	26	10:09:25	30.30	87.70	4.2	西藏日喀则市谢通门县
64	05	31	23:53:18	22.89	120.58	4.2	台湾高雄市
65	06	01	00:01:31	36.90	75.80	4.2	新疆喀什地区塔什库尔干县
66	06	03	01:47:11	45.38	124.81	4.0	吉林松原市宁江区
67	06	04	17:46:17	22.82	121.75	5.8	台湾台东县海域

序号	月	日	时：分：秒	纬度/°N	经度/°E	震级M	地　　点
68	06	05	15:26:55	28.11	103.63	4.1	云南昭通市永善县
69	06	17	22:55:43	28.34	104.90	6.0	四川宜宾市长宁县
70	06	17	23:36:01	28.43	104.77	5.1	四川宜宾市珙县
71	06	18	00:29:07	28.39	104.85	4.1	四川宜宾市长宁县
72	06	18	00:37:55	28.39	104.87	4.2	四川宜宾市长宁县
73	06	18	05:03:25	28.38	104.87	4.5	四川宜宾市长宁县
74	06	18	07:34:34	28.37	104.89	5.3	四川宜宾市长宁县
75	06	22	22:29:56	28.43	104.77	5.4	四川宜宾市珙县
76	06	23	08:28:17	28.39	104.82	4.6	四川宜宾市珙县
77	06	24	09:23:15	28.44	104.80	4.1	四川宜宾市长宁县
78	06	24	21:24:22	24.98	101.67	4.7	云南楚雄州楚雄市
79	06	29	21:20:19	33.60	82.69	4.0	西藏阿里地区改则县
80	06	30	03:44:12	22.43	122.31	4.8	台湾台东县海域
81	07	03	12:26:54	28.40	104.85	4.8	四川宜宾市长宁县
82	07	04	03:32:25	32.90	91.93	4.3	青海海西州唐古拉地区
83	07	04	10:17:58	28.41	104.74	5.6	四川宜宾市珙县
84	07	04	23:13:53	35.97	87.10	4.2	西藏那曲市双湖县
85	07	09	02:35:35	23.82	122.48	4.4	台湾花莲县海域
86	07	16	01:41:28	31.80	91.18	4.1	西藏那曲市安多县
87	07	19	17:22:14	27.67	92.89	5.6	西藏山南市错那县
88	07	20	06:54:25	27.76	92.86	4.8	西藏山南市错那县
89	07	21	20:23:28	26.16	100.62	4.9	云南丽江市永胜县
90	07	22	12:06:06	20.96	120.74	4.7	台湾屏东县海域
91	07	22	16:26:36	28.35	104.91	4.1	四川宜宾市长宁县
92	07	22	20:32:16	42.69	87.76	4.6	新疆巴音郭楞州和硕县
93	07	23	14:56:57	28.74	96.06	4.0	西藏林芝市察隅县
94	07	26	11:24:26	34.40	92.68	4.3	青海玉树州治多县
95	07	26	14:39:57	24.77	121.80	4.0	台湾宜兰县
96	08	01	16:50:29	23.36	118.58	4.2	台湾海峡
97	08	02	21:53:09	23.66	121.61	4.5	台湾花莲县海域
98	08	03	06:24:45	23.63	121.58	4.8	台湾花莲县海域
99	08	06	09:19:48	23.61	121.70	4.9	台湾花莲县海域
100	08	06	09:31:30	23.64	121.62	4.5	台湾花莲县海域
101	08	08	05:28:03	24.52	121.96	6.4	台湾宜兰县海域
102	08	09	13:23:49	37.69	101.59	4.9	青海海北州门源县

序号	月	日	时：分：秒	纬度／°N	经度／°E	震级M	地　点
103	08	11	10:13:23	30.37	94.85	4.1	西藏林芝市波密县
104	08	13	06:09:44	38.51	90.20	4.1	新疆巴音郭楞州若羌县
105	08	13	06:31:53	28.36	104.87	4.1	四川宜宾市长宁县
106	08	14	16:13:51	30.37	94.82	4.3	西藏林芝市波密县
107	08	15	07:47:01	30.38	94.85	4.3	西藏林芝市波密县
108	08	17	22:52:07	23.74	121.54	4.1	台湾花莲县
109	08	18	04:48:02	23.37	118.56	4.3	台湾海峡
110	08	18	12:05:15	23.74	121.57	5.0	台湾花莲县
111	08	20	19:17:02	18.51	109.41	4.2	海南三亚市天涯区
112	08	31	15:50:21	23.09	121.64	4.1	台湾台东县海域
113	09	03	08:47:31	23.71	121.60	4.3	台湾花莲县海域
114	09	08	06:42:14	29.55	104.79	5.4	四川内江市威远县
115	09	08	10:36:23	29.51	104.53	4.3	四川内江市威远县
116	09	09	13:07:51	21.17	121.48	4.3	台湾屏东县东部海域
117	09	10	01:27:44	29.51	104.49	4.0	四川自贡市荣县
118	09	10	14:08:03	24.00	121.88	4.6	台湾花莲县海域
119	09	12	20:17:53	28.41	104.78	4.0	四川宜宾市珙县
120	09	16	00:13:07	42.32	84.31	4.1	新疆巴音郭楞州轮台县
121	09	16	20:48:40	38.60	100.35	5.0	甘肃张掖市甘州区
122	09	20	03:43:07	41.26	83.79	4.5	新疆阿克苏地区库车县
123	09	27	01:17:12	37.93	88.75	4.5	新疆巴音郭楞州若羌县
124	09	27	18:58:30	37.84	88.78	4.8	新疆巴音郭楞州若羌县
125	09	30	14:04:26	40.90	83.48	4.1	新疆阿克苏地区沙雅县
126	09	30	20:24:19	40.22	76.15	4.1	新疆克孜勒苏州阿图什市
127	10	02	20:04:35	28.40	108.38	4.9	贵州铜仁市沿河县
128	10	08	01:17:05	24.70	122.48	4.3	台湾宜兰县海域
129	10	12	22:55:25	22.18	110.51	5.2	广西玉林市北流市
130	10	17	19:44:31	24.02	122.58	5.1	台湾花莲县海域
131	10	27	13:29:46	41.21	78.82	5.0	新疆阿克苏地区乌什县
132	10	27	18:52:39	41.18	78.83	4.5	新疆阿克苏地区乌什县
133	10	28	01:56:49	35.10	102.69	5.7	甘肃甘南州夏河县
134	10	30	19:04:34	37.00	75.85	4.0	新疆喀什地区塔什库尔干县
135	11	02	06:36:15	35.20	88.99	4.6	西藏那曲市安多县
136	11	03	03:26:34	24.38	122.06	4.2	台湾宜兰县海域
137	11	10	06:46:51	28.17	104.99	4.1	四川宜宾市兴文县

序号	月	日	时：分：秒	纬度 / °N	经度 / °E	震级 M	地 点
138	11	25	01:02:36	25.97	99.70	4.3	云南大理州洱源县
139	11	25	09:18:19	22.89	106.65	5.2	广西百色市靖西市
140	11	25	09:32:42	24.01	121.77	4.5	台湾花莲县海域
141	11	27	21:03:02	28.35	104.95	4.0	四川宜宾市长宁县
142	11	28	07:49:50	22.90	106.66	4.3	广西百色市靖西市
143	11	29	01:04:27	36.15	78.04	4.0	新疆和田地区皮山县
144	12	05	08:02:28	39.31	118.04	4.5	河北唐山市丰南区
145	12	05	10:46:27	41.73	81.65	4.9	新疆阿克苏地区拜城县
146	12	05	15:54:04	40.38	78.24	4.0	新疆阿克苏地区柯坪县
147	12	09	15:20:57	31.56	104.25	4.6	四川绵阳市安州区
148	12	12	08:49:19	36.94	78.78	4.0	新疆和田地区皮山县
149	12	15	02:53:19	38.91	79.12	4.5	新疆喀什地区巴楚县
150	12	16	19:25:58	24.55	121.82	4.5	台湾宜兰县
151	12	18	08:14:06	29.59	104.82	5.2	四川内江市资中县
152	12	19	20:07:54	32.47	87.23	4.6	西藏那曲市尼玛县
153	12	20	06:16:27	34.86	79.88	4.4	新疆和田地区和田县
154	12	26	18:36:34	30.87	113.40	4.9	湖北孝感市应城市

（中国地震台网中心）

地震与地震灾害概况

2019 年地震活动综述

一、2019 年中国地震活动概况

据中国地震台网测定，2019 年我国大陆地区共发生 5.0 级及以上地震 20 次，与 1900 年以来 20 次的年均水平持平。2019 年中国大陆地区发生 6.0 级及以上地震 2 次，分别为 4 月 24 日西藏墨脱 6.3 级和四川长宁 6.0 级地震，6.0 级及以上地震频次略低于 1900 年以来 4 次的年均水平。2019 年我国大陆地区 5.0 级及以上地震活动频次相较于 2018 年（16 次）有所增加，主要分布在大陆西部地区。

2019 年中国地震活动有以下特点：

2019 年 4 月 24 日西藏墨脱 6.3 级地震打破中国大陆地区 522 天的 6.0 级及以上浅源地震平静。2017 年 11 月 18 日西藏米林 6.9 级地震后至 2019 年 4 月 24 日，我国大陆地区 6.0 级及以上浅源地震平静 522 天，被 4 月 24 日西藏墨脱 6.3 级地震打破后，6 月 17 日发生四川长宁 6.0 级地震。

川东南地区中强地震活跃。2018 年 12 月以来，川东南地区中强地震活动显著增强，先后发生 5.0 级及以上地震 8 次，其中 6.0 级地震 1 次，为长宁 6.0 级地震。2019 年该区发生的 5.0 级及以上地震占我国大陆地区的 40%。

云南及邻区 7 级地震平静突出，6.0 级地震显著平静被打破，省内 5.0 级地震平静持续。截至 2019 年底，云南省内 7 级以上地震平静近 24 年，为 1900 年以来的最长平静时间。四川长宁 6.0 级地震打破了云南及邻区长达 4.7 年的 6.0 级地震平静。自 2018 年 9 月 8 日云南墨江 5.9 级地震以来，截至 2019 年底，云南省内 5.0 级以上地震平静 479 天。

新疆地区 5.0 级地震平静被打破，南天山西段 5.0 级地震有序分布。2019 年 10 月 27 日新疆乌什 5.0 级地震打破了新疆地区持续 267 天的 5.0 级地震平静，该平静超过 1950 年以来平静时间的 2 倍均方差。此外，2018 年以来，南天山西段 5.0 级地震沿天山地震带呈北西向有序分布。

华北地区 5.0 级地震平静突出。自 2013 年 5 月 18 日黄海 5.1 级地震后，华北地区 5.0 级以上地震平静 6.6 年。而华北主体地区 2006 年 7 月 4 日河北文安 5.1 级地震后，5.0 级以上地震平静近 13.5 年，为 1500 年以来的第二长平静时间。

中国台湾地区 7.0 级地震平静异常显著。截至 2019 年底，台湾地区 7.0 级及以上地震平静 13 年，达到 1900 年以来的最长平静时间。

二、2019 年全球地震活动概况

据中国地震台网测定，2019 年全球发生 7.0 级及以上地震 9 次，远低于全球 7.0 级及以上地震年均 18 次的水平，频次显著偏低，且没有发生 8.0 级及以上地震，最大地震为 5 月 26 日秘鲁北部 7.8 级地震。2019 年全球 7.0 级及以上地震频次相较于 2018 年（18 次）显著偏低，主要分布在环太平洋地震带。

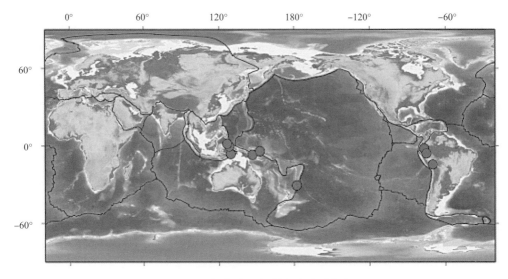

2019年全球7.0级及以上地震分布

2019 年全球 7.0 级及以上地震活动有以下特点：

2019 年全球 7.0 级及以上地震活动水平相比于 2018 年显著偏低。强度上，2019 年没有发生 8.0 级及以上地震，相对于 2018 年 2 次 8.0 级地震，强度显著减弱。年频次上，2019 年全球发生 7.0 级及以上地震 9 次，相对于 2018 年 18 次 7.0 级及以上地震，频次显著偏低。

2019 年全球 7.0 级及以上地震活动在时空上分布不均匀。空间上，7.0 级及以上地震主要分布在环太平洋地震带，分别为 2 月 22 日厄瓜多尔 7.5 级、3 月 1 日秘鲁 7.0 级、5 月 7 日巴布亚新几内亚莫罗贝省 7.1 级、5 月 14 日新不列颠岛地区 7.6 级、5 月 26 日秘鲁北部 7.8 级、6 月 16 日新西兰克马德克群岛 7.2 级、6 月 24 日班达海 7.3 级、7 月 14 日印度尼西亚哈马黑拉岛 7.1 级和 11 月 15 日印度尼西亚马鲁古海北部 7.2 级地震。时间上，全球 7.0 级及以上地震主要发生于上半年（1—6 月），共发生 7 次；7—11 月全球 7.0 级及以上地震出现 124 天平静，呈现时间上的不均匀性。

（中国地震台网中心）

地震灾害

2019 年中国地震灾害情况综述

一、2019 年中国地震情况

2019 年，中国共发生 5.0 级及以上地震 32 次（大陆地区 20 次，台湾及海域地区 12 次）。其中 5.0～5.9 级地震 27 次，6.0～6.9 级地震 5 次，最大地震为 4 月 18 日台湾花莲县附近海域 6.7 级地震。

表 1　2019 年中国 5.0 级及以上地震一览表

序号	日期	北京时间（时:分）	震级 M	经度 / ºE	纬度 / ºN	深度 / km	震中位置
1	01月03日	08:48	5.3	104.86	28.2	15	四川宜宾市珙县
2	01月12日	12:32	5.1	75.59	39.57	10	新疆喀什地区疏附县
3	01月20日	22:28	5.0	87.77	30.09	10	西藏日喀则市谢通门县
4	01月30日	13:21	5.2	122.43	23.77	20	台湾花莲县海域
5	02月02日	05:54	5.2	83.34	46.73	16	新疆塔城地区塔城市
6	03月08日	10:32	5.3	121.34	22.46	11	台湾台东县海域
7	03月28日	05:36	5.0	90.89	38.28	9	青海海西州茫崖市
8	04月03日	09:52	5.7	120.87	22.95	12	台湾台东县
9	04月04日	09:56	5.1	120.85	22.99	10	台湾台东县
10	04月09日	23:13	5.0	121.61	23.96	10	台湾花莲县海域
11	04月18日	13:01	6.7	121.65	24.02	24	台湾花莲县海域
12	04月24日	04:15	6.3	94.61	28.4	10	西藏林芝市墨脱县
13	05月18日	06:24	5.1	124.75	45.3	10	吉林松原市宁江区
14	06月04日	17:46	5.8	121.75	22.82	9	台湾台东县海域
15	06月17日	22:55	6.0	104.9	28.34	16	四川宜宾市长宁县
16	06月17日	23:36	5.1	104.77	28.43	16	四川宜宾市珙县
17	06月18日	07:34	5.3	104.89	28.37	17	四川宜宾市长宁县
18	06月22日	22:29	5.4	104.77	28.43	10	四川宜宾市珙县
19	07月04日	10:17	5.6	104.74	28.41	8	四川宜宾市珙县
20	07月13日	08:57	6.0	128.26	29.15	230	东海海域

序号	日期	北京时间（时:分）	震级 M	经度 / °E	纬度 / °N	深度 / km	震中位置
21	07月19日	17:22	5.6	92.89	27.67	10	西藏山南市错那县
22	08月08日	05:28	6.4	121.96	24.52	30	台湾宜兰县海域
23	08月18日	12:05	5.0	121.57	23.74	6	台湾花莲县
24	09月05日	21:58	5.2	116.16	14.77	20	南海海域
25	09月08日	06:42	5.4	104.79	29.55	10	四川内江市威远县
26	09月16日	20:48	5.0	100.35	38.6	11	甘肃张掖市甘州区
27	10月12日	22:55	5.2	110.51	22.18	10	广西玉林市北流市
28	10月17日	19:44	5.1	122.58	24.02	16	台湾花莲县海域
29	10月27日	13:29	5.0	78.82	41.21	11	新疆阿克苏地区乌什县
30	10月28日	01:56	5.7	102.69	35.1	10	甘肃甘南州夏河县
31	11月25日	09:18	5.2	106.65	22.89	10	广西百色市靖西市
32	12月18日	08:14	5.2	104.82	29.59	14	四川内江市资中县

（中国地震局监测预报司）

二、2019 年中国大陆地震灾害情况

2019 年，中国大陆地区共发生地震灾害事件 15 次，造成 17 人死亡，425 人受伤，直接经济损失约 91.086 亿元。其中，灾害最严重的地震为四川长宁 6.0 级地震，造成 13 人死亡，299 人受伤，直接经济损失约 56.17 亿元。

表 2　2019 年大陆地区地震灾害损失一览表

序号	日期	北京时间（时:分）	震中位置	震级 M	人员伤亡 / 人		直接经济损失 / 亿元
					死亡	受伤	
1	01月03日	08:48	四川宜宾市珙县	5.3	0	1	0.6
2	02月24日	05:38	四川自贡市荣县	4.7	2	13	1.77
	02月25日	08:40	四川自贡市荣县	4.3			
		13:15	四川自贡市荣县	4.9			
3	03月28日	05:36	青海海西州茫崖市	5.0	0	0	6.67
4	04月24日	04:15	西藏林芝市墨脱县	6.3	—	—	—
5	05月18日	06:24	吉林松原市宁江区	5.1	0	0	0.51
6	06月17日	22:55	四川宜宾市长宁县	6.0	13	299	56.17
		23:36	四川宜宾市珙县	5.1			

序号	日期	北京时间（时:分）	震中位置	震级M	人员伤亡/人		直接经济损失/亿元
					死亡	受伤	
7	07月21日	20:23	云南丽江市永胜县	4.9	0	0	0.81
8	09月08日	06:42	四川内江市威远县	5.4	1	82	5.82
9	09月16日	20:48	甘肃张掖市甘州区	5.0	0	0	0.47
10	10月02日	20:04	贵州铜仁市沿河县	4.9	0	0	0.086
11	10月12日	22:55	广西玉林市北流市	5.2	0	0	0.13
12	10月28日	01:56	甘肃甘南州夏河县	5.7	0	7	16.19
13	11月25日	09:18	广西百色市靖西市	5.2	1	5	1.22
14	12月18日	08:14	四川内江市资中县	5.2	0	18	0.49
15	12月26日	18:36	湖北孝感市应城市	4.9	0	0	0.15
合　计					17	425	91.086

注："—"表示破坏轻微，未评估损失。数据来源：应急管理部国家减灾中心《中国自然灾害报告（2019）》。

表3　2019年各省（区）地震灾害损失一览表

序号	省份	死亡（失踪）/人	受伤/人	直接经济损失/亿元
1	四川	16	413	64.85
2	甘肃	0	7	16.66
3	青海	0	0	6.67
4	广西	1	5	1.35
5	云南	0	0	0.81
6	吉林	0	0	0.51
7	湖北	0	0	0.15
8	贵州	0	0	0.086

三、2019年中国地震灾害主要特点

（1）2019年，中国大陆地区共发生20次5.0级及以上地震，与1950年以来年均20次持平，高于5年以来15.8次的平均水平。

（2）2019年，中国大陆地区未发生重特大地震灾害事件，地震灾害损失与往年相比较低，死亡人数远低于过去10年平均水平，受伤人数远低于过去10年平均水平，经济损失远低于过去10年平均水平，但高于2018年。

（3）2019年，中国大陆地区有8个省份受灾，人员伤亡和经济损失主要集中在四川省，四川省死亡人数占比约94%，受伤人数占比约97%，经济损失占比约71%。

（4）2019年，台湾及海域地区发生12次5.0级及以上地震，其中6.0级及以上地震3次，最大地震为台湾花莲县海域6.7级地震，造成1人死亡，16人受伤。

四、2019 年中国大陆主要地震及灾害特点

1. 四川珙县 5.3 级地震

2019 年 1 月 3 日 08 时 48 分，四川省宜宾市珙县发生 5.3 级地震，震源深度 15km。地震造成 1 人受伤，直接经济损失 0.6 亿元。本次地震最高烈度为Ⅵ度，主要涉及珙县、兴文县。Ⅵ度区面积为 416km^2，主要涉及珙县玉和苗族乡、底洞镇、上罗镇、下罗镇、仁义乡、沐滩镇、孝儿镇曹营镇、兴文县毓秀苗族乡、周家镇、仙峰苗族乡、九丝城镇，共 12 个乡镇。

2. 四川荣县 4.7 级、4.3 级、4.9 级地震

2019 年 2 月 24 日 05 时 38 分，2 月 25 日 08 时 40 分、13 时 15 分，四川省自贡市荣县发生 4.7 级、4.3 级、4.9 级地震，共造成 2 人死亡、13 人受伤，直接经济损失 1.77 亿元。此次地震最高烈度为Ⅵ度，Ⅵ度区面积为 268km^2，其中自贡市荣县 183km^2，自贡市贡井区 7km^2，内江市威远县 78km^2。主要涉及自贡市荣县旭阳镇、双石镇、望佳镇、高山镇、东兴镇、墨林乡，自贡市贡井区章佳乡，内江市威远县镇西镇、庆卫镇、新场镇。

3. 青海茫崖 5.0 级地震

2019 年 3 月 28 日 05 时 36 分，青海省海西州茫崖市发生 5.0 级地震，震源深度 9km。此次地震未造成人员伤亡，直接经济损失 6.67 亿元。

4. 西藏墨脱 6.3 级地震

2019 年 4 月 24 日 04 时 15 分，西藏自治区林芝市墨脱县发生 6.3 级地震，震源深度 10km。此次地震最高烈度为Ⅷ度，Ⅵ度区及以上面积 7166km^2，造成西藏自治区林芝市墨脱县受灾。

5. 吉林宁江 5.1 级地震

2019 年 5 月 18 日 06 时 24 分，吉林省松原市宁江区发生 5.1 级地震，震源深度 10km。此次地震未造成人员伤亡，直接经济损失 0.51 亿元。地震最高烈度为Ⅵ度，Ⅵ度区及以上总面积为 237km^2，主要涉及吉林省松原市宁江区毛都站镇、伯都乡、新城乡和前郭县平凤乡，共造成吉林省松原市 2 个县（区）受灾。

6. 四川长宁 6.0 级地震、四川珙县 5.1 级地震

2019 年 6 月 17 日 22 时 55 分，四川省宜宾市长宁县发生 6.0 级地震，震源深度 16km；23 时 36 分，四川省宜宾市珙县发生 5.1 级地震，两次地震共造成 13 人死亡、299 人受伤，直接经济损失 56.17 亿元。地震最高烈度为Ⅷ度，Ⅵ度区及以上总面积为 3058km^2，主要涉及宜宾市长宁县、高县、珙县、兴文县、江安县、翠屏区 6 个区县。

7. 云南永胜 4.9 级地震

2019 年 7 月 21 日 20 时 23 分，云南省丽江市永胜县发生 4.9 级地震，震源深度 10km。此次地震未造成人员伤亡，直接经济损失 0.81 亿元。

8. 四川威远 5.4 级地震

2019 年 9 月 8 日 06 时 42 分，四川省内江市威远县发生 5.4 级地震，震源深度 10km。此次地震造成 1 人死亡，82 人受伤，直接经济损失约 5.82 亿元。地震最高烈度为Ⅶ度，Ⅵ度区及以上总面积为 680km^2，共造成四川省内江市威远县、资中县、市中区，自贡市大安

区 4 个区县受灾。

9. 甘肃张掖 5.0 级地震

2019 年 9 月 16 日 20 时 48 分，甘肃省张掖市甘州区发生 5.0 级地震，震源深度 11km。此次地震未造成人员伤亡，直接经济损失 0.47 亿元。地震最高烈度为Ⅵ度，Ⅵ度区面积为 248km²，造成甘肃省张掖市甘州区、肃南县和民乐县 3 个县（区）受灾。

10. 贵州沿河 4.9 级地震

2019 年 10 月 2 日 20 时 04 分，贵州省铜仁市沿河县发生 4.9 级地震，震源深度 10km。此次地震共造成 7800 间房屋受损，直接经济损失 0.086 亿元。地震最高烈度为Ⅵ度，面积为 55.8km²，主要涉及沿河土家族自治县的甘溪镇、板场镇、夹石镇和淇滩镇 4 个乡镇。

11. 广西北流 5.2 级地震

2019 年 10 月 12 日 22 时 55 分，广西壮族自治区玉林市北流市发生 5.2 级地震，震源深度 10km，直接经济损失 0.13 亿元。此次地震最高烈度为Ⅵ度，Ⅵ度区面积为 141km²，共造成广西、广东 5 个乡镇受灾。Ⅵ度区主要涉及广西北流市六靖镇、石窝镇和清河镇，广东化州市平定镇和播扬镇。

12. 甘肃夏河 5.7 级地震

2019 年 10 月 28 日 01 时 56 分，甘肃省甘南州夏河县发生 5.7 级地震，震源深度 10km。此次地震共造成 7 人受伤，近 7300 间房屋受损，直接经济损失 16.19 亿元。此次地震最高烈度为Ⅶ度，Ⅶ度区面积为 193km²，Ⅵ度区面积为 1398km²，共造成甘肃省甘南州夏河县、合作市 2 个县（市）受灾。

13. 广西靖西 5.2 级地震

2019 年 11 月 25 日 09 时 18 分，广西壮族自治区靖西市发生 5.2 级地震，震源深度 10km。此次地震共造成 1 人死亡，5 人轻伤，破坏房屋 296 间，紧急转移安置 935 人，直接经济损失 1.22 亿元。地震最高烈度为Ⅵ度，面积为 118km²，共造成广西壮族自治区百色市靖西市、崇左市大新县 2 个县市 4 个乡镇受灾。

14. 四川资中 5.2 级地震

2019 年 12 月 18 日 08 时 14 分，四川省内江市资中县发生 5.2 级地震，震源深度 14km。此次地震共造成 5 人重伤，13 人轻伤，直接经济损失 0.49 亿元。此次地震的最高烈度为Ⅵ度，主要涉及内江市资中县、威远县、市中区共计 3 个区县。Ⅵ度区面积为 360km²，主要涉及内江市资中县陈家镇、公民镇、银山镇、宋家镇、双河镇 5 个镇，内江市威远县龙会镇、高石镇、严陵镇、东联镇、靖和镇 5 个镇，内江市市中区全安镇、朝阳镇、龚家镇、凤鸣镇 4 个镇，共计 14 个镇。

15. 湖北应城 4.9 级地震

2019 年 12 月 26 日 18 时 36 分，湖北省孝感市应城市发生 4.9 级地震，震源深度 10km。此次地震未造成人员伤亡，造成直接经济损失 0.15 亿元。此次地震的最高烈度为Ⅵ度，Ⅵ度区面积 130.6km²。主要涉及应城市杨岭镇、陈河镇、汤池镇，京山市曹武镇，天门市皂市镇，汉川市垌冢镇，共 6 个乡镇。

（中国地震局震害防御司）

2019 年全球重要地震事件的震害及影响

2019 年，全球发生 6.0 级及以上地震 119 次，其中 7.0 级及以上地震 9 次，主要分布在环太平洋地震带，最大地震为 5 月 26 日秘鲁 7.8 级地震。

表 1 2019 年全球 7.0 级及以上地震一览表

序号	日期	北京时间（时:分）	经度 / °E	纬度 / °N	震源深度 / km	震级 M	震中位置
1	02月22日	18:17	-2.15	-76.91	140	7.5	厄瓜多尔
2	03月01日	16:50	-14.58	-70.05	260	7.0	秘鲁
3	05月07日	05:19	-6.96	146.49	130	7.1	巴布亚新几内亚莫罗贝省
4	05月14日	20:58	-4.15	152.52	30	7.6	新不列颠岛地区
5	05月26日	15:41	-5.85	-75.18	100	7.8	秘鲁北部
6	06月16日	06:55	-30.80	-178.10	20	7.2	新西兰克马德克群岛
7	06月24日	10:53	-6.36	129.24	210	7.3	班达海
8	07月14日	17:10	-0.52	128.17	10	7.1	印度尼西亚哈马黑拉岛
9	11月15日	00:17	1.55	126.48	50	7.2	印度尼西亚马鲁古海北部

注：经纬度中，正数值表示东经和北纬，负数值表示西经和南纬。

2019 年，全球地震灾害造成至少 244 人死亡，6000 余人受伤。其中，国外 6.0 级及以上地震共造成 185 人死亡，4000 余人受伤。死亡人数最多的地震为 9 月 26 日发生在印度尼西亚塞兰岛地区的 6.4 级地震，共造成 41 人死亡。

表 2 2019 年国外 6.0 级及以上地震灾害一览表

序号	日期	北京时间（时:分）	震级 M	震源深度 / km	震中位置	人员伤亡 / 人	
						死亡	受伤
1	01月20日	09:32	6.6	50	智利	2	—
2	01月26日	16:12	6.0	20	印度尼西亚阿鲁群岛地区	—	1
3	02月02日	00:14	6.5	100	墨西哥	—	15
4	02月22日	18:17	7.5	140	厄瓜多尔	1	9
5	03月01日	16:50	7.0	260	秘鲁	1	2
6	04月12日	19:40	6.8	10	印度尼西亚苏拉威西岛附近海域	1	—
7	04月22日	17:11	6.0	20	菲律宾	18	256
8	04月23日	13:37	6.6	90	菲律宾萨马岛	—	48
9	05月10日	07:48	6.3	20	日本九州岛附近海域	—	1
10	05月14日	20:58	7.6	30	新不列颠岛地区	—	1

序号	日期	北京时间（时:分）	震级 M	震源深度 / km	震中位置	人员伤亡 / 人	
						死亡	受伤
11	05月26日	15:41	7.8	100	秘鲁北部	2	30
12	05月30日	17:03	6.5	80	萨尔瓦多附近海域	1	1
13	06月18日	21:22	6.5	20	日本本州西岸近海	—	26
14	07月05日	01:33	6.4	10	美国加利福尼亚州	1	20
15	07月06日	11:20	6.9	10	美国加利福尼亚州	—	5
16	07月14日	17:10	7.1	10	印度尼西亚哈马黑拉岛	14	129
17	08月02日	20:03	6.8	30	印度尼西亚苏门答腊岛南部海域	8	8
18	09月24日	19:01	6.0	10	克什米尔地区	40	852
19	09月26日	07:46	6.4	20	印度尼西亚塞兰岛附近海域	41	1578
20	09月27日	00:36	6.0	110	智利	1	—
21	09月29日	23:57	6.7	10	智利中部沿岸近海	1	—
22	10月16日	19:37	6.3	10	菲律宾棉兰老岛	7	215
23	10月29日	09:04	6.6	10	菲律宾棉兰老岛	14	562
24	10月31日	09:11	6.6	10	菲律宾棉兰老岛	10	—
25	11月15日	00:17	7.2	50	印度尼西亚马鲁古海北部	1	3
26	11月21日	07:50	6.0	10	老挝	—	2
27	11月26日	10:54	6.3	10	阿尔巴尼亚	8	325
28	12月15日	14:11	6.8	30	菲律宾棉兰老岛	13	210

2019 年国外地震活动和人员伤亡有如下特点：

（1）强震连发，印度尼西亚、菲律宾地区灾害地震较为集中。

环太平洋地震带仍是 7.0 级及以上地震主要活动区域，最大地震为 5 月 26 日秘鲁北部 7.8 级地震。印度尼西亚地区和菲律宾地区 6.0 级及以上地震持续活跃，均造成不同程度人员伤亡和经济损失。国外 6.0 级及以上成灾地震有 28 次，相较 2018 年度（18 次）有所增加。

（2）国外地震造成的死亡人数较往年减少。

2019 年全球地震造成的死亡人数显著低于过去 3 年。国外 6.0 级及以上地震造成 185 人死亡，低于过去 3 年死亡人数的平均值。地震未引发大规模的海啸等次生灾害，因次生灾害死亡的人数较往年减少。

表 3　2011—2019 年国外 6.0 级及以上地震灾害人员伤亡情况对比

年份	地震造成人员死亡数	地震造成人员受伤数
2011	2万余	数万
2012	400余	数千
2013	800余	2000余
2014	19	数百

年份	地震造成人员死亡数	地震造成人员受伤数
2015	9529	近3万
2016	1143	2万余
2017	1126	1.5万余
2018	3068	约1.6万
2019	185	4000余

1. 智利 6.6 级地震

北京时间 1 月 20 日 09 时 32 分，智利科金博区（Coquimbo）发生 6.6 级地震，震源深度 50km。地震造成包括医院在内的房屋建筑物中等程度破坏，科金博区和拉塞雷纳区（La Serena）部分老城区受到严重破坏。

科金博区曾在 2015 年 8.3 级地震后遭受海啸袭击，造成 12 人死亡。本次地震发生后，当地迅速启动海啸预警，并通过当地媒体发布；受此次地震影响，当地多处发生滑坡，造成国家公路堵塞，震后 2 人因心脏病发作丧生。

2. 印度尼西亚 6.0 级地震

北京时间 1 月 26 日 16 时 12 分，印度尼西亚阿鲁群岛地区发生 6.0 级地震，震源深度 20km。地震造成阿鲁群岛上 1 家医院和 3 处房屋毁坏，1 名女孩在地震中受伤。

3. 墨西哥 6.5 级地震

北京时间 2 月 2 日 0 时 14 分，墨西哥恰帕斯州（Chiapas）马德罗港（Puerto Madero）地区发生 6.5 级地震，震源深度 100km。恰帕斯州 100 多座建筑物倒塌，在邻国危地马拉一些房屋也受到结构破坏，本次地震造成 15 人受伤。

4. 厄瓜多尔 7.5 级地震

北京时间 2 月 22 日 18 时 17 分，厄瓜多尔发生 7.5 级地震，震源深度 140km。厄瓜多尔全国各地均有震感，地震没有造成重大破坏，石油管道和水电站等生命线工程正常运行，南部地区一些建筑窗户受损，围墙出现裂缝。在震中附近的城镇，一些医院的医生和患者被疏散。本次地震造成 1 人因心脏病死亡，9 人受伤。

5. 秘鲁 7.0 级地震

北京时间 3 月 1 日 16 时 50 分，秘鲁发生 7.0 级地震，震源深度 260km。受地震影响，阿雷基帕（Arequipa）地区发生滑坡地质灾害。地震造成 1 人因心脏病死亡，2 人在疏散撤离过程中受伤。

6. 印度尼西亚 6.8 级地震

北京时间 4 月 12 日 19 时 40 分，印度尼西亚苏拉威西岛附近海域发生 6.8 级地震，震源深度 10km。2018 年 9 月 28 日当地曾发生 6.0 级和 7.4 级两次地震，整个街区发生砂土液化，并引发海啸，浪高 6m，造成 2000 余人死亡，约有 17 万居民流离失所。时隔 6 个月后，城市地区的生活恢复正常，但仍有数千人住在临时避难场所。本次地震造成轻微破坏，并引发短暂的海啸警报，惊慌失措的居民纷纷撤离至高地。据当地居民反映，当地电力被切断，1 人在撤离过程中丧生。

7. 菲律宾 6.0 级地震

北京时间 4 月 22 日 17 时 11 分，菲律宾吕宋发生 6.0 级地震，震源深度 20km。震中波拉克和鲁宝地区的多处建筑倒塌，造成 18 人死亡，256 人受伤。震中附近几个城镇断电，潘潘加省 29 座建筑物遭到破坏。

8. 菲律宾 6.6 级地震

北京时间 4 月 23 日 13 时 37 分，菲律宾萨马岛发生 6.6 级地震，震源深度 90km。地震造成轻微破坏，部分建筑物和道路出现裂缝，共造成 48 人受伤，其中大部分受伤是被坠落物体砸伤。

9. 日本 6.3 级地震

北京时间 5 月 10 日 07 时 48 分，日本九州岛附近海域发生 6.3 级地震，震源深度 20km。当地交通网络遭到破坏，一些高速公路实行交通管制；地震短暂地中断了九州的新干线服务，造成最长约 15 分钟的延误。据九州电力公司称，位于鹿儿岛县的仙台核电站没有发现异常情况，两个反应堆运行正常。宫崎市的许多商住楼的电梯因地震而停运。艾比诺市一条水管爆裂；约 150 户居民暂时停电。在邻近的奥伊塔县，一名 79 岁的男子因地震跌倒受伤。

10. 新不列颠岛地区 7.6 级地震

北京时间 2019 年 5 月 14 日 20 时 58 分，新不列颠岛地区发生 7.6 级地震，震源深度 30km。地震发生后，巴布亚新几内亚和所罗门群岛发布了海啸警报。震中附近的约克公爵群岛上约有 50 间房屋倒塌，电力中断，一名妇女受伤，约 300 人无家可归，约 4000 人受到地震影响。当地在 3 月份曾遭受洪涝灾害，本次地震加重了当地恢复重建的难度。

11. 秘鲁 7.8 级地震

北京时间 5 月 26 日 15 时 41 分，秘鲁发生 7.8 级地震，震源深度 100km。地震对秘鲁东北部以及厄瓜多尔南部造成破坏。地震造成 2 人死亡（其中 1 人死于落石），30 人受伤（秘鲁 15 人，厄瓜多尔 15 人），这是 2019 年全球震级最大的地震。

12. 萨尔瓦多附近海域 6.5 级地震

北京时间 5 月 30 日 17 时 03 分，萨尔瓦多附近海域发生 6.5 级地震，震源深度 80km。地震造成轻微的破坏，发现墙壁裂缝和掉落的物体，部分简易民房彻底倒塌，造成 1 人因心脏病发作死亡，1 人因墙体倒塌受伤。

13. 日本 6.5 级地震

北京时间 6 月 18 日 21 时 22 分，日本发生 6.5 级地震，震源深度 20km。日本气象厅发布海啸警报。据日本放送协会（NHK）报道，地震发生后新干线停驶，大概有 200 户家庭停电。东京电力公司称，福岛第一、第二核电站未因本次地震而发生异常。本次地震造成 26 人受伤，其中大部分是被坠落的物体砸伤。

14. 美国 6.4 级、6.9 级地震

北京时间 7 月 5 日 01 时 33 分，美国加利福尼亚州发生 6.4 级地震，震源深度 10km；北京时间 7 月 6 日 11 时 20 分，美国加利福尼亚州再次发生 6.9 级地震，震源深度 10km。两次地震共造成 1 人死亡，25 人受伤。

15. 印度尼西亚 7.1 级地震

北京时间 7 月 14 日 17 时 10 分，印度尼西亚哈马黑拉岛发生 7.1 级地震，震源深度 10km。本次地震共造成 14 人死亡，129 人受伤，约 11 万人失去住所，超过 2.6 万间房屋受损，经济损失达 16.7 亿美元。

16. 印度尼西亚 6.8 级地震

北京时间 8 月 2 日 20 时 03 分，印度尼西亚苏门答腊岛南部海域发生 6.8 级地震，震源深度 30km。苏门答腊岛和爪哇岛发布了海啸警报。此次地震造成 8 人死亡，8 人受伤，约有 139 座建筑受损，包括 4 座清真寺受到不同程度破坏。

17. 克什米尔地区 6.0 级地震

北京时间 9 月 24 日 19 时 01 分，克什米尔地区发生 6.0 级地震，震源深度 10km。震中附近震感强烈，此次地震造成 6000 多所房屋被完全摧毁，40 人死亡，852 人受伤。

18. 印度尼西亚 6.4 级地震

北京时间 9 月 26 日 07 时 46 分，印度尼西亚塞兰岛附近海域发生 6.4 级地震，震源深度 20km。6000 多座建筑物受损或被毁，并引发山体滑坡。此次地震造成 41 人死亡，大部分被滑坡掩埋，1578 人受伤，是 2019 年度最严重的地震灾害。

19. 智利 6.0 级地震

北京时间 9 月 27 日 0 时 36 分，智利发生 6.0 级地震，震中位于首都圣地亚哥以南约 980km 的拉各斯市中心，震源深度 110km。附近城市奥索尔诺（Osorno）、特木科（Temuco）、蒙特港（Puerto Montt）和安库德（Ancud）均有震感。整体上当地房屋建筑物抗震性能良好，抗震能力差的建筑类型是土坯建筑和毛石砌建筑。此次地震造成 1 人死亡。

20. 智利 6.7 级地震

北京时间 9 月 29 日 23 时 57 分，智利中部沿岸近海发生 6.7 级地震，震源深度 10km。在震中 100km 以内，约有 6.5 万人居住。约有 120 万人感到微弱震动。整体上该地区房屋建筑物抗震性能良好。此次地震共造成 1 人死亡。

21. 菲律宾 6.3 级地震

北京时间 10 月 16 日 19 时 37 分，菲律宾棉兰老岛发生 6.3 级地震，震源深度 10km。当地一些基础设施被破坏，并引发火灾。此次地震共造成 7 人死亡，215 人受伤。

22. 菲律宾 6.6 级地震

北京时间 10 月 29 日 09 时 04 分，菲律宾棉兰老岛发生 6.6 级地震，震源深度 10km。此次地震共造成 14 人死亡，562 人受伤，超过 8200 人流离失所。棉兰老岛 5 个地区和邻近省市均有震感。

23. 菲律宾 6.6 级地震

北京时间 10 月 31 日 09 时 11 分，菲律宾棉兰老岛发生 6.6 级地震，震源深度 10km。地震过后，有超过 1.2 万人在 19 个疏散中心避难，超过 2000 所房屋损毁。此次地震共造成 10 人死亡。

24. 印度尼西亚 7.2 级地震

北京时间 11 月 15 日 0 时 17 分，印度尼西亚马鲁古海北部发生 7.2 级地震，震源深度 50km。太平洋海啸预警中心（PTWC）发布了 1 条海啸威胁消息；印度尼西亚气象、气候和地球物理局也发布了海啸警报，1小时后海啸警报解除。此次地震造成1人死亡，3人受伤。

25. 老挝 6.0 级地震

北京时间 11 月 21 日 07 时 50 分，老挝西北部与泰国交界地区发生 6.0 级地震，震源深度 10km。此次地震震源深度较浅，受灾最严重的是老挝洪萨区（Hongsa）和沙耶沙森区（Xaysathan）；泰国包括首都曼谷在内的 11 个省有震感，弗莱（Phrae）、南（Nan）和洛伊（Loei）3 省受灾。地震造成 2 人受伤，受灾人口千余人，90 间民房、50 间公共建筑受损，92 人失去住所。

26. 阿尔巴尼亚 6.3 级地震

北京时间 11 月 26 日 10 时 54 分，阿尔巴尼亚马穆拉斯西北 12km 发生 6.3 级地震，震源深度 10km。此次地震最严重的破坏发生在沿海城市杜尔斯（Durres）及其周边地区，造成 8 人死亡，325 人受伤。

27. 菲律宾 6.8 级地震

北京时间 2019 年 12 月 15 日 14 时 11 分，菲律宾棉兰老岛发生 6.8 级地震，震源深度 30km。随后的 15 时 09 分，棉兰老岛再次发生 5.7 级余震，震源深度 20km。据当地媒体报道，地震发生时，距离震中约 70km 的菲律宾南部最大城市达沃市有强烈震感。地震造成当地大面积停电，一栋 3 层高的超市倒塌，数十人被压在废墟中。地震造成 13 人死亡，210 人受伤。

（中国地震台网中心）

各地区地震活动

首都圈地区

1. 地震概况

据中国地震台网测定，2019年首都圈地区共发生1.0级及以上地震221次，其中2.0～2.9级地震20次，3.0～3.9级地震8次，4.0～4.9级地震1次，没有发生5.0级及以上地震。最大为12月5日河北丰南4.5级地震，其次为12月3日河北怀安3.4级地震。

2. 地震活动特征表现

（1）与2018年（1级、2级和3级频次）相比，2019年首都圈地区地震活动明显增强，其中唐山余震区的增强活动最为突出，发生了12月5日河北丰南4.5级地震，而2018年最大地震为8月5日河北唐山3.3级地震。

（2）首都圈地区1.0级及以上地震活动的空间分布特征为：地震活动主要分布在晋冀蒙交界地区和唐山老震区，活动水平较2018年均明显增强；中部地区3.0级及以上地震活动次数较2018年有所增加，但强度较2018年有所减弱。

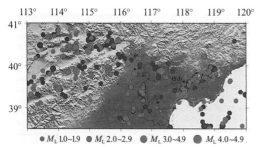

● M_L 1.0~1.9 ● M_L 2.0~2.9 ● M_L 3.0~4.9 ● M_L 4.0~4.9

2018—2019首都圈地区1.0级及以上地震震中分布图

（中国地震台网中心）

北京市

1. 地震概况

据中国地震台网测定，2019年1月1日至12月31日，北京行政区发生地震117次，其中1.0～1.9级地震19次，2.0～2.9级地震1次，3.0～3.9级地震1次；最大地震为4月14日发生在怀柔的3.0级地震。无4.0级及以上地震。除东城区、西城区外，其他各区均有地震记录，其中顺义区、昌平区最多，各有18次。另外，北京发生塌陷事件2次，均在门头沟大台街道，分别为6月14日1.3级地震和8月30日1.5级地震。

2. 地震活动特征表现

（1）2019年地震活动水平显著上升。相比2018年，地震活动频次从74次增加到117次，明显高于1970年以来0级以上地震69次的平均水平；2019年北京地区的显著地震事件为4月7日海淀2.9级地震和4月14日怀柔3.0级地震，怀柔3.0级地震打破了北京地区3级地震长达18年的平静，自1996年12月16日顺义4.0级地震以来，已连续23年未发生4.0级及以上地震。

（2）地震空间分布。1.0级及以上地震主要分布在门头沟、怀柔、顺义、海淀和延庆，其中门头沟最多，为4次，怀柔、顺义各3次，海淀、延庆各2次，昌平、丰台、平谷、大兴、房山各1次；2.0级及以上地震2次，分别位于海淀和怀柔，最大地震位于怀柔区。

（3）北京未发生1.8级以上非天然地震。

（北京市地震局）

天津市及其邻近地区

1.地震概况

2019年天津市行政区范围内的1.0级及以上地震次数为9次，其中1.0～1.9级地震8次，最大地震为12月23日蓟州区3.4级地震。

2019年天津及其邻近地区$M \geqslant 1.0$地震分布图

2.地震活动特征表现

总体来说，2019年天津行政区范围内地震数目与2018年持平，但地震活动强度有所增强；地震的空间分布主要集中在北部蓟州、宝坻地区和东部宁和、滨海新区地区。

（天津市地震局）

河北省

1.地震概况

据河北省测震台网测定，2019年河北省及京津地区共发生地震3492次，其中$M1.0$以下地震3261次，$M1.0～1.9$地震199次，$M2.0～2.9$地震24次，$M3.0～3.9$地震7次，$M4.0$以上地震1次，无$M5.0$及以上地震发生。最大地震为2019年12月5日08点02分河北丰南$M4.5$（39.33°N，117.99°E）地震。与2018年相比，2019年河北省地震活动强度有所上升。

2.地震活动特征表现

（1）2019年发生$M \geqslant 2.0$地震总频次是32次，与2018年相比，地震频度持平，但$M2.0$以下地震频度有所下降，京津唐张邢地区地震频度还是比较高，成丛性比较明显。

（2）与2018年相比，2019年河北省地震活动强度有所上升。$M3.0$及以上地震明显多于2018年度，主要集中分布在张家口及唐山地区。

（3）河北小震活动仍主要集中在唐山、邢台、张家口3个老震区，大的空间格局没有改变，但唐山地区地震活动水平有所降低。

（河北省地震局）

山西省

1.地震概况

2019年1月至12月，山西地区发生$M_L \geqslant 1.0$地震785次，其中$M_L1.0～1.9$地震673次，$M_L2.0～2.9$地震100次，$M_L3.0～3.9$地震12次，最大地震为2019年8月23日山西灵丘$M_L3.6$地震。$M_L \geqslant 3.0$地震

空间分布为：忻定盆地 2 次，太原盆地 5 次，东部山区 4 次，西部山区 1 次。

2. 地震活动特征表现

（1）2019 年度 M_L3.0 地震活动继续维持近年来的低水平活动，空间上分布于山西中北部地区，临汾、运城盆地全年无 3 级地震。

（2）1.0 级及以上地震与 2018 年度相比，地震总频次相差不大，但能量释放较 2018 年度有所增加，具体表现为 3.0 ~ 3.9 级地震增加 4 次。

（3）山西地区自 1999 年大同阳高 5.6 级地震后，已持续 20 年未发生 5 级以上地震。

（山西省地震局）

内蒙古自治区

1. 地震概况

2019 年，内蒙古自治区发生 M_L ≥ 1.0 地震 586 次，其中 M_L1.0 ~ 1.9 地震 327 次，M_L2.0 ~ 2.9 地震 207 次，M_L3.0 ~ 3.9 地震 4 次，M_L4.0 ~ 4.9 地震 4 次。最大地震是 2019 年 5 月 12 日 05 时 55 分阿拉善右旗（39°57′N，100°36′E）发生的 M_L4.5 地震。以上地震次数统计均为可定位地震，本年度未发生震群活动。

2. 地震活动特征表现

（1）M_L ≥ 3.0 地震活动频度、强度。2019 年发生 M_L ≥ 3.0 地震 48 次，2018 年发生 M_L ≥ 3.0 地震 43 次，2019 年 M_L ≥ 3.0 地震活动频度水平高于 2018 年。2019 年发生 M_L ≥ 4.0 地震 4 次，2018 年发生 M_L ≥ 4.0 地震 1 次，2019 年最大地震是 5 月 12 日阿拉善右旗 M_L4.5 地震，2018 年最大地震是 12 月 14 日阿拉善左旗 M_L4.5 地震。

（2）地震活动强度西部地区强、东部次之，中部较弱。2019 年 M_L ≥ 4.0 地震 4 次，其中，发生在西部地区 2 次，东部地区 2 次，中部地区没有。最大地震位于西部地区阿拉善右旗，震级为 M_L4.5，次大地震位于东部锡林浩特市北部，震级为 M_L4.3。中等地震活动特征显示，西部、东部地区震级强度相对较大，而中部地区地震相对较弱。

（3）中小地震丛集、有序活动区。2019 年度全部地震活动图像表现出 3 个丛集活动区：乌海至阿拉善地区，地震活动活跃、呈现密集分布特征，发生 2019 年最大地震；包头、呼和浩特至蒙晋交界地区，地震活动呈近 EW 向条带分布状态，未发生 M_L4.0 以上地震；呼伦贝尔市扎兰屯地区，地震活动呈 NNE 向条带分布状态，条带西北地区发生 1 次 M_L4.0 地震，显示地震活动较为活跃状态。

（内蒙古自治区地震局）

辽宁省

1. 地震概况

据中国地震台网中心小震目录库统计，2019 年辽宁省及邻区（38°~ 43.5°N，119°~ 126°E）共发生 M_L ≥ 2.0 地震 172 次，其中 2.0 ~ 2.9 级地震 150 次，3.0 ~ 3.9 级地震 22 次，最大为 2019 年 6 月 9 日辽宁建平 M_L3.9 地震。

2. 地震活动特征表现

（1）辽宁地区 4 级地震持续平静。自 2017 年 12 月 19 日岫岩 M_L4.8 地震之后，截至 2019 年 12 月 31 日，辽宁地区 M_L ≥ 4.0 地震平静已两年多，为 2008 年以来 4 级地震最长平静时段。

（2）3 级地震活动较弱，但空间分布集

中有序。2019年辽宁地区共发生 $M_L \geqslant 3.0$ 地震 22 次，明显弱于 1980 年以来的均值（约 32 次/年）水平。但空间分布集中有序，主要分布在辽宁的营口—海城—岫岩和辽西—辽蒙交界的朝阳—内蒙古敖汉旗一带，且由北黄海至敖汉旗形成 NW 向 3 级地震条带。与往年相比，辽南—渤海一带 3 级地震相对较少，内陆地震（尤其辽西地区）较多。

（3）小震和震群序列活动总体偏弱。2019 年辽宁地区共发生 $M_L \geqslant 2.0$ 地震 172 次，弱于 1990 年以来的均值（212 次/年），小震序列活动也不显著。

总之，2019 年度辽宁及邻区的中小震活动频次均低于均值，活动水平不高（4 级地震平静已两年多）。在此背景下，3 级地震空间分布集中有序，并形成北黄海—敖汉旗的 NW 向 3 级条带，未来需密切关注。

（辽宁省地震局）

吉林省

1. 地震概况

根据吉林省地震台网测定，2019 年 1 月 1 日至 12 月 31 日，吉林省共记录到 2.0 级以上地震 23 次，震级分布为：5.0 ~ 5.9 地震 1 次，4.0 ~ 4.9 地震 1 次，3.0 ~ 3.9 地震 6 次，2.0 ~ 2.9 地震 15 次，最大地震发生在松原宁江震区，为 5 月 18 日 5.1 级地震。

2. 地震活动特征表现

吉林省地处东北地区腹部，区内主要断裂带有北东向依兰—伊通断裂带的伊通—舒兰断裂段、敦化—密山断裂带敦化断裂段、NW 走向的第二松花江断裂带，以及规模较小的一系列 NW、NE 向断裂。东部为珲春—汪清深源地震区和长白山天池

火山地震活动区。上述断裂带交汇处是历史中强地震及现代仪器记录小震的多发地点。按照吉林省内地震活动东多西少的特点，以伊通—舒兰断裂带为界，分别研究东西部地震活动特征。整体来看，西部地区地震频次少于东部地区，偶尔频次高峰期发生在 4 级及 5 级地震后。东部地区地震频次及强度变化相对稳定，仅在 2008 年、2009 年出现一次高峰期，2013 年西部前郭震群后，东部地区频次相对有所降低，2016 年后频次再次恢复以往趋势。

2019 年地震活动主要分布在吉林省西部的松原宁江震区和东部抚松地区。2019 年 5 月 18 日松原宁江发生 5.1 级地震，震后震中区余震丰富，最大余震为 6 月 3 日 4.0 级地震。除前松原宁江震区外，吉林省其他地区地震活动较弱，2019 年发生 10 次地震，主要发生在松原市前郭县以及浑江断裂带附近的白山、抚松地区，最大地震为 9 月 15 日发生在吉林省柳河县的 2.4 级地震。长白山火山地震活动水平较低，全年共发生 16 次火山地震，最大震级为 1.5 级。

（吉林省地震局）

黑龙江省

1. 地震概况

2019 年，黑龙江省共记录到 $M2.0$ 及以上地震 10 次，其中 $M2.0 ~ 2.9$ 地震 8 次，$M3.0 ~ 3.9$ 地震 2 次，最大地震是 2019 年 1 月 14 日呼玛 $M3.6$ 地震。

2. 地震活动特征表现

2019 年，黑龙江省地震活动以小震活动为主，其时间和空间分布均不集中。

（黑龙江省地震局）

上海市

1. 地震概况

据上海市地震台网测定，2019年，上海行政区及周边海域共记录到0级及以上地震8次，其中M1.0以上地震4次。最大地震为2019年1月25日19时38分发生在上海崇明的M1.6地震和2019年12月11日11时39分发生在上海奉贤海域的M1.6地震。

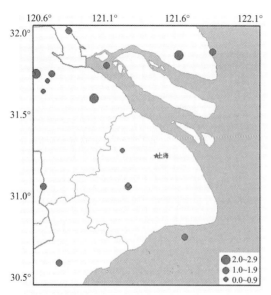

2019年上海市地震震中分布图

2. 地震活动特征表现

（1）2019年，上海行政区及周边海域共发生8次0级及以上地震，其频度和强度均高于2018年地震活动水平。

（2）2019年11月26日在上海松江共发生5次地震，时间为11月26日0时03分至22时41分，最大地震为22时14分发生的M1.5地震。该地区2009年也有过小震群活动，2019年的松江小震群活动水平明显低于2009年。

（3）自2014年7月10日上海浦东新区发生M_L3.2地震以来，近年来上海行政区

每年均会发生数次小震，震级均在0~2.1之间。

（上海市地震局）

江苏省

1. 地震概况

2019年，江苏省及邻区（30.5°~36°N，116°~125°E）共发生$M_L \geq 2.0$地震122次，其中M_L3.0~3.9地震19次，$M_L \geq 4.0$地震2次。最大地震为12月8日盐城东台市海域M_L4.2地震；江苏陆地未发生$M_L \geq 4.0$地震，最大地震为3月2日南京溧水M_L3.5地震。总体而言，2019年江苏及邻区地震活动为背景水平。11月1日安徽定远M_L4.0地震前，江苏及邻区出现超1年时长的M_L4.0以上地震平静，其后短期出现M_L3.0以上地震增强，符合正常的地震活动起伏特征。

2. 地震活动特征表现

2019年，江苏陆地共发生$M_L \geq 2.0$地震32次，其中$M_L \geq 3.0$地震3次，分别为3月2日南京溧水M_L3.5、4月6日南京溧水M_L3.3和5月23日常州金坛M_L3.3，3次$M_L \geq 3.0$地震全部分布在茅山断裂带附近。此外，江苏淮安地区小震活动仍在持续，该地区自2018年3月开始活动，2018年10—11月活动频次达到较高水平，2018年12月至2019年3月相对平静，4月开始小震再次活动；2019年共记录到地震169次，其中$2.0 \leq M_L \leq 2.9$地震12次，$1.0 \leq M_L \leq 1.9$地震28次，$0.0 \leq M_L \leq 0.9$地震65次，M_L0.0以下地震64次；最大地震为5月8日M_L2.8地震，地震活动频次和强度高于2018年和多年背景活动水平。淮安地区地震活动与江苏地区典型震群活动相比具有活动持续时间长、衰减缓慢的特点。

2019年，近海海域共记录到$M_L \geq 2.0$地震40次，其中$M_L 3.0 \sim 3.9$地震9次，$M_L \geq 4.0$地震1次，最大为12月8日盐城东台市海域$M_L 4.2$地震。东台市海域$M_L 4.2$地震前共记录到2次$M_L 3.0$以上前震，分别是12月6日23时23分$M_L 3.4$和12月7日01时01分$M_L 3.3$；地震后共记录到余震8次，其中$M_L 3.0$以上余震3次，$M_L 2.0 \sim 2.9$余震5次。

（江苏省地震局）

浙江省

1. 地震概况

2019年，浙江省省域共发生$M \geq 2.0$地震3次，其中$M \geq 3.0$地震1次，最大为2019年5月28日浙江海曙区$M3.0$地震。

2. 地震活动特征表现

浙江省浙江北部地区是本省地震活动的主体地区。浙江省2019年度3次$M \geq 2.0$以上地震均发生在该区域。2019年度最显著的地震为海曙震群，共发生$M \geq 1.0$以上地震17次，最大为5月28日$M3.0$地震。

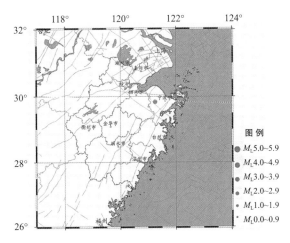

2019年浙江省地震震中分布图

（浙江省地震局）

安徽省

1. 地震概况

2019年，安徽省内共记录到地震586次。其中，$M1.0$以上地震42次；$M2.0$以上地震7次；$M3.0$以上地震1次，为2019年11月1日定远$M3.5$地震。

2. 地震活动特征表现

与2018年度相比，发震频次减少、震级略有降低，地震活动性有所降低。相较于2018年度，2019年度淮河中游区地震减少，"霍山窗"地震增多。时间上，2018年7月前地震相对密集，之后频次减弱、强度上升。

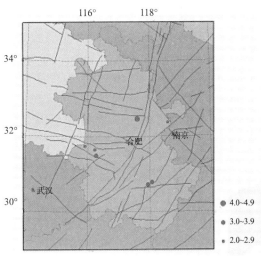

2019年安徽省$M \geq 2.0$地震震中分布图

（安徽省地震局）

福建省及其近海地区
（含台湾地区）

1. 地震活动性

根据福建省地震台网测定，2019年，福建及近海地区发生$M_L \geq 2.0$地震40次，其中$M_L 2.0 \sim 2.9$地震37次，$M_L 3.0 \sim 3.9$

地震 3 次，最大地震为 3 月 27 日诏安 M_L3.3 地震；台湾海峡地区发生 $M_L \geq 2.0$ 地震 102 次，其中 M_L2.0 ~ 2.9 地震 71 次，M_L3.0 ~ 3.9 地震 26 次，M_L4.0 ~ 4.9 地震 5 次，最大地震为 8 月 18 日海峡南部 M_L4.8 地震；台湾地区发生 $M_L \geq 3.0$ 地震 118 次，其中 M_L3.0 ~ 3.9 地震 57 次，M_L4.0 ~ 4.9 地震 40 次，M_L5.0 ~ 5.9 地震 18 次，M_L6.0 ~ 6.9 地震 3 次，最大地震为 4 月 18 日花莲 M_L6.8 地震。

2. 地震活动特征表现

（1）2019 年福建省及近海地区地震活动水平相较于 2018 年略有下降，发生最大地震为 3 月 27 日诏安 M_L 3.3 地震，$M_L \geq 2.0$ 地震频次水平亦有所下降。$M_L \geq 3.0$ 地震相对集中在闽东南沿海地区，陆域 $M_L \geq 2.0$ 地震主要分布在仙游地区和漳州—龙岩交界地区。

（2）2019 年台湾海峡地区地震活动强度水平相较于 2018 年显著下降，$M_L \geq 2.0$ 地震持续较高频次活动水平，且主要集中分布在台湾海峡南部地区，多为 2018 年 11 月 26 日台湾海峡 6.2 级地震后的余震调整活动，其中 M_L 3.0 ~ 3.9 地震 21 次，M_L 4.0 ~ 4.9 地震 4 次，最大地震为 8 月 18 日海峡南部 M_L 4.8 地震。

（3）2019 年台湾地区地震活动强度水平与 2018 年基本持平，但频次水平有所下降，特别是 M_L 5.0、M_L 6.0 地震频次下降较为显著。$M_L \geq 5.0$ 地震主要相对集中分布在台湾东部及近海地区。台湾地区 7.0 级以上地震持续平静超过 13 年。

（福建省地震局）

江西省

1. 地震概况

据江西省地震台网测定，2019 年，江西省境内共记录到地震 125 次，其中 1.0 ~

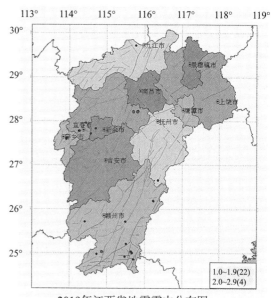

2019年江西省地震震中分布图

1.9 级地震 22 次，2.0 ~ 2.9 级地震 4 次，未发生 3.0 级以上地震，最大地震为 11 月 9 日丰城 2.8 级地震。

2. 地震活动特征表现

（1）2019 年，江西省地震活动较 2018 年度有所减弱，赣中和赣南地区小震继续活跃。空间公布上，地震主要分布在萍乡—广丰断裂带和石城—寻乌断裂带附近。

（2）2010 年以来，江西省内一个比较突出的地震现象是在江西中部的萍乡—新余—丰城一带出现 NEE 向的小震条带，这条地震条带展布在萍乡—广丰断裂带北侧。2019 年该断裂带小震继续活跃，发生了 12 次 1.0 级以上地震，其中 2.0 ~ 2.9 地震 3 次，均发生在丰城地区。

（3）2019 年，江西省发生的最大地震为 11 月 9 日、11 月 10 日丰城 2.7 级地震，两次地震构成双震，未记录到余震活动，打破了该区域的序列类型特点。两次地震震中位于萍乡—丰城条带上，震源机制解结果相近，地震波形相关系数较高，表明震中较一致。

（江西省地震局）

山东省及近海地区

1. 地震概况

据山东省地震台网中心2019年度记录到山东省及近海地区共发生天然地震618次，其中 $M < 2.0$ 地震583次，$2.0 \leq M \leq 2.9$ 地震31次，$M \geq 3.0$ 地震4次，陆地最大地震为9月12日14时菏泽市牡丹区 $M2.9$ 地震，海域最大地震为2月13日黄海 $M3.2$ 地震。

2019年，记录非天然地震501次，其中塌陷事件57次，爆破事件444次，最大为12月28日21时临沂市兰陵县 $M2.9$ 塌陷。地震矿震的发生给矿山企业生产和居民生活均带来一定安全隐患。

2. 地震活动特征表现

2019年度，山东省内陆及近海地区地震活动与2018年基本持平，发生 $M \geq 3.0$ 地震4次，最大为2月13日黄海3.2地震，地震活动主要集中在胶东半岛及两侧海域和鲁西南。根据地质构造和地震活动情况，将山东地区分为4个构造分区，即：胶东半岛及北部海域地区、南黄海北部海域地区、沂沭带及其北西向分支断裂地区和鲁西地区。统计对比这4个构造分区近年来的活动情况，可以看出2019年度山东地区地震活动存在以下特点：

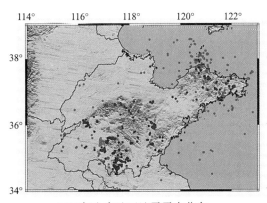

2019年山东地区地震震中分布

（1）胶东半岛及北部海域微震活动相对频繁，地震活动成群性明显。

（2）南黄海北部海域地震活动较2018年有所减弱。

（3）鲁中隆起区边缘地震活动有所增强，2019年发生 $M \geq 2.3$ 地震6次；新泰、宁阳等地非天然地震事件明显增多。

（4）鲁西地区除濮阳小震集中区和菏泽老震区持续活动外，枣庄、微山等地 $M2.0$ 左右小震事件增多。

（山东省地震局）

河南省

1. 地震概况

与2018年相比，河南省地震活动水平明显减弱。邻区2019年发生2.0级以上地震22次，与历史地震活动规律一致，仍维持外强内弱的特点。

2. 地震活动特征表现

2019年，河南省地震台网共记录到省内2.0级以上地震10次，其中3.0级以上地震1次，年度最大地震是11月30日河

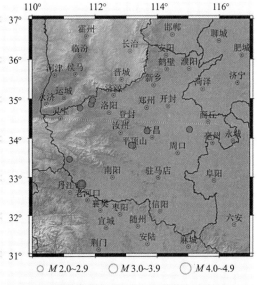

2019年河南省2.0级以上地震震中分布图

南淅川 3.7 级地震。地震主要分布在淅川、渑池及平顶山附近，豫北、豫东南地区地震活动较为平静。

（河南省地震局）

湖北省

1.地震概况

据湖北省地震台网测定，2019 年湖北省境内共发生 $M1.0$ 以上地震 86 次，其中 $1.0 \leq M < 2.0$ 地震 79 次，$2.0 \leq M < 3.0$ 地震 5 次，$3.0 \leq M < 4.0$ 地震 1 次，$4.0 \leq M < 5.0$ 级地震 1 次，最大地震为 2019 年 12 月 26 日应城市 $M4.9$。

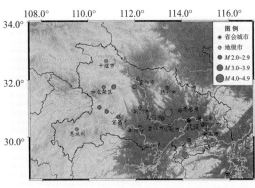

2019年湖北省2.0级以上地震分布图

2.地震活动特征表现

（1）2019 年湖北省地震活动水平较 2018 年有所减弱。年度最大地震为 12 月 26 日应城市 $M4.9$ 地震。地震主要分布在湖北西部地区的巴东、秭归以及应城、保康、荆门、崇阳等地。

（2）三峡水库自 2018 年 9 月 10 日 0 时开始第十次试验性蓄水，在 2019 年期间地震频次和强度较 2018 年有所减弱。三峡重点监视区的地震活动主要分布在巴东高桥断裂、秭归仙女山断裂等地区。

（湖北省地震局）

湖南省

1.地震概况

2019 年，湖南省共发生地震 73 次。其中 $M_L 0.0 \sim 0.9$ 地震 37 次，$M_L 1.0 \sim 1.9$ 地震 24 次，$M_L 2.0 \sim 2.9$ 地震 10 次，$M_L 3.0 \sim 3.9$ 地震 2 次。

2.地震活动特征表现

2019 年，湖南省内最大地震为 6 月 29 日发生在湖南双峰的 3.9 级地震，震中位于

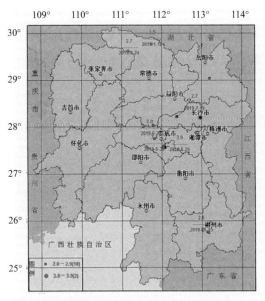

2019年湖南省2.0级及以上地震分布图

汨罗—宁乡—新宁断裂附近，地质结构较为复杂，历史上曾发生过多次 5 级以上地震。在空间分布上，地震主要分布在湘中娄底、湘北常德以及湘东南郴州地区，分布于澧水断裂带、汨罗—宁乡—新宁断裂和三都—郴州断裂附近。

（湖南省地震局）

广东省

1. 地震概况

2019年，广东省（包括海域）共发生1级及以上地震188次，其中2.0～2.9级地震26次，3.0～3.9级7次，4.0～4.9级1次，5.0～5.9级地震1次，最大地震为10月12日广西北流—广东化州5.1级地震。最大地震明显高于2018年度的最大地震（2018年3月20日阳西县3.7级地震）。

2. 地震活动特征表现

2019年，广东省2.0级以上地震活动频度35次，明显高于2018年地震频度23次。2019年10月12日广西北流、广东化州交界处发生5.1级地震，地震前2秒发生1次4.1级地震，震后伴随余震序列，截至2019年12月31日该震源区共发生22次1.0级及以上余震。除广西北流、广东化州交界外，空间分布上地震仍然主要集中在阳江、河源、南澳3个老震区，广州增城亦出现地震活动增强的现象。2019年度广东省2.5级以上地震主要位于化州、阳江、增城及南海等区域，河源地区地震频次和强度与2018年度相比明显减弱。

（广东省地震局）

广西壮族自治区及近海地区

1. 地震概况

2019年，广西壮族自治区地震台网共记录到广西及近海0级以上地震398次，其中2.0级及以上地震36次，为2.0～2.9级30次，3.0～3.9级地震2次，4.0～4.9级地震2次，5.0～5.9级地震2次，最大地震分别为10月12日广西玉林市北流市5.2级地震和11月25日广西百色市靖西市5.2级地震。

2. 地震活动特征表现

2019年地震活动频次和强度明显高于2017年与2018年。地震主要分布在桂西及粤桂交界地区。

（广西壮族自治区地震局）

海南省

1. 地震概况

2019年，海南岛及邻区（17.5°～21.0°N，108.0°～111.5°E）共发生$M1.0～1.9$地震11次，$M2.0～2.9$地震2次，$M3.0～3.9$地震2次，$M4.0～4.9$地震1次。海南岛陆年度最大地震为8月20日海南三亚4.2级地震。

2. 地震活动特征表现

（1）地震活动水平较高。地震活动水平高于2018年，并高于往年年均水平。2019年海南岛及邻区地震活动水平明显增强。

（2）$M_L \geq 3.5$地震频度显著增强。1994—1995年北部湾6.1级、6.2级地震后，$M_L \geq 3.5$地震频度持续走低，2015年开始反向回升，2018—2019年明显升高。

（3）2019年地震主要分布于岛陆北部海口、文昌地区和南部三亚地区，最大地震为2019年8月20日19时17分在海南省三亚市天涯区（18.51°N，109.41°E）发生的4.2级地震，震源深度12km。震中位于育才镇，距离三亚市区约35km，震中区震感明显，据统计，三亚、五指山、保亭、陵水、万宁、乐东、琼中有震感。同日10时48分该地已发生$M_L3.2$地震1次，而后不久，该地震发生。截至8月21日10时，共发生余震5次，其中$M_L1.0～1.9$地震5次，$M_L2.0～2.9$地震0次余震，最大余震为$M_L1.9$，为主余型地震。因震区地震数目及余震较少，难以通过余震精定位判断裂空间展布，该次地震的余震均位于主震周边。

该地震位于九所—陵水断裂和昌城—乐东—吉阳断裂附近，均为正断断裂。震源机制解显示该地震为正断型，两个滑动面分别为走向 168°，倾角 40°，滑动角 −41°；走向 293°，倾角 65°，滑动角 −121°。区域现代构造应力场以 NW—SE 近水平向压应力、NE—SW 近水平向拉应力为主。震源机制解显示本次地震受大范围构造应力的控制。断裂与昌城—乐东—吉阳断裂带走向基本一致。根据海南省地震局计算结果，该地震的视应力为 1.14MPa，应力降为 2.79MPa。

（海南省地震局）

重庆市

1. 地震概况

2019 年，重庆市行政区内共发生 2.0 级以上地震 13 次，其中 2.0 ~ 2.9 级 12 次，3.0 ~ 3.9 级 1 次，最大地震为 3 月 24 日重庆市巫山县 3.0 级地震，其次为 2 月 20 日重庆市武隆区 2.6 级地震。

2. 地震活动特征表现

地震主要分布在荣昌、武隆、永川、綦江和巫山等地，未造成灾害性损失。2019 年重庆市地震活动水平低于 2018 年，维持常年正常偏低的活动水平。

（重庆市地震局）

四川省

1. 地震概况

据四川省地震台网测定，2019 年在四川省内共记录 M_L2.0 以上地震 3817 次，其中，M_L2.0 ~ 2.9 地震 3417 次；M_L3.0 ~ 3.9

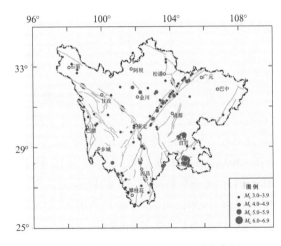

2019年四川省M_L3.0级以上地震分布图

地震 339 次（M3.0 ~ 3.9 地震 122 次）；M_L4.0 ~ 4.9 地震 49 次（M4.0 ~ 4.9 地震 18 次）；M_L5.0 ~ 5.9 地震 11 次（M5.0 ~ 5.9 地震 7 次）；M_L6.4（M6.0）1 次。四川省境内发生突出的 8 次 M5.0 以上地震，即 1 月 3 日珙县 5.3 级、6 月 17 日长宁 6.0 级和珙县 5.1 级、6 月 18 日长宁 5.3 级、6 月 22 日珙县 5.4 级、7 月 4 日珙县 5.6 级、9 月 8 日威远 5.4 级、12 月 18 日资中 5.2 级。

2. 地震活动特征表现

2019 年，四川省地震频次和强度均高于 2018 年。地震空间分布图显示，四川境内地震活动主要集中 3 个区域（带）：一是川东南部地震集中活跃区，主要在长宁—兴文—珙县和荣县—威远—资中两个集中区域，例如：长宁—兴文—珙县区相继发生 1 月 3 日珙县 5.3 级、6 月 17 日长宁 6.0 级和珙县 5.1 级、6 月 18 日长宁 5.3 级、6 月 22 日珙县 5.4 级和 7 月 4 日珙县 5.6 级；荣县—威远—资中区相继发生 2 月 24 —25 日荣县 4.7 级、4.3 级和 4.9 级、9 月 8 日威远 5.4 级、12 月 18 日资中 5.2 级；二是龙门山断裂带，地震活动主要分布在汶川 8.0 级地震和芦山 7.0 级地震的两个余震区，例如：芦山 7.0 级地震的余震区发生了 5 月 2 日芦山 4.5 级（M_L4.9），汶川 8.0 级地震余震区发生了12月9日安州区4.6级（M_L5.0）。三是川滇菱形地块东边界地震较活跃，例如：2月8日石棉3.6级（M_L4.2）地震，7月30日宁南3.3级（M_L4.0）地震，10月31日石棉再次发生3.6级（M_L4.1）地震。

（四川省地震局）

贵州省

1.地震概况

2019年，贵州省境内共记录到地震908次，其中M2.0～2.9地震14次，M3.0～3.9地震3次，M4.0～4.9地震1次。最大地震为10月2日发生在沿河县的M4.9地震。

2.地震活动特征表现

（1）地震活动空间分布集中。地震主要集中于威宁—水城—盘州、晴隆—贞丰—册亨、南北盘江流域、清水江流域、红水河流域及乌江流域大型水库库区。

（2）地震活动时间分布不均匀。贵州境内M2.0及以上地震频次较高的月份为2019年2月、5月和11月。

（3）地震频度和强度略高于往年平均水平。

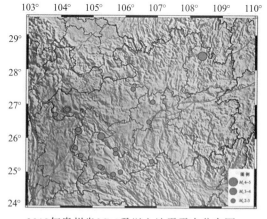

2019年贵州省M2.0及以上地震震中分布图

（贵州省地震局）

云南省

1.地震概况

据云南省地震台网测定，2019年云南省内共发生$M \geqslant 2.0$地震221次，其中3.0～3.9级地震173次，3.0～3.9级地震39次，4.0～4.9级地震9次，无$M \geqslant 5.0$地震发生，最大地震为1月14日勐腊4.9级和7月21日永胜4.9级地震。

2.地震活动特征表现

（1）2019年云南省内无$M \geqslant 5.0$地震发生。1950年以来仅有4年出现过类似现象，分别为1955年、1956年、1957年和2002年。

（2）云南省内5级、6级地震持续平静，截至2019年12月31日，5级地震持续平静479天，6级地震平静5.2年。但滇东北川滇交界地区长宁—珙县一带5级、6级地震丛集发生。

（3）2级以上地震在滇西北东条带和滇西南地区分布相对集中。滇南地区3级、4级地震分布较少，主要以2级地震活动为主。

（4）永善震群和勐腊震群3级、4级地震丰富。

（云南省地震局）

西藏自治区

1.地震概况

2019年西藏地区$M \geqslant 2.0$地震活动频次低于2018年度，但强度高于2018年度，地震活动频次较高的是2月和7月。较显著的地震是1月20日西藏谢通门5.0级和7月19日西藏错那5.6级，最大地震是2019年4月24日04时15分在西藏林芝市墨脱县发生的6.3级地震，震中位置为 28.40° N，94.61° E，震源深度 7km，此次地震发生在喜马拉雅主边界断裂带附近，截至 2019 年 10 月 31 日记录到 4 次余震活动，余震不发育，余震主要发生在震后 3 天内。

2.地震活动特征表现

2019 年，西藏地震台网共记录到 $M \geq 2.0$ 地震 281 次，其中 2.0～2.9 级地震 229 次，3.0～3.9 级地震 40 次，4.0～4.9 级地震 9 次，5.0～5.9 级地震 2 次，6.0～6.9 级地震 1 次，地震主要分布于藏西北以及藏东地区，谢通门、错那等地区地震活动明显增强。藏东南区域嘉黎—察隅断裂带、改则附近的帕龙错断裂带和冈玛日断裂带、双湖区域的吐错断裂带地震相对集中，空间上大部分位于嘉黎—察隅断裂带和冈玛日断裂带附近。

（西藏自治区地震局）

陕西省

1.地震概况

2019 年，陕西省地震台网中心共记录到陕西省地震 245 次，其中 1.0 级以下地震 193 次，1.0～1.9 级地震 43 次，2.0～2.9 级地震 9 次，最大地震是 1 月 27 日渭南 2.5 级地震、2 月 12 日神木 2.5 级地震和 4 月 7 日宁强 2.5 级地震。

2.地震活动特征表现

（1）空间上，主要分布于关中中东部、陕南中西部和陕北北部，与 2018 年类似，但活动水平明显减弱。其中，关中东部的地震活动主要集中在与山西交界的韩城、合阳、大荔以及与河南交界的潼关等地，活动水平与 2018 年基本相当，最大地震是 5 月 29 日韩城 2.4 级地震；关中中部的地震活动主要分布在西安东北方向，活

动水平略低于 2018 年，最大地震是 1 月 27 日渭南 2.5 级地震；关中西部地震活动略强于 2018 年，主要集中在陇县，最大地震是 5 月 14 日陇县 2.0 级地震；陕南的地震活动主要集中在中部地区和宁强，中部地区的活动水平与 2018 年相当，最大地震是 6 月 1 日宁陕 1.4 级地震，宁强的活动水平在 2018 年 9 月 12 日宁强 5.3 级地震后减弱，2019 年最大震级是 2.5 级；陕北的地震活动主要集中在神木、府谷、榆阳等地，最大震级 2.5 级。

（2）时间上，地震活动主要集中在上半年，其中 3—5 月省内地震月频次均超过 25 次，5 月为全年最高（31 次），下半年除 7 月的月频次为 28 次外，其余月份均低于 20 次，其中 9 月为全年最低（11 次）。

（陕西省地震局）

甘肃省

1.地震概况

根据甘肃省台网地震目录统计，自 2019 年甘肃及邻区（92°～109° E，32°～43° N）共记录到地震 2916 次，其中 2.0～2.9 级地震 386 次，3.0～3.9 级地震 17 次，4.0～4.9 级 4 次，5.0～5.9 级地震 2 次，无 6.0 级及以上地震发生。其中甘肃省境内 2320 次，2 次 5.0～5.9 级地震均发生在甘肃境内，分别为 9 月 16 日甘肃甘州区 5.0 级地震和 10 月 28 日甘肃夏河 5.7 级地震。

2.地震活动特征表现

甘肃省及邻区 2019 年发生 4.0 级及以上显著地震 6 次，分别为 2 月 20 日青海德令哈 4.5 级地震、3 月 14 日青海泽库 4.3 级地震、4 月 28 日甘肃苏南 4.8 级地震、8 月 9 日青海门源 4.9 级地震、9 月 16 日甘州 5.0 级地震以及 10 月 28 日夏河 5.7 级地震，

4.0 级及以上地震活动增强，主要活动区为祁连山地震带中—西段和甘东南地区。

（甘肃省地震局）

青海省

1. 地震概况

2019 年，青海省及邻区共发生 363 次 2.0 级以上地震，其中 2.0 ~ 2.9 级地震 280 次，3.0 ~ 3.9 级地震 62 次，4.0 ~ 4.9 级地震 18 次，5.0 ~ 5.9 级地震 3 次。3 次 5.0 级及以上地震分别为 3 月 28 日青海茫崖 5.0 级、9 月 16 日甘肃甘州区 5.0 级、10 月 28 日甘肃夏河 5.7 级地震。

宁夏回族自治区

1. 地震概况

2019 年，宁夏回族自治区境内发生可定位地震共 185 次，其中，0 ~ 0.9 级地震 100 次，1.0 ~ 1.9 级地震 69 次，2.0 ~ 2.9 级地震 15 次，3.0 ~ 3.9 级地震 1 次，无 4.0 级以上地震，最大地震为 2019 年 1 月 24 日海原 3.4 级地震。

2. 地震活动特征表现

（1）2019 年，宁夏境内 $M \geqslant 2.0$ 地震频度 16 次，其中，2.0 ~ 2.9 级地震 15 次，3.0 ~ 3.9 级地震 1 次，最大地震为 2019 年 1 月 24 日海原 3.4 级地震，地震活动强度比 2018 年略为偏弱。

（2）2019 年，宁夏境内 $M \geqslant 2.0$ 地震活动空间上主要集中在宁夏永宁至吴忠灵武地区和海原断裂带至六盘山断裂带附近。

（3）2019 年，宁夏境内 $M \geqslant 2.0$ 地震时间上相对集中。主要集中在 1 月、5 月、7 月、9 月和 12 月。

（宁夏回族自治区地震局）

新疆维吾尔自治区

1. 地震概况

2019 年，新疆维吾尔自治区及邻区共发生 $M2.0$ 及以上地震 1087 次。其中 $M2.0 ~ 2.9$ 地震 867 次，$M3.0 ~ 3.9$ 地震 183 次，$M4.0 ~ 4.9$ 地震 34 次，$M5.0 ~ 5.9$ 地震 3 次，无 $M6.0$ 及以上地震。2019 年 2 月 2 日塔城发生的 $M5.2$ 地震为新疆 2019 年度最大地震。

2. 地震活动特征表现

（1）2019 年新疆地区发生 5.0 级及以上地震 3 次，无 6.0 级及以上地震，强震活动水平低于常年平均水平。

（2）2019 年 $M2.0 ~ 3.9$ 地震的活动水平基本与过去 5 年平均水平相当。

（3）除塔城 $M5.2$ 地震外，另 2 次 $M5.1$ 和 $M5.0$ 地震均发生在南天山西段，表明南天山西段 2019 年的地震活动较其他地区相对活跃。

（4）2019 年，阿尔泰地震带和西昆仑地区地震活动相对平静。

（新疆维吾尔自治区地震局）

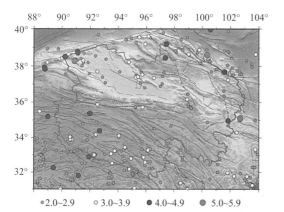

2019年青海省及邻区地震震中分布图

重要地震与震害

2019 年 1 月 3 日四川省宜宾市珙县 5.3 级地震

一、地震基本参数

发震时刻：2019 年 1 月 3 日 08 时 48 分

微观震中：28.2° N，104.86° E

宏观震中：四川省宜宾市珙县

震　　级：M=5.3

震源深度：15 km

震中烈度：Ⅵ度

二、烈度分布与震害

1 月 3 日 08 时 48 分，四川省宜宾市珙县发生 5.3 级地震，震源深度 15km。地震造成 1 人受伤，直接经济损失 0.35 亿元。本次地震最高烈度为Ⅵ度，主要涉及珙县、兴文县。Ⅵ度区面积为 416km²，主要涉及珙县玉和苗族乡、底洞镇、上罗镇、下罗镇、仁义乡、沐浸镇、孝儿镇、曹营镇、兴文县毓秀苗族乡、周家镇、仙峰苗族乡、九丝城镇共 12 个乡镇。本次地震震害特征主要表现为部分房屋建筑破坏程度存在一定差异性，经过正规设计，规范施工建造的具有抗震措施的框架结构房屋在本次地震中表现良好，受损较轻；而农村自建砖混结构房屋（无抗震加固措施）出现破坏较重现象；老旧砖木（包括用作厨房的偏房）和土木结构房屋破坏较重。生命线系统工程结构遭受破坏程度较轻。地震造成个别道路边坡垮塌和路基沉降，有崩塌落石，短暂阻碍交通。另外山坪塘、蓄水池、渠道等水利设施也受到轻微震损。

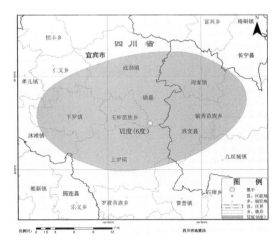

四川珙县 5.3 级地震烈度图

（四川省地震局）

2019 年 2 月 24 日、25 日四川省自贡市荣县 4.7 级、4.3 级和 4.9 级地震

一、地震基本参数

发震时刻：2019 年 2 月 24 日 05 时 38 分、2 月 25 日 08 时 40 分、13 时 15 分

微观震中：29.47° N，104.49° E；29.46° N，104.50° E；104.49° E，29.48° N

宏观震中：四川省自贡市荣县

震　　级：M=4.7、4.3 和 4.9

震源深度：5km

震中烈度：Ⅵ度

二、烈度分布与震害

2 月 24 日 05 时 38 分、2 月 25 日 08 时 40 分、13 时 15 分，四川省自贡市荣县发生 4.7 级、4.3 级、4.9 级地震，共造成 2

人死亡、13 人受伤，直接经济损失 2.5 亿元。此次地震最高烈度为Ⅵ度，Ⅵ度区面积为 268km²，其中自贡市荣县 183km²、自贡市贡井区 7km²、内江市威远县 78km²。主要涉及自贡市荣县旭阳镇、双石镇、望佳镇、高山镇、东兴镇、墨林乡，自贡市贡井区章佳乡，内江市威远县镇西镇、庆卫镇、新场镇。本次地震Ⅵ度区房屋震害特征主要为：土木结构房屋大部分基本完好，少数出现梭瓦、墙体开裂、墙体抹灰脱落，极少数出现倒塌；砖木结构房屋大部分基本完好，少数出现梭瓦、墙体开裂，极少数出现墙体外闪、倒塌；砖混结构房屋大部分基本完好，少数砖混结构房屋出现墙体裂缝、吊顶脱落现象，女儿墙、阳台护墙倒塌；框架结构房屋无明显震害特征。经过正规设计、规范施工建造的具有抗震措施的框架结构房屋在本次地震中表现良好，无明显震害特征；农村自建砖混结构房屋（无抗震加固措施）受损较轻；老旧砖木和土木结构房屋破坏明显。

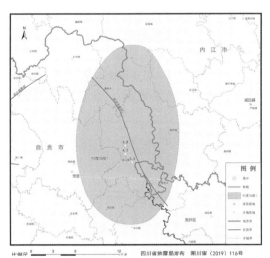

四川荣县4.7级、4.3级和4.9级地震烈度图

（四川省地震局）

2019 年 4 月 24 日西藏自治区林芝市墨脱县 6.3 级地震

一、地震基本参数

发震时刻：2019 年 4 月 24 日 04 时 15 分
微观震中：28.4° N，94.61° E
宏观震中：西藏自治区林芝市墨脱县
震　　级：$M=6.3$
震源深度：10km
震中烈度：Ⅷ度

二、烈度分布与震害

4 月 24 日 04 时 15 分，西藏林芝市墨脱县发生 6.3 级地震，震源深度 10km。此次地震最高烈度为Ⅷ度，Ⅵ度区及以上面积 7166km²，造成西藏自治区林芝市墨脱县受灾。震中周边 20km 内无村庄分布，50km 内无乡镇驻地分布。该地区人口密度较低，从而避免了人员伤亡。房屋抗震能力方面，近年来自治区各级政府大力推进农牧民安居工程和边境小康村建设工作，农牧区房屋抗震设防能力有所提升，离震中较近的农牧区群众绝大部分都住进政府帮助建造的以框架结构、砖混结构和轻钢结构为主的安居房，而未进住安居房的极少群众，均已住在活动板房内，抗震性能相对较好，是此次地震未造

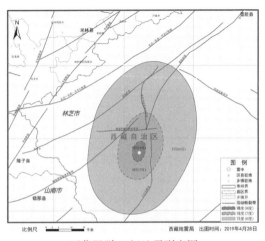

西藏墨脱6.3级地震烈度图

成人员伤亡和财产损失的原因之一。本次地震灾区沿线公路及乡村道路均未发生滑坡、滚石和泥石流等地质灾害，没有人员因滑坡、滚石等地质灾害造成伤亡和财产损失。

（西藏自治区地震局）

2019年5月18日吉林省松原市宁江区5.1级地震

一、地震基本参数

发震时刻：2019年5月18日06时24分
微观震中：45.3°N，124.75°E
宏观震中：吉林省松原市宁江区
震　　级：M=5.1
震源深度：10km
震中烈度：Ⅵ度

二、烈度分布与震害

5月18日06时24分，吉林省松原市宁江区发生5.1级地震，震源深度10km。此次地震未造成人员伤亡，直接经济损失4964.3万元。地震最高烈度为Ⅵ度，Ⅵ度区及以上总面积为237km²，主要涉及吉林省松原市宁江区毛都站镇、伯都乡、新城乡和前郭县平凤乡，共造成吉林省松原市2个县（区）受灾。本次地震影响最严重的

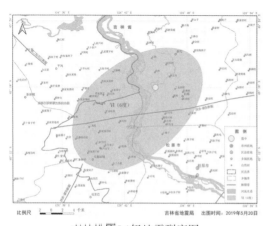

吉林松原5.1级地震烈度图

Ⅵ度区范围全部是乡镇和农村区域，绝大多数建筑结构是砖木结构和单层砖混结构，极少数为土木结构和多层砖混结构。砖木结构和土木结构建筑受损相对较严重，砖混结构建筑破坏较小或无破坏。地震震感强烈，建筑物震害相对较小。主要原因是近年来当地政府有计划开展危旧房改造工程和地震灾后重建工程，减少了危房数量，增加了具有较完备抗震措施的"抗震房"数量，震区建筑抗震能力有所提高。

（吉林省地震局）

2019年6月17日四川省宜宾市长宁县6.0级地震

一、地震基本参数

发震时刻：2019年6月17日22时55分
微观震中：28.34°N，104.9°E
宏观震中：四川省宜宾市长宁县
震　　级：M=6.0
震源深度：16km
震中烈度：Ⅷ度

二、烈度分布与震害

6月17日22时55分，四川省宜宾市长宁县发生6.0级地震，震源深度16km，

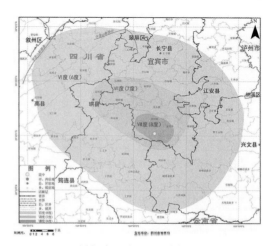

四川长宁6.0级地震烈度图

此次地震造成 13 人死亡、299 人受伤，直接经济损失 52.68 亿元。地震最高烈度为Ⅷ度，Ⅵ度区及以上总面积为 3058km²，主要涉及宜宾市长宁县、高县、珙县、兴文县、江安县、翠屏区 6 个区县。本次地震造成部分房屋建筑和生命线工程破坏。本次地震造成灾区长宁县、珙县、江安县、高县、兴文县、翠屏区 6 个县区 61 个乡镇房屋不同程度受损。灾区范围内房屋结构类型主要包括框架结构、砖混结构及砖木结构。框架结构和砖混结构房屋是灾区的主要建筑结构形式，具有抗震设防措施，抗震性能较好；砖木结构房屋抗震性能一般，在灾区分布较广，主要是作为厨房等偏房使用。在此次地震中，砖木房屋出现少数倒毁和大量严重破坏情况。地震中生命线系统工程结构遭受破坏程度较重，交通、通信、电力、供排水等系统均有不同程度震损，特别是交通系统，出现多处山体滑坡、滚石、路基坍塌等导致公路中断。

（四川省地震局）

2019 年 9 月 8 日四川省内江市威远县 5.4 级地震

一、地震基本参数

发震时刻：2019 年 9 月 8 日 06 时 42 分

微观震中：29.55° N，104.79° E

宏观震中：四川省内江市威远县

震　　级：M=5.4

震源深度：10km

震中烈度：Ⅵ度

二、烈度分布与震害

9 月 8 日 06 时 42 分，四川省内江市威远县发生 5.4 级地震，震源深度 10km。此次地震造成 1 人死亡，68 人受伤，直接经济损失约 2.44 亿元。地震最高烈度为Ⅵ度，

Ⅵ度区及以上总面积为 680km²，共造成四川省内江市威远县、资中县、市中区、自贡市大安区 4 个区县受灾。本次地震震害特征主要表现为部分房屋建筑和工程结构的破坏。经过正规设计，规范施工建造的具有抗震措施的框架结构房屋在本次地震中表现良好，受损较轻；而农村自建砖混结构房屋（无抗震加固措施）在灾区出现破坏较重现象；老旧砖木和土木结构房屋破坏较严重。地震中生命线和行业系统的工程结构遭受破坏程度很轻。地震造成个别道路边坡垮塌和路基沉降。另外山坪塘、蓄水池、渠道等水利设施也轻微震损。

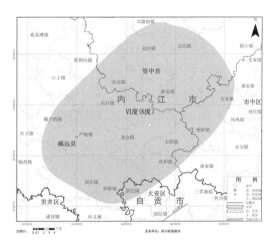

四川威远 5.4 级地震烈度图

（四川省地震局）

2019 年 9 月 16 日甘肃省张掖市甘州区 5.0 级地震

一、地震基本参数

发震时刻：2019 年 9 月 16 日 20 时 48 分

微观震中：38.6° N，100.35° E

宏观震中：甘肃省张掖市甘州区

震　　级：M=5.0

震源深度：11km

震中烈度：Ⅵ度

二、烈度分布与震害

9月16日20时48分，甘肃省张掖市甘州区发生5.0级地震，震源深度11km。此次地震未造成人员伤亡，直接经济损失430万元。地震最高烈度为Ⅵ度，Ⅵ度区面积为248km²，造成甘肃省张掖市甘州区、肃南县和民乐县3个县（区）受灾。地面破坏主要为陡坎边缘局部产生小型土体崩塌，肃南县的石峰村、大都麻村通村公路、八一村通村公路以及大孤山、小孤山路段发生多处山体塌方和滚石，影响车辆和人员通行。灾区房屋建筑按结构类型主要可分为砖混结构、砖木结构、土木结构（包括土坯房屋）等3类。大部分房屋位于河西走廊冲洪积平原，上覆土层较薄，下部砂砾石层承载力强，场地条件好，震害较轻。学校、通信设施、水库均完好无损，电力设施除有1处变压器塌落外，均完好。此外，部分围墙、圈舍墙体出现裂缝或拉裂。

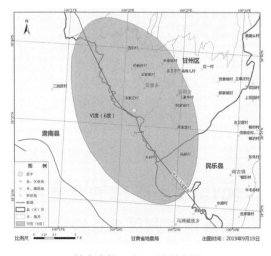

甘肃张掖5.0级地震烈度图

（甘肃省地震局）

2019年10月2日贵州省铜仁市沿河县4.9级地震

一、地震基本参数

发震时刻：2019年10月2日20时04分
微观震中：28.4° N，108.38° E
宏观震中：贵州省铜仁市沿河县
震　　级：M=4.9
震源深度：10km
震中烈度：Ⅵ度

二、烈度分布与震害

10月2日20时04分，贵州铜仁市沿河县发生4.9级地震，震源深度10km。此次地震共造成7800间房屋受损。地震最高烈度为Ⅵ度，面积为55.8km²，主要涉及沿河土家族自治县的甘溪镇、板场镇、夹石镇和淇滩镇共计4个乡镇。农村房屋多为穿斗木结构，抗震性能较好，另外还有少量的砖木房屋，抗震性能较好，房屋发生严重破坏和整体垮塌的情况很少。此次地震未造成大规模的房屋倒塌和严重破坏，是未造成人员伤亡的主要原因。地震发生在20时，居民仍未就寝也是此次地震无人员伤亡的原因之一。未引起滑坡等地质灾害，未造成交通、水利及农业财产损失。

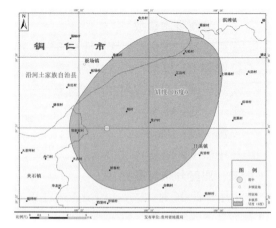

贵州沿河4.9级地震烈度图

（贵州省地震局）

2019 年 10 月 12 日广西壮族自治区玉林市北流市 5.2 级地震

一、地震基本参数

发震时刻：2019 年 10 月 12 日 22 时 55 分

微观震中：22.18° N，110.51° E

宏观震中：广西壮族自治区玉林市北流市

震　　级：$M=5.2$

震源深度：10km

震中烈度：Ⅵ度

二、烈度分布与震害

10 月 12 日 22 时 55 分，广西玉林市北流市发生 5.2 级地震，震源深度 10km。此次地震最高烈度为Ⅵ度，Ⅵ度区面积为 141km^2，共造成广西、广东 的 5 个乡镇受灾。Ⅵ度区主要涉及广西北流市六靖镇、石窝镇和清河镇，广东化州市平定镇和播扬镇。此次地震震感强烈，有感范围大，但未造成人员伤亡，财产损失较小。Ⅵ度区面积较小，造成少量房屋受损，未引发崩塌、滑坡、泥石流、砂土液化等次生地质灾害，与国内同级别地震相比震害相对较轻。

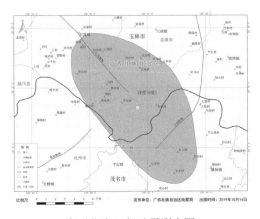

广西北流5.2级地震烈度图

（广西壮族自治区省地震局）

2019 年 10 月 28 日甘肃省甘南州夏河县 5.7 级地震

一、地震基本参数

发震时刻：2019 年 10 月 28 日 01 时 56 分

微观震中：35.1° N，102.69° E

宏观震中：甘肃省甘南州夏河县

震　　级：$M=5.7$

震源深度：10km

震中烈度：Ⅶ度

二、烈度分布与震害

10 月 28 日 01 时 56 分，甘肃甘南州夏河县发生 5.7 级地震，震源深度 10km。此次地震共造成 7 人受伤，近 7300 间房屋受损。此次地震最高烈度为Ⅶ度，Ⅶ度区面积为 193km^2，Ⅵ度区面积为 1398km^2，共造成甘肃省甘南州夏河县、合作市 2 个县（市）受灾。本次地震属于中强地震，震感强烈，波及范围广。震区大部位于甘南高山草原，人员稀少，地震造成人员伤亡较轻，财产损失不大。发震断裂并未出露地表，地震地质灾害不发育，生命线工程并未出现较大破坏。震区多为藏区，佛教寺庙分布较多，地震对寺庙破坏较为明显。

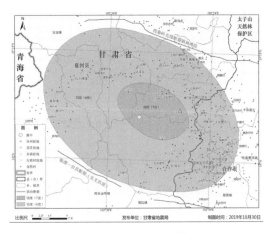

甘肃夏河5.7级地震烈度图

（甘肃省地震局）

2019 年 11 月 25 日广西壮族自治区百色市靖西市 5.2 级地震

一、地震基本参数

发震时刻：2019 年 11 月 25 日 09 时 18 分
微观震中：22.89° N，106.65° E
宏观震中：广西壮族自治区百色市靖西市
震　　级：M=5.2
震源深度：10km
震中烈度：Ⅵ度

二、烈度分布与震害

11 月 25 日 09 时 18 分，广西壮族自治区百色市靖西市发生 5.2 级地震，震源深度 10km。此次地震共造成 1 人死亡、5 人轻伤，无房屋倒塌。地震最高烈度为Ⅵ度，面积为 118km²，共造成百色市靖西市、崇左市大新县 2 个县市 4 个乡镇受灾。此次地震震感强烈，Ⅵ度区面积较小。灾区房屋以砖混结构为主，旧砖房屋多为砖木结构，无土坯房。砖混结构多有圈梁加固，具有一定的抗震能力。地震引发多处山体崩塌、山石滚落等次生地质灾害。同时，砖混结构房屋出现小裂隙、小裂缝、掉灰、玻璃窗破坏等现象，有的水泥地面出现裂缝；砖结构房屋出现掉瓦、滑瓦等现象；未出现房屋较严重破坏或倒塌现象。

（广西壮族自治区地震局）

2019 年 12 月 18 日四川省内江市资中县 5.2 级地震

一、地震基本参数

发震时刻：2019 年 12 月 18 日 08 时 14 分
微观震中：29.59° N，104.82° E
宏观震中：四川省内江市资中县
震　　级：M=5.2
震源深度：14km
震中烈度：Ⅵ度

二、烈度分布与震害

12 月 18 日 08 时 14 分，在四川省内江市资中县发生 5.2 级地震，震源深度 14km。此次地震共造成 5 人重伤、13 人轻伤。此次地震的最高烈度为Ⅵ度，主要涉及内江市资中县、威远县、市中区，共计 3 个区县。Ⅵ度区面积为 360km²，主要涉及内江市资中县陈家镇、公民镇、银山镇、宋家镇、双河镇 5 个镇，内江市威远县龙会镇、高石镇、严陵镇、东联镇、靖和镇 5 个镇、内江市市中区全安镇、朝阳镇、龚家镇、凤鸣镇 4 个镇，共计 14 个镇。经正规设计和规范施工建造的具有抗震加固措施的框架结构房屋，在本次地震中表现良好，受损较轻；而农村自建砖混结构房屋（无抗震加固措施）破坏较重；老旧砖木和土木结构房屋破坏较严重。另外，本次地震震中与 2019 年 9 月 8 日威远 5.4 级地震震中仅相距 5km，烈度Ⅵ度区范围基本与威远地震Ⅵ度区影响范围重合，前后两次地震相隔时间较短，震害叠加现象明显，加之民房建筑质量普遍较差，造成极个别老旧房

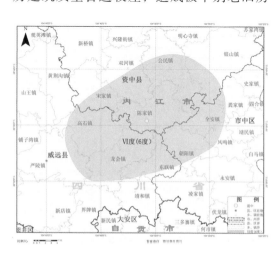

四川资中 5.2 级地震烈度图

屋的严重破坏。生命线和行业系统的工程结构遭受破坏程度很轻。地震造成个别道路边坡垮塌和路基沉降，滚石掉落阻断公路。另外山坪塘、蓄水池、渠道等水利设施也受到轻微震损，震后震区部分地区出现短暂供电中断。

（四川省地震局）

2019 年 12 月 26 日湖北省孝感市应城市 4.9 级地震

一、地震基本参数

发震时刻：2019 年 12 月 26 日 18 时 36 分

微观震中：30.87° N，113.40° E

宏观震中：湖北省孝感市应城市

震　　级：M=4.9

震源深度：10km

震中烈度：VI度

二、烈度分布与震害

12 月 26 日 18 时 36 分，在湖北省孝感市应城市发生 4.9 级地震，震源深度 10km。此次地震未造成人员伤亡，造成 2250 万元经济损失。此次地震的最高烈度为 VI 度，

VI度区面积 130.6km²。主要涉及应城市杨岭镇、陈河镇、汤池镇、京山市曹武镇，天门市皂市镇，汉川市垌冢镇共 7 个乡镇。震区村镇居民房屋大多数属砖混结构，约占总数的 60%，一至三层。可以分为有构造结构的和传统砖混结构。老旧的土坯房在这次地震中受损，出现局部墙体开裂破坏，屋顶坍塌。砖砌体结构的房屋出现墙皮脱落现象，在纵横向结合处，未设置拉结筋或构造柱的，容易出现裂缝。

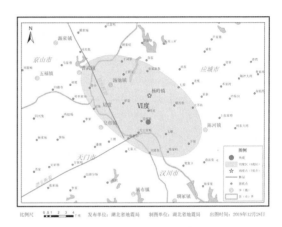

湖北应城4.9级地震烈度图

说明：本文涉及各地震省局提供的宝贵现场调查评估资料，由中国地震台网中心应急响应部郑通彦收集提供。

（湖北省地震局）

防 震 减 灾

这一部分收载中国地震局系统、各级政府防震减灾三大工作体系（地震监测预报、地震灾害预防、地震震灾应急救援）的建设与进展，全面记录政府、专业队伍、社会各界的作用和贡献，从中可看到中国防震减灾事业的发展。

2019 年防震减灾综述

2019 年，全国震情总体平稳，共发生 5.0 级以上地震 32 次，其中大陆地震 20 次。震级最大的地震是西藏墨脱 6.3 级地震。中国地震局开展了 11 个年度重点危险区地震灾害损失预评估，完成国内外地震应急响应处置 64 次，积极开展快速评估、趋势会商、烈度评定、新闻宣传和舆情引导等工作，为抗震救灾提供信息服务和技术支持。按照"全灾种、大应急"体制要求，修订地震应急响应预案。

一、防震减灾法治建设和公共服务不断加强

中国地震局全面落实全国人大常委会防震减灾法执法检查意见，牵头制定落实工作方案。开展地震安全性评价管理条例修订和地震监测预警部门规章起草，安徽、宁夏等 16 个省（自治区）出台区域性地震安评管理办法，山西省出台地震预警政府规章。发布 1 项地震国家标准，审查通过 16 项行业标准。为港珠澳大桥、云南龙江特大桥等 10 余项重大工程提供地震安全监测服务，为雄安新区 59 项工程提供抗震设防技术服务。减隔震技术逐步纳入各类建筑抗震设计规范，世界最大单体隔震建筑北京大兴国际机场投入运营。福建初步建成地震预警信息服务体系，布设信息发布终端 1.2 万余套，依法依规发布 4 次地震预警信息。中国地震区划 APP 上线运行。举办全国防震减灾科普作品大赛、讲解大赛和全国中学生防震减灾知识大赛。

二、新时代防震减灾现代化建设迈出坚实步伐

印发新时代防震减灾现代化建设纲要和任务分工方案，开展纲要解读和宣讲，初步建立现代化指标体系。天津、福建、山东、广东等 4 省（市）地震局和中国地震台网中心、中国地震灾害防御中心列为现代化试点，编制三年行动方案。中国地震局联合国家发展改革委、河北省人民政府编制印发雄安新区地震安全专项规划和实施意见。落实省级"十三五"规划项目 73 个。编制地震信息化建设管理办法和标准体系表。推进中国地震台网中心地震云计算大数据平台和地震数据资源池原型建设，完成地震监测预警预报业务大厅建设和系统集成，完善分析会商技术系统，应用人工智能技术研发自动编目系统。全面启动地震观测图纸抢救工作。

三、地震监测预报预警能力稳步提高

地震速报能力不断提升，国内地震正式速报平均用时 572 秒，比 2018 年减少 88 秒；自动速报平均用时 111 秒，比 2018 年减少 22 秒；自动速报震级平均偏差 0.21 级，相比 2018 年精度提高 22%。完成青藏高原 72 个站址勘选和 11 个高原高寒试验站建设，西藏西

部、青海西部、新疆西南部地震监测能力由 3.5 级提升到 3.0 级。实施 100 个地震台站标准化改造。实施北京冬奥会地震监测能力提升一期工程。累计建成 23 个检测实验室和比测台站，完成 162 个型号地震监测设备定型。建立完善非天然地震监测业务，为江苏响水爆炸、贵州六盘水山体滑坡等 60 余起事件处置提供决策依据。中国地震局进一步健全重点危险区地震预报滚动会商、开放会商研判机制，邀请科研院所、高校专家 200 余人次联合开展会商研判，发展了地震风险概率预报。2019 年大陆地区发生 5.0 级以上地震 20 次，14 次发生在年度地震重点危险区及其边缘。全面启动国家地震烈度速报与预警工程，编制 23 项技术规范，累计安装烈度仪 5000 余套，福建、四川等地区初步具备地震预警服务能力。圆满完成全国"两会"、国庆 70 周年等重大活动地震安保工作。

四、地震灾害风险防治全面启动

中国地震局会同国家发展改革委等 15 个部门加强项目统筹协调，组建工程协调工作组、技术专家组，编印总体工作方案，推进地震易发区房屋设施加固工程。编制地震灾害风险调查和重点隐患排查工程实施方案，编制地震灾害风险普查技术规范，开展地震灾害风险普查试点。组织全国地震动参数区划图执行情况检查，推进制定地震巨灾保险条例，发布新版地震巨灾风险模型。与河北省人民政府共同推进唐山市建设防震减灾示范城市。完成区域性地震安全性评价 126 项，开展川藏铁路、大唐海南核电等重大工程地震安评工作。四川、江苏、河南等省的城市活动断层探测全面铺开，吉林延吉、海南海口等 40 个城市开展活动断层探测取得进展，福建省开展陆地与海洋地震风险基础探测。建立活动断层探察数据中心和备份中心。

五、地震国际合作和科技创新成效明显

习近平主席见证"张衡一号"02 卫星中意合作备忘录签署和援尼泊尔地震监测台网移交。"一带一路"地震减灾合作机制纳入第二届"一带一路"国际合作高峰论坛成果清单。中国地震科学实验场建设稳步推进，中国地震局联合北京大学、中国科学技术大学等 17 家单位共同完成科学设计，28 个科研团队承担科研任务，开展千米深井钻探，启动深井、宽频带地震观测。承担川藏铁路重大科技攻关重点任务。推进"地球深部探测"国家重大科技项目立项。成立国家地震科学数据中心，北京白家疃地球观象台等 8 个国家野外科学观测研究站通过科技部评估。广东省地震局、浙江省地震局、江西省地震局、湖北省地震局和中国地震灾害防御中心等单位与地方科研单位联合组建科技协同创新平台。

（中国地震局办公室）

地震监测预报预警

2019 年地震监测预报预警工作综述

2019 年，在中国地震局党组的坚强领导下，认真落实中央领导同志重要批示 5 次，承办应急管理部领导指示、批示专项任务 20 项，承担全国地震局长会重点任务 23 项，完成年度各项重点任务。

2019 年主要工作进展及成效

（一）坚持需求导向，地震安全服务作出新贡献

坚决贯彻落实中央领导同志批示指示精神。落实习近平总书记、李克强总理、王勇国务委员等中央领导同志关于四川长宁 6.0 级地震和川滇地区震情形势等重要指示批示精神，加强监测数据分析处理，强化震情跟踪与趋势研判，有力服务中央决策和抗震救灾部署。

地震安全保障服务及时有效。组织全系统力量，圆满完成全国"两会"、庆祝新中国成立 70 周年、党的十九届四中全会、"一带一路"国际合作高峰论坛等 23 次重大活动地震安保任务，地震安保工作逐渐常态化、业务化，成为地震部门服务国家安全、社会稳定的重要举措。

地震速报预警信息服务水平不断提高。地震播报机器人服务产品达 5 大类 25 项，"12322"地震速报平台服务对象超过 1 万人，地震速报微博年阅读量超 15 亿次。福建省地震局初步建成地震预警信息服务体系，布设信息发布终端 1.1 万余套，依法依规发布 4 次地震预警信息，开始为公众提供预警服务。四川省地震局先行先试初步具备地震预警服务能力。新疆维吾尔自治区地震局在昌吉开展地震信息"进村入社"试点。

（二）统筹协调推进，业务体制改革取得新进展

加快推进监测预报国家业务中心改革。优化中国地震台网中心职能，调整中国地震局第一监测中心和中国地震局第二监测中心中心业务方向，强化监测预报预警和网络安全信息化等核心业务应用，健全仪器装备入网定型、计量检测、运维保障和地震数据治理业务体系建设。

全面推动地震台站深化改革。组织开展调研座谈，总结试点经验，研究编制地震台站改革指导意见，从管理体制、业务体制等方面研究提出改革措施，着力推进地震台站全面深化改革工作。

进一步深化地震会商机制改革。深入推进开放合作、构造区协同和监测预报服务反馈交互机制改革，改变传统业务模式，强化滚动会商、开放会商，研发地震分析会商技术系统并开展业务试用，进一步提升震情研判科学性。

（三）牢固树立震情意识，地震预测预报工作扎实开展

强化震情监视跟踪。2019年组织地震系统各单位分解和实施300余项强化工作措施，完善危险区短临跟踪技术方案，加大督促指导力度，组织开展新疆、甘肃、四川、云南等重点地区震情跟踪专项检查，严密跟踪震情发展、努力把握震情趋势。

有力应对显著地震事件。截至2019年12月25日，2019年我国大陆共发生5.0级以上地震20次。四川荣县震群、长宁6.0级等显著地震发生后，第一时间组织召开紧急视频会商，局领导亲自指导，分析研判震情趋势，为党委政府决策与应急响应提供依据。

加强地震预测技术研发。组织研发基于预测意见的地震风险概率预测技术并在2020年度全国地震趋势会商中开展应用；探索研发基于科学模型的强震风险概率预测技术，并应用于2021—2030年中国大陆地震重点危险区确定工作。

（四）夯实业务基础，地震监测预警能力稳步提升

完善站网布局和地震观测体系建设。编制测震台网、地球物理台网布局规划，推进全国地震监测台网顶层设计，指导全国地震台网建设。开展标准化台站工作方案编制，完成全国100余个地震台站标准化改造。

夯实地震监测基础。实施青藏高原地震监测能力提升项目，完成70个站址勘选和10个高原高寒试验站建设，西藏西部、青海西部、新疆西南部地震监测能力由3.5级提升到3.0级。完成AU2.0的研发列装，提升速报技术系统稳定性可靠性，2019年累计开展地震速报1000余次。建立非天然地震信息报送业务，2019年完成60余起爆炸、矿震等非天然事件信息报送。

健全仪器装备管理体系。制定地震计量工作管理办法和地震监测专业设备计量检测规定，完成162个型号设备定型，定型测试通过率为66%。筹建国家地震计量委，累计建成23个检测实验室和比测台站，地震计量体系初具规模，填补了我国地震计量业务空白。

有序推进重大工程建设。全面启动国家预警工程基础设施和技术系统建设，福建、四川、河北、新疆等7个省（自治区）累计安装烈度仪5000余套，重点地区预警网络初步成型。编制23项技术规范，联合广电部门探索利用应急广播发布地震预警信息，打通信息发布"最后一公里"，与国铁集团实现地震信息互联互通。"一带一路"地震监测台网项目开展预实施。

（五）开展业务变革，地震业务信息化现代化建设取得新进展

地震信息化标准规制体系逐步健全。出台地震信息化建设管理办法，编制涵盖6个分体系共249项的标准体系表，首批23项关键急需标准攻关研究取得重要进展。

地震核心业务信息化试点建设取得新成效。组织完成中国地震台网中心和中国地震局第二监测中心云计算大数据平台和全局全量地震数据资源池原型建设并开展业务试运行，完成全流程一体化监控平台功能开发，应用AI技术研发自动编目系统，地震预警系统在示范区得到有效验证；编制预警工程省局中心建设指南，启动试点省局与台网中心业务对接，示范带动和指导省局预警工程实施和信息化建设。

数据治理和共享服务取得新进展。国家地震科学数据中心获得国家批复筹建，成为首批20个国家科学数据中心之一；模拟历史地震观测资料抢救累计完成观测资料扫描件入库145万张，典型历史地震图集资料110张，逐步在数据共享方面发挥服务效益。

地震网络安全防护能力持续提升。参与公安部组织的网络攻防演习，完成对 15 家局属单位 60 个网络安全问题整改。中国地震台网中心等 10 家单位电子公文系统通过网络安全等保二级测评。

（中国地震局监测预报司）

局属各单位地震监测预报预警工作

北京市

一、震情跟踪工作情况

制订了《北京市 2019 年度震情跟踪工作方案》，围绕年度监测台网运行维护、震情应急值班、异常落实上报、震情分析会商、通信网络维护、重大活动和节假日期间震情保障等工作任务进行统一部署和安排，并在职责划分、人员组织方面提出更加明确的要求。联合编制测震台网、地球物理台网布局方案，牵头编制《京津冀地震安全监测与服务工程项目建议书》。形成京津冀震情趋势研判联动机制，根据年内震情形势发展，牵头召开京津冀区域会商研判震情形势。抓好区域内的震情研判工作，年内落实异常 4 项，现场工作 14 次，发布地震速报 26 次；组织开展日常会商、特殊时段专题加密会商、年度与年中地震趋势会商会共计 88 次。

二、台网运行管理

2019 年，前兆台网 38 个前兆台运行总体良好，测震台网 28 个测震台运行率平均为 98.73%，前兆台网数据汇集率达 99% 以上，数据有效率达 98% 以上；国家地震行业网北京节点运行率达 100%，北京地震行业网节点（21 个）连通率达 98.89%。实现全网数字化、网络化，是全国密度最大的区域地震监测台网。地震监测能力优于 1.0 级，2 分钟自动速报，5 ~ 8 分钟正式速报。

启动延庆地区地震监测能力提升工程，以提升北京冬奥会、冬残奥会期间延庆赛区及其周边区域地震监测水平、地震研判和突发事件快速反应能力。完成门头沟张家庄台、门头沟瓜草地台、延庆玉渡山台、延庆小吉祥村台 4 个 "一带一路" 地震台的规划和勘选。有序推进国家地震烈度速报与预警工程北京子项目。

（北京市地震局）

天津市

一、震情跟踪工作情况

2019 年继续深化京津冀一体化震情跟踪实施方案，全面做好震情监视、地震应急、异常联合核实等工作，持续开展华北北部构造协作区的震情联席会商工作。

2019 年度分析预报在日常工作基础上，产出各类震情会商报告 157 份，其中月会商报告 12 份，周会商报告 52 份，专题报告 2 份。完成了 18 次异常现场核实工作，包括 8 次流体学科异常核实，6 次电磁学科异常核实，4 次宏观异常核实。其中有 2 次现场核实工作是与河北省地震局联合，对昌黎后土桥地震台地电阻率和河间马 17 井水位的异常进行现场核实，共提交 8 份异常核实报告。开展了多期次地震安全保障服务工作，覆盖 2019 年 1—2 月京津冀地区特殊时段、3 月全国"两会"、4 月"一带一路"国际合作高峰论坛、6 月"2019 年高考"、8—9 月全国第十届残运会暨第七届特奥会、9—10 月中华人民共和国成立 70 周年以及 10—11 月十九届四中全会期间等地震安全保障服务工作。

根据实发应急地震情况，2019 年度共开展 5 次震后应急会商，分别是 2019 年 2 月 3 日河北永清 M_S2.8 地震、2019 年 3 月 2 日河北滦县 M_S2.6 地震、2019 年 12 月 3 日河北怀安 M_S3.4 地震、2019 年 12 月 5 日丰南 M_S4.5 地震、2019 年 12 月 23 日蓟州 M_S3.3 地震。

二、台网运行管理

2019 年度，天津测震台网整体运行稳定，测震台网、强震台网、简易烈度计地震预警试验区技术系统各项功能运转正常。天津测震台网 31 个测震台站、89 个强震动台站（不含测震同址）、80 个简易烈度计观测点整体运行正常，台网年度平均运行率 98.55%，测震、强震、简易烈度计台网年度运行率分别为 99.34%、98.65%、97.66%。

2019 年，天津测震台网执行地震速报责任区内速报任务 16 次，完成地震编目责任区内地震目录编制 239 条。地震超快速报系统实现业务化运行，全年共完成 9 次地震超快速报响应。自动烈度速报系统响应 2 次，对 2019 年 12 月 5 日河北唐山市丰南 M_S4.5 地震及 12 月 23 日天津蓟州 M_S3.3 地震产出自动仪器烈度分布图。

王匡、沙井子、官港、洒金坨等 4 个测震台站实施专业设备维修（更新），大沽测震台因台站所在单位工程建设，于 10 月 10 日起改为地震计临时地面观测。

强震台网实施通信系统升级改造，13 个台站通信路由器更新成 4G 路由器。

简易烈度计设备维修（升级）总计 40 台次，GL-P2B 型简易烈度计实施基于 PCB 板的固件升级。

累计召开各类会商会 139 次，异常核实 12 次，较好把握了天津及周边地区地震趋势。开展热红外遥感空间、电离层、GNSS 空间对地观测应用研究，开展覆盖天津区域地下水质定期检测，丰富震情研判技术方法。圆满完成新中国成立 70 周年、党的十九届四中全会、全国第十届残运会暨第七届特奥会等重大活动地震安保工作。

三、台网建设情况

国家地震烈度速报与预警工程天津子项目有序推进，完成 3 个基准站基建任务，完成专业设备、智能电源、地震预警信息接收终端等设备采购工作。

实施典型无人台的标准化改造，10—11 月对尔王庄、朱唐庄、汉沽台三个无人台，按照《地震台站标准化规范设计图册（修订稿）》中有关规定，从防震加固、综合布线、标识标志等方面完成标准化改造任务。

建设超快速报短信发送平台，对接市突发公共事件预警信息发布平台，初步实现地震速报信息通过突发公共事件预警信息平台由电视媒体向社会公众发布。

完成地震台站智能化信息采集设备的研制，并在简易烈度计台站进行安装部署，实现对台站供电、网络、仪器状态的监控，有效提高运维效率和数据连续率。完成地震观测台站运行智能监控平台的安装部署。

四、监测预报基础研究与应用

2019 年度分析预报基础研究工作取得明显进展，完成国家自然科学基金"起伏地表下高精度地震波多震相联合层析成像及其应用"项目的验收；完成中国地震局地震科技星火计划"应用有限元法研究华北北部地壳今年的多点应力集中现象"项目的验收，在天津分区评为优秀。国家自然科学基金"2014 年云南盈江地震前震序列与成核过程研究"项目、中国地震局地震科技星火计划"2016 年河北开平地震序列发震过程与机理研究"项目、安全天津与城市可持续发展科技重大专项"地震风险预警技术及服务产品研发与应用"项目进展顺利。

完成中国地震局震情跟踪专项 5 项。"基于 PI 方法的华北地震活动热点特征研究""前兆数据自动回溯分析的技术研发""汉 1 井水温固体潮畸变异常提取与判定""基于地热异常区水文地质化学特征的地震观测井研究""永清 4.3 级地震发震机理研究"均完成任务书要求，顺利通过验收。

五、地震速报预警信息服务

2019 年，天津测震台网执行地震速报责任区内速报任务 16 次。

地震超快速报系统完成 9 次地震超快速报响应，推送超快速报信息 6480 条。完成超快速报短信发送平台与天津市突发公共事件预警信息发布平台对接，初步实现地震速报信息通过突发公共事件预警信息平台由电视媒体向社会公众发布。

（天津市地震局）

河北省

一、震情跟踪工作情况

2019 年初，组织制订了《河北省 2019 年度震情跟踪工作方案》，根据属地为主、分级负责的原则，成立河北省地震局震情监视跟踪和应急准备工作小组，全年扎实推进。

严格执行会商制度和异常零报告制度。按时进行周震情跟踪和月会商，2019 年 5 月 17 日召开 2019 年度河北省年中地震趋势会商会，10 月 31 日召开 2020 年度地震趋势会商会。健全完善联合会商机制，预测研究中心、监测网络中心、各中心台每月以视频形式联合召开会商；对 1 月 15 日元氏 2.8 级、3 月 2 日滦州 2.6 级、3 月 9 日迁安 2.5 级、4 月 21 日临漳 3.6 级、4 月 24 日滦州 2.1 级、4 月 24 日任丘 2.2 级、6 月 17 日滦州 2.0 级、9 月 28 日蔚县 3.1 级、10 月 27 日怀安 2.8 级、10 月 28 日涿鹿 2.0 级等地震及时进行震后趋势会商，提出震后趋势判定意见。2019 年，河北省地震局继续执行前兆异常零报告制度，同时把异常零报告制度作为分析预报评比的重要内容，每月进行"河北省日常分析预报情况通报"。

充分利用协作机制，加强北京圈及河北地区震情研判。进一步建立完善了北京圈地区震情跟踪会商机制、晋冀蒙交界协作区联合会商机制、中国地震台网中心和京津地震局的紧急震情联合视频会商机制等。2019 年联合开展会商 19 次，分别为："一带一路"国际合作高峰论坛、世园会、残运会、新中国成立 70 周年、党的十九届四中全会等专题会商 5 次，临漳 3.6 级地震等震后趋势会商 9 次，年中、年度地震趋势会商 2 次，晋冀蒙协作区震情跟踪会商 3 次。2019 年中和 2020 年度地震趋势会商会上，邀请北京市地震局、天津市地震局，中国地震局地质研究所、中国地震局地球物理研究所，北京大学、河北地质大学等单位的专家参与会商，共同研究震情形势。

二、台网运行管理

强化地震监测台网维护，确保监测系统正常运转。2019 年 5 月、11 月组织监测网络中心和各中心台对河北省台站进行了全面巡检，新中国成立 70 周年等地震安保期间多次开展巡检，并对发现问题进行及时梳理，制定解决方案；开展落后台站帮扶计划，成立了帮扶专家组，对宽城地震台、保定中心台、昌黎地震台、何家庄地震台、承德分中心等台站开展集中帮扶工作；组织举办了河北省观测资料质量工作培训，加快各学科和台站骨干技术力量的培养。

继续推进监测业务体制改革。继续推进台站规范化管理工作，修改完善台站规范化管理评分细则，7—8 月完成台站规范化检查工作，9 月组织召开台站规范化管理暨台站观测资料质量研讨会，对 2019 年台站规范化管理检查工作进行总结并对 2018 年度河北省评比结果与国家评比情况等内容进行通报。积极推进台站优化改造项目，涉县地震台通过中期绩效检查。

加强对雄安新区震情监视，在雄安新区开展 19 个流动重力 2 期观测，并完成资料处理分析。

提升崇礼冬奥会地震监测能力，加强崇礼奥运举办地的震情监视跟踪，落实经费 10 万元在张家口地区增上 5 口水位观测井，目前已选定 5 口井进行改造，待张家口市地震局实施方案通过后即可实施；强化张家口地区流动地磁总强度观测，张家口地区两期流动地磁观测及数据资料处理工作已完成，相关结果将在 2020 年度会商会中应用；根据"冬奥会保障晋冀蒙交界地区监测能力提升项目"，继续推进张家口阳原地电阻率升级改造工作，项目已完成 6 口水平井的钻探，并完成电极下井、垂直井钻探等工作。

三、台网建设情况

积极推进河北省区域烈度速报台网系统建设项目建设。70 个基本站台站建设均已完成，180 个一般站已完成 165 个站点选址任务，所有专业设备（包括 80 台强震动仪、197 台烈度仪、72 套专用电源、3 套速报专用软件等）和所有通用设备均已完成采购并全部安装完毕。

推进"一带一路"监测台网项目，已完成境内综合、科学台阵土地租用意向签署；确认设备统招清单，并向中国地震局地球物理研究所发送统招委托函；完成境内 3 个综合台和 63 个科学台阵及境外 2 个固定地磁台站、流动地磁台的勘选工作。

四、组织完成地震安全服务保障工作

圆满组织完成两会、"一带一路"国际合作高峰论坛、高考、新中国成立 70 周年、党的十九届四中全会等重要时段的地震安全保障服务工作。2019 年度重要时段地震安全服务保障期间，按照河北省委省政府和中国地震局要求，组织召开工作协调会，制订印发安全保障期间服务工作方案，确保安全保障服务期间各项工作有条不紊：一是强化值班值守，河北省地震局领导坚持带班，关键岗位 24 小时在岗值班；二是强化监测台网和信息网络系统运维管理，提前组织完成全面巡检排查，台网业务系统建立每日巡检制度，对重要信息系统和网站安全状况 24 小时实时监测，做好网络安全攻击防范工作；三是扎实做好震情监视和趋势研判，保障服务期间，按照要求参加和组织各类会商会，为震情研判提供有力支撑。

（河北省地震局）

山西省

一、震情跟踪工作情况

制订了《2019 年山西省震情监视跟踪工作方案》。完成各类会商 137 次，报送《震情反映》12 期，现场异常核实 8 次，编写异常核实报告 17 份。完成全国"两会"、高考、第二届全国青年运动会、庆祝新中国成立 70 周年和党的十九届四中全会等特殊时段的地震安全服务保障工作。开展晋冀蒙、陕晋豫区域协作联防，分别在运城市和大同市召开陕晋豫、晋冀蒙协作区震情跟踪专题会商会，形成会商意见和工作措施。

二、台网运行管理

2019 年，山西数字测震台网运行台站 57 个，总体运行率 99.14%，向中国地震台网中心速报地震 18 次，分析处理地震事件 3850 条，其中可定位地震事件 2578 条，塌陷 18 条，爆破 24 条，不可定位地震事件 1230 条，编写完成《山西省测震台网运行年报》。山西地球物理台网运行台站 39 个，在运行前兆观测仪器 138 台套，共计 417 个测项，数据汇集率 100%，数据有效率 98.50%，编写完成运行年报和观测数据跟踪分析年报。山西地震信息台网运行节点 21 个，网络综合运行率 99.8%。山西陆态 GNSS 观测网络直属和托管基准站 5 个，数据连续率 99.75%，有效率 96.99%。山西强震动台网运行台站 56 个，总体运行率 100%，向中国地震局强震动台网中心速报地震 1 次，编写完成《山西省强震动台网 2018 年度运行报告》。观测质量保持稳定，共 22 个测项获得全国地震监测预报观测资料质量评估前三名。

三、台网建设情况

加快推进国家地震烈度速报与预警工程（山西子项目）建设，27 个新建基准站建设工程完工 26 个，30 个新建基准站防雷工程完工 18 个，122 个新建基本站和 3 个新建井下基准站完工 38 个，场地勘测完成钻孔 121 个，完成 861 个一般站的合同签订，51 个改造基准站工程全部完成。完成预警中心机房装修工程、新风空调工程、配电系统、防雷接地系统、气体消防工程、机柜封闭冷通道系统、动环监控门禁系统建设。完成山西省 128 个县区的 248 所学校和 10 个厅局单位的预警终端点位基本信息复核和编码工作。

2019 年 4 月 3 日，山西省地震局组织召开冬奥会保障晋冀蒙监测能力提升项目启动会，成立了管理实施机构，编制完成大同台、代县台和临汾台的项目实施方案，完成 3 个台站的土地租用合同签订。开展了大同分项钻孔施工项目，包括 11 口观测井建设、电极下放及钻孔封闭回填、12 个检查装置建设、观测线路敷设连接、水位井供电、通信、视频监控系统建设及线路测试。

成立台站标准化试点改造领导小组和实施机构，对太原基准地震台流体测点和祁县地震观测站进行了改造，主要包括仪器设备防震加固、综合布线改造、标识标牌安装等，达到室内风格统一、设备布设合理、综合布线规范的标准，为台站标准化建设起到示范借鉴作用。

继续推进台站改革工作，印发《忻州综合地震台改革试点实施方案》。代县中心地震台完成五台地震科技中心、定襄地震台的整合工作。昔阳地震台并入太原基准地震台管理。

继续推进一县一台建设，完善市级地震监测中心建设，提升县级地震信息平台覆盖率，实现市县地震观测数据整合与共享。协助市县完成 14 个台站建设任务，共计 19 套仪器接入省级台网。大同、临汾、忻州、阳泉等市的县级地震信息平台实现全覆盖，太原、运城、晋中等市的覆盖率超过 50%。

完成与山西省应急管理厅应急指挥骨干网通信链路架设。加强信息基础设施建设，利用阿里云、大数据技术建设山西地震台网数据共享系统，完善核心业务系统，实现了应急会商产品、周例会会商产品、月会商产品、综合学科会商产品、加密会商产品的自动产出等功能。

四、监测预报基础研究与应用

依托鄂尔多斯东南缘"局所合作"项目，邀请全国地震系统内外青年专家针对 GNSS、InSAR 等空间大地测量技术应用开展培训和交流，并推进相关数据和成果进入日常业务应用。积极开展地磁台阵和钻孔应变台阵资料分析应用。深入开展数字地震学方法研究应用，基于双差层析成像研究大同窗及邻区速度结构，为山西北部地区中长期发震背景研究提供依据。

制定山西省地震局科技成果转化实施细则，对科技人员取得的专利、软件著作权进行登记备案。争取省部级和中国地震局司局级科研项目 18 项，其中山西省重点研发计划项目 1 项、山西省面上自然基金项目 2 项、山西省面上青年基金项目 3 项、中国地震局地震科技星火计划项目 1 项、中国地震局"监测、预报、科研"三结合项目 3 项、震情跟踪工作任务 6 项、地震应急青年重点课题 2 项。下达局属科研项目 36 项，其中一般项目 21 项、青年项目 9 项、重点项目 5 项、攻关项目 1 项。

中国地震局"监测、预报、科研"三结合课题"山西流体观测井水化学特征与监测效能评价指标研究"和"山西定襄水氡 FH-463A 与 BHC-336 定标器对比分析"通过验收，综合评价为"优秀"等级。中国地震局地震科技星火计划项目"区域前兆应急产品产出软件研制"通过中国地震局验收。山西省社会发展科技攻关计划项目"基于 InSAR 技术的山西地震重点监视防御区现今地壳形变场监测与研究"和山西省面上自然基金项目"临汾盆地地震波速度和衰减结构层析成像及孕震构造研究"通过山西省科技厅验收。

组织验收局属科研项目 35 项。评出山西省地震局防震减灾科技成果奖 17 项，包括：科学技术类成果 12 项（一等奖 1 项、二等奖 5 项、三等奖 6 项），基础工作类成果 5 项（二等奖 1 项、三等奖 4 项）。推荐申报 2019 年度山西省科学技术进步奖 2 项。山西省地震局职工以第一作者发表论文 103 篇，其中北京大学中文核心期刊发表论文 13 篇，被 SCI 收录 1 篇，被 EI 收录 3 篇。

（山西省地震局）

内蒙古自治区

一、震情跟踪工作情况

2019 年，制定《关于做好 2019 年度内蒙古自治区地震重点危险区震情跟踪工作的通知》（内震发科〔2019〕11 号），成立了以内蒙古自治区地震局党组书记、局长为组长的震情监视跟踪领导小组，下设震情监视跟踪工作组和震情跟踪检查组。2019 年 10 月 28—30 日，在内蒙古自治区呼和浩特市组织召开了 2020 年度内蒙古自治区地震趋势会商会，按东、中、西片区与各盟市地震局、各台站分片区进行视频会商。

二、台网运行管理

组织编写并印发《内蒙古自治区地震台网（站）运行管理办法》（试行），对台网（站）规划和建设、台网（站）运维管理、运行监控与故障处置、质量管理及数据应用等做进一步规定。组织专家编制《内蒙古自治区监测发展规划》，在新建改建地震台站大力开展标准化设计与建设，对内蒙古自治区 8 个地震台进行了基础设施升级改造，完成巴彦淖尔区域地震监测中心、乌兰浩特地震台建设项目建设并交付使用，建设并完成了内蒙古自治区台站视频会商系统。2019 年 10 月 30 日，根河地震台优化改造项目顺利通过验收。

三、台网建设情况

国家地震烈度速报与预警工程内蒙古子项目建设台站 459 个，其中新建基准站 13 个，改建基准站 48 个，新建基本站 101 个，改建基本站 32 个，一般站 265 个，省级中心 1 个、市级信息服务平台 4 个、服务终端 64 个；总建筑面积 1209.98m²，其中新建 866.00m²，改造 343.98m²；购置设备 3144 台（套）。主要建设内容包括台站观测系统、通信网络系统、数据处理系统、紧急地震信息服务系统、技术支持与保障系统，是国家地震烈度速报与预警工程项目的重要组成部分。项目总投资 5469.00 万元。其中，工程费用 4715.59 万元，工程建设其他费用 659.56 万元，土地使用费 93.85 万元。全部为中央预算内投资。完成 2019 年国家地震烈度速报与预警工程内蒙古子项目年度任务，与中国铁塔股份有限公司内蒙古自治区分公司签订《国家地震烈度速报与预警工程项目内蒙古子项目工程建设及机房整治施工合同》。内蒙古自治区 114 个新建基准站、基本站已完成工程超过 80%，48 个改建基准站即将全部完成。2019 年 4—6 月，项目实施组完成第一期科学台阵、综合台改造和火山台阵勘选、测试。组织完成科学台站剩余站点勘选招标、火山台阵征地服务招标、科学台站点位测试招标。

（内蒙古自治区地震局）

辽宁省

一、震情跟踪工作

适时召开地震趋势会商会。2019 年 2 月、10 月，组织召开郯庐断裂带中段构造区震情监视跟踪专题会商会；5 月，组织召开辽宁省年中会商会，参加山东省地震局组织承办的构造区年中会商会；10 月，组织完成辽宁省 2020 年度地震趋势会商会。年内累计组织各类会商 200 余次。

制订特殊时段震情跟踪方案。圆满完成 2019 年全国"两会"、高考期间、第十届残疾人运动会暨第七届特殊奥林匹克运动会、中华人民共和国成立 70 周年庆祝活动、党的十九届四中全会等特殊时段地震安全保障服务工作。向辽宁省政府上报《关于春节期间辽宁地区震情趋势的报告》《关于辽宁省"两节"期间地震趋势预测意见及强化工作措施的报告》；制定并印发《关于进一步做好春节期间地震监测预报与地震应对工作的通知》《辽宁省地震局"全国两会"地震安全保障服务方案》《辽宁省地震局中华人民共和国成立 70 周年庆祝活动地震安全保障服务方案》，对节日期间地震监测预报工作进行安排。制订上报《辽宁省地震局 2019 年震情监视跟踪和应急准备工作方案》。

应对处理突发地震事件。组织完成吉林宁江 5.1 级地震、辽阳灯塔 2.3 级地震和鞍山海城 2.6 级地震震后趋势判定紧急会商，对辽宁省震情形势进行研判。

二、台网运行管理

2019 年，辽宁省地震速报水平进一步提升，速报平均用时 5 分 23 秒，同比缩短 5 秒。扎实开展地球物理场观测，完成 161 个测段 141 个测点的观测任务；完成 4 个场地跨断层流动水准监测任务；完成 4 期流动地磁野外观测。辽宁省测震台网和地球物理台网运行率分别达 99.57% 和 99.79%，在 2019 年度全国地震监测资料统评中，共计 23 项获得前三名。

三、台网建设情况

辽宁省前兆台网新增观测手段建设项目，辽宁省发改委投资 297 万元，2019 年完成 4 个钻孔应变观测（建昌、朝阳、岫岩、新民）、5 个 GNSS 观测［鞍山、岫岩（强震点）、桓仁、南山城、建昌］、2 口流体井和 6 口形变井建设。完成 10 个地震台站标准化改造。

四、监测预报基础研究与应用

以长、中、短、临渐进式预测预报思路为指导，动态完善辽宁地区地震预测预报指标体系。明确学科和区域预测预报指标所采用资料范围和基本算法；完善各个指标异常的判定标准、异常判据指标、预测规则；开展预测指标效能的定量评价，并按照评价结果对预测指标进行分级，及时应用于震情会商研判。

收集辽宁地区 1970 年以来 4.0 级以上地震序列目录及数字地震学研究成果，分析研究辽宁地区各区域序列活动特征及余震衰减规律。

开展辽宁地区数字地震学资料，包括速度结构结果、精定位结果、震源机制、视应力、应力降等结果的汇总整理工作，研究辽宁地区主要地震活动的物理模型特征，以此判定辽宁不同区域的地震孕育模型。

针对辽东半岛显著震群活动开展重新定位以分析其地震活动密集复杂特征、迁移特征，开展震源参数计算、衰减系数研究和统计模型检验，以分析震群的发震机理和介质性质变化；开展盖州震群、长岛震群和敖汉震群等显著震情的发震机理和介质性质变化的深入分析工作，对显著震群地震活动进行重新定位，研究其地震活动密集复杂特征、迁移特征。

针对辽宁地区显著地震活动，开展现场发震构造调查工作，明确周边矿山开采、水库等干扰源，明确发震构造及特征，为深入的震情跟踪分析提供坚实工作基础。

五、地震预警和"一带一路"重点项目

完成地震预警项目所有新建基准站和基本站的 2019 年度建设任务。完成辽宁"一带一路"子项目初设方案编制、汇总和上报工作；完成 9 个综合台、2 个重力台和 3 个岛礁台场地选址、地勘和 GNSS 现场测试工作；完成 2 个岛礁台场地租地协议签订工作。

（辽宁省地震局）

吉林省

一、震情跟踪工作情况

扎实开展 2019 年震情跟踪工作。吉林省地震局制订《2019 年度吉林省震情跟踪工作方案》，加强前兆异常跟踪和核实，对 2019 年度会商确定异常及时跟踪分析，加强宏观异常信息核实与通报。加强松原地区强震短期指标跟踪工作，较好地把握震情趋势。完成流动地磁观测任务，观测成果已用于全国年中地震趋势会商会中。全力保障中华人民共和国成立 70 周年、全国"两会"等 6 次重大活动。

二、台网运行管理

完成吉林省测震台网和地球物理台网运行管理工作，测震、前兆、信息台网运行达到国家要求。组织吉林省 2018 年度观测资料质量评比工作，并参加全国评比。2018 年在全国观测资料质量评比中保持较好水平，吉林省地震局共有 9 项获得全国评比前三名。开展"国家地震烈度速报与预警工程项目"土建及设备采购工作。

三、台网建设情况

在松原地区布设 6 个流动台，龙家堡矿区布设 10 个流动台，新增 14 个 GNSS 地球物理网观测点。合隆地震台站优化改造项目通过中国地震局验收。

四、监测预报基础研究与应用

在研项目有国家自然基金、吉林省科技厅重点科技研发项目、中国地震局地震科技星火计划、震情跟踪课题等项目。组织申报 2020 年各类项目，已经获批 3 项中国地震局"三结合"课题。科技人员以第一作者发表文章 13 篇，其中 SCI 收录 1 篇，北大核心收录 1 篇。

联合主办"长白山火山地质与灾害研讨会"，举办全国第九次火山学术研讨会、中国大陆动力学专业委员会 2019 年度学术研讨会暨首届东北亚地球动力学与地质资源学术研讨会。与长光卫星公司签订战略合作协议，拓宽"吉林一号"系列卫星产品数据在地震、火山灾害中的应用。

五、地震速报预警信息服务

2019 年吉林省地震局向中国地震局、吉林省委、吉林省政府报送值班信息 85 期。通过网站、"12322 平台"、微信平台等渠道发布地震信息。

（吉林省地震局）

黑龙江省

一、震情跟踪工作情况

2019 年，黑龙江省地震局重点开展流动重力、流动地磁以及流动断层气观测工作。流动重力观测完成黑龙江省地区 6 个绝对重力点、3 个连续重力站及 108 个流动重力测点观测任务，产出"陆态网 2019 年东北地区重力场变化图像"和"常规 2016—2019 年重力场变化图像"。流动地磁观测完成黑龙江省及邻区 40 个测点野外流动观测任务，产出成果包括原始观测记录簿、标准数据集、通化处理后的地磁场总强度 F、水平强度 H、北南强度 X、东西强度 Y、垂直强度 Z、磁偏角 D、磁倾角 I 等值线图。流动断层气观测完成黑龙江省及邻区 21 个跨断层剖面、近 700 个测点 2 期观测任务，产出成果包括：原始记录簿和工作影像资料、测点土性特征和地貌特征、观测数据、数据分析结果，观测成果均应用到黑龙江省年度会商当中。

二、台网运行管理

在 2019 年全国统评中，鹤岗地震监测台重力在全国排名第一，绥化地震监测台地电阻率和密山地震监测台测震获得第二名。黑龙江省地震监测中心在全国率先开展信息系统网络安全等级保护定级工作，通过中国地震局首批认证。黑龙江省地震分析预报与火山研究中心异常核实工作获得全国前三名。

2019 年 4 月，黑龙江省地震局启动地震监测台站改革工作，改革重点是发挥综合地震监测台站在全省广泛分布、专业人员集中优势，实现专业地震监测台站业务新定位和发展新模式，将区域观测台站运维、震情跟踪及异常核实任务下沉至综合地震监测台，提升全省地震监测系统运行维护和异常核实时效性。截至 2019 年 10 月底，综合台已经按照新业务模式开始运行。

三、台网建设情况

测震台网方面，牡丹江火山子台苇芦河台和小北湖台接入当地火山台网。地球物理台网方面，按照国家台网要求对区域台网及 11 个台站节点服务器管理系统升级、6 个台站数据库表空间扩展、20 余次地球物理数据冷备份、信息共享、软件平台维护等。强震动台网方面，开展 8 个子台每半月远程通信检查，完成宾县台、牡丹江台等强震台网所有子台春季与秋季现场巡检及现场标定等工作。测震台网流动观测在 2018 年度全国省级评比中获第三名。"一带一路"地震监测项目完成对接。

四、地震速报预警信息服务

2019 年，共完成地震速报 15 次。地震烈度速报与预警项目完成全部台站场地测试及勘察，涉及租地台站的租地手续基本完成办理（绥芬河待领证）。2019 年 4 月，法人单位下发一般站建设的统招分签方案，黑龙江省地震局与中国铁塔股份有限公司黑龙江省分公司签订《国家地震烈度速报与预警工程黑龙江子项目一般站建设合同》。完成台站场地测试建设项目招标。5 月，台站土建工程正式开工建设。8 月，台站场地测试建设项目顺利通过验收。9 月，对烈度速报与预警中心机房改造工程项目进行公开招标，年内该项目土建工程已完成 90%。

（黑龙江省地震局）

上海市

一、震情跟踪工作情况

2019 年，上海市地震局继续落实震情会商改革方案，加强异常落实和数据跟踪分析，制订年度震情跟踪监视和应急准备方案，扎实做好震情趋势研判。继续抓好运维管理，推动学科观测资料评比和监测预报技能评比。

完善地震速报工作，加强速报演练，继续做好地震速报与国家突发事件预警信息发布系统对接工作，推进地震信息共享开放，提高地震信息服务的时效性与针对性，提升了地震速报服务政府和社会的能力。

深入推进地震台站改革，推进台站标准化、智能化建设。推进崇明地磁台阵建设，完成大新中学地震台、南汇地震台的标准化改造，促进台站业务工作、管理和综合建设水平全面提高。

牵头开展 2019 年全国"两会"、中华人民共和国成立 70 周年庆祝活动、党的十九届四中全会、第二届进博会等重大活动或特殊时段的地震安全保障服务工作。

上海市地震局认真落实年度震情监视跟踪工作方案，按照中国地震局开展 2020 年度全国地震趋势会商会工作的部署要求，做好局年度地震趋势会商的各项准备工作，并于 2019 年 10 月 25 日召开了 2020 年度上海市地震趋势会商会。经过上海市地震局地震预报评审委员会专家认真讨论，最终形成 2020 年度上海市地震趋势会商意见并按规定上报。

二、台网运行管理

2019 年，上海台网运行情况整体良好。测震台网取得全国统评第十二名的较好成绩，地球物理台网全国排名第二十六，成绩较为平稳。通过明确岗位职责、规范故障处理流程，及时解决出现的各类仪器、设备故障，按时完成台站脉冲标定、系统标定及噪声谱的计算、复核和各类仪器标定、维修和巡查，2019 年测震台网运行率达 99% 以上，地球物理台网运行率达 95%。测震台网共处理地震 623 次，其中上海及邻近地区 90 次，发布地震信息 90 条，速报结果无差错。编发统一编目地震事件目录 15 条。地球物理台网全年完成 365 份监控日报、12 份前兆台网月报以及 1 份年报，完成仪器设备的标定和校测、维修及巡查工作

70 余次，做好解决查山台供电故障、长兴岛观测仪器通信终端故障和佘山前兆数据库系统故障等各类运维工作，确保了由电磁、流体、形变等各类无人值守观测台站组成的上海市地球物理台网正常运行。

2019 年，上海市地震局逐步开展监测预报类制度清理和修订工作。通过严密实用的制度体系，督促监测预报工作向"体系完整、制度健全、权责明确、运行高效、规范透明、约束有力"的方向前进，确保观测系统稳定运行的同时，进一步夯实监测预报基础，促进观测资料质量的提升。

三、台网建设情况

测震台网完成部分无人值守台站标准化改造、无人值守台站动力环境系统升级和台站数据传输系统升级等工作，完成上海测震台网地震速报产品自动化产出系统一期建设，升级并完善上海市地震监测业务管理平台。

2019 年，上海市地震局依托国家烈度速报与预警工程上海分项目，加强预警能力建设，稳步提升地震监测和地震预警能力。2019 年项目管理和实施组根据法人单位要求，及时修改完善局预警项目的实施方案，并顺利获得批复。全年预算执行、项目审计、一般站建设、设备招投标等各项建设任务均按照年度工作计划要求持续推动。

2019 年，上海市地震局加强"一带一路"项目建设和管理，根据中国地震局要求，组建"一带一路"地震监测台网项目组织管理及实施团队并上报，配合开展台站勘选。完成"一带一路"项目上海综合台改造站点概况和详细信息的报送工作。2019 年顺利完成项目监理对接、土建施工前期调研等年度建设任务。

为保护地震观测环境，2019 年度汇总核实了因自然灾害造成的上海市地震监测台站基础设施损毁情况并及时上报，多方争取资金及时修复。

四、监测预报基础研究与应用

2019 年，上海市地震局积极鼓励和支持科研人员从事监测预报基础研究与应用。"佘山地震基准台形变典型干扰特征量化研究"中国地震局"三结合"项目进展顺利，主要完成了汇集佘山地震基准台降雨、气压、海洋风暴等典型扰动事件并进行分析解算，得到量化分析结果以及其扰动特征分析结果，为日常会商及异常核实提供了科学、快捷的干扰背景资料。"基于地震及重力仪研究台风在微地震频段的扰动特征"项目使得局预测中心业务人员对地震仪、重力仪、四分量应变仪等多种观测设备的数据处理分析能力得到较大提升，并深入探究台风在地球自由振荡到微地震频段的扰动特性，切实增强了日常工作中对类似扰动进行科学判定的能力。此外，"中国地震震源深度的核实复测（2009—2018 年）""基于 SVM 算法区域非天然地震事件类型识别软件的开发""强震前连续重力非潮汐变化异常深入研究""构建深层神经网络系统进行天津地区微震检测和定位"等中国地震局地震科技星火计划项目推动了地震监测预报应用创新能力建设。

五、地震速报预警信息服务

2019 年，上海市地震局依托国家烈度速报与预警工程上海分项目，加强预警能力建设，稳步提升地震监测、预警的能力和服务水平。

根据预警项目法人单位的要求，2019 年初上海市地震局组织相关人员编制国家地震烈度速报与预警工程上海分项目实施方案，并参加预警项目第二批建设单位实施方案集中评审会议，会后积极修改完善上海预警项目实施方案，稳妥推进预警分项目的实施。

为顺利完成国家地震烈度速报与预警工程上海分项目的建设内容，充分考虑上海地区实际情况，2019年6月和10月分别召开两次地震烈度速报与预警工程项目领导小组会议，形成会议纪要两份。两次领导小组会议对初设批复中的基本站建设方案、预警中心土建实施方案、基准站改造土建施工工艺进行调整变更，变更事项根据规定流程发函报备。

根据项目2019年度进度安排，上海市地震局先后完成2020年预警项目中央预算内投资计划建议和政府采购预算上报、项目台站命名与代码编制、项目档案管理工作培训、项目信息管理系统平台使用培训、审计工作报表等各项工作任务。

截至2019年12月，国家地震烈度速报与预警工程项目上海分项目已完成14个基准站的场地测试，并完成其中7个基准站的改造工程，9个基本站新建工程已开工6个，8个一般站也开工在即，预警中心配电改造项目已经完工并通过合同验收，预警终端建设合同已经签订，基本完成项目年度计划目标。

信息服务方面，2019年上海市地震局认真做好监测台网运维工作，上海测震台网年度整体运行率得到显著提升，达到了99.59%；新增一台JOPENS 5.2服务器和信息产出服务器，全年共处理地震事件656条，完成局内短信速报16次、监测中心短信速报101次，编发统一编目事件目录及正式上报共计15条，地震监测系统震情和灾情速报的时效性及地震应急响应能力均得到较大提升。

（上海市地震局）

江苏省

一、震情跟踪工作情况

2019年初，制定震情跟踪具体措施，紧紧围绕年度地震危险区和注意地区开展地震短临跟踪工作和日常地震分析预报工作。制订地震短临跟踪方案，及时发现和分析异常，狠抓异常核实工作，完成异常核实报告10篇。加强震情会商研判，力争对省内发生的破坏性地震（陆地5级左右，近海海域6级以上）作出一定程度或有减灾实效的短临预报；突发震情处置得当，震后地震趋势判定准确。按时召开周、月会商会，加强特殊时段的安保工作，做好重大节日和节假日的震情值班工作及震情保障工作，震情信息上报及时。做好庆祝中华人民共和国成立70周年、"一带一路"国际合作高峰论坛等重大活动期间震情研判和安保工作。

二、台网运行情况

中国地震台网中心测震台网业务运行评价系统统计的结果显示：2019年度江苏省测震台网40个参评台站的实时运行率为97.48%。江苏省测震台网统计结果显示：2019年度江苏省测震台网的归档数据完整率为98.74%。

2019年，江苏省地球物理台网在运行的台站共计32个，其中国家级台站8个，省级台站7个，市县级台站17个；形变台站13个，流体台站15个，地电台站5个，地磁台站

13个。

三、台网建设情况

江苏省测震台网由1个省级测震台网中心和75个数字测震台站组成（参加全国资料评比的台站数为40个），其中国家级台站3个，省级台站57个，市县级地震台15个；按观测方式分，井下台站31个，地面台站44个。江苏省所属测震台站分布的平均密度约为7.3台/万 m^2，平均台间距约为28km。苏南、苏北地区台站稍密，苏中沿海地区因松散沉积覆盖层较厚，以井下台站为主，台站相对稀疏。为提高对网缘地震的监控能力，从中国地震台网中心接收河南、山东、安徽、浙江、上海5个省（市）32个台站的实时波形数据。

2019年，江苏省地震局完成提升工程项目，对江苏省地球物理台网进行加密，新增盐城台1套水位仪、2套水温仪、1套气象三要素观测仪和灌云台1套水位仪、2套水温仪、1套气象三要素观测仪，填补江苏省内东北部区域的监测空区；完成华东片区地震台网观测设备更新升级项目，新增徐州台体应变、水管倾斜仪和铟瓦棒伸缩仪；完成地震重点监视防御区地震监测技术系统升级项目，对常熟台水管倾斜仪和铟瓦棒伸缩仪进行更新。另一方面，将市县台站中运行质量高的观测仪器纳入国家台网管理，优化提升江苏省地球物理台网布局，包括：高淳台分量式钻孔应变仪，六合台体积式应变仪和气象三要素观测仪。通过整体部署，精准实施，进一步加强全省的地球物理场监测能力。

四、监测预报基础应用与研究

基于数字地震记录和地球物理场观测资料，从震源机制、GPS资料、流动水准、重力场以及前兆整体趋势变化等方面加强区域应力场背景研究；基于区域动力学背景，根据地震期幕划分规律和区域地震活动特征，强化太阳黑子、地球自转加速度以及全球和全国强震等外部因素对江苏地区地震活动影响分析；重点分析典型地震活动图像（条带、空区、震群、平静和增强等）及其预测意义；以江苏省地震局局长科研基金项目为依托，加强江苏及邻区中等地震震例总结及综合预报实用化指标研究，同时着力提升地球物理场观测资料异常性质判定的可靠性和科学性；组织实施局长基金"江苏及邻区中等地震震例总结及综合预报实用化指标研究"；推进地震分析会商技术系统云平台建设，提升分析预报信息化和智能化水平。

（江苏省地震局）

浙江省

一、震情跟踪工作情况

2019年，浙江省省域共发生 $M \geqslant 2.0$ 地震3次，其中 $M \geqslant 3.0$ 地震1次，最大为2019年5月28日浙江海曙区 $M3.0$ 地震。2019年度地震活动特点是浙江北部地区是全省地震活动的主体地区。加强震情跟踪和值班值守，圆满完成全国"两会"、中华人民共和国成立70周年、党的十九届四中全会等重要时段地震安全保障服务。编制2019年度地震监测预报白皮书，组织召开全省年中和年度地震趋势会商会，形成并上报会商报告119份，核实异常

134 次，产出零异常报告 108 份。杭州市组建完成"三网一员"防灾减灾群测群防队伍，多次处置房屋震动等异常情况的加密监测与异常落实，维护社会稳定。宁波市利用"宁波市地面沉降观测网络"，建成两座地下流体观测台站。温州市组建四级灾情信息报送队伍。台州市建立了海域地震信息通报制度和 4000kg TNT 炸药当量以上爆破作业报告制度等等。

二、台网运行管理

省、市、县三级和社会力量协同运维体系初步建立，2019 年共出动 221 人次参加台站运维，有力地保障了浙江省测震台网、前兆台网、强震动台网的正常运行，速报完成率达 100%，各类技术系统总体运行率达 95% 以上。做好台网运行，完成并上报监控日报 608 份、工作日志 1824 份，撰写并上报台网运行与数据跟踪分析月报 40 份，完成撰写年台网运行与数据跟踪分析年报 4 份、台站年报 17 份。

三、台网建设情况

完成地震烈度速报与地震预警项目全部台站的征租地任务，完成 20 个基准站土建工程。"一带一路"项目建设进展顺利，完成新建台阵和台站的场地地质勘选及场址确认等工作。兰溪地磁台 B 区已竣工验收，A 区建设方案已通过专家论证。龙游、诸暨等 12 个台站"三化"改造项目已完成，浙江省已改造完成 55 个台站。宁波市地震台站综合效能提升工程顺利推进。丽水市完成简易烈度台网建设项目。

四、监测预报基础研究与应用

大力推进地震科技创新，对接透明地壳、解剖地震、韧性城乡和智慧服务计划，持续开展科学研究。2019 年，浙江省地震局科技人员公开发表论文 23 篇，其中第一作者的有 17 篇，核心期刊收录 3 篇。按要求完成 2020 年度中国地震局地震科技星火计划项目申报工作，积极组织申报各类科技项目。积极与浙江工业大学等单位对接，开展量子绝对重力观测工作合作。

（浙江省地震局）

安徽省

一、震情跟踪工作情况

2019 年，安徽省地震局制订《安徽省 2020 年度震情跟踪工作方案》，与安徽省 16 个市级地震部门签订震情监视跟踪联动责任书。实施郯庐断裂带中南段及大别山构造块体联防工作机制，印发《块体震情跟踪联防工作方案》，成立领导小组和专家工作组，牵头与邻近 6 省推进郯庐断裂带中南段及大别山构造块体联防工作，实行跨部门、多学科震情联合会商，组织开展区域联动会商。继续加大会商开放力度，2019 年年中、年度会商会邀请安徽省应急厅、中国科学技术大学等单位的专家共同参与，提高震情跟踪分析能力。与中国科学技术大学地空学院开展深度战略合作，推进震情跟踪新技术研究。

在庆祝中华人民共和国成立 70 周年、全国及省"两会"等重要时段，制订专项安保方案，强化三级联动震情监视跟踪。圆满完成世界制造业大会和安徽省中、高考时段地震安全保障服务工作。

进一步理顺业务体系，将安徽省地震工程研究院承担的流动形变、地磁、重力等地球物理场观测职责调整至安徽省地震预报研究中心承担。

2019年，安徽省地震局共开展异常核实55次，组织日常和加密会商111次，完成416个流动地磁、流动重力及流动跨断层水准测量，较好把握了震情发展趋势。2019年累计向安徽省委、省政府报送地震及处置信息8次，通过防震减灾信息网发布震情信息35条，通过官方微信微博发布地震初报和终报信息521条。成功应对了2019年内霍山2.4级、青阳2.3级、来安2.0级、南陵2.8级和江苏溧水2.8级等多次地震事件。

二、台网运行管理

2019年，安徽省地震局购置76台套观测仪器，用于更新升级市县台站设备，增上亳州涡阳台井下地震计，淮北皖35井水位、水温仪，芜湖皖28、29井水温仪，枞阳深井水位仪，合肥长丰水位水温综合仪，更换庐江地震台测氡仪等设备。

加强对安徽省监测设备和信息网络巡检维护。部署网络监控软件，实时掌握各类信息节点网络运行情况，做好市县台站信息节点信道维护。2019年累计开展仪器维修和信息网络维护共计100余次，监测台网运行率达97%以上，信息网络运行率达99%以上，确保监测和网络系统正常运转。

开展地震自动超快定位结果自动发布试运行。加强对台网观测质量监控，每半月通报安徽省台站运行情况，组织全省地震观测资料质量评比，全面梳理市县台站设备运行情况。

做好台站观测环境保护工作。与皖北城际铁路、六安景铁路、北沿江高铁、合新六铁路等工程设计单位对接，指导蚌埠地震台站附近公园规划方案，避免出现影响地震台站观测环境保护问题。协调解决巢湖皖14井观测用房改造事宜。妥善解决蒙城地震台观测环境保护问题，高铁线路进行改线避让。

三、台网建设情况

积极推进安徽省地震台站改革。制定出台《安徽省地震台站改革方案（试行）》《黄山综合地震台改革试点实施方案》，对12个有人值守台、20个无人值守台进行"4+2模式"优化重组，从以省地震局为主的集中管理模式逐步向以综合地震台站为骨干的分布式管理模式转变。根据中国地震局要求，通过地震台站信息管理系统完成安徽省120个固定台站信息录入，进一步规范全省地震台站信息管理工作。

作为中国地震局无人值守台标准化试点单位，安徽省地震局筹集专项经费42万元，扩大省属专业台站和无人值守台站的改造范围。在完成中国地震局计划内舒城、白山、淮南3个无人值守台站标准化改造的同时，自筹经费完成庐江、金寨2个专业台站和繁昌、舒城、白山、沈巷等7个无人值守台站标准化改造。滁州市地震局利用滁州市财政资金推进滁州地震台标准化改造工作。安徽省地震局建成庐江地震台全国地下流体汞比测基地并通过中国地震局专家组验收。

稳步推进安徽省"十三五"防震减灾重点项目建设，对"大别山监测预报试验场及郯庐断裂带探测""安徽省GNSS地震前兆观测网"建设任务进行全面规划，有计划有步骤推进项目实施任务，圆满完成年度项目建设任务。

"一带一路"地震监测台网建设项目完成台站勘选、征租地手续和项目初步设计。

四、监测预报基础研究与应用

地球物理场综合测量。2019 年，流动地球物理场观测涉及流动重力、流动地磁、跨断层水准及 GNSS 等相关工作。其中，流动重力全年完成安徽省及周边地区两期约 300 个测点、320 个测段的观测任务；流动地磁全年完成安徽及周边地区观测测点 58 个；跨断层水准完成郯庐断裂带及大别山地震预报试验场 6 期共 48 场次观测任务；完成 5 个 GNSS 测点的巡检工作。

化学流动观测。构造地球化学观测工作已在郯庐断裂带、皖中西部地区、金寨震群和阜阳地震震区积累多期测量资料。2019 年，在霍山地区重要断裂开展深部氢气定点连续观测，捕捉霍山地区小震活动前深部氢气浓度变化，研究深部氢气对断层活动响应特征，跟踪霍山地区地震活动形势，总结深部氢气浓度变化与地震活动关系，研究适合霍山地区地下流体前兆新技术方法。

信息化系统建设及服务。完成华北片区地震应急宣传平台软件研发，构建华北地震应急新闻宣传技术平台。加强对市县地震部门技术指导工作，完成蚌埠市、淮北市、淮南市地震应急指挥技术系统开发，完成凤阳县震害预测项目软件系统开发，与六安市、阜阳市签订地震应急指挥技术系统开发协议。

五、地震速报预警信息服务

根据中国地震局统一部署，国家地震烈度速报与预警工程安徽子项目实施方案通过评审，预警项目 62 个台站按照实施方案完成 2019 年度建设任务，预警中心机房主体改造和综合信息运维管理平台项目建设任务已经完工。

（安徽省地震局）

福建省

一、震情跟踪工作情况

2019 年，根据中国地震局有关要求，结合福建省 2019 年度地震趋势会商会结论，制订《2019 年度福建省震情监视跟踪和应急准备工作方案》，牵头制定《2019 年度东南沿海构造协作区震情监视跟踪工作方案》，切实加强福建省重点地区和东南沿海构造协作区的震情跟踪工作，完成全国"两会"、国家高考、汛期、中华人民共和国成立 70 周年、党的十九届四中全会及省"两会""5·18""6·18""9·8"等重要时段的震情保障工作。

强化地震监测管理。加强对测震台网、强震台网、地球物理台网、GNSS 台网、烈度计网及地震信息网络、地震速报与预警系统等信息系统的运维管理，强化数据质量监控。2019 年共处理事件 4593 个，震相 53520 条，其中编报事件 3354 个，编报震相 32828 条。报警事件 315 个，其中速报地震 77 个。

加强异常核实和震情研判。2019 年组织完成周会商 55 次、月会商 12 次，召开 5 次针对台湾地区显著地震活动应急会商，召开加密会商共 54 次，召开 7 次临时会商，处置民间地震预报意见，及时上报各类会商意见（55 份）和异常零报告（55 份），全年共完成异常核实 7 次；组织召开华南片会商会，参加广西北流 5.2 级地震震情趋势研讨会，代表东南沿海地震带构造协作区参加滚动会商 12 次。完成中国地震局监测预报司下达的 2 项年度震情定向跟踪工作任务。

二、台网运行管理情况

2019 年，福建省地球物理台网在运行 37 个观测台站 140 套地球物理观测仪器，其中"十五"数字化观测仪器 67 套、"九五"数字化观测仪器 66 套、模拟观测仪器 2 套、人工观测仪器 5 套，共计 354 个测项分量。福建省地球物理台网 2019 年度仪器总体运行状况良好，平均运行率达到 98.31%，地球物理台网获全国地震监测预报工作质量统评产出与应用第 1 名。测震台网 2019 年平均实时运行率为 99.37%，获得测震数据 2421GB，对 1999—2016 年的历史数据重新备份，数据量 14.8TB。保持区域中心上连中国地震局台网中心核心网运行率 99.993%，区域中心局域网运行率 99.994%。按时提交测震台网年报、月报，强震动台网年报，水库地震台网年报，新增仙游金钟水库地震台网的运行和管理工作。福建省测震台网获得中国地震局 2018 年全国省级测震台网系统运维评比三等奖。

三、地震速报预警信息服务情况

继续加强地震预警信息接收终端建设的督促检查和指导，进一步扩大地震预警信息发布专用终端覆盖率，福建省已建成地震预警信息发布终端 10132 处，完成 2018—2019 两年年度计划任务总数的 78.7%。全省累计移动客户端下载用户 79944 个。$M \geq 3.0$ 以上地震 157 次，发布预警信息 70 次，无误报。4 月 18 日台湾地区花莲发生 $M6.7$ 地震，为沿海居民争取 40 秒以上的预警时间。

为中国地震台网中心 B3 大厅、四川省地震局监测中心部署基础的地震预警信息发布消息中间件和地震预警专用接收终端，打通信息发布链路流程，为后续扩展奠定实践基础。协助新疆维吾尔自治区昌吉回族自治区地震局部署 14 套地震预警终端，通过在新疆维吾尔自治区地震局部署地震预警信息发布软件，初步形成地震预警服务能力。

（福建省地震局）

江西省

一、震情跟踪工作情况

全面加强震情跟踪研判和异常核实。制订印发《2019 年江西省震情监视跟踪工作方案》，将震情监视跟踪工作纳入全省高质量发展考评防震减灾工作指数考核，明确市县地震工作机构工作目标及要求。各设区市相继制定了本辖区方案并予以落实。以年度趋势会商为重点，召开月会商会 12 次、周例会 52 次、专题会商 9 次、加密会商 65 次、震后应急会商 3 次，报送震情监视报告 138 期，宏微观异常零报告 116 期，开展异常核实 3 次。深化会商机制改革，2019 年 5 月 18 日、10 月 30 日分别召开江西省年中、年度地震趋势会商会。会议联合邀请厦门地震勘测研究中心、东华理工大学等多方力量开放会商，丰富拓宽会商视野和方法，各有关单位、设区市防震减灾局、地震台站代表参会，形成了《江西省 2019 年年中地震趋势预测意见》《江西省 2019 年度地震趋势预测意见》。组织参加郯庐带南段会商、东南沿海构造协作区会商，深入分析研究江西省观测异常，提升会商科学水平，加强了对全省震情形势的动态把握。加强对九江拆楼振动事件、南昌方大特钢爆燃事故等非天然地震事件监测，及时回应社会关切。

做好重大活动、特殊时段的地震安全保障服务。制订印发《江西省地震局 2019 年重大活动、重要节日期间地震安全保障服务工作方案》，重点对值班值守、业务运行、震情会商、信息服务等方面进行明晰规范。顺利完成全国"两会"、习近平总书记视察江西、庆祝中华人民共和国成立 70 周年、世界 VR 大会、党的十九届四中全会等重大活动、重要时段地震安保工作。

二、台网运行管理

2019 年，江西省地震局加强台网运维保障、提升台网监测效能，较好完成测震、前兆、强震台网运行维护管理，测震、前兆台网连续、可靠运行。江西省台网中心系统运行正常，平均运行率 99.9%，江西省测震台站平均运行率 98.45%。地球物理场台网数据汇集率 100%，数据有效率 97.48%。2019 年，江西省境内共记录到地震 125 次，其中 1.0 ~ 1.9 级地震 22 次，2.0 ~ 2.9 级地震 4 次、未发生 3.0 级以上地震，最大地震为 11 月 9 日、11 月 10 日丰城 2.7 级地震。全年速报地震 80 次，其中省内及周边有影响地震 22 次，爆破事件 15 次，国内 5 级以上地震 34 次，国外 7 级以上地震 9 次。

三、台网建设情况

推进"一带一路"地震监测台网项目的初步设计和项目建设。成立江西分项目领导小组和实施小组，针对实际需要，对台站选址进行认真研究予以上报明确。组织实施小组现场勘测，开展初设对接。及时申报项目经费安排，按时完成项目初设任务进度要求及招标采购委托。加强与地方机构联系，组织深化安源地震台设计及实施对接，下达安源地震台地震监测房建设任务，加快推进石城台赔偿落实。

推进南昌中心地震台电磁迁建项目。与南昌市政府、南昌轨道交通公司就南昌台测项迁建费用赔付方案达成一致，南昌人民政府下达政府抄告单（洪府厅抄字〔2019〕478 号），确定迁建赔偿费用。南昌中心地震台迁建相关测项向中国地震局申报自身建设项目。强化防震减灾标准化建设，推进台站标准化改造，完成九江台、赣州台、上饶台优化改造任务。开展了超快速报应用系统预装，速报演练 6 次，提高台网运行和产出效能。

指导推进地震台站标准化建设工作。成立台站优改项目领导小组和实施小组，服务台站标准化项目建设和管理。2019 年 3 月，赣州地震台优改项目通过验收。实施开展 2019 年九江台优改项目，项目工程通过中国地震台网中心中期检查。推进赣南等原中央苏区地震应急指挥中心建设，完成主体工程桩基础施工。开展会昌地震台流体观测室改造工程，完成观测室设计方案和造价以及流体井房（基准站房）改造工程采购。

四、监测预报基础研究与应用

推进科技体制改革，开展科技创新研究。2019 年 4 月印发《江西省地震局科技体制改革实施方案》，提出 10 项举措和 3 项保障，激发江西省地震局在国家"5+6+1+N"的地震科技创新布局中提升创新活力，提高科技创新对事业发展的贡献率。对标国家地震科技创新工程，做好科技创新团队科研项目管理。加强对中国地震局地震科技星火计划项目、中国地震局"三结合"课题及青年基金课题的申报、验收以及成果入库等全过程管理工作。4个项目获得 2020 年度地震科技星火计划立项支持。其中，"安源矿区地壳速度结构和地震震源特征精细研究"项目获批攻关项目，"利用模板匹配和尾波干涉技术分析寻乌及邻区的波速特征"等 3 个项目获批青年项目。

江西省防震减灾与工程地质灾害探测工程研究中心被认定为省级工程研究中心。2019 年 11 月 8 日，江西省发改委下发《关于 2019 年度江西省工程研究中心认定的批复》，江西省地震局与东华理工大学联合申报的江西省防震减灾与工程地质灾害探测工程研究中心被认定为省级工程研究中心。

江西九江地球动力学野外科学观测研究站被认定为中国地震局局属野外科学观测研究站。2019 年 10 月 25 日，中国地震局科技与国际合作司印发《关于批准新疆帕米尔陆内俯冲等 10 个中国地震局野外科学观测研究站的通知》（中震科合函〔2019〕13 号），依托江西省地震局、东华理工大学联合建设的江西九江扬子块体东部地球动力学野外科学观测研究站被认定为中国地震局在全国的 10 个局属野外科学观测研究站之一。

完成"寻会安区域震情会商与应急响应示范系统"研发。实现江西实时地震速报、江西每日地震快报、月周时段地震快报、任意时段地震统计、地球物理台网快报、信息节点实时监控、门户网站浏览检查、江西地震月周会商、江西地震应急会商、江西地震专题信息、江西强震应急触发、江西强震专题地图、大屏震情信息、科研快讯成果交流等专栏的自动推送或一键式触发推送。完成该系统平台与江西省应急厅值班系统的对接，能够为地震应急响应及辅助决策提供较为全面的震情信息服务。

五、地震速报预警信息服务

推进国家地震烈度速报与预警工程江西子项目建设。加强项目管理，调整国家地震烈度速报与预警工程江西子项目实施机构，出台《国家地震烈度速报与预警工程江西子项目管理实施细则》，及时修订预警工程项目相关制度汇编，服务工程建设推进。国家地震烈度速报与预警工程江西子项目实施方案编制获得法人单位批复，完成了与中国铁塔江西分公司一般站建设合同签订，完成 25 个基准站、51 个新建基本站土建任务并进行验收，启动省级预警中心改造建设。

（江西省地震局）

山东省

一、震情跟踪工作情况

2019 年，积极推进地震监测预报业务体制改革，编制印发《山东省地震局监测预报业务体制改革实施方案》，重构监测预报业务中心布局。编制实施 2019 年度山东省震情跟踪工作方案，召开郯庐地震带中段构造协作区震情趋势会商会，科学把握协作区震情趋势，强化协作区震情跟踪。组织做好异常核实、宏微观异常零报告填报和特殊时段震情会商研判等工作。组织完善地震分析会商技术系统和预测指标体系，下达专项工作任务，推进震后地震会商自动化技术系统的研发应用，提高震情会商时效，全年持续组织开展周例会、月会商、半年、年度会商会，及时处置地震预测意见。通过预报、台网、监测的会商联动，建立监测预报业务立行立改机制，每周（月）会商会后，梳理督办事项，定期通报办理结果，各项工作落到实处。圆满完成"两会"、海军建军 70 周年、"一带一路"国际合作高峰论坛、中华人民共和国成立 70 周年、党的十九届四中全会等特殊时期的地震安保工作。派员参与制定 2019 年全国震情监视跟踪工作技术方案和 2019 年地震大形势研究工作方案编制工作；妥善处置多次显著性地震事件，科学研判震情，回应政府和社会关切。

二、台网运行管理

梳理监测预报台网三张业务清单，形成山东省监测设备运行清单、数据汇集清单、资料分析清单，进一步明晰各业务中心责任，增强监测预报业务链条的紧密性。组织开展全省地震监测台网观测效能评估工作，制定各类观测项目的观测效能评估标准，探索建立监测台网测项"优进劣退"的动态调整机制，完善台站故障联动响应制度，印发《山东省地震监测台网观测效能评估办法》。发挥学科管理组作用，组织召开各学科总结会议，总结经验查找问题，集中开展全省和全国资料检评及准备工作，制定观测资料质量提升工作计划，提高地震观测资料质量，29 个测项在全国观测资料质量评比中获得前三名。

三、台网建设情况

积极推进台站标准化建设，组织相关单位圆满完成了栖霞 07 井、广饶 03 井、菏泽 27 井等 3 个台站标准化改造，通过中国地震局组织的集中验收。泰安基础地震台优化改造项目进展顺利。积极推进重点项目建设，顺利完成预警工程山东子项目、"一带一路"地震台网建设项目年度任务，将华北科学台阵山东境内全部站点观测数据接入测震台网。组织召开山东省地震台长工作会议，首次开展省属地震台站综合考核，对全省地震台站情况进行全面调研和梳理，形成本省台站改革情况分析报告。山东省政府在全国首次印发煤矿冲击地压防治办法，赋予地震部门煤矿冲击地压防治职责。会同山东省发改委、应急厅、能源局、煤监局联合印发防范煤矿矿震次生灾害确保安全生产的意见，积极促进煤矿区域矿震专用地震监测台网建设。与山东省煤监局、能源局及兖矿集团等建立了信息共享机制，加强煤矿开采区地震监测能力建设，不断提升塌陷、爆破等地面强震动事件识别能力，有效服务煤矿安全生产。

四、监测预报基础和应用研究工作

制定科技成果转化实施办法，修订科技创新团队管理办法。组建"地震灾害风险评估技术及应用"和"信息化建设与智能服务"2 支科技创新团队。强化科研成果转化和应用，评选局防震减灾优秀成果 4 项，下达科技成果推广转化项目 2 项。先后获得 1 项国家自然科学基金项目、2 项中国地震局地震科技星火计划项目和 13 项中国地震局"三结合"项目立项，合作开展国家重点研发政府间合作课题 1 项、省重大科技创新工程项目课题 1 项。同中国地震局地震预测研究所签署科技交流与合作框架协议，会同山东省科学院激光所联合申报省重点研发专项和野外科学观测研究站并获中国地震局批准，会同甘肃省地震局、中国地震局地球物理研究所等联合开展技术合作。推进地震科技交流与合作，开展了赴老挝援建工作。郯城马陵山地震仪器比测基地完成 75 台套仪器比测任务。

五、地震速报预警信息服务

国家地震烈度速报与预警工程山东子项目进展顺利，完成全部 79 个新建基准站、基本站的勘选和土地租用工作，完成 1230 个一般站的点位确定工作。组织开展"十四五"期间山东省地震监测、预测预警、信息系统建设等领域的发展战略研究工作。筹划进一步加强山东省近海海域地震监控能力，推动山东空、天、地、海一体化全域覆盖的自然灾害监测系统构建，向省发改委提交《山东省地震局海岛地震台建设项目立项建议书》。加快推进地震信息化建设。编制印发《山东省地震局信息化建设实施方案》，主动适应应急管理部和中国地震局有关地震信息网络架构。

（山东省地震局）

河南省

一、震情跟踪工作情况

2019 年，河南省地震局扎实做好震情监视跟踪工作。全年提交日常宏微观零异常报告表及异常图件 PPT 文件 117 份，各类会商意见 140 份，会议纪要 6 份，会商报告 2 份。开展震情会商 138 次，其中周震情监视例会商 40 次、月震情会商 12 次、震后趋势紧急会商 8 次、加密会商 68 次、专题会商 5 次，联合湖北省地震局、安徽省地震局召开大别山块体联合会商 3 次、河南省年度和半年会商各 1 次。开展异常核实 4 次，向中国地震局提交异常核实报告 4 篇。在全国"两会"、高考、中秋节、中华人民共和国成立 70 周年、党的十九届四中全会、全国少数民族传统体育运动会和习近平总书记到豫调研期间，开展专题会商和震情滚动会商，为重大活动和重要时段提供地震安全保障，得到省委省政府的肯定。

二、台网运行管理

（一）切实做好台网运维管理

河南省区域测震台网由 1 个测震台网中心、80 个数字地震台站、20 个数字强震动台站组成。区域地球物理台网由 1 个区域地球物理台网中心、51 个数字地球物理台站组成。流动地球物理场观测包括豫北跨断层水准测量和豫北重力复测网两项工作。2019 年，河南省区域测震台网全年运行状况良好，测震台网全年参评台站平均实时运行率为 99.51%，数据完整率 99.51%。河南区域地球物理台网在运行观测仪器平均运行率 99.92%。其中形变学科仪器平均运行率 99.99%，电磁学科仪器平均运行率 99.97%，流体学科仪器平均运行率 99.82%，辅助仪器运行率平均值 99.90%。

深化地震业务体制改革。探索制定监测台站分级管理办法，建立分级评估量化指标体系，动态评估各台站的监测预报能力；针对不同台站类型、仪器类型等分别明确故障修复时间，提高仪器运维效率。通过安装自行研发的软件系统，实现远程监控、远程控制、远程运维，实现仪器运维智能化。印发《河南省地震局关于印发市县地震宏微观异常上报和现场核实工作指导方案的通知》，规范异常核实上报工作。

（二）抓好台站观测环境保护

省局层面，依法落实《地震监测管理条例》有关规定，面向河南省公安、建设、国土、水利、测绘等部门发布河南省地震台站点位、测项及地震观测环境保护范围，做好建设项目前期把关。经省住房和城乡建设厅审批的建设项目，均来函征求意见，河南省地震局根据《地震观测环境保护标准》给予回复。做好受干扰台站的迁建工作，目前，卢氏地震台迁建、荥阳地震台仪器赔偿达成协议，周口地震台、洛阳地震台迁建赔偿相关工作有序推进。

市级层面，市县地震工作管理部门在安阳宗村跨断层、西代村跨断层的环境保护工作中积极发挥作用，向政府领导汇报并与相关部门协调，取得了较好成效。

三、台网建设情况

河南省累计新建地震台站 61 个，除省级台网中心外，建成市级台网中心 14 个，全省范围内地震监测能力达到 1.5 级，局部监控能力达到 1.0 级。省、市、县三级联动，大力推进国家地震烈度速报与预警工程实施，501 个预警台站建设有序进行。加强专业地震台网管理，2019 年 5 月与小浪底水库签订协议，将小浪底库区 8 个地震台纳入河南省地震台网统一运维。

四、技术系统和观测环境升级改造。

建设一流的地震分析会商技术系统。依托全国震情会商技术系统，优化地震预测预报业务流程，研发河南震情跟踪报告、周月震情报告等自动产出模块，在省内多次地震应急中发挥作用。利用政府云平台资源，实施"迁云计划"，迁移 4 套 JOPENS4.4 系统、1 套 JOPENS5.2 系统，实现了测震技术系统在云端的布设。

2019 年台站救灾工作。2019 年河南省地震台站灾损恢复专项投入资金 52.76 万元，涉及全省 5 个台站，包括郑州地震台、洛阳地震台、信阳地震台、鹤壁地震台和平顶山地震台。各台站严格按照方案设计，如期完成项目实施，保证了台站的正常运行。

台站标准化改造和"一带一路"项目。积极开展台站标准化改造，完成计划内 11 个台站标准化改造任务，自筹资金 10 余万元对郑州台、周口台进行标准化改造。完成"一带一路"涉及 1 个台站的租地意向书签订和勘选工作。

五、监测预报基础研究与应用

2019 年，河南省地震台网中心产出提交远震编目 6214 条，近震编目 375 条。完成地球物理台网质量通报、系统运行月报、数据跟踪月报 36 篇。审核数据跟踪分析条目 1484 条。以上述资料为依托开展基础研究，获批中国地震局地震科技星火计划、中国地震局"三结合"、震情跟踪和其他各类项目 11 项，发表论文 23 篇，其中核心期刊 16 篇、EI 检索 1 篇，获得发明专利 1 项，科研项目和成果数量较以往年度均有大幅提升。

六、地震速报预警信息服务

及时提供震情信息服务。每月按时向河南省政府汇报次月地震趋势意见。3 月 21 日商丘市睢县 2.5 级地震、5 月 29 日三门峡市陕州区 2.6 级地震、9 月 15 日渑池 2.7 级地震、10 月 3 日淅川 2.9 级地震发生后，及时向省委省政府报送震情信息及趋势会商意见，为政府领导决策提供参考。2019 年共完成 12 次非天然地震事件信息报送，产出报告 30 期，有效服务各级政府和回应社会关切。

推进地震信息化建设。依托全国会商技术系统，优化地震预测预报业务流程，实现震情跟踪报告、地震精定位等震情信息自动产出发布，正在研发地震应急信息推送平台和统一的防震减灾公共服务平台；对全省 28 个台站进行信息化改造，实施了地震台站监测数据流、设备及环境状态流及设备控制流的统一监测和控制管理，提高了台站运维管理效率；开展河南省地震信息化规划编制前期工作，实施"迁云"计划，短信平台已正式迁移，测震系统完成云端部署。

（河南省地震局）

湖北省

一、震情跟踪工作情况

2019 年，组织召开周会商、月会商、加密会商等共计 160 次，年中地震趋势跟踪会商会和年度地震趋势跟踪会商会各 1 次。与安徽、河南联合开展大别山块体会商会 3 次。以"震情第一"的理念推进预报工作。制定 2019 年重力、GNSS 学科《全国 7 级地震强化跟踪和危险区震情监视跟踪工作方案》，湖北省地震局《2019 年全国震情监视跟踪和应急准备工作方案》，每月按时报送工作措施落实情况和进度情况，做好学科服务于全国的震情。建立健全市县震情会商体系。印发《湖北省 2019 年度震情跟踪方案》；规范宏观异常零报告上报；举办全省分析预报培训班，并通过视频向全省台站和市州地震局直播，提升预报人员业务能力和水平。社会服务工作方面，全年共开展全国两会、高考、中华人民共和国成立 70 周年，党的十九届四中全会、军运会共 5 次重大时期地震安全保障，安保时长共计 65 天。通过起草制订安保工作方案，加强系统巡检，实行每日宏观异常零报告和滚动会商制度，圆满完成安保期间各项工作。

二、台网运行管理

2019 年，湖北省测震台网运行正常，台站平均运行率为 99.51%；前兆台网全部仪器产出记录的平均运行率为 99.93%、数据汇集率为 100%，数据连续率为 99.88%、数据完整率为 99.89%；地震信息网络实行 24 小时专人管理，系统安全、有效、稳定。

签订 2019—2021 年长江三峡工程诱发地震监测系统运行维护合同；完成三峡地震监测系统 2016—2018 年运行档案整理；组织完成 1 期流动 GNSS、2 期流动重力、2 期跨断层水准观测；协调 2019 年三峡库区地震应急演练。

三、台网建设情况

台站改造与优化。优化地震台站观测环境，完成黄梅台优化改造，完成襄阳台、丹江台灾损恢复项目建设，申报九宫山台优化改造项目获批，完成恩施台地磁观测项目新台址勘选并获中国地震局预报监测司批复，编制项目建议书。开展地震观测与地震预警仪器测试基地勘选，编制技术方案、项目建议书、可行性研究报告，为立项和建设提供技术支撑；完成"一带一路"项目恩施地震台（新台）GNSS 连续站勘选。

网络安全与信息化。完善管理制度，调整湖北省地震局网络安全和信息化领导管理机构及职责。提升网络安全防护能力，部署行业网防火墙策略，参加地震网络攻防演习，组织网络安全漏洞自查和整改工作，开展 2019 年地震网络安全检查，开展网络安全隐患整改，及时处置网络安全隐患风险；开展湖北省地震局网络资产清查，统计关键信息基础设施相关信息。加快融入大应急，完成应急管理部信息网络接入，完成电子政务外网接入和迁移，配合应急管理部门做好应急无线电频率申请使用工作，组织开展湖北省地震局无线电相关业务调查。

四、地震速报预警信息服务

大力推进湖北子项目建设，组织编制预警工程湖北省子项目实施方案及预算；调整湖北省地震局国家地震烈度速报与预警工程项目管理与实施团队；组织召开项目推进会议，调度项目实施。与湖北省气象局协调预警工程洪湖基本站勘选，落实团风、罗田、麻城、英山、蕲春、英山、黄石等预警工程基本站站址。承办 2019 年度地震监测预警软件研发骨干培训班，组织开展预警工程台站名与代码编制，调研预警工程项目路由器交换机技术指标。

（湖北省地震局）

湖南省

一、震情跟踪工作情况

强化震情监视跟踪。落实震情会商工作制度，组织召开 2019 年湖南省年中、2020 年湖南省年度和东南沿海构造协作区震情趋势会商会。组织开展中华人民共和国成立 70 周年庆祝活动、全国"两会"、全国高考、湖南省汛期等重要活动和重点时段震情保障工作。认真开展周震情监视跟踪和月会商，提交周震情跟踪会商报告 60 期、零异常报告 104 期，处置异常现象 6 起，开展现场核实 5 次。

快速处置有感震情。快速处置娄底双峰 2019 年 6 月 29 日 3.4 级、6 月 30 日 3.0 级两次有感震情，及时召开震后紧急会商会，提出趋势判定意见，组织开展地震现场考察，为震情处置工作提供支撑。

二、台网运行管理

根据中国地震局有关地震台网运行管理的规章制度，制定、修订《湖南省地震局测震台网运行管理实施细则》《湖南省地震监测预报工作质量管理办法》等。

2019 年，测震台网连续率达到 99.74%，共产出连续波形数据 1TB，事件波形数据 400MB，脉冲波形数据及正弦波形数据 200MB；产出地震观测目录 12 期，地震观测报告 12 期。全年没有发生一次漏报、瞒报的地震速报，圆满完成全年的速报任务。

2019 年，全部仪器总体运行率为 99.14 %，全年观测资料的连续率为 99.76%，完整率达 99.34%，2019 年全年产出数据量 9.7GB。

三、台网建设情况

2019 年，完成桃源、茶陵、浏阳等 3 个台站标准化改造，内容主要包括标志标牌、线路整理、观测仪器固定等三个方面；启动实施怀化地震台建设项目，计划开展测震、强震、地倾斜、GNSS 等项目观测；推进建设衡阳台地倾斜观测项目，完成观测井建设；启动实施常德鼎城地球物理深井综合观测试验台建设项目，配置井下地倾斜、井下地磁、水位水温等测项；推进国家烈度速报与预警工程湖南子项目工程建设，完成 26 个基准站、32 个基本站土建工程，62 个基本站场地测试和预警中心建设施工设计图、经费预算编制；编制完成《湖南省地震预警台网建设与地震监测台网优化工程可研报告》，该项目建设内容主要包括：在常德和长株潭城市群区域分别建设 43 个、53 个地震预警台站，在全省范围共新建或改建 12 个地震台，加密测震台网、优化地球物理台网，配置地震紧急信息发布终端1000 套。

四、地震速报预警信息服务

2019 年湖南省地震台网中心通过全国速报数据交换平台（EQIM）速报湖南省地震 2 个。

（湖南省地震局）

广东省

一、震情跟踪工作情况

制订震情跟踪分析工作方案，完成 2019 年度震情跟踪和地震趋势分析研究工作。完成2019 年中地震趋势会商会、2020 年度地震趋势会商会，邀请中山大学、广东省气象局、广东省应急管理厅等单位参与地震趋势会商，提高地震预测预报的社会参与度。按照构造块体和行政区划相结合的原则，建立和优化闽粤赣联合会商机制，积极参与 2019 年中南片区地震趋势会商。

针对阳江地区、粤闽交界、粤桂琼交界等地震重点注意地区，制订并具体执行短临跟踪工作方案。完成潮州垂直摆异常、阳江震群活动、信宜水位和地倾斜异常、肇庆—韶关—新丰江地磁日变异常、广州番禺南村河涌冒泡等异常的现场核实工作和广州增城 2.7级地震现场调查工作。

2019 年 8 月，为贯彻落实广东省委、省政府领导有关加强地震监测预测预警工作部署，组织召开"广东省及邻区地震趋势专题会商及研讨会"，中国地震局监测预报司、中国地震台网中心和福建、湖南、广西、海南省（自治区）地震局有关领导、专家出席会议，与会专家对华南沿海地震带、广东及近海区域未来一段时期内地震趋势进行深入交流和研讨，形成会商纪要，为广东省下半年地震趋势把脉，为广东省政府提供地震预测服务。

顺利完成中华人民共和国成立 70 周年、"两会"期间、十九届四中全会、2019 年高考、澳门回归 20 周年等重大活动及特殊时段地震安全服务保障。

二、台网运行管理

测震台网运行管理情况：2019 年度广东测震台网连续可靠运行，年运行率为 97.55%。系统运行率主要受到外部供电中断、太阳能供电不足、仪器更换、路由器死机、电信CDMA 信号偏弱等因素影响，采用连续记录统计 2019 年数据完整性，平均完整率为92.84%。

广东地区（包含邻省 30 千米内及省界延长线涵盖的南海海域）2019 年记录地震 4499 条，地震编目产出地震快报目录 4530 条，产出地震正式报目录 4522 条，其中 $M_L < 1.0$ 地震 3385 条，$1.0 \leqslant M_L < 2.0$ 地震 965 条，$2.0 \leqslant M_L < 3.0$ 地震 124 条，$3.0 \leqslant M_L < 4.0$ 地震 20 条，$M_L \geqslant 4.0$ 地震 4 条，$M_S \geqslant 4.0$ 地震 2 条；国内 5 级以上地震编目 23 个。陆区最大地震为 10 月 12 日广西北流—广东化州 5.1 级地震。

按月统计一年来连续波形、事件波形归档数据量，2019 年数据量达 5258.43GB。

广东省台网编目在 2018 年全国评比中获第一名（连续三年）。

地震地球物理台网运行管理情况：2019 年广东地震地球物理台网在运行仪器共计 69 套，测项分量共计 153 个。全网仪器运行率为 99.48%，数据汇集率为 99.59%，连续率为 99.11%，完整率为 98.75%。

台站运行维护：顺利完成 2019 年度测震、强震、地磁、形变、流体、GPS 测项等日常运维工作。全年对全省测震台和强震台共进行维修维护 620 多台次；华南维修中心对片区技术指导 22 次，分发设备 30 台套，维修设备 60 台套。

完成德庆台、中山台、珠海台、澄海台、虎门台升级为光纤传输；完成新会台台站改造，仪器更新换代。完成广州台 JCZ–1T 超宽频带地震计调试与安装，UPS 电源升级。完成"汕头礐石大桥地震反应专用台阵"的升级改造工作。

三、台网建设情况

国家地震烈度速报与预警工程：完成广东子项目预警中心改造任务；完成 1172 个建设台站站点核实；积极协调落实 202 个新建台站的建设用地；完成 94 个站点勘察钻探测试，开工 11 个基准站、47 个基本站，总开工率超过 60%。

中国—东盟地震海啸监测预警系统建设：广东省地震局与柬埔寨矿产能源部矿产资源总局矿产地质局签署地震地质灾害研究合作协议；完成 7 批次出国建设台站任务，完成印度尼西亚 14 个台站和 1 个数据中心、泰国 2 个台站的建设任务，柬埔寨 6 个台站建设已签订施工合同；在广州举办援外地震监测技术第 3 期培训班，来自 4 个国家的 34 名学员参加培训。

水库地震试验场建设：完成气枪主动震源场地勘选；新建 3 个 GNSS 观测站；新建 20 个流动重力测点并完成一期观测任务；购置 20 台套短周期流动地震仪和 2 台流动重力观测仪。

地震综合观测台站建设：完成项目实施方案编制；完成石榴岗深井观测房建设；完成汕头台业务楼装修；完成综合台站通用设备采购。

"一带一路"地震观测台网项目建设：落实 3 个综合台的改造内容，核实新增 GNSS 观测的建设地址；落实 5 个岛礁台的征租地，初步达成三角岛、放鸡岛用地协议。

台站优化改造：完成湛江台站优化改造项目；完成新会台、湛江台、汕头台灾害损失恢复项目建设；编制肇庆台优化改造实施方案。

四、监测预报基础研究与应用

2019 年，完成 2 项中国地震局"监测、预报、科研"三结合课题和 1 项震情跟踪课题。申报 8 项 2020 年度中国地震局"监测、预报、科研"三结合课题和 5 项震情跟踪课题。

五、地震速报预警信息服务

2019年，广东测震台网速报地震10次。

国家灾备系统自动记录地震14350条；上报人工130条地震记录，值班员分析处理856条全球人工速报结果。

2019年初，珠三角预警台网系统陆续接入广东省属强震台站数据和烈度台数据，实现"三网融合"，共汇集包括广东省台网台站、周边省份共享台站和本项目新建台站在内的607个台站观测数据，其中测震台站326个，强震台站118个，烈度台站220个。2019年值班人员处理珠江三角洲地震预警台网系统触发粤东地区地震368条，其中有74次地震发布超快速报，平均用时12.3秒。

（广东省地震局）

广西壮族自治区

一、震情跟踪工作情况

2019年，广西壮族自治区地震局深入贯彻中国地震局统一部署，全面落实全国地震监测预报工作会议精神。自治区地震局领导高度重视，先后带队赴河池市、百色市、玉林市、博白县、灵山地震台开展防震减灾工作调研，检查监测预报工作开展情况。年度震情监视工作专项检查组赴百色、河池和玉林开展震情跟踪工作检查和现场指导。完善震情跟踪制度，制订印发《2019年度广西强化震情监视跟踪工作方案和技术方案》和《2019年度全区震情监视跟踪暨重大节假日、重要时段期间震情应急工作方案》，在全区地震局长会议上进行统一安排部署，各市地震局依据自治区的方案要求，制订本级震情跟踪细化方案，确保全区震情跟踪工作落实到位，召开震情宣贯会，通报2019年度地震趋势会商意见及风险评估结果，宣贯2019年度广西强化震情监视跟踪工作方案和技术方案。确保台网正常运行，广西现有测震台网、地球物理台网、强震动台网，保证三大台网仪器正常运转、网络畅通和数据共享及时，切实保障监测资料连续、可靠和数据传输准确。强化震情监视跟踪，持续强化震情滚动会商，全力做好春节、高考、中国—东盟博览会等重要时段的震情监视跟踪工作，完成4次前兆异常和2项宏观异常的现场核实，完成北流5.2级、靖西5.2级等显著地震震后趋势研判和年度地震趋势研究任务，完成2019年10月北流5.2级地震、11月靖西5.2级地震震例总结。

二、台网运行管理

2019年，广西壮族自治区地震局前兆台网正式更名为地球物理台网，同时，GNSS台网纳入地球物理台网管理；纳入中国地震台网中心测震台网业务运行评比的广西测震台网共有28个区域测震台站。广西壮族自治区地震局地球物理台网按照地球物理台网技术规范要求完成区域中心技术系统、广西全区5个直属台站和8个无人值守地球物理台站的观测仪器的运行监控、数据汇集、直属台数据处理、数据报送、数据跟踪分析、故障仪器和数据库的维护等工作，按照要求进行台站巡检、仪器标定和培训交流等工作，地球物理台网

2019年度运行率为98.13%。广西地震台网中心克服维修人员严重不足和台站故障频发的困难，依托市、县地震工作部门，注重开展常规的台站巡检和维修保障，全力做好全国"两会"、中华人民共和国成立70周年庆祝活动等地震安保期间测震台网的正常运行，重点提升台站运行率，根据广西数字测震台网JOPENS系统中自带断记功能统计，2019年台网各台站平均连续率为97.52%。

三、台网建设情况

2019年，全力推进"广西地震背景场观测网络项目"和"一带一路"地震监测台网项目广西子项目建设，新建1个深井综合观测站、1个综合台、3个钻孔应变台站、21个测震台站，完成3个新建GNSS基准站、3个新建地下流体台站的土建工程；完成4个新建GNSS基准站的站址勘选和征租地工作，累计新增地球物理观测项目19项，新增测震台站21个，进一步优化广西的台网布局，增强地震监测能力。广西烈度速报与预警项目台站建设基本完成，年内完成1个台站专业设备安装。国家地震烈度速报与预警工程项目全面实施，完成55个基本站土建工程，55个基本站和22个改造基准站通用设备已到货，采购完成11个改造基准站的专业设备和智能电源。大藤峡地震监测台网开工建设；合山矿区地震监测台网完成4个台站的土建施工。2019年，广西地震台站在运行522个，其中测震类台站482个：测震台55个、基准站54个、基本站262个、一般站111个；地球物理台站40个：综合台站7个、观测点33个。

四、监测预报基础研究与应用

"水库地震预测评价关键技术及应用示范"成果获2019年度广西科学技术奖三等奖（科学技术进步类），"广西灵山强震区发震构造探测与地震危险性研究"顺利通过自治区科学技术厅验收；全年在研项目共23项，其中"红水河流域水库地震特征的精细研究——以天峨至大化段为例"获自治区科技厅批准立项，获批中国地震局地震科技星火计划课题1项、"三结合"课题1项；在核心及以上期刊发表论文31篇，其中SCI收录1篇、EI收录4篇。大力推进"透明地壳"工程，顺利开展钦州市活动断层探测和梧州市城市活动断层探测项目；大力推进"解剖地震"工程，顺利完成"广西历史强震区发震构造探测研究——以灵山震区为例"验收；推动实施"韧性城乡"工程，完成钦州市主城区建筑物抗震性能普查工作，《百色市中心城区城市抗震防灾专项规划（2017—2035年）》顺利通过国家和自治区专家会审。

五、地震速报预警信息服务

2019年，广西烈度速报与预警项目台站建设基本完成，新建的290个台站已投入试运行，目前全区共316个台站（包括广西地震背景场观测网络项目已投入试运行的21个测震台和5个国家基准台）数据接入由福建省地震局研发的地震烈度速报与预警系统，初步具备全区范围内分钟级地震烈度速报能力。通过广西防震减灾微信、微博和官方网站等渠道第一时间向社会公众发布地震速报信息。并为防城港核电站、南宁铁路局等特殊行业和武警水电等应急单位提供地震速报信息服务。在预警信息服务方面，广西地震烈度速报与预警系统项目的预警中心建设不断推进，以期形成预警信息服务能力。

（广西壮族自治区地震局）

海南省

一、震情跟踪工作情况

2019 年，海南省地震局年度地震趋势会商会将北部湾、琼东南及近海、南海海域判定为 4.5 级左右地震值得注意的地区，强化监测预报责任落实，加大震情跟踪研判力度。

各级高度重视，多举措跟踪震情。2019 年 5 月 15 日，海南省召开防震减灾工作联席（扩大）视频会，海南省副省长范华平全面安排部署 2019 年防震减灾重点任务，对加强震情跟踪提出明确要求。海南省地震局陈定副局长带领工作队赴三亚市开展台站建设工作调研，为强化震情跟踪工作提供依据。三亚市"8·20"地震发生后，地震局地震应急队赴三亚天涯区震中现场和三亚地球物理观测台站，开展地震现场调查、异常核实等工作，确保震情跟踪及时有效。

夯实地震监测基础，保障台网数据有效。实行测震、前兆、信息学科等情况的定期通报机制，加强对地震台站（网）的监管力度，定期组织监测系统运行情况自查、巡查、抽查，及时排除隐患，保证各类仪器设备正常运行并产出连续、可靠、准确的观测数据。2019 年，全力推进"一带一路"地震监测台网项目，完成了三亚超导重力台站的选址、地勘以及建设方案的选定工作。积极开展预报效能评估，实施专业台站分级分类管理。

强化震情跟踪，把握震情发展。根据会商机制改革要求，不断完善震情会商制度，加强监测与预报相结合，提高震情会商时效性和科学性。每周、月开展地震活动和地球物理台网数据综合跟踪分析，对出现的地震事件和重大异常及时会商，全力做好全国"两会"等重要时段震情监视跟踪工作。根据中国地震局统一安排，参与东南沿海构造协作区会商会、华南地区显著地震专题会商会，以及各学科年度会商会等。针对 2019 年度海南省地震值得注意的地区，持续强化地球物理监测；完成 2 期海南岛陆流动重力观测，重点加强琼东南地区、琼北地区测点环境排查及观测数据的重新和多方法解算工作；完成琼北地区 2 期土壤氡流动观测；利用琼北火山区 16 个 GPS 观测点，完成 1 期 GPS 流动观测。

及时落实前兆显著变化及宏观异常现象。2019 年，海南省地震局按照《地震前兆台网观测资料异常核实工作规程》，及时开展异常落实和跟踪工作，对 5 项地球物理场观测数据异常进行核实并撰写翔实的异常核实报告，经过详尽的现场调查和数据核实分析，对异常的可靠性进行充分论证，有 3 项异常确认为前兆异常，2 项为干扰。

科学研判显著地震，积极服务社会。高效处置 8 月 20 日三亚 3.2 级、4.2 级等显著地震事件，与中国地震台网中心及邻省地震局联合会商，同时派异常核实小组赶赴三亚震中附近台站，现场调查核实三亚流体、流动重力等地球物理观测数据，最终科学有效地给出震后研判意见，并及时报告海南省政府和中国地震局，为应急救援提供科学依据。

二、台网运行管理

2019 年，海南测震台网整体运行率为 98.30%。每月对 24 个测震子台进行脉冲标定，对标定的结果进行计算，及时了解台站设备的状态，对出现问题的台站进行维护。全年对所有测震台站进行正弦波标定。强震动台网全年运行相对稳定、连续，台网运行率达到

98%。每个月的上半月和下半月远程链接台站，接收数据并上传国家台网中心，期间不定时链接检查台站状态。全年强震动台网现场巡检 2 次，台站维护 45 次，发现问题及时排查处理。把标定计算的结果和标定波形传至中国地震局。2019 年中心计算机系统并行运行率达到了 99%，系统运行正常，无重大责任事故。日常维护系统软硬件每隔 3 天检查一次，每隔 10 天进行一次数据库清理，清理陈旧数据及多余无用的数据。维护 JOPENS5.2 配套自动短信速报平台、EQIM 与 AU-EQIM、地震速报前台机及短信超快报系统无软件更新。JOPENS6.0 系统及配套 EQIM、速报快速定位系统等无软件升级及更新。

2019 年，海南台网编目地震 32 个。责任区内最大的是海南三亚地震 M_L4.3，M_L2.0 以上地震 14 个。产出震源机制解 2 份，震源新参数 4 份，编写地震观测月报 24 份；2019 年 6—12 月共记录省内 133 次非天然地震（爆破事件），爆破震级 0~1.0 级共计 23 次，1.0~1.5 级共计 80 次，1.6~2.0 级共计 35 次，2.0 级以上 4 次。刻录数据光盘 365 张，移动硬盘 1 个，归档波形数据 838GB。

参加 2019 年 6 月在湖北咸宁举办的华南片区流动演练，把 2018 年更新的设备全部投入到这次演练中。安装流动台 2 个，建立流动中心 1 个，按规范要求实现全部功能。

三、台网建设情况

2019 年，烈度速报与预警项目完成 71 个一般站设备采购合同签署及首付款支付；在全省 6 个市县安装测试 8 套实验性烈度仪；完成 18 个基本站场地钻探测试工作；完成台站观测系统建筑工程造价及招标工作；完成国家地震烈度速报与预警工程项目台站命名与代码编制工作；与中国铁塔股份有限公司海南分公司确定 71 个一般站的经纬度及确切点位；完成台站观测系统自行采购设备招标工作；完成国家地震烈度速报与预警工程项目台站 46 套专业设备采购（一期）合同签署、首付款支付工作；填报预警项目台站路由交换机参数性能需求调研表；新建台站土建工程竣工，完成 20 个测震改造站点的改造任务；完成通信网络汇聚节点和Ⅱ类省级中心通信分系统路由器、数据中心交换机、业务交换机等设备采购工作；完成国家地震烈度速报与预警工程项目台站 40 套预警终端、23 套智能电源的合同签署、首付款支付工作。

此外，完成"一带一路"新建台站的可研工作，对三亚、定安、东方三个台站新增观测手段 GNSS 进行测试；签订了地震计、强震计、数采等专业设备供货合同；以及完成柬埔寨援建台站勘选工作，从 8 月 17 日至 9 月 16 日，对柬埔寨拟援建的 6 个点位进行测震和 GNSS 测试工作，为下一步台站新建工作打下坚实基础。

四、监测预报基础研究与应用

2019 年，海南省地震局加强监测预报基础研究与应用工作，自筹资金资助科研课题 11 项。完成中国地震局"三结合"课题"琼中台重力非潮汐变化气压改正研究"，该课题对琼中台连续重力观测以来的数据进行收集整理并处理，分析处理后数据的年变、零漂率等特征，并基于处理后的数据，进行潮汐分析和非潮汐分析。完成震情跟踪课题"雷琼地区重力场动态变化特征研究"，从整体上梳理分析 2014 年以来雷琼地区的重力场变化，并与之前雷州半岛测网、海南测网单独进行平差处理分析的结果进行比较，检验整体平差分析和单独平差分析的异同及优劣之处，为未来深化雷琼地区联测提供科学、可供参考的建议，也为雷琼地区的地震重力预测指标构建、震情趋势会商和中强地震危险性研判服务。

五、地震速报预警信息服务

加强地震烈度速报与预警数据处理中心建设、网络通信系统建设、紧急地震信息服务系统建设和技术保障中心建设，对本地区地震预警观测网络内的地震实现震后 5～30 秒内发布地震预警信息，震后 1～2 分钟内完成地震基本参数发布，震后 2～5 分钟内生成 8 千米控制精度的仪器烈度分布图，震后 30 分钟至 24 小时内给出灾情评估结果，并建成较完善的地震信息服务网络，向社会公众、学校和特殊行业提供紧急地震信息服务，为公众逃生避险、政府应急决策、重大工程地震紧急处置、相关科学研究提供及时丰富的地震科技服务。

（海南省地震局）

重庆市

一、震情跟踪工作情况

牢固树立"震情第一"观念，切实强化地震监测预报工作，分别于 2019 年 5 月、10 月组织召开年中及 2020 年年度重庆市地震趋势会商会。年内共召开各类会商会 144 次。其中，在元旦、春节、高考、中考期间进行临时加密会商；参加南北地震带各成员单位月视频联合会商会 10 次；参加南北地震带中、南段构造协作区会商 7 人次；参加贵州、湖北等周边邻省年中、年度地震趋势会商 10 人次。

扎实开展异常现场核实，做到早发现、早核实、早研判。多次组织局属地震台站和区县地震部门开展现场核实，年内共组织现场核实 10 多次，提交异常核实报告 6 份。针对重大异常变化，与中国地震台网中心、中国地震局地震预测研究所、中国地震局地壳应力研究所以及其他省级地震局学科组专家进行广泛交流，对异常情况进行综合研判。

做好特殊时段的地震安保工作。完成春节、全国两会、"一带一路"国际合作高峰论坛、习近平总书记赴渝期间、中华人民共和国成立 70 周年、党的十九届四中全会等重要时段以及全国高考和三峡库区汛期蓄水等特殊时段的地震安全保障服务工作。组织印发保障期间重庆市地震安全保障服务工作方案，每日审核上报安保信息，及时总结并上报台网中心。严格落实《重大震情评估通报制度》，根据重庆市 2019 年 4 月特殊安保任务，向重庆市委报告《中共重庆市地震局党组关于近期重庆市地震趋势的报告》。2019 年 6 月 17 日四川长宁 6.0 级地震发生后，向重庆市政府报告《重庆市地震局关于四川长宁 6.0 级地震会商的意见》。坚持每周向重庆市政府信息办报送《三峡工程试验性蓄水安全监测与防范工作周报》。向重庆市委报送《重庆地区震情趋势及灾害分析月报》。

二、台网运行管理

2019 年，测震台网平均运行率为 99.48%，数据完整率为 99.80%。台网中心技术系统运行率在 99% 以上，台网在运行仪器平均运行率为 98.78%，观测数据平均连续率为 99.01%，数据平均完整率为 98.03%。各项指标都远远超出国家台网中心 95% 的合格数据要求。

年内组织各类培训学习交流 18 次，参加中国地震局各部门、各学科举办的培训班、评比会等 54 人次，开展速报演练 12 次，对新进值班人员上岗考核 2 次。

由重庆地震台、重庆仙女山地震台、重庆石柱地震台完成重庆市辖区台站巡检任务，未发生观测环境被破坏事件。

三、台网建设

完成 3 个地震台标准化改造项目任务。完成 3 个台站灾损项目实施任务。

加快推进国家地震烈度速报与预警工程重庆子项目实施。积极主动与台网中心对接，实施方案获批后，积极推进项目招投标工作，10 月与重庆铁塔公司签订国家地震烈度速报与预警工程重庆子项目建设合同，组织上报年度投资计划和概预算。

持续推动"重庆市地震烈度速报与预警工程"项目申报，组织项目代建制调查。

四、监测预报基础和应用研究工作

争取中国地震局 2019 年度科研项目支持，其中，申报震情跟踪课题 4 项、中国地震局"三结合"课题 4 项、中国地震局地震科技星火计划项目 1 项；组织重庆市地震局科研课题申报，共 6 项科研课题立项。

五、地震速报预警信息服务

2019 年共向中国地震台网中心发送速报地震 26 次，其中 3 次震中在重庆辖区内，向重庆市委、市政府发送地震值班信息 26 期。

（重庆市地震局）

四川省

一、震情跟踪工作情况

2019 年，四川省地震监测"能力倍增"。新增台站 388 个，部分地区监测能力达 0.5 级。梳理 694 个台站信息，完成 44 个台设备更新和标准化改造。完成 7 批次水库台网备案。试行 50 个台委托社会化运维。全年省网运行率为 99%。组织 5 个震情跟踪方案，处置预测卡 21 张、核实异常 20 起、召开会商 210 次，广邀高校院所专家 28 人次参与。地震趋势把握准确，在长宁 6.0 级地震、威远 5.4 级地震前有所察觉。全年 10 次 5 级左右地震全部落入圈定年度危险注意地区。获地震预报评比全国第 1 名。

二、台网运行管理

地球物理观测台网：2019 年四川地球物理台网（国家台网）有电磁学科观测台站 18 个，观测仪器 43 套，测项分量数 179 个；形变学科观测站 15 个，观测仪器 38 套，测项分量数 127 个；重力学科观测站 5 个，观测仪器 5 套，测项分量数 25 个；流体学科观测站 25 个，观测仪器 77 套，测项分量数 111 个，辅助观测台站 22 个，观测仪器 32 套，测项分量数 77 个。2019 年，四川省前兆台网仪器平均运行率为 98.12%，完整率为 97.53%。

测震台网：上传地震事件 11 个，单台连续波形文件 660 个；向中国地震台网中心系统控制台报送台站故障达 921 次，台网整体运行情况 353 次，平均运行率为 98.572%。自动发送地震短信 237 条，接收 30.81 万人次；正式报地震短信 279 条，接收 36.40 万人次，累计发布地震短信 101.27 万条。

强震动台网：2019 年四川省强震动台网累计获取三分向强震动记录 425 组，均为地表自由场地观测台站获取，向中国地震台网中心上报数据分析报表 57 次，产出 5 级以上地震数据分析和烈度速报简报 8 次，其中 4 级以上地震记录 304 组。

三、台网建设情况

地球物理观测台网：2019 年四川地球物理台网（国家台网）有观测台站（点）51 个，其中观测仪器 195 套，测项分量数 519 个，其中国家台站 11 个，区域台站 17 个，市县级台站 23 个。2019 年有 4 套仪器暂停观测，1 套仪器永久停测，对 8 套仪器进行仪器升级改造。

测震台网：四川测震台网拥有区域数字测震台站 60 个，台站地震数据分别通过 SDH、CDMA 两种通信方式实时传回台网中心，并通过 SDH 行业网从国家测震台网中心下载四川地方台站及周边省市台站的数据。四川台网汇集了 7 个国家台，53 个区域台，接入市县台站 33 个，共享周边省份测震台站 130 个，接入川南 46 个企业台站和 43 个巧家、西昌台站；根据台站布局从水库台网中优选汇集 19 个水库台波形数据，接入甘孜州 30 个台站，总计接入固定台站数量 361 个（均不包括流动台站）。

全省地震监测能力达到 2.4 级，重点监视防御区和人口密集地区监测能力达到 1.5 级，部分地区可达 0.5 级。共享台站的加密，使得四川及周边 50 千米内的速报能力明显提高，2 分钟内完成自动速报，10 分钟内完成人工速报。

强震动台网：四川省强震动台网由 216 个固定数字强震动观测台站和 1 个地形影响台阵组成，总共包括 224 个台站。四川强震动台网观测台站配备三分量力平衡式加速度计和 GPS 授时系统的三通道数字强震仪，采用触发记录方式。

四、监测预报基础研究与应用

组织申报 7 个中国地震局"三结合"课题；开展张衡一号卫星 4 个接收站建设，与中科大联建实习基地。在公共服务方面，完成 5 次重要地震安保任务，与国家应急广播中心、四川省广电部门试行芦山"村村响"，与支付宝对接生活号地震发布。

五、地震速报预警信息服务

四川地震烈度速报与预警项目由国家地震烈度速报与预警工程四川子项目和"8·8"九寨沟地震灾后恢复重建规划地震烈度速报与预警项目组成，项目总投资 2.23 亿，于 2018 年底正式启动。项目将建设台站观测系统、数据处理系统、通信网络系统、紧急地震信息服务系统和技术支持与保障系统五大系统，共建设台站 1419 个，新建 1 个省级预警中心、1 个技术支持与保障阿坝分中心、1 个九寨沟服务站，21 个市级、158 个县级紧急地震信息转发平台，部署紧急地震信息服务终端 548 台 / 套。

2019 年，项目下达经费逾 1.57 亿元。工作任务繁重、经费执行压力巨大。四川省地震局以目标为导向，珍惜全国"先行先试"机遇；主动加压，制定年度三大目标，即：完成"招标金额 1 亿元、汇集预警台站 800 个、基本形成服务能力"，举全局之力、调动各方力量协同推进，项目建设取得突破性进展。

到 2019 年底，项目累积完成招标 1.7 亿元，实际支出达到 7500 万元。项目共完成 373 宗征、租地工作，完成率 96.1%，完成 213 个基本站的地质勘探工作，完成率 80.9%。国家项目 471 个台站建设三个标段的招标工作已全部完成。先期施工的 6 个示范站主体工程建设已基本完成（阿坝州理县米亚罗、理县上孟乡，绵阳市三台县，乐山市峨边县、金口河区、井研县）。完成国家项目 2032 套基本（基准）站设备采购，占应采设备 99.6%。完成全部 727 套一般站地震专业设备采购工作。省项目 136 套一般站设备已于 2019 年 7 月底完成安装，为四川省地震监测和服务产出提供数据支撑，国家项目率先在自贡、宜宾地区一般站安装 61 套，年底完成 1190 个台站建设汇集，在四川省应急厅、广电局、通管局、雅安、自贡防震减灾服务中心，芦山县应急广播"村村响"完成预警终端部署，实现省、市、县三级地震预警，项目正式服务全省防震减灾工作。

（四川省地震局）

贵州省

一、震情跟踪工作

2019 年，贵州省地震局根据《贵州省地震局 2019 年震情跟踪方案》开展震情跟踪工作。组织召开周会商 52 次，月会商 12 次；完成全国"两会"安保、中华人民共和国成立 70 周年大庆安保、党的十九届四中全会安保专题会商 3 次和加密会商 35 次；完成零异常报告 52 次；参与南北带南段和中段震情跟踪工作；创新会商机制，邀请贵州省地矿局、贵州省气象局、贵州大学等系统外专家学者参加会商，组织召开贵州省 2019 年下半年地震趋势会商会和贵州省 2020 年度地震趋势会商会，提出贵州省 2019 年下半年地震趋势意见和贵州省 2020 年度地震趋势意见并组织专家对意见进行评审。2019 年 10 月 2 日贵州沿河 4.9 级地震发生后，第一时间与中国地震台网中心、中国地震局地震预测研究所等单位进行联合视频会商，及时将会商意见报送贵州省委、省政府研究和震区相关市县政府，为应急处置及维护国庆期间的社会稳定起到良好作用。

二、推进重大项目建设

国家地震烈度速报与预警工程贵州子项目加快实施，2019 年 1 月完成土建工程的招标，2019 年 5 月完成 44 个基本站确址，2019 年 9 月完成实施方案细化并报项目法人单位备案，同时启动 18 个基准站和 44 个基本站建设，其中 33 个主体工程基本完工；完成预警中心配套土建工程的招投标工作和启动预警中心土建工程建设；完成部分专业设备采购，自行采购设备有序推进。完成贵州地震信息节点改造，补上贵州地震信息传输、汇聚、处理上的短板。贵州地震监测能力提升工程取得实质性进展，贵州省发展改革、财政等部门将其列入 2020 年和 2021 年投资计划，贵州省地震局成立地震监测能力提升工程可研及初设编制组，加快项目可研编制，争取项目尽快落地。完成"一带一路"台网建设项目的台址勘选、初设及部分专业设备的采购等工作。

（贵州省地震局）

云南省

一、震情跟踪工作情况

2019 年，云南省地震局将震情监视跟踪工作作为一项重要工作来抓，成立震情监视跟踪工作领导小组，健全云南省、州市、县级地震部门和台站联合震情监视跟踪工作机制，做好地震预报协作区有关工作。制订云南省 2019 年度震情监视跟踪工作方案及强化云南震情监视跟踪和应急准备工作方案等，形成由 32 个方案组成的震情监视跟踪方案体系。建立重点任务台账，每月跟踪震情监视工作进展。开展 3 轮震情监视跟踪工作检查，确保工作责任落实到位。

2019 年，云南省地震局构建开放会商机制，邀请北京大学、云南大学、云南省气象局等单位专家参加年度地震趋势会商等相关会商会。组织召开各类会商 162 次，参加中国地震台网中心视频会商 68 次，南北地震带联合视频会商 10 次（牵头 3 次）。报送震情报告 19 期。加强云南省 1671 个宏观测报点动态管理，派出 236 人次开展现场异常核实。在 2018 年度全国监测预报工作质量评比中，42 项获得前三名奖励，位列全国第二。

组织完善云南省地震预测预报指标体系。安排预报业务人员到地震台站学习交流，举办 3 期地震监测预报业务培训班，举办云南省地震系统专业技术人员业务能力提升培训班及地球物理专业培训班。

二、台网运行管理

2019 年，云南省测震台网运行率 99.97%；强震动台网平均运行率 97.13%；地球物理台网运行率 98.55%，数据汇集率 97.57%，数据有效率 96.93%；信息网络运行率 99.99%；地震预警示范台网运行率 95.61%。2019 年，云南省地震局共处理触发地震事件 697 次，编目地震 29428 个。

三、台网建设情况

大力推进国家地震烈度速报与预警工程云南子项目建设，项目纳入中国地震局先行先试。推进地震台站改革，进一步完备云南省地震监测台站基础资料。新增地球物理观测 6 项，完成 9 个台站标准化改造，完成 17 个台站综合观测技术保障系统改造，完成 88 套仪器更新升级。实施了云南地区地球物理场及 GNSS 连续观测站建设项目。积极推进云县地震台、元谋地震台、景洪测震台等台站观测环境保护。

（云南省地震局）

西藏自治区

一、震情跟踪工作情况

牢固树立"震情第一"观念，按照中国地震局震情监视跟踪相关文件以及协作区震情监视跟踪工作相关要求开展 2019 年度震情跟踪工作。参加协作区震情监视跟踪会商会，参加中国地震台网中心组织的全国监视区震情跟踪视频滚动会商会、南北地震带视频会商会。组织召开 2019 年西藏自治区防震减灾工作联席会议、西藏自治区 2019 年度及年中地震趋势会商会、全区台站工作会议、全区震情监视跟踪工作部署会议。制定切实可行的震情监视跟踪措施，强化地震监测工作、密切跟踪资料动态变化、加强震情跟踪研判工作、开展地震监测设施和观测环境保护、加强全区观测设施的设备更新和维修升级改造、强化资料处理与异常核实、开展震例总结工作，确保西藏自治区地震局震情监视跟踪工作措施到位、行动到位。

二、台网运行管理

2019 年以来，西藏自治区地震局加大专业设备的运行维护，成立运行维护管理组，补充了部分备机备件，并对原有备机备库进行清理，理清、理顺备机备件现状，并积极主动与西南片维中心沟通，充分发挥备机备件库在提升西藏台网运行中的应有作用。经过一年努力，大大提升西藏台网故障仪器的维修力度和维修时效性，使西藏台网的运行率有大幅度提高，达到台网运行率的基本要求。

三、台网建设情况

2019 年，结合项目建设，进一步扩大西藏地震台网规模，提升西藏地区地震监测能力。一是国家地震烈度速报与预警工程西藏子项目，完成新建 7 个基土建工程；基本完成 7 个新建基准站土建工程、24 个改造基准站的改造等。委托中国铁塔股份有限公司西藏自治区分公司建设 146 个一般站。二是青藏高原地震监测能力提升项目，与中国地震台网中心、兄弟省局专家组一同完成 45 个点位勘选工作；8 月与中国地震局监测预报司、中国地震台网中心专家组一同完成了 2019 年 4 个实验站的建设工作，数据已接入中国地震台网中心。三是完成 11 个升级改造 GNSS 台站基础资料报送，6 月、7 月完成了多个新建 GNSS 站点勘选工作。

（西藏自治区地震局）

陕西省

一、震情跟踪工作情况

2019 年，制订并实施《陕西省 2019 年震情跟踪工作方案》，优化完善智能会商系统，召开会商会 130 次，落实各类地震异常 21 次，处置社会地震预测意见 15 件。完成陕西省地震局第七届地震预报委员会换届工作。完成全国"两会"、庆祝中华人民共和国成立 70 周年和党的十九届四中全会等重大活动震情服务保障。

二、台网运行管理

运行情况概况。各类台网及信息网络、西北区域地震自动速报中心、仪器维修中心运转正常，设备运行率达 99.4%。观测质量获全国评比前三名 19 项。西北地震仪器维修中心采购仪器 19 台，维修 32 台。优化地震监测效能，完成流动水准和流动测量任务。

编制关中地区地面沉降报告，为全省地面沉降防治工作提供决策建议。参与"1·12"榆林矿难、"4·23"榆林危化车爆炸等非天然地震事件分析处置工作。

开展广济水准场地观测环境保护。

三、台网建设

台网布局调整。推进标准化台站建设，完成安康中心地震台、西安中心地震台、乾陵地磁台的标准化改造工作，对外观形象、传感器布设（观测场地）、设备机柜配置、综合布线与标识标牌等方面进行了标准化设置。实施韩城台的标准化改造。

技术系统和观测环境升级改造。整理上报乾陵等6个地震台站受灾情况，编制2020年度陕西省地震台站灾损恢复项目的实施方案。乾陵中心台、榆林中心台完成包括泾阳台、泾阳强震台、宜君测震台、横山测震台、延安GNSS台等5个地震台站的灾损恢复重建任务。西安中心地震台定点形变综合观测场地建设项目完成技术验收。

四、地震速报预警信息服务

处理地震事件2685个，编目地震1240个，发送速报短信14万条。西北地震速报中心速报3级以上地震42次。推进地震烈度速报与预警工程建设，会议协调推进项目40余次，产生施工进度报告36份。与中国铁塔股份有限公司陕西分公司完成一般站台址匹配，签订建设合同。确认地震信息终端点位，基准站和基本站台站勘选及租地、深井钻探及设备采购工作全面完成，基准站主体工程完工80%。完成地震预警中心施工图设计和实施方案初稿编制。

（陕西省地震局）

甘肃省

一、震情跟踪工作情况

2018年10月29—30日，召开2019年度甘肃省地震趋势会商会。依据2018年甘肃及边邻地区地震活动空间图像及时间扫描参数异常，结合前兆观测资料动态变化呈现出的趋势性异常特征，综合分析，提出2019年甘肃省地震趋势意见。完成2019年重大活动震情服务保障。

二、台网运行管理

运行情况概况：加强地震台网运行管理，实施监测预报业务运行情况月通报制度，健全完善地震台站二级运维制度，推动地震监测台网运维业务下沉，印发了《甘肃省地震局地震监测业务下沉方案》。2019年，测震台网运行率99.5%以上，地球物理台网数据汇集率99%以上，数据有效率99%以上。

规章制度建立健全情况：一是依据中国地震局《地震监测预报业务体制改革顶层设计方案》，结合实际，印发《甘肃省地震监测预报业务体制改革实施方案》。二是加强监测预报工作制度建设，制定《甘肃省地震局地震台站管理工作规则》《甘肃省地震局监测预报工作质量评估争先创优绩效奖励管理办法》。三是协调成立甘肃省地震局网络安全和信息化组织管理机构，组织制定《甘肃省地震信息化建设管理细则》《甘肃防震减灾信息化行动方案（2019—2021）》。

培训情况：加强地震台站队伍建设，组织完成 2019 年台站人员培训工作，25 人次参加中国地震局及直属单位举办的各类培训班；40 人次参加监测预报业务培训；局监测中心举办 3 次业务培训班；市县地震部门 60 人次参加预报业务培训。

观测环境保护：依法开展"地震监测设施和地震观测环境保护范围内新建、改建、扩建建设工程审批""新建地震台站审批""典型地震遗址、遗迹认定"工作。推进兰州观象台电磁观测项目迁建工作，组织开展环县测震台、天水深井地电台、靖远和嘉峪关测震台观测环境保护工作。

资料和科研成果：加强地震观测质量控制，1 月 14—16 日组织召开 2018 年度地震观测质量验收评比会；获得 2018 年度地震监测预报观测资料质量全国评比前三名 37 项；组织实施 2019 年中国地震局"三结合"课题，完成项目验收工作。

三、台网建设情况

技术系统和观测环境升级改造：开展地震台网建设及标准化改造。依托台站综合观测技术保障系统项目，组织完成定西、玛曲、瓜州地电台和嘉峪关测震台等 6 个无人值守台站标准化改造工作；组织完成新建肃北、阿克塞测震台的标准化改造工作；加强地震监测设施的更新升级与改造，沿西秦岭北缘断裂带新建 3 个 CO_2 断层气连续观测点。

四、监测预报基础和应用研究工作

强化震情跟踪与研判：加强全省震情监视跟踪工作组织与协调，健全省、市县、台站紧密结合的震情跟踪工作机制，制订《甘肃省震情监视跟踪和应急准备工作实施方案》；建立南北地震带北段构造协作区震情监视跟踪工作机制，制定《南北地震带北段构造协作区震情跟踪工作方案》；深化会商机制改革，进一步完善测震和地球物理学科强震短临预报指标体系，细化"全国震情会商技术方案"。做好 2019 年地震安保服务工作。

协调推进重大项目实施：全力推进国家地震烈度速报与预警工程甘肃子项目实施，2019 年开工新建基准站 73 个、基本站 98 个，改建基准站 33 个。

强化市县地震核心业务：优化市县地震台网建设，完成山丹红寺湖水氡观测点、庆阳前兆观测点建设。

（甘肃省地震局）

青海省

一、震情跟踪工作

青海省地震局制订 2019 年度震情跟踪工作方案，强化责任担当，把震情监视跟踪工作的责任扛在肩上、抓在手中。召开周会商 52 次、月会商 12 次、紧急会商 10 次、临时会商 10 次、加密会商 68 次，开展各类会商 100 余次、现场异常核实 23 次，撰写核实报告 12 份。对茫崖 5.0 级、门源 4.9 级、甘州 5.0 级和夏河 5.7 级等数次有较大影响的地震作出了较好的震后趋势判定。构建地震会商技术平台，基本满足各类会商需求。加强青藏高原内部协作区震情跟踪工作，牵头召开 5 次协作区震情形势研讨会。制定省内及协作区 3 份震情跟踪工作方案，召开震情监视跟踪工作会和趋势会商会并邀请系统外专家参加会商。印发重大活动地震安保服务工作办法，制定专项实施方案，圆满完成全国"两会""环青海湖国际公路自行车赛"、中华人民共和国成立 70 周年庆祝活动和党的十九届四中全会等 4 次重大活动地震安保工作。及时向省委、省政府报送月会商和紧急会商意见。2019 年度青海省委、省政府领导就震情跟踪及相关工作批示 20 余次，全省震情信息服务工作主动融入全省经济社会发展大局。

二、台网运行管理

2019 年，青海省地震局台网的编目质量稳步提升，地震速报及时、准确，测震台网服务产品的产出也在不断完善和丰富。测震台网共分析处理并编目地震事件 3850 条，完成地震速报 70 次，生成地震目录及观测报告各 12 期，产出连续波形数据 1580GB，地震事件波形数据 26.1GB。全年累计维修维护仪器设备及监测设施 260 余台次，各台网及技术系统运行稳定，其中，测震台网平均运行率为 98.25%；地球物理台网数据汇集率为 99.21%，数据有效率为 97.13%；强震动台网运行率为 99.85%；陆态网络运行率为 99.88%；信息网络行业骨干网运行率为 99.80%，台站及市县节点运行率为 99.97%，行业局域网运行率为 99.99%；应急技术平台运行率为 100%。各技术系统的运行率均达到中国地震局相关考核标准的要求。

三、地震速报预警信息服务

青海省地震局持续推进国家地震速报与预警工程项目青海子项目。2019 年完成 8 个基准站、17 个基本站的土建工程。完成预警中心、台站供电系统、预警终端、部分专业设备、智能电源等的招标采购工作。完成 325 个一般站的设备安装调试工作，141 个接入数据试运行；完成预警终端点位基本信息复核和编码工作；全年召开 5 次项目推进会议。

（青海省地震局）

宁夏回族自治区

一、震情跟踪工作情况

年度监测预报工作概述。2019 年，宁夏回族自治区地震局加强监测预报工作管理，着力提升自治区地震监测预报观测资料质量，切实解决台站实际难题，确保监测系统正常运行。紧紧围绕震情，制订《宁夏地震局 2019 年度震情监视跟踪工作方案》，加强震情跟踪工作的组织领导，从地震监测、数据处理分析与异常核实、会商研判、保障机制建设等 4 个方面部署震情监视跟踪工作。

年度震情跟踪与判定。牢固树立"震情第一"的观念，制订并落实震情跟踪工作方案，2020 年开展异常核实 67 人次，处置地震预测意见 9 次 13 份，召开自治区地震趋势会商会 2 次，震后紧急会商 8 次，震情监视跟踪安保会商 71 次。完成了国家和自治区重大活动及特殊时段地震安全服务保障工作。自治区各市、县（区）严格落实2019年度震情监视跟踪工作方案，严密跟踪震情，为自治区地震趋势会商、震情研判提供了科学依据。

对自治区各级地震部门和台站，依据震情跟踪方案对开展和落实情况进行督导和检查，提高震情跟踪工作质量。

二、台网运行管理

地震台站和台网运行规范有效，对分布在宁夏境内的仪器设备进行定期或不定期巡检，确保地震监测台网连续可靠运行。持续加强测震及强震学科、电磁学科、形变学科、流体学科管理。

三、台网建设情况

召开监测预报、地震台长工作会议，强化监测预报、台站建设等工作。申请2020年海原甘盐池地震台、中卫地震台优化改造等项目和受灾专项资金，改善台站观测仪器设备、观测环境和生活环境，提高观测数据质量，海原甘盐池地震台优化改造项目获批资金55万元。2020年更新前兆台点仪器设备6个。积极推进银川北塔地磁台的迁建工程，完成了办公楼主体工程及内外装修工程。完成银川基准台小口子台综合观测楼重建工程。

加强监测台网建设、检查、运维保护工作，完成6个台站优化改造及59个强震台站巡检。测震台网运行率99.6%，地球物理台网数据汇集率99.1%。灵武、泾源、西吉、同心等地积极配合做好监测仪器检修运维，保障了监测数据的连续性和科学性。

四、监测预报基础和应用研究工作

加大新方法、新资料在地震危险区短临跟踪中的应用力度。开展热红外亮温和长波辐射动态跟踪分析，强化热红外资料分析方法的深入研究，提升震情研判的科学性和准确度。进一步推广应用新一代地震会商分析平台系统，完善市级地震局和地震台站视频会商系统。

积极与高校开展合作，与防灾科技学院签订合作框架协议。与宁夏大学、中山大学签订合作框架协议。

积极参与"透明地壳""解剖地震"等科技创新工程，参与实施了电磁卫星宁夏境内接收站建设。2019年组织完成1项中国地震局地震科技星火计划项目的验收工作；组织申报评审中国地震局2020年度地震科技星火计划项目4项，获资助2项。

五、地震烈度速报与预警项目推进

2019年宁夏地震局积极推进国家地震烈度速报与预警工程宁夏子项目建设，9月制定《宁夏地震烈度速报与预警工程项目管理细则》。10月中国地震局正式批复编制的实施方案。2019年28个新建基本站土建工作基本完工；9口观测井打井工程已完成；完成21个新建基准站主体工程；14个改造基准站已完成验收；部分台点已完成供电改造。2019年完成预警中心机房设备合同签署征地工作。

（宁夏回族自治区地震局）

新疆维吾尔自治区

一、震情跟踪工作情况

年度监测预报工作概述。新疆维吾尔自治区地震局组织召开 2018 年度观测资料总结会与 2019 年度观测资料评估会，总结经验，查找不足。做好特殊时段地震安保工作，参加每日通报会并上报每日安保情况。召开南北疆地震监测台站交流会，强化交流，取长补短。开展异常核实工作，简化相关手续，做好组织协调，全年及时开展异常核实工作 30 余次。开展地震观测环境保护工作，协调处理温泉台站迁建、巴里坤台观测环境受公路建设影响问题。

积极推进国家地震烈度速报与预警工程项目，与自治区自然资源厅、生态环境厅、农业农村厅、林草局等厅局对接、协调，组织地州市地震局、应急管理局以及监测中心等部门开展土地征用工作，基准站土地征用工作进展顺利，完成 40 余个基准站的土地征用任务。积极推进"一带一路"项目、"子午工程"，完成"一带一路"项目相关设备的采购工作，完成 3 个超导重力台站的监测室土建工程招标工作。完成南天山西段柯坪断裂 2 期 7 条剖线 112 个观测点流动地球化学观测。

完成新疆地震台站视频会议系统建设，自治区所有有人值守台站全部纳入视频会系统。加强地州市县前兆台站的入网管理，对巴州市县台站进行现场检查评估，对符合观测技术要求的观测测项纳入新疆地震局数据库，全部用于日常会商。

年度地震趋势会商。2019 年度组织开展年度会商、新藏构造协作区会商。根据震情需要，先后 3 次在喀什、乌苏、阿克苏组织召开现场震情研判与工作部署会，进一步科学把握区域震情形势，强化了地震应急准备。昌吉回族自治州、乌鲁木齐市和吐鲁番市开展地（州、市）片区联合会商，采取观测数据共享、共同分析处理异常、联合开展异常核实等方式做好监视区的震情跟踪工作。强化震情会商体制改革，提升会商的时效性，加强预测指标体系的建设与应用，不断提高结论的科学性。

二、台网运行管理

2019 年，完成各台网年度观测、运维保障工作任务，包含年度各项流动观测、定点观测任务以及台站维护保障。完成 10 套前兆仪器升级改造，完成 12 个测震台站的宽频带地震计更新，将"两区一市"项目中 2 套测震、8 套断层气观测数据纳入业务体系，观测质量进一步提升，观测资料进一步丰富。

三、台网建设

2019 年，完成富蕴、库米什等 13 个观测站的综合观测系统升级改造，台站的保障能力进一步提升，工作环境、整洁程度得到极大改善。利用中国地震局台站优改专项 120 万元和自筹 20 万元资金，完成阿克苏中心台优化改造。台站工作环境得到极大改善，标准化、专业化程度进一步提高。在地州局的配合下，完成乌苏 2 个观测点 2km 多供电线路的更新工作，确保台站正常运行；组织协调推进青藏高原能力提升项目，新疆南部地震监测能力进一步提升。

四、监测预报研究工作

2019 年，新疆地震科学基金资助的 12 项监测预报类研究课题全部顺利通过验收，发表论文 15 篇。6 项中国地震局"监测、预报、科研"三结合课题结题并通过验收，相关研究成果应用于日常监测预报业务工作。

（新疆维吾尔自治区地震局）

中国地震局地球物理勘探中心

一、震情跟踪工作情况

2019 年，中国地震局地球物理勘探中心高度重视震情监视跟踪工作，成立了 2019 年度震情监视跟踪工作领导小组，制订了《地球物理勘探中心制定年度震情跟踪工作方案》，及时部署安排 2019 年震情跟踪工作，成立震情跟踪小组，紧密跟踪测区和预测区域的重力场演化趋势。认真做好月会商、年中会商、年度会商及国庆安保期间加密震情会商工作，实行野外流动重力测量与震情跟踪分析准同步进行，按要求及时上报经核实后的重力场异常变化。2019 年 4 月 21 日河北省临漳县（32.83°N，111.56°E）发生 M_L4.1 地震后，及时与河北省地震局沟通，实时跟踪冀鲁豫交界区附近最新重力场变化趋势。综合研判给出预测意见。

二、台网运行管理

2019 年度，完成北京、天津、河北、山西、内蒙古、宁夏、陕西、河南、安徽、湖北等省（自治区、直辖市）地震重力测网两期复测，全年共完成重力点 520 点次、重力测段 641 段次和 60 个闭合环。及时对野外观测中对变化较大的测点、测段立即进行异常核实，对被破坏的测点选建新点，进行新老测点联测，确保流动重力观测资料的连续性。2019 年物探中心重力测网运行正常，全年总行程约 15 万 km，且无安全事故，圆满完成年度监测任务。

三、台网建设情况

台网布局调整（台点调整）：对 2 个将被破坏测点均新建临时测点，并与老点进行四程联测，对 8 个已破坏测点、新建临时点进行观测，将这 10 个测点全部纳入 2020 年度测网维护计划。

四、监测预报基础研究与应用

2019 年，继续承担中国地震局"监测、预报、科研"三结合课题"基于重力资料的山西断陷带震例分析"等观测研究项目，全年在核心期刊上发表监测预报研究论文 3 篇。通过重力资料对 2020 年地震趋势进行跟踪分析，向中国地震局监测预报司提交年中、年度会商报告各 1 份，在 Apnet 网上提交相关会商意见报告。

（中国地震局地球物理勘探中心）

中国地震局第一监测中心

一、震情跟踪工作情况

年度监测预报工作概述。2019年，中国地震局第一监测中心完成了地球物理场观测、地震监测系统运维等13项监测任务，其中区域精密水准测量3420.8km，GNSS观测120个测点，重力观测384个测段，流动地磁观测356个测点。完成了2019年度对区域精密水准测量、跨断层定点形变台站短水准测量、流动跨断层场地水准测量的日常监测跟踪和技术指导工作，保证区域精密水准和跨断层监测系统的正常运行。

年度震情跟踪与判定。2019年，中国地震局第一监测中心加大会商开放力度，不断提高年度会商科技含量，特邀系统内外有关专家，完成年度震情会商各项工作，全年完成地震应急会商、临时会商、重要会商和节假日会商、月会商、年中会商和年度会商等工作，参加南北地震带年中会商及形变学科、重力学科等年度会商。

二、监测预报基础和应用研究工作

2019年，地震计量体系建设工作稳步推进。组织编写《地震计量工作管理办法（试行）》和《地震计量发展规划》，编制测震类和地球物理类31种设备的定型测试大纲，逐步实现地震监测业务计量管理的规范化和标准化，逐步建立健全地震专业仪器设备计量检测工作技术标准。统筹系统内外现有计量工作资源，完成测震、地球物理两大类204种型号定型测试工作，开展"国家地震烈度速报与预警工程设备采购项目（一期）"25个型号的标前测试工作和"一带一路"拟采购井下地震计、一体化地震计等14个型号设备的测试评估工作。国家地震计量站大楼主体框架完成，建成地震数据采集器监测实验室、井下地震计监测实验室、水位仪和水温仪检测实验室，开展定型检测工作。完成全国地震专用计量测试技术委员会筹建方案的编制并报国家市场监管总局，协助完成全国地震专用计量测试技术委员会委员的征集工作，举办"中国地震局第二期计量知识培训班"。

2019年开展国家地震技术装备体系建设和全国流动应急测震观测前期工作，组织相关专家从规划制定、设备定型、运行维护等方面研讨，为统一全国地震技术装备的运行调度、承接地震技术装备体系建设体系建设与管理工作奠定基础。

2019年科技部科技基础性工作专项"中国大陆现代垂直形变图集的编制与资料整编"项目通过验收，地震流动监测探测技术系统升级项目顺利开展，重点开展InSAR研究工作，利用InSAR技术融合区域水准观测资料、多用InSAR技术、融合GPS与InSAR技术开展综合分析及三维形变场算法研究，联合同震形变场断层滑动分布反演结果，进行地震学应用，通过使用随机振动有限断层模型进行区域地震动数值模拟，实现InSAR技术与地震动数值模拟的跨学科结合。

2019年共申报各类课题57项，已获批15项，总额度107.3万元，其中国家自然基金（面上）项目1项，中国地震局地震科技星火计划项目3项，震情跟踪11项。全年共有40项科研课题处于在研阶段。发表论文55篇，其中SCI 7篇、EI 7篇。2019年计量检定站荣获全国地震系统先进集体，武艳强荣获全国地震系统先进工作者称号，地震监测专业设备定型检测工作荣获中国地震局 2019 年度工作创新项目，"中国综合地球物理场观测大华北地区精密水准测量"项目获得 2019 年全国优秀测绘工程奖铜奖。另外，中心监测项目分别荣获天津市优秀测绘工程奖一等奖 1 项、二等奖 2 项、三等奖 1 项。

（中国地震局第一监测中心）

台站风貌

吉林省长春合隆地震台

吉林省长春合隆地震台位于吉林省长春市农安县三岗镇光荣村新立屯。台站位置为东经 124.906°，北纬 44.087°，海拔 187.6m，距长春市中心约 40km。隶属吉林省地震局，为国家地震基准台站。

随着城市建设发展，观测环境对地磁观测构成严重干扰。按中国地震局对国家地磁基准台迁建的有关要求，于 2001 年 6 月 9 日成立选台小组，同时经过充分准备，开始选址踏勘，选定现今台址后进行台址测试工作，占地 6 万 m²，观测区各单元体布局合理。2004 年 5 月 18 日开始土建，2006 年底竣工，2007 年初开始安装观测设备，2007 年 6 月 1 日开始试运行，并与原合隆台址对比观测，2008 年 9 月 1 日正式运行。

目前长春合隆地震台共有在职人员 6 人，均具有本科以上学历，初级职称 1 人，中级职称 2 人，高级职称 3 人，担负着日常地磁、地电场、流体数据预处理、地磁绝对观测、跟踪分析、震情值班、信息报送等工作任务。

2008 年台站投入使用至今，长春合隆地震台观测手段主要包括地磁观测、地电场观测、流体观测、强震观测、测震观测。其中强、测震观测为测点维护工作。

长春合隆地震台地磁观测（"十五"）于 2007 年 6 月底安装地磁相对观测总场与分量综合观测仪（FHDZ-M15）、地磁绝对观测磁通门经纬仪（Mingeo-DIM）、地磁绝对观测质子旋进式磁力仪（G856AX），与旧址（小合隆）对比观测，2008 年 9 月 1 日正式观测。

长春合隆地震台地电场观测于 2007 年 12 月底安装地电场观测仪（ZD9A-Ⅱ），2008 年 9 月 1 日正式观测。由于电极老化影响观测数据质量，每两年更换一次电极。布极中心点距台站主控室 110m，距办公楼机房约 260m，共分南北长、东西长、北西长、南北短、东西短、北西短 6 道测线，长极距 400m，短极距 250m，斜道 566m 和 354m。2010 年安装第二套地电场观测仪（ZD9A-Ⅱ），布极中心点距台站主控室 110m，距办公楼机房约 240m，共分南北长、东西长、北东长、南北短、东西短、北东短 6 道测线，长极距 200m，短极距 150m，斜道 283m 和 212m。

长春合隆地震台流体观测于 2007 年 12 月底安装流体观测水温仪（SZW-1A）、水位仪（LN-3A）、辅助观测气象三要素仪（WYY-1），2008 年 9 月 1 日正式观测。2019 年实施台站优化改造项目，流体（水温、水位）观测仪更换为 ZKGD3000-N，将于 2020 年 1 月 1 日正式观测。

长春合隆地震台强震动、测震观测产出数据直接传至吉林省地震局台网中心；台站维护其运转，分析与数据处理由台网中心管理。

1984 年国际教科文组织所属地球物理协会为纪念全球性地磁观测活动开展 100 周年，

授予长春地磁台国际地球观测百年纪念银质奖章 1 枚。

长春合隆地震台地磁基准观测 2009—2016 年在全国地震观测质量评比中连续 8 年获得优秀前三名；地电场观测在 2014 年全国地震观测质量评比中获得优秀前三名；地磁秒采样观测分别在 2013 年、2015 年、2018 年全国地震观测质量评比中获得优秀前三名；多次在省内地磁资料评比中获得第一名。

（吉林省地震局）

江西省九江地震台

江西省九江地震台属于全国测震、形变观测基本台（国家一类台），始建于 1972 年，是中国地震局系统的专业综合地震监测台站，隶属江西省地震局管理。经过近 50 年的发展，九江台实现了由区域地震台到国家地震台、由模拟观测到数字化观测的转变，逐步建设了能满足多学科监测需要的窿道［观测窿道深 40m，温度在（17±0.5）℃］、观测井（九江 1 井、九江 2 井）、通信、供电、供水等观测设施，观测项目由原先的 3 套模拟仪器逐步发展到拥有 34 个测项 12 台套仪器。同时，联合中国地震局地震研究所（湖北省地震局）在台站建立了重力基线点、GPS 点等观测设施。2016 年实施"地震监测氡观测仪器检测平台建设项目"，建成地下流体学科第一个仪器检测平台。2019 年，中国地震局批准了江西九江扬子块体东部地球动力学野外观测研究站，该野外站以九江台为基础，依托单位为江西省地震局，合作共建单位为东华理工大学。

目前九江台共有在职人员 8 人，均有本科以上学历，中级职称 6 人，担负着震情值班、日常数据处理、氡观测仪器检测平台运维、野外站运维等职责。

九江地震台地震观测已取得连续 40 年的观测资料，从 2007 年开始安装宽频带数字地震计，实现数字化记录和分析。大地形变观测的钻孔应变、水管、伸缩仪和水平摆观测精度为 10^{-9m}，用于观测大地的垂直、水平、掀斜、拉张和挤压运动，"十五"期间新增观测仪器的数据采样频率都可以达到 1 分钟。地下流体观测共有 7 套仪器设备。观测内容有水位、水温和逸出汞、氡等地下深部气体组分。地下流体观测实现分钟值观测，通过监测断裂带附近地下流体的化学和物理指标的变化来研究地质活动的强度。同时台站建有重力基线点、GPS 点等观测设施。

九江地震台多次在全国评比中收获荣誉：2008 年、2009 年、2010 年、2017 年、2018 年获得气汞三等奖，2014 年、2017 年、2018 年获得水温二等奖，2015 年获得水位三等奖。

九江地震台参与的"地震信息播报机器人系统设计与开发"获得 2017 年中国地震台网中心防震减灾科技成果奖基层二等奖。

九江地震台实施的"九江台氡观测对比实验研究"获得 2018 年度江西省地震局防震减灾优秀成果奖二等奖。

（江西省地震局）

河北省涉县地震台

河北省地震局涉县地震台（以下简称涉县台）为国家基准地震台，始建于1976年。台站拥有16套观测设备，包括电磁、形变、测震、流体4大观测学科，台站地理位置偏僻，地震监测自然环境优良，外界干扰少，是晋冀豫三省交界区监测手段齐全的一个综合性台站。

目前涉县台共有在职人员9人，本科及以上学历8人（包括硕士3人，在读硕士1人），另外1人为高中起点入职后获得专科；台站职工年龄在26～50岁，年龄结构合理；担负着日常地磁、形变数据预处理、震情值班、信息报送以及仪器运行维护维修等任务。

1976年台站投入使用至今，涉县地震台观测手段主要包括地磁观测、形变观测、测震、流体。涉县地震台已成为晋冀豫三省交界地区唯一的综合性地震观测台站，拥有观测设备共计16台套。其中地磁观测和形变观测是涉县台主要观测手段，地磁学科属于全国I类基准台，形变学科属于全国基本台。

涉县台地磁观测项目于1978年3月开始正式观测，分为绝对观测、相对记录、准绝对观测3部分。2008年8月安装CNEM08-1型电扰动仪。2014年5月完成极低频探地工程地震预测分系统项目中涉县极低频观测室建设，同年8月安装ADU-07型ELF观测仪。

涉县地震台测震观测项目于1977年9月安装DD-1型测震仪，1983年12月曾安装513型中强地震仪，投入观测不久因仪器故障停测。2000年11月，"九五"改造时安装FBS-3A宽频带数字地震仪，取代DD-1短周期地震仪，并采用DDN数据专线传至邯郸数字地震台网监测，为邯郸数字地震台网监测子台之一。2002年5月DD-1模拟观测停测。

涉县地震台先后多年获得河北省地震局先进集体称号，观测资料每年在河北省地震局、中国地震局质量评比中获奖多项；近几年，承担各级课题多项，发表论文多篇。台站积极响应"开拓创新、求真务实、攻坚克难、坚守奉献"的十六字地震行业精神，努力提高台站观测资料质量和科研能力，努力把涉县台建设成全国一流地震台站。

（河北省地震局）

陕西省渭南中心地震台

陕西省地震局渭南中心地震台为省级台站，主要负责渭南区域专业地震台站的管理、运行维护、资料处理报送、地震科学试验与研究、防震减灾科普宣传、地震应急处置等重点工作任务。渭南中心地震台下辖23个台站，包括韩城地震台和合阳地震台2个有人值守地震台；21个无人值守地震站，其中3个地球物理观测站、5个测震站、11个强震动站（另外还有4个与其他台站合建）及2个GNSS站（还有1个与合阳测震合建），涵盖电磁、流体、形变、测震4大学科。渭南中心地震台本部在韩城地震台，始建于1971年，2019年因台站办公、住宿环境老旧，已经不能满足工作需要，按要求实施韩城地震台观测环境优化改造项目。

2000年3月，渭南中心地震台荣获陕西省地震局1999年度"文明台站"称号。

2000年度和2001年度，渭南中心地震台在陕西省地震局精神文明领导小组的复核验收下，继续保留"文明台站"称号，并通报陕西省地震系统予以表彰奖励。

2000年11月，在陕西省召开的防震减灾工作会议上，渭南中心地震台被评为先进集体，受到陕西省人事厅、陕西省地震局表彰奖励。

2019年，渭南中心地震台台长潘存英同志获得陕西省地震系统先进工作者称号。

（陕西省地震局）

地震灾害风险防治

2019 年地震灾害防御工作综述

一、总体工作情况

2019 年，中国地震局震害防御司以习近平新时代中国特色社会主义思想和党的十九大精神为指引，学习贯彻习近平总书记关于防灾减灾救灾的系列重要论述和关于提高我国自然灾害防治能力的重要讲话精神，认真贯彻落实国务院防震减灾工作联席会议、全国地震局长会议精神，贯彻落实中国地震局党组重大决策部署，进一步增强灾害风险防治和综合减灾理念，完成了全年地震灾害防御各项工作。在地震灾害风险防治体制改革、扎实推动"九项重点工程"任务落地、积极服务国家战略和社会发展等方面取得突出进展。

二、深化地震灾害风险防治体制改革

2019 年 6 月 27 日，《地震灾害风险防治体制改革顶层设计方案》（中震党发〔2019〕132 号）经中国地震局党组 2019 年第 12 次会议审议通过，印发实施。

地震灾害风险防治体制机制不断完善。一是制度体系建设不断推进。配合中国地震局公共服务司（法规司）启动修订《地震安全性评价管理条例》。配合住房和城乡建设部制定《建设工程抗震管理条例》，进入司法部征求社会意见阶段；发布行业标准 3 项，《活动断层避让》等 10 项业务标准正在审批或征求意见中。二是地震安全性评价改革不断深化。多次主动联系国务院推进政府职能转变和"放管服"改革协调小组办公室、应急管理部、国家发展和改革委员会、国家能源局等相关部门，梳理地震安全性评价范围，提出事中事后监管措施建议；印发区域性地震安全性评价工作大纲，《关于进一步深化地震安全性评价管理改革的意见》通过中国地震局局务会审议，新的地震安全性评价改革方案正与成立国务院推进职能转变协调小组办公室沟通确定。今年以来指导山西、浙江、安徽、湖南、陕西等 16 家省级地震局，印发区域性地震安全性评估 126 项，审定甘肃永靖、贵州铜仁等 20 个地震小区划。三是政府、社会、个人风险共担机制稳步推进。国家重点研发计划专项"地震保险损失评估模型及应用研究"正式启动，联合中国再保险（集团）股份有限公司发布中国地震巨灾保险模型 2.0 版，协调银保监会联合赴张家口等地开展地震巨灾保险试点情况调研。联合开展全国综合减灾示范社区创建，组织开展区划图年度执行情况检查，压实地方政府风险防治责任。对全国 1167 家工程建设、勘察设计等单位或机构进行抽查检查，抽检建设工程 7854 项，达到设防要求的 7824 项。

地震灾害风险防治任务新格局基本成形。一是全力打造风险防治"国家队"。会同中国地震灾害防御中心新班子贯彻落实中国地震局党组决策部署，指导修订全面深化改革和振兴发展方案，编制中心"三定"方案和现代化建设纲要实施方案；督促成立地震活动断层探察数据中心、地震区划管理办公室，组建地震灾害风险和地震保险重点实验室；协助实施科技成果转化奖励办法，开展科技成果转化项目认定，首批十余个科技服务项目的成果转化奖励取得良好实效，"谁改革、谁收益"的理念深入人心。二是充分发挥"正规军"作用。强化中国地震局工程力学研究所、中国地震局地质研究所、中国地震局地球物理勘探中心、中国地震局发展研究中心等直属单位的技术和人才资源优势，发挥作为地震灾害风险调查、评估、治理和服务的"正规军"作用。成立技术工作团队和专家组，为重点工程实施提供技术支撑，并着力制订地震灾害风险防治相关技术标准和规范；印发《关于加强地震活动断层探察工作的通知》，完成了地震活动断层探察数据由中国地震局地质研究所向中国地震灾害防御中心的迁移。三是强化省级地震局基础能力。积极推进各省级地震局组建地震灾害风险防治中心，使其成为地震灾害风险防治的"主力军"；指导天津制定印发《关于进一步加强全市地震灾害防治重点工作的实施意见》，山东、湖南等 7 个省编制完成顶层设计重点任务实施方案。

三、扎实推动"九项重点工程"任务落地

推进实施地震灾害风险调查和重点隐患排查工程。全面落实郑国光局长指示，配合应急管理部编制完成工程总体方案和工作方案、工程经费初步预算，明确主要工作内容和部门任务分工。确定 2019 年地震灾害风险调查和重点隐患排查 86 个市县的普查工作内容，编制完成试点工作方案、2020 年预算并报送应急管理部和财政部。明确中国地震灾害防御中心为该工程牵头支撑单位。组建专家和技术团队，组织风险调查技术培训班。组织研讨房屋设施隐患排查技术方案，梳理工程涉及的标准规范 116 项，全面做好工程实施前相关准备。

推进实施地震易发区房屋设施加固工程。组建加固工程协调工作组，组织相关部门共同编制加固工程总体工作方案。召开工作组联络员会议和协调工作组全体会议，加固工程总体方案通过自然灾害防治工作联席会议办公室审议。成立加固工程专家组，以各行业的技术标准规范为基础，系统梳理了 11 大类、131 项房屋设施抗震加固技术标准规范，完成《地震易发区房屋设施加固工程技术指南大纲》初稿编制。推进各部门的抗震设计规范与抗震设防要求有效衔接，组织完成《核电厂抗震设计规范》《核电厂工程地震调查与评价规范》修订，参与《建筑工程抗震性态设计通则》《建筑抗震韧性评价标准》等技术标准规范制修订工作。

四、积极服务国家战略和社会发展

一是强化地震灾害风险区划与治理，服务国家重大战略、重点工程。牵头编制《河北雄安新区地震安全专项规划》，会同国家发展和改革委员会、河北省人民政府联合印发。组

织完成川藏铁路沿线区划和沿线 11 个重要工程场地地震安全性评价。以防风险为目标，启动第六代地震灾害风险区划预研。二是推动工程抗震从"硬抗震"到"韧性抗震"的转变。在港珠澳大桥、云南龙江特大桥等 10 余项工程开展地震安全检测和健康诊断技术服务，减隔震技术在北京大兴新机场、港珠澳大桥等 1300 余项建设工程中得到应用。三是扩大地震灾害风险调查覆盖面，为西部大型水电站和涉核工程等重大工程选址及雄安新区、海南自贸区江东新区国土规划和城乡建设提供地震安全服务。吉林延吉、河南洛阳、海南海口等 40 个城市活动断层探测进展顺利，山西朔州、安徽芜湖、山东临沂等 28 个城市积极推进立项，四川、江苏、河南等省的城市活动断层探测全面铺开，福建省陆地与海洋地震风险基础探测进展顺利。四是完成地震灾害风险信息管理服务平台设计，组织开发中国地震区划 APP 并上线运行。将地震活动断层数据纳入国家地震科学数据共享体系，实现活动断层探察数据入库、检测、汇交、共享的全链条服务。五是强化行业部门合作，提高地震部门服务行业和地方安全发展能力。主动对接国家文物局，强化文物的抗震加固和抗震防灾措施。联合应急管理部、中国气象局持续推进全国综合减灾示范社区和示范县建设。着手落实与河北省人民政府签署的合作框架协议，推进唐山市高质量建设全国防震减灾示范城市。

（中国地震局震害防御司）

2019 年地震应急响应保障工作综述

2019 年，地震系统认真贯彻落实党中央、国务院领导指示批示精神，在中国地震局党组坚强领导下，按照"全灾种、大应急"体制要求，着力推进应急体系建设，扎实开展应急准备，修订地震应急响应预案。开展 11 个年度重点危险区地震灾害损失预评估，完成国内外地震应急响应处置 64 次，其中大陆地震 42 次、台湾及海域地震 6 次、境外地震 16 次，其中启动 3 级地震应急响应 1 次。积极开展快速评估、趋势会商、烈度评定、新闻宣传和舆情引导等工作，为抗震救灾提供信息服务和技术支持。

一、推进地震应急体系建设

认真贯彻落实《深化党和国家机构改革方案》，适应机构改革和职能转变新要求，正确履行地震应急响应职责，坚持优化协同高效的原则，进一步明确职责、理顺关系和完善机制，形成系统上下高效对接、有机联动、运行有序的地震应急响应机制，确保地震应急响应工作科学有力有序有效开展。中国地震局党组出台《中国地震局地震应急响应机制改革方案》（中震党发〔2019〕139 号），对建立中国地震局应急响应平台，建立快速顺畅、科学规范的信息报送机制，建立协调高效、有机联动的应急响应机制以及建立优化协同、平战一体的综合协调机制作出部署。

二、强化震前应急准备

一是全面完成 2019 年 11 个重点危险区地震灾害预评估。组织专家组赴危险区开展实地调研和灾害预评估工作，并提出有效对策建议，各省级地震局将预评估报告及对策建议等向当地政府报告，及时为各级党委政府提供风险防范依据和决策参考。总结梳理 2015 年以来预评估工作及成果，整理形成成果数据库及查询系统，服务于中国地震局和应急管理部震后灾害快速评估、应急响应处置和地方政府的应急准备。

二是组织开展片区协作联动建设。持续推进东北、华北、华东、华中、中南、西南、西北 7 个协作联动区域能力建设，分别由各片区年度牵头的单位组织开展采取交流研讨、实战演练等措施，促进联动机制改进，提升应急响应协作能力。各项活动中注重邀请应急部门参加，为加大应急体制的不断完善起到推动作用。

三是修订预案、提升戒备状态。编制《中国地震局地震应急响应预案》《中国地震局应急指挥中心地震应急响应工作手册》，预案内容坚持统一领导、分级负责、属地为主、协调联动的应急响应工作原则，坚持简化流程、反应快速、科学处置、突出实效的任务设置原则。指导云南、新疆、甘肃、四川、青海等省（自治区）地震局制订本单位地震应急专项工作方案。落实应急值班人员和地震现场工作人员，建立 AB 角值班备班制度，确保 24 小时在岗值守，特别是做好舆情监控，防止发生地震谣传和误传。组织地震应急技术系统和装备检查。要求各相关单位重点加强应急指挥技术系统和应急装备运维管理情况检查，要求中国地震局机关和各相关单位做好人员、车辆、仪器、装备等各项现场应急准备工作。

三、高效开展震后应急响应与处置

一是坚决贯彻党中央、国务院领导指示批示。中国地震局党组坚决贯彻党中央、国务院领导指示批示精神，按照应急管理部要求，历次显著地震发生后，中国地震局党组书记郑国光同志和党组其他同志震后第一时间开展指挥部署，高效组织开展灾情调查、快速评估、趋势会商、烈度评定、新闻宣传和舆情引导等工作，指导监督相关局属单位迅速开展现场工作，为应急管理部和相关省级党委政府开展抗震救灾工作提供了有力的服务保障，为开展抢险救援、救助灾区群众、稳定社会秩序作出积极贡献。

二是高效开展应急响应和现场工作。历次地震发生后，中国地震局迅即开展应急响应，了解震情灾情，指挥调度力量，向应急管理部和地方党委政府报送技术信息和指挥决策建议。相关省级地震局与周边省级地震局、地方应急管理部门积极协作，联合开展应急行动。现场工作队迅速出队，开展灾情收集、流动观测、烈度评定、灾害评估、科普宣传等工作，与其他现场应急救援队伍协同工作，指导协助抢险救援、灾民安置等工作，震后 2～3 天内完成地震灾害调查和烈度图编制工作。

三是全力提供应急技术支撑保障服务。中国地震台网中心及有关省级地震局在震后向应急管理部等国务院抗震救灾指挥部成员单位、省级党委政府迅速报出震情信息、灾害快速评估结果、历史地震、震情趋势会商研判意见，中国地震局直属研究所迅速产出人口热力图、主震震源机制解、地质构造图、地震动强度预测图、仪器地震烈度图等应急产品。相关省级地震局通过联系灾情速报员等手段，全力了解人员伤亡、基础设施损坏等地震灾情信息并报送中国地震局和省级抗震救灾指挥机构。

（中国地震局震害防御司）

局属各单位地震灾害风险防治工作

北京市

一、抗震设防要求

2019年，北京市地震局主动适应国务院取消抗震设防要求行政审批后，明确监管着力点，强化监管和服务，确保建构筑物尤其是重要建设工程抗震设防水平不降低。强化规划建设抗震安全服务；加强政务服务标准化，简化报审材料与办事流程，压减办事时限，开展"零办件"梳理，使材料精简比达63%、时限压减比达65%。全年审查建设工程194个、建设工程施工图35个。

二、地震安全性评价

区域性地震安全性评价相关要求写入北京市人民政府办公厅印发的《北京市工程建设项目审批制度改革试点实施方案》（京政办发〔2018〕36号），工作机制体现"在街区层面控制性详细规划编制过程中，同步开展区域地震安全性评价"，已开展区域化评估的不再单独开展地震安全性评价工作。为全市的区评开展提供政策依据。

配合中国地震局于2019年底开展"互联网＋监管平台"建设，完成地震安全性评价管理模块平台建设并投入试运行，收录各类项目库、专家库和执法人员库，以"双随机一公开"模式开展各项监管工作。

三、震害预测

组织编制完成《北京市地震风险源探测与评估工程》项目申报书，拟结合自然灾害防治九大工程推进开展。完成国土空间"双评价"中地震灾害评价专项工作，完成以按照标准网格定义的地震灾害风险评级。服务指导各区开展区域地震安全性评估工作。形成《北京平原区主要活动断层探测与地震危险性评价》《北京地区地震环境综合应用图集》。

四、活动断层探测

联合中国地震灾害防御中心、天津市地震局、河北省地震局编制完成《京津冀区域活动断层及强震区三维构造探测工程》立项书。

五、地震应急保障

1.强化应急应对准备

按照工作实际，对《北京市地震系统应急预案》进行修订，重点理顺应急处置流程，明确分工，提高可操作性，完成修订稿。编制《北京市地震局地震应急响应工作手册》，修订《北京市地震局值守应急工作制度》。

更新应急物资装备。购置三台无人机，检查更新部分应急食品、药品。

加强地震应急基础数据库建设。完成部分基础地理数据、生命线数据、地震工程数据的更新整理；开发完成本地化快速评估与辅助决策系统；升级指挥中心音视频中控系统，研发本地化制图系统。

加强京津冀地震应急协作。制定《京津冀地区地震系统应急联动工作制度（试行）》和《京津冀地震应急联动方案》，由北京市、天津市、河北省三家地震局三方联合印发。

2. 地震应急响应

2019年，修订完善北京市、区地震应急预案，优化应急响应流程。整合互联网、灾情报告、结构台阵、烈度速报、现场调查等多源渠道信息，快速准确获取"四情"（震情、社情、灾情、舆情），提高震后2小时"黑箱期"信息获取能力。妥善应对4月7日海淀2.9级、4月14日怀柔3.0级、12月5日唐山4.5级、12月10日昌平2.0级等多次有感地震事件，向市委、市政府领导报送震情专题报告8次，提出措施建议。全年向市政府报送震情信息60余期。应急部门与地震部门加强全方位合作，对接构建融合机制；理顺区级应急部门与地震部门协同工作机制。

3. 应急条件保障建设

开展部分应急避难场所面积和有效使用空间的核实工作。指导区级应急避难场所建设，参与二类和三类应急避难场所认定核定工作。建成169处、2203万 m² 室外地震应急避难场所，可容纳379万人。建立应急物资储备体系和调拨工作机制，可保障21万人的应急需要。

4. 地震应急行动

每周进行1次应急指挥技术系统演练；开展1次现场流动测震、1次现场通讯、1次后勤装备操作及1次北京市地震局综合演练。妥善应对4月7日海淀2.9级、4月14日怀柔3.0级等北京及周边有感地震事件，地震后立即派出现场工作队赶赴震中区，了解实地情况，及时向中国地震局、北京市委市政府报送震情信息报告。

（北京市地震局）

天津市

一、抗震设防要求

2019年，天津市地震局严格落实"放管服"改革要求，加强抗震设防要求监管。完成"地震安全性评价结果审定"政务服务9项。天津市地震局联合天津市住房和城乡建设委员会在全市范围内共同开展区划图执行情况检查工作，共对天津市范围内12家勘察设计单位报送施工图审查的238个项目执行新区划图的情况进行检查。

二、地震安全性评价

为国家会展中心，天津地铁6号线、8号线，滨海机场三期工程，蒙西煤制天然气外输管道，中石化芳烃联合装置项目等13项重大建设工程提供地震安全性评价服务。落实《天津市区域性地震安全性评价评估评审指导意见》，在蓟州区、河西区、津南区开展区域性地震安全性评估，为天津专用汽车产业园一期、陈塘科技商务区建设工程等区域确定抗震设防要求。

三、震害预测

推动天津市人民政府办公厅印发的《关于进一步加强全市地震灾害防治重点工作的实施意见》。天津市地震局成立领导小组并下设实体办公室，牵头开展全市抗震性能调查与评估试点工作。筹措资金200余万元选取宝坻区为试点开展建（构）筑物抗震性能调查与评估工作。完成宝坻区21个镇街、172个农村抽样点、城区7101栋房屋和1000多栋农居调查，完成1280栋城区房屋和农居易损性分析，完成全区房屋建筑抗震能力评价，实现宝坻城区地震灾害情景构建。收集截至2018年底天津市建（构）筑物地理空间数据，完成天津区域内人口、GDP和5种建筑物数据的格网化建设，整理形成市内6区单栋房屋建筑结构类型的公里网格数据。联合市规划和自然资源局、住房和城乡建设委员会等部门，完成市内6区的部分危房、地下管网分布数据以及天津海岸线、土地利用规划等抗震基础数据的汇集。联合北京、河北地震部门共享地震应急基础数据，完成京津冀区域行政区划、人口、经济、交通、水系以及学校和医院等数据的更新和融合处理。完成京津冀及周边地区历史地震数据整理（1970年至今）。编制并向中国地震局上报滨海新区地震灾害风险普查试点工作方案，核定试点区域地震灾害风险普查主要任务。

四、活动断层探测

综合近20年的活动断层探测成果，联合北京、河北地震部门初步编制完成京津冀区域地震构造图。建设天津区域地震活动断层数据库，对已完成的海河、天津、沧东、蓟运河等6条断裂探测数据及研究成果进行整理，绘制新的《天津1：25万地震构造图》。继续推动区域内活动断层探测工作，完成跨河西务断裂、牛东断裂等地球化学测线6条，总长约21.0km，在蓟州区、武清区、河西区开展跨断裂浅层人工地震勘探测线4条，共计20.4km，进一步完善地震孕灾体基础数据，为开展区域强震危险源判定工作打下坚实基础。

五、地震应急准备高效有序

完成省级地震预案修订工作，并经市政府常务会议通过予以正式印发。完成天津市抗震救灾指挥部和震灾应急救援职责划转，与市应急管理局明确防震减灾、抗震救灾职责划分和地方防震减灾工作指导分工，建立了协调配合工作机制。组织开展地震应急演练10余次。完成应急避难场所建设地方标准申报工作。

（天津市地震局）

河北省

一、抗震设防要求

一是纳入并联审批流程。2019年，河北省地震局认真研究落实法律法规和国家政策，加强同省工程建设项目改革办沟通，将"施工图抗震设防要求审查""抗震设防要求专项竣工验收"2个环节纳入工程建设项目并联审批流程，并在省、市、县实行"三级四同"，对于地震部门加强抗震设防要求事中事后监管和加强公共服务具有重要意义。二是加入联合验收机制。8月7日，河北省地震局会同省住房和城乡建设厅等10部门联合印发《关于实行工程建设项目竣工联合验收的实施意见》，对全省新建、改建、扩建的房屋建筑和城市基础设施等工程建设项目实行限时联合验收机制，统一验收流程、改革验收方式、精简验收条件，强化事中事后监管，进一步提高工程建设项目竣工验收效率和质量。三是加强抗震设防检查指导。2019年9月，河北省地震局会同省应急管理厅，以勘察设计和工程建设单位为重点，联合部署开展第五代地震动参数区划图执行情况检查，在全省共抽查设计和施工单位80家，涉及建设工程115个。2019年5月，组织对雄安新区2019年开工的59个重点项目进行前置性审查，梳理出9项需要进行地震安全性评价，50项提高设防标准并正式反馈，12月13日会同省应急管理厅进行现场督导检查。2019年4月1日，唐山市政府印发《唐山农村住房建设技术指南》，河北省地震局在市县震防工作座谈会上专门进行专题解读，向各市推介唐山经验，加强对农村民居抗震设防要求和危房加固改造工作的指导。四是开展市县基础能力培训。机构改革后，市县地震部门普遍存在人员调整多，职责变动大，多数人员对政策把握不清等问题。为尽快统一业务方向，形成工作合力，河北省地震局分别于2019年4月和12月组织市县分管领导、业务骨干进行培训，邀请工程建设、震害防御、法规、宣传等领域的知名专家和业务领导进行授课。同时按照河北省地震局制度建设月、制度宣传月的要求，将震防、法规、科普3个领域在用的法律法规、制度标准、常用图表进行全面梳理，编印成《震害防御（政策法规）常用制度选编》，印发全省市县地震部门，进一步推进震防工作规范化。

二、震害预测

结合《廊坊市抗震防灾规划（2018—2035年）》编制，开展廊坊市中心城区震害预测和地震灾害隐患排查工作，划分出分布在老城区及城乡结合处尚未改造的老旧棚户区中的抗震安全隐患，共计120片，建筑面积总计约1585万 m^2，为下一步老旧小区和危房改造提供科学依据。

三、活动断层探测

邯郸市开展"邯东断裂综合定位与地震危险性评价项目"，由市财政投资605万元，利用2年左右完成邯东断裂地震活动断层的综合定位和地震危险性评价工作。项目主要通过地貌和地震地质调查、高分辨率卫星影像解译、浅层地震勘探、跨断层钻孔探测、标准剖面和跨断层钻探剖面的年代学测试，精确确定断层的活动性、位移量及位移速率。确定断层空间分布并进行危险性评价，制作成大比例尺图件并提出避让建议。项目成果将为邯郸市城市规划建设提供重要参考依据。

（一）项目前期工作

2018年11月，委托中国地震局地质研究所编制项目设计方案，2019年2月项目设计方案通过专家论证。2019年6月经公开招标由应急管理部中国地震应急搜救中心与中煤科工集团西安研究院有限公司、鲁东大学组成的联合体中标。2019年10月，中国地震局震害防御司委托地震活动断层探察数据中心在北京组织专家，对《邯郸市邯东断裂综合定位于地震危险性评价项目实施方案》进行论证。专家组审阅方案文本，听取项目承担单位的汇报，同意该方案通过论证，修改完善后的方案可作为项目实施和验收依据。

（二）施工进展

2019年11月，浅层地震勘探专题承担单位中煤科工集团西安研究院有限公司设备进驻场地，开展浅层勘探施工。在施工前，邯郸市地震局组织项目施工涉及的区县召开现场施工协调工作会，对区县局在施工现场的配合协调任务进行安排布置。

2019年11月21—22日，邯郸市地震局组织监理组两位专家及项目牵头单位负责人，听取施工单位汇报并对浅层地震勘探施工进行现场检查。截至2019年底，野外浅层勘探初勘部分施工结束，共完成7条浅层地震勘探测线，总长度27km。

（河北省地震局）

山西省

一、抗震设防要求

2019年9月3日，山西省人民政府办公厅印发《关于推进区域性地震安全性评价工作的实施意见》。山西省地震局印发《山西省区域性地震安全性评价技术大纲（试行）》和《需开展地震安全性评价的建设工程目录》。与山西省住建厅联合对416家建筑单位共计983项建设工程的《中国地震动参数区划图》执行情况进行检查。赴运城、临汾、忻州、大同4个市的应急管理局、住房和城乡建设局、防震减灾中心开展"如何防范化解地震灾害风险"专题调研，编制完成调研报告。编制地震灾害风险调查和重点隐患排查工程项目建议书，提出"山西地震烈度速报与预警工程项目"和"山西省城市活断层探测与地震危险性评价项目"2个项目建议报山西省应急管理厅。

二、地震安全性评价

山西省运城市河津市经济技术开发区完成区域性地震安全性评价项目招投标工作。山西省综改示范区（阳曲产业园区及潇河产业园区）完成区域性地震安全性评价项目建议书编制。对《太原市小井峪村城中村改造项目工程场地及附近活动断裂勘探评价报告》进行评审。完成朔州机场、黄河古贤水利枢纽等重大工程项目可行性研究报告的审查。

三、震害预测和活动断层探测

"忻州市区活断层探测与地震危险性评价项目（一期）"4个专题全部通过验收。"大同市活断层探测与地震危险性评价项目（一期御东片区）"正式启动，"控制性浅层地震探测专题"通过验收。"晋中市活动断层探测与地震危险性评价项目"完成招投标工作。阳泉市震害预测项目实施方案通过论证，正式启动实施。霍州市启动城区地震小区划项目。

积极推广基础探测成果的应用，山西省综改示范区有58个工程建设项目、大同市装备产业园区有10个工程建设项目均应用了基础探测成果，为城市规划和基础设施建设提供科学依据。

四、地震应急保障

2019年，山西省地震局重新修订《山西省地震局地震应急预案》和《地震应急信息编报规程及模板》。

山西省地震局牵头，省应急管理厅、省发改委、省住建厅、省交通运输厅等单位组成检查组开展地震应急准备和抗震设防工作检查，全面检查临汾市、晋中市、太原市及曲沃县、蒲县、灵石县、太谷县、小店区、万柏林区的应急物资储备、地震应急演练、相关行业地震风险隐患排查、活断层探测等震害防御基础工作、农村危房改造等提高抗震性能措施情况，将检查情况报告山西省政府，将整改要求通报相关市政府。

2019年5月8日，山西省地震局与山西省应急管理厅共同开展山西省防震减灾系统地震应急演练，省、市、县地震部门600余人参加演练，各市应急管理局通过视频全程观摩。此次演练采用"互联网＋平台＋桌面推演＋现场实战"的方式，模拟启动应急响应、指挥部署、应急处置3部分内容，山西省地震局各应急工作组、各市地震部门、各地震台站按照地震应急预案和演练程序开展震后4小时内的应急处置行动。

为确保在机构改革过渡期间高效履行抗震救灾和防震减灾工作职责、有序应对地震灾害事件，山西省地震局与山西省应急管理厅研究制定抗震救灾和防震减灾协调联动机制，于2019年8月正式印发执行。

2019年，山西省地震局对朔州市山阴县10个乡镇25个村庄4个企业、大同市天镇县4个乡镇10个村庄开展地震灾害风险评估调研工作，重点对地理地貌、重大次生灾害、建筑物抗震能力、交通道路、应急能力等情况开展调研，并对人口稠密的乡镇进行无人机航拍。编制完成2015年以来实地调研地区的地震灾害预评估报告。

（山西省地震局）

内蒙古自治区

一、抗震设防要求

2019年，呼和浩特新机场建设项目在工程设计中应用减隔震新技术。将建设工程抗震设防要求审批、影响地震观测环境的新建、扩建、改建建设工程的审批、建设专用地震监测台网和强震动监测设施的重大工程和可能发生严重次生灾害建设工程的审批纳入内蒙古自治区发改委在线审批平台；将建设工程抗震设防要求审批、影响地震观测环境的新建、扩建、改建建设工程的审批纳入内蒙古自治区住建厅审批平台。

二、地震安全性评价

2019年，出台《内蒙古自治区工程建设项目审批制度改革工作实施方案》，明确地震安全性评价必须在工程设计前完成，印发《内蒙古自治区关于推行工程建设项目区域评估的指导意见》。成立地震安全性评价工作领导小组，推动制定地震区域安评管理办法，重构地震安全性评价制度体系。

三、活动断层探测

2019年，内蒙古自治区将城市活动断层避让纳入内蒙古自治区国土空间规划。

四、地震应急保障

2019年，建成以内蒙古自治区综合应急救援队、武警内蒙古总队应急救援队和内蒙古军区应急救援队为主体，各大中型企业和社会力量为重要补充的应急救援体系。各盟市和部分旗县区分别设立地震应急避难场所。

内蒙古内蒙古自治区 7 个社区被认定为国家地震安全示范社区，4 所学校被认定为国家防震减灾科普示范学校，10 所学校被认定为内蒙古自治区级防震减灾科普示范学校，创建综合减灾示范社区 15 个。

（内蒙古自治区地震局）

辽宁省

一、抗震设防要求

落实防震减灾监管权力融入辽宁省工程建设审批制度改革。2019 年，辽宁省地震局通过调研，对 10 类工程建设项目的生成阶段工作和审批流程进行全面了解，梳理需要地震部门介入或者在未来可能介入的具体环节和方式，编写沈阳、大连两市作为全国首批 16 个试点地区开展工程建设项目审批制度改革的情况报告，为下一步推进地震安全性评价强制性评估和区域性地震安全性评价的有效实施提出方案。

审批事项纳入工程建设项目审批流程的第一阶段。2019 年，辽宁省地震局经与省营商局、省住建厅、省自然资源厅多次沟通协商，由省工程建设审批制度改革领导小组下发文件，将省地震安全性评价事项纳入工程建设项目审批流程的第一阶段（立项用地规划许可阶段），作为一项行政确认，纳入行政审批事项清单，确保省内重大建设工程在设计之前完成地震安全性评价；将地震监测设施和地震观测环境增建抗干扰设施的确定、对核发选址意见书、建设用地规划许可证或乡村建设规划许可证时征求意见的确认，列入立项用地规划许可阶段工程建设项目审批事项清单。

二、地震安全性评价

地震安全性评价改革。2019 年，辽宁省地震局经与省发改委有关部门沟通，确定地震安全性评价强制性评估事项成为辽宁省投资项目在线审批监管平台的告知内容，同时，经省发改委投资处授权，辽宁省地震局取得登录省级投资报建项目信息管理平台后台查询权限，为加强地震安全监管工作提供有效保障。

地震安全性评价区域性评估。2019 年，辽宁省地震局与省发改委等部门沟通，推进地震安全性评价区域性评估实施，筹划建立辽宁省地震安全性区域性评估管理机制。辽宁省地震安全性评价区域性评估管理办法正在推进中。

地震安全性评价工作规范管理。2019 年，辽宁省地震局开展对省内现行重大工程和可能产生严重次生灾害工程的法律依据进行梳理和说明编写，并在此基础上开展对辽宁省安评范围的修订准备工作；加强地震安全性评价单位信息服务，年内两次完成省内地震安全性评价单位基本信息的征集公告及上报信息核查工作，并将省内地震安全性评价单位相关信息报送中国灾害防御协会备案。

地震安全性评价工作的社会服务。2019 年，辽宁省地震局对辽宁省内桓仁机场、铁岭水厂、辽阳忠旺企业和营口电力企业等项目建设方提出地震安全监管要求和咨询服务，对《沈阳桃仙国际机场总体规划（2019 年版）》进行研究并提出地震安全监管建议。

三、震害预测

地震灾害风险调查和重点隐患排查工程。2019年，辽宁省地震局完成全国地震灾害风险普查初步试点区域基本情况表的填报工作；实施地震灾害风险区划关键技术研究，构建概率性地震灾害风险评估与区划模型；完成辽宁省老震区农村地震风险评估与管理示范项目的实施，取得预期成果。

地震易发区房屋设施加固工程。2019年，辽宁省地震局初步完成辽宁省加固工程实施草案，提交关于开展预评估工作的建议；针对加固工程中最难的农村农居开展摸底调研，调研涉及8个调研点（村），90个农居单体样本，调研内容包括农居抗震性能和农户加固意愿，形成调研报告，并对加固试点工程准备工作提出8条具体建议。

四、活动断层探测

完成同中国地震局地质研究所签订的中国地震局"中国大陆主要地震构造带活动断层探察"子项目"密山—敦化断裂辽宁段落（即浑河断裂）活动性鉴定"项目。

同中国地震局地壳应力研究所合作的"郯庐断裂带北延段（辽宁段）活动性鉴定与地震构造环境研究"项目，按计划有序开展。

同中国地震局地球物理研究所签订的国家地震减灾科学计划项目"中国地震科学台阵探测——华北地区东部"子项目"辽宁中部区域宽频带流动地震台阵观测"项目，2019年已做好55个台站的维护及收集数据等工作。为使记录的数据更加全面，经与中国地震局地球物理研究所协商，该项目获批延续一年。

完成中国地震局震害防御司的"密山—敦化断裂辽宁段（浑河断裂）活动性分段及地震危险性评价"和"老震区农村地震风险评估与管理示范"两个项目。

完成辽宁省自然资源厅项目"沈抚新区浑河断裂带活断层探测与地震危险性评价"。

辽宁省地震局两个重点项目——"海城河北西向构造带东段展布研究""辽宁省地震易发区地震危险性研究"及局青年项目"地震灾害风险区划关键技术研究"，按计划有序开展。

五、地震应急保障

地震应急准备。①完善地震应急预案体系。制定《辽宁省地震局2019年地震应急准备工作方案》《辽宁省地震局地震应急响应机制（暂行）》；修订《2019年辽宁省地震局重点危险区地震专项预案》《辽宁—山东协作区地震应急联动工作方案》《2019年辽宁省地震局地震现场工作方案》；对《辽宁省地震局地震应急预案》《辽宁省地震局应对省外地震应急工作方案》等各类预案、工作方案进行梳理、汇总。②地震应急检查。2019年10月30日—11月6日，辽宁省地震局联合辽宁省应急管理厅、辽宁省水利厅组成联合督导组，对大连、鞍山、阜新开展防震减灾工作督导。联合督导组对机构改革后当地政府依照《中华人民共和国防震减灾法》履行防震减灾工作职责的部门、人员落实情况，地震应急协同机制建立和应急信息共享情况，地震灾害风险隐患排查与开展地震灾害防治工作情况，应急培训、应急队伍建设和装备配备、应急物资储备、应急演练及灾害事件应急预案修订情况，应急避难场所规划、建设情况，防震避险自救互救知识科普宣传情况进行督导。联合督导组在当地相关部门召开座谈会听取当地政府工作情况汇报，并赴恒大煤矿、大连恒力炼化有限公司、鞍钢化学科技有限公司等8地进行实地调研，就抗震救灾应急工作、地震应急救援队伍及装备建设情况、应急物资储备情况、地震应急避难场所建设情况等进行现场督导。形成《辽宁省地震应急准备工作检查报告》上报省政府。③2019年，开展地震重点危险区实地调研。④地震应急演练。2019年，辽宁省地震局应急中心组织开展月应急演练11次；参加华北片区和东北四省（区）"四局一所"应急联动演练4次，各参演单位按要求采取联动互动，演和练结合，贴近实战，以规范化操作和技能训练为重点。

地震应急响应。2019年开展19次地震应急处置，其中，省内地震5次，外省地震6次，国际地震8次；全年向中国地震局报送《值班信息》30期，向辽宁省委、省政府报送《重要情况报告》30期。

应急条件保障建设。①应急救援装备管理。2019年，对辽宁省局现有地震现场应急救援装备进行更新、整理，印发《辽宁省地震局地震应急救援装备管理制度》，填写各部门应急救援装备登记表。②应急技术系统建设。2019年，完成辽宁省地震应急指挥基础平台升级改造；完成辽宁省地震应急信息服务平台建设，并在专用工作站上进行XP系统到Win7系统的跨平台研发和软件移植工作。③地震应急基础数据库建设。继续完善辽宁省行政区划、人口、经济、交通、重点监视防御区、地震目录、学校、医院、生命线工程、疏散场地、三网一员、地方政府联络等22类5万余条数据的核实，对其中3万余条数据进行更新及空间化，并完成数据自检测试、数据库的保存、备份、归档等工作；完成盘锦、铁岭、朝阳、葫芦岛4市24个区县综合国情数据库建设和抚顺、本溪、丹东、锦州、营口5市24个区县综合国情数据库更新工作：抚顺市、本溪市、丹东市、锦州市、营口市等5市24区县的综合数据库，主要包含地理位置、行政区划、地形地貌、水系水库、气候特征、人口民族、社会经济、建筑特征、交通概况、学校教育、医疗卫生、重要目标、避难场所、地质构造、历史地震、区域特征、地方联络等；完成全国大中城市地震灾害情景构建重点专项——沈阳市典型区域基础数据收集及数据库建设。

（辽宁省地震局）

吉林省

一、抗震设防要求

2019年，吉林省抗震设防监管机制进一步健全。吉林省地震局与吉林省住建厅联合印发《吉林省工程建设项目审批事中事后监督检查暂行办法》《吉林省建筑市场"黑名单"管理暂行办法》《吉林省工程建设项目审批联合踏勘管理暂行办法》《吉林省房屋建筑和市政基础设施工程项目施工许可阶段并联审批管理暂行办法》。以"双随机，一公开"为依据，开展抗震设防要求检查。通过"国家企业信用信息公示系统"和吉林省重大项目库，建立检查对象库，随机抽取8家建设工程、7家安评从业单位和2名执法检查人员，实地检查建设工程区划图执行及地震安全性评价从业单位依法依规开展工作情况。

二、地震安全性评价

2019年，落实重大工程地震安全性评价事中事后监管，将地震安全性评价管理纳入吉林省建设工程审批程序。印发《关于开展区域地震安全性评价的通知》及《吉林省区域性地震安全性评价工作大纲（试行）》。完成吉林省首个区域性地震安全性评价示范工程《前郭县经济技术开发区区域性地震安全性评价项目》。启动《吉林省地震安全性评价管理办法》修订工作，完成初稿。

三、震害预测

2019 年，印发《吉林省地震灾害风险防治体制改革重点任务实施方案》。在松原市查干花震区实施地震风险评估工作，《松原市防震减灾规划》通过验收。编写《吉林省主要地震构造活动性探测及地震危险性评价项目建议书》《吉林省地震灾害风险调查和重点隐患排查工程初步方案》《吉林省地震灾害风险区划项目建议》。

四、活动断层探测

2019 年，开展地震构造探查和城市活动断层探测工作，完成扶余—肇东断裂南端、伊舒断裂双阳段及敦化—密山断裂大山咀子段构造活动性研究项目并通过国家验收，延吉活断层项目完成总验收。

五、防震减灾社会宣传教育工作

制定《2019 年吉林省防震减灾宣传工作要点》，吉林省地震局与吉林省教育厅、吉林省应急厅联合下发《关于做好吉林省学校防震减灾宣传工作的通知》。丰富宣传资源，服务宣传需求，印发《农村民居抗震知识挂图》《吉林省防震减灾知识手册》等，编制《地震与火山灾害》系列科普微视频。以多种方式深入开展防震减灾宣传活动。利用"吉林地震"微信公众号开展防震减灾知识抽奖答题活动，参与人数达 18.5 万人次；"5·12"防灾减灾日、"7·28"唐山地震纪念日及"10·13"国际减灾日等重点时段在吉林省地震局网站开设专栏，丰富和更新科普知识；在吉林卫视、都市频道播放防震减灾公益广告，在《吉林日报》刊登防震减灾知识，利用吉林手机报发布防震减灾知识，《吉林日报》头条号同步发布，联合吉林省通信管理局向吉林省手机用户发送防震减灾知识公益短信；开展防震减灾知识进校园活动；在吉林省"科技活动周"期间将防震减灾知识融入科技宣传内容，进入吉林省城乡，吉林省地震局获优秀组织奖。参加全国防震减灾科普讲解大赛及防震减灾知识大赛。

六、其他工作

2019 年，市（州）防震减灾工作正式纳入吉林省政府绩效考评体系。重新认定和创建省级科普教育基地 17 个，省级示范学校 76 个，联合应急厅创建综合减灾示范社区 36 个，在松原市宁江区伯都乡建设农村民居地震安全工程示范点。完成白山、临江科普馆建设，经过近 3 年的建设，防震减灾科普教育基地基本覆盖吉林省市（州）。建设"吉林省灾情快速获取系统"，该系统能在震后快速定位震中附近"三网一员"，多线程获取灾情，智能化产出灾情报告，"智能、专业、高效"，在松原宁江 5.1 级、4.9 级、5.7 级地震灾情收集中成功应用。推广减隔震技术，松原温泉城项目住宅小区 27 栋住宅楼 1.65 万 m^2 采用减隔震技术。开展地震巨灾保险应用，2019 年吉林省共办理地震巨灾保险购买 16288 单，保费共计 116 万元，保额共计 45384 万元，赔付 6437 笔，共赔付金额 770 万元。

（吉林省地震局）

黑龙江省

一、抗震设防要求

2019 年，为落实黑龙江省委省政府关于加快推进全省"百大项目"的决策部署，进一步加强营商环境服务保障，开辟绿色审批通道，确保完成"百大项目"前期工作，黑龙江省地震局成立"百大项目"绿色通道领导小组及办公室。全面落实建设单位、安评从业单位、安评结果审查单位抗震设防工作职责，落实行业主管部门抗震设防要求监管责任。协调哈尔滨太平国际机场二期、哈尔滨地铁四号线等"百大项目"地震安全性评估服务工作。黑龙江省地震局落实"放管服"改革要求，依据"互联网＋监管"平台、政务服务平台和住建审批流程，为黑龙江省重大工程安评服务绿色通道提供多种方式，推进抗震设防要求监管。在哈尔滨市道外区桦树二期棚户区改造项目应用减隔震技术，采用连梁阻尼器消能减震技术，建设小区在烈度为Ⅶ度的地震作用下结构抗震性能有所提高和改善，较好实施了国家地震安全示范工程。

二、地震安全性评价

2019 年，实行地震安全性评价单位信息公示公开。向中国灾害防御协会上报黑龙江省地震工程研究院等 3 家黑龙江省地震安全性评价单位统计信息，依托中国地震局网站公示公开地震安全性评价单位信息。接收地震安全性评价单位基本信息更新，接受政府主管部门及社会监督。协助伊春市政府为市开发区提供区域地震安全性评估编制依据，编制工作大纲和技术指导。向各市（地）转发中国地震局震防司《区域性地震安全性评价工作大纲（试行）》（黑震办发〔2019〕14 号）。

三、震害预测

2019 年 5 月上旬，黑龙江省地震局在鹤岗集中封闭起草并完善"九大工程——黑龙江省地震灾害重点隐患排查工程设计方案"，主要内容是计划未来针对全省重点地区开展建筑物、构筑物等重要地上建筑抗震性能普查工作，涵盖民居、市政、生命线等工程。

四、活动断层探测

2019 年，黑龙江省地震工程研究院开展"城市活断层探测与地震危险性评价项目——郯庐断裂黑龙江段活动性研究"。项目前期经过大量野外调查、遥感探测，针对依兰—伊通断裂，项目组在依兰县附近开挖探槽，发现断层存在晚第四纪活动的直接证据。中国地震局地壳应力研究所所长、活断层探测首席专家徐锡伟，黑龙江省地震局局长张志波，中国地震局地震预测研究所副所长汤毅等专家先后到工作地点检查指导。专家组认为该项目作为黑龙江省地震风险调查工程的重要工作之一，在依兰—伊通断裂开展的野外探测工作目标明确、思路清晰、方案合理、勘探手段成熟且针对性强，探槽剖面揭示的地质现象对认识依兰—依通断裂带晚第四纪活动特征具有重要意义。

2019 年，黑龙江省地震工程研究院开展"黑龙江省地震灾害风险调查项目第一期"。项目具体目标是查明滨州断裂、呼兰河断裂构造形态、活动特征。项目组与吉林大学马国庆教授科研团队开展合作，首次将高校最新的科研方法及地球物理探测与解译经验引入黑龙江防震减灾工作。主要开展：滨州断裂哈尔滨段空—天—地一体化立体重、磁探测；呼兰河断裂西段重、磁联合勘探及解译。工作成果精确滨州断裂和呼兰河断裂主要位置，揭示断裂走向、产状及破裂深度等关键特征。

（黑龙江省地震局）

上海市

一、震害预测

2019 年，上海市地震局作为上海市自然灾害防治工作联席会议成员单位，参与和推动开展"九大工程"，编制《上海市地震易发区房屋设施加固工程工作方案》。开展城市地震风险调查，稳步推进"上海市建筑抗震能力现状调查"项目。项目组对嘉定区、徐汇区、静安区、长宁区、普陀区、虹口区、松江区、青浦区 8 个区总计 793622 栋建筑物进行了抗震能力调查与评估：完成上述 8 个区建筑物基础数据的调查与重点抽样鉴定工作；完成上述 8 个区建筑物地震易损性分析；在上述 8 个区建筑物中选取 2 栋典型建筑结构，完成这 2 栋建筑结构的有限元数值模拟与地震动响应分析；综合上述 8 个区建筑地震易损性分析结果和 2 栋典型建筑结构有限元计算分析结果，并对 8 个区建筑物的抗震能力现状做综合评价；利用 ArcGIS 和 Oracle 软件，开发完成上海市建筑抗震能力现状数据库和抗震能力现状数字信息化地图展示分析系统平台，并将浦东新区、嘉定区、徐汇区、静安区、长宁区、普陀区、虹口区、松江区、青浦区 9 个区建筑物抗震能力现状评估结果导入此数据库和系统平台。

二、活动断层探测

为充分利用城市活断层探测成果，2019 年在上海市地震局倡议下，启动《长三角区域地震构造图（1：100 万）》的编制工作，整合上海、江苏、浙江、安徽三省一市城市活断层探测成果数据与人力资源，共同编制完成一套较大比例尺适合长三角地区的基础地震构造图件和一套地震危险性评价图件，以更好服务于本区域的防震减灾工作与城市发展规划、建设，实现数据共享。该项目的实施是对 4 个省（市）地震局活断层探测成果的梳理、整合及深度应用。

（上海市地震局）

江苏省

一、抗震设防要求

2019 年，江苏省地震局依法加强建设工程抗震设防要求和地震安全性评价强制性评估工作监督管理，强化事中事后监管。2019 年 7 月组织召开全省抗震设防要求管理工作推进会，部署落实新形势下全省抗震设防要求事中事后监管、区域性安评推进、窗口管理等相关工作。

认真贯彻《国务院办公厅关于全面开展工程建设项目审批制度改革的实施意见》和《江苏省工程建设项目审批制度改革实施方案》，将"建设工程地震安全性评价结果的审定及抗震设防要求的确定"事项纳入省工程建设项目审批事项清单，同时增加"地震安全性评价"强制性评估和中介事项。对行政许可事项进行流程再造及优化调整，修订申请表、流程图、建设工程抗震设防审批样式等基础材料，进一步减少审批材料、提高时效。按时完成工程建设项目审批事项办事指南编制一张网工作，协调省政务服务网完成相关数据的更新工作。积极与市县做好对接，切实指导基层做好工程建设项目审批制度改革相关工作。加强审批窗口管理，完善省市县三级审批窗口联络网，制定建设工程地震安全性评价强制性评估告知单。

组织开展第五代中国地震动参数区划图江苏执行情况检查，共对 244 项一般建设工程项目进行抽查，对 32 项已开展地震安评的重大建设工程抗震设防要求执行情况及 43 项重大建设工程开展安评情况进行检查，检查结果上报中国地震局。

夯实震灾预防工作基础。联合江苏省应急管理厅、江苏省气象局完成全省 100 个全国综合减灾示范社区的创建工作。联合省科协组织开展 2019 年度防震减灾科普教育基地认定工作，认定 4 家单位为省级防震减灾科普教育基地，对 2013 年以前命名的基地重新进行审核，并确定 17 家单位获得继续命名，对 32 个不符合条件的基地取消命名并摘牌。完成国家级防震减灾科普教育基地和防震减灾科普示范学校的申报推荐，5 家单位被认定为国家级防震减灾科普教育基地。加强与徐州工程学院合作，完成苏北高烈度区断层活动性与地震危险性科普示范基地建设。

二、地震安全性评价

2019 年，认真贯彻国务院新修订的《地震安全性评价管理条例》，先后制定印发《关于进一步加强地震安全性评价监管的通知》《关于进一步明确地震安全性评价报告技术审查相关问题的通知》《关于进一步加强地震安全性评价工作管理的通知》。积极推进区域性地震安全性评价工作，联合省商务厅等 7 部门印发《江苏省开发区区域评估工作方案（试行）》及其实施细则，指导全省开展相关评估工作。2019 年 10 月，配合省商务厅分别召开苏南、苏中、苏北片区区域评估工作推进会，对地震区评在内的评估工作进行部署和解读。完成南京空港枢纽经济区投资建设项目区域性地震安全性评价项目总验收。截至 2019 年底，共有 5 个开发区正在实施地震区域评估工作。协助中国地震局完成高邮地震小区划最终成果审查验收工作。下发《关于开展地震安全性评价工作摸底调查的通知》，对全省 2016 年以来地震安全性评价工作情况进行调查。根据摸底情况，联合扬州市地震局开展地震安全性评价工作专项检查，对唐山同心科技有限责任公司在苏从业情况进行通报。

落实地震安全性评价单位信息公示公开制度，分批次通过江苏省防震减灾官网将符合条件的 13 家地震安全性评价单位向全社会公布并实行动态管理，主动接受社会监督。认真履行地震安全性评价报告审查职责，2019 年度完成安评报告审查 41 项；深化落实"放管服"改革要求，通过"震害防御成果转化"为 18 个重要工程确定抗震设防要求。

认真总结全省区域性地震安全性评价工作经验，在《国家防震减灾》杂志 2019 年第 1 期上发表文章《认真落实"放管服"改革要求，积极推进区域性地震安全性评价工作》。全年先后接待中国地震局震害防御司及福建、贵州、河南、上海、青海等省（市）地震局共 10 个部门单位前来交流探讨区域性安评管理办法制定、技术方案实施、结果应用情况、服务流程监管等。

三、活动断层探测

2019 年，有序推进淮安、镇江、盐城、新沂等市的城市活断层探测工作。先后组织召开了盐城和淮安市活断层浅层地震勘探野外及专题验收、镇江市活断层探测项目实施过程中有关技术问题咨询、新沂市活断层标准钻孔探测等 18 个子专题验收。配合中国地震局完成连云港活动断层探测项目总验收工作。与中国地震局地壳应力研究所联合开展淮安活断层中深层地震勘探研究工作。

开展区域活动构造探察工作。完成栟茶河断裂活动性鉴定项目总验收。茅山断裂北延段地壳探测研究工作通过专家评审。与溧阳市政府就溧阳市活断层探测项目进行商谈；新沂市马陵山—重岗山断裂精确定位项目进入实施阶段。

四、地震应急保障

2019 年，江苏省地震局与江苏省消防救援总队签订联动战略合作框架协议，在推进数据共享平台建设、推进应急处置能力建设、做好应急技术保障、开展业务技能培训及举行协同应急救援演练等方面多层次全方位积极开展合作。进一步做好地震应急队的各项工作，调整充实队员，完善组织体系，积极开展训练。2019 年 1 月，组织江苏省地震局应急拉动演练，4 月，组织应急通信保障拉动演练，通过拉动应急通信、指挥车辆、现场展开设备，实现与局指挥大厅通过卫星、4G、电台等多种手段互联，检验设备、演练人员。江苏省地震局现场工作队参加福建省地震局在福建霞浦举办的 2019 年度华东地震应急联动协作区联合培训暨实操演练。规范应急装备物资管理，购买物资管理系统对应急仓库的各项装备器材进行有效管理。对部分过期失效物资进行清理，对物资仓库不足的部分物资进行采购补充。

2019 年 3 月 2 日、4 月 6 日南京溧水区相继发生 2.8 级地震，江苏省地震局迅速启动有感地震应急响应，派出现场工作组开展现场调查并指导当地开展应急处置工作。12 月 8 日盐城东台黄海海域发生 4.1 级地震，江苏省地震局启动有感地震应急响应，指导盐城市地震局开展地震应急响应、处置相关工作，做好网络舆情引导，保证社会秩序稳定、网络舆情平稳。

（江苏省地震局）

浙江省

一、抗震设防要求

2019 年，浙江省地震局以施工图审查改革为契机，协调沟通浙江省发改委，推动将需开展地震安全性评价的重大工程项目列入施工图审查必备清单。落实中国地震局部署，对衢州市新版地震动参数区划图实施情况进行检查，通过施工图审查系统，对衢州市 2017 年至今的 1294 项建设工程抽样检查了其中的 80 项，均符合要求。

二、地震安全性评价

2019 年，深化抗震设防监管改革，全面推进区域性地震安全性评价，及时印发区评管理办法、技术导则，建立评审流程，公布中介机构，纳入浙江省委"最多跑一次"考核。各级地震部门主动作为、严格把关，最终确定 87 个省级以上平台实施地震区评，举办近 50 场区评培训会或推进会。杭州、温州、绍兴等地相继出台《区评实施方案》。2019 年，全省区评完成率达到 59%。

三、活动断层探测

2019 年，推进"浙江省活动断层普查示范项目""浙江省地震灾害风险评估对策建议研究项目""嘉兴市地震灾害风险评估示范二期工程"。编制《城市社会系统地震抗逆力动态测量及提升对策研究》《浙江省城市地震灾害风险评估》《基于背景噪声的浙江省深部构造探测工程》等项目入库方案。

四、地震应急保障

2019 年，加强地震应急基础数据库建设，改进应急技术支撑系统。开展局本级地震应急演练，参与华东地震应急协作区、浙江省核电厂事故场外应急委员会和红十字会地震应急救援演练。指导社会救援力量开展技能培训，举办全省社会救援志愿者力量综合业务培训班。联合省应急管理厅成功处置宁波海曙多次小地震事件，积极应对两次台湾地震波及影响，召开新闻发布会，做好舆情监控，维护社会稳定。

（浙江省地震局）

安徽省

一、抗震设防要求

2019 年，安徽省地震局在全省范围组织开展第五代地震动参数区划图宣贯工作，组织开展第五代区划图贯彻落实情况检查，实地抽查滁州、六安、黄山等地建设项目 21 个。将建筑物抗震设防要求纳入基本建设管理程序、政府投资项目在线审批监管平台和全省工程建设项目审批管理系统。建立建设工程联合监管机制，依法开展工程勘查、设计和竣工验收等环节抗震设防质量监管。指导市县推进农村民居地震安全工程建设，开展农村工匠抗震业务培训，免费发放农村民居建设图集（手册），为农居选址、设计、施工等提供技术服务。

二、地震安全性评价

制定地震安全性评价项目备案制度。组织召开安徽省地震安全性评价实施单位工作座谈会，介绍地震安全性评价管理改革新要求。2019 年，安徽省共计开展各类地震安全性评价项目 26 项，组织对阜阳机场改扩建、巢湖至马鞍山铁路工程、滁州山河赋、山河境项目、明光市化工集中区等地震安全性评价项目报告进行技术审查。落实"放管服"改革要求，制定安徽省区域性地震安全性评价工作管理办法，铜陵市义安区经开区全省首家开展区域性地震安全性项目，六安、宣城等地开展区域性地震安全性评价前期工作。

三、震害预测

滁州市凤阳县震害预测项目2019年完成基础数据录入和建筑物、生命线工程等基础资料分析整理工作。蚌埠市五河县城区地震小区划项目2019年完成区域及近场区地震活动性专题研究和总报告编制。组织合肥工业大学对滁州市明光市开展地震灾害风险调查，项目验收完成并实现成果运用。

四、活动断层探测

2019年，继续贯彻落实《安徽省人民政府办公厅关于推进城市地震活动断层探测工作的通知》，组织安徽省各市特别是长三角城市群和郯庐断裂带沿线地区城市活动断层探测项目实施。截至2019年底，滁州市、蚌埠市城市地震活动断层探测项目完成总体实施方案和标准孔探测与第四纪地层剖面建立专题实施方案论证，进入正式实施阶段。宿州市完成项目招投标及项目实施方案编制工作。安庆市、芜湖市完成项目立项和招投标工作。马鞍山市、宣城市、亳州市完成项目立项。阜阳市、黄山市、淮北市、六安市、淮南市、池州市等进入立项筹备阶段。

五、地震应急保障

震前应急准备。制订年度地震应急准备工作方案和地震应急现场工作方案，印发实施《安徽省地震局地震灾害应急响应工作预案》。赴滁州市、宣城市、黄山市等3市7县（区）开展地震灾害风险与损失预评估工作。召开全省地震应急"第一响应人"培训班，组织安徽省地震局及部分市地震局现场工作队开展长途拉练4次，参与福建霞浦2019年华东地震应急联动协作区联合培训暨实操演练。2019年指导安徽省市县应急管理和地震部门组织各类应急培训演练30余场次。全年安徽省地震应急指挥中心完成日常运维365次，提交巡检工作日志365份、地震触发记录94份、指挥大厅使用日志96份、周报52份、月报12份；组织和参加各类演练15次；完成国内地震响应21次，提交地震单机版触发报告21份；全年参与和组织各项视频联调78次；2019年对安徽省行政区划、人口、经济、房屋、地震目录、交通、学校、医院、应急避难场所、重点危险源等10大类地震应急基础数据进行核实并更新入库。完成48个县级综合国情数据库收集制作上传。制作省级、市级地质构造图、地震分布图、"三网一员"图等各类专题图件200余幅。

应急响应和地震应急行动。2019年，安徽省发生2.5级以上地震2次，分别是4月29日青阳2.8级地震和11月1日定远3.3级地震。地震发生后，安徽省委、省政府高度重视，对震情应对工作作出重要批示。安徽省地震局迅速启动有感地震应急响应，一是组织紧急会商，提出趋势判断意见；二是加密震情监视和应急值守，全省地震监测台网实行24小时双岗值班，加强应急值守工作，了解地震影响情况，及时关注各宏观观测点异常变化；三是派出现场工作队赶赴震区，开展流动监测并指导当地党委政府开展应急工作；四是迅速了解震区社情舆情，积极开展舆情引导工作，通过安徽省地震局"两微一端"发布此次地震的有关信息及相关科普知识，加强舆情监测与研判，指导市县地震部门做好舆情监测工作，防止发生地震谣传。由于应急处置措施稳妥有效，两次地震震区均无地震谣传发生，有效维护社会秩序稳定。

应急条件保障建设。研发完成基于 WebGIS 的地震应急基础数据共享和快速产出平台，实现地震应急数据库、综合国情数据、预评估调研建筑物等数据资料共享产出等功能。完成安徽省地震应急产品服务推送平台技术研究、方案设计、流程搭建及各模块 python 脚本开发工作，实现针对有感地震震后应急产品快速产出及推送功能。完成会商技术系统项目在试点单位的列装部署工作，实现日常及应急会商等业务工作智能化产出及推送功能。

（安徽省地震局）

福建省

一、抗震设防要求

根据 2019 年 3 月 2 日颁布的国务院令第 709 号《关于修改部分行政法规的决定》《地震安全性评价管理条例》明确省级以上地震部门负责地震安全性评价报告的审定工作，适时推动行政审批制度改革，探索建立福建省抗震设防、地震安评管理新模式，加强事中事后监管。起草《关于加强地震安全性评价工作监督管理的通知》，明确建设工程应当在工程设计之前完成地震安全性评价；明确福建省地震局负责建设工程地震安全性评价报告的审定，确定抗震设防要求；明确建设工程位于已经开展区域性地震安全性评价区域范围内的，采用区域性地震安全性评价结果进行抗震设防。根据《福建省人民政府办公厅关于推进全省工程建设项目审批制度改革的若干意见》（闽政办〔2018〕87 号），2019 年，福建省地震局积极推进行政审批制度改革，在省级工程建设项目审批制度改革领导小组指导下，把涉及行政审批的"抗震设防要求的确定和地震安全性评价结果的审定"事项纳入省级工程建设项目审批平台及中介服务网上交易平台建设内容，与省级平台同步规划建设。"建设工程抗震设防要求的确定"纳入省级工程建设项目审批平台事项，依据省工改办相关建设要求，梳理"建设工程抗震设防要求的确定"审批事项，包括审批权限、审批流程、办事指南，制作省级、市级审批流程图等。同时，制作了地震安全性评价、区域性地震安全性评价中介服务事项办事指南，积极推行网上审批和服务。

二、地震安全性评价

2019 年，福建省地震局加强地震安全性评价工作监管，对厦门第二东通道桥梁、隧道、云霄抽水蓄能电站等 5 个项目开展地震安评。推动区域性地震安全性评价工作。与中国地震灾害防御中心、江苏省地震局等单位联合开展《区域性地震安全性评价改革现状调研》政策研究，提交报告。制定出台《福建省区域性地震安全性评价工作管理办法（暂行）》（闽震〔2019〕69 号），于 2019 年 10 月 18 日起实行；制定出台《福建省区域性地震安全性评价工作大纲（试行）》（闽震〔2019〕65 号），于 2019 年 9 月 25 日起实行，要求开发区、工业园区、新区和其他有条件的区域开展区域性地震安全性评价，实质性推动福建省区域性地震安全性评价工作。在宁德举办区域性地震安全性评价工作现场推进会，推动宁德、福州等地开展区域性地震安全性评价工作，宁德福安市甘棠产业园区为福建省第一个开展区域评估的园区。

三、活动断层探测

落实市县防震减灾基础能力建设项目。推进重点地区地震活断层调查工作，龙岩市城市活断层探测工作获得立项，积极协调中国地震局、龙岩市落实项目经费预算，开展龙岩中心城区及周边活断层探测与地震危险性评价项目，列入龙岩市民生基础设施领域补短板项目，落实项目经费，开展招投标，在北京召开初次方案论证会，推动实施，同时加强项目实施的监督指导，开展项目绩效监控工作。

实施"台湾海峡滨海断裂带精细化探测""气枪震源探测活动构造试验"课题项目，开展2019年福建及台湾海峡深部构造陆海联测工作。开展北东向长乐—诏安断裂带调查，完成遥感线性影像解译工作，完成年代样品采集工作，开展年代测定，完成了长乐—诏安断裂带全段的地质调查，包括平潭综合实验区的调查，编制条带状《长乐—诏安断裂带地震构造图》。

四、地震应急保障

（一）积极开展震害应急准备工作

大力推进地震预警信息发布工作进程。福建省部署11255套地震预警服务终端，地震预警APP下载量累计达到79944次。出台《福建省地震预警信息转发管理规定（暂行）》。组织与中国铁路南昌局集团有限公司、福州地铁公司、厦门地铁公司等单位对接地震预警服务相关工作。为部队及时开展应急救援提供预警信息技术支持。在福州市组织开展地震预警信息发布工作培训。

做好地震应急服务保障。开展年度重点危险区地震灾害预评估，编制了《2019年度台湾东部地震重点危险区地震灾害损失预评估和应急处置要点》。编写《福建省自然灾害概况》，反映福建省自然灾害成灾条件、自然灾害的种类和特点、防灾减灾体系的现状和存在问题等。

继续推进地震应急避难场所建设。全省已建成1047处地震应急避难场所。继续推进已建地震应急避难场所做好启动预案制订、运维经费落实、管理制度上墙、组织开展演练等相关工作。

完善地震应急预案体系。2019年，起草《福建省地震应急预案》初稿并报省应急管理厅审查。起草编写《台湾东部地震重点危险区地震应急专项预案》。制订《台湾地震应急信息报送工作方案》和《福建省地震局地震应急响应工作方案》。

（二）推进地震应急体系建设

2019年，构建地震部门与应急管理部门的协同、会商、联动等工作机制。参与起草《关于在深化我省市县机构改革中进一步理顺强化防震减灾工作职能的建议》，为福建省市县机构改革提供意见建议。会同应急管理厅起草《福建省应急管理厅和福建省地震局防震减灾工作协同联动机制备忘录》，进一步明确双方在抗震救灾及防震减灾工作中协调配合机制、应急响应机制和信息报送规定等。

2019年，做好省抗震救灾指挥部办公室及救援队联席会议办公室日常工作。密切关注并积极收集省抗震救灾指挥部成员单位机构改革情况，多次与省应急管理厅沟通联系，梳理指挥部办公室及我局地震应急救援相关职能，理顺地震应急体制机制。调研省地震灾害紧急救援队和森林消防地震灾害紧急救援队，交流地震救援队建设情况和队伍转隶以来体制机制建设磨合情况，保障过渡期地震应急救援工作持续、平稳推进。根据应急管理部要求，协调做好联合国专家团考察国内救援队伍能力测评工作。积极联络救援队成员单位，认真准备测评工作总结及各类有关资料，联合国人道主义事务协调办公室相关专家对福建省救援队能力测评工作给予肯定。

开展片区协作联动。福建省地震局作为华东地震应急联动协作区轮值单位，组织联动协作区各成员单位在宁德举行 2019 年度华东地震联动协作区交接仪式，并组织 2019 年度华东地震联动协作区演练科目讨论暨演练场地踏勘；在宁德市组织 2019 年度华东地震联动协作区联合培训暨实操演练，上海、江苏、浙江、安徽、江西、福建等华东五省一市地震局的地震现场工作队及福建省各设区市地震局负责同志、业务骨干共 140 余人参加。

开展地震应急救援标准化建设。福建省地震局牵头组织研究编制的 DB 35/T 1816—2019《基层地震灾害紧急救援队能力分级测评》地方标准于 2019 年 7 月 18 日实施，填补了当前我国相关领域标准的空白。

（三）地震应急行动

有效开展震后应急处置工作。有序处置 2019 年 4 月 18 日台湾地区花莲县 6.7 级地震、2019 年 8 月 8 日台湾地区宜兰海域 6.4 级地震，及时发布震情信息，开展应急宣传，稳定社会。编写《福建省地震局关于台湾花莲县 6.7 级地震有关情况的报告》《福建省地震局关于台湾宜兰县海域发生 6.4 级地震有关情况的报告》，上报中国地震局。

积极参与"2·16"福州民房倒塌事件救援工作。2019 年 2 月 16 日 5 时 50 分，福州仓山区盖山镇叶厦村一砖混结构自建民房发生倒塌。按照福建省政府要求，福建省地震局有关人员第一时间抵达现场参与救援。福建省地震救援队以重型队编制作为主要救援力量展开救援，搜救出 17 名被困群众，其中 14 人生还。

（福建省地震局）

江西省

一、抗震设防要求

适应全面改革新要求，加强抗震设防要求管理。2019 年，按照江西省全面开展工程建设项目审批制度改革要求，统一审批流程、信息数据平台、审批管理体系与监管方式，统筹项目实施，按改革要求完成防震减灾相关任务，抗震设防要求与地震安全性评价审定纳入江西省建设项目审批流程。2019 年 10 月，江西省地震局与江西省住建厅联合赴九江等地开展第五代地震动参数区划图实施情况检查。

对接自然灾害防治九项重点工程。江西省委、省政府印发《江西省自然灾害防治能力建设工作方案》，明确江西地震局参与 7 项任务，并与省住建、发改等部门牵头实施江西省地震易发区房屋设施加固工程。实施赣西矿区地震防控能力提升、瑞昌市地震 VR 避险体验等中央专项，落实江西省财政年度转移支付经费 200 万元，切实提升基层防震减灾基础能力。开展业务培训，提升市县地震部门干部业务水平，2019年10月15—19日，在四川北川举办江西省市县防震减灾政策宣贯和业务工作培训班，江西省各设区市地震工作部门人员40余人参加培训。指导市县各地通过整合涉农资金、开展农村建筑工匠培训、提供农房图集等，有力提升农村房屋抗震能力。

二、地震安全性评价

2019年，按照江西省深改办统一部署，推进建设项目审批改革，重大建设工程地震安全性评价及抗震设防要求纳入统一的建设工程审批流程。加强寻龙高速江西段、丰城电厂三期等重大建设工程事中事后监管，依法提出复核意见，有效服务地方经济发展。在江西省发改委重启丰城电厂二期建设过程中，严把抗震设防要求，依法提出原有审批失效、须补充开展地震动参数复核的要求。加强抗震设防要求监管，探索开展省内区域性地震安全性评价工作。梳理服务信息，向社会提供最新政策依据，并在项目开展范围、评审方式、资金使用等方面提出具体意见。推动建立科技服务与成果转化正向激励机制。指导赣州、九江等地配合做好重点项目地震安全性评价事中事后监管。

三、震害预测

2019年9月26—27日，在南昌举办2019年度江西省地震灾害损失评估研修班，邀请行业专家授课，江西省应急厅、生态环境厅、自然资源厅、住房和城乡建设厅、江西银保监局和各设区市应急管理局、防震减灾局等单位的60余人参加培训。

对接自然灾害防治九项重点工程，将地震灾害风险调查与隐患排查、地震易发区房屋加固工程纳入江西省"十四五"防震减灾规划。2019年11月8日，与东华理工大学联合申报的江西省防震减灾与工程地质灾害探测工程研究中心，被认定为江西省级工程研究中心，有力支持进一步推进做好江西震害预测工作。

四、活动断层探测

2019年，将开展地震活断层探测、地震小区划工作列入江西省重点项目"江西防震减灾综合能力提升工程"项目中。严格遵循中国地震局相关技术标准，在国家级新区江西赣江新区开展野外断层调查、地震灾害风险调查等项目，结果服务新区规划、国土利用及重大工程建设。完成江西九江芳兰小区、赛城湖等城市地震小区划工作。2019年9月，参加江西省自然灾害防治工作第一次联席会议，配合省应急管理厅开展自然灾害风险调查与隐患排查项目相关工作，通过《关于全面加强自然灾害防治能力建设的意见》。

五、地震应急保障

切实加强地震应急准备，推进地震应急预案体系建设。2019年12月23日江西省政府办公厅修订印发《江西省地震应急预案》（赣府厅字〔2019〕111号），2019年9月修订并印发《江西省地震局应急预案》（赣震发〔2019〕32号），指导江西省防震减灾工作领导小组成员单位、各市县政府开展地震应急预案修订，基本形成了"横向到边、纵向到底"的地震应急预案体系。加强华东片区协作，2019年11月13—15日，派工作队参加在福建省霞浦县举行的2019年华东地震应急联动协作区联合培训暨实操演练，提升应急工作效能。

及时处置应对2019年3月11日江西萍乡市安源区2.0级、4月18日台湾地区花莲海域6.7级地震波及、9月21日湖北咸宁市崇阳县3.0级地震、10月21日江西全南县2.1级、11月9—10日江西丰城市两次2.7级地震事件，累计上报震情值班信息15期，专报4期，发送震情短信 12 万余条。扎实做好地震应急处置，派出现场工作队，持续加强震情跟踪、会商研判、信息发布与舆情导控等工作，有力维护社会稳定。尤其在 11 月 9—10 日江西丰城 2 天内连续发生的 2 次 2.7 级地震事件处置过程中，针对公众关注度高、容易形成恐慌情绪等现象，指导丰城市通过"丰城发布"、丰城市电视台等主动向市民发布"本次地震原震区近期内发生 5 级以上地震的可能性不大"的趋势意见通告，及时回应群众关切、安抚群众情绪。通过《江西日报》《江西新闻》等主流媒体做好地震知识科普宣传，为广大市民答疑解惑，应急处置有力有序。

（江西省地震局）

山东省

一、抗震设防要求

2019 年，制定了《山东省地震系统权责清单》，明确了省、市、县三级地震工作主管部门行政许可、行政处罚、行政奖励、行政检查、公共服务等 34 项权力事项，加强事中事后监管，统一地震部门服务规范，相关事项纳入省"互联网＋监管"系统。加强建设工程抗震设防要求监管，召开抗震设防要求管理培训班，针对抗震设防要求管理及行政审批制度改革进行培训，全面解读机构改革后市县地震工作管理部门开展建设工程抗震设防要求审批的具体要求。继续推进"十三五"规划防震减灾基层基础工作，强化县创建工作，为创建单位配置防震减灾科普仪器设备、地震应急装备等，完成第二批防震减灾基层基础强化县创建工作。完成"十三五"规划第二批 10 个省级农村民居示范工程验收，召开农村建筑工匠培训班暨农村民居地震安全示范户创建现场会，组织开展农村民居地震安全示范户创建工作。

二、地震安全性评价

2019 年，地方标准 DB 37/T 3646—2019《区域性地震安全性评价技术规范》正式发布，召开了《区域性地震安全性评价技术规范》标准现场宣贯会议，规范和推广区域性地震安评工作。济南中央商务区、泰安高铁新区等 10 余个片区开展相关工作。根据中国地震局部署要求，对第五代地震动参数区划图执行情况进行检查。加强对地震安评单位执业行为的监督，开展对安评报告技术审查的检查，对中冶建筑研究总院开展的安评项目进行现场检查，提出整改意见。

三、活动断层探测

2019 年，推进滨州市城市活动断层探测和地震危险性评价项目实施，协调配合中国地震灾害防御中心完成项目实施方案论证，进入项目实施阶段。完成菏泽市高新区小宋—解元集断裂探测与活动性鉴定项目验收，技术成果移交建设单位使用。济南新旧动能转换先行区断层探测和活动性鉴定通过建设单位组织的技术审查。安丘—莒县断裂（潍坊段）活动断层探测项目完成中期验收。

四、地震应急保障

2019 年，妥善处置了 6 月 11 日泰安岱岳区 2.9 级、9 月 12 日菏泽牡丹区 3.1 级等有感地震，指导当地市应急局开展现场调查。制订重点地区地震行业应急预案、应急准备工作方案，春节、全国"两会"、中华人民共和国成立 70 周年等专项地震应急预案。开展地震重点地区地震灾害风险调查和预评估工作，向省政府、应急厅及重点地区提交了地震灾害风险调查预评估结果及工作建议。组织开展全省地震应急工作检查，联合省发改委、应急厅、粮食局对潍坊、青岛部分县（市、区）进行实地抽查。健全地震应急协作联动工作机制，参加华北地区、山东辽宁地震应急协作区应急联动工作会议，修订山东辽宁协作联动工作方案，会同省应急厅修订地震应急区域协作联动工作方案。对全省市县应急指挥中心管理运维情况进行调研，召开地震应急指挥技术系统运维协调会议。组织开展各种类型的地震应急救援演练，省防震减灾工作领导小组印发加强全省企业地震应急救援疏散演练的文件，与省应急厅联合承办省地震应急救援综合演练，指导开展平阴县地震应急救援演练。联合应急厅举办地震救援第一响应人培训、全省海洋和地震地质灾害救援专题培训班等，提升基层应急管理人员地震应急处置水平。发挥省地震应急救援训练基地效能，完成各类培训任务 400 余人次。大力推进地震应急避难场所法规和标准的落实，全省新增 2 处 I 类室内地震应急避难场所。

（山东省地震局）

河南省

一、抗震设防要求

2019 年，依法对《驻马店市城市总体规划（2011—2030）》《河南省建立国土空间规划体系并监督实施的实施意见》和《省乡村振兴战略规划（2018—2022 年）主要任务分工方案意见》等提出建议，包括加强活动断层探测、老旧房屋抗震性能改造及加固、新建重大建设工程开展地震安全性评价等举措，通过发挥规划引领作用加强抗震设防管理，促进城乡建筑物抗震能力提高。根据《中华人民共和国防震减灾法》有关要求和中国地震局安排部署，组织开展河南省 GB 18306—2015《中国地震动参数区划图》执行情况检查，确保一般建设工程抗震设防要求落实到位。

二、地震安全性评价

2019 年，开展河南省地震安全性评价从业单位专项摸底检查和安评报告质量抽查，完成《关于加强我省地震安全性评价工作情况的报告》和《关于我省地震安全性评价从业单位有关情况的调研报告》，并在河南省地震局门户网站公示地震安全性评价单位信息及技术能力测试情况。依托河南省投资项目在线审批平台，对全省工程项目地震安全性评价开展事中事后监管，组织执法人员对地震安全性评价从业单位开展执法检查。2019 年，辖区内建设工程开展地震安全性评价项目 24 个。全年产出安评监管月报 7 期。

2019 年，河南省地震局积极推进区域性地震安全性评价工作，配合省自然资源厅就区域性地震安全性评价设定依据、实施条件、实施办法、审批层级、所需时间、所需费用和优化措施提出建议，河南省人民政府印发《省政府办公厅关于实施工程建设项目区域评估的指导意见》（豫政办〔2019〕10号）。赴山东、江苏两省开展区域性地震安评工作调研，多次督促指导郑州、安阳、驻马店、济源等地市区域地震安全性评价推进工作。

三、震害预测

2019年，持续完善地震应急基础数据库，主动协调系统外力量，收集全省境内学校（高、中、小学校及学前教育学校）、医院、加油站、气站、汽车站、火车站、供电站（营业所）、工厂、企业、事业单位、培训机构、水库、道路（县道、乡道）经纬度信息以及各地市建筑物、救灾物资储备等数据，并对数据真实性进行审核，为提高震害预测效果和指挥辅助决策水平奠定基础。

四、活动断层探测

（一）大力推进省构造探测项目

2019年，成立河南省地震构造探查项目技术顾问团队，修订《河南省地震构造探查项目管理办法》，根据需要调整地震构造探查项目组织机构。全力推进项目实施，完成豫北地区及周缘聊兰断裂、新乡—商丘断裂、黄河断裂、原阳—封丘断裂、郑州—开封断裂、盘古寺—新乡断裂、杨庄断裂等7条断裂的定位与活动性鉴定和深部地球物理环境研究。

（二）持续开展活断层探测

产出《河南省城市活动断层探测和省地震构造探查项目工作动态》12期。2019年共完成14个专题验收、1次实施方案论证、2次实施方案预审、4次野外工作验收、2次结题验收、8次现场工作检查。2019年11月22日，许昌市投资1200万的活断层探测项目完成招投标，开始施工。指导平顶山市编制城市活动断层探测项目可行性报告，指导商丘市编写实施方案。全省完成和正在开展活断层探测工作的省辖市达到12个，占全部省辖市的66.67%。

五、地震应急保障

（一）应急准备

1.着手预案修订。启动《河南省地震应急预案》修订工作。督促市县根据机构改革实际情况对预案进行修订。

2.开展地震应急检查工作。2019年11月，河南省地震局、河南省应急管理厅联合对南阳市、淅川县地震应急准备和地质灾害防治工作进行调研考察。调研组先后到南阳市地震应急物资仓库、地震应急指挥技术系统、地震台网中心、张衡防震减灾科普馆、淅川县地质灾害点考察，向当地政府和有关部门介绍震情形势。为11月30日淅川3.6级地震的快速高效应对奠定基础。

3.组织常态化地震应急演练。2019年3月、8月，分别开展2次"小地震、大演练"行动，依托真实的小震级地震事件，不设脚本，在河南省地震局范围启动Ⅰ级地震应急响应，提高应急队伍的应急意识和处置能力。2019年9月，参加鄂豫陕三省地震应急联动拉练。10月，会同应急厅有关部门观摩指导豫北联队协作演练，区域协作机制得到强化。

4.地震灾情速报网络建设和管理。为规范全省地震系统地震灾情收集处置工作，为政府抢险救灾决策指挥提供灾情信息支撑，制订《河南省地震系统地震灾情快速收集处置预案》，统一规划地震灾情收集，规范地震灾情速报员管理，确立统一领导、分级负责、快速准确的地震灾情收集报送工作原则。

（二）应急响应

2019 年，河南省发生有感地震 6 次，分别为：3 月 21 日商丘睢县 2.5 级地震、5 月 29 日三门峡陕州 2.6 级地震、8 月 27 日三门峡渑池 2.2 级地震、9 月 15 日三门峡渑池 2.7 级地震、10 月 3 日南阳淅川 2.9 级地震和 11 月 30 日南阳淅川 3.6 级地震。震后，均按照中国局要求和预案规定，快速高效开展地震应急响应处置。其中，2019 年 11 月 30 日 04 时 28 分南阳淅川 3.6 级地震发生后，经河南省地震局本部工作队指挥长同意，派出 4 人组成的现场工作队，于当日 10 时 40 分赶到震中淅川县马蹬镇石桥村，开展灾情调查、流动观测。震区群众情绪稳定，生产生活秩序正常。

地震现场应急装备建设。2019 年，按照《河南省地震局地震应急装备管理办法》，更新应急队员应急服装、部分单兵装备和应急移动终端，加强日常应急设备检查，定期更新应急食品、药品，为应急响应做好保障服务。

省市县三级地震应急指挥技术系统建设。2019 年，按照《河南省地震应急指挥技术系统运维管理办法（试行）》《河南省地震应急指挥技术系统质量监控管理办法（试行）》等要求，对市级地震应急指挥技术系统进行周巡检、月运维、季演练，考核结果纳入市县防震减灾能力评价指标体系。在做好数据保密的前提下，各地市完成本辖区内县级综合国情报告的编制，定期更新县级行政区划单元综合国情数据。

（河南省地震局）

湖北省

一、抗震设防要求

2019 年，湖北省地震局组织开展新一代《中国地震动参数区划图》贯彻执行情况检查，督促有关单位落实建设工程抗震设防要求。组织省内 9 家知名设计单位召开抗震设防标准与技术专家研讨会，详细介绍有关抗震设防标准与技术要求，围绕第五代《中国地震动参数区划图》与建筑设计规范以及其他行业标准的衔接、区域性地震安全性评价结果运用以及加强抗震设防事中事后监管等问题与各单位专家进行深入探讨，取得良好效果。与省应急管理厅联合组成调研组，赴十堰、襄阳、孝感、鄂州、黄冈等地就抗震设防要求管理工作进行专题调研，形成调研报告，进一步了解湖北省抗震设防基层基础情况。参与省住建厅开展的全省建筑抗震标准及实施情况调研，深入了解全省建设抗震标准实施情况。参与省自然资源厅牵头的全省国土空间规划，起草并向省空间规划办报送《湖北省抗震现状、存在的问题及 2035 年抗震目标与标准》，对湖北省震情形势、抗震设防概况、近年来地震灾害情况进行梳理，深入分析湖南省在抗震方面存在的 8 个方面的问题，提出 2035 年抗震目标与标准。通过省财政转移支付，向襄阳、荆门、宜昌、巴东等 4 个市县拨付农村民居地震安全示范工程建设经费共计 200 万元，指导 4 个市县积极推进农村民居地震安全示范工程建设，共创建农村民居地震安全示范点 12 个，编印并发放农村民居抗震设防图集及农村建房抗震知识宣传册 1.5 万余册，开展农村建筑工匠培训 200 余人次，进一步提高农村居民的抗震设防意识和农村房屋的防震抗震能力。

二、地震安全性评价

2019 年，湖北省地震局认真做好地震安全性评价监督管理和安评报告审定工作，出台《关于进一步加强地震安全性评价管理工作的通知》《湖北省地震安全性评价报告审定实施细则》和《关于执行〈区域性地震安全性评价工作大纲（试行）〉（中震防函〔2019〕21 号）的通知》等一系列制度文件，面向社会征集并公开发布 8 家地震安全性评价从业单位信息，遴选组建由 69 名专家组成的湖北省地震安全性评价技术审查专家库，并从日常公用经费中筹集 30 万元用于地震安全性评价技术审查评审费，不断强化地震安全性评价的制度、中介单位、人才、经费保障。同时，湖北省地震局不断加强与省直相关单位的沟通协调，省政府办公厅将地震安全性评价作为区域性评估的一项重要内容，在全省广泛推行；省住建厅在工程建设项目审批制度改革方案中，把地震安全性评价作为强制性评估和中介事项，要求在第一、第二阶段并联或并行办理；这些政策措施对于湖北省地震局更好地履行地震安全性评价监督管理职责具有重要作用。经过努力，湖北省地震安全性评价工作得到扎实有效开展，2019 年湖北省地震局先后组织专家对省内 25 个区域性地震安全性评价报告和 3 个重大建设工程地震安全性报告进行技术审查并给出审定意见，为城市经济社会发展和建设工程抗震设防提供有力技术支撑。

三、活动断层探测

2019 年，湖北省地震局凝练提出了"地震活动断层探测与地震小区划试点"项目，经费预算 1000 万元，拟以宜昌、十堰两个库区城市为试点，开展城市地震活动断层探测与地震小区划，提高新型城镇化地震安全保障。2019 年 1 月，省人大教科文卫委员会主任委员刘传铁、副主任委员刘望清在湖北省十三届人大二次会议上提出了"关于开展城市地震活动断层探测与地震小区划工作的建议"，省人大常委会、省政府明确该建议答复工作由湖北省地震局主办，省发改委、省财政厅、省应急管理厅会办。湖北省地震局认真牵头办理省人大代表建议，及时做好建议答复及办理结果公开工作，并在办理过程中积极与省发改委、省财政厅等部门就地震活动断层探测与地震小区划工作进行沟通协调，不断深化项目前期工作，为项目立项实施做好充分准备；与省应急管理厅等部门共同努力，积极推动将地震活动断层探测与地震小区划相关内容纳入《湖北省提高自然灾害防治能力实施方案》和《湖北省防范化解自然灾害领域重大风险工作方案》。

2019 年，湖北省地震局积极推行区域性地震安全性评价，对省内 25 个区域性地震安全性评价报告进行技术审查并给出审定意见，这些区域性地震安全性评价成果中包括大量地震活动断层（如襄樊—广济断裂、麻城—团风断裂、郯庐断裂南西端、胡集—沙洋断裂等）探测成果，湖北省地震局承担的科研项目中也涉及很多地震活动断层（如金家棚断裂、高桥断裂、仙女山断裂等）探测成果，这些成果对城市规划、国土利用及重大工程建设起到重要作用。

湖北省地震局及时跟踪了解我国及相关兄弟省市地震活动断层探测与小区划工作进展，把握最新政策动向，组织业务部门做好地震活动断层探测与地震小区划相关行业标准的学习与宣贯，选派技术人员参加中国地震局举办的地震活动断层探测标准宣贯与技术培训，为指导湖北省各地开展地震活动断层探测与地震小区划工作做好技术和人员储备。借助门户网站、官方微信、官方微博及市县业务培训、防震减灾科普讲座等平台，积极向社会公众及市县业务人员宣传介绍地震活动断层探测与地震小区划的基本原理、主要内容、重要意义，推动社会各界认识理解，营造良好社会氛围。

四、地震应急保障

应急指挥技术系统建设。湖北省地震局建有应急指挥大厅一处，配备地震应急指挥技术系统，可以实现地震现场、省地震局、中国地震局、市州地震部门的互联互通。

地震应急救援准备。协助省应急厅完成《湖北省地震应急预案》的修订，起草《湖北省防范化解地震领域重大风险工作方案》，编写《地震和地质灾害防范知识手册》（地震部分）。加强市县地震应急管理，联合下发《湖北省地震局 湖北省应急管理厅关于进一步加强市县防震减灾工作的通知》，从强化防震减灾意识、落实责任和具体工作等方面，对市县应急管理局、防震减灾工作主管部门提出要求。推动全省地震应急事业发展，多次联合调研检查市县地震应急工作，找短板，查问题，促改进。联合对市县应急局开展培训，提升应急管理系统地震处置能力。建立技术共享，完成与应急厅的网络互联互通，实现视频联通。

举办地震应急综合演练。9 月 26 日，湖北省地震局联合陕西省地震局、河南省地震局开展鄂豫陕三省地震应急联动演练。10 月 23—25 日，组织召开 2019 年度中南五省（区）地震应急协作联动工作会议。12 月，湖北省地震局联合三峡公司组织开展长江三峡库区 175m 蓄水期间地震应急演练。9 月，十堰市、荆州市分别开展鄂西片区、鄂西南片区地震应急综合拉练。

应急救援队伍建设。组织协调省应急管理厅、省消防救援总队、武警湖北省总队应急救援骨干共 20 余人，赴山东地震应急救援训练基地和兰州国家陆地搜寻与救护基地培训。在黄冈市开展 2019 年地震现场"第一响应人"培训，此次培训是湖北省地震局连续第五年举办，培训对象包括黄冈各县市区地震局代表、基层街道乡镇社区代表。举办 2019 年地震现场工作培训班，全省有关市县地震部门、应急管理部门和地震台站 30 多人参训，培训内容包括现场调查、流动监测和科普宣传等。湖北省地震局向茶港社区捐赠应急和便民服务装备，提升社区作为基层第一线的地震应急处置能力。

应急救援条件保障建设。2019 年，湖北省地震局根据目前地震应急装备情况，有针对性地分批次采购部分地震应急搜索与救援装备，应用到演练与培训中，配备搜索、手动和液压破拆、支撑、搬运、通信、后勤保障等多种类装备。

地震应急救援行动。湖北省地震局 2019 年处置省内及重点防御区地震突发事件 6 次，出动现场工作队 2 次。地震发生后，立即启动应急响应，成立省地震局应急指挥部，一方面搜集震情灾情信息，迅速上报省委、省政府、中国地震局，召开紧急会商会；一方面指导震区地震部门开展应急处置工作，维护社会稳定。快速科学高效开展地震应急处置工作，协助地方政府做好灾害调查、社会稳定等处置工作，社会生活秩序很快恢复正常。

（湖北省地震局）

湖南省

一、抗震设防要求

2019年，积极推进第五代区划图落实。推进自然灾害防治重点工程建设，湖南省地震局会同省应急管理厅、省发改委推进自然灾害风险调查和隐患排查工程，牵头制订《湖南省实施地震易发区加固工作方案》。加强抗震设防要求监管，推动将抗震设防要求纳入《湖南省农村住房建设管理办法》，持续推进农村民居地震安全工程，完成2个省级示范农居验收。完成湖南省内区域性地震安全性评价中介机构的登记和公示，参与长沙黄花机场T3航站楼、邵阳犬木塘水库等重大项目立项论证。推进常德市城市活动断层项目和地震小区划项目。推进示范创建工作，全省共创建国家级防震减灾示范基地1个、国家级防震减灾科普示范学校5所、省级防震减灾科普示范学校24所，创建省级农村民居示范点3个。

二、地震安全性评价

2019年，认真落实"放管服"改革要求，出台《湖南省区域性地震安全性评价管理办法（试行）》；开展地震安全性评价工作调研，提出加强湖南省地震安全性评价管理的建议措施，完成湖南省内区域性地震安全性评价中介机构的登记和公示；参与长沙黄花机场T3航站楼、邵阳犬木塘水库等项目立项论证，提出落实抗震设防要求的有关意见，提高重大基础设施、重大生命线工程和房屋建筑设施的地震风险防范能力。

三、震害预测

2019年，湖南省地震局联合省住建厅开展实施情况检查，邵阳、郴州等市启动新一代农居抗震图集编印工作。推进自然灾害防治重点工程建设，会同省应急管理厅、省发改委推进自然灾害风险调查和隐患排查工程，牵头制订《湖南省实施地震易发区加固工作方案》。配合开展地震灾害风险调查项目前期工作，提出湖南省实施地震易发区加固工作方案建议。

四、地震应急保障

（一）地震应急准备

应急预案制订工作。2019年8月，根据《湖南省突发事件总体应急预案》及中国地震局的有关要求，结合机构改革部分职能调整的实际，湖南省地震局起草制订《湖南省地震应急预案（征求意见稿）》《湖南省地震应急预案修订说明》，向省直有关单位征求意见和建议。2019年10月，按照《中国地震局地震应急响应机制改革方案》的要求，完成《湖南省地震局地震灾害应急响应工作预案》初步修订和征求意见工作。

地震现场工作队建设。2019年6月28日，湖南省地震局制定下发《关于推进省市两级地震现场工作队装备标准化、专业化建设意见的通知》（湘震发〔2019〕66号），明确省市两级地震现场工作队的主要任务、基本原则、建设目标及推进措施。2019年8月23日，湖南省地震局制定发布《关于组建省级地震现场工作队的通知》（湘震发〔2019〕80号），明确省级地震现场工作队的主要任务、人员组成及有关要求。截至2019年底，湖南省组建省级地震现场工作队2支，人员共13名；14个市州各组建本级地震现场工作队1支，人员共 87 名。

应急业务培训工作。2019 年 9 月，湖南省地震局在常德开展了省市地震现场工作队应急业务培训。培训对象为省市两级部分地震现场工作队，其中省级 2 支，长沙、常德各 1 支，培训人数 20 余人，使地震现场工作队员尽快熟悉掌握应急通终端设备，提高地震现场工作队应急处置能力。

应急管理工作情况自查总结工作。2019 年 11 月下旬，湖南省地震局开展市州地震部门应急管理工作情况自查总结工作。通过自查总结，较好掌握全省开展地震应急工作进展情况，进一步摸清底数，为谋划 2020 年的地震应急工作打下较好基础。

相关会议。2019 年 10 月 23—25 日，2019 年度中南五省（区）地震应急救援管理工作会议在湖北省武汉市召开。会议总结五省（区）2019 年地震应急重点工作，就机构改革后如何做好地震应急工作、如何提升地震部门应急效能、如何高效开展应急现场工作进行深入讨论。会议决定湖南省地震局为 2020 年中南区域应急协作联动牵头单位，并进行交接仪式。

（二）应急响应

2019 年 6 月 29 日 10 时 12 分 26 秒，湖南娄底市双峰县（27.57°N，112.07°E）发生 3.4 级地震，震源深度 8km。地震发生后，湖南省地震局立即组织召开震后趋势紧急会商会，分析研判震情趋势；立即组织现场工作队赶赴震中开展现场工作，调查了解震灾情况；派出流动测震台赴震中加密观测，密切跟踪震情趋势；密切关注舆情趋势，做好舆情引导工作，维护社会稳定；娄底市地震局立即派出现场工作组赶赴地震现场，了解地震影响情况。湖南省地震局派出由曾建华副局长带队的 12 人现场工作队，分 3 批第一时间赶赴地震现场，会同湖南省应急管理厅 3 人工作组和娄底市应急管理、地震部门工作人员组成联合现场工作队，开展现场科学考察、烈度调查和流动地震监测，指导当地政府开展应急处置工作。

（三）应急条件保障建设

2019 年 3 月 13 日，湖南省地震局、湖南省应急管理厅联合召开防震减灾工作会商会，研究商议建立湖南省防震减灾工作协调机制等问题。经双方充分讨论，达成建立厅局之间领导和部门工作协调机制、建立震情灾情信息交流机制、实现指挥技术平台互联互通、建立应急联运协作工作机制、做好新闻宣传和舆情监控应对机制、联合开展灾害调查评估、加强应急救援队伍建设、加强市县工作指导、建立联合监查机制、共同推动落实省防震减灾规划和国家自然灾害防治重点工程项目等 10 个方面的共识，确保机构改革期间防震减灾工作无缝衔接、地震应急工作联动协作的运行机制。

2019 年 9 月，湖南省地震局完成应急通现场工作终端在湖南省地震系统的推广应用工作。为 14 个市州地震部门配发应急通设备终端各 2 部，共 28 部。配发省级地震现场工作队应急通设备终端 6 部。湖南省地震现场工作队伍基本建成，初步形成应急保障能力，为今后开展地震现场烈度调查及灾害损失评估工作奠定基础。

加强了应急指挥平台建设，湖南省地震局先后多次组织技术人员赴长沙智为科技、武汉淳中科技、中国联通湖南省分公司、中国联通长沙云数据中心、省高速公路路网运行监测指挥中心等企业开展分布式视频系统、大屏集约化显示、信息化安全、5G 通信技术中心等调研，制定《湖南省地震应急指挥技术平台升级改造项目》设计方案，为下一步技术平台升级改造打下基础。组织有关人员参加了 2019 湖南军民融合应急通信演练，完成了中南五省（区）地震应急指挥中心联合地震灾害指挥演练、湖南省政府总值班室 2019 年首次视频应急通报会议以及湖南省地震行业网、有关视频会议的服务保障工作。

（湖南省地震局）

广东省

一、抗震设防要求

2019 年，广东省地震局开展第五代地震动参数区划图执行情况检查。深圳、佛山、东莞、汕头等市积极推广应用减隔震技术。

二、地震安全性评价

2019 年，按照广东省委、省政府统一部署，全面推行省工程建设项目区域评估制度，与省自然资源厅、生态环境厅、水利厅、文化和旅游厅、气象局、能源局联合印发《广东省区域评估项目操作规程（试行）》，对区域性地震安全性评价实施予以规范，制定例外清单。印发《广东省地震局关于推进和规范区域性地震安全性评价工作的实施意见》，委托广东省地震学会作为广东省组织地震区域性评价技术审查的第三方机构。

三、活动断层探测

2019 年，完成惠州断裂和淡水—多祝断裂活断层探测项目总共 14 个专题的验收工作，其成果可为惠州地区城市总体规划、抗震防灾规划、重大工程选址、建设工程抗震设防等工作提供重要技术依据。

四、地震应急保障

地震应急准备。2019 年，协助推进修订完善《广东省地震应急预案》，修订《广东省地震局地震应急预案》。严格落实广东省地震局局领导带班、处级干部 24 小时在岗值班、局属单位关键部门应急人员 24 小时值班的三级值班制度。

应急响应建设。2019 年，广东省地震局与省应急管理厅联合印发《关于建立紧密协调联动机制的若干意见》和《地震应急处置联动工作指引》，加强机构改革后地震与应急管理部门协作，建立应急联动、信息共享机制，实现双方指挥系统互联互通。

应急条件保障建设。2019 年，开展广东省内重点地区地震灾害预评估工作。完成高温应急救援训练基地建设。对广东省、市地震现场工作队 40 余人开展为期一周的地震应急培训。

地震应急行动。2019 年 10 月 12 日，广西北流、广东化州交界处发生 5.1 级地震，广东省多地震感明显，其中茂名化州、高州、信宜及湛江市区震感强烈，化州地区部分房屋受损。地震发生后，广东省地震局快速响应，协调联动，高效有序处置，得到广东省减灾委通报表扬。一是视频调度茂名、湛江、阳江三市地震局（应急局），指导当地政府开展应急处置工作，快速了解地震造成的影响，排查地震损失；二是组织地震应急响应工作，及时向中国地震局报告有关情况，先后向中国地震局、广东省委、省政府报送突发事件信息专报 4 份；三是协调广东省应急管理厅，参加 3 次联合会商研判；四是组织现场工作队赴茂名化州现场调查灾情，部署流动监测设备开展监测工作，与广西壮族自治区方面对接监测、灾情数据，联合广西壮族自治区地震局发布广西北流—广东化州 5.1 级地震烈度图。

（广东省地震局）

广西壮族自治区

一、抗震设防要求

2019 年，修订印发行政许可——建设工程抗震设防要求的确定操作规范。根据广西壮族自治区党委办公厅、自治区人民政府办公厅联合印发的《广西优化营商环境重点指标百日攻坚行动方案》（厅函〔2019〕23 号）要求，2019 年 4 月 16 日，广西壮族自治区地震局删除行政许可——建设工程抗震设防要求的确定申请材料——《×× 项目岩土工程勘察报告》，并下发《关于进一步明确行政许可——〈建设工程抗震设防要求的确定〉操作规范的通知》（桂震函〔2019〕72 号），重新明确 2 类行政许可决定书示范文本（针对普通建设工程和针对学校医院建设工程）。

2019 年，联合自治区住建厅开展 GB 18306—2015《中国地震动参数区划图》执行情况检查。2019 年 9 月 4 日联合自治区住建厅印发《关于联合开展〈中国地震动参数区划图〉执行情况检查的通知》；11 月 26 日，赴广西华蓝设计（集团）有限公司开展中国地震动参数区划图执行情况现场检查，随机抽取 21 个工程建设项目检查，检查结果均符合要求，检查组现场反馈检查情况。

依法将一般建设工程纳入市县基本建设管理程序，对一般建设工程行使行政许可——建设工程抗震设防要求的确定，确保一般建设工程达到国家强制性要求。各市地震部门批复行政许可 954 项，各县（市、区）地震部门批复行政许可 2289 项。

二、地震安全性评价

2019 年，重构地震安全性评价监管体系。一是 2019 年 7 月 31 日，将强制性中介服务事项——重大建设工程的地震安全评价和政府统一组织开展的区域性地震安全性评价纳入立项用地规划许可阶段。二是将地震安全性评价报告结果应用、地震安全性评价单位开展地震安全性评价等行为纳入广西壮族自治区地震局行政执法事项，地震工作主管部门可以依法进行行政检查或者作出行政处罚。

完善区域性地震安全性评价管理机制。一是 2019 年 6 月 24 日，联合自治区发改委等 7 部门印发《广西壮族自治区发展和改革委员会等 7 部门关于推行区域评估试点的实施意见》（桂发改重大〔2019〕639 号），负责制定试点区域地震安全性评价的指导性文件和操作规范，指导各地做好区域评估工作，加强事中事后监管。二是 9 月 29 日，印发《广西壮族自治区区域地震安全性评价工作管理办法（暂行）》，就推进区域性地震安全性评价建立管理机制。

完成首个区域性地震安全性评价工作——南宁高新区区域性地震安全性评价（南宁·

中关村科技园范围）。根据《广西壮族自治区发展和改革委员会等7部门关于推行区域评估试点的实施意见》（桂发改重大〔2019〕639号）精神，为7个试点区域提供有关区域性地震安全性评价的技术咨询服务。同时，为其他不是试点的4个园区提供区域性地震安全性评价技术咨询服务。

2019年，完成兰州至海口高速公路广西钦州至北海段改扩建工程、铁山港跨海大桥泰康之家桂园（南宁）项目、LK0+831.128合山红水河特大桥和K84+324.102龙马红水河特大桥、南宁抽水蓄能电站等4个重大工程地震安全性评价项目。

三、活动断层探测

广西壮族自治区地震局承担的广西重点研发计划项目"7·31广西苍梧5.4级地震发震构造研究"（实施期为2017年9月—2019年12月），2019年完成30余个地质地貌点调查，地球物理勘探测线约7km，开挖探槽3个，采集年代学样品12件。结果认为贺街—夏郢断裂中段晚更新世以来有过活动，晚更新世以来至少有2次地震事件。

河池市地震局和广西壮族自治区工程防震研究院联合承担的广西重点研发计划项目"河池—宜州—柳城断裂带活动性调查与地震危险性评价"（实施期为2017年7月—2019年12月），2019年开展高密度电法、地震映像和地质雷达勘测工作，完成8个探槽开挖。初步认为该断裂带为早中更新世断裂，晚更新世以来不活动。

2019年5月14日，广西壮族自治区地震局承担的广西科学研究与技术开发计划项目"广西灵山强震区发震构造探测与地震危险性研究"（实施期为2015年1月—2017年12月）在灵山县开展现场验收工作。专家组认为该项目完成了合同约定的考核指标，同意通过验收。2019年9月19日获得广西壮族自治区科学技术厅验收批准。

广西壮族自治区工程防震研究院承担的政府采购项目"梧州市活动断层探测与地震危险性评价（一期）"（实施期为2018年12月25日—2020年3月15日），2019年收集和整理基础资料，完成探测区、目标区主要断裂遥感影像解译，断裂调查点19个、10个探槽的开挖和编录工作；采集光释光样品17件；完成高密度电法测线8.6km；编制了探测区1：25万地震构造图。通过上述工作，将贺街—夏郢断裂分为3段，北段为早中更新世断裂，中段为晚更新世断裂，南段为前第四纪断裂。

广西壮族自治区地震局承担的2019年度城市活断层探测与地震危险性评价项目"钦州市活断层探测与地震危险性评价"（实施期为2019年1—12月），2019年完成143个地质调查点的观测，25个探槽的开挖和编录工作，采集年代学样品32个；完成地球物理测线共约34km。项目获得1：25万探测区地震构造图及说明书，初步认为防城—灵山断裂带西南端为晚更新世断裂，并可能延入钦州市城区。

四、地震应急保障

地震应急准备。2019年，完成河池环江至百色凌云、玉林至北海两个地震重点危险区调研，编制地震灾害预评估和应急处置要点报告、调研报告。完成广西壮族自治区地震应急预案的修订和广西壮族自治区地震局地震应急预案的修订工作。加强与自治区应急管理厅沟通与联系，理顺权责关系，深化职能转变，在广西壮族自治区"全灾种、大应急"机制下健全地震应急救援工作机制。

应急响应。2019年，广西壮族自治区地震局成功处置北流5.2级、靖西5.2级、防城港上思县 2.6 级、崇左市龙州县 2.9 级、百色隆林 2.9 级地震、百色靖西 2.4 级地震等 10 余次地震，指导市、县地震工作部门迅速了解震情灾情，开展应急处置工作。

应急条件保障建设。2019 年，广西壮族自治区消防救援队 55 名骨干在兰州国家陆地搜寻与救护基地进行为期 12 天的地震救援技术培训。自治区地震局向广西地震灾害紧急救援队移交一批新的应急救援装备，并与各支队商讨机构改革后地震应急救援工作制机和现代化建设方向。派出 2 名地震现场队员参加中国民用无人机驾驶员培训员及考试，对地震现场队 14 名成员进行无人机操控培训，提升无人机灾情快速获取技术应用能力。

地震应急行动。2019 年 10 月 12 日 22 时 55 分，广西北流市六靖镇发生 5.2 级地震，广西壮族自治区地震局现场工作队共 29 人连夜赶赴震区开展应急处置工作，与广东省地震局现场工作队一同编制完成《广西北流 5.2 级地震烈度图》。自治区应急管理厅、自然资源厅、水利厅等和玉林市有关单位及时采取应急措施，开展抗震救灾工作。

2019 年 11 月 25 日 09 时 18 分，广西靖西市湖润镇发生 5.2 级地震。自治区地震局、应急管理厅、自然资源厅等分别组织专业队伍深入震区，指导开展灾情调查和应急处置等工作。百色、崇左组织专业救援队伍赶赴湖润镇华利村、下雷镇大新锰矿矿区震中救援。11 月 28 日，湖润镇发生 4.6 级余震，自治区地震局派出现场工作组前往灾区进行灾情调查和应急处置。

（广西壮族自治区地震局）

海南省

一、抗震设防要求

深化"放管服"改革，加强抗震设防要求管理。2019 年，海南省地震局建设"互联网＋监管"系统，实行防震减灾工作事项互联网监管，将防震减灾行政服务事项纳入海南省政务服务一体化平台，提高政务服务透明度。加强与省住建、交通和水务部门沟通协调，将抗震设防要求管理纳入海南省工程建设项目联合验收体系，加强工程建设项目事中事后监管。海南省地震局联合省住建厅开展 GB 18306—2015《中国地震动参数区划图》执行情况检查，确保工程建设项目落实抗震设防要求。

深入开展工程建设项目审批制度改革。2019 年，海南省地震局积极参加海南省工程建设项目审批制度改革领导小组日常工作，参与编制由省人民政府印发的《海南省工程建设项目审批制度改革实施方案》（琼府〔2019〕28 号），将区域性地震安全性评价纳入各类经济开发区、产业园区、新区等区域评估体系。

推行政务服务线上办理，提高政务服务水平。2019 年，将重大工程地震安全性评估审定、核发选址意见书或规划许可征求意见确认、市县地震监测台网中止或终止批准、专用地震监测台网中止或终止备案等事项纳入省政务服务一体化平台，不断提高政务服务透明度和服务水平。

二、地震安全性评价

2019 年，海南省地震局起草《海南省区域性地震安全性评价管理办法（征求意见稿）》，配合海南省自然资源和规划厅编制《海南省工程建设项目区域评估工作方案》，推进区域性地震安全性评价工作。收集海南省及重点园区地震灾害、活断层及抗震规范等相关资料，协助海南省应急管理厅编制《海南省自然灾害、安全生产风险隐患排查项目建议书》和《海南省重大风险防控规划》。协助海南省自然资源和规划厅开展全省重点产业园区地质灾害区域调查评估和国土空间规划编制工作。

三、震害预测

强化市县政府防震减灾主体责任。2019 年，海南省地震局制定市县年度防震减灾重点工作任务，联合省应急管理厅下发文件进行部署。联合省应急管理厅制定海南省应急管理工作考核办法，开展 2018 年市县政府防震减灾工作目标考核，考核结果由海南省委办公厅、省政府办公厅联合下发通报，有力推动市县政府防震减灾主体责任制落实。

加强指导培训，提高市县防震减灾能力。2019 年，海南省地震局通过座谈会、现场调研、编写建议报告等形式，推进市县防震减灾机构改革，指导市县防震减灾工作；组织人员到洋浦经济开发区开展防震减灾工作调研，编写《洋浦经济开发区防震减灾工作调研情况及建议报告》；选派市县政府分管领导，参加中国地震局基层防震减灾能力提高培训班；举办全省防灾减灾实训演练观摩活动，各市县应急管理部门、防震减灾主管部门负责人及相关人员、有关学校教师、学生以及社区群众代表共 180 余人参加实训。联合海南省委组织部、省应急管理厅举办海南省市县地震灾害风险防治工作培训班，各市县分管市县长、应急管理局和地震局局长共计 52 人参加，在海南省地震业务培训史上首次被省委组织部纳入领导干部培训体系。

加强综合减灾示范建设指导。2019 年，海南省地震局会同海南省应急管理厅、省气象局等部门，加强对市县综合减灾示范社区创建工作的检查指导，成功推荐海口、三亚、儋州、万宁市 4 个市县的社区申报全国综合减灾示范社区，推动防灾减灾示范县和安全发展城市建设。

推进地震灾害风险调查和重点隐患排查。2019 年，海南省地震局成立了地震灾害风险调查和重点隐患排查、活动断层探察、海洋地震风险探测和全民素质提升工程等 4 个项目实施组，开展项目前期相关工作。组织编制《全国地震灾害风险普查初步试点区域（文昌、万宁市）工作方案》和《海南省地震灾害风险调查和重点隐患排查示范工程和装备建设项目建议书》。

继续开展农村民居地震安全推广工作。加强农居地震安全工程技术服务工作，2019 年，海南省地震局组织专家指导协助市县举办农村建筑工匠和助理员、联络员抗震农居建设培训班 8 期，培训人员约 900 人。收集地震易发区抗震设防相关资料，协助海南省住房和城市建设厅编制实施《海南省农房抗震改造工程实施》，开展地震易发区农房抗震改造试点工作，推进地震易发区房屋设施加固工程。

四、活动断层探测

2019 年，组建地震活动断层探察数据中心，加强活动断层探察管理和成果应用。组织实施海口江东新区地震安全调查项目。海南省地震局加强与海口市自然资源和规划局、海南省自然资源和规划厅、海南省地质局、中国地震灾害防御中心、中国地震局地球物理勘探中心、中国地震局工程力学研究所和中煤科工集团西安研究院协调合作，协调解决活动断层探槽施工用地、钻孔资料收集等项目实施中的问题，确保项目顺利实施。组织项目阶段、野外和活动断层探测等3次验收工作。将海口江东新区活断层探测专题取得的成果应用于江东新区总体规划，科学合理规避地震风险，充分利用国土资源，为海南自由贸易区（港）建设提供地震安全服务。

五、地震应急保障

地震应急准备。2019年，海南省地震局进一步完善地震应急预案体系，强化预案管理，组织开展地震应急预案修订和演练工作。完成编制《2019年海南省地震应急准备方案》和修订《海南省地震局地震应急工作手册》等工作。开展市县地震局预案备案检查，指导海口、三亚等市县修订《市县地震应急预案》，完善地震系统"横向到边、纵向到底"预案体系，备案率达99%，全省市县地震局举行地震预案演练16次，有效提高干部、公众和学生等应急意识、指挥能力和避险技能。推进和指导地震现场应急联动体系及市县组建地震现场应急队伍建设。

地震应急响应。2019年，海南省地震局要求和指导市县加强现场应急队伍建设，协调指导组建、训练、培训和演练工作。结合地震安全示范社区建设，指导和协助三亚、保亭、儋州和洋浦等4个市县举办应急救助技术培训班4期，培训160多人次，有效提高应急救助技能。按照《海南省地震局地震应急工作手册》要求，举行1次实战演练，协调做好海南省地震局现场应急队轮值准备工作，有效提高现场应急能力。

地震应急条件保障建设。2019年，海南省地震局通过海南省统计局统计年鉴，向政府共享平台、部分市县地震局收集数据，以及采取内部收集等方式，分别更新2019年度全省乡镇、市县区人口统计数据、2019年度全省乡镇、市县区国民经济统计数据、贫困县数据、少数民族、灾情速报网络表、地方抗震救灾指挥部联系、地方政府联系信息、地震系统联络信息、消防力量、军队与武警信息、全省乡镇行政区划境界数据、历史地震目录、交通数据、全省卫星遥感影像数据等。截至2019年11月，海南省地震局参加全国视频会议联调87次，情况良好，图像传输流畅、声音清晰，唇音同步良好，视频画面连贯畅通，图像色彩饱满，清晰度很高。更新运维管理办法、岗位工作职责、值班值守制度、地震应急响应流程等地震应急指挥中心管理制度。完成指挥大厅拼接处理器改造，保障指挥大厅高效运行。自行实验性建设小鱼云视频会议，将小鱼云视频、指挥大厅视频终端、市县应急指挥中心视频会议系统、卫星通信车视频会议系统互联互通，并多次在现场工作队年度应急演练、野外工作中试验测试，传输图像及声音效果较好。在全国地震应急指挥技术系统运维质量评估中，海南省地震应急指挥中心和地震应急视频会议系统均获三等奖。

地震应急行动。2019年，海南省地震局主动与应急管理部门合作，共同推进全省地震系统地震现场应急队伍规范化、标准化建设。与省应急管理厅联合制定出台《海南省地震应急管理协作机制》，理顺关系，建立和完善地震应急管理协作机制。

（海南省地震局）

重庆市

一、抗震设防要求

2019 年，重庆市地震局、重庆市住房与城乡建设委联合开展 GB 18306—2015《中国地震动参数区划图》执行情况检查。以学校、医院、高层建筑等人员密集建筑为重点，对 2016 年 6 月 1 日新一代区划图实施以来的新建房屋建筑和市政基础设施工程进行抽查。

二、地震安全性评价

2019 年，重庆省地震局积极推动区域性地震安全性评价工作。一是印发《关于推进建设项目区域地震安全性评价工作的函》，督促各区县（自治县）人民政府根据区域开发建设时序，推进区域地震安全性评价工作；二是组织制定《重庆市区域地震安全性评价工作实施细则（试行）》《重庆市建设项目区域地震安全性评价工作技术指南（试行）》，明确重庆市区域地震安全性评价的实施范围、技术要求、成果审查与适用、告知承诺、监督检查、信用管理等规范；三是积极为区县开展区域地震安全性评价提供政策和技术指导；四是组织开展区域地震安全性评价成果审查，完成重庆自贸区两江片区渝北板块区域性地震安全性评价报告等技术审查工作。

三、地震应急保障

建立完善应急体制机制。2019 年 8 月，以重庆市防震减灾工作联席会议办公室名义印发《关于印发〈重庆市区县地震灾害风险防控工作指导意见〉的通知》（渝震联〔2019〕6 号）、《重庆市地震风险预评估工作指南（试行）》，进一步落实防震减灾工作主体责任，明确区县地震灾害风险防控工作任务。与重庆市应急管理局和重庆市规划与自然资源局等相关部门就工作机制建立开展调研，制订《重庆市应急管理局　重庆市地震局　地震应急救援协作配合工作实施方案》。配合重庆市规划与自然资源局完成防灾减灾规划研究后续评审工作。9 月，根据机构改革及人员调整情况，对重庆市地震局地震应急指挥部各工作组和现场工作队应急任务清单进行临时调整，对应急任务进行重新梳理。

应急条件建设。2019 年，推动地震应急智慧管理及决策支持平台项目建设。计划分期建设，一期建设时间为 2019—2020 年，完成平台预案电子化、应急值班管理自动化、现场工作队人员装备数字化、现场工作队协同办公智能化和应急工作效能评估等基本业务管理功能。通过项目一期两年的基本建设，初步实现现有地震应急处置等工作的电子化、信息化智能化管理，同时，开发基于二维地理信息系统的综合性数据展示以及与地震局原有技术系统和相关部门等单位现有技术系统的数据对接单元，为最终三维可视化平台系统和信息共享服务子系统奠定技术基础。

应急救援准备及保障。10 月，举办 2019 年重庆市震害防御及地震应急管理培训班，各区县地震工作部门分管负责人及业务骨干和重庆市地震局应急人员 90 余人参加培训。采取课堂讲座为主并结合现场观摩，培训涉及地震灾害风险防范、地震应急现场处置、地震应急管理、地震灾害预评估等内容。11 月 19—22 日牵头组织西南片区云南、四川、贵州、西藏、重庆 5 省（市）现场工作队应急协作联动演练。

应急救援行动情况。2019 年，重庆市地震局相继开展 2 月 19 日武隆 2.3 级、2 月 20 日武隆 2.8 级、2 月 25 日四川荣县 4.9 级、6 月 17 日四川长宁 6.0 级、9 月 8 日四川威远 5.4 级、9 月 22 日綦江 1.5 级、10 月 2 日贵州沿河 4.9 级、10 月 12 日广西北流 5.2 级等地震应急处置，完成震情速报、灾情收集、应急会商、地震监测、科普宣传、舆情监测等各项工作。在处置四川长宁 6.0 级、四川威远 5.4 级、贵州沿河 4.9 级地震中，按照中国地震局部署，启动西南片区地震应急协作联动机制，派出现场工作队 30 人次，应急车辆 8 台次，赶赴灾区，协助开展灾害损失调查、烈度圈绘制、科学考察、科普宣传等现场工作，现场队员发扬地震行业精神，圆满完成支援任务，受到受援省局和当地政府高度评价。

（重庆市地震局）

四川省

一、抗震设防要求

2019 年，四川省地震局利用已有的震害防御基础成果，为广安民用运输机场、巴塘通用机场、凉山会东民用机场、通江县通用机场、甘洛民用运输机场等地提供预选场址地震地质资料及技术服务，为当地规划建设、国土利用及重大工程建设提供可靠依据。对汉中至巴中至南充铁路南充至巴中段工程场地等 3 个项目的安全性报告评审提供专家建议名单、进行安全性报告评审监督管理服务；为广安民用运输机场、巴塘机场、凉山会东民用机场、通江县通用机场、甘洛民用运输机场等地对预选场址提供地震地质资料等技术支持和服务。

根据"直接保险—再保险—地震保险基金—政府紧急预案"的多层次风险分担机制承担保险责任，批复同意 18 个市州的城乡住宅地震巨灾保险实施方案。地震巨灾保险第一笔赔付保单在四川省广元市完成，2019 年，四川兴文、珙县、荣县、长宁地震造成当地居民房屋受损，四川省地震巨灾保险承保单位加紧开展保险赔付前的定损等工作。

2019 年，各市（州）不断强化抗震设防能力服务地方经济发展，自贡开展建设工程抗震设防标准和抗震设计规范贯彻落实情况专项抽查，不断探索推广减隔震技术的应用。成都市在成都博物馆（隔震）、彭州市第一人民医院（隔震）等采用了减隔震技术，大大增强了建设工程抗御地震的能力；积极推动成都金堂县在"恒大御景半岛"开发商房地产中使用减隔震技术。

二、地震安全性评价

2019 年，四川省地震局协调推进行政审批制度改革工作，配合省委编办完成地震部门权责清单梳理编制工作，以及参与省编办对防震减灾机构的调研工作；根据国务院第 709 号令，推进《四川省建设工程场地地震安全性评价管理办法》修订事宜，向司法厅报送修正案代拟稿并持续推进；按照省政府办公厅要求，报送四川省地震局"互联网＋监管"事项清单，并按办公厅要求，认领中国地震局"互联网＋监管"事项，组织编制事项实施清单，指导市州开展相关认领工作；按照发改委要求，进一步完善投资在线监管平台办事指南及相关资料，其中必须进行地震安全性评价的工程项目，建议推进将安评报告纳入在线审批。

配合协调推进工程建设项目审批改革有关事宜，协助修订《四川省工程建设项目审批事项清单》《四川省工程建设项目审批流程图》等有关事宜；配合省大数据中心进一步完善全省政务服务一体化平台建设工作，完善四川省地震局事项目录与实施清单，组织各市州防震减灾主管部门进行清单完善工作，配合完成国办督查相关工作。

三、震害预测

2019年，四川省地震局完成年度重点危险区涉及的40个县的地震灾害风险实地抽样调查；为川藏铁路、成渝中线铁路等重大工程选址提供地震安全服务；配合住建等部门推进农村不设防房屋、城市老旧建筑等排险加固，对川南地区抗震设防情况进行调查摸底。成都在博物馆、医院等采用减隔震技术，德阳农村土坯房改造聚居点试点工作受到央视多次报道，广元城市建成区当年新建、改建、扩建工程减隔震技术和新型材料推广面积达90%以上，广安积极推进抗震保温安居房建设。全省积极推进防震减灾示范工作，13个市（州）、35个社区被评为全国综合减灾示范社区。

积极协助水利厅、自然资源厅、应急厅等单位开展攀枝花市、雅安市的防汛、地灾防治、应急准备工作，通过听取汇报、实地走访、随机抽查、现场座谈等方式开展调查督导工作；作为农房住房建设统筹管理联席会议单位之一，积极配合有关部门大力推进农村不设防房屋、城镇棚户区改造和城市抗震性能差的老旧建筑排险加固；完成自贡荣县、宜宾长宁震区城乡房屋抗震设防情况摸底；完成《宜宾长宁6.0级地震灾区城乡房屋抗震设防调研报告》，形成工作建议专报中国地震局；配合应急厅确定四川省地震易发区房屋设施加固工程的实施工作机制；四川省地震局派出专家配合中国地震局，完成地震灾害风险调查和重点隐患排查工程、地震易发区房屋设施加固工程方案编写、立项等工作。

四、活动断层探测

四川省活断层普查项目纳入四川省"十三五"规划，2019年为"四川省活断层普查"项目实施的第二年，项目按照计划实施；积极开展四川省南河断裂复核工作，为四川省重大工程服务；开展援藏项目—昌都市活动断层探察可研报告编写，通过专家评审，提交西藏自治区地震局。加快实施四川省活断层普查项目，阿坝组织有力、推进有序，取得初步成果，项目全部完成招投标及合同签订；甘孜项目实施方案已通过专家评审；凉山各项目组抓紧编制实施方案交中国地震局评审。

针对四川省活动断层探测项目，四川省地震局制定《四川省活断层普查管理办法（试行）》《四川省活动断层普查项目档案管理办法（试行）》，成立四川省活断层普查项目实施办公室，严格按照中国地震局《活动断层探测工作管理办法》《关于加强地震活动断层探查管理工作的通知》管理项目，按照有关财务、采购、资金等管理办法实施项目。

五、地震应急保障

积极配合组织2019年省级抗震救灾综合演练，以及川西、攀西片区桌面演练和防震减灾座谈会。甘孜协助承办的川西片区桌面演练得到应急管理部领导肯定。攀枝花、绵阳、凉山等地结合本地预案和实际，开展形式多样的地震应急演练。四川省地震局会同宜宾、自贡、内江、甘孜等地，积极应对珙县、荣县、长宁、石渠等多次破坏性地震，在实战中检验防范化解重大地震灾害风险的能力，有效保障人民生命财产安全。

（四川省地震局）

贵州省

一、抗震设防要求

2019年，完善监管体系，修订监管制度，规范监管模式，构建地震安全性评价事中事后监管机制，建立以"双随机、一公开"监管为基本手段，以重点监管为补充，以信用监管为基础的新型监管机制。利用"互联网＋监管"方式，加强信用体系建设和信用信息共享，构建"一处失信、处处受限"的联合惩戒机制，强化社会监督。落实重大工程地震安全事件责任追究制度，确保新建、改建、扩建和加固工程达到抗震设防要求。积极推进贵州省重大基础设施、生命线工程、次生灾害源等地震安全隐患排查治理。

二、地震安全性评价

2019年，完成六枝至安龙高速公路主控工程、锦丰金矿浮选尾矿库扩容项目等10项重大工程地震安全性评价。赴江苏省地震局、浙江省地震局调研区域性安评工作，极力推进贵州省地震安全性评价改革落地。落实国务院、贵州省委省政府"放管服"改革要求，按照"谁审批谁负责、谁管理谁负责、谁建设谁负责"的原则，构建建设工程"建设单位负责、工程行业管理、地震部门监管、社会公众监督"的强制性评估管理体系。转换重大工程地震风险评估与抗震设防要求监管方式，按照"多规合一""一张蓝图"要求，将重大工程地震风险评估纳入工程建设项目审批流程并行开展，建立登记备案等服务工作流程，确保重大工程地震风险评估在工程设计前完成。

三、活动断层探测

2019年3月，贵州省地震局与六盘水市联合向省发改委等部门申请立项实施城市活动断层探测项目。2019年10月完成六盘水活动断层项目建议书编制，并上报贵州省政府有关部门。

四、地震应急保障

（一）加强地震应急处置能力建设

加强应急基础能力建设。2019年，对贵州省地震局应急指挥大厅升级改造，完成移动指挥协同平台、专题图系统、单机版评估软件等项目的建设和部署，对应急基础数据库进行更新。

加快人才队伍的培训。邀请中国地震局和兄弟省专家到贵州省地震局进行应急指挥技术和地震现场工作业务培训，派出人员参加中国地震局组织的业务培训和到其他省局进行调研学习。

加强预案建设。完成《贵州省地震局地震应急工作预案》《贵州省地震应急预案》的修订。

（二）有序有效开展地震应急处置

开展贵州沿河4.9级地震应急。2019年10月2日20时04分，铜仁市沿河县甘溪镇（28.40° N，108.38° E）发生4.9级地震，震源深度10km。地震后，应急管理部、中国地震局和贵州省委、省政府相关领导立即作出批示，贵州省委、省政府连夜召开紧急会议部署应急工作。中国地震局 24 小时在线指挥调度。贵州省地震局及时传达贯彻上级领导重要指示批示，有力有序开展应急处置工作。一是快速测定、发布地震基本信息。二是迅速响应，依照贵州省地震局地震应急预案迅速开展工作。三是快速分析研判震区地震趋势，及时开展震情跟踪监测。四是及时完成灾情调查、烈度图发布。五是有序开展新闻宣传和舆情导控。

积极参与四川长宁 6.0 级地震应急处置。2019 年 6 月 17 日，四川长宁发生 6.0 级地震，贵州省毕节市、遵义市震感明显。贵州省地震局按照西南片区协作联动机制，第一时间派出现场工作组赶赴地震现场协助四川省地震局开展应急处置工作，完成灾情调查、烈度图编制等应急处置工作。

参与贵州水城"7·23"特大山体滑坡灾害应急处置。2019 年 7 月 23 日 21 时，贵州省六盘水市水城县鸡场镇发生一起特大山体滑坡灾害。贵州省地震局及时响应，派出现场工作组，开展震动流动监测，为现场救援决策提供技术服务，并通过对地震台站记录波形复查分析，确定滑坡准确时间。对滑坡体周围山体滑动情况进行实时监测，监测小型滑坡和泥石流等事件造成的震动情况；制作形成滑坡体的正射影像、数字高程模型及三维影像图。及时提供监测资料，为抢险救援决策提供支持。

（三）积极推动体制机制建设

2019 年 3 月，贵州省委改革办、深改办印发《关于调整市县防震减灾机构及职责有关事项的通知》（贵改办发〔2019〕6 号），通知明确将市县防震减灾机构及职责统一调整到同级应急管理部门，业务上接受省地震局的指导。

2019 年 4 月，贵州省抗震救灾指挥部（贵州省防震减灾工作联席会议）办公室调整到贵州省应急管理厅，指挥部办公室负责统筹、综合协调省抗震救灾指挥部日常工作，防震减灾日常工作由贵州省地震局负责。2019 年 11 月，贵州省地震局印发《贵州省防震应急办公室关于建立地震灾情报送机制的通知》（黔震发〔2019〕85 号），组建地震应急工作微信、QQ 群为贵州省地震应急响应决策提供技术支撑。

2019 年 11 月 6 日，贵州省地震局、贵州省应急管理厅联合印发《建立抗震救灾和防震减灾工作协同联动机制的通知》（黔震应急〔2019〕232 号）。明确抗震救灾和防震减灾工作总体思路和工作目标、地震局和应急厅职责划分、日常协调和震后协调配合等工作机制。

（贵州省地震局）

云南省

一、抗震设防要求

2019 年，完成云南省地震部门行政职权和公共服务事项清单梳理报送，全部事项纳入政务服务平台运行。将建设工程抗震设防要求审核纳入政务服务事项，建立省市县三级监管体制。对阿海、鲁地拉等 4 个水电站的抗震设防，水库地震监测台网的建设、运行、数据产出等情况开展地震行政执法检查，并公示检查结果。建设墨江农居减隔震技术样板。

加强地震巨灾保险技术支撑工作，继续支持大理州政策性农房地震保险工作。云南省地震局联合云南省应急管理厅、云南省气象局开展综合减灾示范社区创建。

二、地震安全性评价

2019年，云南省地震局参与制定云南省工程建设审批事项和流程图，规定在项目策划生成阶段提出重大工程地震安全性评价的要求。明确市县政府推进区域地震安全性评价的责任，指导州市地震部门加强地震安全性评价工作监管。指导昆明市国家植物博物馆等7个重大工程地震安全性评价工作。以保山市区域性地震安全性评价为试点，推进灾害风险防治工作。

三、震害预测及活动断层探测

2019年，开展滇中活动断层探测及地震危险性评价工作。开展临沧市、建水县地震灾害风险预评估工作。开展重点区域地震灾害风险调查和重点隐患排查工作。

四、地震应急保障

2019年，组织开展省级层面地震应急演练3次。组织云南省地震应急准备工作检查与重点危险区灾害风险评估工作。云南省地震局联合云南省应急管理厅、云南省住房和城乡建设厅对昭通、玉溪、大理等8个州（市）地震应急准备工作进行检查。完成云南省地震应急基础数据库更新和应急指挥技术系统升级改造，做好地震应急指挥技术系统运维和地震应急响应科技保障。

2019年，组织召开云南省地震灾害紧急救援队联席会议。举办云南省地震现场烈度调查和灾害评估培训班、应急指挥技术培训班等。累计组织云南省抗震救灾指挥部成员单位相关人员100人赴国家地震紧急救援训练基地进行应急救援能力提升培训。完成16期地震救援第一响应人培训和1期第一响应人教官队伍培训。

2019年，共启动省内地震应急响应9次，2次地震派出现场工作组，派出11名现场应急队员驰援四川长宁6.0级地震灾区。

（云南省地震局）

西藏自治区

一、抗震设防要求

2019年，开展GB 18306—2015《中国地震动参数区划图》执行情况检查。西藏自治区地震局联合自治区建筑勘察设计院与各地市地震局对第五代区划图执行情况进行检查，对一般建设工程的抗震设防要求执行进程情况初步摸底排查。

二、地震安全性评价

2019年，做好重大建设工程抗震设防要求的监管，做好社会公共服务事项。西藏自治区地震局2019年对《国道349线边坝至嘉黎段改建工程工程场地地震安全性评价报告》《西藏自治区那曲市梅帕塘水库工程场地地震安全性评价报告》等8个安评报告进行备案；为象泉河阿青水电站项目选址、山南市幸福家园国土空间规划、自治区自然资源厅关于青藏天然气管道工程等多个重点项目的选址提供地震技术参数服务；为自治区自然资源厅、地勘局、环保厅、住建厅、成都空军设计院、拉萨市地震局等单位提供地震构造、断裂等方面资料；充分利用拉萨市活断层探测成果、日喀则活断层探测成果及地震安全性评价资料，为日喀则定日机场、昌都弄县错水库等工程项目提供有关地震资料。按照西藏自治区党委、政府要求，积极做好樟木口岸恢复通关相关事宜，及时将樟木口岸周边地震监测情况通报给自治区商务厅。对水利厅的河流流域规划报告进行评审，给出专业意见建议。为西藏自治区减灾委关于加快地质灾害综合治理和避险搬迁移民工程提供地震资料。

三、震害预测

2019 年，西藏自治区地震局核定西藏自治区试点区域地震灾害风险普查主要任务，将全区两个试点区域江达县和米林县的工作方案按时上报自治区减灾委。

四、活动断层探测

2019 年 6 月，西藏自治区地震局在昌都市组织专家对四川省地震局地震工程研究院编制的《昌都市活断层探测与地震危险性评价可行性研究报告》进行咨询；9 月，中国地震局震害防御司委托地震活动断层探查数据中心在北京组织专家对《昌都市地震活动断层探测与危险性评价可研报告》进行论证。

五、地震应急保障

2019 年，西藏自治区地震局根据 2019 年年度地震趋势会商意见，就进一步做好 2019 年应急救援等工作进行安排部署，制定并上报《西藏自治区 2019 年地震重点危险区抗震救灾应急准备工作情况报告》《西藏自治区 2019 年地震重点危险区抗震救灾应急准备工作方案》《西藏自治区 2019 年重点危险区专项地震应急预案》，制订并下发《西藏自治区地震局 2019 年度地震现场工作方案》。结合西藏实际需求，做好各类救灾物资、医疗药品储备工作。截至 2019 年底，全区共有各类应急避难场所 143 个，可容纳 37 万多人。在发挥消防救援、森林消防 2 支专业救援队伍中坚力量的基础上，重视各类专业救援队伍建设。全区建立近 7000 人的地震灾情速报员队伍，覆盖到村和社区一级，便于第一时间了解震情灾情。在全区广泛开展地震应急避险演练，不断提升地震灾害应对处置能力。

高效有序开展西藏谢通门 5.8 级地震应急处置工作。2019 年 4 月 24 日 04 时 15 分在西藏林芝市墨脱县境内发生 6.3 级地震，震中位于墨脱县西南方向距离县城 125km 的高山无人区。地震发生后，中国地震局高度重视，及时安排部署地震系统地震应急处置工作，西藏自治区地震局立即启动地震应急响应，全局上下按照《西藏自治区地震应急预案》和《西藏自治区地震局应急预案》《西藏自治区地震局地震应急工作流程》《西藏自治区地震局 2019 年度地震现场工作方案》，认真履行职责，有力、有序、高效开展地震应急处置工作。在西藏自治区地震局党组坚强领导和统一指挥下，第一时间派出现场工作队进入震区，迅速架设应急流动测震台，开展震情趋势研判、地震灾害调查和烈度评定、信息报送及舆论引导等工作，在较短时间内完成《西藏墨脱 6.3 级地震烈度图》编制和发布，为自治区党委、政府科学决策和灾区生产生活秩序稳定奠定坚实基础。地震应急工作结束后，对本次地震应急工作进行总结，并向中国地震局震害防御司报送西藏墨脱 6.3 级地震应急工作总结。

2019 年 7 月 19 日 17 时 22 分，在西藏山南市错那县（27.67° N，92.89° E）发生 5.6 级地震，震源深度 10km。地震发生后，西藏自治区地震局立即开展应急处置工作，及时组织专家进行震情紧急分析会商，密切监视当地震情发展变化；第一时间派出地震现场工作队，紧急赶赴震区，协助当地抗震救灾。应急结束后向中国地震局震害防御司报送应急工作总结。

（西藏自治区地震局）

陕西省

一、抗震设防要求

2019年，强化抗震设防要求管理，陕西省地震局联合陕西省住建厅统筹安排第五代地震动参数区划图检查工作，参与制订《进一步深化全省工程建设项目审批制度改革实施方案》，配合省住建厅出台《陕西省工程建设项目审批流程图示范文本》及《陕西省工程建设项目主要审批服务事项清单（2019年版）》。

二、地震安全性评价

2019年，印发《陕西省区域新地震安全性评价管理办法（暂行）》政府规范性文件和工作大纲，公开征集组建地震安全性评价技术审查专家库，为规范开展辖区的区域性安评工作提供了制度保证。规范房建领域重大工程单体地震安全性评价工作，将区域安评以县区自主方式纳入推行工程建设项目审批制度改革。开展太白金矿尾矿坝、西安东变电站、黄河大桥等重大工程的地震安全性评价工作。

三、震害预测

开展2019年地震灾害损失预评估工作，推动地震灾害预评估工作向毗邻地区延伸，对可能产生的地震灾害进行科学预估，编写地震危险区预评估报告和处置要点，提出应急准备与应急处置措施建议，做好震灾预防与震害风险防范与准备。继续开展重点地区灾害风险调查与数据收集，掌握风险隐患底数，完善地震基础数据库。

四、活动断层探测

2019年，兴平活断层探测与地震危险性评价项目完成浅层地震详勘专题、钻探详勘专题的全部工作以及补充测线和钻探、野外施工工作，基本探明渭河断裂和桃川—户县断裂在目标区及附近的展布、活动性、发震能力及其地震危险性。关中大震危险性项目的历史地震考证结果通过论证，"关中地区形变重力资料综合分析"专题成果通过验收，项目研究工作全面完成。推进富平小区划项目实施，完成地震动衰减关系确定及地震危险性概率分析、区域和近场地震构造评价专题验收、工程场地地震工程地质条件勘测专题实施及验收。铜川市地震小区划通过评审验收，成果移交铜川市人民政府。陕西省地震构造图完成编制。中国地震活断层探测子项目——"六盘山断裂南段1∶5万活动断层填图"和"岐山—马召断裂1∶5万活动断层填图"两个填图课题完成验收及出版。

五、地震应急保障

2019年，完善与陕西省应急管理厅的协同联动机制，理顺地震应急职责，完成省抗震救灾指挥部职能转隶。制订重特大地震灾害专项工作方案，实化细化应对措施。加强陕西省地震局现场应急队伍能力建设，开展现场工作队拉动演练，组织 60 名现场技术骨干开展地震现场合训及演练，参加鄂豫陕三省现场应急演练。参与在宝鸡凤县举办的 2019 年陕西省地震应急预案演练活动，联合组织高校反恐地震火灾应急演练，会同宝鸡市地震局开展地震灾情速报应急演练，全年各类演练累计 2 万余次。及时更新地震应急指挥技术系统基础数据，推进地震应急响应辅助决策系统建设。

（陕西省地震局）

甘肃省

一、抗震设防要求

一是持续推进行政审批制度改革和"放管服"改革。2019 年，理顺重大建设工程抗震设防要求监管机制和监管流程，甘肃省地震局与省住建厅、省自然资源厅等 17 部门联合印发《甘肃省房屋建筑和市政基础设施工程竣工联合验收实施办法（试行）》《关于实施工程建设项目区域评估的指导意见》等 12 项工程建设项目审批制度改革配套制度。二是开展第五代区划图执行情况检查。6—9 月，按照中国地震局要求，在全省范围内开展第五代地震区划图执行情况检查，10 个市州报送了检查报告，联合兰州市地震局对省建筑设计院等单位进行抽查，撰写检查情况总结报告上报震防司，确保一般建设工程抗震设防要求切实落实到位。

二、地震安全性评价

一是开展地震安全性评价监管。2019 年，依托投资项目并联审批平台加强重大工程、生命线工程、可能发生严重次生灾害工程地震安全性评价和建设工程抗震设防要求监管，年度平台接件约 90 项，对 2 项重大工程发函建议开展地震安全性评价工作。完成 11 项地震安全性评价事中事后监管。二是开展地震安全性评价单位监管。以"双随机、一公开"监管为基本手段，以重点监管为补充，以信用监管为基础的监管机制，甘肃省地震局检查省内 5 家地震安全性评价单位开展地震安全性评价情况，更新信息，及时反馈中国地震灾害防御协会。

三、活动断层探测

一是完成嘉峪关活断层探测与地震危险性评价项目验收及成果推广应用工作。2019 年 5 月 30 日，组织召开嘉峪关断层探测与地震危险性评价项目成果验收会。项目验收通过后，积极与嘉峪关市对接，于 8 月 2 日向嘉峪关市政府通报活断层探测成果，确保项目成果能够及时服务于嘉峪关市规划建设、土地利用、重大工程选址以及综合减灾。二是积极推进武威市活动断层探测与地震危险性评价项目，完成探测区 1∶25 万《区域地震构造图》编制，撰写人工地震勘探成果报告，完成区域地震构造图与人工地震勘探专题数据库。

四、地震应急保障

加强应急指挥技术系统建设，提升应急保障能力。2019 年 1 月，甘肃省地震局新建地震应急指挥技术系统投入使用，与辖内 14 市州地震部门实现视频会议系统互联互通。酒泉、白银、天水、陇南4市建成延伸到大部分县区的地震视频会议系统。应急指挥技术系统增配一套中创视讯UCM协同通信平台,实现前后方应急通信实时畅通。通过年度重点危险区调研、查阅统计年鉴、数据共享等方式,更新地震应急基础数据库行政区划、人口、经济、建筑物、历史地震、地质灾害等数据。地震应急基础数据库震后快速产出地震基本参数、震中基本情况、地震灾害快速评估等基础信息,为地震应急指挥决策提供了参考。地震应急指挥中心业务、视频会议系统、制图与数据业务获中国地震局年度考核二等奖。

强化地震应急准备,落实防震减灾责任。2019年,召开甘肃省防震减灾工作领导小组会议,传达学习国务院防震减灾工作联席会议精神,总结全省防震减灾工作,分析研判地震活动趋势,安排部署全省防震减灾重点工作。修订印发《甘肃省地震局地震应急预案》,积极指导市县地震部门修订地震应急预案,提升基层地震部门应急处置能力。协调省抗震救灾指挥部成员单位对地处地震重点危险区的张掖、金昌、定西、甘南等市州开展防震减灾和地震应急准备工作实地检查督导。开展年度重点危险区地震灾害损失评估实地调研工作,修正灾害预估结果,编写危险区灾害损失预估和应急处置报告,向省应急厅、武警甘肃省总队、消防救援总队、森林消防总队和省军区通报预评估结果。积极组织参与应急管理部救援协调和预案管理工作现场会地震综合应急演练、甘肃省灾害事故救援联合应急演练,荣获甘肃省2019年地震灾害应急救援演练先进参演单位称号;组织开展甘肃省地震局内部地震应急演练,磨合锻炼队伍机制。举办兰州国家陆地搜寻与救护基地开放日活动,来自政府部门、企事业单位、学校、社会团体有关人员和各界群众共计4500多人参与活动。兰州国家陆地搜寻与救护基地全年开展科普培训教学活动40余场,累计科普人数12000余人次;增配个人防护装备、救援和通信设备,维护保养车辆和救援装备,对训练设施进行优化改造,强化应急救援条件保障。调整地震灾情速报员队伍,全省灾情速报员增至20574名。甘肃省地震局应急救援处被人社部、中国地震局授予全国地震系统先进集体称号。

强化地震应急救援队伍建设,提升应急处置工作能力。2019年,调整甘肃省地震局地震应急现场工作队,制订印发《甘肃省地震局地震现场应急工作队出队方案》,规范地震现场应急工作队出队管理。举办了地震现场应急工作培训班、甘肃省地震应急响应能力提升培训班和甘肃省2019年度地震应急第一响应人培训班,有效提升业务人员应急处置工作能力。兰州国家陆地搜寻与救护基地迎合改革发展新要求,积极培养符合综合应急救援任务需求的专业技术骨干,2019年举办10期专业救援队伍培训班,累计培训时长736学时,培训综合性应急救援技术骨干800余人次;选派3名教官取得事故车辆破拆技术培训资格证书,赴青岛参加国际搜救教练联盟组织的事故车辆破拆技术培训并取得资格证书;选派4名教官取得工业绳索技术协会IRATA Ⅰ级培训国际资格证,赴深圳参加国际工业绳索技术协会IRATA Ⅰ级培训并取得国际资格证。

高效开展应急处置,积极应对突发地震事件。2019年,甘肃省发生多次显著地震事件,按照地震应急预案流程,甘肃省地震局震后积极协调及时准确发布震情,收集灾情信息,引导社会舆论。全年高效有力有序应对3级以上地震12次,有效维护社会稳定。10月28日,甘南夏河发生5.7级地震,甘肃省地震局迅速组织开展信息发布、灾情研判和震后趋势研判等应急处置工作,现场工作队连夜赶赴震区开展灾害调查、烈度评定、损失评估和应急宣传,指导地方政府和地震部门开展应急处置。在现场工作的基础上,编制完成地震烈度图，及时向社会发布。对张掖甘州 5.0 级地震、张掖肃南 4.8 级地震、兰州榆中 3.3 级地震和平凉华亭 2.8 级矿震等显著地震事件开展及时高效的应急处置工作。地震现场应急业务获中国地震局年度考核二等奖。

（甘肃省地震局）

青海省

一、抗震设防要求

2019 年，青海省地震局向青海省附属医院、西宁机场三期等省内重点建设工程推广减隔震技术。向各市（州）县发放《图解地震》《中国地震动参数区划图使用读本》和藏文版《地震标准》。联合青海省住建厅开展第五代区划图执行情况检查。联合青海省应急厅、青海省气象局开展全国综合减灾示范社区创建。强化示范创建，年度认定防震减灾示范学校 13 所，开展示范创建"回头看"。

二、地震安全性评价

2019 年，为全面提升社会综合防御能力，青海省地震局开展龙羊峡特大桥项目、果洛州拉加镇黄河大桥项目地震安全性评价，开展都兰县地震小区划工作。根据青海省工程建设项目审批制度改革的要求，制定青海省区域性地震安全性评价管理办法和技术大纲。

三、活动断层探测

2019 年，青海省地震局推动海东、海北、海南等 6 个市（州）活动构造探察、城市活动断层探测工作纳入省、市（州）防震减灾"十三五"规划。推进果洛州玛沁县开展城市活动断层探测前期可研和项目概预算工作，协调争取中国地震局和当地政府资金支持，项目成果将应用于规划、国土利用及重大工程建设。开展柴达木盆地北缘断裂晚第四纪活动性研究、门源地区发震构造模型及地震危险性研究、茶卡北缘断裂晚第四纪活动性研究、昆中断裂东段晚第四纪活动性研究，项目成果将服务于当地经济建设。推进德令哈市城市活动断层探测、德令哈市地震小区划、乌兰小区划成果用于规划、国土利用及重大工程建设。严格按照计划、管理要求和相关技术标准实施活动断层探测工作。

四、地震应急保障

2019 年，青海省地震局组织召开青海省防震减灾工作领导小组扩大会议，以青海省政府办公厅名义印发加强 2019 年全省防震减灾工作的实施意见。组织 22 个成员单位开展青海省地震应急准备和风险隐患排查督导检查，开展 3 个年度地震重点危险区灾害损失预评估和应急处置实地调查，完成国务院抗震救灾指挥部调研组对青海省地震重点危险区应急准备工作调研。修订青海省地震局地震应急预案和工作流程，开展 4 次应急演练。有力有效开展震后应急处置工作，圆满完成省内茫崖 5.0 级、门源 4.9 级和邻区突发地震应急处置工作，全年地震事件未造成人员伤亡和重大财产损失。

（青海省地震局）

宁夏回族自治区

一、抗震设防要求

2019 年，落实"放管服"改革要求，推进构建地震风险区划、区域性地震安全性评价和重大工程地震安全性强制性评估制度，加强抗震设防要求监管制度建设。推动地震灾害防治重大工程相关工作。推进地震易发区房屋设施加固工程的实施。按照《关于提高自然灾害防治能力建设重点工程实施方案》，制定实施细则。开展地震灾害风险隐患排查和抗震性能普查，对重大建设工程、重大基础设施、危险化学品企业、次生地质灾害等进行地震风险性评价，对重点地区地震可能产生灾害损失进行预评估，建立动态风险库。宁夏回族自治区地震局为相关部门提供自治区未来可能发生的地震灾害风险评估结果，即自治区境内破坏性地震易发区范围，并给出其房屋设施抗震设防要求。

吴忠市地震局把建设工程的抗震设防纳入基本建设管理程序，2019 年完成 102 个项目单位和个人申请备案工作的审查与审批。石嘴山市地震局组织开展建设工程抗震设防要求行政检查 2 次，确保新建、改建、扩建工程抗震设防要求落到实处。中卫市地震局严格履行责任清单和权力清单的职权职责，按照"一个窗口，一次告知，不见面，马上办"要求，年内共审核办理建设工程抗震设防要求确认 30 件共 50.6 万 m^2。固原市地震局在推进农村民居安全工程建设中严格落实抗震设防要求和措施，累计完成危窑危房改造 8761 户。

二、地震安全性评价

2019 年，宁夏回族自治区地震局推进构建地震风险区划、区域性地震安全性评价和重大工程地震安全性强制性评估制度，加强抗震设防要求监管制度建设，制定《宁夏回族自治区地震安全性评价区域评估工作规程》。重点加强对丝路明珠电视塔等重大建设工程进行抗震设防要求监管，对地震安全性评价报告进行技术审查。

三、活动断层探测

2019 年，持续开展城市活动断层探测。黄河断裂（灵武段）和崇兴隐伏断裂探测项目和中卫活断层项目完成 2019 年度工作计划。积极参与国家重点研发专题包括鄂尔多斯地块及边界带 1∶50 万地震构造图编制项目、鄂尔多斯地块西缘断裂基本活动特和孕震分析项目、吴忠—灵武地区断裂活动性应用研究项目和正谊关断裂晚第四纪构造活动定量研究项目，各项目依照年度计划有序开展。

四、地震应急保障

地震应急准备。2019 年，完善地震现场工作队伍管理机制，组织各市地震局应急工作人员和地震台站人员进行地震现场工作培训。加强地震应急值守，建立震情"三级值班"制度，严格落实领导带班。指导各地各级认真做好防震减灾救灾工作，加强与西北各省地震局及自治区应急管理厅的合作。银川市、固原市、中卫市等地积极加强应急救援物资和设备管理。完善地震应急预案体系。修订《宁夏地震局地震事件应急预案》，制定各部门单位台站应急工作方案，指导全区 5 个地级市和 19 个有关厅局完成预案修订。固原市人民政府办公室印发《关于开展应急预案编制修订工作的通知》，结合固原市实际，修订完善《固原市地震应急预案》。银川市针对机构改革过程中出现的机构合并、职能调整等情况，重新修订《银川市地震应急预案》，加强对重点危险源和重点防护目标单位的地震应急预案修订的指导和管理，完成兴庆区、金凤区、西夏区辖区 260 所中小学地震应急预案的修订和收集备案工作。

应急条件保障建设。加强地震应急演练。积极组织开展地震应急演练，"5·12"期间，与自治区应急管理厅共同组织开展自治区 2019 年地震灾害应急演练，当日网络直播收看量达 40 万人次。各市、县（区）在"5·12"期间广泛组织应急演练，切实提升全社会应对突发灾害事件的综合能力。其中，中卫市人民政府主办，市应急管理局、市地震局等单位协办的全市应急演练，参与范围广，覆盖面大，演练成效进一步凸显。开展地震应急救援"第一响应人"培训。加强对宁夏应急志愿者队伍指导与协助，创建标准化、参与式第一响应人培训模式，得到社会各界的广泛参与和积极支持，为创新宁夏防震减灾社会治理体系提供重要经验。其中，银川市地震局开展地震应急救援"第一响应人"百场培训，通过发挥市场机制，以购买社会服务的形式，委托社会力量年内完成培训近 4000 人次。石嘴山市地震局制定应急救援第一响应人培训工作方案，年内培训 760 人次。银川市西夏区、兴庆区等地组织开展地震"第一响应人"培训进社区，使防震减灾意识不断深入人心。

（宁夏回族自治区地震局）

新疆维吾尔自治区

一、抗震设防要求

2019 年，新疆维吾尔自治区地震局联合自治区应急管理厅、教育厅、科技厅、科协印发了《自治区地震局　应急管理厅　教育厅　科技厅　科协关于印发〈关于加强新时代防震减灾科普工作的实施意见〉的通知》，全面贯彻习近平总书记关于防灾减灾救灾和科普工作重要论述，落实全国首届地震科普大会精神，进一步提高全区防御地震灾害的知识和能力，促进全区共同减轻地震灾害风险，全面提高抵御地震灾害综合防范能力。

联合新疆维吾尔自治区应急管理厅、气象局在全区范围内深入开展综合减灾示范社区创建工作，乌鲁木齐市八一路社区等 26 个社区于 2019 年 12 月 30 日被国家减灾委等部门正式命名为全国综合减灾示范社区。2019 年建成乌什、阿克苏地震科普馆（科技馆），并通过验收投入使用。

2019 年，加强抗震设防要求落实情况监管。新疆维吾尔自治区地震局组织开展地震安全性评价单位信息调查，并在网站上公布相关从业单位信息。与住房和城乡建设厅联合开展全区 GB 18306—2015《中国地震动参数区划图》执行情况检查。开展 7 项重大工程的地震安全性评价工作、送审修改 8 个地震小区划报告。依托局所合作项目、地震应急课题和局基金课题以及地震安全性评价项目，完成 12 条活动断层调查和 548 条断层地形剖面测量工作，工作范围涉及乌鲁木齐周边、西昆仑—阿尔金地区、伊犁州地区、阿勒泰地区、阿克苏地区和北天山山前地带。

二、地震应急保障

应急指挥技术系统建设。2019年，改进灾情搜集方法和灾害快速评估技术，升级改造地震应急指挥技术系统，提高辅助决策能力。以3个"访惠聚"工作队、6个扶贫第一书记所在地为辐射点，工作队员及时准确收集、上报震情、震害等相关信息，大大提高震情信息的实效性；做好无人机日常运维工作，确保地震发生后能第一时间赶赴现场开展无人机航拍，快速获取地震灾情信息；升级改造应急指挥大厅显示屏及相关元件，有力提升各类数据的传输速度。

地震应急救援准备。地震应急准备方案。2019年，依据部门、人员的调整变化快的现实情况，及时印发《新疆维吾尔自治区地震局重大活动地震安全保障服务工作方案（试行）》，修订新疆地震系统地震应急工作流程、建立应急指挥大厅24小时值班制度，形成4层次多部门24小时值班机制，确保破坏性地震响应及时；开展《震情简报》和《值班信息》编制培训，及时向自治区党委、人民政府及抗震救灾指挥部成员单位报送成灾地震和有感地震的震情和灾情信息；坚决落实"局各属单位参加地震应急人员外出情况周报备"制度，全面做好大震巨灾应急准备工作。自治区防震减灾工作"十三五"规划重点项目——喀什国际地震救援实训基地项目建议书于2019年4月19日通过国家发改委批复，完成可行性研究报告的编写，积极推进项目用地预审等相关工作。地震应急工作检查落实。2019年，新疆维吾尔自治区地震局积极配合应急管理厅完成国务院抗震救灾指挥部办公室来疆调研工作，协助完成中国地震局应急专家年度危险区实地调研及预评估工作，组织开展年度重点危险区灾害损失预评估与应急处置要点研究市县实地调研工作和召开"2019年地震灾害评估技术讨论会"，完成年度重点危险区地震应急风险评估、灾害损失预评估与应急处置要点研究报告，地、市应急管理（地震）部门按计划开展地震应急准备工作专项检查，有力推动相关地区、部门的地震应急准备工作。继续开展"巩留南断裂地震灾害风险深入研究"，不断推进从减轻地震灾害损失向减轻地震波灾害风险转变。应急救援科普宣传教育。2019年，新疆维吾尔自治区地震局派出专家赴自治区消防救援总队战勤保障支队、昌吉回族自治州、新疆吉木萨尔县开展防震减灾科普知识宣传。地震应急演练。先后指导新疆森林消防总队在2019年1月15日开展地震灾害抢险救援行动综合演练、1月26日昌吉回族自治州地震应急救援实战演练、9月2日吉木萨尔县开展地震应急综合演练，各演练达到检验预案、磨合机制、锻炼队伍、普及知识和提升能力的预期目标。完善应急救援协调机制，不断强化军地协作联动。2019年，新疆维吾尔自治区地震局认真落实抗震救灾指挥部和防震减灾工作联席会议各成员单位、行业防震减灾工作开展情况报送制度，筹备年度联席会议，执法检查等活动，同时积极开展紧急救援队"春节""八一"慰问活动。

应急救援条件保障建设。2019年，积极推进自治区防震减灾"十三五"规划重点任务——自治区地震应急救援能力提升专项的实施，统筹资金300余万元为喀什地区地震灾害紧急救援分队购置雷达生命探测仪、音视频生命探测仪等各类仪器18套、现场破拆类设备36台、抢险救援服装及头盔等132件、移动式便携中继台、4G图传等应急通信、信息传输系统20套；为地震应急现场工作补充更新工作装备，在一定程度上提高了自治区地震灾害应急处置能力。

地震应急救援行动。2019年，新疆共发生5.0级（含）以上地震3次，分别是2019年

1月12日新疆喀什地区疏附县5.1级地震、2019年2月2日新疆塔城地区塔城市5.2级地震和2019年10月27日新疆阿克苏地区乌什县5.0级地震；地震未造成人员伤亡和财产损失。疏附县5.1级、塔城市5.2级两次地震启动了Ⅳ级应急响应，乌什县5.0级地震未启动地震应急响应；新疆维吾尔自治区地震局共派出地震现场应急队4批40余人次，在当地政府协助和配合下及时完成地震现场震害调查等应急工作。

（新疆维吾尔自治区地震局）

防震减灾公共服务与法治建设

2019 年防震减灾公共服务与法治建设综述

一、推进防震减灾立法工作

继续推进地震安全评价改革相关行政法规和地方性法规规章修订工作。一是落实取消"地震安全性评价单位资质认定"行政许可事项的要求，配合司法部修订《地震安全性评价管理条例》，报送修改建议方案。2019 年 3 月 2 日，李克强总理签署《关于修改和废止部分行政法规的决定》（国务院令第 709 号），删除《地震安全性评价管理条例》原第六条、第八条、第十条、第二十条，修改了原第七条、第九条、第二十一条、第二十二条等条文。二是推动修订地方性法规规章。2019 年 5 月 30 日，山西省第十三届人民代表大会常务委员会第十一次会议决定，对《山西省防震减灾条例》作出修改，删除原第二十四条；对《山西省建设工程抗震设防条例》作出修改，删除原第十三条、第三十七条。2019 年 12 月 27 日，安徽省人民政府第 80 次常务会议修订通过《安徽省建设工程地震安全性评价管理办法》，删除原第六条，修改了原第一条、第三条、第四条、第八条、第十条、第十一条、第十二条和第十三条，新增第五条，对设区的市政府推进区域性地震安全性评价工作提出明确要求。

持续推进地震预警立法工作。2019 年，一方面，继续推进地震预警部门规章的起草工作，完成草案征求意见稿，面向地震系统、有关部门以及社会公众公开征求意见，围绕预警信息发布、社会力量参与、法律责任等核心问题多次召开研讨会，及时向应急管理部政策法规司报告立法进展，寻求立法指导。另一方面，继续指导地方加快推进地震预警立法工作。《山西省地震预警管理办法》于 2019 年 10 月 26 日经山西省人民政府第 49 次常务会议审议通过，自 2020 年 3 月 1 日起施行。截至 2019 年底，福建、云南、甘肃、陕西、辽宁、山西等 6 省出台地震预警管理政府规章。

此外，《吉林省地震与火山监测管理办法》于 2019 年 11 月 29 日经吉林省政府第 17 次常务会议审议通过，自公布之日起施行。

截至 2019 年底，防震减灾领域有现行法律 1 部，行政法规 5 部，部门规章 7 部，省级地方性法规 41 部、地方政府规章 50 部，市级地方性法规 13 部、地方政府规章 21 部。

二、推进防震减灾普法宣传教育

2019 年 10 月，"中国地震局 2019 年防震减灾法治培训班"在中国地震局杭州培训中心举办，开设应急管理法律体系建设的形势和任务、标准化改革和行业标准管理、法治政府建设的实践和要求、行政执法"三项制度"等课程，地震系统各单位法制部门负责人和业务骨干等近 40 人参加培训。新疆维吾尔自治区地震局、天津市地震局法规部门被评为全国"七五"普法中期先进集体。

三、推进地震部门依法行政

2019 年，公开选聘中国地震局第一任法律顾问律所。根据中办、国办印发的《关于推行法律顾问制度和公职律师公司律师制度的意见》（中办发〔2016〕30 号）精神和《中国地震局机关法律顾问制度实施细则》（中震办〔2018〕12 号）要求，面向社会公开选聘法律顾问，与北京德和衡律师事务所签订服务合同，为中国地震局提供法律服务，推动依法行政。

2019 年，加强文件的合法性审查。全年共审查各类文件 16 件，出具 16 份书面审查意见，提出 64 条意见。

2019 年，梳理省级地震部门权力清单 704 项。印发全面推行行政执法"三项制度"实施意见。启动中国地震局"互联网＋监管"系统建设，地震安全性评价监管子系统开始试运行。

四、全面落实全国人大防震减灾法执法检查意见

牵头建立部门联络工作机制，制定工作方案，明确任务分工，压实 39 项重点任务。中国地震局作为主要落实单位，制定 71 条措施清单。2019 年 2 月 25 日，中国地震局党组书记、局长郑国光向全国人大教科文卫委员会专题汇报，获得充分肯定和高度评价。委员会评价报告是"干"出来的，不是"写"出来的。

2019 年 4 月，召开全国人大常委会防震减灾法执法检查工作情况通报会，总结执法检查成果，明确持续做好整改工作的要求。

2019 年 9 月 2—5 日，全国人大常委会艾力更·依明巴海副委员长赴河北省开展防震减灾法执法调研，对防震减灾法贯彻实施情况和执法检查整改落实情况进行检查。这是首次以全国人大常委会名义开展的执法调研。为进一步落实执法检查要求，中国地震局党组成员、副局长闵宜仁赴陕西、内蒙古、湖南等地指导推进落实。

（中国地震局公共服务司）

局属各单位防震减灾
公共服务与法治建设工作情况

北京市

加快地震信息化建设。2019 年，逐步健全地震信息业务体系，聚焦地震观测数据资源化、产品化，成立地震信息中心；北京市地震局与北京市经信局合作，申请参与安可云试点，推进政务上云工作；参与北京市大数据平台建设，将地震数据汇入市大数据平台，推进实现地震数据全市共享；强化地震政务信息化能力，全年官方网站编发信息 795 条，双微发文 5000 余篇，公共客户端编发信息 361 条。组建科普宣讲团，2019 年开展宣讲 130 余场，占全国防灾减灾千场科普讲座活动的 1/10。

积极推动法治和标准化建设。2019 年，发布实施 DB11/T 1585—2018《结构强震动观测技术规范》并组织宣传，北京市地震局联合清华大学等科研院校共同编制《北京市地震安全韧性城市设计导则》《北京市建筑工程地震安全韧性设计规范》等标准。加强防震减灾依法行政，联合北京市应急管理局组织市区两级应急地震部门防震减灾行政执法培训，有效提高防震减灾行政执法人员业务水平，切实稳定防震减灾执法队伍。

（北京市地震局）

天津市

2019 年，天津市地震局强化防震减灾地方法律规范制度建设，落实天津市市长对《天津市防震减灾条例》第三方评估工作的重要指示批示，对《天津市防震减灾条例》提出修改建议，报送市人大教科文卫小和市司法局，推动《天津市防震减灾条例》的打包修订。联合住建、应急管理部门组织开展《天津市防震减灾条例》评估，第三方机构取得评估初步成果。会同市司法局赴陕西省、山西省开展《天津市地震预警管理办法》市政府规章立法调研工作。

2019 年，开展防震减灾法执法检查报告及审议意见研究处理工作，制定工作措施。调整权责清单，并在市地震局网站进行公示。完成执法证换证考试工作，现有执法人员 25 人。天津市地震局政策法规处荣获全国"七五"普法中期"法治宣传教育先进集体"称号。

2019 年，制订《天津市地震局关于防震减灾全域科普工作的实施方案》。调整防震减灾宣教讲师团。加强重点时段科普宣传。与市应急管理局等单位联合举办"提高灾害防治能力，构筑生命安全防线"防灾减灾集中宣传活动。联合宁河区人民政府在宁河区板桥镇唐山地震遗址杨花桥举办纪念"7·28"唐山大地震43周年活动；天津市地震局领导先后2次做客《公仆走进直播间》访谈节目，选派专家做客《应急之声》栏目。组织第三届全国防震减灾科普讲解大赛天津赛区选拔赛和北部片区预赛，天津市地震局荣获全国防震减灾科普讲解大赛优秀组织奖。拍摄地震监测预警与地震应急科教短片，在天津电视台科教频道播放；在全市范围内发放《家庭防震与应急》图书，参加"应急之星"活动。

新联合宣传、教育、科技、应急等部门认定10所市级防震减灾科普示范学校，1所学校创建为国家级。会同市应急管理局、市气象局成功创建12个全国综合减灾示范社区。自然博物馆防震减灾科普教育基地和滨海地震台2个科普基地全年接待参观者超过200万人次。

2019年，开展防震减灾科普"社区巡讲100场"活动。组织宣教讲师团专家到河西区147个社区开展防震减灾科普巡讲122场，实现防震减灾科普知识在河西区社区全覆盖。

（天津市地震局）

河北省

一、加强部门联动

2019年，河北省地震局会同省直部门共同参与的工作近20项，同省市多个部门建立了密切联系。同省委雄安办、省发改委、雄安新区管委会联合印发《河北雄安新区地震安全专项规划实施意见》；同省人大城建环资工委共同组织完成全国人大副委员长艾力更·依明巴海一行到河北省执法调研；会同省应急厅、教育厅、科技厅、科协、气象局联合组织全省防震减灾科普知识竞赛，开展"燕赵科普行"系列宣传活动，评选防震减灾科普示范学校、教育基地；会同省应急厅迎接应急管理部调研检查，并联合开展区划图执行情况检查；会同省住建厅联合制定区域安评管理办法；到自然资源厅国土规划局等进行活断层成果应用对接；联合石家庄市地震局开展法治宣传等等。同时，2019年河北省地震局加入省自然灾害防治联席会议成员单位、国土空间规划委员会成员单位、省农业保险工作小组、省"空心村"治理工作领导小组、乡村振兴规划实施小组等，调整河北省地震科学标准委员会，使防震减灾工作进一步融入党委政府和全省经济社会发展。

二、开展调研学习

2019年，河北省地震局组织震防领域业务骨干到内蒙古自治区地震局、包头市地震局就活断层探测和公共服务进行调研学习；组织人员到衡水震泰等减隔震企业、唐山体育中心减隔震安装现场等进行实地调研；会同省应急厅到四川、青海等省进行调研学习；主动到省住建厅、自然资源厅国土规划局等进行对接交流；邀请江苏省地震局有关处室负责同志专门就区域性地震安全性评估工作等进行授课交流。制定印发《河北省地震局政策研究管理办法》，公布选题方向，加强政策研究管理，提高干部队伍研究能力和业务水平。

三、拓展公共服务

2019年11月28日，成立河北省地震局活断层信息服务中心，并正式挂牌对外提供服务。明确机构和人员，制定制度和流程，补充资料和数据，加强同国土空间规划等部门对接，并通过网站、微信、微博等多种方式进行宣传，可以充分利用河北省地震局的活断层探测成果，积极对政府部门、企事业单位、科研院所等开展咨询服务。2019年4月18日，在雄安新区牵头组织第二届雄安城市建设和地震安全科技创新研讨会，2名中国工程院院士及业内专家学者130多人进行深入交流探讨，为雄安新区建设发展提供有力支撑。2019年10月18日，参加芦台经济开发区地震动参数论证会，邀请国内震防领域专家对芦台经济开发区地震动参数进行研讨论证，为芦台经济开发区建设和发展提供技术支持。2019年先后组织专家对邯东断裂活断层探测、廊坊北三县城市规划、衡水高铁新城抗震设防、定州通用机场、邢钢易地搬迁等多个项目提供政策支持和技术指导。

四、规范政务服务

2019年，落实省行政审批办要求，进一步规范河北省地震局政务服务事项实施清单，完善线下办理流程和示例材料，补充执法人员信息及监管数据。结合法律法规修订及机构改革后职能调整情况，对2018版《行政执法事项清单》《罚没事项清单》行政处罚裁量基准进行动态调整。结合实际将河北省地震局"互联网＋政务服务"的公共服务事项从22项梳理整合为10项，并选取5项实行全流程网办。在全国率先开展省级"互联网＋防震减灾监管事项"目录清单和监管事项检查实施清单，指导各市做好互联网＋政务服务事项的承接和落实。

五、加强法治工作

2019年，制定印发河北省地震局行政执法"三项制度"，建立行政权力和公共服务事项目录清单，完善法律顾问制度，加强防震减灾法治宣传，开展联合执法检查，被河北省全面推进依法行政工作领导小组考核评为依法行政工作优秀单位，并向中国地震局书面推荐。2019年9月2—5日，全国人大常委会副委员长艾力更·依明巴海调研组一行也对河北省贯彻实施防震减灾法情况给予充分肯定。加强全省防震减灾行政执法队伍建设，2019年经省司法厅认定的防震减灾执法人数新增17人，达到33人，实现业务处室和中心台全覆盖。

六、强化科普宣传

2019年，新组建共46人的全省地震系统地震科普传播师队伍，报中国地震局备案，由省地震局统一培训和管理，进一步壮大全省防震减灾科普宣传力量。以"5·12"全国防灾减灾日、"7·28"防震减灾宣传周等时段为重点，组织全省地震系统集中开展形式多样、群众广泛参与的防震减灾科普宣传活动100余场，并通过微博、微信、网站等新媒体大力传播防灾减灾文化，普及防震减灾知识和自救互救、应急避险技能。通过上下联动、经验推广和学习带动，省局、市局和中心台的防震减灾宣传意识明显增强，协调合作更加密切，宣传形式更加丰富，工作热情和积极性更加高涨，省局对各市县和中心台宣传工作的指导和统一调度作用更加有力，全省防震减灾科普宣传整体宣传成效显著提升。河北省地震局被中国地震局授予全国防震减灾科普知识大赛"优秀组织奖"，并作经验介绍；河北省地震局选送的田文琦、李婷2位选手双双荣获第三届全国防震减灾科普讲解大赛决赛二等奖，田文琦同时荣获"最佳形象奖"单项奖；邢台市地震局李洪印同志荣获河北省科普宣传事业贡献奖。

（河北省地震局）

山西省

一、防震减灾宣传教育

2019 年 3 月 27 日，山西省地震局举办首届山西省防震减灾科普讲解大赛，选拔 4 名选手参加全国防震减灾科普讲解大赛，均获优秀奖。举办全省防震减灾科普作品比赛，并组织参加第二届全国防震减灾科普作品大赛。2019 年 7 月 19 日联合山西省教育厅举办第二届山西省防震减灾知识竞赛，选拔晋中队参加全国防震减灾知识大赛，获得优秀奖。完成影视片《足迹》，影册《辉煌 70 年》，公益广告《地震科技托起城市安全梦（韧性城市）》《提高防震减灾科学素养，安全你我他》4 件科普原创作品创作。组建传播师队伍，经过推荐和专家评选，42 人被评选为首批山西省防震减灾科学传播师。在太原市青年宫举办防灾减灾大型主题宣传活动，举办媒体开放日、防震减灾科普讲座进学校、进机关、进企业等系列宣传活动。继续开展"平安中国"防灾宣导系列公益活动，在山西省科技馆、太原国际机场有限责任公司、山西省好艺中专学校举办了防震减灾知识讲座，各市县共举办各类科普讲座 57 场。

二、防震减灾示范创建

2019 年，山西省地震局完成全省 2019 年度防震减灾示范县评定工作，4 个区县被认定为省级防震减灾示范县。持续推进市县防震减灾科普教育基地建设，新增省级科普教育基地 7 个，申报国家级科普基地 2 个。联合山西省教育厅开展防震减灾示范学校创建认定工作，新认定省级防震减灾示范校 52 个，推荐国家级示范校 9 个。与山西省应急管理厅、山西省气象局联合开展综合减灾示范社区创建，对 11 个市的 25 个社区联合开展认定检查，推荐 15 个社区申报国家级示范社区，全部通过认定。

三、法制建设

2019 年，《山西省地震预警管理办法》经山西省政府第 49 次常务会审议通过，以省政府第 264 号令形式进行公告，自 2020 年 3 月 1 日起施行。该办法共 6 章 31 条，主要规定了地震预警系统的规划建设、地震预警信息的发布与处置、监督管理与保障、法律责任等方面的内容，为全省开展地震预警工作提供了重要法律依据。

四、地震标准化工作

2019 年，山西省地震局起草的 DB 14/T 1884—2019《地震应急指挥技术系统建设规范》由山西省市场监督管理局批准发布，于 2019 年 9 月 8 日起实施。10 月 24 日，山西省地震局组织召开新闻通气会进行宣贯和解读。《防震减灾科普教育基地建设规范》和《地震应急基础数据库规范》列入山西省市场监督管理局 2019 年地方标准制修订计划，12 月 17 日《防震减灾科普教育基地建设规范》通过技术审查。

（山西省地震局）

内蒙古自治区

2019 年，组织落实并制定全国人大常委会执法检查组关于检查《中国人民共和国防震减灾法》实施情况报告及审议意见处理工作的方案。对《内蒙古自治区地震预警管理办法》进行多次修改完善并组成联合调研组赴四川、福建开展立法调研，提交内蒙古自治区主席办公会审议。抗震设防审定、强震动设施和专用监测台网建设、地震观测环境和监测设施保护共 3 个审批事项，纳入内蒙古自治区工程建设项目在线审批平台。成立了内蒙古自治区地震局标准化工作领导小组，并成立自治区露天矿山微震监测标准起草工作组。开展2019 年度规范性文件清理工作。办理银保监局和巴彦淖尔市地震局两位政协委员关于防震减灾工作的两个提案，开展自检自评。赴内蒙古自治区赤峰市开展防震减灾法执法检查"回头看"调研，并形成调研报告。

（内蒙古自治区地震局）

辽宁省

一、公共服务

规范政务服务平台。2019 年，成立辽宁省地震系统一体化在线政务平台建设协调小组，编制政务服务目录和办事指南。按照辽宁省一体化在线政务服务平台建设要求，组织相关部门梳理辽宁省地震局系统政务服务事项和公共服务事项目录清单，分 2 批次，报送"10+1"即 10 类政务服务事项和公共服务事项目录清单和办事指南。在各有关部门共同努力下，顺利通过省营商局审核。最终确认 20 项政务服务事项和 7 项公共服务事项。

防震减灾监管事项。2019 年，辽宁省地震局一是对行政权力进行适时动态调整，如对涉及地震部门"放管服"改革相关行政权力责任清单中的 1 项行政处罚权力适时删除；二是编制"互联网＋监管"事项，按照辽宁省深化商事制度改革领导小组要求，确保地震部门监管事项在国家"互联网＋监管"系统应上尽上，按照国家统一标准，认领对应国家部门的监管事项目录清单，同时梳理本级法定职能，根据实际情况进行增、删、改等，维护省级和市县地震工作部门的监管事项目录清单，同时编制检查实施清单。

地震科普宣传教育。2019 年，辽宁省地震局一是组织全省科普作品创作大赛和防震减灾知识竞赛。辽宁省地震局与省应急厅、省科协、省科技厅、团省委等单位共同举办第一届辽宁省防震减灾科普作品创作大赛；与省应急厅、省教育厅共同举办第二届"辽宁省防震减灾知识竞赛"。二是组织两次较高规格"提高灾害防治能力，构筑生命安全防线"大型主题活动。暨 2019 年 5 月 11 日下午，辽宁省地震局与省委宣传部、省应急厅、省教育厅、省科协、省科技厅、团省委等单位，围绕"提高灾害防治能力，构筑生命安全防线"主题，在辽宁省地震灾害应急救援志愿服务大队训练基地，共同主办第十一个全国防灾减灾日暨汶川地震第十一周年主题纪念活动。辽宁省地震灾害应急救援志愿服务大队联合社会力量进行防震减灾自救互救训练成果汇报演练，各参演队伍总计512人，展现了辽宁省防灾减灾救灾事业发展的新时代风貌。辽宁卫视、《辽宁日报》等辽沈近20家媒体参与此次活动的宣传报道。活动当天，辽宁卫视《辽宁新闻》便在黄金时间报道主体活动，后续在辽宁青少频道《新知》栏目、《直播生活》栏目，沈阳电视台《沈视晚报》、生活频道《生活导报》等栏目也都陆续播出主体活动的盛况。另外《辽宁日报》《沈阳日报》《沈阳晚报》、东北新闻网、北国网、微摄—摄影号等多家纸媒及网站都在头条大标题登出报道。5月12日上午，辽宁省地震局与省科协、省委宣传部、省应急厅以及省科技厅联合，在省科技馆组织"国家地震灾害紧急救援队专家走进辽宁科普大讲堂系列活动"。科普讲堂之外，还开展了防灾减灾科普宣传互动活动。《辽宁日报》、沈阳电视台等近10家辽沈媒体参与本次活动的宣传报道。三是在国际减灾日期间，制作完成《一分钟了解地震预警》科普宣传短片，在辽宁广播电视台卫星及各地面7个频道连续播出1周，包含黄金时段，省司法厅辽宁普法公众号同步发送，通过主流媒体有效的传播和普及了地震预警常识，达到了较好的宣传效果。辽宁新闻对辽宁省地震预警工作进展情况作了专题报道。四是参加省政府开展的第十三届"5·15政务公开日"宣传活动，围绕"做好地震安全性评价监管与服务，努力打造良好营商环境"内容，积极宣传强制性评估事中事后监管体系建设、优质高效服务承诺情况及防震减灾科普知识，通过设置咨询台、解读政策、摆放宣传海报、发放宣传手册等方式，向广大群众广泛宣传政务公开、防震减灾等工作。活动当天共发放宣传资料500余份，接待群众咨询50余人次，同时与其他窗口单位交流、沟通相关工作，达到预期效果。五是依托公共媒体，暨辽宁广播电视台的七个频道，省内各市广播电视频道、省内城市户外屏幕媒体、沈阳地铁公交移动电视以及微博微信等公众平台，于5月6—12日滚动播出由防震减灾公益大使杨鸣拍摄的《防震减灾　你我同行》公益广告；同时依托辽宁文化共享频道平台，针对少年儿童，推出《避震方法要知道》《地震避险与自救互救》等科普动画片，切实做好全民防震减灾科普教育传播推广工作。

二、法制建设

全国人大执法检查整改任务台账的落实与整改。2019年根据全国人大常委会《中华人民共和国防震减灾法》执法检查报告及审议意见研究处理工作的相关要求，明确处理措施清单中涉及辽宁省地震局工作的6大问题，根据工作实际，总结梳理整改处理落实情况，建立任务台账，报中国地震局政策法规司。

建立健全法治工作制度。2019年制定并印发《辽宁省地震局规范性文件合法性审查工作实施细则》，对辽宁省地震局规范性文件合法性审查工作进行明确规范。同时辽宁省地震局将局党组要求进行合法性审查的其他文件也纳入审查范围。

规范行政执法工作机制。2019年开展行政执法主体资格确认和行政执法基础信息采集工作，重新梳理地震部门行政执法依据和行政执法事项的法律法规依据；向省司法厅报送辽宁省地震局行政执法主体资格的相关申请材料和行政执法人员的基础信息；在《辽宁日报》上公布辽宁省地震局省级行政执法主体资格及法定代表人情况，重新确认改革后行政执法资格及法制建设第一责任人；开展因机构改革职能调整而引起机构名称变化的地方性法规清理工作。

（辽宁省地震局）

吉林省

一、推进防震减灾立法工作

2019年，《吉林省防震减灾条例》修订纳入吉林省政府集中打包修法内容，通过分管副省长协调会审议。《吉林省地震安全性评价管理办法》修订纳入2019年吉林省政府立法调研类项目。

二、贯彻"七五"普法规划

制定印发2019年普及宣传计划，举办吉林省地震系统法治和标准化培训班，制定印发《吉林省地震局行政执法三项制度实施细则》，建立法律顾问咨询机制，选聘1名常年法律顾问。

三、认真办理人大执法检查反馈意见

2019年，一是根据应急管理部文件要求牵头制定整改任务清单，针对地方各级政府承担的21项问题和建议，会同吉林省省直22个部门细化出35项工作措施，与吉林省应急管理厅制定整改分工方案并印发各市州及相关部门落实；二是对标中国地震局梳理的地震部门整改任务清单，主动认领24项问题和建议，细化出46项措施，制订印发吉林省地震局整改方案，建立整改工作台账。

四、政策研究

2019年，结合开展"不忘初心、牢记使命"主动教育，吉林省地震局深入市县地震部门和地震台站开展调研，形成调查报告。

（吉林省地震局）

黑龙江省

一、法制工作

2019年，按照黑龙江省司法厅要求，对黑龙江省地震局起草和组织实施的地方性法规、规章和行政文件进行清理。保留地方性法规1部，即《黑龙江省防震减灾条例》；修改省政府规章1部，即《黑龙江省地震安全性评价管理规定》；保留1部，即《黑龙江省地震重点监视防御区管理办法》；保留黑龙江局起草和组织实施的3个规范性文件。举办2019年度黑龙江省防震减灾法制和社会宣传培训班，各市（地）防震减灾法制工作者50余人参训。针对各市地需求，重点讲解防震减灾法律法规、电子政务工作和科普宣传工作，并组织经验交流。

二、全面深化改革工作

2019年，为全面贯彻落实《中共中国地震局党组关于全面深化改革的指导意见》，推进黑龙江省防震减灾事业体制机制改革，激发防震减灾事业发展活力和动力，印发《中共黑龙江省地震局党组关于全面深化改革实施方案》（黑震党发〔2019〕11号）。按照《震灾预防体制改革顶层设计方案》要求，结合九大工程重点工作，进一步推进黑龙江省地震局震灾预防体制改革，印发《中共黑龙江省地震局党组关于地震灾害风险防治体制改革实施方案》（黑震党发〔2019〕21号）。

三、公共服务工作

2019年，对黑龙江省地震局防震减灾公共服务开展情况进行调查，梳理已开展的公共服务事项，录入黑龙江省政务服务管理平台。

根据黑龙江省地方性法规和政府规章，认领中国地震局监管事项9项，新增省级监管事项1项，完成黑龙江省地震局12项执法人员信息和5条台站监管事项检查实施清单，按照统一标准录入国家"互联网＋监管"系统。

根据黑龙江省政务服务事项的要求，成立黑龙江省地震局优化营商环境领导小组及办公室，积极开展政务服务事项工作，完成依申请类事项标准填报，推动事项网上办理。指导各市地完成事项清单，进行事项管控、认领，提高行业政务服务事项填报效率。

四、社会宣传工作

2019年，黑龙江省地震局策划编排并演出全省首部防震减灾科普舞台剧《彩虹当空》，省应急厅、省科技厅、省科协、团省委、省红十字会等11家单位出席首演仪式，该剧入选2019哈尔滨青年戏剧节竞演单元。5月9日，黑龙江省地震局与黑龙江艺术职业学院在省防震减灾科普馆举行校外实训基地授牌仪式，加强馆校合作。黑龙江省防震减灾科普馆全年累计开展175场专场讲解，接待团体和个人参观共计8674人，黑龙江省地震局官方微博推出"防震减灾知识一问一答"等栏目，共发布信息92条，总阅读量86万人次。黑龙江省防震减灾宣传教育中心原创设计出版《地震趣味科普纸卡》，荣获2019年黑龙江省优秀科普作品奖；原创出版立体书《画说地震》，荣获应急管理系统科普作品三等奖，《地震趣味科普纸卡》和《地震知识小问答》荣获优秀奖。黑龙江省地震局获得全省科普讲解大赛和全国防震减灾科普讲解大赛优秀组织奖。

（黑龙江省地震局）

上海市

一、防震减灾公共服务

2019年，上海市地震局通过有效的资源整合，面向社会服务公众的科普宣传条件和手段有了明显改善。一是继续联合上海市应急管理局，共同组织全国综合减灾示范社区创建工作，认定36家"国家综合减灾示范社区"。二是首次联合上海市教育委员会、上海市应急管理局三家指导区应急管理局、区教育局共同开展市级示范学校的创建工作，认定上海市防震减灾科普示范学校11家。三是首次对2011—2014年期间命名的"上海市防震减灾科普示范学校"和2014年前命名的"上海市防震减灾科普教育基地"开展重新认定工作，重新认定并继续命名42家学校和3个基地。四是组织指导国家级示范工程的申报工作，共创建3家国家防震减灾科普教育基地及4家国家防震减灾科普示范学校。

二、推行一网通办

一是"建设工程地震安全性评价结果的审定及抗震设防要求的确定"行政审批项目于2019年1月正式接入"上海市工程建设项目审批管理系统"。集申请受理、审批核准、结果反馈等环节为一体，并在后台自动分送、业务同步办理，结果实时共享，形成多部门涉企数据交互机制。通过将原先申请人在规划阶段现场向窗口提交有关申请材料的传统办证流程，再造为申请人在工程建设许可阶段受理通过服务平台一表填写、一次提交数据，在7个工作日内获取审批结果，为建设单位提供"一站式"服务。通过"线上审批、一网通办"为61个工程项目提供了高效、便捷的行政协助、审批服务。二是压缩时间与精简材料并举。落实上海市委、市政府2019年重点改革任务"双减半"工作，将审批时限从15日减少到7日。新办申请材料由3份减少到1份，申请变更和申请延续办理实现"零材料提交"。

（上海市地震局）

江苏省

主动开展地震公共服务。2019年，江苏省地震局广泛开展防震减灾决策服务、公众服务、专业服务、专项服务，围绕庆祝中华人民共和国成立70周年、党的十九届四中全会、第二届进博会、全国"两会"期间地震安全保障需要，以及全省经济社会发展，开展震情监测预测、活动断层探测、地震安全性评价、防震减灾知识普及等系列服务。推进公共服务标准化建设，全面梳理江苏省地震局面向公众的公共服务清单，编制标准化的办事指南并向社会公众提供服务。

加强防震减灾科普宣传教育。2019年，贯彻落实全国首届地震科普大会部署，制定印发《江苏省地震局贯彻落实全国首届地震科普大会任务分解方案》。落实《江苏省科学技术协会 江苏省地震局合作框架协议》，推进与省科协的合作，联合印发《关于成立省防震减灾科普合作领导小组的通知》。加强与徐州工程学院合作，完成苏北高烈度区断层活动性与地震危险性科普示范基地建设。积极推进周恩来防震减灾科普馆建设。认真落实江苏省全民科学素质行动计划方案，推进防震减灾科普教育工作，江苏省地震局工作经验在2019年江苏省全民科学素质领导小组会上做典型发言。

2019年，"江苏省地震局"官方微博和微信公众号正式上线，开展防震减灾知识宣传。认真推进科普作品的编制创作。制作并发布"震震有辞"系列防震减灾科普视频作品第一集。组织各市地震局、局属单位参加全国防震减灾科普作品大赛、应急管理科普作品征集评选、全国科普微视频大赛等活动。在第二届全国防震减灾科普作品大赛中，1件荣获影视作品类二等奖、2 件荣获展教具类优秀奖、2 件荣获网络评选最具人气奖，江苏省地震局荣获优秀组织奖。在应急管理科普作品征集评选活动中，1 件荣获一等奖。组建由 20 名专家参加的江苏省防震减灾科学传播师队伍，向中国地震局推荐 3 名国家防震减灾科学传播师候选人。

2019 年，江苏省地震局持续推进防震减灾科普知识"六进"，指导各地在全国防灾救灾日、科普宣传周期间集中开展科普宣传活动。会同省地震学会、省老科协防震减灾分会开展"防震减灾科普基层行"活动，在南京、常州、泰州等地开展防震减灾科普讲座 20 场，受众 5000 余人。防灾减灾宣传周期间，免费开放省各地防震减灾科普教育基地，相关信息在江苏省地震局门户网站进行公示。各设区市地震部门按要求在全国防灾减灾日和唐山地震纪念日期间组织开展防震减灾科普动漫视频进地铁、公交活动，在重点时段开展防震减灾科普讲座 200 余场。

2019 年，认真组织参加第二届全国防震减灾知识大赛、第三届全国防震减灾科普讲解大赛、全国地震科普作品大赛等活动。联合江苏省科协举办"江苏防震减灾知识网络竞赛"，试题入驻江苏"科普云"微信公众号、"科普云"信息大屏在线答题，参赛人数达 2 万余人。联合江苏省应急厅、省人防办、省卫健委等单位联合主办"江苏省安全应急科普环省行"活动，在南京、扬州、南通、徐州、连云港等地开展文艺巡演和"七进"及知识竞答活动。该活动被评为 2018 年度江苏"十大科学传播事件"、2019 年度江苏"十大科学传播活动"。

2019 年，加强防震减灾法治建设。全面贯彻落实《中共中国地震局党组关于加强防震减灾法治建设的意见》精神，制定并出台《中共江苏省地震局党组关于加强防震减灾法治建设的实施方案》（苏震党发〔2019〕33 号）。将普法工作列入省市防震减灾工作目标管理责任书内容，要求加强对地震工作者、政府部门及领导干部和社会公众的防震减灾普法，推动全社会防震减灾法律素质提升。地震预警立法列入江苏省人大常委会 2020 年立法计划预备项目。举办全省防震减灾法制工作与标准化培训班，提升地震系统法制化水平。组织编制《活动断层成果探察报告编写规则》。印发《江苏省地震局全面推行行政执法公示制度执法全过程记录制度重大执法决定法制审核制度任务分工方案》。全面梳理行政执法事项清单，组织编制标准化办事指南，梳理后江苏省级行政执法事项 18 项。深入推进地震系统建设工程项目审批制度改革，将"区域性地震安全性评价""建设工程地震安全性评价"强制性评估两项评估事项和"建设工程地震安全性评价结果的审定及抗震设防要求的确定""新建、改建、扩建建设对地震监测设施和地震观测环境造成危害的项目批准"等两项行政许可事项纳入建设工程项目审批流程进行管理。推进地震系统"互联网＋监管"工作，完成监管事项目录清单和检查实施清单编制工作，上报监管行为数据和监管动态信息。

（江苏省地震局）

浙江省

一、深化开展"三服务"活动

2019 年，浙江省地震局出台《开展服务企业服务群众服务基层活动实施方案》。做好新一轮结对帮扶工作，全力帮助苍南县炎亭镇振兴村集体经济和农户增收，拨付 23 万元项目资金。浙江省地震局干部职工捐书 700 多册建成"读书角"，与振兴村党支部结对为"红色先锋联盟"。浙江省地震局党组始终坚持以服务当地经济建设为己任，无偿为省内十几个通用机场提供场址地震构造环境基础评价服务。服务全国首批营商环境评价试点城市，梳理编制地震安全性评价《中介服务指南》《中介委托操作手册》。为浙江省经济规划研究院提供杭州大湾区地震安全基础资料，主动上门提供技术支撑服务。

二、防震减灾科普宣传

2019 年，浙江省地震部门大力推进《加强新时代防震减灾科普工作的意见》贯彻落实。联合人民日报社成功举办首届全国防灾减灾公益漫画大赛。《十年川行》被科技部和中科院联合评为"2018 年全国百部优秀科普微视频作品"并入选学习强国，科普漫画作品《牛牛和妞妞》入选国家新闻出版署 2019 百部"原动力"动漫作品扶持计划。嘉兴市防震减灾科普讲师团代表获得全国防震减灾科普讲解大赛二等奖。宁波市雅戈尔动物园 SOS 地震科普馆全年参观人数达 60 余万人。绍兴、舟山等地加强与宣传部门合作，借助主流媒体，开展防震减灾科普宣传。台州市全年持续性开展送防灾减灾知识进文化礼堂活动。龙泉市投入200 余万元，新建防震减灾科普教育基地。2019 年，浙江省组织开展各类防震减灾科普活动 600 余场、"防灾公益"科普讲座 118 场，参与人数达 200 余万人。

三、防震减灾法制建设

2019 年，各级地震部门牢固树立法治意识，广泛宣传《浙江省防震减灾条例》、新一代《中国地震动参数区划图》，进一步拓宽防震减灾法律法规的普及面。制定印发落实防震减灾法执法检查报告及审议意见研究处理措施清单，督促整改落实。《浙江省地震预警管理办法》立法报告列入省政府 2020 年二类立法计划。推进"互联网＋监管"模式，开展行政执法"一网通管""掌上执法"。组织 116 人次开展省市县三级联动行政执法，发布实施 24项检查任务。问题检出率 4.76%，手机掌上执法检查应用率 98.51%。

（浙江省地震局）

安徽省

一、防震减灾公共服务

2019 年，安徽省地震局积极落实国务院"放管服"改革及安徽省政府创优"四最"营商环境要求，对 11 项地震安全性评价监管事项编制目录清单和实施清单，制定公共服务事项清单。做好地震信息产出服务，向省委省政府报送震情信息 11 次，向社会发布震情信息36 条，通过新媒体发布信息 2473 条。参与制定安徽省城市安全发展督察评分细则和评价标准，参加督察工作，为安徽省 8 个城市总体规划提供审查意见。参与 99 个安徽省综合减灾示范社区认定工作和全国综合减灾示范社区创建实地抽查复核工作。

2019 年，安徽省地震局共创作 1 部地震科普读物、1 部科普动漫作品，组建 96 人的防震减灾科学传播师队伍。

二、地震科普宣传

推进防震减灾科普社会化工作。安徽省地震局与安徽省科协、安徽省教育厅、安徽省应急厅、安徽省科技厅、共青团安徽省委联合举办"5·12省暨合肥市防震减灾科普宣传主场活动""安徽省防震减灾科普讲解大赛"等科普活动。与新闻媒体合作打造"防震减灾走基层""防震减灾记者江淮行""防震减灾科普知识电视互动竞答"等科普品牌活动和节目。建立社会力量科普参与机制,鼓励各类社会组织、社会工作者、志愿者等社会力量开展防震减灾科普活动。合肥市、亳州市、蚌埠市、淮南市、六安市、芜湖市、宣城市等市级地震部门建立以社会力量为主体的防震减灾志愿者队伍,并广泛开展各类防震减灾科普活动,社会力量包括红十字会、民间救援队、无线电协会、职教中心、志愿者服务联合会、义工联合会等各类社会组织。邀请安徽省内外科普产品生产企业、科普展馆企业参加安徽省级防震减灾科普展、科普活动,引导各类企业积极参与"一县一馆"建设。

组织开展"5·12防灾减灾日"系列科普宣传活动。2019年"5·12"前后,安徽省广泛开展"提高灾害防治能力,构筑生命安全防线"主题科普活动。安徽省地震局组织开展安徽省暨合肥市防震减灾科普宣传主场活动,各省级、市级防震减灾科普教育基地、各市地震局监测中心、各省属地震台站免费对公众开放,通过举办科普讲座、现场宣讲、展示监测设备等形式,全面展现安徽省防震减灾工作进展和科技创新成果,向公众普及防震减灾知识和防范地震灾害基本技能。据统计,安徽省各级地震部门在防灾减灾宣传周期间共计开展活动295场次,受众达127.5万人。

举办第二届安徽省防震减灾知识大赛。联合安徽省应急厅、安徽省教育厅、安徽省科学技术协会、安徽省科技厅等相关部门和阜阳市地震局,共同组织开展第二届安徽省防震减灾知识大赛。安徽省地震局因组织有力荣获全国防震减灾知识大赛"优秀组织奖"。

推进防震减灾科普示范阵地建设。联合安徽省科协、安徽省教育厅开展科普示范评定。安徽省新认定省级防震减灾科普教育基地15个,科普示范学校54所。根据中国地震局要求,对2015年前认定的15个省级科普教育基地、164所省级科普示范学校开展重新认定工作,共有10个基地、49所学校通过重新认定。

防震减灾科普成绩突出。在全国科学实验展演大赛中,安徽省地震局展演作品《遁地术的奥秘》荣获一等奖。安徽省地震局科普作品获全国优秀科普微视频等各类奖项6项。安徽省地震局1名同志被中国科协主办的"典赞·2019科普中国"活动评选为年度十大科普传播人物。安徽省地震局政务微博、微信公众号获新浪安徽、安徽新媒体集团颁发的安徽政务快速响应优秀案例、突破力微信奖项。

三、防震减灾法制建设

加强防震减灾法制建设。安徽省地震局联合安徽省司法厅推动《安徽省建设工程地震安全性评价管理办法》修订列入省政府规章制定实施类项目,并通过修订审议。制定安徽省地震局法律顾问制度实施细则,2019年组织对5份规范性文件和51份重大合同进行合法性审查。举办全省防震减灾行政执法培训,共150余人参加培训。

整改落实执法检查意见。召开全国人大及安徽省人大执法检查审议意见研究处理工作专题部署会,研究制定执法检查审议意见整改方案。截至2019年底,全国人大执法检查意见明确51项整改任务,完成32项,长期坚持推进19项整改任务。安徽省人大执法检查意见明确 24 项整改任务，完成 5 项，正在推进落实 1 项阶段性任务，长期坚持推进 18 项。

完善权责清单，规范审批行为。调整安徽省地震局权力清单、责任清单、权力清单事项运行流程图和廉政风险点情况表，录入安徽省政务服务事项管理平台。组织编制政务服务事项目录清单和实施清单，融入政务服务事项全国"一盘棋"、全省"一张网"。

（安徽省地震局）

江西省

一、防震减灾公共服务

2019 年，推进公共服务事项和行政权力标准化工作，完成江西省地震局政务服务事项目录清单编制。深入实施"互联网＋政务服务"，梳理监管事项目录清单与检查实施清单，完成两个清单填报与网上录入。2019 年 6 月，江西省地震局地震行政执法检查事项纳入江西省政府"双随机、一公开"管理平台。公共服务事项在江西政务服务网全面公开，推进以标准化促进行政许可规范化。

与中国地震台网中心联合研发的"地震信息速报机器人"2019 年微信推送信息 1000 余条，间接服务数亿人。江西省地震局自主研发的"赣震信使"微信端应用服务初步实现省内地震信息传递、智能会商、应急产出、网络监控等应用。"江西地震信息对外发布系统"纳入江西省政府"赣服通"市民服务平台，江西省历史地震基础数据、监测台网基础数据纳入省政务数据共享平台。地震信息智慧服务呈现多层次、多渠道、广覆盖的良好格局。

二、防震减灾法制建设

2019 年 10 月，印发《江西省地震局关于全面推进江西省防震减灾法治建设工作的实施意见》，全面加强防震减灾法制建设。成立江西省地震局法制建设工作领导小组，党组书记、局长作为法制建设第一责任人。制定 2019 年普法工作计划，严格依法依规决策，带头尊法学法守法用法。组织机关工作人员开展普法学习与网络考试，将防震减灾法培训纳入全省市县业务培训内容。加强普法宣传，联合江西法制报社，推出"百万网民学法律"防震减灾法专场知识竞赛，参与人数达 50 万人。加强与省人大沟通，提出加强防震减灾法制建设意见建议，对江西省防震减灾法规制度进行梳理并提交人大法工委。防震减灾工作连续 7 年纳入全省高质量发展考评体系，基层防震减灾工作纳入党委政府议事日程、纳入发展规划、纳入基建管理程序、纳入政府预算取得新进展。

认真落实全国人大常委会和国务院关于防震减灾法执法检查整改任务，制定整改工作方案，推进 30 余项重点任务整改落实。对《江西省防震减灾条例》进行局部修改。与南昌轨道交通公司就南昌台测项迁建费用赔付方案达成一致，迁建场址初选通过论证。与江西省教育厅、科技厅等单位联合印发《关于进一步加强防震减灾科普宣传工作的通知》，提出 7 项主要任务。组织编制江西省社区地震应急预案模板，指导基层社区规范应急预案建设，提高社区快速反应能力。

推进台站标准化建设，规范台站运行管理，做好九江台、赣州台、上饶台优化改造。

2019年10月，江西省地震局与省住建厅联合赴九江等地开展第五代地震动参数区划图实施情况检查。完成公共服务事项和行政权力标准化工作，公共服务事项在江西政务服务网全面公开。氡观测仪检定检测平台继续发挥在仪器入网、检测、退出等全流程中的作用，推进行业标准体系构建。

（江西省地震局）

山东省

一、法制工作

2019年，《山东省地震群测群防管理办法》和《山东省地震预警管理办法》列为省政府二类立法项目，并有序推进。山东省地震局向省司法厅报送《山东省防震减灾条例》《山东省地震安全性评价管理办法》修订建议及修改文本。《山东省建设工程抗震设防条例》释义提交出版。根据立法计划安排，及时向省人大、省司法厅报送2020年地方立法计划。

地方标准DB 37/T 3646—2019《区域性地震安全性评价技术规范》正式批准发布，自2019年9月30日起施行。2019年9月，山东省地震局在淄博市召开标准宣贯会议。地方标准《防震减灾科普场馆建设指南》完成初稿并开展征求意见工作。行业标准《地震科技文献分类标引规则》完成自评估，向中国地震局报送相关材料。

规范性文件《山东省地震行政处罚裁量基准》（SDPR-2019-0730001）修订完成，于2019年11月15日起施行。

2019年，印发《山东省地震局机关法律顾问制度实施办法》，开展公开选聘法律顾问等相关工作。

二、全面深化改革工作

2019年，加强地方应急管理体制改革后的全省防震减灾行业管理。山东省防震减灾工作领导小组被省政府明确为长期设置的议事协调机构，办公室设在山东省地震局，负责加强对全省防震减灾工作的行业管理。年初召开领导小组扩大会议，部署年度重点工作，重点地区内的市政府负责同志列席会议并按要求做好落实。加大对基层防震减灾行政管理具体事项的部署力度和频次，推动防震减灾工作在基层持续推进，完成山东省地震年度市县防震减灾工作考评。

两次组织山东省地震局处以上干部开展事业发展研讨，组队赴南方省份学习发展改革先进经验，营造全面深化改革氛围。印发《山东省地震局党组2019年全面深化改革工作要点》，稳步推动全面深化改革向纵深发展。

深化干部人事制度改革。2019年，印发了《山东省地震局处级干部选拔任用工作办法》和《山东省地震局科级干部选拔任用工作实施办法》，完成事业单位领导干部轮岗和重新聘用工作。制定《山东省地震局事业单位绩效工资分配办法》《山东省地震局事业单位及领导班子成员绩效考核办法》，完善事业单位按岗定酬、绩效挂钩的工作机制。制订事业单位专业技术岗位全员竞聘工作方案，完成专业技术人员重新竞聘上岗工作。根据参公人员职务职级并行的有关要求，完成套转和首次晋升工作。

2019年，推进业务体制改革。开展局属事业单位改革，调整业务单位设置，重构业务布局，整合山东省地震台网中心、山东省地震监测中心职能，组建山东省地震监测预警中心和山东省地震信息服务中心；重新核定了各单位人员编制、领导职数，梳理了"三定方案"，厘清职责边界，理顺业务链条。

加快推动监测体制改革。印发了《山东省地震局监测预报业务体制改革实施方案》和《山东省地震局信息化建设实施方案》等。大力开展全省地震监测台网效能评估工作，理顺各业务中心、市级地震工作机构和地震台站之间的业务流程。主动回应社会、政府需求，差异化定制地震信息报送服务。

三、公共服务工作

2019年，梳理了山东地震系统省市县三级通用权责清单，在山东省政府部门权责清单管理系统中进行录入和发布，并在山东省地震局门户网站向社会进行公开发布。梳理山东省地震局政务服务事项要素，编制实施清单，完成山东省政务服务事项管理系统相关内容的录入和完善改进，完成接入国家政务服务平台政务服务事项及应用审核工作。梳理了局行政监管事项目录和检查实施清单，录入国家"互联网＋监管"系统，向中国地震局和省大数据局报送行政监管相关数据。

2019年，完成行政处罚与行政强制权力网络运行系统、山东政务服务网便民事项梳理系统、山东省行政权力网络运行系统运行维护工作。梳理了拟保留和取消的证明事项、涉企现场检查事项。开展2019年度省直机关行政执法人员资格培训考试相关工作。

承担中国地震局2019年度重点课题"地震遗址保护研究"，组织地震遗址保护应用设计研讨，完成对全国47处地震遗址遗迹情况汇总和筛选，完成13处典型地震遗址遗迹调研、情况资料汇编、保护方案汇编，完成国家地震遗址遗迹公园项目设计方案总体框架和具体案例编制，组织完成课题验收。承担中国地震局政策研究重点课题"防震减灾基层治理政策法规保障研究"，开展了课题调研、资料收集和开题等工作。承担中国地震局"十四五"规划研究课题"'十四五'规划编制防震减灾社会治理体系建设研究"，完成了课题报告编写，向中国地震局提交了研究成果。

四、社会宣传工作

2019年7月29日，省地震局、省教育厅、省科技厅、省科协在山东省防震减灾科技园召开全省防震减灾科普大会，刘强副省长专门对会议作出批示。会议全面总结了近年来山东省防震减灾科普宣传工作，表彰了全省防震减灾科普工作先进个人，对进一步做好全省防震减灾科普工作进行了全面部署。

2019年，联合省教育厅、省科协对全省923所省级地震示范学校进行复查，重新认定省级地震科普示范学校886所。会同省教育厅、省科协联合命名146所省级地震科普示范学校，全省省级地震科普示范学校总数达到1032所。推荐了17所学校和16个基地参与2019年度国家级示范学校和基地评选。新增国家级防震减灾示范学校7所，山东省国家级防震减灾示范学校数量达到20所。对7个国家级防震减灾科普教育基地、35个省级防震减灾科普教育基地进行了重新认定和申报。

会同省应急厅、省气象局联合开展国家级、省级综合减灾示范社区现场检查和评估工作，对申报省级综合减灾示范县（市、区）进行预评估。

举办 2019 年全省地震示范学校地震科普辅导员培训班，对 40 余名国家级和省级地震科普示范学校辅导员进行了培训。协助举办 2019 年地震系统科普人员素质提升培训班，全国地震系统科普宣传工作人员共 80 余人参加了培训。

山东省防震减灾科技园全年累计参观人数超过 1.5 万人。举办了防灾减灾日开放日活动，当天到园参观人数突破 5000 人，现场直播活动视频点击量达 48.5 万次。承办了第二届全国防震减灾知识大赛决赛，全国 30 个省（区、市）代表队参加。对局官方微信"震知卓见"进行了内容升级，全年推出微信产品 300 余篇，全年阅读量达 550 万次。创作的多项防震减灾科普作品在全国防震减灾科普作品大赛、山东省科普创作大赛等比赛中斩获一等奖。组织开展日常研学活动 100 余期，创新举办"青少年自我保护研学冬令营""地学之旅研学夏令营"活动，来自全国 16 个省（市、区）的 300 余名中小学生参加研学，取得良好社会效益。崔昭文同志获得"山东省新时代优秀科普工作者"表彰。

（山东省地震局）

河南省

一、防震减灾公共服务

（一）公共服务体系建设

2019 年，为满足政府和社会公众对防震减灾服务产品的需求，河南省地震局对照《河南省地震智慧服务产品清单》（豫震测发〔2018〕79 号），对涉及监测预报、震害防御、应急救援、政务系统共 12 大类 73 项公共服务产品进行进一步细化，明确了服务对象、发布渠道、提供时限、服务内容和上线时间。2019 年 5 月，组织力量对各体系公共服务清单完成情况进行摸排督促，截至 2019 年底，除"地震预警"和"地震烈度速报"服务外，其余 63 项公共服务产品均完成上线，并实时对服务内容动态优化调整。

2019 年，河南省防震减灾公共服务取得较好成效。在服务政府决策方面，依托震情会商技术系统，优化地震预测预报业务流程，研发河南震情跟踪报告、周月震情报告等自动产出模块，在省内多次地震应急中发挥重要作用。开展非天然地震信息报送业务，完成 10 起爆炸、矿震等信息报送，回应社会关切，为维护社会秩序、政府决策与企业正常生产经营提供依据。加强震情监视跟踪，较为准确预判了 11 月 30 日南阳淅川 3.6 级地震，震前会同省应急管理厅赴南阳淅川县通报震情形势，指导检查南阳应急准备工作，为妥善应对赢得主动。圆满完成全国"两会"、庆祝新中国成立 70 周年、党的十九届四中全会和全国少数民族传统体育运动会等重要时段、重大活动地震安保工作，受到省政府领导表扬。

11 月，在长沙举办的中国地震局防震减灾公共服务与法治工作座谈会上，河南省地震局作交流发言。为进一步优化清单内容，提高公众参与度，12 月，在省地震局门户网站发布了面向社会公众的公共服务需求调查问卷。

（二）社会工作与防震减灾宣传

2019 年 8 月，河南省地震局派出农村民居调研组两次赴河南高烈度区（Ⅷ度区）且近年多次发生地震的濮阳市范县和高烈度区（Ⅶ度区）邓州市开展调研。分别对 4 个行政村28 户、6 个行政村 17 户进行走访入户调查，共走访砖混结构 14 户、砖木结构 29 户、土木结构 1 户、简易板房 1 户，其中危房改造户 13 户。通过此次调研，对河南省农村民居抗震设防情况进行初步摸底，提出存在问题并进行原因分析，为河南省农村民居加固、乡村振兴建设提供基础材料。

积极开展防震减灾示范创建。地方标准 DB 41/T 1755—2019《中小学防震减灾示范学校评价规范》于 2019 年 2 月 13 日发布、5 月 13 日实施。与省教育厅、省科技厅联合命名省级防震减灾示范单位 20 个（含省级防震减灾科普示范学校 16 所、省级防震减灾科普教育基地 4 个），创建国家级防震减灾科普示范学校 1 所、教育基地 3 个。配合省减灾委开展综合减灾示范社区创建工作。

打造地震科普精品。2019 年，完成中国地震局地震科普图书精品创作工程图书《中小学防震减灾知识读本》的出版。制作完成新中国成立 70 周年档案宣传视频。以档案视角宣传防震减灾工作成就，制作《减灾轨迹　档案尽归》微视频，围绕国家地震烈度速报与预警工程河南子项目，从项目档案的收集、整理过程出发，阐述预警项目对河南省防震减灾事业的重大意义。该片入围国家档案局建设项目档案微视频微征集活动。创作完成地震预警项目科普作品。

积极推广展播防震减灾科普作品。与省科协对接，提供地震科普宣传作品，《临"震"不乱》《抗震设防　为生命护航》《谁是地震元凶》三部作品通过全省 1500 多块科普信息化试点县市区的科普大屏滚动播出。其中《抗震设防　为生命护航》获第二届全国防震减灾科普作品大赛科普微视频类三等奖、《谁是地震元凶》获应急管理系统优秀科普作品优秀奖。

积极推进"互联网＋地震科普"。充分利用"河南防震减灾"微信公众号平台作用，实现科普服务与公众需求的有效对接。微信平台全年举办防震减灾网络知识答题活动 4 次，推送科普文章、通讯信息 80 篇。

积极参与各类宣传活动。组织参加省减灾委举办的"5·12 防灾减灾综合宣传演练活动"，展示河南省地震应急移动指挥平台，设立专家咨询台向社会公众宣讲防震减灾科普知识。组织参加"河南省全国科普日活动"并获得优秀组织单位，围绕"礼赞共和国　智慧新生活"主题，认真布展，通过地震专家现场演示地震流动测震台网、播放防震减灾公益广告片等形式，让社会公众了解地震监测、预警等地震知识。开展校园防灾减灾宣传。开设科普知识课堂，提高幼儿及青少年防震减灾意识和应急避险能力，促进"平安校园"建设。组织国际减灾日开放日观摩活动。10 月 21 日，面向社会征集的多个中小学生家庭受邀走进河南省地震局参观，他们直观地感受到了河南省防震减灾事业发展成果，防范和应对地震风险的意识和技能得到增强。

二、法制建设

2019 年，河南省地震局、发展改革委、住房和城乡建设厅、应急厅等部门共同推进省人大"一法一条例"（《中华人民共和国防震减灾法》和《河南省防震减灾条例》）执法检查报告及审议意见落实。《河南省防震减灾条例》修订列入省人大 5 年立法规划，《河南省地震预警管理办法》和《河南省应急避难场所管理办法》两项政府规章启动立法调研。《中小学防震减灾示范学校评价规范》和《应急避难场所建设规范》等 2 项省级地方标准于 2 月 13 日正式发布，5 月 13 日正式实施，填补了河南省防震减灾地方标准的空白。

（河南省地震局）

湖北省

一、广泛开展防震减灾科普宣传

2019 年，精心谋划开展湖北省防震减灾宣传活动周系列宣传活动，举办湖北省地震局"5·12"全国防灾减灾日活动和"5·20"地震计量公众开放日活动，开展"7·28"新闻媒体走基层系列活动和 2019 年国际减灾日系列宣传活动，与省教育厅、省应急管理厅、省科学技术协会联合组织开展第二届湖北省防震减灾知识大赛，遴选组建了一支由 25 名高级职称人员组成的防震减灾科学传播师队伍，选派多位科普专家赴随州、宜昌、十堰、东西湖、江夏等地开展防震减灾科普知识讲座，努力提升社会公众的防震减灾意识和地震应急避险、自救互救能力。建成湖北省地震局防震减灾科普展厅、湖北省地震局科技创新成果展厅，积极推动防震减灾科普入驻湖北省科技新馆、咸宁市防灾减灾体验教育馆、宜昌市地震科普教育基地等场馆体系，发挥地震科普培训、展教、演示、宣讲等功能。组织开展国家级防震减灾科普教育基地、科普示范学校创建工作，择优遴选推荐英山县中小学生综合实践基地等 6 个科普场馆申报国家防震减灾科普教育基地，获批认定 4 个；推荐宜昌市第十七中学等 3 所学校申报国家防震减灾科普示范学校，获批认定 2 所。省减灾委办公室组织湖北省地震局、省应急管理厅、省气象局组成 3 个评估组，对各地推荐申报的 49 个全国综合减灾示范社区进行联合评估，择优遴选推荐武汉市江岸区劳动街道国信院社区等 35 个社区申报 2019 年全国综合减灾示范社区，均获批认定。

在科普宣传作品创作方面，湖北省地震局原创特色栏目"科普 30 秒"系列地震科普短视频填补了湖北省地震科普短视频的空白，2019 年共制作 38 期，在"楚震科普"微信公众号、湖北省地震局官方微博等新媒体平台发布，获得广大网友及业界人士的关注和认可，多次被应急管理部官方微信、官方微博转发，并荣获 2019 年度应急管理科普作品征集评选活动优秀奖、第二届全国防震减灾科普作品大赛科普微视频类优秀奖。

二、认真做好法规标准工作

2019 年，根据中国地震局政策法规司要求，湖北省地震局组织专家对 6 项地震标准制修订计划项目和 8 项现行地震标准应用实施情况进行自评。制定并与省市场监督管理局联合发布省级推荐性地方标准《重要建设工程强震动监测台站技术规范》，积极推进《湖北省地震安全性管理办法》修订工作。

三、着力加强"互联网＋政务服务"

2019 年，根据省领导关于"湖北政务服务网"应上尽上的指示精神，在省政务管理办统一部署下，湖北省地震局结合《中华人民共和国防震减灾法》《湖北省防震减灾条例》相关规定，对所承担的防震减灾职权事项进行梳理，确定"地震震情信息服务""防震减灾科普示范学校的认定"等 9 项政务服务事项，形成"湖北省地震局政务服务事项清单"。在此基础上，通过采取统一网络受理、申请材料和办理条件一次性告知、规范办理流程、缩短办理时限、明确办理责任人、强化考核倒逼机制等一系列措施来提升政务服务质量。同时，湖北省地震局还在省政府办公厅主办的"鄂汇办"APP（湖北群众和企业办事的首选窗口）开通震情信息发布服务，全省社会公众都可以通过下载该软件实时查看震情监测信息，进一步扩大湖北省地震局震情监测信息的服务范围和影响。

（湖北省地震局）

湖南省

2019 年，湖南省地震局优化法治环境，制定全国人大常委会防震减灾法执法检查报告及审议意见落实方案，推进整改任务落实。组织开展法律知识培训，开展普法考试和法律知识竞赛。制定并公布地震系统权力清单与公共服务清单。开展政策研究和地方标准制订，完成 4 个重点课题调查研究，与湖南省建筑设计院联合开展"新区划图下湖南既有建筑抗震加固技术和政策"研究。发布湖南省地方标准《地震应急图件产出规范》。

2019 年，召开全省首届防震减灾科普大会，组建湖南省首批防震减灾科学传播师团队。举办湖南省第二届中学生防震减灾知识大赛。联合省减灾委、省应急管理厅、长沙市人民政府举办全省首届防灾减灾日集中宣传活动。充分发挥官方微信公众号、微博和网站作用，推广原创动漫产品。组织参加全国防震减灾优秀科普作品大赛。强化科普阵地建设，开展防震减灾网上知识竞答活动，张家界市、益阳市地震科普馆（基地）建成投入使用，邵阳市完成地震科普基地建设前期工作。全省地震系统举办科普活动 460 余场，发放宣传资料 10 余万份，地震科普基地接待参观人数近 5 万人次。

（湖南省地震局）

广东省

一、服务产品

2019 年，完善广东省政务服务大厅广东省地震局网上办事窗口，在 2018 年实现 3 项公共服务事项的基础上，新增专用地震监测台网中止或终止的备案和建设工程地震安全性评价结果的审定及抗震设防要求的确定两项行政服务事项，并申请进驻广东政务服务网统一申办受理平台，实现行政服务事项网办化管理。

开展多元化预警服务试点，为港珠澳大桥、广州铁路局、南方电网提供地震速报预警个性化服务，与阳江市电视台合作开展预警信息自动切播试点等。

二、服务体系

2019 年，广东省地震局联合广东省科技厅、广东省教育厅、广东省科协召开首届广东省地震科普工作会议。与中国科学院广州电子技术研究所、中国移动公司签订《广东省 5G+智慧地震监测预警服务合作框架协议》。加强与中国灾害防御协会合作，举办"互联网＋地震科普"研讨会。组建广东省防震减灾科学传播师队伍，举办广东省防震减灾科普人员能力提升培训班。广东省各地组织开展科普宣传活动近 200 次，广东省地震局牵头举办的"灾难面前，你可以做得更好"科普展在广东省 40 多家公共图书馆展出，约 40 万观众观展。组织认定省级防震减灾科普教育基地 2 个、科普示范学校 11 所，并对广东省防震减灾科普教育基地开展自查清理和重新认定工作。组织编制创作地震科普挂图、地震预警科普短视频，开发微信公共服务小程序。

三、服务平台

2019 年，维护和完善广东省政务服务大厅广东省地震局网上办事窗口，及时做好政务服务国家事项认领和实施清单的更新及完善，及时通过广东政务服务网服务热线管理系统答复社会公众的咨询、意见和建议。

四、法制建设

一是建立健全大应急体制下防震减灾体制机制建设。广东省委办公厅印发通知，明确设立广东省防震减灾工作联席会议，召集人为省政府常务副省长林克庆，牵头部门为广东省地震局；同时撤销广东省防震抗震救灾工作联席会议，撤销后相关工作由省防震减灾工作联席会议和省抗震救灾指挥部分别承担。二是加强重点领域立法和标准体系建设。完成《广东省地震预警管理办法》草案编制、起草说明、法条释义和公开征求意见工作。印发《广东省地震速报管理规定》，规范地震速报信息管理。《地震烈度速报与预警台站通信协议》和《地震波形数据通道编码与标识规则》2 项行业标准处于报批阶段。佛山市完成了《建设工程抗震设防管理条例》的草案编写和立法调研。三是开展涉及机构改革的法规规章和规范性文件清理。完成向省司法厅报送《广东省地震重点监视防御区管理办法》修改意见。四是按中国地震局统一部署，开展防震减灾执法检查意见整改落实"回头看"工作。

（广东省地震局）

广西壮族自治区

一、地震信息与技术服务

2019 年，地震速报、灾情速报等地震信息产品不断丰富，为政府震后应急决策提供科技支撑。地震信息公共服务基本实现官方网站、微信覆盖。预警项目初具能力，在中国铁路南宁局集团有限公司、广西防城港核电有限公司部署地震信息快速获取系统，为全区高铁动车和核电提高破坏性地震预警信息服务。龙滩、岩滩、大化、乐滩和河池大厂矿区5 个地震监测台网正常运行，为水库安全提供良好地震信息服务。烈度速报与预警项目开始试运行，初步具备区域内分钟级地震烈度速报能力，2019 年 10 月 12 日北流 5.2 级地震震后 8 分钟产出地震仪器烈度分布图，为后续救援方案的规划、救援队的出动、救援物资的分配等提供依据。震情会商研判能力进一步提高。2019 年以来，召开各类震情会商会议 137 次。《2019 年广西地震趋势的报告》为自治区党委政府领导科学决策提供服务。《广西壮族自治区 2018 年度地震趋势研究报告》在全国年度会商报告评比中获第一名，流动重力观测资料在全国评比中获三等奖。梳理服务产品清单，推动公共服务产品研发和统一发布平台建设，应用"互联网＋地震"技术，开发"广西防震减灾公共服务平台"，向公众开放并提供公共服务产品，按照实际情况逐步安排开发服务产品。网上查询应急避难场所、地震安全示范社区、防震减灾科普基地、在线上报灾情等产品上线，继续对服务清单进行实时动态优化调整。

二、科普宣传

2019 年 4 月 28 日印发《2019 年防震减灾科普宣传工作要点》和《2019 年全国防灾减灾日防震减灾宣传活动方案》，统筹部署 2019 年全年防震减灾科普宣传和全国防灾减灾日宣传工作。8 月 8 日，联合印发《共同加强新时代防震减灾科普工作的实施意见》，确定强化防震减灾科普阵地建设等 8 项重点任务。6 月 20 日，会同自治区教育厅、共青团广西区委和自治区科协举办 2019 年广西壮族自治区防震减灾知识竞赛，贵港市江南中学获得特等奖代表广西参加全国比赛。7 月 27—28 日，广西代表队晋级第二届全国防震减灾知识大赛决赛并获得二等奖。根据《关于举办第三届"全国防震减灾科普讲解大赛"的通知》，积极组织筛选贺院华、杨钦杰等同志报名参赛。在 5 月 12 日的全国决赛中，广西壮族自治区地震局获得优秀组织奖，贺院华获个人三等奖，杨钦杰获个人优秀奖。在 5 月 16 日举行的"2019 年广西十佳科普使者决赛"中，罗伟丹获三等奖。10 月 30 日，自治区地震局党组书记、局长张勤率 2 名专家应邀参加大型专题访谈节目《讲政策》，以广西北流 5.2 级地震为切入点，讲解面对地震事件如何减少人员伤亡、减轻灾害损失。10 月 18 日，自治区地震局党组成员、副局长李伟琦到广西行政学院作《地震灾害应对与处置》案例评析，及时回应社会关切。12 月 3 日，李伟琦应邀参加大型专题访谈节目《讲政策》现场录制。11 月 25—26 日和 12 月 13 日晚，地震科普现场宣传组先后两次赴震中靖西市湖润镇开展现场防震减灾科普宣传，讲解地震避险知识，给村民发放自治区地震局拥有自主知识产权的壮汉双语地震科普图书——《地震来了怎么办》等宣传资料 1700 余份。积极开展防震减灾科普宣传系列活动。先后在南宁市十一中、三屋小学、红星小学、艾德维儿幼儿园、明天学校等 10 所学校开展防震减灾宣传，讲解地震应急救援装备车的主要特点和功能，对学校的地震应急疏散演练进行点评指导。11 月 6 日—12 月 12 日，先后派专家到中国农业银行广西分行、自治区信访局和交通银行广西分行等讲授地震科普知识。5 月 12 日上午和 10 月 20 日，分别联合南宁市逸夫小学、南宁市星湖小学举办防震减灾主题宣传活动。5 月 6 日，参加 2019 年防灾减灾日广西宣传周活动启动仪式并开展地震科普宣传活动，布置宣传展板，现场讲解防震知识，发放各种宣教资料 1000 余份。5 月 16 日和 9 月 12 日，组队地震科普宣传团，参加 2019 年广西快乐科普校园行暨爱国科学家事迹报告会启动仪式和 2019 年全国科普日广西活动暨八桂科普大行动。7 月 26 日，制作"7·28"唐山大地震 43 周年宣传展板向广大干部职工宣传。5 月 6—12 日防灾减灾宣传周期间，桂林、北海、钦州、玉林、柳州等地牢牢抓住中小学生、农村民众等重点宣传对象，通过开展地震应急疏散演练、举办科普知识讲座等，开展多种形式的防震减灾系列宣传活动，取得良好的社会效果。组织开展防震减灾科普示范学校认定工作，广西灵山县第三小学和兴安县第三小学被认定为国家防震减灾科普示范学校。2019 年，自治区地震局认定 21 所自治区级示范学校。陆川县建成自治区首个防震减灾示范县。根据中国地震局震害防御司《关于组建防震减灾科学传播师队伍的通知》（中震防函〔2019〕10 号）要求，7 月 10 日发文《关于成立广西防震减灾科学传播师队伍的通知》，组建 28 名同志组成的广西防震减灾科学传播师队伍。创新编制拥有自主知识产权的壮汉文双语地震科普图书——《防震小常识》，首次印制 5000 册，由广西科学技术出版社出版。创作开发地震基础知识、广西地震灾害的特点、地震避险等 3 种基于手机端的防震减灾科普增强现实（AR）应用程序。添置采购一批地震科普展具用于互动演示。

三、防震减灾法制建设

运行好法律顾问制度。2019 年广西壮族自治区地震局继续运行 2015 年建立的法律顾问制度，对重大防震减灾活动的合法性进行严格审核。7 月 2 日，根据《中华人民共和国政府采购法》等有关规定，重新招标确定广西桂海天律师事务所为新的法律顾问。2019 年共审核 161 份合同，提高法律合同审查效率。

不断规范地震行政执法工作。一是 2019 年 9 月 9 日，以自治区防震减灾工作领导小组办公室名义向各设区市印发《关于公布广西地震系统区、市、县三级权责清单规范化通用目录（暂行）的通知》（桂防震办函〔2019〕9 号）。该通用目录包括 25 项，其中行政许可 1 项、行政检查 9 项、行政处罚 7 项、行政确认 4 项、其他行政权力 2 项、行政奖励 2 项。二是 2019 年 4 月 16 日，自治区地震局删除行政许可——设工程抗震设防要求的确定申请材料《××项目岩土工程勘察报告》，下发《关于进一步明确行政许可——〈建设工程抗震设防要求的确定〉操作规范的通知》，要求各地根据最新改革要求积极配合当地相关部门做好行政许可——建设工程抗震设防要求的确定审批和监管等工作。

出台科普宣传规范性文件。2019 年 8 月 8 日，自治区地震局会同应急管理厅、教育厅、科学技术厅和科学技术协会联合印发《共同加强新时代防震减灾科普工作的实施意见》，确定强化防震减灾科普阵地建设等 8 项重点任务。

出台区域性地震安全性评价管理办法。一是 2019 年 6 月 24 日，自治区地震局联合自治区发改委等 7 部门印发《广西壮族自治区发展和改革委员会等 7 部门关于推行区域评估试点的实施意见》（桂发改重大〔2019〕639 号），就推进区域评估制度试点工作提出意见。二是 2019 年 9 月 29 日，自治区地震局印发《广西壮族自治区区域地震安全性评价工作管理办法（暂行）》，加强区域性地震安全性评价管理。

（广西壮族自治区地震局）

海南省

一、防震减灾公共服务

2019 年，海南省地震局以科普宣教为主要内容，大力推进防震减灾公共服务建设，全面贯彻落实全国首届地震科普大会精神，着力构建防震减灾科普新格局。

会同海南省应急管理厅、教育厅、科技厅、科协印发《海南省推进新时代防震减灾科普工作的实施意见》，制定《海南省地震局加强新时代防震减灾科普工作任务分解与实施方案》《海南省第十五届科技活动月暨2019年防灾减灾宣传周防震减灾宣传实施方案》，贯彻落实全国首届地震科普大会精神，深入开展防震减灾科普宣传教育工作。组织制作防震减灾科普知识展板在科技活动月和全国科普日等时段展示；协助省科技活动中心举办中国流动科技馆海南巡展活动；协助昌江县气象局建设防灾减灾科普馆；组织海口石山火山群国家地质公园重新申报国家级防震减灾科普示范基地。

组织创作出版《地震灾害防治实务手册》《地震灾难自救互救指南》《海南农居低层框架结构抗震设防技术指南》科普图书；创作《地震安全隐患——不牢装饰》《地震安全隐患——易倒家具》2部科普宣传短片，丰富科普宣传产品。组织科普作品参加全国防震减灾科普作品大赛，图书作品（作者胡久常）获得优秀作品奖。针对科技活动月、"5·12"全国防灾减灾日、防震减灾宣传周、"7·28"唐山大地震纪念日、"9·15"全国科普日及"10·13"国际减灾日等重大时段，组织指导全省各市县开展防震减灾科普活动。充分利用电视、报刊、官方微博、官方微信、其他网络新媒体等宣传平台和地震观测台站（中心）、科普宣传教育基地和高铁车站、码头等公共场所，举办防震减灾宣传展览、播放防震减灾宣传片、做专题报道、悬挂横幅、发放宣传资料、设点宣讲咨询、举办专题培训、开展防震减灾科普知识进校园进乡村等活动。协助策划三亚市海棠区湾坡村组建地震应急响应志愿者队伍，开展防震减灾科普知识进乡村宣传活动，助力乡村振兴战略。全省全年共开展各类防震减灾宣传活动130余场，展出宣传展板和图片1200多幅，发放防震减灾宣传资料及宣传品12万余份，约80万人参加活动。

精心组织参加全国防震减灾科普讲解大赛。通过优选科普讲解队员，编制科普讲解课件，组织培训，首次组织海南省科普讲解队参加第三届全国防震减灾科普讲解大赛，取得二等奖1名，优秀奖3名的成绩。大力开展中小学生防震减灾科普宣传教育活动。组织开展"防震减灾知识进校园"活动。联合海口市地震局、海南省广播电视总台在海口市美苑小学、海口市滨海九小、海口市城西中学开展3期防震减灾科普知识进校园活动。开放琼中地震台、监测中心、琼海市宏观地震观测基地等防震减灾科普教育基地，接待中小学师生参观见学。联合省教育厅、省科协组织举办2019年海南省中学生防震减灾知识大赛。全省100多所学校1万多名学生参与，海南省广播电视总台少儿频道播出决赛盛况。组织三亚市代表队参加全国决赛，获得优秀奖，海南省地震局获优秀组织奖。开展防震减灾科普示范学校创建工作。组织起草《海南省防震减灾科普示范学校创建指南》地方标准，经省市场监督管理局立项。加强防震减灾科普人才队伍建设，制订《海南省地震局防震减灾科学传播师组建实施方案》，组建海南省地震局防震减灾科学传播队伍，推荐3人为国家级防震减灾科学传播师。2019年组织科学传播师指导协助市县举办各类科普讲座90多场，培训2.5万多人。

推进全国综合减灾示范社区和防震减灾科普教育示范基地、示范学校创建工作。海南省地震局联合省教育厅创建国家级防震减灾科普示范学校5所和省级防震减灾科普示范学校15所，重新认定国家级防震减灾科普示范基地1个。

二、防震减灾法制建设

2019年，按照《海南省地震局加强防震减灾法治建设实施细则》要求，全面实施防震减灾法制建设。海南省地震局党组书记、局长陶裕禄同志认真履行法治建设第一责任人职责，积极推动《海南省防震减灾条例》纳入2019年省人大立法计划并完成初稿；配合省人大开展《海南省防震减灾条例》立法调研和论证工作。有序推动省政府制定《海南省地震预警管理办法》，报送省司法厅。

认真落实防震减灾普法责任，按照《海南省地震局防震减灾"七五"普法规划》要求，将"七五"普法纳入年度工作，结合"5·12""7·28"和"12·4"等地震纪念日，深入开展全省防震减灾普法工作。海南省地震局党组理论中心组举行法治专题学习会，组织开展宪法宣传月活动，完成海南省地震局"七五"普法中期检查工作。协助和指导海口、三亚等市县地震部门开展防震减灾法制培训工作。

协调做好全国人大防震减灾法律法规执行情况检查整改工作。认真落实全国人大常委会防震减灾执法检查整改意见要求，编制《海南防震减灾执法检查整改台账》，建立整改落实长效机制，开展督办检查。指导海口、三亚等市县开展防震减灾执法检查整改工作，依法推动政府落实防震减灾责任，有效提高防震减灾法律法规执行力度。

组织完成海南省政府和海南省地震局规范性文件清理工作，对省政府有关防震减灾文件和局规章制度等规范性文件进行全面梳理，提出保留和清理意见，共清理省政府文件10件、局文件32件。

按照《海南省地震局调查研究管理办法》，结合主题教育，组织处级以上领导干部开展防震减灾政策调研工作，完成局领导班子年度调研计划并报中国地震局法规司备案。撰写调研报告34篇，完成政策研究课题研究报告4篇，编印《海南省地震局领导干部调研报告集》，指导防震减灾工作。

组织开展地震标准建设工作。制定《海南省地震标准管理办法》，建立地震标准推进、反馈和监督机制；推动省市场监督局《海南省防震减灾科普示范学校指南》立项。协调组织开展第五代地震区划图等新发布地震标准的贯彻落实、培训和宣教工作。

（海南省地震局）

重庆市

一、指导和规范社会力量参与防震减灾

2019年，深化综合减灾示范社区、防震减灾科普示范学校建设，拓展防震减灾社会工作阵地，引导社会组织和个人投入防震减灾事业。重庆市地震局联合重庆市应急管理局、重庆市气象局开展综合减灾示范社区创建工作，创建2019年国家级综合减灾示范社区15个。重庆市地震局与重庆市教委共同评定2019年市级防震减灾科普示范学校16所。

二、防震减灾科普宣传教育

开展重点时段集中宣传。2019年，在防震减灾宣传周、科技活动周、唐山地震纪念日、

国际减灾日等重要时段，组织开展防震减灾集中宣传活动，利用广场、院坝、科普馆、地震台等场所开展集中宣传 270 余场，参加人次 45000 余人，设置展板 470 余块，悬挂横幅或 LED 视频宣传 230 余条，发放资料和纪念品 19 万份。重庆地震台、重庆科技馆、黄水地震台等 10 余个场馆举办开放日宣传活动。

深入开展"六进"科普宣讲。2019 年，各区县地震工作部门积极开展防震减灾科普宣传"进机关、进学校、进企业、进社区、进农村、进家庭"活动。重庆市地震局积极选派市防震减灾科普宣讲团专家赴全市各地开展防震减灾科普讲座 40 余场，市级和区县机关事业人员、部队官兵、学校师生等受众 10000 余人次。联合重庆市教委印发 2019 年暑假防震减灾家庭作业，实现防震减灾科普与学校教育紧密结合。

持续打造防震减灾品牌科普活动。2019 年，组织举办第七届重庆市防震减灾网络知识竞赛，参与人数 70 余万人次。联合重庆市教委、重庆市气象局开展 2019 年重庆市中学生防灾减灾知识竞赛，共 40 支中学生队伍参赛，冠军队伍北京师范大学南川附属学校代表重庆市参加第二届全国防震减灾知识大赛决赛并获优秀奖。选派人员参加重庆市科普讲解大赛、全国第三届防震减灾科普讲解大赛，1 名选手获重庆市个人挑战奖，2 名选手获得全国大赛三等奖。选送 5 部优秀作品参加应急管理科普作品征集评选活动。

开展防震减灾科普场馆建设。2019 年，结合援藏项目，投入 40 余万元，协同西藏自治区昌都市建设完成昌都市防灾减灾科普馆，进一步完善当地的防震减灾科普设施。依托中国地震局防震减灾基础能力项目，在巫山县职教中心建设巫山县防灾减灾科普馆，充分体现综合减灾特色，积极运用 VR 等先进技术，进一步增强防震减灾科普场馆的科普传播与辐射效应。

因地制宜开发防震减灾科普产品。2019 年，指导创作 H5 作品 4 个，拍摄科普短视频 4 个，创作"两微一站"宣传视频 10 余份，浏览量 4 万余次。编辑制作防震减灾科普宣讲 PPT 合集 1 部。

三、法制建设

防震减灾规章起草。《重庆市地震预警管理办法》纳入重庆市政府 2019 年度立法计划（调研项目），形成初步调研报告。

法制教育。2019 年，组织职工参加"国家安全日"普法活动、"五法"普法知识竞赛、应急管理普法知识竞赛、重庆市法治理论考试。

行政规范性文件合法性审查。2019 年，开展《重庆市建设项目区域地震安全性评价工作技术指南（试行）》（渝震发〔2019〕4 号）《重庆市区域地震安全性评价工作实施细则（试行）》（渝震发〔2019〕5 号）等行政规范性文件合法性审查 2 件。

地震标准建设。2019 年，重庆市地震局与重庆市地矿研究院联合申报《重庆市页岩气地震监测台站》地方标准项目并获立项。

（重庆市地震局）

四川省

一、加强政策法规建设

做好执法检查与落实整改。2019年，四川省地震局按照全国人大执法检查报告研究处理的具体任务，制定《四川省地震局关于贯彻落实〈全国人大常委会防震减灾法执法检查报告及审议意见〉的工作方案》，安排部署31条建立任务台账，明确整改时限及长期坚持事项，建立长效机制；作为典型单位向全国地震系统作全国人大常委会《防震减灾法执法》检查整改落实经验交流；组织全省防震减灾主管部门开展第五代地震动区划图执法检查，并组织相关整改。

推进行政审批事项改革。2019年，配合省委编办完成地震部门权责清单梳理编制工作，权责清单由省政府审核；协调推进行政审批制度改革工作，按照省政府办公厅要求，报送"互联网＋监管"事项清单，按办公厅要求认领中国地震局"互联网＋监管"事项，组织编制事项实施清单，指导市（州）开展相关认领工作；按照发改委要求，进一步完善投资在线监管平台办事指南及相关资料，对其中必须进行地震安全性评价的工程项目，建议推进将安评报告纳入在线审批。配合协调推进工程建设项目审批改革有关事宜，协助修订《四川省工程建设项目审批事项清单》《四川省工程建设项目审批流程图》等有关事宜；配合省大数据中心进一步完善全省政务服务一体化平台建设工作，完善事项目录与实施清单，组织各市（州）防震减灾主管部门进行清单完善工作，配合完成国办督查相关工作。

协调推进地方立法与标准化工作。2019年，根据国务院第709号令，推进《四川省建设工程场地地震安全性评价管理办法》修订事宜，向司法厅报送修正案代拟稿并推进其纳入年度立法计划；协调推进重启地震预警信息立法工作；配合省人大开展预警信息发布调研工作；《地震紧急信息发布》作为新申报的地方标准获得省市场监督管理局批准立项支持。根据《关于进一步加强标准管理的通知》，就现行有效的地方标准开展自查，将清理意见报省质检局。四川省地震局就《关于进一步加强标准管理的通知》进行宣贯。

完成年度调研工作。完成2019年度工作调研计划制定印发和成果收集工作。全年共计收集调研报告24份；组织开展"不忘初心、牢记使命"专题调研工作，并组织四川省地震局领导班子调研成果交流会。按照四川省地震局党组要求，共计梳理专项调研工作21项；完成调研报告，就我省市县防震减灾主管部门进行专题调研，形成专报报省委省政府主要领导阅示；完成自贡荣县、宜宾长宁震区城乡房屋抗震设防情况摸底，并完成《宜宾长宁6.0级地震灾区城乡房屋抗震设防调研报告》。

加强普法宣传与培训。2019年初将普法工作列入《四川省地震局2019年度工作要点》；开展党组理论中心组法治专题学习或机关普法工作，落实荣县地震应急工作整改要求，加强防震减灾尤其是涉及信息发布、抗震设防等领域法律法规宣贯工作，配合机关党委，完成防震减灾法律法规资料汇编，在四川省地震局所属各单位、四川省地震局机关各部门学习传阅。利用"5·12"等时间节点，开展防震减灾法律知识普法宣传活动；利用地震现场工作契机，开展宣传活动，组织专家多次赴雅安、德阳、资阳、甘孜、康定、荣县、长宁多地开展防震减灾法律知识培训及科普宣传等工作。对新入职人员进行法律法规知识培训。组织应急管理法律网络知识竞赛，并将有关情况报中国地震局。参与协调全面深化改革。组织编制《四川省地震局 2019 年度全面深化改革重点任务》，经全面深化改革领导小组会议审议通过后印发。组织召开 2019 年度全面深化改革领导小组工作会议，各改革工作小组集思广益，充分讨论，力求找准定位、明确方向、整合资源。加快编写《四川省地震局地震灾害风险防治体制改革实施方案》，按照安评改革相关部署推进地震安全性评价改革有关事宜。

二、提升公共服务能力和社会治理水平

提升公共服务能力。2019 年，四川省地震局着力主动为省政府、应急厅、中铁成都公司和市（州）防震减灾部门提供地震速报短信服务。多次与省广电局、支付宝、新浪微博等单位对接，建立联席机制、达成战略协议，为形成以项目发布终端为主体、广播"村村响"为补充、新媒体作支撑的预警服务新格局打下基础。配合中国地震局完善非天然地震信息专报业务制度，现已正式实施。

提升社会治理水平。2019 年，依法加强地震预警管理，商司法厅推进重启地震预警信息立法工作，与应急厅、成都市应急局沟通协作，依法规范地震预警信息发布，配合省人大开展预警信息发布调研。做好全国人大常委会防震减灾法执法检查整改工作，明确 31 条措施。加强立法研究和地震标准化工作，地震安全性评价管理办法修订实施，《地震紧急信息发布》获准立项。认领中国地震局"互联网＋监管"事项。举办全省市县培训班，加强法律法规宣贯。

（四川省地震局）

贵州省

一、公共服务

2019 年，贵州省地震局认真贯彻落实习近平总书记关于防灾减灾救灾、提高自然灾害防治能力的重要论述，着力提升贵州省防震减灾公共服务水平，以新担当服务新时代防震减灾事业现代化建设，以新作为满足人民日益增长的地震安全需求。一是推行"互联网＋政务服务"，积极参与贵州省政务服务网建设，贵州省地震局政务服务事项网上可办率达到100%，指导市县地震部门政务服务事项入驻政务服务大厅。2019 年 3 月门户网站完成改版，融入政务服务事项。二是开展"减政便民"行动，深入查找困扰企业和群众办事创业的难点问题，在门户网站为人民群众提供信息查询或办事受理通道。三是规范公共服务事项，梳理调整公共服务清单和办事指南，全面梳理报送"六个一"清单，与行政审批事项一起规范化进驻贵州省人民政府政务服务中心办事大厅。

2019 年 5 月 10 日，联合贵州省应急管理厅、教育厅、科学技术厅和科学技术协会印发《贵州省推进新时代防震减灾科普工作实施方案》，成功举办第二届贵州省防震减灾知识大赛。积极参与第三届全国防震减灾科普讲解大赛。

2019 年 7 月，贵州省地震局公共服务事项基本目录在贵州省政务服务网对外公布。

2019 年，完成贵阳市防震减灾科普能力提升和微信公众平台项目和威宁县地震应急能力提升项目建设任务。制作了一批防震减灾科普宣传册，相关作品获第三届全国防震减灾科普作品大赛三等奖。

二、法制建设

（一）依法全面履行政府职能

深化行政审批制度改革。2019 年，一是落实"放管服"改革要求，确保该放的放到位、该取消的全部取消；二是配合开展行政许可标准化建设，及时调整权责清单，修订权力运行流程图，推进行政许可、行政确认等全部事项纳入贵州省政务服务网和贵州省人民政府政务服务中心窗口规范办理。

2019 年，配合开展市场准入负面清单试点工作，依法梳理报送涉及市场负面清单事项。切实推进价格机制改革，制定采购管理办法、采购实施细则，印发网上采购通知，严格执行政府定价目录。

2019 年，加强市场监管。一是全面落实公平竞争审查制度，配合开展证明事项清理，对行政许可、行政确认中涉及提交申请材料除法律规定条件外一律取消，营造良好的审批环境。二是加强事中事后监管，严格执行"双随机"抽查工作细则，动态调整了抽查事项清单，全面推行"双随机一公开"监管。

（二）完善依法行政制度体系

2019 年，加强制度体系建设。修制订政府采购、财务管理、基本建设管理等制度 30 余项，内控体系逐步完善。

2019 年，加强规范性文件监督管理。严格依法制发行政规范性文件，全面清理规范性文件，及时报送清理结果，完善规范性文件制发工作机制，实行法律顾问审查。

（三）推进行政决策科学化、民主化、法治化

2019 年，加强行政决策制度建设。贵州省地震局健全重大决策合法性审查机制，在原重大行政决策范围、程序、合法性审查、局务会议事规则等制度基础上，修订党组工作规则和局工作规则，制定党组议事清单。

2019 年，完善行政决策论证评估机制。在招投标、竞争性谈判、大额采购中严格落实专家咨询和评标议标机制，有效降低财政资金风险。落实法律顾问和公职律师参决策过程、将出法律意见作为依法决策的重要程序。

2019 年，全面推进政务公开。完善信息发布责任书、承诺书和备案表等基础表单。及时按规定进行政务公开。

（贵州省地震局）

云南省

2019 年，云南省地震局推进"放管服"改革，统筹推进省、市、县三级地震部门政务

服务、工程建设项目审批、"互联网＋监管"、权责事项等 4 个清单的编制公示。组织重点监视防御区县级分管领导参加防震减灾培训，举办 2 期震害防御和法规业务培训。

2019 年，云南省地震局联合云南省应急管理厅、云南省教育厅等部门召开云南省防震减灾科普大会。云南省地震局和云南省教育厅联合认定命名 166 所省级防震减灾科普示范学校。创作防震减灾科普微视频、二维动画片 6 部，科普漫画绘本 1 部。举办第二届云南省防震减灾科普讲解大赛。举办第二届云南省中学生防震减灾知识竞赛。开展云南省防震减灾网络知识竞赛。举办防震减灾科普宣讲培训班。派出专家赴缅甸为我国驻缅大使馆和中资机构人员作科普讲座，服务国家"一带一路"战略。组织开展各类防震减灾科普宣传活动 35 场次，防震减灾"六进"科普宣讲 121 场，直接受众 4.7 万余人。

（云南省地震局）

陕西省

一、服务产品

2019 年，陕西省地震局积极提供地震震情信息服务，处理地震事件 2685 个，编目地震 1240 个，发送速报短信 14 万条。西北地震速报中心速报 3 级以上地震 42 次。落实各类地震异常 21 次，处置社会地震预测意见 15 件。举办陕西省地震活断层探测成果新闻发布会，介绍陕西地震活动断层探测最新成果及应用情况。普及防震避震常识，围绕"防灾减灾日"暨陕西省防震减灾宣传活动周，开展科普讲解大赛、应急疏散演练、地震科普知识下基层等各类活动 400 余场，参与群众 120 多万人次。继续开展"防震减灾三秦行"活动，联合陕西省政府新闻办举办《陕西省地震预警管理办法》政策吹风会，解读重要条款及实施意义。联合陕西省新闻广播、省红十字会举办地震科普进校园活动。借助科协宣传平台，制作张贴地震科技与公共服务宣传挂图 12000 套。推动宝鸡市城乡居民住宅地震巨灾保险试点工作，实现陕西地震巨灾保险零突破。

二、服务平台建设

2019 年，陕西省地震局进一步优化信息化行动方案，推进一体化公共服务平台建设。加强陕西省地震局官方网站和官方微博、微信建设，开展省地震局官方网站改版工作，依托官方微信完善陕西省应急避难场所查询平台。加快推进震害防御信息服务系统数据调查录入。

三、法制建设

2019 年，制定和实施全国人大执法检查报告及审议意见整改方案和任务清单，指导陕西省各市（区）抓好整改任务落实。修订《陕西省防震减灾条例》涉及机构改革的部分条款。印发《陕西省区域地震安全性评价管理办法》，推进区域性安评工作规范化开展。落实"放管服"改革要求，将陕西省地震局 37 项许可、确认、奖励和公共服务事项纳入陕西省统一事项库，推进政务服务事项"一网通办"。组织完成陕西省地震局行政执法证申领换证工作。在全省地震系统内推进行政执法"三项制度"贯彻落实。编制并公开规范性文件目录，制修订规范性文件2件。组织参加陕西省学法用法考试、应急管理普法知识竞赛等活动，获全省学法用法考试优秀组织奖。发挥法律顾问作用，为重大经济合同和重要事项提供审核与咨询服务。

（陕西省地震局）

甘肃省

2019年，甘肃省地震局根据中国地震局政策法规司《关于开展全图人大常委会防震减灾法执法检查报告及审议意见研究处理工作的通知》（中震法发〔2018〕81号）要求，主动认领相关任务，针对指出的问题和中国地震局制定的处理措施，制订甘肃省地震局整改任务分解方案，报送《关于报送全国人大常委会防震减灾法执法检查报告及评审意见处理情况的函》。

深化立法和政策研究，将防震减灾知识普及办法列入甘肃省2019年立法计划并完成草案起草。完成甘肃省防震减灾条例立法后评估工作。

2019年，甘肃省地震局加强地震标准化宣贯。积极开展中国地震局发布的12项地震行业标准的宣贯工作。承担行业标准制定任务2项，完成《地震台站代码》《地震台网代码》的编制。

2019年，甘肃省地震局行政执法总队执法人员前后四次赴环县商谈测震台异地迁建项目预算评估事宜，签订《甜永调整破坏环县测震台观测环境迁建补偿协议》。

（甘肃省地震局）

青海省

一、法制建设

2019年，青海省地震局完成全国人大防震减灾法执法检查报告及审议意见研究处理工作，制订研究处理工作方案，建立53条任务台账，建立跟踪督办机制和整改长效工作机制，强化追踪问效，确保取得实效；会同省人大、省司法厅相关部门开展农村牧区住房抗震设防要求管理、地震预警等立法调研；运行维护全局"普法依法治理信息管理系统"和国家工作人员网络化学法用法平台；经青海省地震局局务会通过，印发《青海省地震局法律顾问工作管理办法》，建立完善法律顾问服务的长效机制，规范法律顾问的服务形式和工作内容，同时聘任法律顾问及合同签审工作；对青海省地震局行政执法主体和行政执法人员资格进行清理。

二、公共服务

2019 年，青海省地震局贯彻落实《应急管理部 教育部 科技部 中国科协 中国地震局〈关于加强新时代防震减灾科普工作的意见〉》《青海省地震局 青海省教育厅 青海省科技厅 青海省科学技术协会关于加强青海省新时代防震减灾科普工作的实施意见》等相关文件和全省地震科普大会精神，制定下发《2019 年青海省防震减灾宣传和科普工作要点》，明确年度工作任务和目标，确保科普宣传工作做到职责清晰、分工明确，建立并完善全省少数民族防震减灾科普工作联席会议制度，并与青海省委宣传部、省委统战部、省人大、省政府翻译室、省佛学院等多家单位共同参与，共商良策、共谋发展，搭建青海省少数民族和民族地区防震减灾科普工作重要平台。联合青海省科技厅、青海省民宗委、青海省科协召开 2019 年度青海省少数民族和民族地区防震减灾科普工作联席会议，会议回顾近期青海省少数民族防震减灾科普工作进展，宣布组建首支由 46 名专家学者组成的青海省防震减灾科普传播师队伍并颁发聘书。

四川长宁地震后，青海省地震局组织专家在青海电视台就地震预警预报进行解读；组织召开国家地震烈度速报与预警工程青海子项目新闻发布会及媒体咨询会；举办深入开展防震减灾科普"八进"和重点时段的科普宣教工作；举办第二届青海省防震减灾知识大赛，并获得第二届全国防震减灾知识竞赛优秀奖和优秀组织奖。创作完成《地震标准（一）》（藏汉双语版），向全省各市（州）地震部门发放；创作完成玉树地震十周年纪录片《源在玉树》。在第二届全国防震减灾科普作品大赛中，《地震知识早知道》（基础知识篇、安全避险篇）荣获科普图书类二等奖。歌曲《那一刻》获评第八届青海省文学艺术奖。在第 30 个国际减灾日期间，以"加强韧性能力建设，提高灾害防治水平"为主题开展形式多样的宣传活动，宣传推广青海省地震局在减隔震技术应用、房屋设施抗震设防、地震危险性评价等领域取得的成果，扩大知识普及面和社会影响。组织青海全省各防震减灾科普教育基地开放参观，在全省各地由当地地震部门开展"防震减灾科普千场大讲座"活动。

（青海省地震局）

宁夏回族自治区

一、防震减灾公共服务

（一）服务体系

组建防震减灾科普传播师队伍。2019 年，根据中国地震局要求，落实全国首届地震科普大会精神，宁夏回族自治区地震局印发《宁夏地震局防震减灾科学传播师队伍组建方案》（宁震发〔2019〕51 号）。综合年龄、职称、业务领域、专长等因素，形成结构合理、分工明确的队伍梯队，传播师队伍分为专家智库咨询、科普宣讲、科普产品推介和法律法规政策解读 4 个组，宣传防震减灾法律法规及相关方针政策，普及防震减灾科普知识。

（二）平台建设

签署战略合作协议。2019 年，联合自治区科协签署《宁夏地震局　宁夏科协战略合作协议》，将利用大数据、云计算等技术手段，整合优秀科普资源，通过科普中国 V 视快递、科普中国 e 站、宁夏地震局网站、宁夏地震局官方微博、各级防震减灾门户网站、官方微博微信等渠道推广优质科普资源。

拍摄公益科普宣传片。2019 年，拍摄制作《活动断层与地震》公益科普宣传片，在"5·12"全国防灾减灾日，"7·28"唐山大地震纪念日，"12·16"海原大地震纪念日等重要时间节点，在官方网站、微信公众号、公交车上、人流较密集的街口进行播放。

做好国家防震减灾科普示范学校表彰工作。2019 年，联合银川市地震局、银川市教育局举办"国家防震减灾科普示范学校"授牌仪式，向银川市第九中学颁发"国家防震减灾科普示范学校"奖牌。

选送宁夏回族自治区地震局 2 名年轻同志参加中国地震局组织的第三届全国防震减灾科普讲解大赛，获得优秀奖。联合应急管理厅、自治区教育厅、自治区科协开展全区中学生防震减灾知识竞赛活动，选拔石嘴山市第三中学代表队代表自治区参加第二届全国防震减灾知识大赛。

2019 年，在"5·12"全国防灾减灾日、科技活动周、全国科普日期间，以组织参加科普宣传活动，摆放宣传展板，向市民发放防震减灾实用知识手册、宣传折页、科普宣传袋等宣传品，现场为群众答疑解惑等方式，积极开展防震减灾科普宣传。"5·12"期间免费开放全区所有国家级、自治区级和市级的防震减灾科普教育基地，指定专人进行接待，举办开放日活动 100 余场，发放防震减灾科普知识手册、读本、宣传彩页，讲解地震观测的基本原理和地震台的发展历程，学习防震减灾知识读本，听专家讲解防震减灾知识，收看防震减灾宣传教育片，促进防震减灾知识在全社会的宣传普及。固原市地震局在博物馆广场组织开展了防震减灾集中宣传活动。灵武市地震局在灵武市七小开展防震减灾知识宣传，工作人员用大量图片、数据和典型案例讲解地震对人类危害和自然环境的破坏，讲解地震基础知识、地震灾害防御和避震逃生知识及技能。

（三）公共服务作品

2019 年 3—5 月期间，组织开展防震减灾科普作品大赛。宁夏回族自治区地震局以提升公民地震科学素质为目标，面向社会征集以"防震减灾　科普增益"为主题的科普作品，吸引来自全国多地学校、企事业单位、社会培训机构积极参与。先后征集到原创作品共 471件，作品充分体现地震科技与科普资源的融合，具有思想创新、设计新颖、通俗性强、贴近实际等特点。其中的优秀作品编入《防震减灾科普作品选》。

组织举办防震减灾科普讲座。2019 年 4 月 28 日，邀请中国科学院院士陈运泰为银川市党政机关 360 多名干部职工作题为"地震与防震减灾"的专题讲座。同时，邀请陈运泰院士、闻学泽研究员和张元生研究员向全局干部职工作"地震科学前沿研究进展"的学术报告。5 月 6 日防灾减灾宣传周期间，宁夏回族自治区地震局在石嘴山市图书馆报告厅举办市直机关防震减灾知识讲座，石嘴山市党政机关单位负责人和机关干部职工参加，受众 300 余人。进一步提高石嘴山市干部的防震减灾意识，增强地震灾害应急处理能力，提升全市防震减灾综合水平。5 月 9 日，宁夏回族自治区地震局、自治区减灾委员会办公室、自治区应急管理厅举办"5·12"防灾减灾宣传周知识讲座，邀请中国地震应急搜救中心专家贾群林，以"地震应急处置与科普"为主题，从地震应急处置的基本知识、地震应急处置的基本原则和主要措施等方面，向参会人员讲授地震应急处置方面的专业知识。全区减灾委成员单位，各学校、社区、医院等单位负责人及自治区重点企业相关负责人计1300余人参加。

2019年7月27日—8月7日，联合银川市公交公司播放公益宣传片《地震避险知识》，提高社会公众的防震减灾意识。石嘴山市地震局充分利用媒体资源，在《石嘴山日报》开设为期1个月的防震减灾科普专栏；利用石嘴山综合广播每天6次播出防震减灾科普知识及温馨提示；在石嘴山市交通场站资产管理有限公司，40辆市内公交车车载视频循环播放防震减灾科普视频；利用电子屏（含户外）滚动播放防灾减灾宣传标语、科普视频1周，邀请石嘴山市电视台第一时间对防灾减灾宣传周期间开展的各项活动进行深入宣传报道，营造防灾减灾宣传的浓厚氛围。为支持各市县地震局开展宣传活动，赠送防震减灾实用知识手册8650册，宣传折页7000张，科普宣传袋2000个，向市县地震部门提供宣传视频等材料，保障市县地震部门宣传工作顺利开展。

二、防震减灾法制建设

积极推进地震预警管理办法立法工作。2019年，宁夏回族自治区地震局赴甘肃省地震局和陕西省地震局进行调研，召开地震预警管理办法研讨会，现场听取自治区应急管理厅、各市县地震局和各市县应急管理局《宁夏回族自治区地震预警管理办法（草案）》的意见和建议；8月，向自治区防震减灾工作领导小组各成员单位，全区各市、县（区）地震局，各市、县（区）应急管理局就《宁夏回族自治区地震预警管理办法（讨论稿）》广泛征求意见。9月底，向自治区人民政府办公厅申报立法计划，及时报送《〈宁夏回族自治区地震预警管理办法〉（草案）与说明》（宁震函〔2019〕90号）。

做好宁夏地震系统"七五"普法工作和宪法宣传。一是设置法治文化阵地。在宁夏地震局机关设置法治图书角，及时采购法律书籍，更新图书角普法读物，并利用科普e站的网络普法读物打造一个法治文化阵地。二是观看个人所得税专项附加扣除暂行办法系列资料片。组织全局干部职工观看个人所得税专项附加扣除暂行办法系列资料片，了解个人所得税新政策。三是开展法律知识教育活动。向每名干部职工发放两本以案释法普法读物，并向党组中心组（扩大）成员发放党委（党组）理论学习中心组法治学习读本，由各部门、单位、台站自行组织学习。

举办法律知识讲座。2019年，宁夏回族自治区地震局邀请法律顾问以"以案释法"的形式针对合同法开展法律知识讲座；邀请宁夏警官职业学院教授为全局干部职工全面讲解知识产权法，普及法律知识。

开展"12·4"国家宪法日暨宪法宣传周活动。一是举行宪法诵读活动，12月4日上午，由宁夏回族自治区地震局党组书记、局长张新基带领全局参公人员及事业单位六级以上职员诵读宪法条文，观看《许崇德与法治同行》。二是各部门、单位、台站在本处室自行组织宪法诵读，围绕国家宪法日暨宪法宣传周活动主题组织学习宪法知识。三是组织全局干部职工参加"宁夏法治"微信公众号的宪法知识有奖竞答活动，进一步提高全局干部职工的尊法学法守法用法意识。四是在办公楼一楼大厅电子显示屏滚动显示宪法修正案和电子宣传标语，大门口悬挂"弘扬宪法精神，推进国家治理体系和治理能力现代化"横幅。五是组织参加自治区相关活动。按照自治区党委全面依法治区委员会办公室要求，组织局主要领导、分管领导及中层以上干部代表参加"弘扬宪法精神，推进国家治理体系和治理能力现代化"专题报告会；按照要求参加现场旁听庭审示范活动。

（宁夏回族自治区地震局）

新疆维吾尔自治区

一、防震减灾宣传

2019年，新疆维吾尔自治区地震局利用新媒体开展网站、微博、微信公众号、抖音平台的线上科普宣传和舆情引导活动。官方微博粉丝量突破130万，居新疆政务微博榜第一名。组织开展全疆防震减灾知识竞赛，防震减灾科普知识进校园、进住宅、进写字楼、进直播间活动；全年共开展科普知识讲座114场。在高层住宅建筑、商业写字楼楼宇电视投放防震减灾科普宣传视频，覆盖60万受众；与新疆网信办、乌鲁木齐市网信办合作，在防灾减灾周编辑7条防震减灾科普知识、法律知识短信，面向全区手机用户共发送短信约3770万条；选派专家做客直播间，参加由新疆科协和乌鲁木齐广播电台主办的《科普时间》专题访谈活动；开展"移动科普馆项目"建设。举办以"地震应急期舆情应对及处置策略"为主题的地震应急宣传专题研讨；组织《人民日报》《新京报》等5家中央媒体深入基层采访防灾减灾工作；在《人民日报》上发表《新疆258万户老乡住上抗震房》、在《新京报》上发表《抗震安居的"新疆样本"》、在人民网上发表《平均每年1次6级以上地震　新疆如何避震？》等11篇新闻稿件。

二、防震减灾公共服务及法制建设

2019年，新疆维吾尔自治区地震局推动政务服务事项、监督事项和检查事项与自治区政务服务等平台对接。完成规范性文件清理，建立公共服务清单，动态管理权责清单。推动落实全国人大常委会防震减灾法执法检查报告及审议意见研究处理。在前期广泛调研，多方沟通，反复修改的基础上，进一步形成《新疆维吾尔自治区地震预警管理办法》草案；面向自治区地震系统、防震减灾工作联席会议成员单位及全社会开展《新疆维吾尔自治区预警管理办法》意见征求工作，对反馈意见分类梳理论证，结合征求意见采纳情况，形成送审稿。

（新疆维吾尔自治区地震局）

中国地震局地质研究所

2019年，中国地震局地质研究所持续开展防震减灾科普宣传。依托地震动力学国家重点实验室、中国地震局地震与火山灾害重点实验室等，在"5·12"全国防灾减灾日、"7·28"唐山大地震纪念日及"10·13"国际减灾日宣传周等重要时间节点，开展包括邀请高校同学来所参观学习、组织全所专家赴北京市中小学开展科普讲座、组织优秀大学生参观唐山地震博物馆、与四川省地震局联合举办四川省活断层普查项目业务能力培训班等在内的形式多样的防震减灾科普宣传活动。与相关媒体合作，共同开展活动断层、活动火山等科普宣传工作，依托重要科研项目编写出版科普宣传读物等。

2019年，地震动力学国家重点实验室重视面向社会公众的开放活动。配合"5·12"全国防灾减灾日，实验室于2019年5月9日面向社会开放，中国科学院大学的20多名学生来实验室参观。实验室为中国科学院大学提供教育实习基地。根据中国科学院大学"岩石物理学"课程安排，40多名研究生于5月和6月先后两次来实验室开展教学实习，在实验室工作人员的指导下，完成多项岩石物理实验。实验室实践活动是课堂内容的延伸，使学生对岩石物理学及地震科学研究有了更直观的认识，为今后从事相关工作打下基础。

（中国地震局地质研究所）

中国地震局发展研究中心

2019年，中国地震局发展研究中心聚焦庆祝新中国成立七十周年，深入贯彻落实习近平总书记关于防灾减灾救灾重要论述，按照中央关于宣传工作的有关要求，重点对中国地震局重大活动、重大项目和防震减灾事业发展开展宣传，在重要时段策划组织实施科学普及活动，为新时代防震减灾事业现代化建设营造良好的舆论氛围。

一、认真做好新闻宣传工作

围绕党中央、国务院重大部署开展新闻宣传。承担"中国地震局庆祝中华人民共和国成立70周年成就展"任务，高质量完成策划、制作和布展等工作，为提升传播效果专门设计制作网上展厅，浏览人次达1.1万。完成地震系统"不忘初心、牢记使命"主题教育先进事迹报告会策划和宣传工作。

围绕中国地震局重大活动开展新闻宣传。完成四川省长宁市6.0级地震等21次新闻应急处置工作。做好地震系统舆情监控，完成全国"两会""一带一路"国际合作高峰论坛等重大活动地震安保舆情工作。完成中国地震科学实验场新闻发布会相关工作，做好中国地震局重要会议和重大活动的影像保障。

围绕防震减灾基层工作开展新闻宣传。组织中央主流媒体记者赴江苏、广东、新疆等地防震减灾一线进行考察采访，在人民网、中新网、中国青年网、《科技日报》《新京报》《应急管理报》等主流媒体上共发稿件近20篇，反响强烈。

创新防震减灾新闻宣传形式。运维中国地震局官方网站、微博、微信公众号，截至2019年底微博粉丝达36万人，发布信息1300多条，微信公众号粉丝5万余人，发布信息600多篇。完成4期《国家防震减灾》的策划、编辑和发行工作。加强中国地震局通讯员管理，开展通讯员业务培训。

二、扎实开展科学普及工作

围绕重要时间节点开展科普宣传。完成"5·12"全国防灾减灾日、"7·28"唐山大地震纪念日、"10·13"国际减灾日等重要时间节点的科普宣传。期间，参与完成第三届全国防震减灾科普讲解大赛，组织完成第二届全国防震减灾知识大赛。

中国地震局地震科普图书精品创作工程顺利开展。组织出版陈运泰院士《地震浅说》、陈颙院士《海啸灾害》《空间灾害》以及河南省地震局编写的《中小学生防震减灾知识读本》。完成《地震》《地震预警》《活动断层与地震》《建筑隔震减震技术》《地震避险要点》等5个宣传手册折页的印发、宣传等工作。

组织完成2019年全国防震减灾科普教育基地和示范学校评选，举办2019年地震系统科普人员素质提升培训班。带队参加全国科学实验展演汇演活动，两个代表队分获一等奖和二等奖，中国地震局获优秀组织奖。

（中国地震局发展研究中心）

中国地震局工程力学研究所

公共服务产品清单

产品名称	主要性能指标	应用情况	效果评价
高速铁路地震预警监测系统现场监测设备和前端预警服务器	具备地震监测、地震预警、地震紧急处置功能	1.0版本在京石武高铁部署应用；2.0版本在福厦线、成灌线、大西线等高铁进行测试	通过中国铁路总公司技术审查与中铁检验认证中心（CRCC）入网认证
面向工程抗震分析的地震动输入服务	所给出的地震动数据应满足： （1）与地震安评或者所在场址区划所规定的地震危险性特征相匹配； （2）不低于目标行业或国家抗震规范所规定的抗震分析需求； （3）与目标承灾体或具体工程个例的抗震特性相匹配	向高铁、水坝、核电等重大工程业主实时共享相关测震台站的观测数据	需求不明确等问题。目前从一般建筑结构抗震设防需求到重大建筑结构工程，乃至性态地震工程和城乡韧性等理念均对地震动数据的输入应用提出了迫切需求
文物柜阻尼减震装置	阻尼指数0.15，承载力1.0~10.0kN，最大行程±100mm，安装长度可调节±20mm	故宫博物院地下库房文物柜	加速度平均降低40%
摆式隔震支座	承载力1000kg，位移100~400mm，摆半径2~5m，滚动摩擦系数0.02	故宫博物院雨花阁文物塔	水平加速度平均降低50%
HAZChina地震应急快速评估系统	集成了地震灾害的震前预测与模拟、震时及震后实时评估与辅助决策功能的智慧云服务平台，包括区域地震风险评估、建筑物震害预测、生命线工程震害预测等47个可实时模拟、评估与展示的功能模块	已在国内北上广等16个大中城市开展不同区域地震灾害情景构建应用示范，并在芦山、智利、尼泊尔等数十次国内外地震中为政府提供辅助决策信息	为政府提供辅助决策信息，获得政府主管部门和各级应用单位的广泛认可
地震现场建筑物安全鉴定	地震应急期内对受震建筑在预期地震作用下的安全进行科学快速鉴别和评定	已在汶川、芦山、玉树等数十次国内外破坏性地震中应用，并为政府提供辅助决策信息	为政府提供辅助决策信息，获得政府主管部门和各级应用单位的广泛认可

产品名称	主要性能指标	应用情况	效果评价
土层地震反应分析计算程序SoilQuake	深厚软土场地大应变模拟PGA平均误差小于40%，既有国内外通用方法误差为70%~80%； 通过了中国地震局地震行业科研专项课题的验收，意见为"课题建立了新一代一维土层地震反应分析方法，攻克了现有方法无法体现软土场地放大效应的难题；方法经过严格检验，与国际先进方法SHAKE2000和DEEPSOIL相比，硬场地精度相同，在软场地上优势显著，在巨厚软场地上优势十分显著"	该方法目前已经受到广泛关注，已被126家单位下载试用（大学77家，研究所11家，设计院23家，省级地震局15）；已被一些工程技术人员在重大工程安全性评价工作中采用	较国际同类方法和程序优势显著；初步解决了以往安评程序深厚场地难以体现土层放大的问题
强震动观测数据的应急应用	破坏性地震后，应用强震动观测记录，震后4小时内产出仪器地震烈度分布图，PGA分布图，PGV分布图，0.3s、1.0s、3.0s加速度反应谱分布图，产出加速度速度反应谱、傅里叶谱和波形图，并提供处理后的强震动加速度记录、速度记录、位移记录以及相应的傅里叶谱和反应谱数据	自2014年鲁甸地震后开始应用，已处理全国5.0级以上地震60余次	地震应急和震后强震动数据应用的重要参考产品
工程强震动数据共享	强震动观测数据主要包括原始强震动未校正加速度时程、校正加速度时程、速度和位移时程、计算反应谱和傅里叶谱，以及绘制以上分析计算后得到的图形。工程震害数据主要包括建筑物、构筑物、生命线系统、滑坡、场地液化、地基震陷、地面变形、次生灾害、地震损失等工程震害信息及相关图片	已为数据用户提供强震动观测数据和工程震害数据及其相关数据产品十余年，共享数据近200GB	强震动数据共享分中心为各科研机构、高校和企业等用户免费提供全面、准确的数据服务。同时为震后应急响应产出工作提供及时支持
消能连梁	提升抗震能力1度	大连、唐山等应用	造价增加100元/m²，大幅提升了抗震能力
文物（设备）隔震装置	减震率>50%	湖南省博物馆（拟用）	
建筑抗震韧性评估方法	通过精细化模型评估抗震韧性	雄安新区、海口江东新区建筑抗震设防适用性评价	为雄安新区医疗设施的抗震设防烈度和措施提供建议
抗震支吊架测试鉴定系统	水平加速度2g、竖向加速度1.5g、三层框架安装空间	已经为深圳置华、喜利得等数十家厂家的产品进行鉴定	为推广应用抗震支吊架提供依据
数物混合试验系统	10通道、总1000t测试系统	为北京市老旧住宅抗震加固等数十个项目提供试验服务	提供了工程结构抗震需求，指导了其性能化设计
GDS-300m大型动三轴试验系统（DYNTTS-60动力三轴试验系统）	(1)最大轴力60kN，最小度量值0.001kN； (2)频率控制范围0.01~5Hz； (3)位移控制值100mm，最小度量值0.0001mm； (4)试样压力控制值3MPa，最小度量值0.001kPa； (5)压力室压力控制值1MPa，最小度量值0.001kPa； (6)标准土样直径39.1mm、50mm、70mm、100mm、150mm（配弯曲元）、200mm、300mm；还可测试土类试样从黏土试样到含有粒径小于60mm碎石（卵石）粒组的复合土试样； (7)输出正弦波、自定义波	(1)研究汶川大地震中砾性土样的动强度、孔压增长模式和剪切模量随孔压增长的变化模式，以判别其液化生成条件及发展规律； (2)含砾量对砂砾土液化影响研究； (3)砾性土液化特性与机理研究	该系统能测试从39.1mm标准土样到300mm大直径土样，可测试土类从黏土试样到含有粒径小于60mm卵（碎）石粒组的复合土试样，配有弯曲元剪切波速测试系统，可以对最高300mm试样的剪切波速进行测试，是目前具有剪切波速测试功能的三轴实验设备可测试的最大土样

产品名称	主要性能指标	应用情况	效果评价
GDS超低温季节性冻土共振柱	(1)温度范围-25~100℃，最小温度量值0.01℃； (2)最大轴力10kN，最小度量值0.001kN； (3)频率范围0.001~5Hz； (4)位移控制值90mm，最小度量值0.0001mm； (5)额定围压控制值1MPa（最大可加载值3.5MPa）； (6)反压控制值1.5MPa（试验中不能超过围压值）	(1)根据季冻土埋藏条件、动应力水平和冻结固结过程，研究季冻土冻结期的残余变形发展规律和振陷计算参数； (2)季节冻土在冻融循环与冲击型荷载协同作用下永久变形机理及分析方法研究； (3)研究冻融循环对土体力学性能的影响，例如冻胀、融沉、沉陷、边坡滑塌等	该设备具备宽频带和小应变10^{-7}至中应变、大应变10^{-2}的测试能力
ANCO-2*2m伺服电机振动台	(1)振动台面尺寸2.2m×1.2m； (2)最大振动负载2000kg； (3)最大控制位移±80mm； (4)最大振动容量2g-t； (5)最大振动加速度1g； (6)振动频率0.1~100Hz； (7)激振时间无限制； (8)最大采样频率200Hz； (9)动态采集通道64个； (10)输出地震波、正弦波等	(1)通过干砂试样与饱和砂试样对比平行试验，研究液化对场地特性的影响； (2)通过砂质边坡-摇臂-质量块振动台模型试验，探讨了4种代表性方法求解动态、永久位移的可靠性及偏转影响	可利用单周角位移实现台面位移目标控制，同时联动杆更换可满足不同尺寸以满足不同位移需求，保证响应精度和控制稳定性同时，解决了以往伺服电机系统大位移的难题
GDS多功能动三轴试验系统	(1)最大位移100mm，位移精度±0.07%； (2)最大轴力10kN，轴力精度±0.1%； (3)加载频率0.001~5Hz； (4)额定围压控制1.0MPa； (5)制样尺寸39.1mm、50mm、70mm、100mm； (6)最大采样频率1kHz； (7)可输入地震波、正弦波等	(1)南海某岛礁吹填工程的珊瑚土液化特征研究； (2)珊瑚吹填土动力本构理论与稳定性分析方法研究； (3)珊瑚土工程场地地震液化特征解析	将压力室和动力驱动器合为一体，采用动态伺服电机从压力室下方加载，从压力室底座施加轴向力和轴向变形，试验系统稳定、测试精度高，可完成土的动强度、动模量及阻尼比等试验
DCIEM-40-300大型动力离心机	(1)离心机最大半径5.5m； (2)有效离心加速度100g； (3)离心机有效负载3t； (4)动态数采仪128通道； (5)动平衡系统70kN； (6)高速摄像3840×2400； (7)离心机有效吊篮净空8m×1.6m×1.0m； (8)最大振动加速度30g； (9)最大振动位移±15mm； (10)振动频宽10~300Hz； (11)最大振动负载1.5t； (12)振动台尺寸1.5m×1.3m； (13)输出正弦波、地震波等	(1)开展降雨-地震耦合离心机模型试验； (2)开展路基冻融破坏离心模型试验； (3)开展地基液化和桩基抗震方法研究； (4)开展国内外土工离心试验传感器性能对比的离心模型试验研究； (5)开展自由场地液化响应特性的离心机振动台试验研究	离心机振动台的波形控制精度和地震波复现性已取得优异的成绩，甚至平行试验可以其他设备台面输出作为输入，开展平行试验

（中国地震局工程力学研究所）

中国地震台网中心

中国地震台网中心公共服务部负责国家地震科学数据共享服务平台的日常管理、业务协调与评比工作，牵头数据资源整合和产品标准化工作；建立健全地震信息发布与公共服务平台，负责地震数据专业产品和公共产品的设计与研发、地震信息社会化服务体系建设，为政府、社会和行业用户提供数据与信息服务；负责地震新媒体服务平台建设与日常运维，开展地震行业舆情监测工作；负责地震信息网和中国地震台网中心门户网站的日常管理和运维工作；负责地震行业数字图书馆日常运维与资源建设工作，承担地震科技期刊的编校、出版与推广工作，牵头地震系统图书馆和期刊的管理与协调工作；推进档案管理信息化与标准化体系建设，开展档案资料管理与服务工作；开展地震科技情报研究，负责国外重大地震、火山等的信息跟踪与分析。现有公共服务产品如下。

一、数字图书馆

中国地震局图书馆是 1998 年创建，由中国地震局主办、中国地震台网中心承办、中国地震局系统各单位协办的专业图书馆，旨在为地震监测预报、震害防御、应急救援等领域的科学研究人员及相关管理部门提供信息服务。

中国地震局数据图书馆网站于 2017 年底全新改版，网站导航结构包括关于本馆、数字资源、服务项目等一级栏目，关于本馆栏目中包括本馆概况、读者须知、馆藏布局、新闻公告、联系方式等图书馆的基本情况，数字资源栏目从数据库、图书专著、学术期刊、学术会议、学位论文、地震数据、百科全书、学习考试等资源类型角度揭示图书馆的资源，服务项目栏目展示编辑出版、学科导航、入馆指南、科技查新、查收查引、文献传递、参考咨询等服务的介绍和受理入口。

自 1998 年起，地震系统各单位在中国地震台网中心的牵头下，开始了中外文文献资源集团联合采购、共建大型文献信息数据库资源的探索与尝试。经过多年的建设以及地震图书馆几代人的努力，图书馆已经形成覆盖多种资源类型和具备多种产品形式的资源体系，现有资源主要包括：

中国地震局数字图书馆现有数据资源表

序号	数据库	备注
1	外文原版电子期刊（60余种）服务（全文检索及下载）	
2	维普中文期刊全文数据库（以地学期刊为主，1989至今）	
3	维普期刊资源综合整合平台	引文、情报等服务产品
4	超星中文图书期刊全文库1万多册（地学图书6000多册）	地学将增至16000册
5	万方数据库（以地学博硕论文为主）	网络版为包库
6	CNKI清华同方数据库（以科技期刊为主，从创刊到1994年）	
7	地震科技创新知识服务平台	

续表

序号	数据库	备注
8	地震快讯、各国概况数据库（iBASE数据库）	
9	地震系统图书期刊联合目录等6个数据库	
10	中国地方志数据库	试用
11	中国地震台网中心馆藏目录	仅限局域网用户
12	AGU回溯库	1996年以前发行的全套回溯期刊

查收查引服务通过文献检索出具论文收录或引用的检索证明材料，查收查引功能为图书馆开展查收查引服务提供了在线申请和受理的解决方案。它实现了前台申请和后台受理，并通过系统和邮件提醒进度。受理人员根据申请人提交的数据库索引种类和论文清单，查询论文被数据库收录和引用的情况，未及时收录的论文所属的出版物是数据库来源期刊的情况，以及来源期刊的影响因子，并根据检索结果出具检索报告。系统可以快速切换至各个数据库进行检索，并且可以对SCI、EI等数据库的纯文本题录数据进行自动处理，进行格式简化、查重、排重、快速获得入藏号、期刊统计等处理工作。检索完成后，受理人员在系统中填写各数据库的检索结果，系统可以按照要求的格式自动生成查收查引报告，计算报告费用，打印相关单据，能极大提高工作效率。

二、地震科学专业知识服务系统

地震科学专业知识服务系统，是由中国工程院主导、中国地震台网中心承担建设的中国工程科技知识中心地震行业分中心知识服务网站，是中国工程科技知识中心现有29个行业分中心之一。建设目标是通过收集、整合地震领域的公开资源元数据，打通多源异构数据资源间的关联，建设地震知识组织网络，面向科研人员和社会公众等不同群体提供贴合专题需求的知识应用以及科研成果与知识查询、科学技术评价、管理与决策支撑、知识挖掘等专业知识服务。

系统于2016年3月启动建设，累计投入经费960余万元，2018年5月30日通过第三方测试并正式上线提供服务。目前系统已整合地震科学领域中外文科技论文、专利、术语、科学数据、专家及机构等资源，提供地震科学领域海量科技文献和科学数据的查询和下载，地震术语百科检索服务，专家学术圈和知识图谱等知识应用以及地震预警、中国地震背景分区和中国火山知识库专题服务。

（中国地震台网中心）

中国地震局地球物理勘探中心

一、防震减灾公共服务情况

2019年，中国地震局地球物理勘探中心有涵盖震害防御、监测预报、应急救援等业务体系的防震减灾公共服务产品达15项，主要有地壳精细结构与深部构造探测、城市（区域）

活动断层深—浅反射地震探测、近地表介质结构与构造高分辨探测、地震灾后科考与灾后恢复重建的活动断层探测、重大生命线工程场址区地球物理勘查、近地表空间利用和地质灾害调查、焦作市活断层探测成果数据管理系统、流动重力观测数据、流动地磁观测数据、地磁场总强度及矢量变化场图像、防震减灾科普宣传作品、反射地震探测方法研究与应用、地震活动趋势判定、折/反射地球物理观测仪器、中国地震科学探测台阵仪器系统、中频/超低频振动标定试验台。这些公共服务在地震研究、震后科考与灾后重建、城市活动断层探测、重大工程项目选址与建设、土地规划利用等方面得到广泛应用，得到政府、社会高度认可，取得良好实效。

二、法制建设情况

2019年，中国地震局地球物理勘探中心围绕防震减灾目标任务，印发《中国地震局地球物理勘探中心2019年法治宣传教育工作要点》，在全民国家安全教育日、全国防灾减灾日、国家宪法日等重要时间节点，开展《中华人民共和国国家安全法》《中华人民共和国防震减灾法》《中华人民共和国宪法》等普法宣传活动，开展《地震灾害风险防治体制改革顶层设计方案》《科技成果转化管理暂行办法》等政策法规和制度宣讲。

（中国地震局地球物理勘探中心）

重要会议

2019 年国务院防震减灾工作联席会议

2019 年 1 月 14 日，国务委员、国务院抗震救灾指挥部指挥长王勇主持召开国务院防震减灾工作联席会议，听取应急管理部副部长、中国地震局党组书记、局长郑国光代表国务院抗震救灾指挥部办公室作的年度工作报告，以及中国地震台网中心副主任、研究员刘桂萍关于 2019 年地震活动趋势会商分析意见汇报，总结 2018 年防震减灾工作，研究部署下一阶段防震减灾重点工作。国务院副秘书长孟扬、国务院抗震救灾指挥部各成员单位负责同志、指挥部办公室有关负责同志出席会议。

王勇指出，要认真学习领会、深入贯彻落实习近平总书记关于防灾减灾工作作出的一系列重要指示，充分认识做好防震减灾工作的重大意义，坚持以人民为中心的发展思想，全面加强应急管理工作，不断提升全社会抵御地震灾害的综合防范能力，为保障人民生命财产安全和社会稳定奠定更加坚实的基础。

王勇强调，要以习近平新时代中国特色社会主义思想为指导，充分认识防震减灾工作面临的新形势、新挑战、新要求，牢固树立安全发展理念，弘扬生命至上、安全第一的思想，提升防灾减灾救灾能力。要完善应急决策和指挥机制，加强各部门应急联动、信息共享、资源统筹。要健全体制，加强各种自然灾害统筹管理和灾害管理全过程综合协调，强化地方党委和政府的主体责任，完善军地协同、救援力量和物资储备调配等应急联动机制。要完善法律法规、推进重大防灾减灾工程建设、加大灾害管理培训力度、引导社会力量有序参与。要保持头脑清醒，坚持以防为主、防抗救相结合的方针，结合工作实际，细化应对预案，扎实做好 2019 年和今后一个时期防震减灾各项工作。

（中国地震局办公室）

2019 年全国地震局长会议

2019 年全国地震局长会议于 2019 年 1 月 18—19 日在北京召开。中共中央政治局常委、国务院总理李克强对会议作出重要批示，国务委员王勇审阅会议报告并致信，对地震系统 2018 年取得的成绩给予充分肯定，对 2019 年工作提出要求。会议以习近平新时代中国特色社会主义思想为指导，深入贯彻党的十九大和十九届二中、三中全会以及中央经济工作会议精神，认真贯彻习近平总书记关于提高自然灾害防治能力重要论述，传达学习国务院领导同志批示和致信要求，贯彻落实国务院防震减灾工作联席会议、全国应急管理工作会议精神，总结 2018 年防震减灾工作，部署 2019 年重点任务。应急管理部副部长、中国地震局党组书记、局长郑国光作题为"强化责任担当 勇于改革创新 以优异成绩庆祝中华人民共和国成立七十周年"的工作报告。

会议指出，2018 年全国地震系统广大干部职工深入学习贯彻习近平新时代中国特色社会主义思想和党的十九大精神，认真贯彻落实党中央国务院决策部署，在应急管理部党组领导下，认真做好防震减灾各项工作。地震监测预报预警能力明显提高，震灾风险综合防控不断强化，地震科技创新成效明显，新时代防震减灾事业现代化建设扎实推进，全面深化防震减灾事业改革有力推进，防震减灾法治建设工作得到加强，坚定不移推动全面从严治党，防震减灾工作取得新成效，圆满完成全年任务。

会议强调，党的十八大以来，习近平总书记高度重视防灾减灾救灾工作，发表了系列重要论述。2018 年 2 月和 5 月，习近平主席分别向电磁监测试验卫星成功发射致贺电、向汶川地震十周年国际研讨会暨第四届大陆地震国际研讨会致信，12 月亲自见证我国与厄瓜多尔签署地震和火山合作协议。特别是 10 月 10 日，总书记主持召开中央财经委员会第三次会议，专门研究提高自然灾害防治能力并发表重要讲话。习近平总书记系列重要论述，开辟了防灾减灾救灾理论与实践的新境界，是做好新时代防震减灾工作的根本遵循和行动指南。地震系统要深刻领会习近平总书记重要论述的重大意义，准确把握习近平总书记重要论述的深刻内涵，多措并举认真贯彻落实习近平总书记重要论述。必须坚定信心，保持定力，以一往无前的奋斗姿态努力开创新时代防震减灾事业新局面；必须抢抓机遇，乘势而上，全面提高地震灾害防治能力；必须应对挑战，革故鼎新，推动中央重大决策部署落地见效；必须只争朝夕，真抓实干，汇聚齐抓共管的合力，激发改革创新的动力，增强关键领域的实力。

会议强调，2019 年是中华人民共和国成立 70 周年，是全面建成小康社会、实现第一个百年奋斗目标的关键之年，做好防震减灾工作责任重大。地震系统要坚决以习近平新时代中国特色社会主义思想为指导，全面贯彻习近平总书记关于提高自然灾害防治能力重要论述，坚持以人民为中心的发展思想，贯彻新发展理念，落实高质量发展要求，全面加强地震监测预报预警工作，努力提高地震灾害防治能力，加快推进新时代防震减灾事业现代化建设。

会议对做好 2019 年重点工作作出部署。一要强化理论武装，着力提高政治站位；二要强化业务基础，着力提升地震监测预报预警水平；三要强化服务大局，着力提高地震灾害风险防治能力；四要强化创新驱动，着力推进事业现代化建设；五要强化改革开放，着力激发事业发展的活力和动力；六要强化法治建设，着力提升防震减灾社会治理水平；七要强化担当作为，着力建设高素质干部人才队伍；八要强化党的建设，着力营造风清气正的政治生态。

会议号召地震系统广大干部职工在以习近平同志为核心的党中央的坚强领导下，以习近平新时代中国特色社会主义思想为指导，认真落实国务院防震减灾工作联席会议和全国应急管理工作会议精神，凝心聚力、改革创新、勇于担当，奋力谱写新时代防震减灾事业改革发展新篇章，为全面建成小康社会、实现第一个百年奋斗目标作出新的更大贡献，以优异成绩庆祝中华人民共和国成立 70 周年。

中国地震局党组成员，各省（自治区、直辖市）地震局负责人，中国地震局各内设机构、直属单位主要负责人，以及相关行业部门和高校代表出席会议。中央纪委国家监委驻应急管理部纪检监察组有关负责人，中央和国家机关特邀部门代表与会指导。

（中国地震局办公室）

2020 年全国地震趋势会商会

2019 年 12 月 3—4 日，2020 年全国地震趋势会商会在北京召开。会议目标是准确把握全国地震形势及未来强震趋势，科学研判 2020 年度全国地震趋势和重点危险区，研究部署震情监视跟踪和应急准备工作措施。应急管理部副部长、中国地震局党组书记、局长郑国光；党组成员、副局长阴朝民；各省、自治区、直辖市地震局、各直属单位有关人员；局机关各部门负责人；中国地震预报评审委员会全体成员；其他研究院、所特邀专家参加了会议。

会议主题报告有：2020 年度全国地震大形势跟踪与趋势预测研究报告、2020 年度全国地震重点危险区汇总研究报告、中国地震预测咨询委员会报告、2019 年度危险区判定及跟踪工作总结。会上还讨论 2020 年度地震趋势预测意见，审议 2020 年度全国地震重点危险区确定结果；部署 2020 年度全国震情监视跟踪和应急准备工作。此次会议产出《2020 年度全国地震趋势预报意见》、国务院防震减灾工作联席会议材料——《2020 年全国地震趋势预测情况》、向应急管理部报送《中国地震局关于 2020 年度全国地震趋势预报意见的报告》（中震发〔2019〕40 号）、印发《关于做好 2020 年全国震情监视跟踪和应急准备工作的通知》（中震测发〔2019〕41 号）至地震系统各单位。

（中国地震局监测预报司）

海南省防震减灾工作会议

2019 年 5 月 15 日，海南省在海口市召开全省防震减灾工作联席（扩大）视频会议。省抗震救灾指挥部指挥长、省政府副省长范华平出席会议并讲话。省防震减灾工作联席会议成员单位和省有关部门负责人在主会场参加会议，各市县及洋浦管委会设立分会场。

会议总结过去两年海南省防震减灾工作，提出 2019 年工作安排，通报 2018 年度市县政府防震减灾考核情况，有关单位作经验交流发言。

范华平副省长充分肯定 2017 年、2018 年海南省防震减灾工作取得的成绩。他要求各部门必须深刻领会习近平总书记关于防灾减灾救灾和提高自然灾害防治能力重要论述的精神实质，坚决贯彻党中央、国务院决策部署，坚持底线思维，强化风险意识，坚决打好防范化解地震灾害风险攻坚战。他强调 2019 年防震减灾工作要完善工作体制机制、落实地震灾害防御措施、增强地震监测预测预警能力、建立完善协作联动机制、开展地震灾害防治、加强对市县监督指导、强化地震科普宣传等重点任务。

范华平副省长指出，防震减灾工作虽然不是中心任务却影响中心，不是大局却牵动大局。各地各部门必须增强责任感、使命感、要把这项政治责任放在心上，扛在肩上，落实到行动上，为海南自贸区（港）建设作出新的贡献。

（海南省地震局）

重要活动

1月4日

王勇国务委员主持召开 2019 年国务院防震减灾工作联席会议并作重要讲话，听取 2019 年我国地震趋势情况汇报，安排部署 2019 年防震减灾工作。应急管理部副部长、中国地震局党组书记、局长郑国光代表国务院抗震救灾指挥部办公室汇报 2018 年防震减灾工作和 2019 年重点工作计划。发改、住建、财政等部门汇报相关工作。

1月18—19日

2019 年全国地震局长会议在北京召开。应急管理部副部长、中国地震局党组书记、局长郑国光传达了李克强总理重要批示和王勇国务委员致信，并作工作报告，福建省地震局等 6 个单位作交流发言，中国地震局党组成员、副局长闵宜仁作会议总结，中国地震局党组成员、副局长阴朝民、牛之俊出席会议。

1月23日

应急管理部副部长、中国地震局党组书记、局长郑国光会见中国地震局定点扶贫县甘肃永靖县委书记尹宝山、县长张自贤一行，听取永靖县 2018 年脱贫攻坚工作介绍，共商 2019 年脱贫攻坚重点任务。

2月13日

应急管理部副部长、中国地震局党组书记、局长郑国光主持召开 2019 年全面深化改革领导小组第一次会议，传达学习贯彻习近平总书记在中央全面深化改革委员会第六次会议上的重要讲话精神，审议《中国地震局地球物理研究所科技体制改革方案》《中国地震局兰州地震研究所建设方案》《中国地震局昆明地震研究所建设方案》《2018 年全面深化改革工作总结和 2019 年工作要点》。

2月25日

应急管理部副部长、中国地震局党组书记、局长郑国光；中国地震局党组成员、副局长闵宜仁参加全国人大教科文卫委专题会议，汇报《中华人民共和国防震减灾法》执法检查报告及审议意见整改落实情况，听取专门委员会审议意见。

2月26日

应急管理部副部长、中国地震局党组书记、局长郑国光主持召开中国地震科学实验场管理委员会第一次会议，听取中国地震科学实验场科学设计等进展汇报，研究部署实验场 2019 年工作任务。

3月25日

应急管理部副部长、中国地震局党组书记、局长郑国光主持召开 2019 年全面深化改革领导小组第二次会议，传达学习贯彻习近平总书记在中央全面深化改革委员会第七次会议上的重要讲话精神，审议《中国地震局乌鲁木齐天山地震研究所建设方案》《地震灾害风险防治体制改革顶层设计方案》《2019 年全面深化改革工作要点》。

3月29日

应急管理部副部长、中国地震局党组书记、局长郑国光主持召开中国地震局党组理论学习中心组2019年第1次专题学习会议,深入学习贯彻习近平总书记关于提高自然灾害防治能力和在省部级主要领导干部坚持底线思维着力防范化解重大风险专题研讨班开班式上的重要讲话精神,就推进防范化解重大风险进行研究。会前,邀请清华大学范维澄院士作了专题讲座,党组同志、局机关内设机构和京区单位主要负责同志赴中国气象局开展了调研学习。

4月17日

中国地震科学实验场办公室在北京召开实验场科学设计论证会,通过实验场科学设计论证。侯增谦、石耀霖、李廷栋、陈运泰、陈颙、陈晓非、邹才能等7位中国科学院院士和来自北京大学、清华大学、中国科学技术大学、南方科技大学、中国科学院大学等20个单位的专家参加论证。

5月15日

应急管理部副部长、中国地震局党组书记、局长郑国光主持召开网络安全和信息化领导小组2019年第一次会议,听取2018年工作总结和台网中心信息化试点建设进展汇报,审议2019年工作要点和《地震信息化建设管理办法》,研究部署下一阶段地震网络安全和信息化工作。中国地震局党组成员、副局长阴朝民出席会议。

6月11日

中国地震局在北京组织召开"一带一路"地震减灾协调人会议,中国地震局局长郑国光出席并发表主题讲话。会议聚焦有关国家地震减灾工作现状及需求,讨论"一带一路"地震减灾合作机制、重点及阶段性目标。来自亚美尼亚、蒙古、哈萨克斯坦、乌兹别克斯坦、缅甸、柬埔寨、泰国、厄瓜多尔和亚洲地震委员会等17个国家和国际组织以及中国外交部、发改委、应急管理部、国际科学减灾联盟及地震系统的代表出席会议。

8月14日

中国地震学会成立四十周年学术大会在辽宁大连召开,应急管理部副部长、中国地震局党组书记、局长郑国光出席开幕式并讲话。在大连期间,郑国光赴大连理工大学调研,与大连理工大学党委书记王寒松同志座谈。

8月20—21日

第二届地震预警国际研讨会在北京召开。来自中国、美国、德国、日本、加拿大、韩国、印度尼西亚、亚美尼亚等国家和中国台湾地区共60余位专家学者参加会议。

12月2日

中国地震局第八届科学技术委员会在北京召开全体会议。应急管理部副部长、中国地震局党组书记、局长郑国光出席会议并讲话。

12月3—4日

2020年度全国地震趋势会商会在北京召开,对2020年全国地震趋势与地震重点危险区进行综合研判,经中国地震预报评审委员会审议通过,形成2020年我国地震趋势预报意见。应急管理部副部长、中国地震局党组书记、局长郑国光出席会议并讲话。

(中国地震局办公室)

科技创新与
成果推广

本部分主要刊载获国家级、省部级、中国地震局局级科技成果奖项及通过中国地震局、省部级鉴定的项目；中国地震局授权发明专利及实用新型专利；重大科技项目及科技成果的推广及应用情况。

2019 年地震科技工作综述

2019 年，为全面贯彻落实习近平总书记关于防灾减灾救灾的重要指示批示和十九届二中、三中、四中全会精神，中国地震局党组思想上高度重视，行动上积极部署，在防震减灾地震科技创新工作方面取得进展。

开展长宁 6.0 级地震科学考察。遵照黄明书记、郑国光局长四川长宁 6.0 级地震指示精神，组织开展应急管理部成立以来首次地震科学考察，依托中国地震科学实验场，发挥研究所、业务中心和省级地震局的主动性，深化长宁地震的震源过程、发震机理与孕震环境、对周边地震危险性的影响、工程结构震害机理和恢复重建措施 4 个科学问题的认识，为灾后恢复重建提供科学参考，四川省宜宾市委市政府专门致信感谢。

集中攻关川藏铁路重大科技问题。川藏铁路是我国世纪性战略工程，中国地震局充分发挥在地震活动断层探查、地震灾害风险防治、铁路地震预警、工程地震抗震等领域的科技优势，积极为川藏铁路规划建设提供地震安全保障。成立中国地震局川藏铁路建设重大科技攻关专家组，充分发挥地震行业科技优势，提出的 7 项重点任务被纳入国家《川藏铁路重大科技攻关实施方案》。

启动中国地震科学实验场建设。组织北京大学、香港中文大学、南方科技大学等 19 家科研院所、高校编制《中国地震科学实验场科学设计》。完成 6 个 300 米深井，1 个 1000 米深井钻探工作，184 个 GNSS 观测点基础建设。获得国家重点研发计划政府间重点专项支持，与美国南加州地震中心开展地震可预测性合作研究。加强实验场科学数据共享，探索实验场分布式数据中心建设。实验场办公室和中国地震局科技委合作组织编印《地震科技前沿快报》。

成功构建实验场第一代基础科学模型，速度结构模型、形变模型、流变模型、30 年地震概率预测模型、断层模型、去丛地震目录、地震精定位目录和震源机制解等 8 类科学产品通过实验场网站向社会发布。其中，中国科学技术大学姚华建等团队成功构建实验场速度结构模型，获得科学界广泛认可并应用于震源参数确定、强地面运动计算、速度模型评价、地壳物质强度和流变性计算等方面。与中国科学技术大学张捷团队合作，在实验场建立基于人工智能技术的实时地震监测系统（EarthX），实现地震实时监测并快速产出地震参数，成为世界上首个运行的基于人工智能技术的地震监测系统，有望得到应用推广。

建强地震科技创新平台。中国地震局国家地震科学数据中心成为 20 个国家科学数据中心之一，北京白家疃等 8 个国家野外科学观测研究站成为 97 个国家野外站的重要组成部分。向科技部提出新疆帕米尔陆内俯冲等 5 个国家野外站新站建设方案。聚焦地震灾害风险防控及我国韧性城乡建设目标，在天津大学、防灾科技学院布局新建中国地震局局属重点实验室，开展复杂结构地震工程模拟仿真和建筑物地震倒塌机理与防治技术研究。江西省地震局联合东华理工大学建立江西省防震减灾与工程地质灾害工程研究中心。

联合推进深地计划立项实施。与科技部、自然资源部汇报对接，汇报中国地震局参与"深地计划"立项情况。成立中国地震局"深地计划"推进专家组，邀请陈颙、张培震和陈晓非等院士担任咨询指导专家，中国地震局地球物理研究所为牵头单位，丁志峰研究员为首席科学家。加强与深地项目总体专家组沟通联系，编制中国地震局"深地计划"技术方案，内容涉及12项研究任务中的5项，强化中国地震科学实验场建设内容与"深地计划"衔接配套。

谋划和实施重大项目。完成国家重大科学仪器设备开发专项"高精度绝对重力仪研制与产业化示范"综合验收准备和"海洋地磁场矢量测量仪开发与应用"项目年度监理。完成"井下甚宽频带地震仪的研制与应用开发"项目中期检查。地震科技星火计划2019年度64个项目验收通过，2020年度87个项目完成立项。

加快开展电磁监测卫星的研制和交付准备工作。习近平总书记2019年3月访问意大利期间，见证中意合作"张衡一号"02星的合作备忘录签署。中国地震局科技与国际合作司全力推进"张衡一号"02星研制工作，与意方协商确定卫星载荷，修改完善卫星工程初步设计。与国防科工局协商"张衡一号"01星零级数据事宜，争取实现零级数据实时传送。组织编制技术报告和应用报告，为卫星交付做好准备工作。起草《中国地震局卫星工程管理办法》，明确卫星工程项目管理各方职责定位。

大力推动研究所改革。中国地震局地球物理研究所科技体制改革方案批复印发，数据中心和学科组组建方案基本完成。中国地震局工程力学研究所改革成效显现，承担国家重点研发计划项目数量居地震系统第二，年度科研经费、发表SCI和EI检索论文数量、获得国家发明专利和实用新型专利数量均较2018年度增长40%以上，科技成果转化相比2018年实现翻番，联合哈尔滨工业大学完成国家重点实验室申请方案编制。中国地震局地质研究所、地震预测研究所和地壳应力研究所科技体制改革方案初稿完成，一批青年科技骨干通过竞聘走上研究室管理岗位。

扎实推进区域研究所建设。中国地震局厦门海洋研究所聘任金星研究员为首任所长，与中国科学院大学签订海洋地球物理野外教学实习基地共建协议，完成研究所章程备案。中国地震局兰州岩土地震研究所建设方案获批，"三定方案"报中国地震局审批，完成研究所章程备案，启动所领导班子选聘。中国地震局乌鲁木齐中亚地震研究所建设方案获批，"三定方案"报中国地震局审批，编制研究所章程初稿。中国地震局昆明地震预报研究所建设方案获批，编制"三定方案"和研究所章程初稿。中国地震局武汉地球观测研究所建设方案获批，力争年底之前完成研究所组建主体工作。中国地震局火山研究所聚焦火山科学研究，建设方案已基本成形。中国地震局成都青藏高原地震研究所抓紧编制组建方案。

深研院创新创业取得显著进展。建设"七中心一所"，在7个全资子公司基础上成立深圳市同泰防灾技术（集团）有限公司。与湖北省地震局、中国地震局工程力学研究所等单位签署知识产权转化意向协议，探索建立"前店后厂"的高效成果转化模式。新型研发机构获深圳市政府认定，落实首期启动经费。建立软件研发基地，成功研发地震数据采集器等仪器设备，开拓地震灾害防御领域减隔震技术应用，推进准备标准化。全年中标15个工程项目，合同额9000余万元。

促进地震科技成果转化。通过中国地震局网站、微信群等多种方式宣传贯彻《中国地震局促进地震科技成果转化指导意见》，激发科技创新活力。组织第三方评价机构通过实地调研、问卷调查等方式调研了中国地震局工程力学研究所、湖北省地震局、深圳防灾减灾技术研究院等10余家单位科技成果转化情况，编制评估指标体系，开展成果转化年度监测。

（中国地震局科技与国际合作司）

科技成果

　　罗伯托·巴蒂斯通因参与中意合作项目电磁监测试验卫星高能粒子探测器研制，荣获2019年度中华人民共和国国际科学技术合作奖。2009年，中国地震局与意大利国家核物理研究院签署电磁卫星合作协议，就空间科学与粒子探测器领域开展合作，巴蒂斯通曾任意大利空间局局长，现任意大利特伦托大学普通物理系主任。1993年以来，巴蒂斯通以国际空间站阿尔法磁谱仪（AMS）和中国"张衡一号"电磁监测试验卫星计划为核心，围绕关键技术研发和基础科学问题研究与我国开展多方位合作，取得了一批世界领先水平的科学成果，在推进与中国的国际科技合作方面，做出了巨大贡献。2018年2月，中国地震局郑国光局长与巴蒂斯通局长共同见证"张衡一号"卫星成功发射。

2019年中国地震局获得奖励情况

奖励类别	获奖等级	成果名称	完成单位	完成人员
中华人民共和国国际科学技术合作奖	国家级	电磁监测试验卫星国际合作（中意合作）	意大利特伦托大学	罗伯托·巴蒂斯通

（中国地震局科技与国际合作司）

专利及技术转让

2019 年中国地震局专利及技术转让情况

序号	专利类别	专利名称	专利号	完成单位	完成人员
1	发明专利	宽频带地震计的大行程调零系统	ZL 201610077076.3	中国地震局地震预测研究所	朱小毅 薛 兵 杨晨光 李 江 高尚华 林 湛 彭朝勇 陈 阳 崔仁胜 王洪体 周银兴
2	发明专利	GRACE卫星重力场球谐系数去相关的方法及电子设备	ZL 201710821819.8	中国地震局地震预测研究所	赵 倩 吴伟伟
3	实用新型专利	一种视窗组件及电子仪器	ZL 201920924284.1	中国地震局地震预测研究所	李 江 王宏远 朱小毅 刘明辉 林 湛 崔仁胜 周银兴等
4	实用新型专利	一种水密连接器	ZL 201920682471.3	中国地震局地震预测研究所	李 江 薛 兵 朱小毅 程 冬 杨晨光等
5	实用新型专利	强震台站外罩	ZL 201821455344.1	上海市地震局	赵 鹏 胡 峻 毛慧慧 周伯昌
6	发明专利	嵌入主导二阶极点型地震数据采集器	ZL 201811428468.5	四川省地震局水库地震研究所	王翠芳 宋 澄 邵玉平
7	实用新型专利	嵌入主导二阶极点型地震数据采集器	ZL 201821971920.8	四川省地震局水库地震研究所	王翠芳 宋 澄 邵玉平
8	实用新型专利	一种大数据中心网关装置	ZL 201920007379.7	四川省地震局减灾救助研究所	徐 锐 饶太国 刘 江 罗 凌 褚 然 何福秀 顾 铁 陈 聪
9	实用新型专利	一种大数据采集系统	ZL 201920008044.7	四川省地震局减灾救助研究所	徐 锐 饶太国 何福秀 罗 凌 褚 然 刘 江 顾 铁 陈 聪
10	实用新型专利	一种救援用支撑系统	ZL 201920224100.0	四川省地震局应急保障中心	肖术连 程 奕 杜晨曦 郑 逸 孟凡馨 杨璐瑶 杨 阳
11	实用新型专利	一种应急指挥用的展示设备	ZL 201921215014.X	天津市地震局	赵士达
12	实用新型专利	一种地震应急照明装置	ZL 201921215015.4	天津市地震局	赵士达
13	实用新型专利	一种海底脱钩装置	CN 208344513 U	厦门地震勘测研究中心	郑韶鹏 谢志招 梁全强 周昌贤 叶友权 张永固 汪 豪 付 萍 李普春 闫 培

序号	专利类别	专利名称	专利号	完成单位	完成人员
14	实用新型专利	一种地震应急包	CN 208480764 U	厦门地震勘测研究中心	周昌贤 谢志招 郑韶鹏 梁全强 叶友权 张永固 汪 豪 付 萍 李普春 闫 培
15	实用新型专利	一种地震应急流动观测用照明灯	CN 209540740 U	厦门地震勘测研究中心	李文惠 梨璐枚 周蓝捷 方伟华 王通其 薛 雷 张艺峰
16	实用新型专利	一种多功能浮标式天线	CN 209553443 U	厦门地震勘测研究中心	张永固 郑韶鹏 叶友权
17	实用新型专利	一种无人值守地震台站网络用电话交换机	CN 209267738 U	福建省地震局永安地震台	全建军
18	实用新型专利	一种用于地震仪器电子用品的外覆基板	CN 209710603 U	福建省地震局永安地震台	全建军
19	发明专利	基于机器视觉与数值解析的地表绝对位移测试系统与方法	CN 2108267782 B	中国地震局地球物理研究所	陈 苏 李小军 戴志军 赵思程
20	发明专利	地磁矢量场观测数据一致性校正方法	ZL 201810101718.8	中国地震局地球物理研究所	王晓美 滕云田 马洁美 王 晨等
21	发明专利	一种磁通门磁力仪的信号检测电路及该磁通门磁力仪	ZL 201611048265.4	中国地震局地球物理研究所	胡星星 滕云田 范晓勇 李彩华 张 昳 汤一翔 王 喆
22	发明专利	海底沉积物原位探测设备的方位角测量机构及方法	ZL 201810448229.X	中国地震局地球物理研究所	吴 琼 徐 行 滕云田 王晓美 王 喆
23	实用新型专利	引线装置及具有该引线装置的压力容器	CN 209592944 U	中国地震局地质研究所	姚文明 何昌荣
24	实用新型专利	密封组件 动密封装置及增压器	CN 209587137 U	中国地震局地质研究所	姚文明
25	实用新型专利	一种采集与评估扫描数据的系统	CN 208569613U	中国地震局地质研究所	郝海健 何宏林 魏占玉 刘力强
26	实用新型专利	利用温度观测地壳应力变化的装置	CN 2084 20243 U	中国地震局地质研究所	陈顺云 刘培洵 郭彦双
27	发明专利	推移质模拟器	CN 105823616B	中国地震局地质研究所	刘春茹
28	发明专利	一种减振式强震仪便携箱	ZL 201710210089.8	中国地震局工程力学研究所	周宝峰 温瑞智 任叶飞 谢礼立
29	发明专利	风力发电塔连接件松动程度检测方法和检测装置	ZL 201710346232.6	中国地震局工程力学研究所	何先龙 贾行建 佘天莉
30	发明专利	一种滤波通带的低频截止频率的判识方法及装置	ZL 201710222478.2	中国地震局工程力学研究所	于海英 周宝峰 张同宇 解全才 徐 旋

序号	专利类别	专利名称	专利号	完成单位	完成人员		
31	实用新型专利	一种装配式可变预应力的自复位摩擦耗能支撑构件	ZL 201920597095.8	中国地震局工程力学研究所	陈永盛	张令心	
32	实用新型专利	一种用于原位实验的可回收传感器	ZL 201920438969.5	中国地震局工程力学研究所	王 进	汪云龙	杨 亮
33	实用新型专利	一种新型带螺栓砌块	ZL 201920061422.8	中国地震局工程力学研究所	王晓敏	左占宣	公茂盛
34	实用新型专利	一种施加预压应力的配筋砌块填充式墙体	ZL 201920062611.7	中国地震局工程力学研究所	王晓敏	吕 岩	孔璟常
35	实用新型专利	一种钢—FRP组合构件	ZL 201822148087.3	中国地震局工程力学研究所	马加路 支旭东	王金为	张令心
36	实用新型专利	一种震后可修复的星形梁端阻尼器	ZL 201822230492.X	中国地震局工程力学研究所	张令心 林旭川	李 行 马加路	朱柏洁
37	实用新型专利	地震动数据采集记录器	ZL 201920086744.8	中国地震局工程力学研究所	孙志远	王 雷	高 峰
38	实用新型专利	振动杆用锁紧装置及振动台	ZL 201822242677.2	中国地震局工程力学研究所	高 峰 杨巧玉	杨学山 王 雷	刘华泰
39	实用新型专利	多分量mems加速度计	ZL 201920121173.7	中国地震局工程力学研究所	孙志远		
40	实用新型专利	多方向使用振动台	ZL 201822242678.7	中国地震局工程力学研究所	高 峰	尚帅锟	杨巧玉
41	实用新型专利	一种基于mems加速度计的倾斜角检测装置	ZL 201920086745.2	中国地震局工程力学研究所	孙志远		
42	实用新型专利	静力加载试验装置	ZL 201821538861.5	中国地震局工程力学研究所	杜 轲 滕 楠	公晓颖	燕 登
43	实用新型专利	一种双通道伺服控制动态孔压标定仪	ZL 201821136052.1	中国地震局工程力学研究所	王永志 王体强 袁晓铭	汤兆光 方 浩 吴天亮	王 海 段雪锋
44	实用新型专利	一种钢管划线装置	ZL 201820824233.7	中国地震局工程力学研究所	王多智		
45	实用新型专利	一种饱和粗粒土单元波速测试装置	ZL 201820947271.1	中国地震局工程力学研究所	王永志 汤兆光 孙 锐	王 海 方 浩 袁晓铭	王体强 段雪锋 吴天亮
46	实用新型专利	一种可旋式螺母认帽退出装置	ZL 201820823376.6	中国地震局工程力学研究所	王多智		
47	实用新型专利	一种饱和粗粒土单元试样制作装置	ZL 201820874316.7	中国地震局工程力学研究所	王永志 王体强 袁晓铭	王 海 汤兆光 吴天亮	方 浩 段雪锋
48	实用新型专利	炸药起爆可更换承托装置	ZL 201820558468.6	中国地震局工程力学研究所	马加路 支旭东	张令心	祁少博

序号	专利类别	专利名称	专利号	完成单位	完成人员
49	实用新型专利	一种地震专用应急双肩包	ZL 201920063169.X	河北省地震局	信世民
50	实用新型专利	一种地震模拟试验装置	ZL 201920465322.1	河北省地震局	王 慧
51	外观设计专利	减隔震技术模型小屋	ZL 201830354509.5	河北省地震局	范志伟
52	实用新型专利	一种水管倾斜仪整机检测装置	ZL 201820902833.0	湖北省地震局	周云耀 马 鑫 吕永清 吴 欢 齐军伟 彭 警
53	实用新型专利	一种周界振动监测预警装置	ZL 201820529897.0	湖北省地震局	丁 炜 江 勇 吴 涛 庞 聪 印世杰 廖成旺
54	实用新型专利	一种用于绝对重力仪的钢带偏置式落体中心驱动机构	ZL 201821652362.9	湖北省地震局	张 黎 邹 彤 胡远旺 蒋冰莉
55	实用新型专利	一种基于MEMS一体化强震仪的高层建筑地震监测系统	ZL 201821688466.5	中国地震局地震研究所	范 涛 陈志高 黄 俊 杨 江 夏界宁 陈玉秀 汪善盛 罗 松
56	实用新型专利	一种大挠度变形条件下的片簧弹性特性检测装置	ZL 201821652384.5	湖北省地震局	胡远旺 邹 彤 张 黎 蒋冰莉
57	实用新型专利	一种用于低温多引线接头的漏率检测装置	ZL 201920364634.3	中国地震局地震研究所	胡远旺 邹 彤 张 黎 蒋冰莉 刘乐然
58	实用新型专利	一种高铁地震监控预警与应急处置演示系统	ZL 201822234109.8	中国地震局地震研究所	陈志高 吴 鹏 夏界宁 杨 江 吴雄伟 杨 建 陈玉秀 胡云亮
59	实用新型专利	一种基于地震前兆监测的水温测量仪	ZL 201821808497X	中国地震局地震研究所	吴 鹏 邓 涛 罗 松 胡云亮 汪善盛
60	发明专利	一种频率和幅度可程控的低频正弦波基准信号产生方法	ZL 201610332819.7	江苏省新沂地震台	夏 忠 刘大鹏 张 宇 徐艳军 彭润禾
61	发明专利	高压直流输电对地磁观测干扰自判断优化处理方法及系统	ZL 201711175056.0	江苏省高邮地震台	蒋延林 张秀霞 陈 俊 李 琪 赵卫红 张素琴 何宇飞 陈传华 王建军
62	发明专利	一种不间断变频稳流电源	ZL 201610675849.8	江苏省新沂地震台	夏 忠 刘大鹏 张 宇 徐艳军 彭润禾
63	实用新型专利	一种三维球形线圈	ZL 201920339037.5	江苏省地震局	田 韬 袁桂平 叶碧文 范文华
64	实用新型专利	一种可变钻孔应变仪安装底座	ZL 201822199621.3	江苏省地震局	田 韬
65	实用新型专利	一种地电信号检测与传输电路	ZL 2018218001055	江苏省地震局	卢 永 孙振强 张 敏 单 菡 王 佳 田 韬
66	实用新型专利	一种地电场传感器系统	ZL 2018218001021	江苏省地震局	卢 永 孙振强 张 敏 单 菡 王 佳 霍祝青 李鸿宇

序号	专利类别	专利名称	专利号	完成单位	完成人员
67	实用新型专利	一种基于北斗授时的防雷击型地震前兆NTP服务器	CN 208609125U	江苏省地震局	瞿旻 张扬 宫杰 张敏 戴波
68	实用新型专利	一种地震流体井下水位校测装置	ZL 2019.20386109.1	江苏省地震局	张敏 张扬 宫杰 卢永 居海华
69	实用新型专利	地震前兆观测井水温水位检测装置	ZL 201920583821.0	江苏省地震局	张扬 张敏 宫杰
70	实用新型专利	一种地电阻率检测设备	ZL 201920241677.2	江苏省地震局	鲍海英 毕雪梅 夏忠 瞿旻 卜玉菲 潘颖
71	实用新型专利	一种地震现场应急通信头盔	ZL 201822128601.7	江苏省地震局	徐年 陈飞 杨云 杜航
72	实用新型专利	一种地震现场卫星电话的防摔装置	ZL 201822135097.3	江苏省地震局	徐年 李伟 孙业君 陆文静
73	外观设计专利	水准点标芯（跨断层测量）	ZL 201830209071.1	江苏省地震局	吴晓峰
74	实用新型专利	一种地震救援工具	ZL 201821136421.7	山西省地震局	杨斌
75	实用新型专利	一种多功能模拟井孔装置	ZL 201920631927.3	中国地震台网中心	刘春国 樊春燕 孔令昌 陶志刚
76	实用新型专利	一种基于人工智能的地震台网实时监控设备	ZL 201920354824.7	中国地震台网中心	黄经国 余丹 李正媛 王军 纪寿文
77	实用新型专利	预警终端及地震预警系统	ZL 201820605406.6	中国地震台网中心	侯建民 陶冶 肖健 陶鑫 翟颖 李雨泽 魏玮 黄仁桂
78	实用新型专利	预警终端及地震预警系统	ZL 201820605400.9	中国地震台网中心	侯建民 陶冶 肖健 陶鑫 翟颖 李雨泽 魏玮 黄仁桂
79	发明专利	智能底盘结构	ZL 201610806010.3	防灾科技学院	姚振静 洪利 李亚南 穆如旺 孟娟
80	发明专利	地震—海潮作用下近海岸带地下水渗流的模拟装置及模拟方法	ZL 20171145316.8	防灾科技学院	那金 迟宝明 姜雪 谷洪彪
81	发明专利	一种山区不规则桥梁双柱墩混合抗震体系	ZL 201711337849.8	防灾科技学院	孙治国 管璐 张振涛 刘瑜丽
82	实用新型专利	一种定气配液装置	ZL 201822187739.4	防灾科技学院	刘广虎 于赫楠 赵宏宇 钟建宏 温明明 程思海 王承洋
83	实用新型专利	一种定值痕量水溶气体标准试验溶液制作系统	ZL 201822144777.1	防灾科技学院	刘广虎 于赫楠 温明明 程思海 曹珺 王承洋 范仹金 谭覃 邓丽婷

序号	专利类别	专利名称	专利号	完成单位	完成人员		
84	实用新型专利	一种无菌箱体	ZL 201822143678.1	防灾科技学院	刘广虎 齐路晶 刘 杰 孙珍军 程思海 温明明 曹 珺		
85	实用新型专利	一种用于检测原液处理装置顶部气体成分的色谱分析装置	ZL 201822143676.2	防灾科技学院	刘广虎 温明明 齐路晶 程思海 曹 珺 王承洋 孙珍军		
86	实用新型专利	一种原液处理装置	ZL 201822144779.0	防灾科技学院	温明明 张汉泉 刘广虎 程思海 曹 珺 何 赵		
87	实用新型专利	便携式远程空气质量检测仪	ZL 201820720957.7	防灾科技学院	蔡建羡 郜双双 曲家乐 郭丽丽 江相衡 贾思雨 余建龙		
88	实用新型专利	基于KL26的无人驾驶汽车模型	ZL 201821006474.7	防灾科技学院	高 琴		
89	实用新型专利	一种便携式烈度监测仪	ZL 201920363540.4	防灾科技学院	李亚南 洪 利 高志涛		
90	实用新型专利	一种指静脉识别图像采集装置	ZL 201920044977.1	防灾科技学院	蔡建羡 郜双双 王 响 彭 锦 江相衡 余建龙 杨 晴		
91	实用新型专利	一种二氧化碳气体通量探测装置	ZL 201821400650.5	防灾科技学院	李 峰 卫爱霞		
92	实用新型专利	直齿篦式阻尼器	ZL 201821675678.X	防灾科技学院	郭 迅 何雄科		
93	实用新型专利	一种调平三角架	ZL 201822073808.9	防灾科技学院	冯燕茹 张 涛 高志涛		
94	实用新型专利	手环	ZL 201920169206.5	防灾科技学院	冯海成 黄元昊		
95	实用新型专利	一种可快速布设的便携式环境参数采集设备	ZL 201920363543.8	防灾科技学院	高志涛 洪 利 李亚南		
96	发明专利	等效孔隙裂缝介质的弹性阻抗及广义流体因子分析方法	ZL 201710084219.8	甘肃省地震局	窦喜英 张 博 张 辉		
97	实用新型专利	摇柄式岩土样制作器	ZL 201821319725.7	甘肃省地震局（中国地震局兰州地震研究所）	郑海忠 严武建 吴志坚 石玉成 王 平 王 强		
98	实用新型专利	双层可移动式岩土样养护箱	ZL 201821953033.8	甘肃省地震局（中国地震局兰州地震研究所）	郑海忠 严武建 吴志坚 石玉成 王 平 王 强		
99	实用新型专利	一种简单可维护的地磁仪器记录室	ZL 201920190659.6	甘肃省地震局	周卫东 牛延平 田 野 马可兴 李 亮 刘白云 苏小芸 何胜皎 王 娟		
100	实用新型专利	一种电动击实仪护罩	ZL 201821831330.5	甘肃省地震局	高中南 钟秀梅 马海萍 洪 敏 郑和祥 王 平 王 峻 赵乘程 刘钊钊 白雪见 强 玫 李跃春		

序号	专利类别	专利名称	专利号	完成单位	完成人员		
101	实用新型专利	一种多功能土样吸水装置	ZL 201821831381.8	甘肃省地震局	高中南　王　谦　钟秀梅 马海萍　洪　敏　郑和祥 苏永奇　王丽丽　王　峻 强　玫　刘钊钊　李跃春		
102	实用新型专利	一种可录像，防倾倒的自动读数的崩解测试装置	ZL 201821831561.6	甘肃省地震局（中国地震局兰州地震研究所）	钟秀梅　王　谦　李　娜 郭　鹏　车高凤　王　峻 苏永奇　马海萍　王会娟 马金莲　王丽丽		
103	实用新型专利	一种多功能原状土试样风干装置	ZL 201821831329.2	甘肃省地震局	高中南　王　谦　钟秀梅 郑和祥　王　平　马海萍 刘钊钊　车高凤　赵乘程 李跃春		
104	实用新型专利	一种便携式可扩展复杂地形人工降雨装置	ZL 201821575252.7	甘肃省地震局	蒲小武　王兰民　王　平 车高凤　王丽丽　许世阳 于一帆		
105	实用新型专利	一种室内原状黄土降雨渗透装置	ZL 201821575713.0	甘肃省地震局	蒲小武　王兰民　王　平 车高凤　柴少峰　许世阳 王丽丽　许书雅		
106	实用新型专利	一种3D打印加速度传感器防水密封盒及防水密封装置	ZL 201920222931.4	甘肃省地震局（中国地震局兰州地震研究所）	柴少峰　王　平　车高凤 王丽丽　马金莲　许世阳 王会娟　郭海涛　于一帆 常文斌		
107	发明专利	一种节理性土工三轴试验制样方法	ZL 201710391681.2	甘肃省地震局	王丽丽　梁庆国　孙　文 王　俊　王　平　王　谦 夏　坤　董　林		
108	实用新型专利	一种集成测量功能的土样击实器	ZL 201822083837.3	甘肃省地震局	王丽丽　卢育霞　王　平 于一帆　许书雅　王会娟 董　林		
109	实用新型专利	一种防止黄土地震坍塌装置	ZL 201920425100.7	甘肃省地震局	严武建　王　平　许世阳 朱朝霞　郑海忠　李福秀		
110	实用新型专利	一种黄土地震用震量检测装置	ZL 201920424959.6	甘肃省地震局	严武建　王　平　许世阳 朱朝霞　郑海忠　李福秀		
111	实用新型专利	一种黄土地震用地震灾害感应报警装置	ZL 201920424959.6	甘肃省地震局	严武建　王　平　许世阳 朱朝霞　郑海忠　李福秀		
112	实用新型专利	一种基于黄土地震的预警求生保护装置	ZL 201920424948.8	甘肃省地震局	严武建　王　平　许世阳 朱朝霞　郑海忠　李福秀		
113	实用新型专利	一种黄土压实设备	ZL 201920522150.7	甘肃省地震局（中国地震局兰州地震研究所）	于一帆　王　平　王会娟 郭海涛　许书雅　柴少峰 王丽丽　蒲小武　许世阳		
114	实用新型专利	一种磁电传感式水位探测装置及系统	ZL 2019201036085	陕西省地震局	李垚奇　贺　魏　张　璐 许士超　李守广　王　凤 徐一斐　法　源　高小榆 冯元铎　汪伟明　王党席 王　静　刘昕谦		

序号	专利类别	专利名称	专利号	完成单位	完成人员
115	实用新型专利	基于单片机的水管倾斜仪自动补水调零装置	ZL 201821283443.6	陕西省地震局	张 璐　李垚奇　陈冬柏
116	实用新型专利	一种智能化的测量仪器储存柜	ZL 201820048520.3	陕西省地震局	张永奇　韩美涛　苏利娜 郑增记　翟宏光
117	实用新型专利	一种信号采集处理电路	ZL 201721250645.6	陕西省地震局	白若冰　闫俊义　冯红武 刘 盼　安 然

（中国地震局科技与国际合作司）

科技进展

天津市地震局

2019年，天津市地震局共承担各级各类科技课题25项，其中实施省部级及以上科技项目11项。完成2019年局内科研项目立项，资助"渤海海域地壳波速变化监测平台研发"等9项科研项目。

科技项目方面。"十三五"项目天津市防震减灾服务平台建设工程可行性研究报告得到天津市发展改革委批复，开展项目初步设计，拟于2019年底开工，2021年初竣工。落实中国地震局与天津大学战略合作框架协议，依托大型地震工程模拟研究设施，与天津大学联合申报中国地震局地震工程综合模拟与韧性抗震重点实验室，完成实验室2019年建设任务。承担信息网络相关标准制定工作，完成制定地震云平台安全规范标准、地震信息平台统一用户管理和访问控制规范标准等行业规范。组织申报4项天津市自然科学基金项目，其中"宁河东部傅庄—谢家坟断裂的古地震研究"项目获得立项。组织申报天津市科技普及项目"学校防震与应急画册创作"，获得立项。

科技成果方面。国家自然科学基金项目"起伏地表下高精度地震波多震相联合层析成像及其应用"引入地形"平化"策略，开展多震相射线路径及联合层析成像方法研究，实现对复杂地形的精确描述；在初至波走时研究工作的基础上，结合分区多步技术，发展起伏地表下反射波走时及射线路径的计算方法、"平化"策略下反射波走时层析成像方法，以及联合初至波和反射波的多震相联合层析成像方法，有效提高成像的分辨率；引入迎风格式快速扫描法和L-BFGS（Limited-memory Broyden-Fletcher-Goldfarb-Shannon）方法，实现一种新的地形"平化"策略下初至走时层析成像方法，有效提高计算效率。

精密可控震源探测信号分析和震相提取软件V0.2实现震源探测数据的预处理、震相精细分离、震相扫描曲线展示等，以及大量数据的联合处理。天津市地震局地震应急可视化数据管理平台主要应用在地震应急准备和震后应急指挥中，通过数据的可视化展示将数据信息更加直观地传递给指挥人员，使应急基础数据更好发挥其数据支撑作用。

深化开放合作方面。联合天津大学、天津城建大学完成天津市科技重大专项"地震风险预警技术及服务产品研发应用"2019年工作任务。落实中国地震局与天津大学战略合作框架协议，联合天津大学申报的中国地震局地震工程综合模拟与抗震韧性重点实验室通过中国地震局审批，联合天津大学多次组织召开中国地震局重点实验室学术交流会，共同推进重点实验室建设。

科技管理方面。科研项目激励政策全面落实。组织开展2018年科技成果分级评价工作，完成2018年科技成果统计，对8项科技成果进行奖励。为全面推进科技创新团队工作，加强天津市地震局地震科技队伍建设和人才培养，提升地震科技队伍的创新能力和竞争实力，制定《天津市地震局科技创新团队管理办法》，规定科技创新团队申报条件、方法、考核评估方法以及科技创新团队激励和保障措施等。

（天津市地震局）

河北省地震局

2019年，河北省地震局积极参与，科技创新平台建设初见成效。河北省地震局与北京大学联合申请的"河北红山巨厚沉积结构与地震灾害国家野外科学观测研究站"，被命名为中国地震局野外科学观测研究站，推荐参加科技部国家级野外站遴选；作为共建单位，与防灾科技学院申请的"河北省地震动力学重点实验室"获批；与中国电信河北分公司签署协同创新框架协议，引导科技人员在物联网方面开展应用研究。创新平台建设、框架协议签订，为河北省地震局在提供地震安全服务、凝练重大科研项目、找准科技发力点等方面提供科技支撑。

协同合作，服务国家重大战略和社会经济发展。2019年，河北省地震局联合中国地震局地质研究所就冬奥会场址区三维壳幔结构模型与地震风险评估开展研究，为震情分析和地震趋势研判提供有效技术途径；与河北科技大学、防灾科技学院、河北省地质环境监测院、中国地震局地球物理研究所等单位合作，在地震观测仪器研制、测震台网数据研究、地震前兆数据观测等领域开展联合技术攻关。

2019年，制定印发《河北省地震局科技成果转化管理办法（试行）》，旨在加快推动科技成果有效转移转化，提高科技人员从事科技成果转化的积极性，规范河北省地震局科技成果转化。

（河北省地震局）

内蒙古自治区地震局

2019年，内蒙古自治区科技重大专项"重点地区地震预测预警技术研究开发与推广示范"项目顺利通过验收，被评为优秀。项目产出软件2套、搭建微震监测平台1套，开发内蒙古自治区地震安全信息智慧服务平台1套，制定矿山微震监测技术标准4套，获得实用新型专利2项，获得软件著作权7项。内蒙古自治区地震局主动与黑吉辽东北3省、京津晋冀华北4省市、甘宁陕西北3省开展震情跟踪协作。邀请中国科学院大学石耀霖院士团队、北京大学地空学院等国内双一流大学专家开展联合会商。与内蒙古自治区气象局、自然资源厅及周边邻省区市地震局开展气象预报和地质灾害预防交流。逐年引进新技术。已把时频分析、数值模拟等新理论、GNSS、InSAR、流动重力、流动地磁、热红外、AI、矿震监测、痕量氢、断层应力等技术应用于会商工作和地震预测研究中，拓展地震空间观测、遥感技术应用在地震研究中的应用。

2019 年度局长基金课题中高级职称科研人员共 13 人担任课题导师。建立内蒙古自治区地震局局长基金项目评审专家库。

（内蒙古自治区地震局）

辽宁省地震局

1. 中国地震局重点科技项目进展

① 2019 年，辽宁省地震局与中国地震局地质研究所签订的中国地震局"中国大陆主要地震构造带活动断层探察"子项目"密山—敦化断裂辽宁段落（即浑河断裂）活动性鉴定"提交验收报告，准备验收。

②与中国地震局地壳所物理研究合作的"郯庐断裂带北延段（辽宁段）活动性鉴定与地震构造环境研究"项目按计划有序开展。

③与中国地震局地球物理研究所签订的国家地震减灾科学计划项目"中国地震科学台阵探测——华北地区东部"子项目"辽宁中部区域宽频带流动地震台阵观测"做好 55 个台站的维护工作，按计划开展巡台及收集数据等工作。为使记录数据更加全面，经与地球物理研究所协商，项目获批延续 1 年。

④承担中国地震局震害防御司项目两项："密山—敦化断裂辽宁段（浑河断裂）活动性分段及地震危险性评价""老震区农村地震风险评估与管理示范"，提交验收报告。

2. 科技创新性成果

① 2019 年，辽宁省地震局积极推进实施国家地震科技创新工程。与中国地震局地震预测研究所合作的"辽南地区地震加密观测及介质结构研究"专项重点项目持续推进；辽宁省科技厅批准的"辽宁地区震源参数和地壳结构的详细研究""地震灾害防御社会服务系统关键技术研究"和"辽宁省 1∶100 万地震构造图"等项目完成总体目标，12 月底结题，准备验收。启动与地壳应力研究所共同开展的"郯庐断裂带北延段（辽宁段）强震孕育的动力学模型研究"项目野外工作。

②深化科技交流与合作。与大连理工大学、中交投资公司等共同申报省部共建防灾减灾与应急管理协同创新中心，建立产、学、研一体资源融合平台，为人才培养、学科建设提供更大空间，最大限度将科研成果应用在辽宁省防灾减灾工作中。

③推进科研团队建设。根据辽宁省防震减灾工作需求及辽宁省地震局未来 3 年重点工程任务，组建 1 个地震构造科研团队，以辽宁省及附近地区的地震构造带以及处在地震构造带上的城市（区）为研究对象，逐步开展规范化、系统性、科学化的地震构造（活动断层）调查、探测和研究工作，为高端科技人才培养搭建平台。

3. 成果推广和科技开发

①申请实用新型专利（地震计远程校正调平及防磁恒温防护系统，专利号：ZL

201920242967.9）和软件著作权（双单片机台站远程监控系统核心软件，登记号：2019SR0687927）各 1 项。

②专项项目"基于 3G 无线数据传输基础上的测震台站监控设备的研制"获得辽宁省科技进步三等奖。

（辽宁省地震局）

吉林省地震局

2019 年，吉林省地震局筹划组建火山机构，起草《中国地震局火山研究所建设方案》。制定国外火山监测动态跟踪机制，编制全球火山信息专报和全球火山活动监测周报。初步建立全球 1533 座火山基础信息数据库。

吉林省地震局充分发挥专业优势，深入开展非天然地震监测和信息报送工作，组建工作团队，在长春龙家堡矿区布设 10 个流动台，全面强化监测服务能力。处置非天然地震事件 122 次，报送信息专报 37 期，为政府应急管理决策提供有力科学依据。

落实中国地震局与吉林大学战略合作协议，与吉林大学共同推进火山监测预警工作、东北地震与火山大数据中心建设、松原烈度速报预警项目建设以及丰满旧坝爆破拆除监测工作。

继续开展国家自然基金"俯冲带强震与长白山火山区微震活动相关性研究"项目研究工作，研究远震（非天然地震事件）与火山区微震活动的关系、火山扰动期间火山地震类型及其活动规律、2002 年 6 月 29 日汪清深源地震与火山扰动之间的关系并提出火山扰动机制模型。该项目使用的火山震检测和定位程序已经应用于日常火山监测工作。

2019 年 7 月 8—18 日，吉林省地震局研究员刘国明在加拿大蒙特尔参加国际大地测量学和地球物理学联合会（IUGG）第 27 界学术会议，开展展板（Poster）交流，通过参加学术会议，了解各国火山监测与研究现状，开阔火山监测和研究方面视野，对火山研究领域新方法和新成果有了新的初步的认识。2019 年 12 月 8—15 日，吉林省地震局副局长杨清福参加中国地震局代表团赴加拿大和冰岛，访问加拿大自然资源部灾害风险信息中心、渥太华大学土木工程系、多伦多大学土木和矿产工程系以及冰岛气象局，对北美板块和欧亚板块分界、哈夫纳维克海湾、火山熔岩隧道进行实地考察。通过访问，使吉林省地震局同加拿大、冰岛相关部门之间的关系更为密切，有助于推进各方在地震监测、震害防御、火山地震等地震科学研究领域的交流协作。

（吉林省地震局）

黑龙江省地震局

2019 年，黑龙江省地震局继续推进中国地震局地震科技星火计划项目，其中"黑龙江省 8 度设防区农村房屋抗震性能分析与提升对策"和"东北地震区 1∶100 万数字地震构造图编制"顺利完成，进入验收。推广中国地震局"监测、预测、科研"三结合课题成果 1 项，"研究基于 CACTI 的测震监控系统"基于实际需求定制开发的监控系统，可定期生成运行状态报表发送给相关维护人员用于系统状态分析和存档备用，及时排查监控数据系统的隐患（隐性）故障，发现故障时及时警告通知，现已全面部署各综合台，监控主机 279 个，监控图形 675 项。

（黑龙江省地震局）

上海市地震局

1. 科技项目进展

2019 年，上海市地震局围绕《上海地震科技创新计划》确定了"透明地壳""韧性城市"和"智慧服务"等 3 个研究方向，在上海及邻区地下精细结构与海域断裂构造探测、城市地震灾害风险评估和防御、地震安全智慧服务方面组织布局一批重点项目和课题。

"上海市高分辨率三维地壳结构成像关键技术"计划用 3 年时间以上海地质调查研究院已有的钻孔资料为基础，利用国际先进的密集台阵联合噪声成像技术，对上海中下地壳进行精细探测。

上海市财政专项"上海市建筑抗震能力现状调查"用 3 年时间完成对全市范围各类建筑物抗震能力调查，建立上海市建筑抗震能力现状基础数据库。开展密集地震动观测实践探索，建设地震动密集观测系统。

2. 科研成果产出

2019 年，上海市地震局 3 项上海市科研计划项目通过验收："短临地震地电观测新技术研究"项目利用大电流物理模拟实验研究证明了地电场在地下的传播的速度是存在变化的。完成上海地区两条大范围 MT 大地电磁测深剖面，为获得地电场在地下传播的大尺度电性结构以及断层分布信息、寻找和证明地下电磁信号传播和观测的"敏感点"提供依据。

"利用星载红外、电磁、雷达波数据开展上海地区地球物理场观测研究"项目利用星载红外、电磁观测数据，结合地面温度、形变、地磁定点监测数据，开展上海及邻区地球物理场时空演变特征的研究，初步建立区域热红外、电磁的观测背景场并开发红外、电磁地震信息处理软件。

"上海市地震应急关键技术研究"项目按照建设城市地震应急交通道路的设想，搭建二维显示的"上海市地震应急交通管理系统",提出建筑物倒塌对道路影响的精算模型。在提高城市应急交通抗震能力的前提下,实现应急交通道路和外围交通网直连的目标。

3. 协同平台建设

2019年,上海市地震局对标国家野外观测研究站建设要求,邀请南方科技大学作为共建单位,成立学术委员会和管理委员会,编写《上海佘山地球物理国家野外科学观测研究站建设发展方案(2019—2025)》,明确定位和目标,发挥佘山台百余年历史观测资料优势及上海全球海洋中心城市地理优势,设置7个研究方向,开展地球物理观测新技术研究,努力将佘山野外站建设成为野外观测、实验和科学研究的示范基地。

(上海市地震局)

江苏省地震局

2019年,江苏省地震局结合江苏省防震减灾事业现代化建设需要,提出"透明江苏、认识地震、韧性城乡、智慧服务"科技创新工作和重点攻关领域,支持在"透明地壳、解剖地震、韧性城乡、智慧服务"等方面开展探索和科学研究、成果推广。宿迁市活动断层探测以及盐城市、高邮市在推进"韧性城乡、智慧服务"方面的典型做法和先进经验分别获得江苏省地震局防震减灾优秀成果一等奖和二等奖。江苏省地震局与中国地震局地震预测研究所签署科技交流合作框架协议,加强局所合作,推进防震减灾科技工作。加强科研管理制度建设,印发《江苏省地震局关于促进地震科技成果转化暂行办法》和《江苏省地震局创新团队管理办法(试行)》。江苏省科技计划共立项支持防震减灾各类科技项目2项。江苏省地震局获批中国地震局地震科技星火计划项目1项,完成1项省社发项目、3项星火攻关项目结题验收。2019年,江苏省地震局围绕预测预报方法、地震仪器研制等重点领域,加大科研投入和支持力度,组织实施监测预报领域科研项目52项,发表论文32篇(其中SCI、EI各1篇,核心期刊15篇),取得发明专利3项,国家实用新型专利10项,外观设计专利1项。

(江苏省地震局)

浙江省地震局

2019年,浙江省地震局组织开展各类科技项目验收共计17项。组织完成"湖州台不同形变仪检测地球自由振荡的对比分析"等3项中国地震局"三结合"课题验收工作;组织完成"宁波地区地震事件志编撰"等14项浙江省地震局科技项目验收工作。做好中国地震局、浙江省科技厅各类项目申报工作以及浙江省地震局科技项目立项工作。组织申报并获批 2020 年中国地震局地震科技星火青年项目 2 项；组织申报 2020 年度中国地震局"监测、预测、科研"三结合课题 7 项；2020 年度地震应急青年重点任务 2 项。组织申报 2020 年度浙江省自然基金项目 1 项。

（浙江省地震局）

安徽省地震局

2019 年，安徽省地震局强力推进科技创新，整合资源组建科技创新团队，深化合作与交流。在"一场一带一站"发展战略中，安徽省地震局与中国科技大学共建的蒙城国家地球物理野外观测站被科技部评为"优秀"等级，是全国 105 家参评机构中的 24 家优秀之一。同时，安徽省地震局与中国地震局地震预测研究所、合肥工业大学和中国股份有限公司铁塔安徽分公司签订合作框架协议。

在科研项目申报方面，安徽省地震局组织申报国家、省、中国地震局各类科研项目 25 项，获批 10 项中国地震局"三结合"课题，获批 4 项 2020 年度中国地震局地震科技星火计划项目。组织 1 项安徽省自然科学基金项目参与验收；1 项 2018 年度中国地震局"三结合"课题在中国地震局组织抽验中获得优秀；2 项中国地震局地震科技星火计划项目参加验收，1 项获得优秀。

国家及中国地震局重点科技项目：国家自然科学基金青年项目——郯庐断裂带中段最新活动断裂 F5 在淮河以南的活动特征研究（2019—2021）；中国地震局地震科技星火计划攻关项目——面波频散、振幅比和接收函数联合反演郯庐南段速度结构（XH19020）。

主要学科领域创新性成果：安徽省自然科学基金面上项目——电离层 D 层扰动在地震短临预测中的应用研究（2017—2019）；2016 年度安徽省中央引导地方科技发展专项——安徽大别山地区地震监测预警项目（2016—2019）。

成果推广和科技开发工作情况：2019 年 8 月，安徽省地震局制定印发《安徽省地震局科技成果转化管理实施细则（试行）》，从科技成果转化管理、转化范围、转化形式和奖励分配机制等方面提出 24 条措施，明确政府、企业及其他社会组织委托开展的技术开发、技术咨询、技术服务、技术培训等活动，视同科技成果转化。2019 年，安徽省地震局实现 4 项技术服务类科技成果转化。

（安徽省地震局）

江西省地震局

1. 科技创新研究情况

2019年4月，江西省地震局印发《江西省地震局科技体制改革实施方案》，提出10项举措和3项保障，激发江西省地震局在国家"5+6+1+N"的地震科技创新布局中提升创新活力，提高科技创新对事业发展的贡献率。

2019年，江西省地震局对标国家地震科技创新工程，做好科技创新团队科研项目管理。加强对中国地震局地震科技星火计划项目、中国地震局"三结合"课题及青年基金课题的申报、验收以及成果入库等全过程管理工作。4个项目获得2020年度中国地震局地震科技星火计划立项支持。其中，"安源矿区地壳速度结构和地震震源特征精细研究"项目获批攻关项目，"利用模板匹配和尾波干涉技术分析寻乌及邻区的波速特征"等3个项目获批青年项目。

2. 构建协同创新平台情况

江西省防震减灾与工程地质灾害探测工程研究中心被认定为省级工程研究中心。2019年11月8日，江西省发展改革委下发《关于2019年度江西省工程研究中心认定的批复》，江西省地震局与东华理工大学联合申报的江西省防震减灾与工程地质灾害探测工程研究中心被认定为省级工程研究中心。

江西九江地球动力学野外科学观测研究站被认定为中国地震局局属野外科学观测研究站。2019年10月25日，中国地震局科技与国际合作司印发《关于批准新疆帕米尔陆内俯冲等10个中国地震局野外科学观测研究站的通知》，依托江西省地震局、东华理工大学联合建设的江西九江扬子块体东部地球动力学野外科学观测研究站被认定为中国地震局在全国的10个局属野外科学观测研究站之一。

完成寻会安区域震情会商与应急响应示范系统研发。完成"寻会安区域震情会商与应急响应示范系统"软件模块研发，实现江西实时地震速报、江西每日地震快报、月周时段地震快报、任意时段地震统计、地球物理台网快报、信息节点实时监控、门户网站浏览检查、江西地震月周会商、江西地震应急会商、江西地震专题信息、江西强震应急触发、江西强震专题地图、大屏震情信息、科研快讯成果交流等专栏的自动推送或一键式触发推送。完成该系统平台与江西省应急管理厅值班系统的对接，为地震应急响应及辅助决策提供较为全面的震情信息服务。

（江西省地震局）

山东省地震局

科研项目方面。2019年，山东省地震局获得1项2019年度国家自然科学基金面上项目。承担2项2019年度中国地震局地震科技星火计划项目，8项2019年度中国地震局"监测、预测、科研"三结合课题。获得 2 项 2020 年度中国地震局地震科技星火计划项目立项。

编制《山东省地震局 2019 年度科研项目申报指南》，作为一般科研项目的资助方向。首次下达一般科研项目 15 项，资助经费。完成 29 项局本级科研项目验收工作。

抓好重点科研项目的执行督导和验收工作。分两批开展 22 项在研重点科研项目中期检查，完成 35 项重点科研项目的经费公示。完成 1 项中国地震局地震科技星火计划项目和 2 项山东省自然科学基金项目验收工作。

成果管理方面。召开 2019 年度局防震减灾优秀成果奖评审会议，继续采用量化预审机制，评选出防震减灾优秀成果 4 项，其中二等奖 1 项，三等奖 3 项。对现有科技成果进行整合，下达科技成果推广转化项目 2 项，资助经费。

2019 年度，山东省地震局科研人员共发表论文 28 篇（核心级以上期刊），其中 SCI 收录 4 篇，EI 收录 7 篇。获得发明专利 2 项，实用新型专利 4 项，软件著作权 1 项。完成《齐鲁地震科学专辑（2019）》出版。

科技创新团队建设方面。2019 年，在原有科技创新团队的基础上进一步整合，组建"地震灾害风险评估技术及应用"和"信息化建设与智能服务"2 支科技创新团队，以重点科研项目形式下达"信息化建设与智能服务"团队工作任务，团队研究进展顺利。

科技交流与合作方面。2019 年，持续推进同系统内外科研院所、高校科技交流与合作。与中国地震局地震预测研究所签署《科技交流与合作框架协议》，积极落实协议内容，联合开展"地槽式短基线应变仪"科技成果转化。

与山东省科学院（齐鲁工业大学）激光研究所开展密切合作，联合申报山东省重点研发计划（重大科技创新工程）项目"地下空间光纤智慧感知物联网建设与应用示范"，联合申报"山东郯城巨震区低速率挤压逆冲构造野外科学观测研究站"野外科学观测研究站，获得中国地震局批准。

与甘肃省地震局（中国地震局兰州地震研究所）开展合作，就人工主动源建设与运行等开展调研，并将相关技术思路写入"十四五"规划。与中国地震局地球物理研究所签订《2019 年度中韩合作地震台站运行与维护》合作协议。

派出 1 名同志随中国地震台网中心团（组）前往老挝执行"援老挝国家地震监测台网项目设备安装联调"任务。

制度建设方面等方面。2019 年，进一步完善科研管理制度，起草或修订《山东省地震局科技创新团队管理办法》《山东省地震局科技成果转化实施细则（暂行）》《山东省地震局重点科研项目和一般科研项目管理办法》和《山东省地震局科学技术委员会章程》等管理办法。

召开 2019 年度山东省地震局科技委工作会议，围绕深化科技体制改革、"十四五"科技发展规划和促进科技成果转化等议题进行集中研讨。组织召开科技委咨询会，对新组建的 2 支科技创新团队建设方案进行论证。

组织 2018 年出国访学、参加援建和培训的 5 名业务人员作专题学术报告，汇报在国外学习成果及对科研工作的建议。邀请 4 名山东地震局内外科研人员作学术报告，营造良好学术氛围。

（山东省地震局）

河南省地震局

1. 学科研究进展与科技项目进展

2019 年，河南省地震局积极落实全国地震科技大会精神，主动对接国家地震科技创新工程四大计划，研究制定适合实际的科技创新行动计划，努力提升河南省地震科技创新水平。

对接"透明地壳"计划。河南省地震构造探查项目成果丰硕，编制豫北地区断裂分布图和 1∶25 万地震构造图；初步判断新乡—商丘断裂封丘段、黄河断裂南段、杨庄断裂开封祥符区段 3 条活动断层。城市活断层探测持续推进，濮阳、三门峡、鹤壁等 7 市有序实施。

对接"解剖地震"计划，开展对历史地震的研究工作。构建协作区、高校、科研院所科技创新合作机制。着力推动河南省地震分析预报会商系统平台建设。

对接"智慧服务"计划，开展智慧服务产品研发和统一发布平台建设，完成 49 项公共服务产品上线，上线率达 86%。以迁云计划为支撑，抓好地震烈度速报和预警工程、河南省地震构造探查项目信息化工作和门户网站服务平台建设。大力推进"互联网＋"与地震业务工作深度融合，健全防震减灾公共服务体系。

对接"韧性城乡"计划，深入开展地震农居工程调研，了解掌握农村民居地震风险情况，推动地震安全农居建设。积极探索新形势下地震安全性评价工作模式，为重大建设工程抗震设防提供服务。加强对学校、医院等人员密集公共场所抗震设防要求落实情况监督检查。

2. 国家级、省部级科研项目成果

2019 年，张扬主持省部级项目"河南省地震构造探查工程"。

3. 科研投入及技术转让

2019 年，大力实施人才工程，加大对人才培养的资金支持，安排人才专项经费（科技创新团队）、职工教育培训经费。打造人才培养优质平台，组建 6 支创新团队开展科研攻关并完成中期考核。1 名人员入选中国地震局优秀年轻人才。

2019 年，产出软件著作权 1 项，为河南省城市活断层查询系统。

4. 科技交流

2019 年，扩大开放合作，构建协同创新平台。河南省地震局联合河南大学土木建筑学院组建"地震对城市建筑造成的影响"研究团队，开展相关研究工作；与中国地震局地质研究所合作开展"豫北典型断裂活动性研究与断裂三维建模"项目，完成豫北聊兰、黄河、长垣断裂地质模型建立，项目进展良好。

支持地震科技创新重点任务，促进科研业务融合。2019 年，全面落实与中国地震局地球物理勘探中心、中国地震局地质研究所等单位全面深入务实合作协议，充分利用其科技资源，在地震构造探查、人才培养等领域加强合作。实施与武警总队、测绘地理信息局、民政厅、水利厅、科学技术协会、中原油田、煤田地质局等部门合作计划，健全开放合作机制，共同推进防震减灾工作。

（河南省地震局）

湖北省地震局

1. 积极推进区域研究所改革

2019 年，按照中国地震局统一部署，湖北省地震局持续推进区域研究所建设工作，完成了区域研究所章程、三定方案、实施方案等编制工作。

2. 认真做好各类科研项目申报、实施与结题验收组织管理工作

2019 年，湖北省地震局共获批国家自然科学基金项目 3 项，中国地震局地震科技星火计划项目 4 项，湖北省科技创新重大专项 1 项，湖北省自然科学基金 3 项。

2019 年度所长基金项目经过评审会现场评议，共计 32 个项目给予立项资助，其中重点项目 2 项，面上项目 10 项，青年项目 9 项，基础研究专项 11 项，总经费 200 万元。

2019 年，湖北省地震局承担的 1606 工程完成野外绝对重力测量、相对重力联测、坐标测定等野外测量工作，与合作单位共同完成数据拼接，进行初步处理，分析认为总体技术指标达到设计要求。推进"一带一路"项目进展，协调组建项目组织管理和工程实施团队，组织参加"一带一路"项目对接工作会议，完成与中航建筑设计院工作任务对接确认。协调完成重力仪、GNSS 和气象仪等仪器设备采购论证。

2. 着力加强科技成果产出

2019 年，湖北省地震局获得测绘科技进步二等奖 1 项、湖北省科技进步奖三等奖 1 项，获得国家授权实用新型专利 13 项、计算机软件著作权 21 项，发表 SCI 论文 24 篇、EI 论文 5 篇、核心论文 55 篇。

3. 积极主动做好地壳形变学科组各项协调工作

2019 年，湖北省地震局充分发挥地壳形变学科组依托单位作用，圆满完成 2020 年度全国地震趋势重力、GNSS 专科会商工作。成功举办 2019 年度重力台网布局科学设计与发展研讨班，组织地震系统内外重力学科相关单位和专家就新时代防震减灾事业现代化要求和监测预报国际发展趋势开展重力学科测网布局研讨。

4. 积极开展国内外合作交流

在国际学术交流方面，2019 年，湖北省地震局创造条件派出聂兆生副研究员一行 4 人赴奥地利参加欧洲地球科学联合会（EGU）2019 年年会，派出王嘉沛助理研究员赴新加坡参加亚洲大洋洲地球科学学会（AOGS）2019 年年会，派出刘子维研究员一行 4 人赴加拿大参加国际大地测量与地球物理联合会（IUGG）2019 年年会，派出董培育助理研究员一行 2 人赴美国参加美国地震学会（SSA）2019 年年会，选派乔学军研究员等 3 人随中国地震台网中心团组赴老挝执行援外台网建设任务；邀请美国阿拉斯加大学 Jeffery Fremuller 教授、德国汉诺威引力物理研究所 Vitali Muller 博士等 4 位专家学者来湖北省地震局开展学术交流活动，营造浓郁学术氛围，拓展局科研人员学术视野。2019 年，湖北省地震局还先后邀请国内地学领域专家 28 人次开展学术报告交流，选派优秀科研骨干参加地球物理年会、中国地震学会空间对地观测委员会学术年会等重要学术会议，促进与国内高校和科研院所间科技交流。

（湖北省地震局）

湖南省地震局

1. 科技计划项目与经费

2019年，湖南省地震局下达防震减灾科研课题6项，并资助经费。

2. 科研成果与奖励

2019年，编辑《湖南省地震构造图集》，系统汇编湖南地震活动和地震构造研究成果资料，收录湖南地震活动性和地震构造等图件共644幅，其中，地震活动性图件24幅、地震构造图10幅、地球物理场图件4幅、地貌及新构造图件35幅、河流阶地图件64幅、第四纪地层图件42幅、盆地构造图件8幅、断裂剖面图457幅，在反映湖南地震活动性、地质构造、地震构造、地球物理场、地貌及新构造等总体特征的同时，重点对北东向断裂、北西向断裂和前第四纪断裂的分布特征和精细构造进行研究；公开发表学术论文3篇。

3. 科技管理

2019年，湖南省地震局加强人才队伍建设，建立科技创新人才团队2个，确定团队带头人，明确研究方向，制定《湖南省地震局科技创新团队管理办法（试行）》。

实行科研人员轮训制度，各市州地震局和地震台科研人员定期分批次进入湖南省地震局预报中心进行地震趋势研判培训；2019年组织湖南省地震局业务部门、市州地震局以及台站业务人员参加中国地震局举办的各类业务培训，包括信息网络技术、地震观测业务技术、地震分析预报方法、台站人员上岗资格培训等业务培训班；自行组织监测预报综合业务培训班。

4. 科技活动与学术交流

2019年，湖南省地震局与中南大学签订《大学生校外时间教育基地共建协议书》，探索校内外合作协同育人模式，推进产、学、研全面合作，充分发挥学习和地方政府、部门、企事业单位在人才培养过程中的职能作用，实现优势互补，强化实践育人。邀请系统内外相关十余位专家开展学术交流。

（湖南省地震局）

广东省地震局

1. 重点科技项目进展

2019年，广东省地震局"壳幔结构探测与动力学研究"团队承担的国家自然基金项目"珠江口海陆过渡带三维精细地壳结构及潜在震源区研究"工作按计划持续推进。完成研究区主、被动源三维地壳结构模型建模工作，包括利用爆破和气枪主动源记录完成3条加密测线二维模型以及三维地壳精细结构模型构建，收集流动地震台、广东省地震台网、地方台网及香港台网的连续波形记录，完成研究区噪声成像建模工作；进一步收集珠海测绘院以及香港天文台等多个 GNSS 站点数据，为后续结合结构模型开展动力学研究打下良好基础。依托项目锻炼队伍，从无到有，形成主被动源数据处理建模及解译的科研团队。

2. 主要学科领域创新性成果

2019 年，广东省防震减灾科技协同创新中心"地震预警技术系统研发"团队编制完成地震行业标准《地震波形数据通道标识编码》，向监测预报标准化技术委员会提交报批稿，进入最后审批。该标准规范地震波形数据通道代码和通道标识码将会提升地震预警台网测震台站、强震动台站、地震烈度速报与预警台站和全球导航卫星系统（GNSS）基准站地震波形数据汇集、管理、处理与共享水平。已在国家预警示范地区四川、云南、广东应用，实现测震、强震和烈度仪三种监测数据实时汇集。

3. 成果推广应用

2019 年，广东省地震局与深圳防灾减灾技术研究院签署软件成果转化合作协议，派出技术人员合作研发防灾减灾技术，创新防灾减灾产品。广东省防震减灾科技协同创新中心"重大工程地震安全监测技术"研究团队于 2019 年 11 月 25 日为北京市昌平区昌平广电大厦部署地震安全监测与健康诊断示范系统。系统由 10 个 MEMS 三向加速度传感器、2 个 4G 路由器组成，实现对大厦振动数据的实时监测及存储，以及对其结构状态即时评估。

（广东省地震局）

广西壮族自治区地震局

2019 年，广西壮族自治区地震局共开展 23 项课题和防灾减灾基础研究工作。2019 年发表论文 41 篇，其中 SCI 收录 1 篇、EI 收录 4 篇、核心期刊 26 篇、其他 10 篇，是广西壮族自治区地震局建局至今公开发表论文数量最多的一年。《水库地震预测评价关键技术及应用示范》获 2019 年度广西科学技术奖三等奖（科学技术进步类）。广西重点研发计划项目"红水河流域水库地震特征的精细研究——以天峨至大化段为例"获自治区科技厅批准立项。根据《广西壮族自治区人民政府关于 2019 年度广西科学技术奖励的决定》（桂政发〔2020〕5 号），广西壮族自治区地震局周斌、孙峰、史水平、阎春恒、薛世峰、陆丽娟、郭培兰等人的成果"水库地震预测评价关键技术及应用示范"被评为 2019 年度广西科学技术奖励科学技术进步类三等奖。

2019 年，大力推进"透明地壳"工程。开展钦州市活动断层探测和梧州市城市活动断层探测项目，玉林市和百色市城市活动断层探测计划纳入广西防震减灾"十四五"规划。"贺街—夏郢断裂项目"完成高精度遥感影像解译 2000 平方千米等工作，查明贺街—夏郢断裂空间展布、活动性质、活动时代及分段特征，初步评价其地震危险性，编制成果报告。

2019 年，大力推进"解剖地震"工程。"广西历史强震区发震构造探测研究——以灵山震区为例"完成验收，发现灵山 1936 年 6¾ 级地震地表破裂带，在华南内陆地区尚属首次，填补华南地震地表破裂带的研究空白；确定灵山断裂北段从距今约 40000a（年）以来至少发生过 4 次较强地震事件，其中 3 次为古地震事件，在华南古地震研究方面取得突破性进展。

2019 年，推动实施"韧性城乡"工程。完成钦州市主城区建筑物抗震性能普查工作，于 2019 年 4 月 28 日通过专家评审。参与完成《贵港市中心城区抗震防灾规划（2017—2030）》于 2019 年 4 月获得贵港市人民政府批复，纳入政府实施。《百色市中心城区城市抗震防灾专项规划（2017—2035 年）》于 2019 年 10 月 23 日顺利通过国家和自治区专家会审。

2019 年，积极开展"智慧服务"工程。自治区地震局组织赴百色和钦州等地开展实地调研，形成地震灾害损失预评估报告。向自治区自然资源厅等单位申请 10 份共享交换数据全部通过，编制 2019 年广西地震应急专题图件 A0 版，完成广西交通图、广西地形图、广西行政区划分布图、广西救援力量分布图、广西台站分布图、广西物质储备力量分布图、广西重点危险源分布图等专题图件，为服务领导地震应急科学决策提供依据。

（广西壮族自治区地震局）

海南省地震局

2019 年，海南省地震局加强科技创新管理，台网及台站多项科技成果获优秀奖。科研人员在各类刊物上发表科技论文 18 篇。

2019 年，成立 3 个科技创新团队。"地壳深部反演与地震机理研究"团队，主要围绕国家地震科技创新工程提出的"透明地壳"和"解剖地震"科学计划，开展海南岛及邻区地壳深部结构反演、琼州大地震与琼北火山活动机制、琼南地震活动研究，以及海南物理地震预报方法与指标研究。"地震灾害风险防治"团队，突出活断层诱发地震危险性研究、工程地震及地震灾害风险排查、海洋地震研究分析；观测和收集断层活动数据及资料，开展活断层构造研究、地震风险评估工作；研究与海南区域性地震安全评价相关的地震动波形选择、含软硬夹层等特殊地层的处理办法；加强不同建筑物的易损性分析、多种地震地质灾害预测、重要建设工程强震动监测以及深入开展海洋地震灾害分析，为南海地震区划、南海地震监测与南海探测等工作提供基础资料。新闻宣传与舆情监测团队通过全面客观、及时准确报道宣传防震减灾工作及重大事件，有效减轻地震灾害、维护社会稳定，特别是面对严峻的震情形势和大震巨灾，坚持正确舆论导向，因势利导，解疑释惑，把公众对地震预报的要求转化为包括地震监测预报、震害防御和应急处置在内的各种有效减灾行动，落实《国家地震科技创新工程》"智慧服务"科学计划行动。

（海南省地震局）

重庆市地震局

2019年，重庆市地震局强力推动科技项目研究，取得积极进展。

1. 地震动频率非平稳特性对重庆地区长周期结构的响应

将具有幅值、频率非平稳特性的基岩人工地震动以及仅具有幅值非平稳特性的人工地震动分别作为基底输入地震波进行土层反应计算。

分析计算结果，研究考虑频率非平稳特性与不考虑频率非平稳特性的地震动输入下土层反应结果的差别。

2. 重庆垫江卧龙气田 4.4 级地震发震机制与成因研究

分析垫江 4.4 级地震波形频谱和 Rg 面波特征，采用多种方法获取震源机制解结果，利用 sPL 深度震相分析震源深度。提交垫江 4.4 级地震震源机制解和深度结果。结合震中实钻资料，综合分析垫江 4.4 级地震的孕震特征与发震成因，为重庆地区地震机理研究提供基础资料，提交项目结题报告。

按照项目结题要求，提交项目财务验收审计报告及附表、项目经费支出情况套表、项目归档信息表、财务凭证等材料。

项目负责人作为第一作者完成并发表论文 1 篇（《地震学报》2019 年录用，2020 年 1 月刊出）；作为第三作者发表论文 1 篇（《地震地质》2019 年录用，2020 年 2 月刊出）。

3. 四川盆地地壳介质结构模型建立及应用分析

完成研究区内相关地质资料、地震资料、地球物理资料及最新科研成果资料收集，筛选出不同地层岩性、厚度、展布特征及接触关系等要素。完成四川盆地区域范围内地壳介质结构反演，包括地壳厚度、泊松比等地球物理参数。绘制不同间距地质剖面图，为后期生成三维地壳介质结构提供矢量数据。向 2019 预报论坛会议投稿（摘要 1 篇），并作展板报告。向《工程地震学报》和《地震》投稿论文 2 篇。

（重庆市地震局）

四川省地震局

1. 工作概述

谋划川南地震科研布局。牵头组织联合科研工作措施，与中石油四川页岩气分公司签署战略合作协议签署工作；申报 2019 年度中石油四川页岩气分公司第二批科研项目获立项并签订项目任务书；省科技厅已将"川东南地区地震孕育发生机理研究"列入 2020 年度社发类重点项目指南，并组织局相关事业单位积极申报重大专项、面上项目和一般项目共 9 项。根据中国地震局长宁 6.0 级地震科学考察工作安排，牵头组织科考后勤保障工作，联合川南中心筹备组、机关服务中心共同协助科考指挥部落实各项协调、保障措施；组织测绘工程院、工程地震研究院、减灾救助所等积极参加流动重力加密观测、地震地质构造考察和流动地震监测数据收集与整理等各项任务，并组织青年科技人员交流已有科研成果；协调宜宾市委市政府、宜宾市防震减灾管理局在观测场、地质勘探作业、交通运输保障等方面予以支持；积极协调湖北省地震局共享 GNSS 观测流动数据，为监测预报提供数据支撑。

科技体制改革与中国地震科学实验场重点工作。根据中国地震局年度科技体制改革与机构改革重点工作，牵头组织团队编写成都地震灾害风险研究所建设方案。制定《四川省地震局科技成果转化管理实施细则（试行）》，规范科技成果成果转化流程和收益分配比例，探索激发科技成果转化动力，围绕科技成果转化开展专门调研。配合完成中国地震局全面深化改革 2019 年度专项督查工作。

积极协调西昌地震中心站、川滇地震预报实验场四川分中心等单位配合预测所共同参与中国地震科学实验场设计和实验场"十四五"规划编制。协调中国地震局科研院所、浙江工业大学等高等院校实施重点研发、国家自然基金等科研项目，做好监测台站架设、观测数据收集与处理、基础信息调查收集和野外观测仪器运行实验等工作。主动服务测绘工程院，推动中国地震科学实验场"断层运动观测系统"项目执行。开放合作的中国地震科学实验场工作模式初具规模。

根据中国地震科学实验场 2015—2018 年度项目验收工作安排，对四川局需参加验收的 9 个项目组织开展财务验收和档案验收的工作均顺利通过，验收结果已提交至中国地震科学实验场办公室接受项目验收。组织开展 2019 年度四川省地震局防震减灾科技成果奖励综合评审工作，"锦屏一级水电站库区地震分析研究"等 12 项科技项目和业务工作获得奖励。

助力实施各项科研项目，推动科技创新。全年共配合局各相关事业单位共同推进多项科研项目，主要包括科技部"十三五"重点研发计划"重大自然灾害监测预警与防范"专项"星机地协同的大地震灾后灾情快速调查关键技术研究""川滇地震重点监视防御区应急协同技术示范"等 2 个项目内的 2 项课题和多个项目的若干专题及协作任务；配合电子科技大学共同成功申报科技部"新一代人工智能"重大项目，并承担专题 1 项；与四川大学联合申报科技部 2019 年第二批政府间国际创新合作项目，以西昌为例开展近断层场地建筑物减震隔震研究。组织实施国家自然基金项目面上项目 2 项、青年项目 1 项。局所合作项目中工力所"大中城市情景构建"重点专项已在西昌、德阳、雅安、宜宾等城市典型示范；地球所"川南工业开采区地震活动性及其灾害风险分析研究"重大任务已经启动；地质所"鲜水河断裂乾宁—康定段晚第四纪构造变形样式研究"进入野外作业环节。

认真组织实施中国地震局地震科技星火计划项目，加强资金使用与项目实施管理。3 项任务通过验收，其中 1 项获得"优秀"结论，1 名项目负责人获得博士学位；6 项任务已经取得阶段进展，进入数据整理与软件测试工作；成功获批中国地震局 2020 年地震科技星火计划任务 4 项。

规范组织局地震科技专项，实施 2019 年度任务 13 项、22 项 2018 年度验收工作，并对 2017 年验收项目开展后续资金使用、科技论文发表和成果转化应用等综合考核。结合事业发展需求科学制定年度重点支持方向，立项批复 2020 年度专项任务 16 项。

组织完成中国地震科学实验场 2015—2018 年度局科研项目财务与档案验收 8 项，为项目整体验收提供保障。

人才队伍培养。顺利完成 2018 年组建的"地震紧急信息服务""川滇区域 GNSS 大地构造物理及壳幔动力研究""地震风险评估"等 4 支地震科技创新团队年度建设考核和"地震灾害风险评估与风险信息服务"及"四川地震重点危险区应急响应关键技术研究"等 2 支创新团队新组建工作，上述团队在实施四川省地震烈度速报与预警项目、四川活断层普查等重点工程、地震科学考察工作中发挥骨干作用，为实施国家地震科技创新工程搭建人才队伍。

国际合作交流。开展 5 批次国际合作交流。其中易桂喜研究员分别参加第 11 届统计地震学国际研讨会与国际大地测量学与地球物理学联合会（IUGG）第 27 届大会、"川滇区域 GNSS 大地构造物理及壳幔动力研究"创新团队带头人徐锐副研究员赴德国地球科学研究中心开展为期 60 天的培训，并作为"地震紧急信息服务"创新团队带头人、预警项目骨干赴日本开展地震预警技术交流，以"地震灾害风险评估与风险信息服务"项目参加 AGU 秋季年会并介绍"星机地协同的大地震灾后灾情快速调查关键技术研究"阶段成果。

成果登记管理。根据中国地震局科技与国际合作司开展 2019 年度成果登记工作安排，并规范四川省地震局科技成果管理和推进科技成果转化基础工作，科技处对 2019 年度科技成果以及科技转化成果进行了登记，并将相关信息录入中国地震局科技信息管理系统。加强成果统计登记，印发《四川省地震局科技处关于规范科技成果登记工作的通知》，以四川省科技成果登记平台为依托，全年进行科技成果登记共 28 项。配合中国地震局进行科技成果转化调研，填报《中国地震局科技成果转化数据采集表》。2019 年底开展科技成果统计并登录中国地震局科技管理信息系统进行填报，填报科技论文、专著、专利、科技项目等共 121 项。

学会建设。获得获中国地震学会 2019 年度先进省、市、自治区优秀学会（会员单位）的表彰，协助成都理工大学举办 2019 年国际地球科学奥林匹克竞赛预选赛西部赛区比赛并获优秀组织奖；完成四川省民政厅民间社会团体重新登记入库的基础信息采集和财务审计工作，完成学会年审。组织参与 2019 年度"5·12 汶川地震纪念日"、省科协的"科协日"、省科技馆的"地球日""气象日""核军事日""2019 年四川省科技宣传活动周"活动。

2. 科技成果

四川省地震局防震减灾科技成果奖。2019 年度，四川省地震局防震减灾科技成果奖共计 12 项，其中一等奖 1 项、二等奖 3 项、三等奖 8 项。

科技论文。2019 年，四川省地震局科技人员共发表科技论文 73 篇，其中 SCI 收录论文 7 篇，EI 收录论文 4 篇，核心期刊收录论文 27 篇。

专利及软著。2019 年，四川省地震局科技人员共获得专利 4 项，软著 19 项。

被中国地震局评为优秀的项目。项目名称：川西北次级块体主要断裂系统现今应力状态的研究。

3. 成果推广

2019 年，以技术服务咨询方式为社会服务，进行科技成果转化，与中石油西南油气田分公司签订《川南地区发震构造、地震灾害风险防范与地震监测台网布设方案研究》技术合同，此外，在水库地震咨询、台站运维、监测系统设计等方面与大唐香电得荣典礼开发有限公司、四川省紫坪铺开发有限责任公司等企业及科研院所签订合同十余项，总金额约

800 余万元。

成果推广方面，多项软件系统在全国多地进行推广，其中：

基于星机地灾情数据的地震灾害损失动态评估系统在云南省地震局地震应急保障中心、贵州省防震减灾信息服务中心、甘肃省地震应急中心、雅安市防震减灾服务中心等单位进行推广应用，在多次应急演练和地震中进行应用，产出地震灾害损失结果，为地震应急指挥辅助决策提供了参考依据，并取得较好的效果。

基于二维码的地震现场应急人员及装备信息采集与管理软件在宜宾市防震减灾局、雅安市防震减灾服务中心、芦山县防震减灾服务中心，宝兴县应急管理局等部门进行推广使用，该软件主要是为地震现场人员信息的采集和管理提供帮助，可实现普通用户借助自身移动手机装载的具有二维码扫描功能的常用软件，扫描专属二维码，进入信息录入界面进行个人和装备信息的录入；后台管理人员可通过网页界面对每个人员的信息进行查询、分组、数据的导出等操作，为地震现场应急工作的开展提供技术支撑。该软件帮助各单位在地震现场进行人员信息的采集和分组操作时更加快速、方便。

此外，还有一种大数据中心网关装置、省级抗震设防要求管理服务系统 V1.0、地震灾害风险评估与对策分析系统 V2.0 等 20 余项专利、软件在多个地区多个部门进行推广应用，为推进防震减灾事业现代化提供技术支撑。

（四川省地震局）

贵州省地震局

2019 年，贵州省地震局积极推动科技人员参与中国地震局地震科技星火计划项目，组织科研人员完成 1 项星火计划项目申报。

依托罗甸县风险评估与隐患排查试点项目，成立贵州省地震灾害风险评估及减灾技术研究创新团队，积极向中国地震局及贵州罗甸县人民政府筹资，获得专项资金支持开展罗甸县风险评估与隐患排查试点工作。

按照《震灾预防体制改革顶层设计方案》要求，推进震灾预防体制改革。落实《中国地震局党组关于加快推进地震科技创新的意见》精神和《中共贵州省地震局党组关于切实加强地震科技创新工作的实施办法》，贵州省地震局安排专项资金支持新入职科技人员开展科研工作。经评审，确定支持 7 个科技项目。

2019 年 2 月，贵州省地震局组织召开科技项目申报座谈会，通报中国地震局关于"三结合"课题评审结果和 2019 年度中国地震科学试验场专项指南，鼓励青年技术人员积极申报。

（贵州省地震局）

云南省地震局

2019年，云南省地震局获批中国地震局地震科技星火计划项目2项，中国地震局"三结合"课题5项，资助局科技专项3项、青年基金课题12项；组建3个科技创新团队。公开发表论文132篇（其中：SCI收录5篇、EI收录1篇），申请专利3项，获得软件著作权7项。

"云南大理滇西北地壳构造活动野外科学观测研究站"获批为中国地震局野外科学研究站。组织完成3个中国地震科学实验场专项申报及4个项目验收工作。与南京大学、南方科技大学、云南大学、中国地震局地震预测研究所签订人才培养和科技合作协议。

（云南省地震局）

陕西省地震局

1. 国家及中国地震局重点科技项目进展，主要学科领域创新性成果

2019年，陕西省地震局承担2项国家自然科学基金课题，"基于机载激光雷达探测（LiDAR）的华山山前断裂断错地貌特征的研究"课题完成全部研究工作，结题验收；"鲁山太华杂岩的Pb同位素地球化学研究及其构造意义"按计划开展相关工作。参与"东昆仑断裂带中东段分段深部电性结构及其活动性研究"和"鄂尔多斯块体西南缘的构造活动与地震危险性评估"2项国家自然科学基金课题。

2019年，陕西省地震局获批各类课题9项，支持启航与创新基金38项，与甘肃省地震局等5家单位联合验收中国地震局地震科技星火计划项目9项。发表科技论文77篇，其中SCI、EI收录14篇；获得专利4项、软件著作权16项，出版专著1部。

2. 成果推广和科技开发工作

2019年，修订完善陕西省地震局科研项目管理办法，建立科技成果信息登记数据库。加大科技成果推广应用，健全科技成果转化为知识产权机制。向铜川市政府移交推广铜川市地震小区划成果应用。

紧紧围绕"透明地壳"等4大科学计划，推进基础探测、主动源观测、减隔震技术应用、城市灾害风险情景构建、地震信息化、地震灾害保险等工作在陕西开展和试点应用。联合中国地震局第二监测中心、长安大学等单位，共同建设西安中心地震台比测、实验、研究基地，建成乾陵地磁台DI仪比测基地。开展地震风险概率预测等新技术方法探索，推进震情跟踪专题研究成果应用。开展观测预报效能评估，更新完善地震预测指标体系、地球物理典型干扰特征库和典型异常库。

（陕西省地震局）

甘肃省地震局（中国地震局兰州地震研究所）

1. 专利及科技成果转化

2019 年，甘肃省地震局共发表各类论文 120 余篇，其中 SCI、EI 论文 20 篇；获批专利 15 项；获得计算机软件著作权 27 项，出版专著 1 部。

为加快推进科技成果转移转化和科研仪器设备资源共享，制定出台《甘肃省地震局促进科技成果转化实施细则（试行）》和《甘肃省地震局重大科研基础设施和大型科研仪器开放共享管理办法》。已有 2 项成果实施转化，大型科研仪器开放共享 2019 年工作通过科技部、财政部评价考核，验收通过。

2. 创新性成果

2019 年，"地震灾害应急风险评估关键技术研究与应用"获甘肃省科技进步三等奖 1 项。

该成果针对各级政府和应急管理部门地震后第一时间地震应急指挥和救援决策实际需求，从地震灾害风险评估基础数据、风险评估方法、应急处置决策建议等方面开展关键技术研究，提出基于卫星、无人机和实地调研相结合的方法获取甘肃省高精度人口、建筑物等地震灾害风险评估承载体数据；基于 GIS 平台采用层次分析法和模糊数学法，首次获得高精度甘肃省地震灾害综合风险评估图，根据风险评估结果分地区给出区域地震灾害应急处置决策建议。

成果应用于 2016 年青海门源 6.4 级地震；2017 年四川九寨沟 7.0 级地震；震后第一时间为甘肃省抗震救灾指挥部应急指挥与救援决策提供技术支撑（提供灾区准确基础信息、灾害快速预评估结果、应急救援专题图件和应急处置对策建议）。震后及时提交甘肃省应急管理厅、省消防救援总队、武警甘肃总队、省森林消防总队、省军区等应急救援单位，掌握甘肃省地震灾害高风险地区，提前做好应急救援方案，有针对性准备救援设备和救灾物资，保障救援力量科学合理调配。

3. 合作交流

2019 年，甘肃省地震局积极拓展与地震系统内外合作交流的深度与广度，继续强化与中国地震局地震预测研究所、兰州大学、中山大学、上海交通大学、南京工业大学、兰州理工大学等单位交流合作，开展人员互访、学术交流、专家咨询等活动。依托"西部地球科学与防灾工程论坛"，邀请防灾科技学院原院长薄景山教授、中国科学院物理研究所刘润球教授等专家来兰交流并作学术报告，2019 年共组织学术报告会 14 场。

4. 人才队伍建设

2019 年，甘肃省地震局加快推进高层次创新人才的培养和创新团队建设，建设高素质专业化的地震科技英才队伍，制定出台《甘肃省地震局创新团队建设管理办法》《甘肃省地震局地震科技英才管理办法》和《甘肃省地震局科技创新争先创优奖励绩效管理办法》。组织完成地震科技英才和创新团队评审工作，遴选出 10 位领军人才、30 位骨干人才、29 位青年人才和 5 个创新团队。2019 年，2 个团队入选中国地震局创新团队，1 人入选中国地局领军人才、2 人入选中国地震局骨干人才和 3 人入选中国地震局青年人才。

宁夏回族自治区地震局

2019 年，宁夏回族自治区地震局获国家自然科学基金委员会批准为依托单位，成立 3 个科技创新团队，制定《宁夏地震局科技创新团队管理办法（试行）》。组织完成宁夏防震减灾优秀成果奖评审、2018 年度局基金课题验收及 2019 年度局基金课题中期检查。完成 2019 年度自治区防震减灾优秀成果奖评审工作，评选出一等奖 2 项、二等奖 1 项、三等奖 1 项。组织申请立项局科研基金课题 13 项。

（宁夏回族自治区地震局）

新疆维吾尔自治区地震局

2019 年新疆维吾尔自治区地震局紧紧围绕党中央、自治区关于加强防震减灾工作决策部署，切实推进地震科技体制改革，提升科学技术对核心业务的支撑能力。

1. 多头并进，推进科技体制改革

按照地震科技体制改革顶层设计方案，以区域研究所、创新团队、科技激励机制为重点推进科技体制改革。《中国地震局乌鲁木齐中亚地震研究所建设方案》《中国地震局乌鲁木齐中亚地震研究所职能配置、机构设置和人员编制方案》获中国地震局批复，乌鲁木齐中亚地震研究所正式进入筹建阶段。加强对创新团队建设过程管理，提升服务能力。2019 年，出台《新疆地震局创新团队管理办法（试行）》，明确创新团队建设目标、绩效考核办法，邀请国内专家开展创新团队建设方案评审，择优资助 3 个建设方案通过的创新团队全面开展重点研究工作，发挥对新疆维吾尔自治区地震局主体业务的支撑能力。出台《科技论文奖励办法》《间接经费管理办法》《科技成果转化办法》等科技管理办法，激发业务人员开展科学研究的活力，增强科研人员的获得感。

2. 多管齐下，提升地震科技创新动力

加强顶层设计，根据新疆维吾尔自治区地震局科技发展规划与布局，组织专家编写《新疆南天山—帕米尔研究区域地震科学发展构想》，在北京组织方案咨询会，将南天山—帕米尔地区作为新疆地震局未来地震科学发展的重点区域。积极推进南天山—帕米尔研究区域基础研究工作，与中国地震局地质研究所合作申请新疆帕米尔国家野外科学观测研究站，该站的建设方案在中国地震局 14 个野外站申报方案中位列第一，优先推荐上报至科技部。组织完成新疆维吾尔自治区地震局科学技术委员会及新疆维吾尔自治区地震学会的换届选举工作，成立新疆维吾尔自治区地震局第二届科学技术委员会及新疆维吾尔自治区地震学会第五届理事会，为提升新疆维吾尔自治区地震局地震科技创新能力奠定基础。2019年，新疆维吾尔自治区地震局共组织学术报告7场（次），邀请11位局内外专家和学者进行学术交流，开阔全局科研人员眼界，拓宽科技思路，提高科研人员业务能力与素质。

3. 精心组织，保障科研项目申报与实施

围绕国家地震创新工作，积极组织开展国家、自治区、中国地震局和新疆维吾尔自治区地震局等多层次基金课题管理工作。2019年共管理课题67项，其中2019年获批中国地震局地震科技星火计划项目4项，国家重点研发项目2项，新疆地震基金项目19项。2019年在研国家自然基金项目2项，结题2项。启动执行中国地震局地震科技星火计划项目4项，完成结题验收4项，其中2项验收评级为优秀。完成新疆维吾尔自治区地震局2019年度防震减灾科技成果奖评审工作，评选一等奖2项、二等奖4项、三等奖6项。

（新疆维吾尔自治区地震局）

中国地震局地球物理研究所

国家重点研发计划项目"区域三维精细壳幔结构研究与巨震震源识别"。2019年，项目组开展实验室测试、野外试验、记录数据分析等工作，完成通州—三河—平谷短周期台阵野外布设工作，投入1200台便携式短周期数字地震仪。对噪声源研究方法、高频背景噪声成像方法进行系统调研和测试，编制相关软件，开展高阶模式面波反演研究。利用2018年收集到的华北地区固定台站和流动台站数据，采用时间域迭代反褶积方法开展接收函数提取工作，获取500多个台站接收函数，开展远震横波分裂测量工作，得到华北地区的上地幔各向异性分布特征。

国家重点研发计划项目"海域地震区划关键技术研究"。通过科技部组织的中期进展检查，在中国海域及邻区地震构造与活动性模型、海域地震动特性及对海洋工程影响的特征和海域地震区划编制关键技术框架等方面取得重要进展。编制完成中国东部、南部海域活动构造框架图；通过层析成像研究获得中国海域及邻区俯冲带三维地震构造模型；完成3个典型海域（位于黄海、台湾海峡、南海）地震构造简图（1：100万）以及断裂活动性分析。

国家重点研发计划项目"新型便携式地震监测设备研发"。通过研发低成本、小型化、适于野外恶劣环境的地震监测仪器，研究无公共网络环境下远距离宽带自组网技术，构建高分辨率地震综合观测台阵系统，并在典型活动断裂带开展孕震机理和地震前兆异常信息提取技术研究，为地震危险区密集动态监测和震情跟踪研判提供典型应用示范。完成超小型绝对重力仪原型样机研发，并开展台站测试；完成多组分气体地球化学测量仪原型样机各部分模块的研制，形成一套原型样机；完成小型化三分量磁测传感器、三分量电磁波传感器、温度和压力传感器研发；完成自组网管理节点原型样机1套，性能基本达到设计指标要求，构建地下电性结构三维反演模型和断裂带气体逸出模型。

国家重点研发计划项目"基于断层带行为监测的地球物理成像与地震物理过程研究"。

积极推进研究进度，取得的主要成果：①建成由 170 个宽频带台站组成的大型观测系统 1 套，可对研究区 0 级以上地震进行有效监测。在安宁河断裂冕宁附近布设短周期地震台 548 个。完成 79 个宽频带 MT 测点的野外数据采集、处理和三维反演任务。完成 54 个 GPS 连续站的建设和 80 个 GPS 流动站的复测和数据收集。②发展基于波形梯度的断裂带结构成像方法、基于人工智能的地震检测和震相到时拾取算法、利用面波频散走时联合反演三维径向各向异性的算法，研究地形对断层扩展和破裂过程的影响。建立安宁河断裂带岩性结构模型与震源深度变形模型，开展流体和化学成分对断层摩擦滑动与地震成核机制的实验研究、新鲜花岗岩断层泥的摩擦滑动实验，总结基岩断层粘滑与蠕滑的地质标志和岩石力学标志。

国家重点研发计划项目"地震构造主动源监测技术系统研究"。从孕震环境和地震物理过程两个方面对大地震过程进行研究。静态结构上，2019 年利用喜马拉雅项目二期及固定台记录获取了研究区 7～40 秒的相速度频散分布及其各向异性分布特征。在气枪主动源动态监测方面，发展移动式主动源监测技术，完成样机开发。开展基于 BS 系统的主动源监测技术软件系统研发，完成软件系统原型。在示范实验中，完成刘家峡主动源实验场地总体规划和设计、场地征地和基建设计工作、核心设备采购和集成。

2019 年，房立华、吴建平等人发表在《科学通报》上的科研论文《四川九寨沟 M_S7.0 地震主震及其余震序列精定位》入选中国科协第四届优秀科技论文遴选计划，成为 98 篇获奖论文之一，也是地球物理类唯一一篇入选论文。

李昌珑等青年科技人员对新疆天山地区地震危险性进行深入研究，对天山地区的地震危险性模型获得新的资料和新的认识，重新划分天山地区的潜在震源区，使用统一的地震动预测方程计算天山地区的地震危险性，产出该地区 50 年超越概率 10% 的峰值加速度分布图。研究表明，南天山西段和帕米尔高原东部是天山地区地震危险性最高的地区。研究成果发表在国际灾害风险学顶级期刊 *Journal of Risk Analysis and Crisis Response* 上，并作为展板《第五代区划图在〈全球地震危险性图〉中的集成》的一部分，获得"中国地震学会成立 40 周年学术大会"学术成果奖。

完成地震会商技术系统 V1.0 系统的研发，通过低代码开发技术，结合中国地震局第二监测中心云平台的大规模支撑能力，建立科研成果快速进行应用转化的新机制。打通 APNET、地震编目、地震速报等业务系统与平台的信息交互接口。通过与移动平台相结合，为地震行业用户提供高效快捷的差异化专业技术服务。在中国地震台网中心、新疆维吾尔自治区地震局、云南省地震局、四川省地震局等 10 家单位开展业务试用。先后开发业务流程 38 套，全部在云平台上线自动运行。

响应国家"一带一路"重大倡议，继续推进援建台网建设。其中和尼泊尔地质矿产局合作实施援尼泊尔地震监测台网项目，2019 年 5 月建成，10 月初完成测试及技术验收，在中国和尼泊尔两国领导人的共同见证下，双方签署中国援尼泊尔地震监测台网项目交接证书。

（中国地震局地球物理研究所）

中国地震局地质研究所

2019 年，中国地震局地质研究所强化科技创新，不断提升学术竞争力和影响力，持续加快科技成果转化，积极服务于国民经济建设。在重点项目、学术论文、科技服务等方面取得长足进展。

1. 重点项目进展

2019 年，中国地震局地质研究所参加的重点项目有：

"青藏高原地震地表破裂习性、发震构造模型与灾害效应"项目，全面系统查明青藏高原 6 次主要地震破裂带几何结构、同震位移、地表破裂带长度和宽度等基本参数，获得 2018 年中国地震局防震减灾科技成果奖二等奖。

"基于空间对地观测的多尺度构造形变场演化特征获取技术及其应用"项目，研究发展空间对地观测的多尺度构造形变场演化特征获取技术，满足地震周期各阶段地壳形变监测的需求。获得 2019 年中国测绘预测绘科技进步奖二等奖。

"东北缘壳幔结构宽频带地震台阵高分辨率地球物理探测"项目被列入国家自然科学基金重大项目，研究获得青藏高原东北缘地区的微震活动与块体内断层活动的新证据，获得地壳分层各向异性和块体变形特征证据。

"2015 年尼泊尔主震、强余震与震后强降雨诱发滑坡继发性规律研究"项目被列入国家自然基金国际合作项目，取得系列原创性成果，为尼泊尔与我国藏南地区滑坡防灾减灾提供科技支撑。

"海域活动构造框架和地震构造模型"项目被列入国家重点研发计划项目，编制完成中国海域活动构造框架图与 3 个典型海域地震构造图，分析海域断裂地球物理调查手段的适用性。

"构造地貌学"项目被列入国家自然基金优青项目，已获得气候驱动干旱区河流侵蚀新机制，揭示高原瞬时地貌特征，理解构造—侵蚀—地貌相互作用及其反馈机制。

2. 学术进展

2019 年，中国地震局地质研究所在学术进展上取得显著成绩。具有代表性的学术论文有：

《InSAR 揭示阿拉斯加北部地区冻土碎裂面的滑动历史》《空间大地测量揭示的 2018 年印度尼西亚帕卢 7.5 级地震的断层运动学特征》《超高分卫星立体影像揭示 2008 年于田 7.1 级地震三维断层几何和运动学特征》《普通辉石在热水条件下的速度弱化现象及其微观变形机制》《基于无人机技术开展中国四川马边滑坡的几何特征和运动过程分析》《再评价海原断裂带老虎山段晚更新世滑动速率及启示》《冷龙岭断裂古地震与破裂行为及其对青藏高原东北缘地震危险性的意义》《阿尔金断裂在党河南山西端的低温热年代学研究》《北山地块东南缘北河湾断裂晚第四纪活动及对高原扩展的认识》《来自地幔包体组构分析对青藏高原岩石圈地幔各向异性特征及动力学启示》《帕米尔前缘断层分段特征及其对 1985 年 $M_w6.9$ 乌恰地震的控制》《断层挤压阶区局部构造特征及其地质地貌条件对大型地震滑坡形成的控制作用》。

3. 科技服务

2019 年，面向国家需求，面向地方经济建设、城乡规划和重大工程建设需求，中国地震局地质研究所大力推动科技服务工作，代表性工作有：龙安核电项目可行性研究阶段地震安全性评价、中核辽源清洁供热示范工程初步可行性研究地震地质调查与评价、西气东输三线中段（中卫—吉安）工程场地地震安全性评价、巴基斯坦贾姆肖罗 $2×660M_W$ 场地地震安全性评价。

（中国地震局地质研究所）

中国地震局地壳应力研究所

2019 年，中国地震局地壳应力研究所继续加强国家级科研项目申报的组织引导，督促科研人员、科研管理部门保持前瞻思维，相互紧密配合，围绕"创新工程"和"九大工程"，做好国家自然科学基金、地震联合基金、国家重点研发计划重点专项等国家级竞争性项目申报，同时制定配套措施激发科研人员申请积极性，全年项目申请成效依然显著。

1. 强化基础研究，积极组织动员申报国家自然基金项目

国家自然科学基金委员会"川藏铁路重大基础科学问题项目"重大专项，即"青藏高原东南部深浅物质结构、构造变形与动力学过程"获批。地壳应力研究所牵头的地震联合基金项目"郯庐断裂带多震相深部细结构成像与强震机理研究"获批。2019 年，获国家自然基金资助项目 7 项，其中青年基金 4 项，面上基金 3 项。

2. 瞄准科技前沿，大力推进"十三五"国家级竞争项目的申报

2019 年，牵头组织申报国家重点研发计划"重大自然灾害监测预警与防范"方向的 2 项重点研发项目——"基于地壳形变场、温度场、流体场耦合的地震监测技术研究"和"滑坡崩塌灾害普适型智能化实时监测预警仪器研发"。参与 2～3 项重点研发课题申报。

3. 针对国家防灾减灾需求，开展重大科学问题研究

围绕地震科技创新工程，聚焦地震 / 地质灾害防治关键领域和薄弱环节，加强重点危险区震情跟踪工作，形成地震 / 地质灾害业务科技支撑能力。

所长基金安排针对川滇实验场两个重点防御区开展研究：以安宁河西昌段为中心完成钻孔群布设，建立大凉山安宁河三维构造（断层、结构、物性参数、形变、应力）数据库，建立安宁河断裂带形变动力过程数值实验模型，红河断裂危险区解剖研究。

与辽宁省地震局、山东省地震局合作开展郯庐断裂带三维动力学模型与应力状态研究。

4. 科技成果

2019 年，中国地震局地壳应力研究所公开发表学术论文 95 篇，其中 SCI 收录 51 篇，EI 收录 18 篇，影响因子 2.0 以上 30 篇；出版专著 1 部；完成行业标准 3 部；获得国家发明专利 6 项、实用新型专利 16 项和软件著作权 33 项。

2019 年，纵向科技项目 107 项，横向科技项目 135 项。

2019 年，徐锡伟研究员荣获中国地球物理学会陈宗器地球物理优秀论文奖 1 项和《地

学前缘》2000—2015年优秀论文奖；荣棉水副研究员负责的"时域地震反应分析方法及在场地地震动参数确定中的应用"获中国地震局防震减灾科技成果奖三等奖；"张衡一号"电磁监测实验卫星和"中国大陆地壳应力状态与地震"两项成果获中国地震学会40周年学术大会学术成果奖；王成虎研究员完成的学术论文《基于中国西部构造应力分区的川藏铁路沿线地应力的状态分析与预估》荣获第十六次中国岩石力学与工程学术年会优秀论文奖。

（中国地震局地壳应力研究所）

中国地震局地震预测研究所

1. 中国地震科学实验场项目进展

中国地震局地震预测研究所、地质研究所、工程力学研究所、地球物理勘探中心、四川省地震局、云南省地震局等单位以三年专项（2019—2021年）形式向财政部申请中国地震科学实验场（以下简称"实验场"）建设项目。该项目围绕实验场科学目标和问题，在实验场重要断裂带和地震高风险区开展"从地震破裂过程到工程结构响应"的全链条、多手段密集综合观测和野外实验。建设内容包括：

深部结构观测系统。在小江断裂带、莲峰—昭通断裂带等区域，选址建设90个宽频带地震观测点，部署安装"中国地震科学台阵"提供的观测设备，开展密集地震台阵野外观测和水库区应力加载过程观测。

断层运动观测系统。在滇西南、滇西北、川滇块体东边界及周边等区域，选址建设200个GNSS观测点，安装部署修缮购置专项支持采购的GNSS设备，开展跨断裂带GNSS连续观测，获取高分辨地表变形特征。

地震构造探查系统。开展活动断裂高密度机载激光三维扫描（LiDAR），开展活动断裂基础地形数据普查，结合合成孔径雷达干涉测量（InSAR）获取断层近场形变信息。建设地震构造探测分析平台，提高活动断裂定量分析能力。

深井地震综合观测系统。跨断裂带建设12口井深300米的跨断层钻孔综合观测系统和2口井深1000米的实验观测井，完成井下实验观测设备集成。同时开展断裂带流体地球化学观测，综合研判断层深部活动状态。

地震动和工程结构响应密集观测系统。建设2个结构强震动观测台阵、1个三维场地强震动观测台阵、1个桥梁结构监测台阵，开展地震动和工程结构响应观测系统的模型建设，获得高分辨率工程结构损伤识别方法。

2019年，中国地震科学实验场项目围绕观测基础设施建设展开。中国地震局地震预测研究所作为牵头单位，联合参与单位编制每项任务的年度工作计划和工作方案，研制项目预算执行网上报送系统；同时依托实验场联合办公室（筹）实施集体决策。实验场相继成立公共模型组、数据组、深井观测设计组和深井观测工程组等专家团队指导项目实施。各任务均基本完成2019年度计划，具体情况为：钻成7口实验性综合观测深井（2020年达到14口），建成200个GNSS观测点并安装109套设备、132个地球流体化学观测站，建成 90 个频带测震观测点并安装 43 套设备、3 套地震动和工程结构响应密集观测系统，完成 225 千米的断裂带 LiDAR 精细探测和 1 万平方千米的 InSAR 形变场分析。

2. 人工智能地震监测和震源参数产出系统

中国地震局地震预测研究所与中国科学技术大学合作，于 2018 年底以中国地震科学实验场为平台，部署实验一套人工智能地震监测和震源参数产出系统，成为国际上首个人工智能地震监测软件系统。该系统采用人工智能技术，可实时报出包括地震震中位置、深度、震级、发震时间、震源机制解等地震参数。其核心的人工智能地震监测（新地震检测）、地震定位、全波形快速搜索引擎方法产出震源机制解等均是国际领先的新技术。

该系统运行以来，对于川滇区域范围内 3.0 级以上地震的定位时间达到秒级，定位结果误差在 5 千米以内（与中国地震台网中心的目录对比），实现了 3.5 级以上地震的震源机制解快速产出，经与人工结算结果对比可靠性较高，从技术方面填补了当前中国地震台网中心和区域台网不能产出地震震源机制解的空白。目前系统正在持续改进和完善当中，未来目标达到 2 级以上地震秒级定位、2.5 级以下地震分钟级产出震源机制解。相关工作进入地震预测研究所科技创新支撑防震减灾现代化建设的试点方案，预期 2022 年向四川省、云南省推广开展业务化运行。

2019 年 5 月 12 日，该系统在中国地震科学实验场新闻发布会上公开向媒体展示；在 2019 年 6 月 17 日四川长宁 6.1 级地震科学考察的地震序列研究中发挥重要作用。

（中国地震局地震预测研究所）

中国地震局工程力学研究所

1. 重点研发计划项目研究进展

重大工程地震紧急处置技术研发与示范应用（2017YFC1500800）。随着各类重大工程蓬勃兴建，轨道交通、城市管网等生命线工程日趋密集，一旦遭遇强烈地震，可能产生极为严重的次生灾害和较大的经济损失。项目组依托国家重点研发项目针对我国重大工程复杂耦合系统地震紧急处置关键技术开展研究，以点、线、面重大工程为示范目标，取得以下成果：

成果一：提出重大工程地震动输入确定技术，以及抗震韧性恢复策略与定量评估方法。确定了三大重大工程多水准地震紧急处置参数及处置方案。

成果二：基于国家地震台网和现地台站预警信息的融合处理技术，完成基于时间进程的重大工程地震紧急快速处置信息接收与发布技术。

成果三：研发完成各行业定制化的紧急地震信息产出—发布—接收—处置—管理平台及相应软硬件系统。分别在红沿河核电厂、北京平谷区，以及国家铁道试验中心城轨试验线等试点开展了相应的紧急处置系统示范布设。

成果四：融合地震灾害风险定量评估、多源数据异构分析、虚拟现实等技术，接入地震监测、气象和各类运行数据，实现城市重大工程的灾害风险评估、运行状态实时感知和处置建议。

区域与城市地震风险评估与监测技术研究（2017YC1500600）。项目已完成：①研制基于 MEMS 的加速度样机，实现基于视觉技术的建筑结构振动监测，提出强震观测网络优化方法和结构台阵优化布设方案，提出改进的结构观测数据传输多跳路由算法；②构建 RC 构件可视损伤识别的神经网络 Damage-Net；引入强跟踪滤波算法，实现建筑结构体系时变物理参数有效追踪；建立建筑抗震韧性评价方法；③提出基于计算机视觉的数据异常探测方法、两种桥梁地震性态指标和快速评估方法；建立桥梁结构基于弹塑性耗能差率的损伤指数模型和基于卷积神经网络和递归图的桥梁损伤识别方法；④建立基于遥感数据的建筑物提取技术，建立单体建筑结构和区域建筑群结构性能水平恢复函数模型和结构的恢复能力计算方法；构建区域和城市大震风险评估指标体系和风险动态评价模型；⑤提出基于物联网大震灾害监测系统总体架构；建立基于稀疏贝叶斯网络理论的震后路网的损伤预测模型；提出考虑多损伤状态的参数化桥梁地震风险评估模型；开发建筑与桥梁群地震灾害仿真系统；⑥初步完成示范建筑地震监测方案设计；搭建清华大学土木馆强震监测云平台软件；完成示范桥梁地震监测网络建设和三河市多元信息的收集整理和建库；初步设计三河市区域地震监测网络。

地震预警新技术研究与示范应用（2018YFC1504000）。针对地震预警参数确定的"快和准"问题和地震预警系统建设的技术需求进行深入系统的研究，取得一系列有创新意义和应用前景的研究成果：基于人工智能等大数据分析方法，探索地震破裂特征秒级测定技术，提出地震预警参数确定新方法，在地震事件识别、震级估计、现地地震动预测方面极大地提高准确性；融合加速度计、GNSS、智能手机、PC 端 MEMS，研发基于多观测手段的自组网现地地震预警技术；初步研发海量信息秒级地震预警处理软件及海量用户亚秒级地震预警信息发布软件，为项目示范应用建立了基础。

2019 年度共发表论文 24 篇，其中 SCI/EI 检索 14 篇。课题一负责人张捷教授当选美国工程院院士，项目组多名成员获得中国地震局"骨干人才"与"青年人才"称号、入选黑龙江省"头雁"团队等。成果为国家重大建设工程"地震烈度速报与预警工程"项目建设提供技术支撑，获得卓越的社会效益，有力促进学科建设与发展，在地震预警理论研究与应用领域形成新的发展方向。

城市及城市群地震重灾区现场人员搜救技术研究（2018YFC1504400）。项目主要进展：①构建西昌地区地震动衰减关系，初步开发大震宏观情景模拟系统，并提出重点区域、建筑的震害可视化方法；②研究分析、优化和决策模型，并设计支撑模型高效运行与管理的联合搜救数据与模型管理平台；③在模型预测、热红外灾情提取、无线信号定位、超宽带雷达生命探测等方面开展研究，初步形成多尺度搜索定位体系；④实现钢筋混凝土框架结构的地震倒塌过程模拟，研发新型蛇眼生命探测仪和便携式现场快速截肢工具箱，初步建立搜救医一体化标准体系和搜救效能评价指标体系；⑤搭建地震动影响场生成系统框架和地震灾害救援全过程情景推演链条；建立救援技术操作流程与考核评分标准；完成演练系统概要设计方案；⑥发布 4 部团体标准；完成 1 部标准的申报立项。

发表论文 17 篇（其中 SCI 检索 7 篇，EI 检索 5 篇），获得发明专利 1 项，提交发明专利申请 4 项。授权软件著作权 2 项。培养博士研究生 7 名，硕士研究生 9 名。

2.主要领域创新性成果

中国大陆城市与区域地震灾害空间展布、损失评估方法及应用。课题组经过15年科研积累与攻关，针对地震灾害防治核心技术难题，提出适用于中国大陆城市和区域尺度的建筑物群体地震易损性模拟预测方法；构建中国大陆区域建筑物抗震能力分类评价指标体系和空间展布模型；提出分区域的考虑多因素影响的全球人员伤亡快速评估方法；建立分区分类的工程结构直接经济损失评估方法；研发国内首个向政府、行业、公众免费开放的HAZ–China（灾害—中国）智慧云服务平台；集成多层次多精度数据库及模型算法；构建全过程、一体化的地震灾害震前预测与模拟、震时及震后评估与辅助决策体系。

本项目主编的2部国家规范是支撑我国开展震害预测、损失评估工作的重要依据，填补国内标准的空白；项目研发的十余项核心技术和评估系统被广泛应用于北上广等特大型城市群和云川滇等地震易发区等数十个城市和区域地震灾害风险识别评价和防灾规划，及我国汶川地震、尼泊尔地震等国内外百余次破坏性地震应急救援和灾后重建，为国家重大战略和行业需求提供技术保障。本项目成果获得2019年黑龙江省科学技术进步奖一等奖，由中国地震局工程力学研究所、哈尔滨工程大学、天津市地震局、扬州大学、重庆文理学院、重庆交通大学等单位共同完成。

高层钢-混凝土混合结构高效结构分析技术与地震抗倒塌机理研究。高层建筑与重要防灾建筑的抗震性能对区域的防灾减灾至关重要，针对广泛应用的高层钢—混凝土混合结构体系节点与连接复杂、理论分析方法缺失、抗倒塌分析与设计理论缺失等问题，开展系统研究工作。主要成果有：①提出考虑钢材局部曲屈、断裂效应与混凝土约束效应的新型纤维梁单元模型，实现对复杂高层结构地震下强非线性行为与倒塌过程的高效模拟；②提出混合结构多尺度有限元界面连接理论与建模方法，以较小的建模与计算代价，满足结构整体分析与局部复杂部件精细模拟的双重需求；③提出参数化自动建模方法，将构件外形与材料信息参数化，编制程序实现快速建模，大幅缩短人工建模时间，提高建模效率；④对高层混合结构在地震作用下的地震倒塌分析模型与地震破坏、倒塌机理进行理论分析、数值模拟与试验研究，揭示钢筋混凝土核心筒空间受力与地震破坏机理，揭示中日典型钢管混凝土高层结构地震倒塌机制。

上述成果应用于我国重要工程，如中国动漫博物馆、成都云端塔等建筑的抗震与减震分析。多篇代表性论文获"中国精品期刊顶尖学术论文"。作为"高层钢-混凝土混合结构的理论、技术与工程应用"项目的一部分，获2019年国家科技进步一等奖。

（中国地震局工程力学研究所）

中国地震台网中心

2019年，中国地震台网中心党委高度重视科技创新工作，以《中国地震局党组关于加快推进地震科技创新的意见》和《中国地震局关于促进地震科技成果转化指导意见》为引领，紧紧围绕中心业务发展的需求，认真谋划科技创新布局，积极利用科技创新夯实业务基础。

2019年牵头申报的政府间国际科技创新合作重点专项获得资助，实施的1个项目和5个课题稳步推进。积极申报国家自然基金、地震联合基金、中国地震局地震科技星火计划和北京市自然基金等项目，国家自然基金2个项目获得资助，星火计划3个项目获得资助，北京市基金1个项目获得资助。2个中国地震局地震科技星火计划项目结题验收被评为优秀，形成良性循环发展态势。进一步拓展项目支持渠道，申请注册成为中国科协科技期刊重点项目依托单位，为期刊建设铺平道路。积极凝练项目成果，扎实开展基层防震减灾科技成果奖评审工作，共12个项目获奖，储备优秀科技成果。制定并出台《科技成果转化管理办法》，首批7个成果转化项目已通过中国地震台网中心党委认定，进一步激发科技创新活力。积极探索科技前沿问题，10余篇论文发表在SCI、EI等高水平期刊上。不断增强地震数据资源共享和服务能力，为国家重点工程项目提供有效服务支撑，国家地震科学数据中心通过科技部、财政部认定，成为首批20个国家科学数据中心之一。承担建设的中国工程科技知识中心地震行业分中心已经上线提供服务，该系统整合了地震科学领域中外文科技论文、专利、术语、科学数据、专家及机构等资源。

2019年，中国地震台网中心组织实施国家重点研发计划"地震应急全时程灾情汇聚与决策服务技术研究"项目，首次在国内建立为社会公开服务的灾情信息服务平台，为震后政府和社会的地震应急工作提供全程、准实时的灾情信息服务和应急工作建议。

2019年，中国地震台网中心自主研发了基于互联网、云计算技术的地震信息播报机器人技术系统，直接服务于行业用户和亿万网友。可在1～3秒钟内全自动产出5大类25项产品，是"互联网＋地震"创新且实用的积极实践。2019年，地震信息播报机器人系统的技术成果应用于交通运输部路网中心、墨迹天气、高德地图等政府行业和企业用户。地震信息播报机器人未来将与铁路、公路、旅游部门合作提供地震速报和地震灾害信息。

"12322"地震速报短信服务平台在全国12个直属单位、25家省级地震局得到应用和服务推广。涵盖地震局系统、防震减灾联席单位、中央媒体等，服务对象超过1.2万人，年度服务近900万人次，累计服务超过3000万人次，已经成为行业重要的服务渠道和服务平台。面向31个省、市应急管理厅和消防人员共7000余人提供相关地震短信服务。

（中国地震台网中心）

中国地震灾害防御中心

2019年，中国地震灾害防御中心承担的国家重点研发计划重点专项课题"大规模救援现场场景仿真与搜救培训演练模拟技术系统"按计划完成国内外研究和应用现状调研；建立地震动影响场生成系统框架、地震灾害救援全过程情景推演链条、检伤及医疗救护流程与考评标准；针对性开展地震救援综合培训虚拟仿真系统的功能模块设计，完成数据库和情景库的数据及模型接口标准的编制。

中国地震灾害防御中心组织中国地震局地球物理研究所、福建省地震局、中国测绘科学研究院等10家单位，完成2019年度国家重点研发计划重点专项项目"地震社会服务及行为指导技术系统与示范应用"的预申报工作。该项目的目标是为市县政府部门提供防震减灾救灾一体化信息服务系统,为社区、学校和公众提供具有地震科普、震感提醒、灾情采集和震后行为指导功能的新媒体平台。

(中国地震灾害防御中心)

中国地震局地球物理勘探中心

2019 年,中国地震局地球物理勘探中心大力推进重点科技项目,取得积极进展。

重点区域超密集地震台阵观测及成像技术研发。完成构建华北地区中东部三维地壳 P 波结构模型 HBCrust1.1;获得兴蒙造山带与华北克拉通西北缘和鄂尔多斯地块与山西断陷带中部地壳结构以及唐山大震区及邻区速度结构。

关键廊带的综合地球物理探测与深部过程。搜集该区域主要探测剖面,完成上海—郑州—银川断面构建。

活动断裂地下结构三维成像关键技术。完成郯庐、川滇东缘安宁河、龙门山推覆构造带、天山北麓独山子逆断裂、东祁连山北麓断裂、海原断裂带天祝空区、北京东夏垫断裂等 8 个断裂带的台阵观测。

华北地区地壳结构三维地震学模型构建。构建华北地区中东部三维地壳 P 波结构模型 HBCrust1.1;获得了兴蒙造山带与华北克拉通西北缘和鄂尔多斯地块与山西断陷带中部地壳结构以及唐山大震区及邻区速度结构。

胶辽地区宽角反射/折射地震探测与地壳速度结构。完成该剖面的地壳岩石圈结构模型构建,利用动力学方法解释岩石圈震相,开展 S 波速度结构的构建。

西秦岭造山带及邻区地壳深部结构及动力学研究。完成研究区固定台网和部分流动台站数据搜集、爆破记录和近震走时提取;完成人工地震剖面 P 波、S 波走时联合成像;利用正演试错和动力学射线追踪构建沿人工地震测线的地壳上地幔 P 波、S 波二维速度结构;沿人工地震测线的地壳上地幔 P 波、S 波走时成像,构建与速度模型协调的密度结构。

基于中国及美国地震台阵资料的远震 SH 波噪声源特征研究。基于中国科学台阵探测(ChinArray)和美国 TA 台阵(USArray)记录,利用远震体波反投影技术对远震 P、SV、SH 波地脉动信号的可探测性及其源区位置进行研究,结果表明:①基于 ChinArray 台阵,远震 SV、SH 波已知源区的精准性和分辨显著提高,并给出西太平洋台风事件激发的 SV、SH 波地脉动的观测证据;②受台间距限制,USArray 无法像 ChinArray 一样探测到 SV 和 SH 波地脉动;③基于中、美双台阵约束,P 波源区范围被缩小至 1000 千米内。

珠三角地区地壳浅部结构主动源和被动源联合成像研究。利用短周期接收函数成像方法获得研究区莫霍结构和地壳泊松比分布特征。

(中国地震局地球物理勘探中心)

中国地震局第一监测中心

2019 年，中国地震局第一监测中心深入贯彻落实中国地震局党组关于防震减灾事业现代化建设部署，紧紧围绕监测预报业务体制改革顶层设计方案要求，建立健全地震计量体系，加强仪器装备全生命周期管理，积极推进全国地震监测专业设备定型检测工作，完成年度各项任务目标。不断建立健全工作机构，强化组织保障，以提升地震监测专业设备质量，满足重大工程建设项目需求为目标，成立计量业务领导小组和工作组，配齐配强技术力量和工作团队。

2019 年，组织编制测震类和地球物理类 31 种设备的定型测试大纲、预警工程和"一带一路"项目拟采购设备的测试评估方案，在征求意见的基础上进行专家论证，在中国地震台网中心官网正式发布。组织并完成测震、地球物理两大类 204 种型号定型测试工作、"国家地震烈度速报与预警工程设备采购项目（一期）" 25 个型号的标前测试工作和"一带一路"拟采购井下地震计、一体化地震计等 14 个型号设备的测试评估工作。利用技术创新推动业务开展，完成全国地震监测专业设备中 7 种设备 68 个型号的定型检测和测试评估任务。建成地震系统首个"地震数据采集器自动化检测系统"，利用设备集成、操作集成、算法集成等技术手段，实现地震数据采集器测试工作的业务化、规范化、流程化和自动化；新建井下地震计检测实验室，建有自主研发的倾斜性能检测装置、高压水下密闭性检测系统等专用测试设备，创新使用地基对比观测技术，实现井下地震计灵敏度的对比法标定；新建系统内首个测温仪和压力式水位仪长周期测试工作的实验室，具有国内领先的测温仪示值误差检测系统、高稳定性分辨力测试系统、传感器高压测试系统和水位仪高精度压力控制系统等检测设备。

2019 年开展的定型检测工作是地震系统第一次大规模、规范化检测工作，中国地震局第一监测中心与相关单位共同努力，取得较好成效：已开展定型工作的仪器数量占台网运行设备总数的 90%；已发布技术要求和测试大纲的设备类型覆盖了在网运行设备的 70%，规范仪器质量要求，明确测试方法；锻炼和提升地震系统内检测机构技术能力；有效服务重大项目设备采购，"国家地震烈度速报与预警工程设备采购项目（一期）"项目采购的设备在招标时均使用定型测试（测试评估）报告中的结果，保障了项目顺利实施。

（中国地震局第一监测中心）

中国地震局第二监测中心

2019 年，中国地震局第二监测中心完成国家重点研发计划"鄂尔多斯活动地块边界带地震动力学模型与强震危险性研究"子课题"地块及周缘现今三维地壳运动与应变分配"年度任务。完成国家重点研发计划"基于密集综合观测技术的强震短临危险性预测关键技术研究"子专题"地震危险性判定综合服务系统数据库"年度任务。

2019年，中国地震局第二监测中心实施地震大数据应用与服务中心云计算能力建设项目，升级国家地震数据灾备中心IT基础条件平台，存储能力达4.0PB，内存容量达17.8TB，CPU资源达3776核，GPU显卡8块。利用国家地震数据灾备中心IT资源，为系统内外30余家单位和部门提供数据存储、地震监测、地震会商等方面云服务。向社会提供地震安全性评价、测绘、计量等服务。

2019年，中国地震局第二监测中心获批国家自然科学基金4项。科技人员共计发表文章40篇，其中SCI收录7篇、EI收录4篇、北京大学核心刊物23篇。

（中国地震局第二监测中心）

防灾科技学院

2019年，防灾科技学院积极开展城乡地震灾害风险评估实用方法研究。防灾科技学院重点研究汶川地震，深度挖掘北川地震遗址所展现的各类典型震害现象，通过震害类比、模拟实验和理论分析，总结得出我国地震灾害主要源于建筑"散、脆、偏、单"4类缺陷。认清建筑破坏和倒塌机理后，提出经过检验的工程防御措施。结果显示，如果通过工程措施克服上述缺陷，结合适当选址，可极大减轻地震灾害。"散、脆、偏、单"原理也是评价城乡地震灾害风险最有效的工具。初步评估结果显示，我国当前地震风险最高的是中小学教学楼用房，其次是医院和办公建筑，农居排在第三位，如何防范和化解应从这一结果入手。依托研究成果开发的震害推演系统已经成功应用于松原市和三河市的城乡地震风险评估项目。

（防灾科技学院）

科学考察

四川长宁 6.0 级地震科学考察

2019 年 6 月 17 日 22 时 55 分，在四川宜宾市长宁发生 6.0 级地震。地震发生后，按照中国地震局统一部署，6 月 17 日中国地震局地球物理勘探中心派出由段永红、王帅军、姬计法等 50 人组成的长宁科考队，携 8 台宽频带地震仪、300 台 EPS 便携式地震仪第一时间赶赴地震现场，承担实施"流动地震台阵观测与深部孕震环境"和"人工地震剖面探测"两项专题任务，进行为期 50 余天的余震序列观测和震区密集台阵流动观测。

科考发现：①在长宁背斜深部 5 千米以下基底内部有一层厚约 10 千米的拆离构造带，该拆离构造带厚度在南部隔槽式褶皱带内变化较大，在建武背斜区仅有 3 千米，在北部隔档式褶皱带内比较均匀，推测该拆离带控制了区域褶皱的变形和演化；②长宁地震序列基本都发生在该拆离构造上，造成主震的主要原因是褶皱核部伴生裂隙的贯通性活动，褶皱核部的伴生断裂深部受到拆离构造的限制，规模一般都不大，不具备发生更大震级地震的构造条件；③长宁背斜是由一系列小背斜组成的复式背斜，东西有明显的分段特征，长宁地震余震序列时空分布是从南东往北西逐渐发展，震源机制解也表现出明显的空间分段特征。

（中国地震局地球物理勘探中心）

2019 年 6 月 17 日 22 时 55 分在四川宜宾市长宁县发生 6.0 级地震，地震发生后，防灾科技学院土木工程学院教授郭迅接到中国地震局待命的指令，随时准备出发奔赴地震现场。接到正式通知后，郭迅教授于 6 月 18 日凌晨 4 时从家中出发，于 18 日下午抵达地震灾区。作为应急管理部赴四川长宁 6.0 级地震现场应急工作组人员，郭迅教授为现场领导小组提供烈度评定口诀、受损房屋鉴定表及当地设防区划图，同时接受环球时报的采访，回答网友关注的核心问题。

（防灾科技学院）

广西北流 5.2 级地震科学考察

2019 年 10 月 12 日，广西北流发生 $M5.2$ 地震。10 月 14—16 日，由广西壮族自治区地震局与广西壮族自治区区域地质调查研究院一行 8 人组成联合考察队，对震区附近断层开展调查。调查结果显示，北西走向的正-走滑性质的石窝断层为本次地震的发震断层。

（广西壮族自治区地震局）

机构·人事·教育

本部分主要收载机构设置及领导名单，人事教育工作，地震系统院士、有突出贡献中青年专家、享受政府特殊津贴人员简介，入选跨世纪人才名单和新通过评审的研究员名单，以及表彰情况等。

机构设置

中国地震局领导班子名单

党组书记、局　长：郑国光
党组成员、副局长：闵宜仁
党组成员、副局长：阴朝民
党组成员、副局长：牛之俊

（中国地震局人事教育司）

中国地震局机关司、处级领导干部名单

（2019 年 12 月 21 日）

部　门	职　位	姓　名	职能处室	职　位	姓　名
办公室	主　任 副主任 机关服务中心 党委书记、主任 副主任 副主任	李永林 张　敏 康小林 王　峰	秘书处	处　长	高光良
				副处长兼党组秘书	曹　帅
			政策研究室	主　任	张琼瑞
				副主任	刘　强
				副主任	张文杰
			值班室	主　任	陈明金
			新闻宣传处	处　长	刘小群
			文电档案处 （保密机要处）	处　长	黄　媛
				副处长	姚奕婷
			综合事务处	处　长	许　权
				副处长	王甲光

部 门	职 位	姓 名	职能处室	职 位	姓 名
监测预报司	司 长 副司长 副司长	（空缺） 余书明 马宏生	预报管理处	处 长	张浪平
				副处长	周龙泉
			台网建设处	处 长	韩 磊
				副处长	万事成
			监测预警处	处 长	彭汉书
				副处长	张 勇
			信息网络处	处 长	王春华
			技术装备处	处 长	（空缺）
震害防御司	司 长 副司长 副司长	孙福梁 关晶波 （空缺）	风险调查处	处 长	王 飞
			风险区划处	处 长	（空缺）
				副处长	（空缺）
			抗震设防处	处 长	高亦飞
				副处长	王 龙
			应急响应处	副处长	岳安平
公共服务司 （法规司）	司 长 副司长 副司长	胡春峰 韦开波 李成日	行业处 （标准处）	处 长	马 明
				副处长	（空缺）
			科普处	处 长	（空缺）
			法规处	处 长	林碧苍
			监督处	处 长	冯海峰
				副处长	（空缺）
科技与国际 合作司	司 长 副司长 副司长	（空缺） 王满达 周伟新	基础研究处	处 长	齐 诚
				副处长	张海东
			成果应用处	处 长	陈 涛
				副处长	张红艳
			国际合作处	处 长	朱芳芳
				副处长	（空缺）
			外事管理和港澳台处	处 长	郑 荔

部 门	职 位	姓 名	职能处室	职 位	姓 名
规划财务司	司 长 副司长 副司长	方韶东 田学民 （空缺）	规划处	处 长	（空缺）
				副处长	崔文跃
			预算处	处 长	李羿嵘
				副处长	梁毅强
			投资处	处 长	黄 蓓
				副处长	赵俊岩
			财务处	处 长	牟艳珠
			资产处	处 长	周 敏
人事教育司	司 长 副司长 副司长	唐景见 米宏亮 熊道慧	干部一处	处 长	（空缺）
				副处长	杨 鹏
			干部二处	处 长	赵广平
				副处长	张 芳
			人才教育处	副处长	刘 双
			机构工资处	处 长	吴 晋
				副处长	徐 鑫
			干部监督处	处 长	徐 勇
直属机关党委	常务副书记 副书记、 纪委书记	李 健 兰从欣	宣传部（党校）	副处长	李明霞
			统战群团工作部（直属机关工会、直属机关妇工委、直属机关团委）	部 长	刘秀莲
			纪律检查处	副处长	刘耀玲
			综合处 （审理处）	处 长	（空缺）
			审计处	处 长	王晓萌
离退休干部办公室	主 任 副主任	刘宗坚 刘铁胜	系统离退休处	处 长	李国舟
			文化教育活动处	处 长	张立军
				副处长	（空缺）
			机关离退休处	处 长	王 羽

（中国地震局人事教育司）

中国地震局所属各单位领导班子成员名单

（2019 年 12 月 31 日）

序号	工作单位	姓　名	党政领导职务
1	北京市地震局	孙建中	党组书记、局长
		谷永新	党组成员、副局长
		吴仕仲	党组成员、副局长
		刘桂萍	党组成员、副局长
		任　群	党组成员、党组纪检组组长
2	天津市地震局	李振海	党组书记、局长
		聂永安	党组成员、副局长、一级巡视员
		李　军	党组成员、党组纪检组组长
		陈宇坤	党组成员、副局长
		郭彦徽	党组成员、副局长
3	河北省地震局	戴泊生	党组书记、局长
		高景春	副局长
		李广辉	党组成员、副局长
		马兆清	党组成员、党组纪检组组长
		翟彦忠	党组成员、副局长
4	山西省地震局	郭星全	党组书记、局长
		郭君杰	党组成员、副局长
		史宝森	党组成员、党组纪检组组长
		田　勇	党组成员、副局长
5	内蒙古自治区地震局	卓力格图	党组成员、副局长
		刘泽顺	党组成员、副局长
		弓建平	党组成员、副局长
		韩成太	党组成员、党组纪检组组长

序号	工作单位	姓名	党政领导职务
6	辽宁省地震局	李志雄	党组书记、局长
		卢群	党组成员、副局长
		廖旭	党组成员、副局长
		孟补在	党组成员、副局长
		温岩	党组成员、党组纪检组组长
7	吉林省地震局	王建荣	党组书记、局长
		孙继刚	党组成员、副局长
		杨清福	党组成员、副局长
		李强	党组成员、党组纪检组组长
8	黑龙江省地震局	张志波	党组书记、局长
		赵直	党组成员、副局长
		张明宇	党组成员、副局长
		郭洪义	党组成员、党组纪检组组长
9	上海市地震局	吴建春	党组书记、局长
		李红芳	党组成员、副局长
		李平	党组成员、副局长
		王志俊	党组成员、党组纪检组组长
10	江苏省地震局	刘尧兴	党组书记、局长
		刘红桂	党组成员、副局长
		付跃武	党组成员、副局长
		鹿其玉	党组成员、党组纪检组组长
11	浙江省地震局 （中国地震局干部培训中心）	宋新初	党组书记、局长（主任）
		赵冬	党组成员、副局长（副主任）
		陈乃其	党组成员、副局长（副主任）
		王剑	党组成员、党组纪检组组长
		王秋良	党组成员、副局长
12	安徽省地震局	刘欣	党组书记、局长
		张有林	党组成员、副局长
		李波	党组成员、党组纪检组组长
		王行舟	党组成员、副局长

序号	工作单位	姓　名	党政领导职务
13	福建省地震局	刘建达	党组书记、局长
		朱海燕	党组成员、副局长
		龙清风	党组成员、党组纪检组组长
		林　树	党组成员、副局长
		鲍　挺	党组成员、副局长
		谢志招	党组成员、副局长
14	江西省地震局	刘　晨	党组书记、局长
		熊　斌	党组成员、党组纪检组组长
		陈家兴	党组成员、副局长
15	山东省地震局	倪岳伟	党组书记、局长
		姜久坤	党组成员、副局长
		李远志	党组成员、副局长
		刘希强	党组成员、副局长
		程晓俊	党组成员、党组纪检组组长
16	河南省地震局	姜金卫	党组书记、局长
		王士华	党组成员、副局长
		王维新	党组成员、党组纪检组组长
		王志铄	党组成员、副局长
17	湖北省地震局 （中国地震局地震研究所）	晁洪太	党组书记、局长
		秦小军	党组成员、副局（所）长
		李　静	党组成员、党组纪检组组长
		熊宗龙	党组成员、副局长
18	湖南省地震局	燕为民	党组书记、局长
		刘家愚	党组成员、副局长
		曾建华	党组成员、副局长
19	广东省地震局	孙佩卿	党组书记、局长
		吕金水	党组成员、副局长
		钟贻军	党组成员、副局长
		何晓灵	党组成员、副局长
		吕至环	党组成员、党组纪检组组长
		黄胜武	党组成员、副局长

序号	工作单位	姓　名	党政领导职务
20	广西壮族自治区地震局	张　勤	党组书记、局长
		李伟琦	党组成员、副局长
		张彩虹	党组成员、党组纪检组组长
		黄国华	党组成员、副局长
21	海南省地震局	陶裕禄	党组书记、局长
		李战勇	党组成员、副局长
		陈　定	副局长
		闫京波	党组成员、党组纪检组组长
22	重庆市地震局	杜　玮	党组书记、局长
		陈　达	党组成员、副局长
		张林范	党组成员、党组纪检组组长
		宋晓明	党组成员、副局长
23	四川省地震局	皇甫岗	党组书记、局长
		雷建成	党组成员、副局长
		李　明	党组成员、党组纪检组组长
		张永久	党组成员、副局长
		江小林	党组成员、副局长
24	贵州省地震局	柴劲松	党组书记、局长
		尹克坚	党组成员、副局长
		陈本金	党组成员、副局长
		延旭东	党组成员、党组纪检组组长
25	云南省地震局	王　彬	党组书记、局长
		毛玉平	党组成员、副局长
		解　辉	党组成员、副局长
		王希波	党组成员、党组纪检组组长
		周光全	党组成员、副局长
26	西藏自治区地震局	索　仁	局长、党组副书记
		哈　辉	党组成员、副局长
		张　军	党组成员、副局长
		和宏伟	党组成员、党组纪检组组长
		尼　玛	党组成员、副局长

序号	工作单位	姓　名	党政领导职务
27	陕西省地震局	吕弋培	党组书记、局长
		王恩虎	党组成员、副局长
		王彩云	党组成员、副局长
		刘　毅	党组成员、党组纪检组组长
28	甘肃省地震局 （中国地震局兰州地震研究所）	胡　斌	党组书记、局长
		石玉成	党组成员、副局长
		王立新	党组成员、党组纪检组组长
29	青海省地震局	杨立明	党组书记、局长
		王海功	党组成员、副局长
		赵　冬（挂职）	党组成员、副局长
		马玉虎	党组成员、副局长
30	宁夏回族自治区地震局	张新基	党组书记、局长
		金延龙	党组成员、副局长
		李根起	党组成员、副局长
		侯万平	党组成员、党组纪检组组长
31	新疆维吾尔自治区地震局	张　勇	党组书记
		吕志勇	局长、党组副书记
		郑黎明	党组成员、副局长
		王　琼	党组成员、副局长
32	中国地震局地球物理研究所	欧阳飚	党委书记、副所长
		丁志峰	副所长
		张周术	纪委书记
		李　丽	副所长
33	中国地震局地质研究所	马胜利	所长、党委副书记
		孙晓竟	党委书记、副所长
		万景林	副所长
		李丽华	纪委书记
		单新建	副所长

序号	工作单位	姓　名	党政领导职务
34	中国地震局地壳应力研究所	徐锡伟	所长、党委副书记
		张东宁	党委书记、副所长
		陈　虹	副所长
		杨树新	副所长
		刘凤林	纪委书记
		申旭辉	总工程师
35	中国地震局地震预测研究所	吴忠良	所长、党委副书记
		张晓东	党委书记、副所长
		汤　毅	副所长
		车　时	副所长
		王琳琳	纪委书记
36	中国地震局工程力学研究所	孙柏涛	所长、党委副书记
		李　明	党委书记、副所长
		张孟平	纪委书记
		李山有	副所长
		孔繁钰	副所长
37	中国地震台网中心	王海涛	主任、党委副书记
		孙　雄	党委书记、副主任
		张大维	纪委书记
		刘　杰	副主任
		张　锐	副主任
38	中国地震灾害防御中心	陈华静	党委书记、主任
		樊　宇	副主任（正厅局级）
		王继斌	纪委书记
		吴　健	副主任
39	中国地震局发展研究中心	武守春	主任、党委副书记
		吴书贵	副主任、纪委书记
		陈　锋	副主任
		韩志强	副主任

序号	工作单位	姓　名	党政领导职务
40	中国地震局地球物理勘探中心	王合领	党委书记、主任
		杨振宇	副主任
		李文利	纪委书记
41	中国地震局第一监测中心	齐福荣	党委书记
		宋彦云	主任
		宋兆山	副主任
		董　礼	副主任
		雷　强	纪委书记
42	中国地震局第二监测中心	潘怀文	党委书记、副主任
		王庆良	主任
		熊善宝	副主任
		陈宗时	副主任
		范增节	纪委书记
43	防灾科技学院	姚运生	党委书记
		任云生	副院长
		刘春平	副院长
		陈　光	党委副书记、纪委书记
		石　峰	党委副书记
		梁瑞莲	副院长、总会计师
		郭　迅	副院长
		洪　利	副院长
44	地震出版社	任利生	社长、总编辑
		高　伟	副社长
45	中国地震局机关服务中心	张　敏	党委书记、主任
		徐铁鞠	纪委书记、副主任
46	中国地震局深圳防震减灾科技交流培训中心	黄剑涛	党组书记、主任
		庞鸿明	党组成员、副主任

（中国地震局人事教育司）

中国地震局所属单位机构变动情况

1.中国地震局党组批准中国地震局机关三定方案，管理机构为：办公室、监测预报司、震害防御司、公共服务司（法规司）、科技与国际合作司、规划财务司、人事教育司、直属机关党委、离退休干部办公室。

（中震党发〔2019〕140号，2019年7月19日）

2.批准山东省地震局部分直属事业单位更名：山东省地震监测中心更名为山东省地震监测预警中心；山东省地震台网中心更名为山东省地震信息服务中心。

（中震人函〔2019〕164号，2019年9月25日）

（中国地震局人事教育司）

吉林省调整防震抗震减灾工作领导机构

根据《吉林省人民政府办公厅关于调整省政府议事协调机构的通知》（吉政办函〔2019〕10号），吉林省防震抗震减灾工作领导小组办公室设在吉林省应急管理厅。

（吉林省地震局）

江苏省调整防震减灾工作联席会议成员

2019年4月9日，江苏省防震减灾联席会议印发《关于调整省防震减灾工作联席会议成员的通知》（苏震联发〔2019〕1号），调整后江苏省防震减灾联席会议成员名单如下：

主　任：樊金龙　　　省委常委、常务副省长
副主任：徐　莹　　　省政府副秘书长
　　　　陈忠伟　　　省应急管理厅厅长
　　　　刘尧兴　　　省地震局局长
　　　　顾小平　　　省住房城乡建设厅党组书记
　　　　许　浒　　　省军区战备建设局局长
成　员：杨力群　　　省委宣传部副部长
　　　　张　为　　　省委台湾工作办公室副主任
　　　　赵建军　　　省发展改革委副主任

王成斌	省教育厅副厅长
夏 冰	省科技厅副厅长
周毅彪	省工业和信息化厅副巡视员
尚建荣	省公安厅副厅长
顾爱平	省司法厅副巡视员
赵 光	省财政厅副厅长
李 闽	省自然资源厅副厅长
钱 江	省生态环境厅总工程师
刘大威	省住房城乡建设厅副厅长
梅正荣	省交通运输厅副厅长
张春松	省水利厅党组成员
唐明珍	省农业农村厅副厅长
周常青	省商务厅副厅长
詹庚庆	省文化和旅游厅巡视员
兰 青	省卫生健康委副主任
孔祥平	省应急厅副巡视员
黄锡强	省外办副主任
李秀斌	省国资委副主任
张建康	省广播电视局副局长
董淑广	省粮食和物资储备局副局长
潘文卿	团省委副书记
赵 凯	省红十字会副会长
叶 建	南京海关副关长
刘建达	省地震局副局长
严明良	省气象局副局长
陈夏初	省通信管理局巡视员
雷解来	民航江苏监管局副局长
岳建军	南京铁路办事处副主任
王宝敏	江苏银保监局副巡视员
李念民	武警江苏总队副参谋长

联席会议办公室设在江苏省地震局，承担联席会议日常工作。办公室主任由江苏省地震局局长刘尧兴担任。联席会议成员因工作变动等需要调整的，由所在单位向联席会议办公室提出，报联席会议主任批准。

江苏省内出现地震灾情时，省防震减灾工作联席会议即自动转为省抗震救灾指挥部，参加联席会议的部门即转为抗震救灾指挥部成员单位，承担指挥部所赋予的职责。江苏省抗震救灾指挥部办公室设在江苏省应急管理厅，办公室主任由江苏省应急管理厅厅长陈忠伟担任。

（江苏省地震局）

湖南省成立抗震救灾指挥部

2019年6月12日，湖南省人民政府办公厅印发《关于成立调整更名部分议事协调机构的通知》（湘政办函〔2019〕35号），成立湖南省抗震救灾指挥部，由湖南省人民政府副省长陈飞任指挥长，省军区副司令员陈博、省人民政府副秘书长易佳良、省应急管理厅党组书记周赛保、省应急管理厅厅长李大剑、省地震局局长燕为民任副指挥长，办公室设在湖南省应急管理厅。

（湖南省地震局）

海南省调整防震减灾工作机构

根据《海南省机构改革实施方案》，抗震救灾职责于2018年9月由海南省地震局调整至海南省应急管理厅，由省应急管理厅承担省抗震救灾指挥部办公室日常管理工作。2019年，海南省地震局和海南省应急管理厅完成海南省抗震救灾指挥部办公室职能交接工作。

（海南省地震局）

新疆维吾尔自治区抗震救灾指挥部和
防震减灾联席会议领导名单

指 挥 长：艾尔肯·吐尼亚孜　　自治区党委常委、自治区副主席
副指挥长：赵　青　　　　　　　自治区副主席
　　　　　李发义　　　　　　　新疆军区副司令员
　　　　　张　勇　　　　　　　新疆生产建设兵团副司令员
　　　　　刘明榜　　　　　　　武警新疆总队副司令员
　　　　　梁　勇　　　　　　　自治区人民政府副秘书长
　　　　　高志敏　　　　　　　自治区人民政府副秘书长
　　　　　麦尔丹·木盖提　　　自治区应急管理厅党组书记
　　　　　盛少琨　　　　　　　自治区应急管理厅厅长
　　　　　张　勇　　　　　　　自治区地震局局长

成　员：石　磊	自治区党委宣传部副部长	
谢　煊	自治区党委统战部副部长、自治区工商联党组书记	
毛　辉	自治区发展和改革委员会副主任	
张小雷	自治区科学技术厅厅长	
彭　季	自治区工业和信息化厅副厅长	
海拉提	自治区教育厅副厅长	
亚力坤·亚库甫	自治区公安厅副厅长	
马建新	自治区民政厅副厅长	
张继生	自治区司法厅副厅长	
郑　军	自治区财政厅副厅长	
覃家海	自治区自然资源厅副厅长	
魏忠勇	自治区生态环境厅副巡视员	
徐　彬	自治区住房城乡建设厅副厅长	
艾山江·艾合买提	自治区交通运输厅副厅长	
鲁小新	自治区水利厅副厅长	
王春光	自治区农业农村厅副厅长	
戎　军	自治区商务厅党组书记、厅长	
柯尼斯·杉尼	自治区文化和旅游厅副厅长	
穆塔里甫·肉孜	自治区卫生健康委员会主任	
买买提·阿不都热依木	自治区应急管理厅副厅长	
徐建民	自治区人民政府外事办公室党组成员	
翟少勇	自治区市场监督管理局副局长	
赛力克·巴勒夏提	自治区广播电视局副局长	
赵　明	自治区气象局副局长	
郑黎明	自治区地震局副局长	
张廷耀	民航新疆管理局副局长	
姚　杰	中国铁路乌鲁木齐局集团公司副总经理	
李世瑞	乌鲁木齐海关副关长	
艾力·玉山	新疆通信管理局副局长	
杨　骞	自治区团委副书记	
麦　芳	自治区红十字会纪检监察专员	
郭洪伟	自治区粮食和物资储备局副局长	
白　伟	国网新疆电力有限公司副总经理	
阎　力	中国银保监会新疆监管局副局长	
姚清海	新疆消防救援总队总队长	
韩九龙	新疆森林消防总队总队长	
李　江	新疆生产建设兵团应急管理局党组书记、局长	
刘　敏	新疆军区参谋部作战处副处长	

（新疆维吾尔自治区地震局）

人事教育

2019 年人事教育工作综述

一、以主题教育为主线，抓干部政治建设，夯实思想根基

落实主题教育职责。2019 年，承担中国地震局党组"不忘初心、牢记使命"主题教育领导小组联络指导组日常工作，组织 6 个巡回指导组，制定联络指导工作方案和手册，对局属 46 个单位和 9 个内设机构实施全过程联络指导，建立工作台帐，及时传达信息，牵头 2 项专项整治，确保全系统主题教育有序进行。

深入开展思想引领。聚焦学习贯彻习近平新时代中国特色社会主义思想和党中央决策部署，印发《干部教育培训规划实施办法》，制定 2019 年局本级培训计划和领导干部调训计划，构建覆盖局属单位主要负责人、党组管理干部、优秀年轻干部、处级科级干部和新录用公务员各层级干部培训体系，在中央党校举办专题研讨班，调训 75 名干部，局本级举办培训班 47 个，培训 2848 人次。

二、以行业治理为导向，抓政策制度落实，优化发展环境

推进各方面政策制度在地震系统全面实施。2019 年，落实组织人事政策，深入贯彻新《中华人民共和国公务员法》《党政领导干部选拔任用工作条例》等一批党和国家新出台的政策制度。落实公务员职务与职级并行制度，统筹核定职级职数，完成年度晋级工作，中国地震局机关 48 人晋级，省级地震局晋升一级巡视员 1 人、二级巡视员 10 人、一至四级调研员 233 人，发挥职级激励作用。落实事业单位绩效工资制度，43 家局属单位建立绩效工资分配制度。落实养老保险制度，33 家单位实施到位，局系统各单位全部完成人员登记。落实事业单位分类改革制度，5 个局直属研究所批准为二类事业单位，省级地震局事业单位 6506 名编制获批公益一类，1227 名编制获批公益二类，每家省级地震局至少设有 1 个二类事业单位，明确分类管理政策。落实干部档案管理制度，启动新一轮中国地震局系统干部档案专项审核。落实表彰奖励制度，申报保留地震系统 2 项全国性表彰和评比，开展全国地震系统先进集体和先进工作者评选，拟对 20 个集体和 15 名个人进行表彰。申领发放 246 枚新中国成立 70 周年纪念章，隆重举行颁发仪式，新疆维吾尔自治区地震局地震测绘研究院荣获"全国民族团结进步模范集体"称号。

三、以机构改革为重点，抓行政体制改革，优化业务布局

推进全面深化改革，落实行政体制改革方案。2019年，推进中国地震局机关新"三定"获中央编办批复，出台《中国地震局内设机构主要职责、处室设置和人员编制规定》和《中国地震局机关各司室内设处级机构职责编制设置》，机关内设机构设置更加优化，职责分工更加明确。出台《中国地震局专业技术职称评定办法》，深化职称改革、规范职称评定。出台《关于深化局属单位机构改革的指导意见》，明确职责定位、优化业务布局。出台《关于促进事业单位人才干事创业的指导意见》，采取系列措施，激励担当作为。出台《应急响应机制改革方案》，促进地震应急响应机制改革。吉林、江苏、福建、江西、河南、四川等10余家省级地震局研究制定本单位机构改革方案，推进改革单位和区域研究所制定"三定"规定。争取中编办批准10家省级地震局345名事业编制调整工作，有效解决部分省级地震局编制紧缺问题，合理配置编制资源，服务事业改革发展。

四、以班子研判为基础，抓干部队伍建设，优化干部结构

2019年，持续开展中国地震局局属单位领导班子分析研判，根据事业改革发展和班子建设需要，完善选人用人体系。全年共选拔司局级干部43名、交流29名，完成试用期考核19名，班子结构整体得到改善。拓宽选人视野，公开选聘中国地震局工程力学研究所、地质研究所、地震预测研究所副所长，从外系统选任5名司局级干部。建立优秀年轻干部库，42个单位推荐164名人选，结构和质量得到改善。选派8名干部援疆援藏，选调基层30名干部到机关挂职。对领导班子分工、党委（党组）工作规则审核把关，对7个单位开展选人用人进人专项检查，组织核查有关组织人事问题反映20余件，个人有关事项重点查核179名、随机抽查186名，征求党风廉政意见182人次，组织11个单位开展选人用人"一报告两评议"，评议新提拔处级干部115名。严把进人关，公开进人计划，主动开展人才招聘活动，统一组织招录考试，中国地震局局系统招录公务员41名，事业人员301名。按政策接收军转干部5名，京外调干2名。开展新任职领导干部集体宪法宣誓。改进干部服务保障工作。

五、以人才工程为抓手，抓人才队伍建设，优化人才服务

以人才库建设为抓手，推动地震人才工程实施。2019年，通过单位推荐、专家评议，遴选出局系统具有培养潜力的领军人才13人，骨干人才42人，青年人才62人，创新团队26个，探索构建地震系统人才工作平台，依靠人才专项给予资助，建立定期考核、动态管理、能进能出的工作机制。积极组织专家参与各类国家和省级人才申报，1人入选国家百千万人才工程，1人获"赵九章优秀中青年科学奖"，1人获得国家地质灾害减灾协会"杰出青年科学家奖"，多个团队和个人获得省级创新团队和人才称号。选派40名科技骨干赴国外访学，支持70名基层科技人员到科研院所交流学习，支持15名高级访问学者到基层进行业务指导。局属院所加强学历教育和人才培养，防灾科技学院录取2199人，各研究所

共招收硕士研究生 222 人，博士研究生 65 人。

（中国地震局人事教育司）

中国地震局系统职工继续教育情况综述

  2019 年，中国地震局系统深入贯彻落实《中共中国地震局党组关于加快地震人才发展的意见》，牢牢把握"人才强业"总要求，在明确培训重点和任务要求的基础上，加大管理干部培训力度，稳步推动素质提升计划，确保各项教育培训工作的高质量完成。全年累计完成各类培训班次 320 个、培训 19526 人次，其中局级培训班次 47 个、培训 2848 人次；局属各单位培训班次 273 个，培训 16678 人次，包含市县人员 2466 人次。

  加大管理干部培训力度。2019 年，把学习贯彻习近平新时代中国特色社会主义思想作为首要政治任务，深入贯彻落实党的十九大和十九届二中、三中、四中全会精神，融入"不忘初心、牢记使命"主题教育中，针对党政主要负责人、党组管理干部、优秀年轻干部、处级干部、科级干部、新录用人员等各层次干部进行系统培训，2019 年，局机关组织局属单位党政主要负责人专题研讨班、党建工作专题班等 8 个，重点培训 312 人次；局属各单位组织党务干部培训、现代管理班等 59 个，重点培训 3007 人次。充分利用"一校五院"和司局级干部专题研修优质资源，全年选派省部级 3 人次，司局级 36 人次、司局级专题研修 28 人次。

  2019 年，全方位提升教育培训实效。各类培训班更加注重提升学员履职能力和业务技能，有针对性地补短板、强弱项，加强分析预报、台网建设、地震灾害风险防治等内容培训，覆盖重点市县防震减灾工作领导干部、行政管理人员，重点培训重要岗位的专业技术人员，服务新时代防震减灾事业现代化建设。通过听取和分析学员的意见建议，加强实操培训、设置现场教学、合理选配师资、认真设计课程等措施，全方位提升教育培训工作实效。

  2019 年，积极拓宽各类培训渠道。中国地震局机关各机构担负培训主体责任，精心挑选师资，13 个班次直接由中央党校（国家行政学院）、中国高级公务员培训中心等培训机构承担培训实施工作。局属单位党政主要负责人专题研讨班在中央党校（国家行政学院）举办，突出理论武装和政治训练，取得良好效果。中国地震局系统培训班积极拓宽各类培训渠道，依托中国地震局高校、研究所，充分利用中国科学技术大学、中国科学院、地方院校、党校、应急管理机构等培训资源，有力提升教育培训整体质量。

（中国地震局人事教育司）

中国地震局干部培训中心教育培训工作

一、教育培训工作概况

2019 年，举办完成各级各类班次共计 19 期，其中计划内班次 17 期，计划外班次（外协培训）2 期（首次承办应急管理厅系统培训班），共培训学员 1100 余人次，135 天，培训总量达 7684 人天。

2019 年培训中心举办培训班一览表

序号	培训班名称	日期（月.日）	天数	人数
1	处级干部任职培训班（第5期）	4.10—4.25	16	43
2	地震标准制修订全过程质量提升培训班	5.13—5.17	5	61
3	2019年发展与财务工作人员培训班	5.20—5.26	7	120
4	科级干部履职能力培训班（第2期）	5.20—5.31	12	41
5	2019年发展与财务管理人员培训班	6.27—7.3	7	120
6	全国地震台长培训班	12.9—12.19	10	45
7	全国地震系统部门预算编制培训班	7.8—7.10	3	100
8	2019年地震系统公文保密密码业务培训班	7.28—8.2	6	48
9	地震信息网络安全技术培训班	9.3—9.7	5	95
10	数据共享及信息服务技术培训班	9.16—9.22	7	43
11	优秀年轻干部培训班（第14期）	10.27—11.15	20	40
12	2019年地震系统离退休干部工作培训班	10.9—10.12	4	48
13	防震减灾政策法规工作培训班	10.14—10.18	5	37
14	全国地震应急技术高级培训班	10.21—10.25	5	53
15	地震应急遥感技术培训班	10.27—11.1	5	43
16	建构筑物地震灾害风险调查培训班	11.18—11.23	7	90
17	2019年财务决算、政府财务报告培训班	12.24—12.29	5	20
18	2019年宁波市大震现场培训班	10.28—10.31	4	31
19	内蒙古自治区地震（地质灾害）应急救援骨干和指挥员技能培训班	11.4—11.10	7	42

二、网络学院工作

2019年，对运行7年之久的中国地震局继续教育网络学院进行全面功能升级和移动学习平台开发，移动手机平台建设极大提升了用户的体验感和便捷性。2020年计划在中国地震局系统推广使用。

2019年，干部教育网络学院和中国地震局老年大学网络学院（简称"两网两院"）新增课程700门，自制专业课件20学时。累积课程数量3040门，注册学员10245人，访问学习次数676.6万次。增设"2019全国两会""财务人员培训"等专题课程。

三、重点班次组织实施

2019年4—5月，培训中心精心策划，组织完成"中国地震局第5期处长任职培训班""中国地震局第2期科级干部履职能力培训班"两期重点班次。

认真贯彻落实《中国地震局培训管理办法》，主体班次紧紧围绕防震减灾事业发展、全面从严治党和队伍建设，突出政治站位，突出主责主业，突出学用结合，切实增强地震系统干部的八种本领，适应新时代防震减灾事业现代化建设需要。

培训班呈现四大特点：一是强化理论与党性教育。突出学习习近平新时代中国特色社会主义思想的首要地位，理论和党性教育课程占比38%，注重理论教育的实践意义与时代价值，增强现场教学的仪式感，提升党性教育的亲验性与互动性。二是强化年轻干部素质能力培养。聚焦新任处级、科级干部特点，通过多场专题讲座，涵盖"法律、科技、公文写作、人际沟通、个人成长"等方面，多角度增强学员综合素质。强化行为训练在干部培训中的积极作用，除进一步完善辩论式教学——"观点碰撞"外，还首次将"电视专栏访谈"情景模拟教学引入课堂，邀请浙江电视台著名新闻类节目主持人姜楠担任教师，学员模拟嘉宾开展电视访谈，反馈很好。三是强化问题与需求导向。精准对接学员工作实际需求，以处长班为例，通过2场分组研讨、全班交流及2期学员论坛，紧密围绕"新时代新形势下地震部门处级干部履职中的重点、难点问题及解决思路""深刻领会习近平总书记防灾减灾救灾和提高自然灾害防治能力的重要论述，结合本单位实际，防震减灾工作如何对接九大工程，如何适应经济社会发展"两大主题，在互学互通中扩展工作思路，切实提升学员解决工作实际问题的能力。四是教学成果丰富，学员收获多。共形成多份学习研讨材料、学习体会、宣传展板及视频片等。

（浙江省地震局）

局属各单位教育培训工作

天津市地震局

2019 年，天津市地震局紧密结合年度重点工作任务和事业发展方向，明确培训需求，制定培训计划，全面加强思想政治建设，大力提升行政管理和履职能力，持续落实好干部职工网络培训。举办防震减灾事业现代化建设能力提升、公文写作、地震现场应急工作队拓展训练和模拟演练、安全生产等方面的培训班，采取丰富多样的培训形式，全面提升职工综合素质。

（天津市地震局）

河北省地震局

2019 年，河北省地震局高度重视教育培训工作，着力提升人才队伍整体素质。在职培训方面，年初经河北省地震局党组会议研究，印发《河北省地震局 2019 年培训计划》，年度共安排培训班 22 个，安排经费 72.8 万元。其中，为配合推进"不忘初心、牢记使命"主题教育，于 6 月中旬举办河北省地震局党组理论学习中心组（扩大）"不忘初心、牢记使命"主题教育专题集中学习暨 2019 年处级干部、党务干部培训班。学历学位教育方面，2019 年新增接受在职学历学位教育职工 2 人，其中 1 人为中国科技大学研究生班在职研究生。河北省地震局在读在职学历学位教育职工共计 11 人，其中硕士研究生层次 7 人，博士研究生层次 4 人。

（河北省地震局）

内蒙古自治区地震局

内蒙古自治区地震局现有在职在读博士生 4 人，在读硕士生 10 人。组建研究生导师团队 4 人。与内蒙古工业大学建立研究生联合培养基地，与中国地震局兰州地震研究所联合培养研究生。举办地震灾害损失评估培训班，投入专项资金鼓励聘请系统内知名专家指导业务。设立专项人才培养经费。2019 年局长基金投入 50 万元，资助课题任务 46 项。13 名高级职称科研人员担任课题导师。5人作为交流访问学者赴地震系统科研院所和省级地震局交流学习。1人参加"地震英才国际培养项目"，前往澳大利亚国立大学访学1年，1人赴德国访问。9人赴蒙古国交流。

（内蒙古自治区地震局）

辽宁省地震局

2019年，辽宁省地震局职工参加各类党政培训、业务学习等约为734人次。其中，各级党政教育培训14人，中国地震局和辽宁省其他各类培训66人，交流访问学者5人，自主举办培训班9个。2019年毕业硕士研究生2人，在读博士研究生1人、硕士研究生2人。辽宁省地震局职工都能够认真参加网络教育学习，达到规定学分。

（辽宁省地震局）

吉林省地震局

2019年，吉林省地震局举办较大规模的集中培训班3次，分别是"不忘初心、牢记使命"主题教育集中学习研讨班、吉林省法制与标准化培训班、地震应急"第一响应人"培训班。吉林省地震局全员参加中国地震局继续教育网络培训，2名职工在职攻读博士，1名职工在职攻读硕士。

（吉林省地震局）

黑龙江省地震局

2019年，黑龙江省地震局根据实际情况，采取分类分级的培训方式，开展"政治生态建设"等一系列专题教育活动，同时加大局系统干部教育培训的工作力度。2019年，黑龙江省地震局监察员培训班、黑龙江省地球物理台网运行管理业务培训班、市县业务工作培训班，全年各级各类脱产培训82人，141人参加中国地震局继续教育网络培训。2019年修订《黑龙江省地震局教育培训工作管理办法》，划定职责范围及培训流程，规范局内教育培训工作。

（黑龙江省地震局）

上海市地震局

2019 年，上海市地震局职工参加组织调训、业务培训、任职培训、在线学习等各类培训 1089 人次，人均学时 116.5，网络在线学习覆盖率为 97.6%。其中，举办各类讲座 34 场，安排 2 人次参加中组部专题研修班，1 人次参加中国干部网络教育学院专题学习班，11 人次参加中国地震局培训班，10 人次参加上海市委党校、上海行政学院专题研修班，21 人次参加上海市双休日讲座，组织开展"不忘初心、牢记使命"主题教育自主培训班 1 个。

2019 年有 2 名科研人员在职攻读博士学位，1 名科研人员获得中国科学技术大学硕士研究生学历学位，1 名科研人员脱产攻读中国科学技术大学专业硕士研究生，推荐 2 名科研人员赴南方科技大学联合培养。

（上海市地震局）

江苏省地震局

2019 年，江苏省地震局 2 人参加中国地震局系统内交流访问学者计划；2 人考取中国科学技术大学硕士研究生；1 人入选"地震英才国际培养项目"留学培训；98 人次参加各类在职教育培训。组织局级干部 4 人次、处级干部 11 人次参加中国地震局党组管理干部履职能力培训班、中国地震局处级干部任职培训班等；25 名处级干部参加省级机关处级干部专题培训班。2019 年全局公务员受训率达到 100%。296 人参加中国地震局干部教育网络学院学习，占注册人数的 98.33%。

举办江苏省地震局党建和思想政治工作专题培训班、全省防震减灾法制培训班等，组织 15 期"苏震讲堂"，共 1187 人次参加，其中局级干部有 27 人次，处级干部 239 人次。

2019 年 8 月 25—31 日在四川举办全省市县地震部门领导干部培训班，来自市县地震工作主管部门的近 50 人参加培训。

（江苏省地震局）

浙江省地震局

2019 年，浙江省地震局选派 3 名处级领导干部参加中国地震局和中央公务员局联合举办的公务员招录面试考官培训，均顺利获得面试考官证书。选派 1 名处级领导干部参加中国地震局组织的组织人事工作培训。选派 1 名处级干部参加中国地震局组织的优秀年轻干部培训班培训。上报 2019 年厅局级培训申报名单及局管干部培训情况。选派 1 名科级干部参加中国地震局科级干部培训班。选派 2 人参加中国地震局组织的人事档案培训。对全局人员培训情况进行统计。选派 11 名年轻干部参加大震现场培训班。

（浙江省地震局）

安徽省地震局

安徽省地震局完成各类组织调训、调学选学任务，协调业务部门开展各类业务培训，做好培训登记和学时统计，完善职工个人培训档案。2019 年共选派局管干部 5 人次、处级干部 14 人次参加局外专题履职能力培训，70 余人次参加中国地震局及安徽省有关部门举办的各类业务培训班 63 次。安徽省地震局先后举办第四期市县局长培训班和青年骨干培训班，共计 46 名市县地震系统负责人和 26 名青年骨干参加培训。

（安徽省地震局）

江西省地震局

2019 年，江西省地震局统筹各类教育培训资源，制定实施年度培训计划，强化组织和经费保障，提升教育培训质量和实效。一是突出政治建设，开展"不忘初心、牢记使命"主题教育集中学习和党的十九大精神等学习，组织 80 余人次参加党校、行政学院和中国地震局干部培训，强化党性修养和理论武装。二是聚焦主责主业，开设培训班次 11 个，培训 700 余人次。鼓励职工参加网络学院学习。推荐攻读博士学位 1 人、交流访问学者 1 人、公派留学人员英语高级培训 2 人。三是坚持面向基层，举办地震灾害损失评估研修班、防震减灾政策宣贯培训班等，累计培训市县工作人员 100 余人次，有力提升了灾害损失评估队伍、市县基层干部专业素养和履职能力。

（江西省地震局）

河南省地震局

2019 年，河南省地震局累计参加网络继续教育 191 人次，线下培训 155 人次。结合"不忘初心、牢记使命"主题教育，对处级干部开展为期 5 天的集中培训。组织"周末大讲堂"特色培训活动，开展依法行政、廉政教育、职工健康、业务提升等 12 期培训。此外，选派

2 名厅级干部、10 名处级干部、5 名科级干部参加省委党校、省直党校、中国地震局干部培训中心组织的各类培训班。1 人参加研究生学历继续教育。

（河南省地震局）

湖北省地震局

2019 年湖北省地震局开展保密、档案工作培训会、公务员及事业处级干部培训班、新职工培训班、党务干部培训班等，培训共计 134 人次左右；开展了湖北省地震现场"第一响应人"培训、湖北省地震现场工作培训、山东救援基地培训、兰州救援基地培训、2019 年市县防震减灾工作培训等，共计 368 人次左右，其中湖北省各市县地震工作人员和相关单位人员 272 人次左右。

2019 年，湖北省地震局共选派参加地震系统教育培训共计 17 人次；开展 2019 年度事业和企业财务人员培训班，针对湖北省地震局发财处、财务室和中震集团的 14 名财务人员进行了相关培训。

为适应防震减灾事业不断扩大开放和加强国际合作的需要，加大高层次人才出国（境）培训的力度，选拔了优秀人员 2 名赴境外培训学习。

（湖北省地震局）

湖南省地震局

2019 年，湖南省地震局积极开展教育培训工作，积极选派优秀干部职工参加中国地震局和湖南省有关培训，共参加中国地震局培训 7 人次，湖南省培训 5 人次。积极开展自主培训，2019 年投入教育培训经费 50 万元，举办自主培训班 8 个，培训近 500 人次。开展多次专题讲座和培训，参训 300 余人次。注重党的理论知识培训，以党支部为阵地，通过开展集中学习、自学、讲党课、网上答题等多种形式提升党员干部政策理论水平。持续推动网络教育培训，将网络学习情况列为职工和部门年度考核指标之一。积极鼓励职工参加学历、学位教育，2019 年共 2 人取得硕士研究生学历学位，2 人取得本科学历；博士在读 1 人，硕士在读 6 人，本科在读 1 人。

（湖南省地震局）

广东省地震局

2019年，广东省地震局选派机关工作人员、事业单位专业技术人员参加各类理论学习、专业技术培训200余人次。其中副厅级干部参加浦东干部学院、清华大学、中国地震局组织的学习3人次，3名处级干部参加中国地震局、广东省委组织部的培训学习。举办6个自办班，内容涉及党性锤炼教育、防震减灾业务能力提升、科普讲解、安全生产、公文写作等各方面。受训人员包含广东省地震局干部职工、全省各市县地震部门工作人员等。继续做好中国地震局继续教育网站的在线学习，目前273名职工全部列入学习范围。2019年有4名职工在读博士，6名职工在读硕士。

（广东省地震局）

广西壮族自治区地震局

2019年，广西壮族自治区地震局积极组织开展各类培训，先后组织开展"不忘初心、牢记使命"主题教育集中学习读书班、主题教育专题辅导报告会、学习党的十九届四中全会精神专题班、桂震大讲堂、预算编制培训会、保密警示教育培训、广西地震系统结构抗震技术与灾害性地震应对策略培训班、广西地震应急流动台网全区联动演练、广西地震烈度速报与预警台站运维技术培训班、2019年度广西地震监测学科组年会暨一线监测人员业务交流与培训班等。组织厅局级干部参加广西领导干部"时代前沿知识"系列讲座，厅级干部4人次参加中国地震局专题研讨培训班；处级干部7人次参加中国地震局组织的各类干部培训班、自治区直属机关工委党校科级干部进修班、处级干部进修班、区直机关党支部书记"不忘初心、牢记使命"示范培训班。全局干部职工参加各类培训共计728人次，其中处级领导干部参训率占37%。干部职工还积极参与中国地震局干部教育网络，完成课时要求，参加"学习强国"、普法平台等网络平台学习培训。同时，1名同志在读硕士研究生继续教育，2名同志在读博士研究生继续教育，1名同志参加中国地震局普通交流访问学者。2名同志报考中国科学技术大学专业硕士学位研究生班。

（广西壮族自治区地震局）

海南省地震局

2019年，海南省地震局参加脱产培训149人次，其中地震系统培训109人次，系统外相关业务培训 40 人次。处级及以上干部参训率 100%，科级及以下干部参训率 52%，专技人员参训率 57%。鼓励在职干部职工参加学历学位教育和网络学院学习，1 人在职攻读硕士研究生，1 人作为普通访问学者到其他省级地震局参加访学，超过 93% 的干部超额完成中国地震局干部教育网络学院规定学习任务。

2019 年，海南省地震局举办培训班 4 次，分别为党务干部"不忘初心、牢记使命"党性教育培训班、处级干部"不忘初心、牢记使命"主题教育集中学习读书班、防震减灾科普示范学校创建培训班和市县地震灾害风险防治工作培训班，共培训 264 人，其中培训市县相关管理人员 182 人。

（海南省地震局）

重庆市地震局

2019 年选派 45 人次参加应急管理部、中国地震局、重庆市市级层面组织的各类公文、保密、财务、纪检、法制、人事等综合管理类培训。选派 2 名青年技术骨干参加国家公派留学人员英语高级培训班，选送 1 人次参加硕士研究生入学考试、1 人次参加博士研究生入学考试。选派 20 余人次参加监测、信息网络、应急遥感等各类业务培训。10 月 29—31 日，举办重庆市震害防御及地震应急管理培训班，全市地震系统工作人员 90 余人参加。

（重庆市地震局）

贵州省地震局

2019 年贵州省地震局有 2 名在职研究生在学人员，85 人次参加专业技术、业务管理、党政进修、任职培训等各类培训。

2019 年贵州省地震局主办了干部教育培训班和专题讲座 8 次，其中 10 月贵州省应急管理厅、贵州省地震局在贵阳市联合举办的贵州省 2019 年度全省防震减灾业务培训班是大应急体制下贵州省首次联合开展的培训，培训主要包括地震灾害预防与抗震设防，如何开展区域性地震安全性评价，防震减灾工作"放管服"改革、防震减灾工作权力清单和责任清单内容解读及政务审批、地震应急管理等。

（贵州省地震局）

云南省地震局

2019 年，云南省地震局职工参加各类调研、培训和学习 1167 人次，网络学习覆盖率 99.7%。2019 年云南省地震局举办培训班 27 个班次。选派国内普通交流访问学者 4 人，攻读硕士研究生 2 人、博士研究生 1 人。3 人获得 2019 年"地震英才"出国留学推荐人选资格。

（云南省地震局）

陕西省地震局

2019 年，陕西省地震局修订印发《陕西省地震局继续教育工作管理办法》《陕西省地震局培训费管理办法》。

制定 2019 年教育培训计划，合理安排自办培训班，积极落实全员素质提升计划。全年共举办 7 期培训班，培训学员 265 人次。全年共选派 57 人外出参加培训，其中机关 34 人、事业单位 23 人。

2019 年，组织职工认真坚持"学习强国"学习，陕西省地震局在线学习排名全国地震系统第二。

（陕西省地震局）

甘肃省地震局

2019 年，甘肃省地震局举办各类培训班共 25 期，其中自主培训班 16 期，培训内容涵盖学习贯彻党的十九大精神、党组织建设、提升干部素质能力、防震减灾与应急救援能力建设、地震应急管理等。

甘肃省地震局坚持把每位职工均纳入教育培训范围，致力于提高队伍的思想政治素质、致力于提升队伍的道德品行和精神境界、致力于提高知识素养、实践和创新能力培养，其中针对新入职员工进行入职教育，让新员工迅速熟悉工作岗位，减轻新入职员工因为进入新环境而产生的心理压力。以监测中心和预报中心为代表的业务部门其培训特点主要有以下几个方面：技术指导性强，及时贯彻落实地震监测各学科精神，指导台站人员将新要求落实到工作中；实用性强，培训的目的从实际工作出发，解决工作中的难点问题；台站与市县地震局融合发展，培训台站人员同时尽量考虑市县地震局人员参与，共同提高，实现资源共享；通过培训提高业务能力，提升业务素质。切实提高市（县）地震局、台站地震分析预报人员的业务能力和水平，为市（州）地震局和中心地震台在震情跟踪、异常核实及异常分析研判等方面发挥重要作用，并奠定坚实基础。

（甘肃省地震局）

新疆维吾尔自治区地震局

2019年，新疆维吾尔自治区地震局集中开展多项专项培训工作。5月举办发展党员工作专题培训班。7月在乌鲁木齐面向地（州、市）地震局、应急管理局举办防震减灾业务培训班。促进系统内交流访问。全年参加新疆维吾尔自治区地震局内交流访问13人，参加中国地震局普通交流访问学习3人、高级交流访问学习1人，接收中国地震局地震预测研究所高级访问人员1人。大力开展学历提升工程。鼓励青年人才读研读博，深造学历。全年3名职工攻读研究生学历，其中博士2人（在读），硕士1人（在读）。累计培养博士12人，硕士2人。重视少数民族干部的培养。2名同志入选自治区少数民族科技骨干特殊培养计划。大力实施地震人才工程，1名骨干人才、2名青年人才入选中国地震局人才计划，在承担防震减灾重大工程项目和重要任务、承担科研项目课题和论文发表、参加国内外学术交流等工作上发挥重要作用。

（新疆维吾尔自治区地震局）

中国地震局地球物理研究所

2019年，中国地震局地球物理研究所录取博士研究生22人（含与北京大学联培生2人），录取硕士研究生25人；2019年毕业博士研究生24人（含北京大学联培生4人）、毕业硕士研究生20人；截至2019年底，在读研究生共186人，其中博士生118名、硕士生68名。2019年组织参加中国地震局专题研讨班2人，中央党校中央和国家机关分校处级干部进修班1人、中国地震局各层次各类别干部培训班7人、2019年地震系统新录用人员初任培训班1人，参加国家公派留学人员英语高级培训班10人。通过领导干部讲党课、邀请专家讲座、自学、全体党员大会学习、组织支部学习等形式，人均培训56学时。新入所职工和研究生40人参加培训，总累计112学时。

（中国地震局地球物理研究所）

中国地震局地质研究所

　　2019 年，中国地震局地质研究所在往年教育培训工作的基础上，积极参加中国地震局各司室组织的各类学习培训，并根据工作需要和实际组织开展了一些教育培训，包括新入职人员培训、主题学习教育、专业技能培训等。全年培训学时达到约 4588 学时，培训人才达到约 340 人次。科技人员和专业技术人员根据科研任务需要，积极参加各种业务培训及学历教育，累计约 160 余人次接受来自各种培训机构的专业技能学习。加强研究生培养教育，邀请国外知名地学学者来所开设研究生短期课程。面向毕业研究生、博士后出站人员、新任导师进行研究生论文写作培训论文培训，规范和提高研究生（博士后出站人员）的学位论文（出站报告）与科技论文写作水平。

（中国地震局地质研究所）

中国地震局地壳应力研究所

　　2019 年，中国地震局地壳应力研究所增设电磁测深方法与应用学科组、地质灾害机理与评价学科组、地球物理成像学科组和试验卫星与空间地球物理学科组等 4 个学科组，有效增强中国地震局地壳动力学重点实验室、应急管理部地质灾害风险防控与应急技术中心、中国卫星地震应用中心等 3 个科技支撑平台的研究力量。

　　强化战略型科技带头人培养，逐步推进形成结构优化、构成合理的人才梯队。2019 年度，中国地震局地壳应力研究所三维地震构造与大陆动力学研究创新团队和空间对地观测技术研发创新团队双双入选中国地震局创新团队，1 人入选地震系统领军人才，2 人入选地震系统骨干人才，3 人入选地震系统青年人才。

　　继续规范研究生管理，设立所长奖学金，激励优秀学子不断进步，为防震减灾事业培育后备人才。规范硕士生导师的遴选程序，使一大批优秀青年科研人员具备招收硕士研究生的资格。通过互联网广泛宣传、举办"优秀大学生夏令营"等方式，努力改善研究生生源质量。在充分考察调研基础之上，撰写完成具有独立招生资格博士后工作站申报材料，提交全国博管会评估。

（中国地震局地壳应力研究所）

中国地震局地震预测研究所

2019 年，中国地震局地震预测所组织举办新入职职工和研究生入所教育培训班。培训时间 3 周，15 个工作日，54 学时，共进行 30 场课程或讲座，共有包括 4 位所领导在内的系统内外 28 位专家进行授课，共计 27 名学员接受培训。

该培训是中国地震局地震预测研究所第一次成系统、成体系、集中一段时间展开的入职培训，培训时间最长，培训内容、课程设置最丰富，培训形式最多样：包括课堂授课、上机实践、素质拓展、集体参加学术年会；培训组织工作最为标准、规范，由授课专家编制统一格式标准的教学大纲，将与科技工作相关的国家标准汇集成册作为教材和今后学习工作的重要参考资料；培训的对象类型最多，包括新职工和新入所研究生以及所新设工作站首批招收的博士后。

（中国地震局地震预测研究所）

中国地震局工程力学研究所

2019 年，中国地震局工程力学研究所面向党员、科技人员、管理人员等开展教育培训 34 次，其中党的政治理论学习 7 次、专业技术培训 25 次、业务能力培训 2 次，累计参训 1000 余人次，基本覆盖全所专业技术人员、管理人员及科辅人员。

此外，组织所领导班子成员、管理干部、科技人员参加中组部、中国延安干部学院、中央和国家司局级干部研修组织举办的科研院所领导者高级研修班，10 人次参加中国地震局组织的优秀年轻干部培训班、外事干部培训班、离退休干部业务培训班、信息化建设培训班、地震应急技术高级培训班、地震灾害风险管理培训班、地震信息网络安全技术培训班等。

（中国地震局工程力学研究所）

中国地震台网中心

2019 年，中国地震台网中心以深化改革为契机，加大人才培养建设力度，选拔 20 多名优秀青年骨干人才到部门领导岗位。2019 年共接收系统内交流访问学者 6 人，人社部新疆特培 1 人，派出 2 人出国交流研究。组织举办处级干部培训班，针对一线地震业务人员，鼓励地震监测预报、震害防御、应急救援等业务人员参加业务培训及继续教育，为防震减灾事业发展提供强有力的人才和智力保障。

（中国地震台网中心）

中国地震灾害防御中心

2019 年，中国地震灾害防御中心自主举办培训班主要有政治理论培训、党建工作培训和地震业务培训 3 类；组织党员领导干部赴焦裕禄干部学院培训、与中国地震台网中心联合组织新员工入职培训、专题业务培训等。

2019 年，1 名局管干部参加中央党校中青年干部培训班，1 名局管干部参加中国地震局组织的专题研修班，1 名处级干部参加中国地震局优秀年轻干部培训班，1 名处级干部参加中国地震局党校，1 人参加处级干部任职培训班，1 人参加科级干部培训班，3 人参加中国地震局组织的干部初任培训，3 人参加博士学历学位教育。业务人员积极参加地震标准化、网络安全技术、活断层技术、防灾减灾培训、应急培训等各类培训，处级干部按规定完成中国地震局继续教育学院在线学习。

（中国地震灾害防御中心）

中国地震局地球物理勘探中心

2019 年，中国地震局地球物理勘探中心以习近平新时代中国特色社会主义思想为指导，认真贯彻落实习近平总书记关于人才工作的重要论述，坚持党管人才原则，大力实施地震人才工程和素质提升计划，按照"用好现有人才、稳定关键人才、引进急需人才、培育未来人才"工作思路，稳步推动教育培训工作开展。组织厅局级干部参加调训 2 人次，选派处级干部参加调训 2 人次，科级干部参加培训 3 人次。推荐 2020 年出国访问学者 2 人，推荐攻读硕士、博士学位人员 4 人。组织各类学术交流、讲座等 21 次，参训 500 余人次。中心职工在达到网络学时的基础上，积极通过"学习强国""安你会"等手机软件进行自学。

（中国地震局地球物理勘探中心）

中国地震局第一监测中心

2019 年，中国地震局第一监测中心教育培训工作紧密围绕防震减灾事业发展和中心工作任务有序开展，年度培训工作以自主办班为主。

2019年通过自主办班开展各类培训17次，参加培训人数502人次，主要涉及党务工作、野外监测、消防安全等内容。举办"中国地震局第二期计量知识培训班"，参加局管干部研修班1人、中组部调训班学习2人次，公派赴英国学习1人、赴日本学习1人，培养在职博士研究生9人。完成中国地震局网络学院学习和局管干部网络学院学习。

2019年，教育培训工作坚持事前备案、过程记录、结果评估的流程，全面提升干部职工的党性修养与业务能力，保障中心各项工作顺利开展。

（中国地震局第一监测中心）

中国地震局第二监测中心

2019年，中国地震局第二监测中心组织实施以素质提升、专业知识、技术技能为主要内容的综合培训，举办各类培训27次，累计培训近千人次，内容涉及监测、预报、科研、技术服务、管理等方面。举办1期"职业素养与专业技能培训班"。

教育培训内容方面。素质提升类培训覆盖监测、业务、管理人员，主要培养目的是拓宽知识视野、提升认知水平，提升综合素质；专业知识性质的培训对象为中心范围内的监测和业务人员，主要培养目的是夯实专业基础、让专业知识推动事业发展；技术技能性质的培训则根据临时性或计划性需要，以仪器操作、软件使用等为主要内容，旨在提升工作效率的保障性和基础性培训。

师资力量配备方面。一般采用本单位高级专家授课的形式，对涉及本单位的业务、技能等方面进行面授，个别培训班邀请系统内外以及国内高校的专家作为授课老师。

培训方式方法方面。根据培训对象的不同，采用专题讲座、学员论坛、实践操作、户外参观、学习论文等形式，注重专题教学与交流讨论相结合，现场听课与论文作业相结合。

培训效果评估方面。邀请相关领导和技术人员现场点评，给出指导意见；根据培训效果，给出优良等级。将培训效果与日常和年度考核挂钩。

（中国地震局第二监测中心）

防灾科技学院

本科教育。防灾科技学院2019年全日制本科在校生共8482人，应届本科毕业生共1932人，其中1856人通过毕业资格审查获得毕业证，通过率为96.07%；1846人通过学位授予资格审查获得学士学位证，通过率为95.55%。

研究生教育。2019年硕士录取50人。2019届硕士毕业生22人，全部正常毕业，获得硕士学位。

继教培训。2019 年度培训面向防震减灾行业，同时向应急管理及其他领域拓展。培训工作类型涵盖党建工作培训、人事工作培训、重点专题培训、行政管理培训、地震业务培训等。培训对象包括管理人员、机关干部、年度重点危险区人员、台站技术人员等。2019年全年完成 18 期培训，共计培训 1088 人次，培训天数达 302 天。

（防灾科技学院）

人物

2019 年入选人社部"百千万人才工程"人员

曲哲，男，1983 年 1 月生，2010 年 7 月毕业于清华大学，获博士学位，土木工程专业。现任中国地震局工程力学研究所研究员、《建筑钢结构进展》副主编、*Earthquake Research in China* 编委。主要从事建筑结构的减震和隔震技术、非结构构件和内部物品的地震易损性、建筑功能损失和韧性评估研究，曾获国家科学技术进步二等奖、中国地震局防震减灾科技成果一等奖等奖励。

（中国地震局人事教育司　中国地震局工程力学研究所）

2019 年入选中国地震局领军人才、骨干人才、青年人才、创新团队名单

领军人才（10 人）

序　号	单　位	姓　名
1	中国地震局地球物理研究所	吴建平
2	中国地震局地质研究所	刘　静
3	中国地震局地质研究所	张会平
4	中国地震局地壳应力研究所	雷建设
5	中国地震局地震预测研究所	邵志刚
6	中国地震局工程力学研究所	王　涛
7	中国地震局工程力学研究所	张令心
8	中国地震台网中心	周龙泉
9	江苏省地震局	冯志生
10	陕西省地震局	冯希杰

骨干人才（33人）

序　号	单　位	姓　名
1	北京市地震局	林向东
2	河北省地震局	张建国
3	上海市地震局	朱爱斓
4	江苏省地震局	彭小波
5	福建省地震局	李　军
6	山东省地震局	殷海涛
7	湖北省地震局	陈志高
8	广东省地震局	康　英
9	四川省地震局	苏金蓉
10	云南省地震局	李　西
11	云南省地震局	金明培
12	陕西省地震局	李陈侠
13	甘肃省地震局	孙军杰
14	青海省地震局	李智敏
15	新疆维吾尔自治区地震局	李　杰
16	新疆维吾尔自治区地震局	吴传勇
17	中国地震局地球物理研究所	李永华
18	中国地震局地球物理研究所	周　红
19	中国地震局地球物理研究所	陈　石
20	中国地震局地球物理研究所	鲁来玉
21	中国地震局地质研究所	许　冲
22	中国地震局地质研究所	任治坤
23	中国地震局地壳应力研究所	田家勇
24	中国地震局地壳应力研究所	杨多兴
25	中国地震局地震预测研究所	张学民
26	中国地震局地震预测研究所	付广裕
27	中国地震局工程力学研究所	曲　哲
28	中国地震局工程力学研究所	公茂盛
29	中国地震台网中心	张雪梅

序 号	单 位	姓 名
30	中国地震灾害防御中心	王东明
31	中国地震局第一监测中心	武艳强
32	中国地震局第二监测中心	季灵运
33	防灾科技学院	黄 猛

青年人才（49人）

序 号	单 位	姓 名
1	北京市地震局	王 飞
2	天津市地震局	姚新强
3	天津市地震局	谭毅培
4	河北省地震局	王 想
5	河北省地震局	宫 猛
6	山西省地震局	杨 斌
7	黑龙江省地震局	常金龙
8	上海市地震局	王小明
9	江苏省地震局	王 俊
10	江苏省地震局	顾勤平
11	江苏省地震局	孙业君
12	福建省地震局	王青平
13	山东省地震局	蔡 寅
14	山东省地震局	曲均浩
15	山东省地震局	郭婷婷
16	河南省地震局	徐 丹
17	湖北省地震局	冯 谦
18	湖北省地震局	张丽芬
19	广东省地震局	王小娜
20	四川省地震局	徐 锐
21	云南省地震局	倪 喆
22	西藏自治区地震局	高锦瑞

序　号	单　位	姓　名
23	陕西省地震局	田勤虎
24	陕西省地震局	石富强
25	甘肃省地震局	邵延秀
26	甘肃省地震局	王　谦
27	宁夏回族自治区地震局	曾宪伟
28	宁夏回族自治区地震局	雷启云
29	新疆维吾尔自治区地震局	姚　远
30	新疆维吾尔自治区地震局	唐明帅
31	中国地震局地球物理研究所	陈　苏
32	中国地震局地球物理研究所	彭朝勇
33	中国地震局地球物理研究所	谢俊举
34	中国地震局地球物理研究所	房立华
35	中国地震局地质研究所	鲁人齐
36	中国地震局地质研究所	姚　路
37	中国地震局地壳应力研究所	孙小龙
38	中国地震局地壳应力研究所	荣棉水
39	中国地震局地壳应力研究所	何案华
40	中国地震局地震预测研究所	周晓成
41	中国地震局地震预测研究所	付媛媛
42	中国地震局工程力学研究所	林旭川
43	中国地震局工程力学研究所	任叶飞
44	中国地震台网中心	解　滔
45	中国地震台网中心	安艳茹
46	中国地震局第二监测中心	郝　明
47	防灾科技学院	孙治国
48	防灾科技学院	徐占品
49	防灾科技学院	李　平

创新团队（19个）

序　号	单　位	团队名称	负责人
1	福建省地震局	福建及台湾海峡地震探测与研究创新团队	蔡辉腾
2	甘肃省地震局	黄土动力学创新团队	孙军杰
3	中国地震局地球物理研究所	大城市及城市群地震危险性和风险分析关键技术研究团队	俞言祥
4	中国地震局地球物理研究所	地球深部构造探测创新团队	吴庆举
5	中国地震局地质研究所	构造物理与地震机制研究团队	何昌荣
6	中国地震局地质研究所	构造地貌研究创新团队	刘　静
7	中国地震局地质研究所	地震应急灾情获取与评估决策技术创新团队	聂高众
8	中国地震局地壳应力研究所	空间对地观测技术研发创新团队	申旭辉 黄建平 姜文亮
9	中国地震局地壳应力研究所	三维地震构造与大陆动力学研究创新团队	徐锡伟 雷建设 张世民
10	中国地震局地震预测研究所	地震地球化学创新团队	李　营
11	中国地震局地震预测研究所	宽频带地震观测技术研发创新团队	薛　兵
12	中国地震局工程力学研究所	地震预警与工程紧急处置团队	金　星 李山有
13	中国地震局工程力学研究所	中国大陆地区地震灾害模拟与评估	孙柏涛
14	中国地震台网中心	地震监测预警创新团队	黄志斌
15	中国地震台网中心	地震预报创新团队	蒋海昆
16	中国地震灾害防御中心	中国地震灾害防御中心创新团队	赵凤新 张郁山
17	中国地震局第一监测中心	地震孕育过程研究团队	武艳强
18	中国地震局第二监测中心	地震大数据治理创新团队	王文青
19	深圳防灾减灾技术研究院	地震仪器与物联网智慧服务创新团队	黄文辉

（中国地震局人事教育司）

2019 年中国地震局获研究员、正高级工程师任职资格人员名单

序 号	姓 名	所在单位	性 别	获得职称	评审单位
1	田晓峰	中国地震局地球物理勘探中心	男	研究员	中国地震局
2	张丽芬	湖北省地震局	女	研究员	中国地震局
3	李灵运	中国地震局第二监测中心	男	研究员	中国地震局
4	王帅军	中国地震局地球物理勘探中心	男	正高级工程师	中国地震局
5	王笃国	中国地震灾害防御中心	男	正高级工程师	中国地震局
6	韦永祥	福建省地震局	男	正高级工程师	中国地震局
7	申文庄	中国地震灾害防御中心	男	正高级工程师	中国地震局
8	冯 谦	湖北省地震局	男	正高级工程师	中国地震局
9	刘 芳	内蒙古自治区地震局	女	正高级工程师	中国地震局
10	苏金蓉	四川省地震局	女	正高级工程师	中国地震局
11	李 杰	新疆维吾尔自治区地震局	男	正高级工程师	中国地震局
12	张苏平	甘肃省地震局	女	正高级工程师	中国地震局
13	张建国	河北省地震局	男	正高级工程师	中国地震局
14	黄剑涛	中国地震局深圳防震减灾科技交流培训中心	男	正高级工程师	中国地震局
15	崔庆谷	云南省地震局	男	正高级工程师	中国地震局
16	蔡辉腾	福建省地震局	男	正高级工程师	中国地震局
17	彭朝勇	中国地震局地球物理研究所	男	研究员	中国地震局地球物理研究所
18	张风雪	中国地震局地球物理研究所	男	研究员	中国地震局地球物理研究所
19	宋小刚	中国地震局地质研究所	男	研究员	中国地震局地质研究所
20	韦 伟	中国地震局地质研究所	男	研究员	中国地震局地质研究所
21	谭锡斌	中国地震局地质研究所	男	研究员	中国地震局地质研究所
22	孙小龙	中国地震局地壳应力研究所	男	研究员	中国地震局地壳应力研究所

序 号	姓 名	所在单位	性 别	获得职称	评审单位
23	荣棉水	中国地震局地壳应力研究所	男	研究员	中国地震局地壳应力研究所
24	刘少林	中国地震局地壳应力研究所	男	研究员	中国地震局地壳应力研究所
25	罗 艳	中国地震局地震预测研究所	女	研究员	中国地震局地震预测研究所
26	孙 珂	中国地震局地震预测研究所	男	研究员	中国地震局地震预测研究所
27	吕晓健	中国地震局地震预测研究所	女	正高级工程师	中国地震局地震预测研究所
28	窦爱霞	中国地震局地震预测研究所	女	正高级工程师	中国地震局地震预测研究所
29	任叶飞	中国地震局工程力学研究所	男	研究员	中国地震局工程力学研究所
30	单振东	中国地震局工程力学研究所	男	研究员	中国地震局工程力学研究所
31	张雪梅	中国地震台网中心	女	研究员	中国地震台网中心
32	孟令媛	中国地震台网中心	女	研究员	中国地震台网中心
33	刘春国	中国地震台网中心	女	正高级工程师	中国地震台网中心
34	杨天青	中国地震台网中心	女	正高级工程师	中国地震台网中心
35	王新胜	中国地震局发展研究中心	男	正高级工程师	中国地震台网中心
36	张 凌	中国地震应急搜救中心	男	正高级工程师	中国地震台网中心
37	徐占品	防灾科技学院	男	教授	防灾科技学院
38	姚振静	防灾科技学院	女	教授	防灾科技学院
39	袁庆禄	防灾科技学院	男	教授	防灾科技学院
40	于 汐	防灾科技学院	女	教授	防灾科技学院
41	韩红梅	防灾科技学院	女	教授	防灾科技学院

（中国地震局人事教育司）

2019 年中国地震局获得专业技术二级岗位聘任资格人员名单

序　号	姓　名	单　位	专业领域
1	王　涛	中国地震局工程力学研究所	地震工程
2	王兰民	甘肃省地震局	地震工程
3	许建东	中国地震局地质研究所	构造地质
4	金　星	中国地震局厦门海洋地震研究所	防灾减灾工程及防护工程
5	蒋海昆	中国地震台网中心	地震预报
6	雷建设	中国地震局地壳应力研究所	地震学

（中国地震局人事教育司）

表彰奖励

人力资源社会保障部　中国地震局关于表彰全国地震系统先进集体和先进工作者的决定

人社部发〔2019〕138号

各省、自治区、直辖市及新疆生产建设兵团人力资源社会保障厅（局）、地震局，中国地震局各直属单位：

近年来，在党中央、国务院的正确领导下，全国各级地震部门和广大地震工作者认真学习贯彻习近平新时代中国特色社会主义思想，增强"四个意识"，坚定"四个自信"，做到"两个维护"，不忘初心、牢记使命，开拓创新、求真务实、攻坚克难、坚守奉献，为推进新时代防震减灾事业现代化建设，服务经济社会发展，造福人民福祉，作出了积极贡献，涌现出一大批先进集体和先进工作者。

为表彰先进，弘扬正气，进一步激发全国地震系统广大干部职工的积极性和创造性，大力推进新时代防震减灾事业现代化建设，人力资源社会保障部、中国地震局决定，授予天津市地震局地震灾害防御中心等20个单位"全国地震系统先进集体"称号，授予孙景慧等15名同志"全国地震系统先进工作者"称号。被授予"全国地震系统先进工作者"称号的同志，享受省部级表彰奖励获得者待遇。希望受表彰的先进集体和先进工作者珍惜荣誉，戒骄戒躁，率先垂范，再创佳绩。

全国地震系统广大干部职工要以受表彰的先进集体和先进工作者为榜样，深入学习贯彻党的十九大和十九届二中、三中、四中全会精神，贯彻落实习近平总书记关于应急管理、防灾减灾救灾、提高自然灾害防治能力重要论述和防震减灾重要指示批示精神，立足岗位，锐意进取，以更加昂扬的斗志，更加饱满的热情，坚决做到对党忠诚、纪律严明、赴汤蹈火、竭诚为民，推动防震减灾事业高质量发展，全面推进新时代防震减灾事业现代化建设，有力保障人民生命财产安全，为实现"两个一百年"奋斗目标、实现中华民族伟大复兴的中国梦作出新的更大贡献。

全国地震系统先进集体名单（共20个）

天津市地震局地震灾害防御中心
河北省唐山市防震减灾局
河北省地震局红山基准台

辽宁省地震局大连地震台

吉林省地震局通化地震台

江苏省高邮市地震局

福建省地震局监测中心地震监测预警技术创新团队

山东省地震局宣传教育中心

河南省地震局地震台网中心

广东省地震局地震监测中心

四川省地震局地震监测中心测震分析室

云南省玉溪市防震减灾局

西藏自治区昌都市地震局

甘肃省地震局应急救援处

宁夏回族自治区银川市地震局

新疆维吾尔自治区地震局库尔勒地震台

中国地震局地质研究所地震动力学国家重点实验室

中国地震台网中心地震预报部

中国地震局第一监测中心计量检定站

防灾科技学院土木工程学院

全国地震系统先进工作者名单（共 15 名）

孙景慧（女）	山西省地震局防震减灾宣传教育中心主任、高级工程师
龙晓培（女）	内蒙古自治区地震局满洲里地震台台长
常金龙	黑龙江省地震局鹤岗地震台高级工程师
刘善虎	中国地震局厦门海洋地震研究所研究室副主任
井福涛	山东省莒县地震局局长
黄文辉	广东省地震局地震监测中心正高级工程师
王树明（羌族）	四川省阿坝藏族羌族自治州防震减灾局局长
穷拉（女，藏族）	西藏自治区拉萨市地震局综合科副科长
白友林	青海省玉树藏族自治州地震台副台长
齐　建	新疆维吾尔自治区精河县地震局局长
吴庆举	中国地震局地球物理研究所地球内部物理学研究室研究员
王　涛	中国地震局工程力学研究所恢先地震工程综合实验室主任、研究员
王东明	中国地震灾害防御中心震灾风险部主任、正高级工程师
武艳强（满族）	中国地震局第一监测中心监测一队队长、研究员
季灵运	中国地震局第二监测中心地壳运动与灾害风险研究所副所长、副研究员

（中国地震局人事教育司）

江西省地震局离休干部梁光华同志获中共中央、国务院、中央军委颁发的"庆祝中华人民共和国成立 70 周年"纪念章。

（江西省地震局）

根据《中共中央中组部关于表彰全国离退休干部先进集体和先进个人的决定》（中组发〔2019〕23 号），山东省地震局退休干部、高级工程师汤克礼同志荣获"全国离退休干部先进个人"称号。

（山东省地震局）

新疆维吾尔自治区精河县地震局齐建同志荣获第九届全国"人民满意的公务员"光荣称号。

（新疆维吾尔自治区地震局）

中国地震局地球物理研究所李永华获 2019 年度"赵九章优秀中青年科学奖"。

（中国地震局地球物理研究所）

根据《国务院关于表彰全国民族团结进步模范集体和模范个人的决定》（国发〔2020〕20 号，2019 年 9 月 25 日），新疆维吾尔自治区地震测绘研究院获"全国民族团结进步模范集体"光荣称号。

（新疆维吾尔自治区地震局）

合作与交流

主要收载地震系统一年来双边、多边国际合作项目，以及重要学术活动概况，是了解国内外地震领域科研进展，学术交流的窗口。

合作与交流项目

合作与交流工作综述

2019 年，在中国地震局党组的坚强领导下，中国地震局防震减灾国际合作以习近平新时代中国特色社会主义外交思想为指导，围绕国家总体外交战略和防震减灾事业发展需求，不断扩大合作范围，努力创新合作模式，在发展中完善、在合作中成长，取得显著成效。

2019 年，组织和配合 3 个重点团组赴印度、尼泊尔、美国等国访问，与蒙古国、亚美尼亚签署合作协议。召开"一带一路"地震减灾协调人会议和地震预警国际研讨会，组织两期地震学和地震监测技术培训，获批科技部国家重点研发计划"政府间国际科技创新合作/港澳台科技创新合作"项目两个。

一、全力推动"一带一路"地震减灾合作

"一带一路"建设开辟了中国与"一带一路"沿线国家互利共赢、和平发展的新前景，成为中国对外开放的新名片。中国地震局积极与"一带一路"沿线国家开展国际合作，在地震监测台网建设、地震安全性评价服务、基础研究、人员交流培训等领域做了大量工作，获得相关国家的广泛赞誉。

服务外交大局，积极配合国家重要外事活动。2019 年 10 月，在国家主席习近平和尼泊尔总理奥利的共同见证下，中国地震局援尼泊尔地震监测台网项目建成移交。

"一带一路"地震减灾合作机制逐步完善。在汶川地震十周年国际研讨会期间，中国地震局与来自 13 个国家和国际组织的代表就建立"一带一路"国家及其邻国的地震减灾合作机制达成共识。2019 年 4 月，"一带一路"地震减灾机制被列入第二届"一带一路"国际合作高峰论坛成果清单。已有 22 个国家的地震减灾机构和国际组织加入"一带一路"地震减灾合作机制。

成功召开"一带一路"地震减灾协调人会议。为推进"一带一路"地震减灾合作，中国地震局于 2019 年 6 月 11—12 日在北京召开"一带一路"地震减灾协调人会议。来自亚美尼亚、蒙古国、哈萨克斯坦、乌兹别克斯坦、缅甸、柬埔寨、泰国、厄瓜多尔和亚洲地震委员会等 17 个国家和国际组织以及中国外交部、发展改革委、应急管理部、国际科学减灾联盟及地震系统 50 名代表出席会议，其中境外代表 21 人。会议代表介绍了各国地震灾害风险和减灾工作情况，涉及地震灾害风险、防震减灾能力建设、当前防灾减灾能力短板和未来合作倡议等方面。会议就"一带一路"地震减灾机制建设和务实合作进行深入磋商，同意在机制下积极开展双多边合作，组建多个专家工作组，共同推进项目合作，服务"一带一路"建设。与会代表共同讨论并原则同意《"一带一路"地震安全愿景与行动》。

持续开展境外台网建设。2019年，援老挝地震监测台网项目完成土建和设备安装调试，进入试运行阶段；援肯尼亚地震监测台网项目货物完成查验，即将起运；中国—东盟地震海啸监测预警系统项目持续推进，印度尼西亚、泰国台站建设和设备安装稳步推进，柬埔寨台站完成勘选工作，台站建设积极开展。"一带一路"地震监测台网项目启动前期磋商和站点勘选，完成蒙古国、俄罗斯远东勘选工作，开展泰国、亚美尼亚、吉尔吉斯斯坦等国勘选任务。

联合推进专业能力建设。成功举办2019年发展中国家地震学与地震工程培训班和东盟国家地震监测技术培训班，来自"一带一路"沿线8个国家的57名人员参加培训。

二、稳步推进防震减灾国际合作

召开第二届地震预警国际研讨会，来自美国、德国、日本、加拿大、韩国、印度尼西亚、亚美尼亚等多个国家和中国台湾地区的60多位专家学者参加会议。配合应急管理部合作司代表团赴印度、尼泊尔、孟加拉国访问。组织重点团组赴美国、加拿大、冰岛访问，了解国际地学及火山研究现状。落实中厄地震和火山灾害风险管理谅解备忘录，推动与厄瓜多尔理工学院地球物理研究所开展地震火山合作研究，与美国联合开展地震科学实验场、火山活动研究；与亚美尼亚建立国际联合实验室，开展地震监测、地壳形变、地球物理场观测等多学科合作研究；与阿尔及利亚开展地震科学实验场合作；推动援萨摩亚、阿尔及利亚地震台网二期申报。获批科技部国家重点研发计划"政府间国际科技创新合作/港澳台科技创新合作"项目两个。

此外，配合完成中国地震科学实验场新闻发布会涉外工作。推动地震系统单位参与中国科学院巴基斯坦地学中心建设。配合公共服务司完成外国人来华地震监测互联网＋监管系统建设工作。与教育部沟通推进外国人在地震系统接受学位教育审批备案工作。围绕青藏高原、组建国际组织、中国地震局系统国际会议计划控制等开展调研。

三、严格因公出国（境）管理

严格外事计划管理，严审因公出国（境）团组，做好出访团组行前教育、成果共享等工作。2019年全年因公出访团组233个，出访人数607人次。

对出访必要性不足或任务不紧凑的团组，坚持原则，调整或取消部分出访安排。根据国家外事新规定及中国地震局领导指示，自2019年10月起对因公赴美人员逐一开展行前安全提醒教育。简化接待国（境）外来宾审批方式，为基层减负，强化服务职能。

（中国地震局科技与国际合作司）

合作交流

6月11—12日,"一带一路"地震减灾协调人会议在北京成功召开,来自亚美尼亚、蒙古国、哈萨克斯坦、乌兹别克斯坦、缅甸、柬埔寨、泰国、厄瓜多尔和亚洲地震委员会等17个国家和国际组织以及中国外交部、发展改革委、应急管理部、国际科学减灾联盟及地震系统50名代表出席会议,其中境外代表21人。

(中国地震局科技与国际合作司)

2019 年出访项目

2018 年 12 月 24 日—2019 年 1 月 7 日

中国地震台网中心高级工程师李建勇和杨桂存2人赴老挝执行国家地震监测台网项目样板站施工建设项目。

1 月 3—31 日

中国地震局地球物理研究所硕士研究生司政亚赴日本统计数理研究所开展学术交流。

1 月 14 日—2 月 3 日

中国地震局地质研究所研究员甘卫军等一行4人赴缅甸进行GPS地壳运动观测。

1 月 15—25 日

中国地震局地球物理研究所助理研究员赵明赴韩国釜庆国立大学就利用深度算法进行地震学研究并开展合作交流。

1 月 15 日—2 月 13 日

中国地震局地球物理研究所博士研究生王林海赴日本统计数理研究所开展学术交流。

1 月 20—26 日

中国地震局地壳应力研究所副研究员苏哲赴日本东京参加日本航天局"2018年全球环境监测项目学术研讨会"。

2 月 5—9 日

中国地震局地壳应力研究所副所长陈虹赴瑞士日内瓦参加联合国人道主义网络和伙伴关系周活动及INSARAG指南修订专家组第三次会议。

2 月 5—9 日

中国地震局国际合作司处长郑荔赴印度新德里参加"上合组织城市地震搜救联合演练控制组筹备会议"(应急管理部组团)。

2 月 20 日—5 月 21 日

中国地震台网中心高级工程师李建勇和杨桂存2人赴老挝执行国家地震监测台网2019年第一期援外驻场任务。

2月22—25日

防灾科技学院教授黄猛赴新加坡参加第二届图像与图形处理国际会议。

2月22日—8月20日

中国地震局地壳应力研究所副研究员刘博研赴美国佐治亚理工大学进行学术交流。

2月28日—3月28日

中国地震局地壳应力研究所研究员杨艳艳赴法国巴黎地球物理研究所和丹麦科技大学进行学术访问。

3月5—8日

黑龙江省地震局监测中心主任高东辉和高级工程师李继业2人赴日本兵库县参加第十七届防灾分科委员会活动和应急救援技术训练，并赴人与未来中心、兵库县广域防灾中心和野岛断层保护馆实地考察。

3月11日—4月9日

广东省地震局高级工程师何寿清等一行6人赴印度尼西亚执行地震台站升级改造任务。

3月11日—4月28日

中国地震局地球物理研究所高级工程师田鑫等一行4人赴尼泊尔执行援建台站建设任务。

3月13—17日

中国地震局地球物理研究所研究员郑重赴智利了解地震监测现状，讨论台站处理方法、地震预警研究等合作事宜，申请中智联合资助项目计划。

3月16—22日

中国地震局地壳应力研究所副研究员闻明赴阿联酋观摩国际重型救援队能力分级复测。

3月17—23日

中国地震局地球物理研究所研究员陈鲲等一行3人赴瑞典斯德哥尔摩参加2019年地球科学与社会峰会。

3月18—21日

中国地震局工程力学研究所研究员毛晨曦和副研究员张昊宇2人赴印度新德里参加"第二届生命线工程可恢复性国际研讨会"。

3月20—25日

中国地震局地质研究所研究员刘静一行4人赴南非开普敦大学进行学术交流，并赴该校在纳米比亚的野外试验点开展野外考察。

3月23—31日

中国地震局地球物理研究所研究员边银菊赴奥地利维也纳参加"全面禁止核试验条约组织筹委会核查工作组会第52次会议"。

3月31日—5月16日

中国地震局地壳应力研究所副研究员周新赴意大利米兰大学学术访问，并赴德国汉诺威参加"中欧重力卫星工作组研讨会"。

3月31日—6月7日

中国地震局地球物理研究所助理研究员赵明赴美国休斯敦莱斯大学开展学术交流。

4 月 2—7 日

中国地震局工程力学研究所研究员温瑞智等一行 3 人赴新西兰奥克兰参加"2019 年太平洋地震工程会议"。

4 月 2—8 日

防灾科技学院教授廖顺宝赴美国华盛顿参加"美国地理学家协会 2019 年年会"。

4 月 3—8 日

中国地震局地壳应力研究所研究员姜文亮和助理研究员谭巧 2 人赴意大利国家地球物理与火山研究所、意大利空间局和意大利国家核科学研究院访问。

4 月 3—12 日

中国地震局地壳应力研究所研究员徐锡伟等一行 3 人赴意大利国家地球物理与火山研究所、意大利空间局和意大利国家核科学研究院访问，并赴奥地利维也纳参加"欧洲地球物理学会 2019 年年会"。

4 月 3—12 日

中国地震局地震预测研究所研究员泽仁志玛赴意大利国家地球物理与火山研究所、意大利空间局和意大利国家核科学研究院访问，并赴奥地利维也纳参加"欧洲地球物理学会 2019 年年会"。

4 月 3—29 日

中国地震局地壳应力研究所博士后刘芹芹赴意大利国家地球物理与火山研究所、意大利空间局访问；并赴奥地利维也纳参加"欧洲地球物理学会 2019 年年会"。

4 月 5 日—6 月 20 日

中国地震局地质研究所副研究员韦伟赴英国伦敦大学伯贝克学院进行学术交流。

4 月 6—12 日

中国地震局第二监测中心副研究员郝明赴奥地利维也纳参加"欧洲地球科学联合会（EGU）2019 年年会"。

4 月 6—13 日

中国地震局地质研究所研究员杨晓松和副研究员熊建国 2 人赴奥地利维也纳参加"欧洲地球科学联合会（EGU）2019 年年会"。

4 月 6—14 日

中国地震局地壳应力研究所副研究员黄建平等一行 5 人赴奥地利维也纳参加"欧洲地球科学联合会（EGU）2019 年年会"。

4 月 6—14 日

中国地震局地球物理研究所研究员赵爱华等一行 12 人赴奥地利维也纳参加"欧洲地球科学联合会（EGU）2019 年年会"。

4 月 7—17 日

中国地震局地质研究所研究员刘静赴奥地利维也纳参加"欧洲地球科学联合会（EGU）2019 年年会"，并赴法国格勒诺布尔大学进行学术访问。

4 月 10 日—5 月 10 日

中国地震局地震预测研究所副研究员石玉涛赴美国密苏里科技大学开展合作交流。

4月22—28日

中国地震局地质研究所博士研究生王启欣赴美国西雅图参加"2019年地震学术大会"。

4月22—28日

湖北省地震局助理研究员董培育和陈威二人赴美国西雅图参加"美国地震学会2019年年会"。

4月22—29日

中国地震局地壳应力研究所研究员任俊杰一行4人赴美国西雅图参加"美国地震学会2019年年会"并进行西雅图断错地貌地质考察。

4月22—29日

中国地震局地球物理研究所研究员方立华一行3人赴美国西雅图参加"美国地震学会2019年年会"。

4月22日—5月1日

中国地震局地震预测研究所研究员高原赴美国西雅图参加"美国地震学会2019年年会"并学术交流。

4月24—28日

甘肃省地震局副研究员王平和助理研究员柴少峰2人赴日本北海道进行地震灾害地质滑坡及土壤液化科学考察,并与东京都立大学开展合作交流。

4月26日—6月24日

四川省地震局副研究员徐锐赴德国波茨坦地学中心进行学术交流。

5月4—10日

防灾科技学院教授薄景山一行3人赴日本岛根大学就地震滑坡机理开展合作交流。

5月16日—8月14日

中国地震台网中心高级工程师师宏波和湖北省地震局副研究员聂兆生2人赴老挝执行国家地震监测台网项目技术援助工作。

5月19—29日

中国地震局工程力学研究所研究员戴君武赴意大利帕维亚参加"第四届非结构构件抗震性态国际研讨会",并顺访帕维亚大学,进行学术交流。

5月21—26日

中国地震局工程力学研究所研究员曲哲赴意大利帕维亚参加"第四届非结构构件抗震性态国际研讨会"。

5月25—29日

宁夏回族自治区地震局高级工程师罗国富赴日本千叶市参加"日本地球科学学会2019年年会"。

5月25—29日

中国地震局地壳应力研究所助理研究员方怡和副研究员黄帅2人赴日本千叶市参加"日本地球科学学会2019年年会"。

5月25—29日

中国地震局发展研究中心副研究员陈为涛和工程师董丽娜2人赴日本千叶市参加"日

本地球科学学会 2019 年年会"。

5 月 25—30 日

湖北省地震局副研究员吴云龙赴日本千叶市参加"日本地球科学学会 2019 年年会"。

5 月 26 日—6 月 4 日

中国地震局地球物理研究所副研究员谢凡和助理研究员任雅琼 2 人赴日本千叶市参加"日本地球科学学会 2019 年年会"并交流访问。

5 月 27—31 日

中国地震局地球物理研究所副研究员刘晓灿一行 5 人赴日本千叶市参加"日本地球科学学会 2019 年年会"。

5 月 29 日—6 月 2 日

中国地震局国际合作司主任科员吴昊赴奥地利维也纳参加联合国工业发展组织"保障工业安全大会"（应急管理部组团）。

6 月 10 日—7 月 9 日

广东省地震局高级工程师陈建涛一行 5 人赴印度尼西亚执行地震台站升级改造任务。

6 月 16—21 日

中国地震局工程力学研究所副研究员徐俊杰赴加拿大魁北克市参加"第十二届加拿大地震工程会议"。

6 月 16—22 日

中国地震局地球物理研究所副研究员陈红娟和陈苏 2 人赴意大利罗马参加"第七届国际岩土地震工程大会"。

6 月 16—22 日

甘肃省地震局研究员王兰民赴意大利罗马参加"第七届国际岩土地震工程大会"。

6 月 17—26 日

中国地震局地球物理研究所高级工程师袁松湧等一行 5 人赴美国安克雷奇阿拉斯加大学进行学术交流。

6 月 18—23 日

中国地震局工程力学研究所助理研究员马加路赴美国帕萨迪纳市参加"美国工程力学学会 2019 年年会"。

6 月 18 日—7 月 17 日

中国地震局地球物理研究所副研究员张风雪赴奥地利维也纳大学进行学术访问。

6 月 22—30 日

中国地震局工程力学研究所研究员林旭川一行 4 人赴希腊哈尼亚市参加"第二届自然灾害与基础设施国际研讨会"。

6 月 22—30 日

中国地震局工程力学研究所研究员温瑞智等一行 8 人赴意大利那不勒斯二世大学开展合作交流。

6 月 23—26 日

中国地震局地壳应力研究所研究员邱泽华赴日本东京参加"2019 年力学与航空工程国

际研讨会"。

6月23—27日

防灾科技学院副教授张丽莉赴美国纽约参加"第二十五届美国岩石力学与地质力学研讨会"。

6月23—27日

中国地震局地壳应力研究所研究员张景发和助理研究员李强2人赴斯洛文尼亚卢布尔雅那参加"龙计划国际研讨会"。

6月23—29日

中国地震局地质研究所研究员孙建宝赴斯洛文尼亚卢布尔雅那参加"龙计划国际研讨会"。

6月23—30日

中国地震局地球物理研究所副研究员苏伟赴奥地利维也纳参加"全面禁止核试验条约2019年科技会议"。

6月23—30日

中国地震局地壳应力研究所研究员申旭辉等一行3人赴意大利罗马开展电磁监测02卫星工程中意合作技术协调。

6月23—30日

中国地震局地震预测研究所研究员泽仁志玛赴意大利罗马开展电磁监测02卫星工程中意合作技术协调。

6月24日—12月7日

中国地震局地球物理研究所助理研究员侯爵赴澳大利亚麦考瑞大学进行学术交流。

7月2—7日

中国地震局地壳应力研究所研究员朱守彪赴荷兰乌德勒支参加"第七届水热化学与力学耦合过程国际研讨会"。

7月2—7日

中国地震局地震预测研究所副研究员刘月赴荷兰乌德勒支参加"第七届水热化学与力学耦合过程国际研讨会"。

7月2—9日

中国地震局地质研究所研究员马胜利赴荷兰乌德勒支参加"第七届水热化学与力学耦合过程国际研讨会"。

7月8—14日

中国地震局地球物理勘探中心研究员段永红等一行4人赴加拿大蒙特利尔参加"国际大地测量与地球物理联合会第二十七届大会"。

7月8—15日

中国地震局地球物理研究所研究员王健赴加拿大蒙特利尔参加"国际大地测量与地球物理联合会第二十七届大会"。

7月8—19日

中国地震局地震预测研究所研究员吴忠良赴加拿大蒙特利尔参加"国际大地测量与地

球物理联合会第二十七届大会"。

7月10—17日

中国地震局地球物理研究所研究员刘瑞丰等一行5人赴加拿大蒙特利尔参加"国际大地测量与地球物理联合会第二十七届大会"。

7月10—17日

中国地震台网中心研究员黄辅琼和副研究员张雪梅2人赴加拿大蒙特利尔参加"国际大地测量与地球物理联合会第二十七届大会"。

7月10—19日

中国地震局地球物理研究所研究员丁志峰和李丽2人赴加拿大蒙特利尔参加"国际大地测量与地球物理联合会第二十七届大会"。

7月11—18日

中国地震局地质研究所研究员许建东等一行6人赴加拿大蒙特利尔参加"国际大地测量与地球物理联合会第二十七届大会"。

7月11—18日

湖北省地震局研究员刘子维等一行4人赴加拿大蒙特利尔参加"国际大地测量与地球物理联合会第二十七届大会"。

7月11—18日

中国地震局地震预测研究所研究员孟国杰等一行10人赴加拿大蒙特利尔参加"国际大地测量与地球物理联合会第二十七届大会"。

7月11—18日

四川省地震局研究员易桂喜赴加拿大蒙特利尔参加"国际大地测量与地球物理联合会第二十七届大会"。

7月11—18日

山西省地震局正研级高级工程师宋美卿赴加拿大蒙特利尔参加"国际大地测量与地球物理联合会第二十七届大会"。

7月11—18日

吉林省地震局研究员刘国明赴加拿大蒙特利尔参加"国际大地测量与地球物理联合会第二十七届大会"。

7月11—19日

中国地震局地壳应力研究所研究员申旭辉等一行4人赴加拿大蒙特利尔参加"国际大地测量与地球物理联合会第二十七届大会"。

7月14日—8月4日

防灾科技学院讲师霍雨光等一行4人赴英国参加雷丁大学研修课程。

7月21—27日

湖北省地震局高级工程师冯谦赴美国檀香山参加"2019年国际桥梁工程学会会议"。

7月22日—8月2日

中国地震局地质研究所副研究员王凯英和郭彦双2人赴俄罗斯莫斯科访问施密特地球物理研究所,进行学术交流。

7 月 25 日—8 月 2 日

中国地震局地质研究所研究员陈桂华赴爱尔兰都柏林参加"国际第四纪研究联合会第二十届大会"。

7 月 26 日—9 月 24 日

中国地震局地震预测研究所研究员孟国杰赴日本北海道大学进行合作研究。

7 月 26—30 日

中国地震台网中心研究员黄辅琼和高级工程师杨文 2 人赴新加坡参加"亚洲、大洋洲地球科学学会第十六届年会"。

7 月 27 日—8 月 1 日

宁夏回族自治区地震局高级工程师马禾青赴新加坡参加"亚洲、大洋洲地球科学学会第十六届年会"。

7 月 27 日—8 月 3 日

中国地震局地质研究所研究员单新建等一行 6 人赴日本横滨参加"2019 年地球科学与遥感国际研讨会"。

7 月 27 日—8 月 3 日

中国地震局地壳应力研究所研究员姜文亮等一行 4 人赴日本横滨参加"2019 年地球科学与遥感国际研讨会"。

7 月 28 日—8 月 2 日

湖北省地震局助理研究员王嘉沛赴新加坡参加"亚洲、大洋洲地球科学学会第十六届年会"。

7 月 28 日—8 月 3 日

中国地震局地震预测研究所副研究员荆凤赴日本横滨参加"2019 年地球科学与遥感国际研讨会"。

7 月 28 日—8 月 3 日

中国地震局地球物理研究所研究员刘爱文等一行 8 人赴新加坡参加"亚洲、大洋洲地球科学学会第十六届年会"。

7 月 28 日—8 月 3 日

中国地震局地质研究所研究员许冲等一行 4 人赴新加坡参加"亚洲、大洋洲地球科学学会第十六届年会"。

7 月 28 日—8 月 3 日

云南省地震局正研级高级工程师常祖峰赴新加坡参加"亚洲、大洋洲地球科学学会第十六届年会"。

7 月 28 日—8 月 3 日

中国地震局地壳应力研究所研究员吕悦军等一行 12 人赴新加坡参加"亚洲、大洋洲地球科学学会第十六届年会"。

7 月 28 日—8 月 3 日

中国地震局地壳应力研究所研究员徐锡伟赴新加坡参加"亚洲、大洋洲地球科学学会第十六届年会"。

7月29日—8月2日

中国地震台网中心研究员陈杰等一行6人赴日本横滨国立大学进行学术交流。

8月1—9日

中国地震局地震预测研究所副研究员车时等一行6人赴俄罗斯科学院地球物理研究所签订合作协议并落实有关内容。

8月1日—10月27日

中国地震局地球物理勘探中心副研究员田晓峰赴美国地质调查局进行学术交流。

8月2日—10月31日

中国地震台网中心助理研究员李瑜等一行3人赴老挝执行援建台网项目的建设施工任务。

8月4—11日

中国地震局地球物理研究所助理研究员王晓辉赴美国夏洛特参加"第二十五届核反应堆结构动力学会议"。

8月5—30日

中国地震局第一监测中心研究员武艳强赴日本九州大学进行学术交流。

8月11日—12月11日

中国地震局地震预测研究所副研究员孙安辉赴日本东北大学地震火山研究中心进行学术交流。

8月12日—9月10日

广东省地震局高级工程师陈建涛等一行6人赴印度尼西亚执行地震台站升级改造任务。

8月15—19日

中国地震局地球物理研究所研究员蒋长胜赴蒙古国执行"一带一路"地震台网勘选任务。

8月15—19日

内蒙古自治区地震局处长王石磊等一行3人赴蒙古国执行"一带一路"地震台网勘选任务。

8月15—19日

中国地震局国际合作司主任科员赵瑞华赴蒙古国执行"一带一路"地震台网勘选任务。

8月15日—9月4日

中国地震局地球物理研究所助理研究员范晓勇等一行3人赴俄罗斯执行"一带一路"地震台网勘选任务。

8月15日—9月13日

中国地震局地球物理研究所高级工程师袁松湧和工程师王永哲2人赴蒙古国执行"一带一路"地震台网勘选任务。

8月15日—9月13日

内蒙古自治区地震局高级工程师冀宝荣等一行6人赴蒙古国执行"一带一路"地震台网勘选任务。

8 月 17—22 日

四川省地震局研究员易桂喜赴日本箱根市参加"第十一届统计地震学国际研讨会"。

8 月 17—22 日

中国地震台网中心研究员张永仙赴日本箱根市参加"第十一届统计地震学国际研讨会"。

8 月 17—22 日

中国地震局第二监测中心高级工程师路珍赴日本箱根市参加"第十一届统计地震学国际研讨会"。

8 月 17—22 日

中国地震局地震预测研究所研究员吴忠良赴日本箱根市参加"第十一届统计地震学国际研讨会"。

8 月 17—24 日

中国地震局地壳应力研究所研究员高小其和高级工程师郭丽爽 2 人赴西班牙巴塞罗那参加"2019 年戈尔德施密特国际会议"。

8 月 17 日—9 月 15 日

中国地震局地球物理研究所研究员陈石等一行 3 人赴日本箱根市参加"第十一届统计地震学国际研讨会",并访问日本数理统计研究所,开展学术交流。

8 月 18—24 日

中国地震台网中心副研究员周志华和助理研究员田雷 2 人赴西班牙巴塞罗那参加"2019 年度戈尔德施密特地球化学大会"。

8 月 18—25 日

中国地震局地质研究所研究员李霓等一行 3 人赴西班牙巴塞罗那参加"2019 年度戈尔德施密特地球化学大会"。

8 月 18—25 日

中国地震局地震预测研究所研究员李营等一行 4 人赴西班牙巴塞罗那参加"2019 年度戈尔德施密特地球化学大会"。

8 月 18—25 日

中国地震局地壳应力研究所副研究员颜蕊赴芬兰奥卢参加"欧洲非相干散射雷达科学协会 2019 年年会"。

8 月 19—24 日

中国地震局地质研究所研究员陈晓利等一行 3 人赴吉尔吉斯斯坦比什凯克参加"第十七届国际地质灾害减灾会议"。

8 月 19 日—9 月 17 日

广东省地震局高级工程师何寿清等一行 6 人赴柬埔寨执行地震台站勘选任务。

8 月 23—30 日

中国地震台网研究员张永仙赴智利巴拉斯港参加"亚太经合组织科技创新政策伙伴机制（APEC-PPSTI）第十四次会议"。

8月23日—9月1日

中国地震局地震预测研究所研究员孙汉荣赴俄罗斯航天国家集团访问。

8月24日—10月25日

中国地震局地质研究所副研究员潘波赴美国俄勒冈州立大学就中国长白山天池火山与美国火口湖火山进行对比研究。

8月25日—9月1日

中国地震局地球物理研究所研究员边银菊赴奥地利维也纳参加"全面禁止核试验条约组织筹委会核查工作组第53次会议第一周会议"。

8月31日—9月8日

中国地震局地质研究所副研究员段庆宝和苗社强2人赴德国波茨坦参加"第13届欧洲岩石物理与地质力学学术大会"。

8月31日—10月29日

中国地震台网中心高级工程师孙丽赴美国地质调查局就地震活动研究和灾害评估领域进行合作研究。

9月1—16日

中国地震局地质研究所助理研究员卓燕群赴意大利的里亚斯特参加"地震断层力学高级研讨会：理论、模拟和观测学术大会"。

9月2—10日

中国地震局地质研究所研究员张会平等一行3人赴以色列访问以色列地质调查局并开展合作研究。

9月7—14日

中国地震局地球物理研究所研究员温增平等一行3人赴美国棕榈泉市参加"南加州地震中心2019年年会"。

9月7—18日

中国地震局地震预测研究所研究员汤毅等一行5人赴美国棕榈泉市参加"南加州地震中心2019年年会"。

9月7—18日

中国地震台网中心研究员张永仙赴美国棕榈泉市参加"南加州地震中心2019年年会"。

9月7—21日

中国地震局地震预测研究所研究员泽仁志玛和助理研究员楚伟2人赴意大利开展电磁卫星01星数据处理及科学应用合作，并赴捷克参加"2019年Swarm卫星数据质量定标会议"。

9月12日—12月25日

中国地震局地质研究所博士研究生李彦川赴法国尼斯大学进行合作交流。

9月13—25日

中国地震局地壳应力研究所研究员谢富仁等一行11人赴巴西伊瓜苏参加"第十四届国际岩石力学大会"，并前往阿根廷布宜诺斯艾利斯进行学术访问。

9 月 15—22 日

内蒙古自治区地震局助理工程师周金玲和甘肃省地震局助理工程师周扬 2 人赴奥地利维也纳参加禁核试条约组织筹委会临时秘书处举办的"核证后活动合同监测台站管理员培训班"。

9 月 15—22 日

中国地震局工程力学研究所副研究员王永志赴美国加州大学戴维斯分校进行学术访问。

9 月 16—21 日

中国地震局地震预测研究所研究员张学民赴捷克参加"2019 年欧洲空间局 Swarm 卫星数据质量研讨会"。

9 月 16—24 日

中国地震局地球物理研究所高级工程师袁洁浩等一行 8 人赴蒙古国开展地磁台站初步勘选和流动地磁测点勘选工作。

9 月 18 日—10 月 5 日

中国地震局地震预测研究所研究员高原赴英国地质调查局、伦敦大学及帝国理工学院进行学术交流。

9 月 19 日—11 月 20 日

中国地震局地质研究所副研究员郭志赴法国斯特拉斯堡大学进行合作研究。

9 月 22—27 日

防灾科技学院教授姜纪沂等一行 3 人赴西班牙马拉加参加"第四十六届国际水温地质大会"。

9 月 25 日—10 月 19 日

中国地震局地球物理研究所高级工程师田鑫和工程师范晓勇 2 人赴尼泊尔加德满都执行援建台站巡检、维护及项目验收工作。

9 月 26 日—10 月 4 日

中国地震局地震预测研究所研究员张晓东等一行 5 人赴意大利罗马,访问意大利国家地球物理与火山研究所和的里亚斯特大学,进行学术交流并签署合作协议。

9 月 29 日—10 月 5 日

中国地震台网中心研究员黄志斌等一行 4 人赴尼泊尔加德满都执行援建地震台网建设项目验收任务。

9 月 30 日—12 月 21 日

中国地震局地球物理研究所副研究员陈苏赴美国东北大学进行学术访问。

10 月 4—15 日

中国地震局地壳应力研究所研究员陈虹赴智利圣地亚哥参加"INSARAG 搜救队长年会和指南修订工作组会议"。

10 月 7—12 日

中国地震局地球物理研究所副研究员陈斌和助理研究员王粲 2 人赴泰国曼谷执行援建地磁台站勘选工作。

10月7—12日

甘肃省地震局高级工程师辛长江和闫万生2人赴泰国曼谷执行援建地磁台站勘选工作。

10月7—12日

云南省地震局高级工程师倪喆和毛燕2人赴泰国曼谷执行援建地磁台站勘选工作。

10月9—13日

中国地震局科技和国际合作司科员鲁恒新赴尼泊尔加德满都执行援建台站巡检、维护及项目验收工作。

10月9—19日

中国地震局地球物理研究所研究员李丽等一行3人赴尼泊尔加德满都执行援建台站巡检、维护及项目验收工作。

10月10日—11月8日

广东省地震局高级工程师何寿清等一行6人赴印度尼西亚雅加达执行援建地震台站环境升级改造和设备安装工作。

10月12日—11月10日

广东省地震局主任科员张项等一行5人赴柬埔寨执行援建地震台站基建工作。

10月13—18日

中国地震台网中心高级工程师张小涛和助理工程于晨2人赴澳大利亚昆士兰大学地球物理与环境科学学院进行学术交流。

10月14—21日

中国地震局地球物理研究所研究员刘爱文等一行5人赴希腊雅典参加"第七届风险分析与危机处置国际研讨会"。

10月15—20日

中国地震局工程力学研究所副研究员王永志和助理研究员陈卓识2人赴日本东京工业大学进行学术访问。

10月15—25日

中国地震局工程力学研究所研究员戴君武和助理研究员柏文2人赴日本丰桥科学技术大学就减隔震技术进行学术交流。

10月16日—11月30日

中国地震局第二监测中心高级工程师胡亚轩赴日本东京大学地震研究所就"激光应变仪和新型绝对重力仪数据数理方法"进行学术交流。

10月20—27日

中国地震局副局长闵宜仁率团一行5人赴美国商讨中美地震监测、地震和火山研究以及国家地震科技创新工程、地震科学试验场等重大项目合作事宜。

10月22日—11月3日

中国地震局地质研究所研究员陈杰等一行3人赴俄罗斯科学院施密特大地物理研究所进行学术交流。

10月25日—12月25日

中国地震局地球物理研究所研究员常利军赴美国普渡大学开展合作研究。

10 月 26 日—11 月 8 日

广东省地震局工程师吴叔坤等一行 4 人赴印度尼西亚执行援建地震数据中心设备安装调试工作。

10 月 27 日—11 月 9 日

中国地震局办公室副主任王峰等一行 10 人赴德国进行"大陆地壳结构与深部探测技术培训"。

10 月 28 日—11 月 2 日

中国地震局工程力学研究所研究员马强等一行 5 人赴美国加州大学伯克利分校，就地震预警关键技术研究、轨道交通地震紧急处置等方面成果与经验进行学术交流。

10 月 31 日—12 月 25 日

中国地震局地质研究所助理研究员王伟赴法国欧洲环境地质研究与教学中心进行学术访问。

11 月 5—11 日

中国地震局地球物理研究所高级工程师袁洁浩和助理研究员王振东 2 人赴吉尔吉斯斯坦比什凯克等地执行地磁台站和流动地磁测点勘选工作。

11 月 6—15 日

中国地震局局长郑国光率 6 人代表团赴印度出席第十次上海合作组织成员国紧急救灾部门领导人会议并访问印度、尼泊尔和孟加拉国，推进"一带一路"自然灾害防治和应急管理国际合作机制合作。

11 月 8—12 日

中国地震局工程力学研究所研究员曲哲赴日本东京参加"第十二届环太平洋钢结构会议"。

11 月 10—23 日

中国地震局地质研究所研究员尹功明赴法国巴黎访问法国国家自然博物馆史前人类自然历史研究所。

11 月 17—28 日

中国地震局地球物理研究所研究员杨大克等一行 4 人赴澳大利亚悉尼调研地震台网并进行学术交流。

11 月 18—22 日

四川省地震局处长杜斌等一行 4 人赴日本产研所地球资源与环境研究所及日本气象厅进行访问。

11 月 18—22 日

中国地震局地壳应力研究所研究员杨树新等一行 3 人赴泰国曼谷参加 APSCO 地震二期项目初步设计评审会议。

11 月 18 日—12 月 1 日

中国地震局地质研究所副研究员覃金堂赴瑞士日内瓦大学访问并开展合作研究。

11 月 18 日—12 月 7 日

深圳防灾减灾技术研究所研究员黄义辉和助理研究员熊厚 2 人赴老挝万象执行"援老

挃国家地震监测台网项目测震观测处理系统软件项目"任务。

11 月 20—28 日

中国地震局地震预测研究所研究员汤毅等一行 6 人赴日本东京大学地震研究所、防灾科学技术研究所及京都大学防灾研究所进行学术访问。

11 月 23—27 日

中国地震局工程力学研究所研究员王涛和林旭川 2 人赴日本北海道大学访问，就结构震害分析方法、震后结构损伤状态快速评估技术的最新研究进展进行研讨。

11 月 25 日—12 月 24 日

中国地震局地球物理研究所助理研究员来贵娟赴日本筑波市进行学术访问。

11 月 25 日—12 月 24 日

中国地震局地震预测研究所副研究员刘月赴日本统计数理研究所开展合作研究。

11 月 26 日—12 月 1 日

中国地震局地震预测研究所研究员吴忠良赴俄罗斯科学院地震预报理论与数学地球物理研究所进行学术访问。

12 月 1—14 日

四川省地震局副局长雷建成等一行 10 人赴美国参加"地震预报模型研究与技术培训第二期"研讨班。

12 月 1—22 日

中国地震局地球物理研究所高级工程师袁松湧等一行 4 人赴亚美尼亚开展台网技术勘选工作。

12 月 8—13 日

中国地震台网中心副研究员安艳茹和工程师张莹莹 2 人赴美国旧金山参加"美国地球物理联合会（AGU）2019 秋季年会"。

12 月 8—14 日

中国地震局地震预测研究所研究员王晓青和助理研究员尹晓菲 2 人赴美国旧金山参加"美国地球物理联合会（AGU）2019 秋季年会"。

12 月 8—15 日

中国地震局地球物理研究所研究员丁志峰等一行 8 人赴美国旧金山参加"美国地球物理联合会（AGU）2019 秋季年会"。

12 月 8—15 日

中国地震局工程力学研究所副研究员宋晋东和博士研究生汪源 2 人赴美国旧金山参加"美国地球物理联合会（AGU）2019 秋季年会"。

12 月 8—15 日

中国地震局副局长牛之俊率 5 人代表团访问加拿大和冰岛，讨论地震风险防控、地震工程、地震和火山研究等合作。

12 月 9—12 日

云南省地震局研究员张建国赴缅甸仰光为我驻缅使馆及在缅中资机构举办地震科普讲座。

12 月 9—15 日

中国地震灾害防御中心高级工程师郝明辉等一行 3 人赴意大利全球地震模型基金会进行学术访问。

12 月 12 日—2020 年 1 月 10 日

广东省地震局高级工程师何寿清等一行 6 人赴泰国执行地震台站建设和设备安装工作。

12 月 13—20 日

中国地震台网中心高级工程师李建勇和助理工程师郭畅 2 人赴老挝执行国家地震监测台网项目台站土建检查验收任务。

12 月 16—20 日

中国地震台网中心研究员孙雄和高级工程师邹锐 2 人赴老挝执行国家地震监测台网项目台站土建检查验收任务。

（中国地震局科技与国际合作司）

2019 年来访项目

1 月 8 日—1 月 17 日

英国牛津大学菲利普·克里斯托弗·英格兰教授等一行 7 人应中国地震局邀请访问地质研究所，开展"鄂尔多斯地区地震灾害风险的参与式评估与治理"项目相关工作。

1 月 30 日—2 月 1 日

泰国矿产资源厅代表团副厅长尼瓦·马尼库（Niwat Maneekhut）等一行 5 人应云南省地震局邀请来华访问，双方专家就 2015 年以来在"中国—东南亚毗邻区大震活动地球动力学研究"项目实施过程中取得的成果和下一步深化合作计划进行交流研讨，并赴江川县开展小江断裂带野外地质考察。

2 月 26 日—3 月 15 日

荷兰乌得勒支大学亨菲尔德·卢克·贝恩德应中国地震局邀请访问中国地震局地质研究所，根据地震动力学国家重点实验室与荷兰乌得勒支大学高温高压实验室合作协议，开展岩石高速摩擦实验机摩擦实验。

3 月 4—5 日

美国地质调查局沃尔特·穆尼（Walter D. Mooney）教授和波士顿学院约翰·爱德华·伊贝尔（John E. Ebel）教授访问中国地震台网中心，就地震活动性与地震预测进行交流研讨并做学术报告。

3 月 4—9 日

蒙古国科学院天文与地球物理研究所所长索诺萨布·登贝尔勒（Sodnomsambuu Demberel）一行 5 人应中国地震局邀请访问中国地震局地球物理研究所，就"一带一路地震监测网络"项目在测震台阵和地磁监测网络方面的合作进行沟通，并赴河北省地震局开展技术交流。

3月30日—4月15日

日本京都大学防灾研究所詹姆斯·莫里（James J. Mori）教授于4月10日顺访中国地震局地震预测研究所，开展地球内部结构和地震发生机理研究学术交流。

4月22—24日

美国罗德岛大学沈旸应中国地震局邀请访问中国地震局地壳应力研究所，开展全波形层析方法研究交流，讨论全波形层析成像方法基本原理、算法实现及优缺点，并展示具体应用示例。

4月27日—5月8日

美国西密西根大学邵晓芸副教授应中国地震局邀请访问中国地震局工程力学研究所，就国家自然科学基金项目"考虑流固耦合的海上风力发电塔子结构混合试验研究"涉及的振动台混合试验技术进行培训并合作撰写相关学术论文，同时就未来合作研究进行规划。

4月28日—5月7日

法国斯特拉斯堡大学杰罗姆·范德沃尔德等一行2人应中国地震局邀请访问中国地震局地质研究所，赴云南苍山山前断裂、程海—宾川断裂、大具盆地以及玉龙—哈巴雪山地区开展野外地震地质科学考察。

4月28日—5月9日

日本东京大学大气和海洋研究所佐野有司（Yuji Sano）教授以及意大利巴勒莫国家地球物理和火山研究所安东尼奥·卡拉卡西（Antonio Caracausi）教授顺访中国地震局地震预测研究所，开展温泉流体地球化学合作交流和研究，参加5月9日举办的中国地震科学实验场学术研讨会。

5月4—12日

美国得克萨斯大学达拉斯分校马克·海尔斯顿（Marc Hairston）教授应中国地震局邀请访问中国地震局地震预测研究所，就我国电磁卫星和美国DMSP卫星的科学数据质量进行评估，在电磁波动研究领域开展合作，参加5月9日举办的中国地震科学实验场学术研讨会。

5月5—10日

吉尔吉斯斯坦共和国国家科学院地震研究所所长卡纳特贝克·阿布德拉克马托夫（Kanatbek Abdrakhmatov）博士一行3人应中国地震局邀请访问中国地震局地球物理研究所，就吉尔吉斯斯坦现有地震观测概况、地震观测台网设计方案以及地磁观测等工作进行技术交流，赴天津市地震局静海地震台及附近流动地磁观测点进行考察。

5月6—12日

美国加州大学洛杉矶分校沈正康教授应中国地震局邀请访问中国地震局地震预测研究所，参加5月9日中国地震科学实验场学术研讨会，并参与实验场科学设计及活动构造研讨工作。

5月8—12日

日本京都大学防灾研究所詹姆斯·莫里教授应中国地震局邀请访问中国地震局地震预测研究所，参加5月9日中国地震科学实验场学术研讨会，参与地震科学实验场科学设计研讨工作。

5月8—14日

俄罗斯科学院远东分院数学应用研究所米哈伊尔·杰拉西门科（Mikhail Gerasimenko）教授一行3人应中国地震局邀请访问中国地震局地震预测研究所，双方主要就我国东北和俄罗斯远东地区三维地壳形变开展联合研究，参加5月9日中国地震科学实验场学术研讨会和相关学术交流。

5月8—20日

意大利艾米利亚罗马涅区环境保护局乔瓦尼·马尔蒂内里（Giovanni Martinelli）研究员顺访中国地震局地震预测研究所，参加中国地震科学实验场学术研讨交流和开展首都圈地区流体地球化学观测合作研究。

5月13—19日

泰国矿产资源部环境地质局局长素丽·提拉浓斯古尔博士（Dr. Suree Teerarungsigul）一行4人应中国地震局邀请访问中国地震局地球物理研究所，双方就泰国境内地磁台站建设、野外测网建设、地磁测量技术规范、泰国境内工作保障条件等进行技术交流，赴云南考察通海地磁台及2个流动地磁测点。

5月18日—6月10日

荷兰乌得勒支大学亨菲尔德·卢克·贝恩德应中国地震局邀请来华访问，进一步完善其在地震动力学国家重点实验室岩石高速摩擦实验机开展摩擦实验的工作。

5月20日—6月10日

美国科罗拉多大学约翰·皮特里克教授应中国地震局邀请访问中国地震局地质研究所，开展"上新世—更新世死海断裂和阿尔金断裂地区地貌演化过程、走滑速率及其动力学意义"合作与交流项目学术交流，赴阿尔金断裂开展野外科学考察。

5月27日—6月1日

巴基斯坦政府地震部门扎伊德·拉菲（Zahid Rafi）主任一行3人应中国地震局邀请访问中国地震局地球物理研究所，根据"一带一路地震监测网络"项目要求就巴基斯坦境内10个台站和1个数据中心的升级改造设计进行技术交流，考察中国地震台网中心，赴广东省地震局了解井下地震观测及其在预警方面的应用。

6月1—13日

法国斯特拉斯堡大学路易斯·瑞维拉应中国地震局邀请访问中国地震局地质研究所，赴海原地震震源区域附近开展野外工作，赴上海佘山地震台站收集海原地震的历史地震图，赴广州中山大学探讨进行理论地震图计算程序合作。

6月4—9日

俄罗斯联邦国家科学预算机构俄罗斯科学院远东分院阿穆尔州地质与自然资源利用研究所谢洛夫·米哈伊尔（Serov Mikhail）主任等一行2人应中国地震局邀请访问地球物理研究所，就"一带一路地震监测网络"项目在俄罗斯境内有关综合地震台开展合作研究，赴中国地震台网中心及北京国家地球观象台进行考察。

6月5—9日

柬埔寨王国矿产能源部矿产资源总局矿产地质局孔西塔（Kong Sitha）局长一行2人赴广东省地震局协商中国—东盟地震海啸预警系统项目具体合作方式事宜，期间参观台网中心、河源地震台等地了解地震监测预警等方面的相关情况，签署《中华人民共和国广东省地震局与柬埔寨王国矿产能源部矿产资源总局矿产地质局关于联合进行地震地质灾害研究的合作协议》。

6月6—12日

意大利佛罗伦萨大学马里奥·德·斯特凡诺（Mario De Stefano）教授应中国地震局邀请访问中国地震局工程力学研究所，介绍欧洲在古建筑文物保护、古建筑文物抗震加固方面的最新研究进展，为"可移动文物三维减隔震技术研究与应用示范"项目提供研究建议和关键难题解决思路。

6月7—10日

日本东北大学五十子幸树（Kohju Ikago）教授和东京工业大学吉敷祥一（Shoichi Kishiki）副教授应中国地震局邀请访问中国地震局工程力学研究所，就"考虑非结构因素的高层建筑减震控制研究"国际合作专题项目进展情况、存在问题以及下一步实施计划进行研讨。

6月8—27日

美国俄勒冈州立大学艾瑞克·科比教授应中国地震局邀请访问中国地震局地质研究所，与科研人员赴海原断裂开展野外工作，为研究生和青年科技人员授课。

6月8—26日

中国地震局国际合作司于6月11—12日在北京召开"一带一路"地震减灾协调人会议，来自16个国家和国际组织的20位地震减灾协调人参会。中国地震局地震预测研究所于6月13日在北京主办"一带一路"地震科学实验场国际研讨会，新加坡南洋理工大学地球观测中心大地构造学与地震学 Paul Tapponnier 教授和美国加州大学洛杉矶分校沈正康教授参会。沈正康教授于6月14日—15日顺访中国地震局地震预测研究所，讨论中国地震科学实验场科学设计文本；6月14日亚美尼亚科学院地球物理与工程地震研究所所长 Jon Karapetyan 一行2人顺访中国地震局地震预测研究所，商谈共建亚美尼亚国际联合实验室事宜；埃及国家天文学和地球物理研究所 Mahmoud Sami Soliman Elazab Salam 等一行3人顺访中国地震局地震预测研究所，开展学术交流。

6月9—14日

亚洲地震委员会主席帕拉美什·巴纳吉（Paramesh Banerjee）教授应中国地震局邀请访问中国地震局地壳应力研究所，针对青藏高原及缅甸周边的区域构造稳定性、区域地震活动性开展合作交流，参加"一带一路"地震减灾协调人会议。

6月10—13日

韩国地质资源研究院地震研究中心姜泰范（Kang Tae-Beom）一行2人应中国地震局邀请来华，更换"中韩合作地震台网（China-Korea Seismic Network）"部分损坏的服务器，并进行配置与测试。

6月11日—7月21日

美国风险管理软件公司董伟民（Weimin Dong）博士应中国地震局邀请访问中国地震局工程力学研究所，为所研究生课程《巨灾风险管理》进行授课，就"中国地震风险分析模型研究"项目的研究计划进行探讨，就《地震工程和工程地震》（英文刊）期刊的编辑出版工作和未来发展进行讨论。

6月13—15日

美国肯塔基地质调查局王振明博士顺访甘肃省地震局，就地震灾害评估、减灾政策、美国韧性城市建设以及滑坡灾害风险评价新进展等方面进行学术交流。

6月17—24日

新加坡南洋理工大学苏珊娜·詹金斯等一行4人应中国地震局邀请访问中国地震局地质研究所，参加"长白山火山岩浆扰动与喷发灾害研究"项目启动、开展项目学术交流，赴长白山开展野外科学考察。

6月28—30日

斯伦贝谢中国地球科学及石油工程研究院院长伯纳德·蒙托伦（Bernard Montaron）教授顺访中国地震局地壳应力研究所，就四川页岩气开采与诱发地震机理问题开展深入讨论交流，拟定未来合作意向。

7月8—21日

德国卡塞尔大学乌韦·多尔卡（Uwe Dorka）教授应中国地震局邀请访问中国地震局工程力学研究所，参与"考虑液—固耦合的海上风力发电塔子结构混合试验研究"国家自然科学基金项目研究，进行振动台子结构试验技术培训并合作撰写相关学术论文，同时就未来合作研究进行规划。

7月9日

印度尼西亚民主斗争党总主席、前总统梅加瓦蒂·苏加诺普特丽夫人率团访问中国地震台网中心，了解我国防震减灾工作有关情况。

7月11日—8月2日

智利费德里科圣玛利亚理工大学加斯顿·安德烈斯·费曼迪斯·科尔内霍（Gaston Andres Fermandois Cornejo）博士应中国地震局邀请访问中国地震局工程力学研究所，参与"考虑液—固耦合的海上风力发电塔子结构混合试验研究"国家自然科学基金项目研究，进行实时混合试验技术培训并合作撰写相关学术论文，同时就未来合作研究进行规划。

7月12—21日

美国伊利诺伊州立大学香槟分校玛塞拉·西西里亚·威斯卡拉·卡塔兰（Marcela Cecilia Vizcarra Catalan）博士应中国地震局邀请访问中国地震局工程力学研究所，参与工程系统抗震韧性评估的人类和社会行为学方面的开创性研究，进行结构韧性评估相关知识技能培训并合作撰写相关学术论文，同时就未来合作研究进行了规划。

7月18—28日

日本京都大学防灾研究所所长桥本学（Manabu Hashimoto）教授等一行3人于7月19日顺访中国地震局地震预测研究所，开展地震科学实验场科学设计研讨及相关学术交流活动，探讨深部钻井工作。

7月21—26日

日本东京工业大学翠川三郎（Saburoh Midorikawa）教授和阿联酋哈里发大学岸田忠大（Tadahiro Kishida）助理教授应中国地震局邀请访问中国地震局工程力学研究所，就"面向需求多元化的强震动记录 Flatfile 重要参数识别与反演研究"国家自然科学基金项目的计算数据、结果分析等进行交流，商讨下一步工作计划以及任务分工等，同时就双方未来科研人员互访、研究生联合培养等事项进行交流讨论。

7月22日—8月4日

以色列地质调查局尼姆若德·维勒研究员应中国地震局邀请访问中国地震局地质研究所，共同开展"上新世—更新世死海断裂和阿尔金断裂地区地貌演化过程、走滑速率及其动力学意义"项目工作，赴阿尔金断裂开展野外科学考察工作。

7月29日—8月8日

阿尔及利亚天文、天体物理与地球物理研究中心阿卜杜勒·阿齐兹·卡鲁比（Abdelaziz Kherroubi）教授一行3人应中国地震局邀请访问中国地震局地震预测研究所，讨论中、阿地震科学实验场科学设计方案，开展学术交流。

8月4—9日

美国得克萨斯大学达拉斯分校陈伦锦（Lunjin Chen）教授应中国地震局邀请访问中国地震局地壳应力研究所，就我国电磁卫星科学数据质量评估以及数据科学应用等相关事宜进行讨论。

8月4—27日

沙特阿拉伯阿卜杜拉国王科技大学奥拉夫·泽尔克应中国地震局邀请访问中国地震局地质研究所，为研究生和青年科技人员授课，考察青藏高原东北缘鄂拉山断裂和日月山断裂活动性及演化历史。

8月11—14日

韩国气象厅火山特别研究中心张光北等一行4人应中国地震局邀请访问中国地震局地质研究所，开展火山监测、灾害预警技术交流合作，赴长白山开展野外联合科学考察，完成利用EDM（激光电子测距）技术开展长白山火山形变监测的技术准备工作。

8月12—15日

日本神户大学吉冈洋一（Shoichi Yoshioka）教授顺访中国地震局地壳应力研究所，双方进一步讨论日本2011年东北大地震的前兆特征及其物理机制以及中国2008年汶川地震与日本2011年东北大地震前兆现象的异同及其原因，并协商下一步开展"解剖地震"的合作问题。

8月20—21日

由中国地震局主办、中国地震台网中心承办的第二届地震预警国际研讨会在北京召开，来自美国、德国、日本、加拿大、韩国、印度尼西亚、亚美尼亚等多个国家和中国台湾地区的60多位专家学者（其中境外专家学者14人）参加会议，共同探讨地震预警建设实践及应用问题。

8月21—25日

美国内华达大学雷诺分校默罕默德·穆斯塔法（Mohamed A. Moustafa）助理教授应中国地震局邀请访问中国地震局工程力学研究所，为"可移动文物三维减隔震技术研究与应用示范"项目提供研究建议和关键难题的解决思路。

8月21—25日

美国加州理工大学默罕默德·努里（Mohammed Noori）教授应中国地震局邀请顺访中

国地震局工程力学研究所，参与"基于双台台阵和界面力控制方法的子结构混合试验研究"项目研究，做关于"如何开展科研工作并撰写学术论文"等讲座，并合作撰写相关学术论文，同时就未来合作研究进行规划。

8月22—27日

美国地质调查局 Walter Mooney 教授应中国地震局邀请访问中国地震局地质研究所，赴吉林省地震局进行学术交流，赴长白山火山观测站开展地震火山合作研究。

9月5—18日

英国杜伦大学地球科学系马克·艾伦（Mark Allen）教授应中国地震局邀请访问中国地震局地震预测研究所开展学术合作，赴陕西、宁夏、甘肃就我国黄土高原地区若干历史强震触发地震滑坡及相关活动构造开展合作研究。

9月5—20日

荷兰乌得勒支大学 C.J.Spiers 教授应中国地震局邀请访问中国地震局地质研究所，讲授《材料、岩石、断层变形过程》研究生课程以及英文科技论文写作讲座，开展断层摩擦合作研究，赴中国地震局第二监测中心和陕西省地震局交流断层变形研究成果并考察渭河盆地典型正断层剖面。

9月15—20日

意大利地质与火山国家研究所里卡多·马里奥·阿扎拉（Riccardo Mario Azzara）教授应中国地震局邀请访问中国地震局工程力学研究所，就古建筑文物保护方面做学术报告，交流古建筑文物保护及振动分析方面的研究成果，为"可移动文物三维减隔震技术研究与应用示范"项目提供研究建议和关键难题的解决思路。

9月15—21日

肯尼亚内罗毕大学讲师格拉迪斯·卡瑞吉·坎吉（Gladys Karegi Kianji）等2人应中国地震局邀请访问中国地震局地球物理研究所，开展地震观测方面的技术交流，清点"中国援助肯尼亚地震台网建设"项目已配置完成的仪器设备并商定下一步工作计划，赴中国地震台网中心进行考察。

9月19日—10月3日

美国科罗拉多大学约翰·皮特里克教授应中国地震局邀请访问中国地震局地质研究所，进行学术交流并赴四川开展野外工作。

9月23—27日

美国加州大学洛杉矶分校尤瑟夫·波佐尔格尼亚（Yousef Bozorgnia）教授应中国地震局邀请访问中国地震局工程力学研究所，提供强震动记录 Flatfile 建设和地震动预测方程（GMPE）发展的先进经验，就双方未来科研人员互访、研究生联合培养等事项进行交流讨论。前往河南大学商讨关于重点研发项目联合申报、未来国际合作项目联合申请相关事宜。

9月24日—10月6日

法国巴黎地球物理研究所杨·科灵格尔教授应中国地震局邀请访问中国地震局地质研究所，赴阿尔金断裂开展野外科学考察，完成安南坝、索尔库里盆地及乌尊硝尔盐湖两侧的构造地貌和地震地质研究。

10 月 1 日—12 月 7 日

南非开普敦大学斯蒂芬·维多利亚·路易斯应中国地震局邀请访问中国地震局地质研究所，开展"大陆型高原边界地形演化的对比研究"项目研究相关工作。

10 月 8—22 日

俄罗斯科学院大地物理研究所叶夫根尼·罗戈仁教授等一行 2 人应中国地震局邀请访问中国地震局地质研究所。就"天山与大高加索地区的活动褶皱作用与强震"项目进行学术交流，赴新疆北天山对 1906 年玛纳斯 $M7.7$ 地震及其发震构造进行联合野外考察。

10 月 12—24 日

美国加州大学戴维斯分校麦克·奥斯肯教授应中国地震局邀请访问中国地震局地质研究所，赴金沙江、澜沧江、黄河开展野外工作。

10 月 14 日

国防大学第 5 期埃塞俄比亚高级军官培训班和老挝国防学院教育骨干培训班 25 名学员参观访问中国地震台网中心，听取《中国的防震减灾》专题报告，并就中国地震灾害应急机制管理等问题开展交流。

10 月 23 日—11 月 11 日

日本嶋本利彦教授应中国地震局邀请访问中国地震局地质研究所。在地震动力学国家重点实验室进行短期工作，完善岩石高速摩擦实验装置配置的高温高压容器，开展高温高压下断层高速摩擦实验研究，指导青年科技人员开展相关研究工作。

10 月 31 日—11 月 28 日

南非开普敦大学缪尔·罗伯特·安东尼应中国地震局邀请访问中国地震局地质研究所，开展"大陆型高原边界地形演化的对比研究"项目相关工作，赴中国地震局地壳应力研究所开展（U-Th）/He 测试工作并建立地球动力学模型。

11 月 4—10 日

日本东京大学地震研究所歌田久司教授应中国地震局邀请顺访中国地震局地质研究所进行学术交流，讨论进一步合作研究方向。

11 月 10—16 日

美国西北大学埃米尔·安德烈·奥卡尔（Emile Andre Okal）教授应中国地震局邀请访问中国地震局地壳应力研究所，就缅甸现今地质构造、地震海啸等科学问题开展学术交流。

11 月 22 日

韩国永世大学鱼南志教授一行 3 人到访中国地震台网中心，就地下流体监测与我国地震预报业务体制进行交流讨论。

11 月 23—27 日

意大利那不勒斯费德里克二世大学物理系埃尔多·佐罗（Aldo Zollo）教授应中国地震局邀请访问中国地震局工程力学研究所，交流近年来双方在地震预警关键技术研究、地震预警系统研发等方面的成果与经验。

11 月 24—30 日

国际地震中心主任迪米特里·阿列克谢维奇·斯托查克（Dmitry Alekseevich Storchak）博士应中国地震局邀请访问中国地震局地球物理研究所，就北京台震相分析在 ISC 中的应用、ISC 震相工作进展、中国援外设备指标及接口标准以及未来地震数据产品发展趋势开展交流，访问中国地震台网中心，参观广东省地震局和珠海市泰德企业有限公司。

12 月 1—9 日

法国国家自然历史博物馆多米尼克研究员等一行 2 人应中国地震局邀请访问中国地震局地质研究所，开展"中国鄂西—三峡地区早期人类古遗址地层的年代学研究"项目研究，进行学术交流，探讨下一步合作研究内容。

12 月 2—5 日

韩国地质资源研究院地震研究中心吴泰锡（Oh Tae-Seok）高级工程师一行 2 人应中国地震局邀请访问中国地震局地球物理研究所，对"中韩合作地震台网（China-Korea Seismic Network）"项目延边地震台的辅助数据记录仪和敦化地震台的备用设备故障开展相关维修和测试工作。

12 月 2—7 日

印度尼西亚、泰国、马来西亚、缅甸等 4 国共 34 名学员赴广东省地震局参加第三届地震监测及预警培训班，培训内容包括地震监测技术、地震监测网络、地震监测系统管理、软硬件系统使用维护、地震监测设备实际操作等方面。

12 月 14—22 日

美国迈阿密大学大气与海洋科学学院福克·阿梅隆（Falk Amelung）教授于 12 月 20 日顺访中国地震局地震预测研究所。做题为"风险管理与减灾支撑：地质灾害实践共同体与 Supersite 倡议"的学术报告，就联合申请加入 GEO Supersite 倡议和基于雷达干涉数据的地震同震、震后、震间形变开展合作研究。

12 月 24—26 日

吉尔吉斯斯坦科学院地震研究所穆拉利耶夫·阿布迪拉史特博士和肯吉尔巴耶娃·祖玛古丽博士应新疆地震局邀请赴新疆交流访问。双方就联合观测台网建设、数据共享交换、联合编制地震目录、震源机制目录等事宜进行讨论。

（中国地震局科技与国际合作司）

2019 年港澳台合作交流项目

3 月 19—20 日

深圳防灾减灾技术研究院院长黄剑涛等一行 4 人赴香港特别行政区与摩根丹利亚洲有限公司商谈深圳防震减灾产业园有关投资合作事宜。

4 月 19 日

台湾"中央"大学朱延祥教授等 6 人顺访中国地震局地壳应力研究所，开展地震科学领域学术交流。

4 月 21—29 日

台湾"中央"大学陈致同助理教授等一行 2 人应中国地震局邀请访问中国地震局地质研究所。与科研人员共赴四川,对岷山—龙门山造山带中生代以来的构造历史做进一步深入研究和野外考察,探讨岷山—龙门山造山带的新老构造关系及其对地震的控制作用。

5 月 26—29 日

新疆维吾尔自治区地震局研究员王晓强和高级工程师刘代芹二人赴香港特别行政区参加"呼图壁储气库周边地震机理研究学术交流研讨会"。

6 月 10—14 日

防灾科技学院教授廖顺宝赴香港特别行政区参加"2019 大数据工程国际会议"。

6 月 15—26 日

台湾大学胡植庆教授应中国地震局邀请访问中国地震局地震预测研究所,开展学术交流,考察十三陵地震台并赴昆明开展野外科学考察。

8 月 11—21 日

台湾大学土木工程研究所钟立来教授应中国地震局邀请顺访中国地震局工程力学研究所,开展学术交流并参观振动台实验室。

8 月 16—21 日

台湾"中央"大学温国梁教授和台湾地震工程研究中心郭俊翔副研究员应中国地震局邀请访问中国地震局工程力学研究所。开展地震动场地效应、地震海啸数值模拟等学术交流,并开设工程地震相关课程。

11 月 10—13 日

台湾"中央"研究院地球科学研究所赵丰特聘研究员,应中国地震局邀请访问中国地震局地震预测研究所,开展利用主成分分析方法提取地震震前、同震及震后变化的合作交流。

（中国地震局科技与国际合作司）

学术交流

2019年8月20—21日，第二届地震预警国际研讨会在北京召开，来自中国、美国、德国、日本、加拿大、韩国、印度尼西亚、亚美尼亚等多个国家和中国台湾地区的60多位专家学者参加会议，共同探讨地震预警建设实践及应用问题。

（中国地震局科技与国际合作司）

河北省地震局

2019年9月19—24日，中国地震局地球物理研究所与河北省地震局共计8名技术人员赴蒙古国开展"一带一路"项目地磁分项台站与流动地磁野外站点勘选工作。勘选共完成3个固定台址堪选、5个流动测点背景噪声、磁场梯度等技术指标的测试，固定台站开展了背景噪声测试和场地梯度测试，流动野外测点完成了场址磁场梯度测试。此次勘选，除完成计划任务外，中方技术人员还与蒙古国天文与地球物理研究所开展了地磁台站勘选、建设、测试、设备安装等方面的技术交流与研讨。

（河北省地震局）

黑龙江省地震局

2019年，黑龙江省地震局组织科研人员就科研项目档案的收集和整理、建构筑物结构基本知识及其震害、五代区划图与地震风险防控、地震灾害风险调查与震害预测国家标准及其要点、地震灾害损失预评估技术、建构筑物地震破坏等级划分国家标准及其要点、建筑抗震韧性评估国家标准及应用、新应急管理体制下中国地震局地震应急响应与处置工作等方面与有关专家进行交流研讨。

（黑龙江省地震局）

上海市地震局

2019年10月15—28日，上海市地震局选派朱爱斓参加由中国地震局组织的2019年"大陆地壳结构与深部探测技术"项目组赴德国培训班，在该培训中，德国科研机构和大学专家讲授地球深部构造环境、地壳三维精细结构探究、深部探测实验与技术等内容，充分利用国外优质资源优化我局科技人才储备。

（上海市地震局）

江苏省地震局

2019年6月11—13日，美国肯塔基地质调查局王振明教授应邀来江苏省地震局交流访问，并作题为《美国新马德里地震带——从地震预报到减灾政策》的学术报告。访问期间，王振明教授参观了江苏省数字地震台网中心和南京基准地震台，并与有关科技人员就地震场地效应评估问题进行了交流探讨。

10月28—30日，"第十六届长三角科技论坛防震减灾分论坛暨纪念溧阳地震40周年防震减灾学术研讨会"在南京召开。论坛主题为"减轻地震灾害风险　推进防震减灾现代化建设"，共征集到学术论文100余篇，内容涵盖地震监测预报预警、地震灾害风险防治、防震减灾公共服务与社会治理等多个方面，汇集了近年来长三角地区地震科技人员的科研成果，并编辑出版专题科技论文集。

（江苏省地震局）

安徽省地震局

2019年，安徽省地震局组织申报2020年度外事计划2项。组织人员参加中国地震局举办的外事培训班，进一步加强外事政策学习。

（安徽省地震局）

广东省地震局

2019 年 5 月 8—9 日，在广州从化组织召开广东省防震减灾科技协同创新中心启动会。会议就地震预警关键技术研究、典型强震构造区三维精细地壳结构构建、基于低成本 MEMS 传感器和大数据分析的重大工程地震安全监测技术研究三个项目的技术路线、工作进展以及项目经费预算方案作汇报。与会专家充分肯定协同创新中心的工作基础，一致认为，通过协同中心建设，全省的地震科技资源得到很好的整合和共享，同时，协同中心的建设为全省防震减灾现代化建设提供了一个很好的科技支撑平台。

会议邀请中国科学院南海海洋研究所、中山大学、东莞理工学院、深圳防灾减灾技术研究院、福建省地震局等单位专家学者参会。

（广东省地震局）

广西壮族自治区地震局

2019 年 5 月 16 日，广西壮族自治区地震局在桂林地震台接待来自巴基斯坦、伊朗、泰国等 8 个国家 17 人组成的亚太空间合作组织专家代表团，双方就地震前兆、GNSS 观测等议题进行学术探讨，推动了广西壮族自治区地震局与"一带一路"国家开展地震监测及地球物理场观测等相关领域的国际交流合作。

积极参与中国—东盟地震海啸监测预警系统项目建设，2019 年 8 月，广西壮族自治区地震局派出 1 名技术专家前往柬埔寨参与 6 个台站的实地勘选工作，为东盟国家提供地震安全服务。

2019 年 9 月 17—18 日，在南宁成功协办第九届中国—东盟工程论坛，并承办地震分论坛，邀请中国科学院陈运泰院士、二级研究员高孟潭等知名专家作报告，论坛分析地震科技研究的形势和机遇，汇聚了行业智慧，凝聚了科学共识。

（广西壮族自治区地震局）

海南省地震局

2019 年，海南省地震局加强与各科研单位学术交流。分别与海南省地质局和海南省气象局签订合作协议，按照"优势互补、注重实效、成果共享、共同发展"原则开展合作，科学探测海洋陆域资源，完善防灾减灾和应急机制，进一步提升防灾减灾救灾能力，为建设海南自由贸易港提供地震安全环境，促进海南经济社会发展。2019年5月17日，邀请云南省地震局付虹和甘肃省地震局张元生两位专家分别作《云南地震预报思想与实践》与《卫星热红外遥感在地震预测和断层活动中应用研究进展》报告。10月24日，邀请中国地震局地壳应力研究所刘耀炜和南方科技大学潘谟晗两位专家分别作《地下流体地震监测预报思路与方法》和《雷琼地区地壳及浅部地幔结构的背景噪声层析成像》报告。此外，还多次邀请各单位、各学科专家来局里作报告，开拓青年科研人员眼界，提高科研素养，增强创新能力，为海南省防震减灾事业培养一支高素质科技人才队伍。

（海南省地震局）

云南省地震局

云南省地震局成功举办2019年发展中国家地震学与地震工程培训班，来自阿塞拜疆等5个国家的11名学员参加培训。组织召开2019年地震科学实验场大理国际交流研讨会。实施"一带一路"地震监测台网项目，完成云南地区8个甚宽频带测震、强震动、GNSS综合台站勘选。与泰国矿产资源厅在昆明、曼谷开展三轮会谈，签署《合作备忘录》，完成泰国南邦府、清迈地区初勘工作。接待阿尔及利亚天文、天体物理和地球物理研究中心3名研究人员来访。1名科技人员赴美国参加地震监测预报短期培训，1名科技人员获资助赴德国完成为期2个月的学习。

（云南省地震局）

陕西省地震局

2019年4月10日，陕西省地震局举办"2019年震害风险评估第一期学术交流论坛暨地震灾害快速评估系统建设"咨询会。会议邀请哈尔滨工业大学于晓辉博士，西南交通大学程印博士等6位专家学者就工程结构地震易损性理论、城市区域概率地震危险性分析与风险评估等方面内容作学术报告。专家学者与陕西省地震局震害评估创新团队就"地震灾害快速评估系统建设"项目进行了深入交流，双方就进一步开展合作达成共识。

2019年11月29日，陕西省地震局召开"2019年度第8次学术交流暨科技创新团队学术研讨会"。长安大学瞿伟教授、中国地震局地震研究所胡敏章副研究员、赵斌副研究员及中国地震局第二监测中心季灵运副研究员应邀作学术报告。从不同角度交流GPS、InSAR和重力等空间对地形变观测技术在地壳形变监测、形变动力学、地裂灾害机理和地震预测等方面的应用。

中国地震局地球物理研究所

2019 年 1 月 24 日，中国 21 世纪议程管理中心在北京组织召开国家重点研发计划重点专项 2018 年度项目启动会。中国地震局地球物理研究所牵头申报的国家重点研发计划"重大自然灾害监测预警与防范"重点专项"新型便携式地震监测设备研发""基于断层带行为监测的地球物理成像与地震物理过程研究"和"地震构造主动源监测技术系统研究"三个项目正式启动。3 月 6 日，三个项目又在北京联合召开项目实施方案论证会。

2019 年 5 月 7 日，地球所研究生论坛迎来第 200 期活动。来自中国科学院、中国科学院大学、清华大学、北京大学、中国地震局等单位十余名不同领域的专家为研究生们带来了精彩的学术报告。

2019 年 11 月 24—30 日，为做好中国地震科学数据中心的筹建工作，地球所邀请国际地震中心（International Seismological Centre, ISC）主任迪米特里·阿列克谢维奇·斯托查克（Dmitry Alekseevich Storchak）博士来访，就北京台震相分析在 ISC 中的应用、ISC 震相工作进展、中国援外设备指标和接口标准以及未来地震数据产品发展趋势进行交流并作学术报告，并访问中国地震局和中国地震台网中心，参观广东省地震局和珠海市泰德企业有限公司。

2019 年 12 月 19 日，地球所组织召开第二届光波与地震波研讨会。研讨内容涉及 DAS 技术、BOTDA/R 技术、光纤地震信号传输及组网技术在地震监测中的应用；钻井光纤地震仪、钻井光纤应变仪、钻井光纤流体传感器研发进展；光纤旋转地震仪、光纤地震仪的测试和检定方法；光纤传感器在地震行业的标准化及产业化等。

2019 年 12 月 18—19 日，由中国地震局地球物理研究所牵头承担完成的四川长宁 6.0 级地震科学考察工作总结和学术交流会在北京召开，会议围绕 2019 年 6 月 17 日四川长宁 6.0 级地震科考提出的 4 个科学问题，开展了 15 个专题学术报告。丁志峰研究员对科考工作进行了系统总结。

（中国地震局地球物理研究所）

中国地震局地质研究所

1. 南方科技大学陈晓非教授来所开展学术交流

2019 年 2 月 21 日，应中国地震局地质研究所所长马胜利研究员的邀请，南方科技大学陈晓非院士访问地质所，作了题为《地震破裂相图及其物理意义》与《高阶地震面波频散曲线的提取及在地壳结构成像中的应用》的学术报告。来自中国地震局地质研究所、中国科学院地质与地球物理研究所、四川省地震局、中国地震台网中心等多家单位的 100 余位科研人员和研究生参加了本次报告会。交流会由中国地震局地质研究所副所长单新建研究员主持。

在本次报告会上，陈晓非院士详细讲解了地震动力学破裂相图研究成果，深入浅出地介绍了地震断层动力学破裂扩展的第三种形式：自停止破裂，为我们认识地震活动性规律提供了理论基础。他仔细介绍了高阶地震面波频散曲线的提取方法及在地壳结构成像中的作用，强调了高阶地震面波频散信号在反演地下结构细节方面的重要性。本次报告会内容丰富、信息量大，在场的科研人员和研究生认真聆听，踊跃提问，积极互动，全场讨论气氛热烈，学术氛围活跃。通过这场报告会，大家对地震破裂相图、高阶地震面波频散信号等有了更深入的认识。报告会对未来的理论研究和实践工作起到良好指导作用。

2. 荷兰乌德勒支大学 Christopher James Spiers 教授来所开展学术交流

2019 年 9 月 6—12 日，应马胜利研究员邀请，荷兰乌德勒支大学 Christopher James Spiers 教授访问地质所。

Christopher James Spiers 教授 1980 年毕业于伦敦大学帝国学院，获博士学位。1980—1983 年先后在美国加州大学伯克利分校和荷兰乌德勒支大学做博士后研究，1983 年起在乌德勒支大学任教，1994 年起任教授，曾为该校地球科学院院长，现任高温高压实验室负责人。Spiers 教授的研究领域包括实验岩石和断层力学、高温高压下岩石的流变和流体运移性质、微观物理和化学机制、水岩相互作用的化学影响等，他在岩石变形机制方面的研究具有重要的国际影响，先后在包括 *Science*、*Nature* 系列在内的国际学术期刊发表论文近 200 篇。

来访期间，Spiers 教授作了题为 SCIENTIFIC WRITING IN ENGLISH: *How to beat the natives at their own game!* 的报告，并以 "*Intro: Why study deformation processes in rocks, minerals and faults? Deformation of solid/fluid systems*: *Dislocation dynamics and intracrystalline plastic flow*、*Microstructure and deformation fabrics*: *evolution / stability Applications in fault and earthquake mechanics*" 等几个主题为地质研究所研究生开展了为期 4 天的短期课程。报告与课程内容精彩纷呈，吸引了 60 余位科研人员与研究生参加，在座人员认真聆听，相互讨论，相互启发，受益匪浅。

3. 美国科罗拉多大学约翰·皮特里克教授来所开展学术交流

2019 年 6 月 4—6 日，应张会平研究员邀请，美国科罗拉多大学约翰·皮特里克教授访问中国地震局地质研究所，并作题为 *Controls on sediment supply and the threshold between single-thread and braided rivers*，*Hydraulic geometry: predicting the form of alluvial channels in response to bed load sediment transport* 和 *River channel slope: development of the longitudinal profile and processes of river incision* 的学术报告。

约翰·皮特里克教授主要从事高梯度河流系统中水文学（地表水）与地貌学相互关系的研究，旨在更全面地了解河流及其周围景观之间的耦合作用。主要研究方向包括：在＞100km 的空间尺度上，利用野外实测数据与建模技术相结合的方法，对自然条件下的河流系统沉积物搬运过程的定量化；改变鱼类和底栖生物栖息地的冲积—水力过程。曾在美国科罗拉多州、太平洋西北部、落基山脉北部和法国阿尔卑斯山进行过广泛的研究工作，也是加州大学博尔德分校水文科学研究生项目的联合主任。

报告中，约翰·皮特里克教授结合河流系统沉积物的理论、实验模拟和近些年所取得的研究成果，生动形象地介绍了河流沉积物供应量的影响因素（气候、地形和地质条件），定量描述河流形态的水力几何模型，以及河流沉积物供应量与搬运量的相对变化对河道坡度形态的决定作用。会后，约翰·皮特里克教授与中国地震局地质研究所的专家学者和学生就河流动力地貌学的相关问题进行了讨论。

（中国地震局地质研究所）

中国地震局地壳应力研究所

1. 中意双方共推电磁卫星"一带一路"国际合作

2019 年 3 月，习近平总书记访问意大利期间，中意签署了《中意张衡一号 02 卫星合作备忘录》，明确双方在电磁监测 02 星任务以及其他空间科学、深空探测和载人航天等领域的深入合作愿景。2019 年 4 月，中国地震局地壳应力研究所与意大利国家地球物理与火山研究所签署了合作协议，进一步加强中意双边地震科技合作，以实际行动落实习近平总书记与马塔雷拉总统见证签署的"一带一路"合作框架要求。

2. 电磁卫星揭开中欧合作新篇章

2019 年以来，由卫星团队牵头实施的中欧空间科技合作对话空间地球物理小组和中欧航天联委会电磁卫星联合工作组、重力卫星联合工作组分别在北京、长沙、珠海、罗马、维也纳等地进行多次交流，推动了电磁卫星质量评价工作。CSES/Swarm 卫星开展的联合建模工作成为中欧合作的亮点，已成为新一代国际地磁场候选参考模型之一。

3. 共建"一带一路"亚太地区星地联合观测系统

2019 年 5 月，由中国地震局地壳应力研究所牵头的亚太空间合作组织地震二期项目"地震前兆特征的星地一体化观测研究"正式启动。该项目涵盖了中国、巴基斯坦、伊朗、土耳其、泰国、秘鲁、缅甸、孟加拉国等"一带一路"成员国，实现了"张衡一号"卫星在亚太地区的观测数据共享和合作研究，整体提升了亚太地区地震立体监测能力。

4. 中国救援队通过联合国国际重型救援队测评和复测

中国地震局地壳应力研究所陈虹研究员作为中国国际救援队自测评专家组组长和专家支持组组长参加了测评前的准备、实战演练指导及实际测评工作，还有 3 名人员分别作为中国国际救援队队员和专家支持参加了测评工作，为中国救援队和中国国际救援队成功通过联合国国际重型救援队测评和复测作出积极贡献。

（中国地震局地壳应力研究所）

中国地震局地震预测所

2019 年 5 月 9 日，中国地震科学实验场在北京万寿庄宾馆举办首届学术研讨会（2019 Workshop of the China Seismic Experimental Site）。研讨会设置实验场科学问题、实验场与国家地震科技创新工程、开放合作、科学产品与数据共享等主题。中国地震局科学技术司司长胡春峰出席会议并致开幕词。此次会议共有 9 名外籍专家和北京大学、天津大学、中国科学技术大学、中国地质大学（武汉）、西北工业大学、广东工业大学、中国科学院地质与地球物理研究所兰州油气资源研究中心、青藏高原研究所及地震系统有关机构等 39 家单位 150 余人参会，会议围绕实验场科学问题及壳幔结构与动力学、断层深井观测、地球化学地震异常、电离层地震异常、GNSS 数据融合、地震数值模拟、AI 技术等进行了 16 个学术报告和 80 篇学术海报交流。

（中国地震局地震预测研究所）

中国地震局工程力学研究所

1. 第二届韧性城乡与防灾减灾论坛

2019 年 12 月 5—6 日，"第二届韧性城乡与防灾减灾论坛"在黑龙江省哈尔滨市举办。来自国内 115 家单位的 360 余位专家学者以及日本、加拿大、意大利、新西兰、英国的 8 位知名学者参加本次论坛，设立"地震作用与地震预警暨中国地震科学实验场关键科学问题与技术""工程结构地震破坏与成灾机理""工程可恢复功能防震体系及抗震韧性技术""地震灾害风险评估与韧性城乡防灾""岩土工程灾害风险分析与防治""基础设施抗震韧性理论、方法与技术""地震灾害防治现代化装备与新型试验技术"等 7 个主题。论坛期间，根据议题共设立 11 个分会场和 1 个国际专场，共有 12 个大会报告、16 个特邀报告和 89 个分会场报告进行交流。其中，"*Advances in resilient earthquake engineering*"国际专场，共有 17 个报告，其中 8 位国际学者和 9 位国内学者作报告，与会专家学者围绕自然灾害防治和城乡抗震韧性关键科学问题进行了充分的交流和研讨。

2. 地震动应用技术研讨会

2019 年 7 月 22 日，"地震动应用技术研讨会"在黑龙江省哈尔滨市召开。日本东京工业大学教授翠川三郎（Saburoh Midorikawa）博士、东京大学客座研究员司宏俊（Hongjun Si）博士和阿联酋哈里发大学助理教授岸田忠大（Tadahiro Kishida）博士以及来自中国地震灾害防御中心、广东省地震局、山东省地震局、甘肃省地震局、海南省地震局、四川省地震局、哈尔滨工业大学、大连理工大学、西安科技大学、防灾科技学院、黑龙江八一农垦大学、哈尔滨学院等国内科研机构及高校的 60 余位学者参加了此次研讨会。研讨会共设

14 个报告，中日两国科研人员充分开展学术交流。

（中国地震局工程力学研究所）

中国地震台网中心

2019 年 8 月 20—21 日，由中国地震局主办、中国地震台网中心承办的"第二届地震预警国际研讨会"在北京召开，来自美国、德国、日本、加拿大、韩国、印度尼西亚等多个国家和中国台湾地区的 60 多位专家学者参加会议，会议围绕地震预警系统建设、应用实践及信息服务等内容，以专题报告、现场交流及主题讨论等形式进行研讨，共有 23 位专家学者作专题发言。研讨内容丰富、领域前沿、现场气氛热烈。中国地震局党组成员、副局长牛之俊出席开幕式并致辞。

（中国地震台网中心）

中国地震灾害防御中心

2019 年 11 月 11—16 日，中国地震灾害防御中心高战武研究员、徐伟副研究员、刘志成助理研究员赴缅甸开展访问与学术交流。与缅方专家深度交流两国的活动断裂、地震区划研究成果，收集缅甸最新活动构造和地震区划研究资料，对实皆断裂开展为期两天的野外调查。

2019 年 12 月 9—15 日，中国地震灾害防御中心郝明辉高级工程师、杨彩红副研究员和张效亮高级工程师前往意大利帕维亚的全球地震模型基金会（GEM），开展活断层数据库、地震动地形影响、三维断层源对概率性地震危险性的影响等相关内容的学术交流。

（中国地震灾害防御中心）

中国地震局地球物理勘探中心

2019 年 7 月 8—14 日，段永红、潘素珍、郭文斌、赵延娜 4 人赴加拿大参加国际大地测量与地球物理联合会第 27 届大会。

2019 年 8 月 1 日—10 月 27 日，田晓峰赴美国地质调查局开展学术交流。

2019 年 12 月 10—16 日，莘海亮赴美国参加美国地球物理学 2019 年秋季会议。

（中国地震局地球物理勘探中心）

中国地震局第二监测中心

2019 年 9 月 16 日，荷兰乌德勒支大学（Utrecht university）地球科学学院地球科学系教授、高温高压实验室主任 Christopher James Spiers 到中国地震局第二监测中心进行学术交流。报告题目是 *Induced seismicity in the giant Groningen gas field, Netherlands: Understanding its origins*。报告从实验室岩石力学数据、颗粒微观结构分析以及结合断层 RSF 摩擦规律对气田开采诱发地震的机理进行了探讨。通过深入探讨交流，与会科技人员进一步了解了断层变形以及诱发地震研究成果，对今后开展地震监测工作有很强的借鉴意义。

（中国地震局第二监测中心）

防灾科技学院

2019 年 5 月 11—12 日，由中国地震学会工程勘察专业委员会主办，山东省海洋环境地质工程重点实验室承办的"中国地震学会工程勘察专业委员会 2019 学术年会暨第四届海洋工程地质发展战略研讨会"在青岛中国海洋大学成功召开。共有来自 42 家高校、科研、生产单位的近 200 余名专家、学者参会。防灾科技学院薄景山教授作为专业委员会主任委员在会上发言，蔡晓光教授作为专业委员会副主任委员在会上作报告。大会围绕复杂深海工程地质主题，聚焦海岸带地质灾害与防护、海上工程建设、海底地形探测与地貌研究、海上风机基础建设以及海底隧道建设等前沿科学问题，安排了 20 场精彩的学术报告。报告内容新颖，学术价值较高，充分展示国际前沿学术成果的同时，开拓了参会人员视野，达到了增进学科交叉认知和融合的目的。学术报告后，60 余位参会代表前往灵山岛，对典型滑塌褶皱、同沉积布丁构造、同沉积拉伸线理、同沉积双重构造、粒序层理和砂岩底部的底模构造等原生沉积构造进行了现场考察。

2019 年 6 月 21—23 日，防灾科技学院举办"2019 年防灾减灾学科建设与学术研讨会"。来自中国地震局地球物理研究所、地质研究所、地壳应力研究所、地震预测研究所、工程力学研究所、第二监测中心、湖北省地震局的 20 名专家分别作主会场和分会场专题报告。随后召开的学科建设交流座谈会，各专家学者与参会教师就如何充分发挥各研究所自身优势，帮助学校完善产学研用相结合的协同育人体系，形成开放合作、充满活力、为防灾减灾事业发展输送高素质人才的新局面展开深入交流，积极献言献策，助力学校教育事业发展。不同领域学者的学术探讨与交流互动，对于加强院所之间的相互了解，促进学校的升级提档，推动防灾减灾教育事业向纵深发展具有重大意义。

2019年9月21日，防灾科技学院举行2019年研究生导师聘任仪式暨导师学术论坛。22名新聘任导师代表作学术报告，研究生导师学术论坛是防灾科技学院深化教育教学改革、加强师生学术交流的重要举措，为研究生与导师的交流和合作搭建平台，为全面提高研究生培养质量奠定基础。

（防灾科技学院）

政务·规划财务

主要收载中国地震系统年度的政务和事业发展计划与财务工作综述，地震系统有关情况统计等。

政务与政策研究

政务工作综述

坚决推动习近平总书记重要指示批示贯彻落实。按照"不忘初心、牢记使命"主题教育方案安排，对贯彻落实习近平总书记重要指示批示情况开展"回头看"，逐条梳理贯彻落实习近平总书记党的十八大以来关于防震减灾工作的重要指示批示情况，认真查找贯彻落实方面存在的差距和不足，明确深入整改措施和工作时限，建立专项台账，加强督促检查，推动落实到位，形成专项整治工作报告。制定印发《中国地震局党组贯彻落实习近平总书记重要指示批示和党中央决策部署办法》。开展习近平总书记关于四川荣县地震、四川长宁地震重要批示指示的督促落实工作。

强化督查督办，推动年度重点任务贯彻落实。将2019年全国地震局长会确定的36项年度重点任务细化分解为146条具体落实措施，细化分解为中国地震局机关内设机构自身任务和局属各单位任务要求。修订印发2019年度综合考评实施办法和年度工作考核系列方案，制定年度创新项目评审方案，稳步推进综合考评工作。完成应急管理部落实中央经济工作会议、《政府工作报告》、国务院第二次廉政工作会议、全国应急管理工作会议重点任务分工及细化方案的汇总上报，及时汇总上报贯彻落实情况。推进专项督办工作，紧紧围绕党组领导同志重要批示事项、会议议定事项及2018年未完成事项进行梳理，全年对102项任务开展专项督查，完善通报机制，确保督促落实到位。

（中国地震局办公室）

电子政务建设和文书档案电子数字化工作综述

2019年，中国地震局电子政务建成中国地震局机关统一办公平台，打通地震系统涉密、非涉密两套公文流转系统；完成科技外事、人事人才和标准法规等6个专项业务管理系统向统一办公平台的整合迁移；完成中国地震局机关1981—2001年形成的永久保存文书档案和重要资料数字化任务。

初步建成新一代政务信息化统一办公平台。在中国地震局机关和9家局属单位开展试点项目建设，顺利通过中办竣工验收。建成涉密、非涉密两个统一办公平台，在非涉密（行业网）统一办公平台整合公文处理、事务管理、科技外事、人事人才、法规标准等11个管理应用系统，在涉密（涉密网）统一办公平台整合公文处理、档案管理等7个系统，18个系统全部顺利通过网络安全等级保护、分级保护合规性检测。建成全流程一体化政务系统，实现地震系统公文处理从起草、审签、排版、签章、网发到归档的全流程在线管理，较大程度提升办公效率。全面实现涉密、非涉密公文处理等业务应用剥离，有效杜绝失泄密安全隐患。实现机关办公软件全面正版化、国产化。

1981—2001 年文书档案和重要资料数字化。根据国家档案局、中央档案馆印发的《关于中央和国家机关向中央档案馆移交档案时间安排（2011—2020 年）的通知要求》（档函〔2011〕131 号），中国地震局拟于 2019 年向中央档案馆移交 1981—2001 年形成的永久保存文书档案和重要资料，总计 1883 盒 6269 卷 64403 件 663669 页，全部如期按照中央档案馆的要求完成数字化和移交工作。

（中国地震局办公室　黄　媛）

新闻宣传工作综述

2019 年，围绕全局年度工作部署和重点工作，以庆祝新中国成立 70 周年为契机，以防震减灾事业宣传为主线，新闻宣传工作在重点报道、应急宣传、舆情处置等方面取得明显进展。

新闻宣传工作制度体系初步形成。按照中国地震局全面深化改革的决策部署，地震新闻宣传工作坚持问题导向，以顶层设计为抓手，不断推进地震新闻宣传工作制度建设。先后印发《中国地震局重要敏感业务信息发布暂行办法》《中国地震局政府网站新闻报道规则（试行）》以及《中国地震局党组关于进一步加强和改进地震新闻宣传的实施意见》。

扎实做好主题宣传。围绕新中国成立 70 周年、"不忘初心、牢记使命"主题教育开展了一系列主题宣传，完成"不忘初心，砥砺奋进——中国地震局庆祝中华人民共和国成立 70 周年成就展"，组织地震系统新媒体以"快闪"等方式大力弘扬喜庆气氛。在中国地震局官方网站开辟专栏，及时传达中央决策部署，报道中国地震中国地震局党组各项活动，反映地震系统主题教育进展成效和亮点工作，取得良好宣传效果。

积极推进事业宣传报道。配合中宣部圆满完成"壮丽七十年，奋斗新时代"大型主题采访活动。组织人民日报、新华社等 25 家中央主流媒体，赴北京国家地球观象台、昆明基准地震台等地进行蹲点采访。召开中国地震科学实验场建设新闻发布会，人民日报《布下一张地震网》等重点报道赢得社会普遍赞誉，江西省地震局、河北省地震局荣获应急管理舆论阵地建设暨"学报用报"先进单位。

稳妥开展地震应急宣传。荣县、长宁、张掖等地震发生后，通过中国地震局官方渠道第一时间主动发声。指导有关省级地震局及时召开新闻通气会或专家访谈，回应社会关切。组织有关单位实施 24 小时舆情监测，强化舆情分析、研判及应对工作。畅通与中央网信办、中宣部的日常沟通和联络，提高对突发事件的应对处置效率。

加强先进典型宣传。选树系统先进个人 5 名，先进集体 6 个，并积极向应急管理部进行推荐。组织召开地震系统"不忘初心、牢记使命"先进事迹报告会，中国地震局地质研究所马瑾院士等 6 个先进典型事迹在系统内外赢得普遍好评。福建省地震局预警团队作为"最美应急管理工作者"，入选国家级宣传典型。地震系统 4 名个人、2 个团队入选应急管理系统"新时代应急先锋"。

（中国地震局办公室）

政策研究工作综述

2019 年，中国地震局政策研究工作紧紧围绕贯彻落实习近平总书记关于防灾减灾救灾重要论述和防震减灾重要指示批示精神，突出为重大决策和重点工作服务，积极探索完善政策研究体制机制，在增强针对性上下功夫，政策研究工作进一步推进。

扎实开展调查研究。2019 年，中国地震局党组成员分赴内蒙古、辽宁、福建、山东、广西、四川、云南、贵州、陕西、甘肃、青海、新疆等地，深入基层开展调查研究，共形成调研报告 12 篇。中国地震局 46 个局属单位开展调查研究，形成调研报告 189 篇。

规范政策课题管理。发布 2019 年重大政策理论与实践问题研究课题指南，确定理论战略、管理创新、能力发展、公共服务 4 大类共 12 个选题方向。经组织评审，确定立项竞争性课题 24 项、指令性课题 6 项。

竞争性课题：

1. 贯彻习近平总书记关于提高自然灾害防治能力重要论述的深化研究

2. 提升自然灾害防治能力视域下我国地震灾害重大风险防范化解机制研究

3. 防震减灾事业现代化综合评价系统建设的理论与方法研究

4. 大应急框架下地震部门职能定位与作用发挥研究

5. 大应急框架下防震减灾协同机制研究

6. 防震减灾法律法规和标准化体系建设研究

7. 中国地震局预算绩效评价规制和指标体系研究

8. 中国地震局项目支出绩效评价指标体系研究——基于专用和建设类二级项目绩效评价指标

9. 我国地震抗灾能力指数研究

10. 提升地震高风险区大城市韧弹性的策略与路径研究

11. 重大断裂带沿线城市地震灾害风险识别与防范对策研究——以郯庐断裂带为例

12. 重大地震灾害风险识别与防范对策研究

13. 西部地震频发区经济社会风险分析与对策研究

14. 城市抗震防灾进展、问题与建议

15. 地震易发区房屋设施加固政策问题研究

16. 加强地震人才队伍建设政策研究

17. 新时代地震系统干部能力建设研究

18. 地震监测预报业务发展政策研究

19. 多模态视角下的地震速报与预警信息发布传播优化研究

20. 人类活动伴随地震的社会影响评估与对策研究

21. 人类活动伴随地震的公众服务需求与相关应急处置政策的适用性研究

22. 提升"一带一路"地震安全应对能力战略研究

23. "一带一路"地震援外工程服务模式及相关政策研究

24. 新时代防震减灾公共服务体系建设政策研究

指令性课题：

1. 防震减灾公共服务清单研究

2. 地震行政管理法治化研究

3. 中国地震局"十四五"规划体系设计与定位

4. "十四五"防震减灾发展目标研究

5. "十四五"现状与形势分析

6. 防震减灾"十四五"规划预研究——主要任务与重大工程项目研究

（中国地震局办公室）

规划财务

规划财务工作综述

一、强化顶层设计

全力推进现代化建设。印发《新时代防震减灾事业现代化纲要（2019—2035 年）》(以下简称"《纲要》")。成立中国地震局新时代防震减灾事业现代化建设领导小组及办公室，印发《纲要》任务分工方案和现代化办公室 2019 年工作要点。制定《纲要》宣讲方案，组织开展解读和宣讲。指导天津市地震局、福建省地震局、山东省地震局、广东省地震局、中国地震台网中心和灾害防御中心 6 个现代化建设试点单位制定三年行动计划。会同中国地震局发展研究中心研究构建防震减灾现代化评价指标体系。

科学谋划"十四五"事业发展规划。成立防震减灾"十四五"规划编制领导小组和办公室，印发防震减灾"十四五"规划编制工作方案。《"十四五"国家防震减灾规划》纳入"十四五"应急管理规划体系框架。制定规划预研究工作方案，围绕"十四五"国家防震减灾规划框架体系和新时代防震减灾事业现代化建设四大工作体系开展 8 个预研究课题。

二、做好资源保障

优化预算资源配置。完成中国地震局所属 10 个京区单位人员经费结构性调整，落实京区单位准备期职业年金补缴预算。协调财政部推进解决中国地震局机关服务中心养老保险参保，开展 36 个局属京外单位实施准备期养老保险清算核对及个人调资补助经费测算。

推进重大项目立项实施。组织凝练地震灾害风险防治重大工程。推动喀什基地项目立项。推进电子政务二期工程立项。推进预警工程项目实施。配合军民融合项目立项。

三、提升管理效能

强化预算管理。在《预算管理办法》的基础上，编制《预算编制规程》。2020 年项目评审全覆盖，评审项目 1415 个，涉及 38 亿元；进一步做实财政项目库，在财政二级项目下，设立三级任务，严格入库管理，并逐步推进项目库滚动管理。完善基本支出标准体系，置入预算管理系统。对已完成的地震台站运行定额进行审核完善，初步搭建预算支出标准化体系；启用预算编制网络系统平台，实现预算自下而上的编制流程。加强与财政部沟通，着力完善地震系统双重计划财务体制。

全面实施预算绩效管理。制定 2019 年预算绩效管理工作要点；初步编制完成《中国地震局预算绩效评价管理暂行办法》和《中国地震局预算绩效运行监控管理细则》。形成中国地震局预算绩效指标体系，建立滚动调整机制。完成 2018 年 28 个、2019 年 29 个一级项目预算的绩效自评。首次在绩效自评的基础上，选择 3 个项目，开展分单位再评价，并将评价结果作为单位综合考核的重要基础。与项目库同步开发预算绩效管理模块，实现绩效目标与预算同步编制、同步申报、同步批复、同步调整；将绩效指标库置入绩效管理模块，初步实现绩效目标的规范化管理。

优化基建项目管理。2018 年底即启动 2020 年部门自身建设项目集中申报，共征集项目 77 个，组织完成 2 批共 57 个项目建议书评审，其中 6 个项目列入投资计划，1 个项目待前置审批手续完成后纳入年度投资计划。研发基本建设项目信息采集管理平台，实现在建项目执行进度自动月报。组织局属各单位对已竣工和在建项目进行全面清理自查。建立每年 4 次决算评审机制。年度决算审批项目 25 个，投资额度约 6 亿元，解决历史遗留存量35%。

四、加强财务管理

完善财务监管机制。对局属各单位内控建设情况进行评价，指导督促各单位加强内控建设。修订预算执行管理制度；对执行缓慢的单位实施对口督导。认真落实审计署跟踪审计和预算执行审计问题整改，并举一反三在系统内开展自查自纠。印发 2018 年财务稽查通报，开展问题整改"回头看"和现场稽查，研究拟定财务稽查管理办法。建设两级预算执行监控平台，中国地震局级平台 46 家单位全面上线应用，二级单位平台上线测试。与高校联合培训，建立财务人员分层分类轮训机制，举办各类培训班共计 5 期，全年培训近 500人次；加强财务部门负责人任职审核。

五、夯实基础工作

开展国有资产专项清理。印发《中国地震局国有资产专项清理工作方案》，成立国有资产专项清理专家组，研究修订资产管理制度。印发《国有资产专项清理工作指南》，编制国有资产专项清理工作报表及汇总软件，指导局属各单位开展工作。取得财政部对 2016 年资产清查结果的批复。

做好政府采购管理。编好编细政府采购预算，按需开展政府采购预算调剂工作，批复政府采购临时预算申请 3.31 亿元，批复政府采购预算调剂 6.32 亿元。全年政府采购执行近 8 亿元，签订政府采购合同 1100 余份。2019 年度配合财政部开展两次地震系统政府采购计划报送和合同公示情况检查，对于出现问题的单位责令限期整改。编制完成《中国地震局政府购买服务指导性目录》。

做好年度行业统计。加强对统计数据的审核力度，实现统计数据与震情、人事、财务等领域数据的有效对接，编制完成《2018 年度防震减灾事业统计年报》及《2018 年度中国地震局统计报告》。

六、落实政治责任

扎实开展定点扶贫工作。 印发《中国地震局定点扶贫工作计划（2019—2020年）》《中国地震局 2019 年定点扶贫工作要点》，签订 2019 年中央单位定点扶贫责任书，投入扶贫资金 600 万元，完成责任书各项任务，甘肃省永靖县达到脱贫摘帽退出标准。

有序推进援藏援疆工作。 在年度预算中安排援藏援疆专项工作经费和新疆维吾尔自治区地震局、西藏自治区地震局维稳驻村经费。支持实施青藏高原监测能力提升项目，推进新疆喀什国际救援基地项目立项。**制定中国地震局 2020 年援疆工作重点任务和 2020—2022 年援疆计划。**

参与国家重要展览任务。 完成庆祝中华人民共和国成立 70 周年大型成就展相关布展任务，在中华人民共和国成立 70 年的历史成就中展现防震减灾工作成绩。参加中央和国家机关定点扶贫工作成果展，展现中国地震局 27 载定点帮扶取得的成效和挂职驻村干部风采。

落实中央巡视整改任务。 中国地震局党组扎实推进广西五象基地专项整改，协商形成三方共用初步合作方案，落实项目建设资金 3750 万元。持续深化其他各项整改任务。

防震减灾规划编制情况

一是健全组织体系。 成立防震减灾"十四五"规划编制领导小组和办公室，印发《防震减灾"十四五"规划工作编制方案》。**二是做好规划衔接。**《"十四五"国家防震减灾规划》作为专项规划之一纳入"十四五"应急管理规划体系。配合有关部门编制完成《河北雄安新区地震安全专项规划》。积极将防震减灾工作纳入"十四五"航天发展规划和"十四五"军民融合发展规划。**三是开展规划预研。** 制定规划预研究工作方案，围绕"十四五"国家防震减灾规划框架体系和新时代防震减灾事业现代化建设四大工作体系设立 8 个预研究课题。"'十四五'防震减灾事业形势与发展对策研究"研究课题纳入国家发改委经济建设司"十四五"规划预研究课题。**四是凝练重大项目。** 以加快推进新时代防震减灾事业现代化为目标，组织凝练"十四五"期间重大项目。建立中国地震局重大项目动态更新机制，定期研究重大项目立项工作。

重大项目建设情况

2019 年国家地震烈度速报与预警工程进展如下。

一、台 站 建 设

（一）一般站建设

中国铁塔公司组织厂家完成第一批烈度仪的生产、拷机、抽测及供货等工作。

国家地震烈度速报项目第一批一般站安装进度表

建设单位	计划安装数	实际安装数	待安装数	安装完成率/%	预计完成时间
四川省地震局	727	518	209	71	2020.2.29
云南省地震局	810	93	717	11	2020.2.29
新疆维吾尔自治区地震局	480	192	288	40	2020.2.29
福建省地震局	600	130	470	22	2020.2.29
河北省地震局	566	545	21	96	2020.2.29
陕西省地震局	485	210	275	43	2020.2.29
青海省地震局	350	196	154	56	2020.2.29
合　计	4018	1884	2134	47	2020.2.29

（二）设备招标采购

完成第一批专业设备、智能电源（一期）、紧急地震信息服务终端采购。

（三）台站土建施工

截至 2019 年 12 月底，国家预警工程项目有土建任务的台站共有 4045 个，开工台站总数 2955 个，开工率为 73.05%，其中，完工总数 2169 个，总体完工率 53.62%。

二、中 心 建 设

（一）国家预警中心建设

完成国家中心集成方案设计与网络安全设计评审。

（二）省级预警中心建设

完成省级预警中心建设实施方案编制和评审工作。

三、信息服务建设

各建设单位完成紧急地震信息服务终端采购合同签署及首付款支付工作。

四、投资完成情况

截至 2019 年 12 月 31 日，累计投资执行率 75.4%。

财务决算及分析

一、年度收入

2019 年度总收入 86.84 亿元（含企业 2.86 亿元）。其中，上年结转 20.47 亿元，占 23.57%；本年收入 65.38 亿元，占 75.29%；事业基金弥补收支差额 0.99 亿元，占 1.14%。

本年收入中，中央财政拨款 46.42 亿元，占 71.00%；地方财政拨款 7.49 亿元，占 11.46%；单位自行组织收入 11.47 亿元，占 17.54%。

单位自行组织收入中，事业收入 7.07 亿元，经营收入 2.86 亿元，附属单位上缴收入 0.26 亿元，其他收入 1.28 亿元。

二、年度支出

2019 年总支出 59.35 亿元（含企业 2.50 亿元），其中，基本支出 29.91 亿元，占比 50.39%；项目支出 26.95 亿元，占比 45.40%；经营支出 2.50 亿元（全部为企业支出），占比 4.21%。

基本支出中，人员经费支出 25.34 亿元，占总支出的 42.69%；公用经费支出 4.57 亿元，占总支出的 7.70%。项目支出中，基本建设类项目支出 7.01 亿元，占总支出的 11.81%。

三、年末结转结余

2019 年末，结转结余 25.96 亿元，其中，基本支出结转 1.10 亿元，占比 4.24%；项目支出结转 24.93 亿元，占比 96.03%；经营结余 –0.07 亿元。

四、年末资产

2019 年末，资产合计 162.96 亿元（含企业 9.65 亿元），其中：流动资产 57.40 亿元，占 35.22%；固定资产净值 58.08 亿元，占 35.64%；在建工程 32.78 亿元，占 20.12%；无形资产净值 3.02 亿元，占 1.85%；长期投资 1.99 亿元，占 1.22%。固定资产和在建工程占比超过资产合计的一半。

（中国地震局规划财务司）

机构、人员、台站、观测项目、固定资产等

地震系统设置情况

独立机构分类	机构数 / 个
合　计	47
省（自治区、直辖市）地震局	31
中国地震局直属事业单位（研究所、中心、学校）	14
中国地震局机关	1
中国地震局直属国有企业(地震出版社)	1

地震系统人员情况

人员构成	人数 / 人	占总人数的百分比 / %
合　计	11601	—
其中：固定职工	10030	86.46
合同制职工	567	4.89
临时工	1004	8.65
生产经营人员	852	—

地震台站基本情况

观测台站种类	观测台站数 / 个	投入观测手段	投入观测仪器 / 台套	备　注
合　计	3224	合　计	6892	
国家级地震台	225	测震	1146	
		强震	2926	
省级地震台	282	地磁	406	
		地电	222	
省中心直属观测站	944	重力	72	投入经费：25444.3万元
市、县级地震台	1481	地壳形变	844	
		地下流体	848	
企业办地震台	292	其他	428	

地球物理场流动观测工作情况（常规）

项目名称	计量单位	计划指标量	实际完成量	完成计划比例／%
区域水准	千米	3000	2995	100
定点水准	处／次	685 / 3106	685 / 2805	100
跨断层水准	处／次	507 / 899	510 / 908	100
流动地磁	点	2311	2338	100
流动重力	千米／点	576895 / 5590	618632 / 6053	100
流动GPS	点	427	434	100
基线测距	边	566	576	100

固定资产统计

固定资产分类	计量单位	数量	原值总计／千元	其中：当年新增
合　计	—	—	10689677	1070330
房屋和建筑物	平方米	1922978	3595885	309028
其中：业务用房		—	1577307	223128
仪器设备	台套	310330	6252939	678623
交通工具	辆	943	333296	27339
图书资料	册	2229611	104883	6603
其他	—	—	402674	48737
土地	平方米	5141931	—	—
其中：台站用地		3491700	—	—

（中国地震局规划财务司）

国有资产管理及政府采购工作

一、国有资产

做好国有资产专项清理工作。积极有力推动各单位有序开展资产专项清理工作。一是 2019 年 3 月印发《中国地震局国有资产专项清理工作方案》，明确专项清理工作的目标、主要任务和实施步骤，要求各单位从夯实资产管理基础工作、加强专项重点工作、推进改革创新等 3 个方面入手开展工作。二是成立国有资产专项清理专家组，配齐配强国有资产专项清理工作专家力量。三是印发国有资产专项清理工作指南，制定国有资产专项清理工作报表及汇总软件，指导各单位开展资产清理工作。四是取得财政部关于 2016 年资产清查结果的批复，并指导各单位开展资产核实各项工作，切实推动解决历史遗留问题。

做好事业单位车改工作。2019 年，进一步贯彻落实党中央、国务院关于公务用车制度改革，积极推进省级地震局所属事业企业单位公务用车改革。北京市地震局、广东省地震局完成事业车改，组织专家组对江西省地震局、广西壮族自治区地震局、山西省地震局等所属 11 家事业单位上报事业车改方案审核。

开展京区土地调研分析工作。完成中国地震局京区待处置经营性房产和待规划土地及建筑物的情况说明报告，对京区土地、建筑物、经营性房产进行摸底，形成一套完整档案资料，为统筹规划打牢基础。

不断提升资产信息化管理水平。进一步推动资产信息系统建设，完成系统建设试点单位调研、需求分析报告论证工作，系统进入试点使用阶段。

二、政府采购工作

（一）政府采购预算执行情况

2019 年，中国地震局编报政府采购计划 119669.93 万元，与 2018 年采购计划相比，增加 67012.66 万元，增长率为 127.26%。实际采购金额 103690.36 万元，与 2018 年相比，增加 53184.27 万元，增长 105.30%。按照年度采购计划与实际采购金额相比，节省 15979.57 万元，节约率为 13.35%。

2019 年度，中国地震局政府采购计划和执行金额大幅增加的原因有两点，一是 2019 年是中国地震局地震预警工程、军民融合等重大项目建设的关键年度，涉及的专业仪器设备采购、地震台站建设等政府采购项目大幅增加；二是加强政府采购日常管理工作，要求局属各单位在开展政府采购项目时同时上报政府采购计划，理顺采购管理程序，政府采购项目统计和日常监管力度不断提高。

（二）政府采购管理情况

一是做好政府采购改革相关工作。从加强采购需求管理、强化采购内控管理、做好政府采购项目绩效管理等方面开展地震系统政府采购改革预研究工作，为后续各项改革工作做好铺垫。二是编制完成《中国地震局政府购买服务指导性目录》，扎实推进地震系统政府购买服务改革工作。三是继续落实"放管服"改革要求，采取"集中论证、统一报批"的方式开展采购进口产品论证工作，简化采购进口产品程序；同时继续落实深化科技体制改革要求，进一步简化中央高校、科研院所采购进口科研仪器设备备案程序。四是严格规范日常管理工作。印发《中国地震局关于做好 2019 年度政府采购工作的通知》（中震函〔2018〕294 号），布置中国地震局年度政府采购工作，对采购预算编制、采购计划上报、采购执行报送等各个环节严格要求。通过一年的努力，各单位基本形成完整的采购预算控制、采购计划先行、采购执行按时备案的政府采购管理模式，政府采购日常管理能力得到大幅提升，政府采购各项统计数据的质量也得到明显提高。

（中国地震局规划财务司）

党 的 建 设

本部分主要收载党建工作有关理论学习、基层党组织建设、正风肃纪、精神文明建设等，突出介绍了"不忘初心、牢记使命"主题教育活动、全面从严治党工作以及纪检审计等工作情况。

党建工作综述

2019 年，深入学习贯彻习近平新时代中国特色社会主义思想，深入学习贯彻习近平总书记在中央和国家机关党的建设工作会议上的重要讲话精神，紧紧把握全面从严治党要求，围绕"围绕中心、建设队伍、服务群众"要求，以党的政治建设为统领，全面加强党的各项建设，深入推进地震系统全面从严治党向纵深发展，努力构建风清气正的良好政治生态，为新时代防震减灾事业现代化建设提供有力保证。

一、加强党的政治建设，强化重大部署贯彻落实

以党的政治建设为统领，带头做到"两个维护"，坚决贯彻落实习近平总书记关于防灾减灾救灾、自然灾害防治、全面从严治党等重要论述和防震减灾重要指示批示精神，认真落实应急管理部党委部署要求。旗帜鲜明讲政治，坚定不移加强党对防震减灾工作的全面领导，组织地震系统各级党组织认真贯彻落实《中共中央关于加强党的政治建设的意见》《中共中央关于加强和改进中央和国家机关党的建设的意见》文件精神，认真调研摸底地震系统各单位政治建设情况，形成分析报告。开展习近平总书记重要批示指示精神贯彻落实情况"回头看"，确保各项决策部署在地震系统落地生根。

二、强化理论武装，深入学习贯彻习近平新时代
中国特色社会主义思想

抓实领导干部和青年干部两个重点，确保学习实效。全面落实中国地震局党组（以下简称"局党组"）理论学习中心组年度学习计划。深入学习贯彻习近平新时代中国特色社会主义思想，紧紧围绕党的十九届四中全会、中央经济工作会议精神，习近平总书记关于防范化解重大风险和提高自然灾害防治能力重要论述，以及在主持中央政治局第十九次集体学习时的重要讲话等，局党组开展 11 次中心组学习，组织 5 次专题集中学习研讨。加强形势与政策教育，组织开展防范重大风险、中美贸易摩擦等 4 场专题辅导报告，党组书记、局长郑国光同志宣讲党的十九届四中全会精神。开展对各单位中心组学习情况检查抽查，督促指导提高学习针对性和实效性。加强青年理论学习教育，形成中国地震局直属机关青年干部深入学习习近平新时代中国特色社会主义思想工作方案，建立中国地震局机关青年理论学习小组，推进各单位组建青年理论学习小组。

扎实开展"不忘初心、牢记使命"主题教育。按照党中央部署要求，地震系统分别开展第一批、第二批主题教育，各级党组织和全体党员干部全员参加，局党组和全系统主题教育得到中央第二十四指导组和第十一督导组的充分肯定。机关党委作为局党组主题教育领导小组办公室的主要组成部门，做好上传下达、服务保障，服务协助局党组自身主题教育和协调指导全系统主题教育各项工作，组织制定主题教育实施方案和各单位工作方案，

先后协助召开 8 次党组会、6 次领导小组会、9 次领导小组办公室会议，部署并推进主题教育扎实开展。加强督导指导，确保各单位各项工作做到位、符合规定要求。认真开展整改落实和专项整治"回头看"，组织专门力量进行督查抽查，巩固深化主题教育成果。完成主题教育相关材料向中央报送工作。

三、加强基层党组织建设，着力夯实基层基础

认真贯彻《中国共产党党和国家机关基层组织工作条例》《中国共产党支部工作条例（试行）》《中国共产党党员教育管理工作条例》，认真贯彻落实应急管理部相关制度文件，深入开展基层党组织调查摸底，对地震系统 600 多个党支部一一摸底，对基层党组织建设情况进行初步分类评估。组织研究地震系统党支部标准化规范化建设分类指导措施，规范台站党支部建设，正式党员 3 人以上的台站完成独立设置党支部。严格党员教育管理、发展党员、主题党日活动等制度，认真落实"三会一课"、民主生活会、组织生活会、谈心谈话等党内组织生活制度。规范党组织换届，督促京直单位党委按期换届。开展全局系统党组织和党员信息采集，做好党内统计工作，中国地震局 46 个直属单位，设党组 32 个、党委 14 个、机关党委 31 个、党总支 40 个、党支部 624 个，其中在职党支部 511 个、离退休党支部 113 个，地震系统在职党员 6278 人，离退休党员 4028 人（离休 119 人、退休 3909 人）。各级党组织严格党员发展工作，注重在高知群体和青年骨干中发展党员，京区直属机关共发展党员 374 人。严格执行党费收缴、使用和管理规定，认真开展党费收支自审自查。安排党费支持精准扶贫、党支部活动、党员学习、党务培训、困难帮扶等工作。

四、着力正风肃纪，持续构建良好政治生态

深入学习贯彻习近平总书记关于纠正"四风"、加强作风建设重要论述，认真学习贯彻落实十九届中央纪委三次全会精神、国务院第二次廉政工作会议及全国应急管理系统党风廉政建设工作视频会精神。严格执行中央八项规定及其实施细则精神，认真落实局党组《关于贯彻落实中央八项规定精神的实施意见》，及时转发违反中央八项规定精神典型案例，紧盯元旦、春节、"五一"、端午和中秋、国庆等重要节日，严肃查处并通报曝光违反中央八项规定精神的问题，不断传导压力，坚决防止"四风"问题反弹回潮。贯彻落实党中央关于"基层减负年"的各项要求，继续开展中国地震局机关"作风建设月"活动，坚决整治形式主义、官僚主义，严格控制层层发文、层层开会，实现中国地震局机关发文数量精简 30%、会议精简 33%。

协助局党组制定持续构建风清气正的良好政治生态实施意见，多措并举推进落实。深化中央巡视整改，逐项排查整改落实情况，分两轮对 12 家单位开展内部巡视，对 7 家单位开展选人用人专项检查，严肃问题整改。认真落实驻部纪检监察组监督意见，深入开展会议费、津补贴等专项整治。严肃监督执纪问责，加强经常性纪律教育和警示教育，通报系统内外违纪违法问题典型案例，用身边事教育身边人。指导相关单位开展修复政治生态专项行动，深度肃清违纪违法案件恶劣影响。准确运用"四种形态"，继续减存量，有效遏制增量。

五、强化责任落实，推进党建工作高质量发展

年初协助局党组召开地震系统全面从严治党工作会议，总结部署地震系统全面从严治党工作，制定印发年度全面从严治党工作要点和局党组履行全面从严治党主体责任清单，将落实"两个责任"的总体要求、具体内容、工作重点传递到局属单位，压紧压实全面从严治党政治责任。机关党委严格落实地震系统全面从严治党工作会议部署要求，通过巡视、调研等形式加强监督检查，督促各单位切实履行和落实主体责任、监督责任，督促严格开展党建述职考核。定期分析研究地震系统全面从严治党形势和政治生态状况，每季度向部直属机关党委报告局党组履行全面从严治党工作情况。组织举办各单位机关党委专职副书记和党办主任、京区单位党支部书记轮训，以及纪检监察、审计业务和群众工作专题培训，积极组织参加中央和国家机关工委、应急管理部机关党委等举办的学习培训，持续提升队伍业务素质能力。

六、加强精神文明建设，凝聚干事创业精气神

结合纪念"五四"运动 100 周年，开展直属机关优秀青年评选工作，14 名青年干部受到表彰。积极组织参加应急管理部直属机关优秀青年评选，中国地震局地质研究所张会平同志被评为应急管理部直属机关优秀青年标兵、人事教育司米宏亮同志被评为优秀青年干部。组织直属机关青年干部赴新疆等地开展"根在基层"调研活动；开展高校大学生走进机关实习活动。开展关爱职工走访慰问工作，为直属机关困难职工、残疾子女 64 人发放补助金 18 万余元，及时传递组织的关怀。组织开展"恒爱行动——百万家庭亲情一线牵"公益编织活动，58 名同志参与爱心编织，编织毛衣等织品 78 件。积极开展消费扶贫工作，中国地震局机关、中国地震局地质研究所等单位全年消费扶贫总额达 40 余万元，在打赢脱贫攻坚战中发挥工会组织作用。举办京区第七届职工运动会、文艺汇演、参观故宫博物院等活动，强化活动引领，开展丰富多彩的文体活动。

（中国地震局直属机关党委）

中国地震局"不忘初心、牢记使命"主题教育综述

按照党中央在全党开展"不忘初心、牢记使命"主题教育的统一部署，在中央第二十四指导组的悉心指导下，中国地震局党组带领地震系统各级党组织，深入贯彻"守初心、担使命，找差距、抓落实"的总要求，围绕主题教育的目标任务和重点措施，切实履行主体责任，推动主题教育扎实开展，取得良好成效。

一、加强组织领导，强化思想发动

中国地震局党组（以下简称"局党组"）认真贯彻落实中央关于在全党开展"不忘初心、牢记使命"主题教育的意见精神，及时传达学习习近平总书记在"不忘初心、牢记使命"主题教育工作会议上的重要讲话精神，认真落实主体责任，制定实施方案，成立局党组主题教育工作领导小组和工作机构，先后召开6次党组会议、6次领导小组会议、9次领导小组办公室会议，深入学习贯彻习近平总书记重要讲话精神和关于防震减灾重要指示批示精神，及时传达贯彻中央主题教育领导小组系列部署要求，研究部署局党组和地震系统主题教育工作。局党组书记认真履行第一责任人责任，带头学习研讨、调查研究、讲专题党课、检视问题、整改落实，主持制定主题教育实施方案和具体工作方案，主持起草调研报告、检视剖析材料、民主生活会方案、整改落实清单和总结报告等。局党组成员认真履行"一岗双责"，加强对分管领域主题教育的督促指导。地震系统各部门各单位党组织及领导班子成员带头边学习边查摆边整改，带动地震系统624个党支部近11000名党员全员全程参加主题教育。

局党组派出6个巡回指导组，对45个局属单位和9个机关内设机构进行全覆盖巡回指导。局党组书记作巡回指导工作动员，专题听取工作汇报，提出具体要求。局党组主题教育领导小组办公室制定指导方案和工作手册，举办培训，规范程序，定期总结报告，提炼经验做法，确保督导精准施策。指导组对各单位方案制定、学习研讨、民主生活会等14个环节严审把关，现场指导集中读书班、检视问题、民主生活会等，走访听取意见建议，督促整改落实。

局党组重视正面宣传引导，在局网站设立专栏，策划"地震人谈如何践行初心和使命"专题，共编发专刊12期，刊发文章687篇，在《光明日报》刊发《践行地震工作者的初心使命》文章，组织《人民日报》、新华社、《科技日报》等25家中央媒体深入白家疃地球观象台和有关省局蹲点采访，共刊发各类报道60余篇。举办中华人民共和国成立70周年防震减灾成就展览。召开地震系统先进事迹报告会，有关同志和团队入选应急管理系统先进典型宣传和先进事迹报告会，反响热烈。各单位通过网站、展板、新媒体等形式，广泛开展宣传，营造良好氛围。

二、聚焦主题主线，深化学习教育

局党组坚持把学习教育贯穿始终，聚焦主题主线，紧紧围绕习近平总书记关于"不忘初心、牢记使命"重要论述，组织党员干部原原本本研读党章、《论述选编》和《学习纲要》，深入学习领会习近平总书记关于防灾减灾救灾重要论述和防震减灾重要指示批示精神，围绕党的政治建设、坚定理想信念、担当作为等8个专题开展学习研讨，集中1周时间组织专题读书班，开展9次集中学习和研讨。组织6次局党组中心组专题学习研讨，联合中央党校举办局属单位和机关内设机构主要负责人专题研讨班。局属单位以党委（党组）会、中心组学习会、支部学习会等方式认真学习习近平总书记重要讲话精神，共举办读书班45期，开展集中研讨692次。

三、坚持问题导向，开展调查研究

在集中学习、广泛听取意见建议、找准突出问题基础上，局党组 2 次召开专题会议深入研讨，集体拟定调研方案，针对贯彻落实中央决策部署"上热中温下冷"、依法行政水平不高、干部人才队伍支撑不够、地震灾害风险防范基础薄弱等确定 4 个调研主题。局党组同志结合分管工作开展调研，摸清实情，分析症结，提出改进思路措施。4 位局党组成员形成 4 篇调研报告，查找出 21 条问题，提出 27 条措施，并在 7 月 31 日调研成果交流会上进行了深入交流。局属单位和机关内设机构党组织聚焦问题、深入基层调查研究，共形成 728 篇调研报告，召开交流会推进调研成果应用。

局党组紧密结合学习和调研成果组织讲专题党课活动。7 月 2 日，局党组书记带头给全局系统干部职工讲党课。局党组成员分别到分管领域或基层单位讲党课。局机关内设机构和局属单位领导班子成员在所在部门单位讲党课。机关和局属单位的司局级干部讲党课共 217 次，处级干部、支部书记等讲党课共 761 次。

四、自觉对表对标，深入检视问题

局党组深入基层一线，听取意见建议，召开局属单位党政主要负责人、挂职干部和青年干部、老同志老专家等 7 次座谈会，与局属单位党员群众交流谈心 200 余人次。公布征求意见邮箱、电话，设置意见箱，书面征求局属各单位和机关内设机构意见建议，征集意见建议 11 大类 189 条。局属各单位通过深入基层、召开座谈会、走访有关单位等，广泛征求意见建议，共召开座谈会 549 次，发放调查问卷 6657 份，征求意见建议 3334 条，检视问题 1253 条。

局党组把检视问题贯穿于主题教育始终，认真落实习近平总书记"四个对照""四个找一找"的要求，深刻检视剖析问题。结合学习研讨、调查研究、征求意见发现的问题，特别是对中央巡视、驻部纪检监察组反馈，以及日常发现的问题进行再次起底清仓，先后 6 次召开党组会议集体会诊，找差距、查问题、补短板，6 轮动态更新问题清单，2 次征求局属单位意见，前后近 20 次动态修改，细化为 16 项突出问题。局属单位和机关内设机构在深入学习和扎实调研的基础上，以党委（党组）会、支部会、座谈会等方式深入检视问题，剖析原因，研究制定、持续更新问题清单。

局党组高度重视开好专题民主生活会，局党组书记主持研究制定局党组专题民主生活会方案，认真做好各项准备工作。在中央第二十四指导组指导下，召开局党组专题民主生活会，党组同志坚持"三个摆进去"，查摆不足，检视剖析，提出努力方向和整改措施，党组同志相互之间认真开展批评与自我批评，共提出批评意见 26 条，达到预期效果。

五、坚持刀刃向内，抓好整改落实

局党组坚持"改"字贯穿主题教育始终，全过程抓紧抓实 6 个专项整治。对习近平总书记关于防震减灾重要指示批示精神的贯彻落实情况逐条进行梳理，完善工作机制，形成工作闭环。全面摸清地震系统发文、开会和督查检查底数，制定发文、开会计划指标数，确保全年发文开会减少 30% 的目标。对中央巡视整改落实情况再次进行逐项排查，进行有效整改。针对驻部纪检监察组监督意见和党组巡视发现的问题，局党组集体约谈局属单位和机关内设机构主要负责人，重点约谈 6 个被巡视单位主要负责人和纪委书记（纪检组长），督促整改落实。对 46 个局属单位和 9 个机关内设机构领导班子进行综合研判，完善了地震系统优秀年轻干部库。摸清地震系统 692 个党支部基本情况，针对台站党支部建设开展专项整治。评选直属机关"两优一先"，筹备与人力资源和社会保障部联合开展全国地震系统先进集体和先进工作者评选表彰工作。局属各单位和机关内设机构表彰先进集体 117 个、优秀个人 764 名，通报不担当不作为的反面案例。

局党组将主题教育和地震系统"解决形式主义突出问题为基层减负"专项行动等结合起来，开展中国地震局机关"作风建设月"活动，不断改进作风。局党组出台地震灾害风险防治体制改革顶层设计方案、地震应急响应机制改革方案和中国地震局机关"三定"方案，开展新时代防震减灾事业现代化纲要解读宣讲等。局属各单位修订完善规章制度共 321 个，整改落实完成 795 项，正在推进 1458 项。

通过开展主题教育，地震系统党员干部理论学习的积极性主动性得到提升，思想深处受到洗礼，干事创业精气神得到提振，为民服务责任感不断增强，崇清尚廉蔚然成风。

（中国地震局直属机关党委）

全面从严治党工作综述

2019 年，在党中央、国务院坚强领导下，在应急管理部党委和驻部纪检监察组的领导指导下，中国地震局党组（以下简称"局党组"）认真学习贯彻习近平新时代中国特色社会主义思想，旗帜鲜明加强党的政治建设，切实履行全面从严治党主体责任，持续构建风清气正良好政治生态，为新时代防震减灾事业改革发展和现代化建设提供坚强政治保障。

突出"两个维护"，积极推动党中央决策部署落地见效。坚决做到"两个维护"，时刻与习近平总书记关于防灾减灾救灾、提高自然灾害防治能力重要论述、重要指示批示精神和党中央重大决策部署对标对表，落实高质量发展要求。坚持到一线现场监督、实地检查贯彻落实情况，推动继续巩固落实。制定主体责任清单和持续构建政治生态实施意见，与驻部纪检监察组建立健全沟通协作机制，形成监督合力。

强化创新理论武装，党的思想建设基础进一步夯实。局党组开展 11 次主题鲜明的中心组学习。扎实开展"不忘初心、牢记使命"主题教育，局党组 6 次集体会诊、6 轮动态更新问题清单，坚持以上率下，实现对局属单位党组织主题教育的巡回指导全覆盖，认真落实整改任务和专项整治并开展"回头看"。组织党政主要负责人专题研讨、司局级干部调训、震苑大讲堂等培训 47 次，总计近 3000 人次参加培训。

突出政治功能，党组织领导力明显提升。规范党内政治生活，强化政治教育和政治引领。严格落实民主集中制，修订中国地震局党组工作规则和中国地震局工作规则，完成33家单位的备案审核。定期研判班子运行，建立班子活页，选拔交流调整司局级干部51人次。贯彻《支部工作条例》《党员教育管理工作条例》《基层组织工作条例》，开展摸底调查，加强支部书记队伍建设，突出分类指导，做到台站党组织建设全覆盖。强化党建述职、合格党员评议考核。严把政治标准，发展党员500余名。

坚持严管厚爱，选人用人进人更加规范。匡正选人用人风气。有计划地选派43名干部到吃劲岗位、基层一线和援疆援藏艰苦地区磨炼，选调干部到机关挂职锻炼，统一事业单位招聘考试。落实"三个区分开来"，对问题多发、政治生态较差单位采取严厉组织措施。开展回避问题专项整治，调整31人岗位。完善廉政意见回复机制，征求回复意见233人次。大力选树先进典型，20个先进集体和15名先进工作者获人力资源和社会保障部、中国地震局联合表彰。新疆维吾尔自治区地震局测绘工程院荣获"全国民族团结进步模范集体"。福建省地震局预警团队获中宣部、应急管理部宣传"最美应急管理工作者"先进事迹。4名个人、2个团队入选应急管理系统"新时代应急先锋"。

强化约束机制，监督合力更加突显。针对巡视和日常监督发现共性问题，2次集体约谈党政主要负责人，个别约谈数十名司局级干部。纪委书记（纪检组长）"直通车"制度逐步完善，强化"关键少数"同级监督。组织开展风险排查，加大廉政风险管控力度。开展两次中央专项巡视整改集中检查，梳理总结三年来整改成效。完成12个单位常规巡视，按规定移交处置信访举报和问题线索，做实整改"后半篇文章"。印发重点工作，通报问题，加强审计监督。历时4年组织完成经济责任审计全覆盖1028人次。对12个单位审计整改"回头看"。

严格正风肃纪，政治生态持续转好。持之以恒落实中央八项规定精神。编发《全面从严治党制度选编》《全面从严治党基本知识》《组织人事工作基本知识》。紧盯年节假期重要节点加强警示教育，开展解决形式主义突出问题为基层减负专项行动，持续开展"作风建设月"活动，带动全系统作风改进，提升依法履职能力。开展资产专项清理和住房管理、津补贴发放问题整改，整治土地房屋确权、往来挂账等难点问题。严肃监督执纪问责，全年运用"四种形态"92人次，坚决肃清违纪违法案件的恶劣影响。

加强专兼职党务纪检队伍建设，履职尽责更加得力。从严从实加强党务纪检干部管理监督，先后组织举办党支部书记、党办主任和专职书记以及纪检、审计、人事等干部培训班，持续开展"一周一练、一月一考"党内法规和纪检知识网络学习答题活动。先后抽调百余人次参加中央、应急管理部党组、驻部纪检监察组和中国地震局党组巡视、审计、案件查办等专项工作，以干代训，以老带新，提高实战能力。

（中国地震局直属机关党委）

巡视工作综述

2019年，中国地震局党组深入贯彻习近平新时代中国特色社会主义思想，扎实落实《关于中央部委、中央国家机关部门党组（党委）开展巡视工作的指导意见（试行）》，提高政治站位，聚焦深层次问题，强化巡视震慑力，持续深入巩固巡视成果，推动全面从严治党向纵深发展。

加强组织领导，担当巡视工作主体责任。中国地震局党组把巡视作为落实全面从严治党主体责任的重要抓手，坚持与中央巡视整改一体推进。党组书记始终坚持亲自部署、亲自协调、亲自督办，先后召开7次会议研究年度巡视安排、计划、方案以及听取巡视汇报，指导推动巡视整改。坚决贯彻巡视工作方针，深入学习贯彻全国巡视工作会议精神和决策部署，7月和12月两次集中检查和推进中央专项巡视整改。坚守政治巡视职能定位，突出"两个维护"，聚焦"六围绕一加强"，细化"四个落实"要求，结合被巡视单位性质、特点等实际，5月至11月，开展两轮对12个局属单位内部巡视。优化调整巡视工作领导小组及办公室组成，党组书记担任领导小组组长，强化职能作用发挥，加强对巡视工作的组织领导和统筹谋划，把巡视作为发现、培养、锻炼干部的重要平台，建立巡视组组长、副组长库和巡视人才库，及时充实巡视工作队伍。

聚焦政治生态建设，持续深化中央巡视整改。中国地震局党组始终将中央巡视整改作为重要政治任务摆在突出位置，成为自觉行动。每年都开展中央专项巡视反馈3方面31个具体问题整改落实工作的再督促再检查，每逢全面从严治党重要会议、重要节点都向局属单位党委（党组）强调做好中央巡视整改的各项要求，持续传导责任压力。突出重点深化中央巡视整改，把政策性住房、地方奖励性津补贴问题整改作为工作重点，结合落实驻部纪检监察组监督意见有力推进，取得良好进展，助力良好政治生态建设。中央巡视整改方案31个问题122项整改任务基本完成，巡视整改资料建卷归档工作有序推进、持续健全完善。

做深做细政治巡视，推动内部巡视工作高质量发展。组织两轮、11个巡视组对12个局属单位党委（党组）开展常规巡视。坚持政治监督，督促各级党组织和党员干部强化政治担当，用实际行动践行"两个维护"。坚持每轮巡视都结合实际修改完善巡视工作手册，确保巡视准备、进驻、汇报、反馈、整改、报告报备等各环节工作规范到位。夯实现场巡视工作，巡视办人员赴现场与巡视组人员共同研究巡视工作，实行巡视问题底稿制度，建立巡视组日例会和问题集体研判机制，着力把问题找准找实，经得起检验。严肃巡视反馈，巡视工作领导小组成员参加巡视意见反馈，增强巡视反馈的严肃性权威性。强化督导督察，将巡视组转化为巡视整改督导组，对被巡视单位整改工作全程指导监督；建立被巡视单位党委（党组）书记、纪委书记（纪检组长）抓整改落实情况的双报告制度，党组书记郑国光同志集体约谈被巡视单位主要负责人和纪委书记（纪检组长），保障巡视工作质量。

抓实巡视"后半篇文章"。中国地震局党组注重加强巡视整改和成果运用，督促指导被巡视单位扎实开展巡视整改，针对巡视发现共性问题，既责成有关职能部门加强研究，完善制度，促进源头治理，又适时向各局属单位通报，促进局属单位自查自纠和举一反三。

将巡视结果和整改情况作为干部评价、使用的重要依据，作为单位年度目标考核的重要参考。鼓励局属单位先行先试，探索对下一级基层组织开展巡察。据统计，共有 15 个局属单位对 66 个基层组织开展了巡察工作，并取得阶段性良好进展。

（中国地震局直属机关党委）

审计工作综述

2019 年，全面发挥审计监督作用。一是加强审计工作统一领导。4 月，中国地震局党组召开审计领导小组会议，全面部署地震系统年度审计工作。截至 2019 年底，43 家单位（除中国地震局发展研究中心、地震出版社、深圳防灾减灾技术研究院）全部成立党委（党组）审计工作领导小组，加强对审计工作的组织领导。二是加强对"关键少数"的审计监督。完成中国地震局第一监测中心、第二监测中心和发展研究中心主要负责人的经济责任审计。局属单位历时 4 年完成对所属部门（单位）、台站主要负责人经济责任审计全覆盖，共审计领导干部 980 名 1028 人次，提出建议 2000 余条，采纳率 99.4%。三是加强重点项目审计。对国家烈度速报和预警工程的招标采购、合同变更、管理监理、验收结算等重点环节和领域进行跟踪审计，审计核减工程造价。四是持续强化招标采购审计监督。组织协作区开展工程服务招标采购内部控制交叉审计，共检查 462 个项目 626 项采购。五是抓实审计结果运用。通报 2018 年度地震系统内部审计发现的共性问题，提出整改要求。对 9 家单位审计整改落实情况开展"回头看"专项检查，督促采取有力措施切实整改。局属单位加大整改力度，2019 年审计意见当年整改完成率 79%。六是强化队伍建设。与南京审计大学合办审计业务培训，邀请审计署内部审计司司长作专题讲座，抽调 43 人次以审代训。地震系统 2019 年共开展审计项目 468 项，提出工作建议 718 条。

（中国地震局直属机关党委）

附　　录

收载本系统一年的重大事件、本系统各单位离退休人员人数统计表，以及出版的重要地震科技图书简介。

中国地震局 2019 年大事记

1 月 4 日

国务委员王勇主持召开 2019 年国务院防震减灾工作联席会议并作重要讲话，听取 2019 年全国地震趋势情况汇报，安排部署 2019 年防震减灾工作。应急管理部副部长、中国地震局党组书记、局长郑国光代表国务院抗震救灾指挥部办公室汇报 2018 年防震减灾工作和 2019 年重点工作计划。发改、住建、财政等部门汇报相关工作。

1 月 6 日

中国地震局首次在全国地震系统组织事业单位人员统一招录考试。统一笔试在全国共设置 31 个考点、135 个标准化考场，4000 余名考生参加。

1 月 7 日

中国地震局召开地震系统视频会议，传达国务院防震减灾工作联席会议精神，部署贯彻落实工作。

1 月 18—19 日

2019 年全国地震局长会议在北京召开。应急管理部副部长、中国地震局党组书记、局长郑国光传达李克强总理重要批示和王勇国务委员致信，并作工作报告，福建省地震局等 6 个单位作交流发言，中国地震局党组成员、副局长闵宜仁作会议总结，中国地震局党组成员、副局长阴朝民、牛之俊出席会议。

1 月 20 日

2019 年全国震情监视跟踪工作部署会议在北京召开。

1 月 22 日

中国地震局党组成员、副局长阴朝民会见中国地质大学（武汉）副校长刘勇胜一行。

1 月 23 日

应急管理部副部长、中国地震局党组书记、局长郑国光会见中国地震局定点扶贫县甘肃省永靖县委书记尹宝山、县长张自贤一行，听取永靖县 2018 年脱贫攻坚工作介绍，共商 2019 年脱贫攻坚重点任务。

1 月 29 日

中国地震局地球物理研究所圆满完成南极长城站地震台改建任务。

2 月 13 日

应急管理部副部长、中国地震局党组书记、局长郑国光主持召开 2019 年全面深化改革领导小组第一次会议，传达学习贯彻习近平总书记在中央全面深化改革委员会第六次会议上的重要讲话精神，审议《中国地震局地球物理研究所科技体制改革方案》《中国地震局兰州地震研究所建设方案》《中国地震局昆明地震研究所建设方案》《2018 年全面深化改革工作总结和 2019 年工作要点》。

2 月 19 日

国家市场监督管理总局复函中国地震局，同意筹建全国地震专用计量测试技术委员会。

2月22日

中国地震局召开地震系统全面从严治党工作视频会。应急管理部副部长、中国地震局党组书记、局长郑国光出席会议并讲话，中国地震局党组成员、副局长闵宜仁、阴朝民、牛之俊出席。

2月24日

05时38分，四川省自贡市荣县发生4.7级地震，25日相继发生4.3级、4.9级地震，震源深度均为5千米。地震共造成2人死亡、13人受伤、22351人受灾，转移安置1357人。

2月25日

应急管理部副部长、中国地震局党组书记、局长郑国光，中国地震局党组成员、副局长闵宜仁参加全国人大教科文卫委专题会议，汇报《中华人民共和国防震减灾法》执法检查报告及审议意见整改落实情况，听取专门委员会审议意见。

2月26日

应急管理部副部长、中国地震局党组书记、局长郑国光主持召开中国地震科学实验场管理委员会第一次会议，听取中国地震科学实验场科学设计等进展汇报，研究部署实验场2019年工作任务。

2月26日

中国地震局批准成立中国地震局地震工程综合模拟与城乡抗震韧性重点实验室。

2月28日

应急管理部副部长、中国地震局党组书记、局长郑国光会见中国石油天然气集团有限公司副总经理侯启军一行，就建立合作机制开展交流。

2月28日

应急管理部副部长、中国地震局党组书记、局长郑国光会见广西壮族自治区副主席严植婵一行，双方就加强广西防震减灾工作进行交流。

3月4日

公布中国地震局领军人才、骨干人才、青年人才和创新团队入选名单，其中领军人才10人，骨干人才33人，青年人才49人，创新团队19个。

3月20日

应急管理部副部长、中国地震局党组书记、局长郑国光会见航天科工集团总经理刘石泉一行并主持召开座谈会。

3月25日

应急管理部副部长、中国地震局党组书记、局长郑国光主持召开2019年全面深化改革领导小组第二次会议，传达学习贯彻习近平总书记在中央全面深化改革委员会第七次会议上的重要讲话精神，审议《中国地震局乌鲁木齐天山地震研究所建设方案》《地震灾害风险防治体制改革顶层设计方案》《2019年全面深化改革工作要点》。

3月29日

应急管理部副部长、中国地震局党组书记、局长郑国光主持召开中国地震局党组理论学习中心组2019年第1次专题学习会议，深入学习贯彻习近平总书记关于提高自然灾害防治能力和在省部级主要领导干部坚持底线思维着力防范化解重大风险专题研讨班开班式上的重要讲话精神，就推进防范化解重大风险进行研究。会前，邀请清华大学范维澄院士作专题讲座，党组同志、中国地震局机关内设机构和京区单位主要负责同志赴中国气象局开展调研学习。

4月10日

应急管理部副部长、中国地震局党组书记、局长郑国光主持召开中国地震局党组理论学习中心组学习会议情况视频通报会，通报中国地震局党组2019年春季理论学习中心组学习情况，并就抓好学习成果应用进行部署。

4月12日

应急管理部副部长、中国地震局党组书记、局长郑国光主持召开自然灾害防治部际联席会办公室会议。

4月17日

中国地震科学实验场办公室在北京召开实验场科学设计论证会，通过实验场科学设计论证。侯增谦、石耀霖、李廷栋、陈运泰、陈颙、陈晓非、邹才能等7位中国科学院院士和来自北京大学、清华大学、中国科学技术大学、南方科技大学、中国科学院大学等20个单位的专家参加论证。

4月18日

中国地震局组织召开全国人大常委会防震减灾法执法检查情况通报视频会议。

4月18日

福建省发布全国首个地震灾害救援队能力分级测评地方标准《基层地震灾害紧急救援队能力分级测评》(DB 35/T1816—2019)，该标准由福建省地震局研究编制，填补了全国该领域标准的空白，为基层地震灾害紧急救援队伍和社会救援力量建设提供参考和依据。

4月19日

应急管理部副部长、中国地震局党组书记、局长郑国光会见中国地质大学（北京）党委书记马俊杰、校长孙友宏一行，双方就加强合作、纪念马杏垣先生诞辰一百周年座谈会等进行交流。中国地震局党组成员、副局长牛之俊参加会见。

5月6日

中国地震局党组印发《新时代防震减灾事业现代化纲要（2019—2035年)》。

5月6日

中国地震局印发《中国地震科学实验场科学设计》。

5月10日

中央编办印发《关于中国地震局3个内设机构更名的批复》，中国地震局原政策法规司更名为"公共服务司（法规司）"，原科学技术司（国际合作司）更名为"科技与国际合作司"，原发展与财务司更名为"规划财务司"，相关内设机构职责进行相应调整。

5月10日

中国地震局召开中国地震科学实验场新闻发布会。应急管理部副部长，中国地震局党组书记、局长郑国光介绍实验场建设背景、总体考虑、工作进展及下一步重点工作，并回答记者提问。

5 月 12 日

中国地震局主办的第三届全国防震减灾科普讲解大赛决赛在北京中国科技会堂举行，300 余名选手参加，选手包括科研人员、讲解员、教师、学生、志愿者等。

5 月 15 日

应急管理部副部长、中国地震局党组书记、局长郑国光主持召开网络安全和信息化领导小组 2019 年第一次会议，听取 2018 年工作总结和中国地震台网中心信息化试点建设进展汇报，审议 2019 年工作要点和《地震信息化建设管理办法》，研究部署下一阶段地震网络安全和信息化工作。中国地震局党组成员、副局长阴朝民出席会议。

5 月 18 日

06 时 24 分，吉林省松原市宁江区发生 5.1 级地震，震源深度 10 千米。截至 5 月 23 日，共造成 5578 人受灾，紧急转移安置人口 1786 人，严重损坏房屋 1692 间，一般损坏房屋 3464 间，直接经济损失 4964.3 万元。

5 月 22 日

中国地震局党组召开 2019 年巡视工作动员部署会，启动第一轮内部巡视。

5 月 31 日

中国地震局批复中国地震局兰州岩土地震研究所建设方案。

6 月 3 日

应急管理部副部长、中国地震局党组书记、局长郑国光主持召开党组理论学习中心组会议，传达学习贯彻习近平总书记在"不忘初心、牢记使命"主题教育工作会议上的重要讲话精神及王沪宁同志总结讲话精神和中央要求，部署地震系统主题教育工作。中国地震局党组成员、副局长闵宜仁传达中央宣传部重要学习资料精神，中国地震局党组成员、副局长阴朝民、牛之俊参加会议。

6 月 6 日

中国地震局召开地震系统"不忘初心、牢记使命"主题教育集中学习会议，应急管理部副部长、中国地震局党组书记、局长郑国光出席会议并对地震系统主题教育开展工作提出具体要求。

6 月 11 日

中国地震局在北京组织召开"一带一路"地震减灾协调人会议，应急管理部副部长、中国地震局党组书记、局长郑国光出席并发表主题讲话。会议聚焦有关国家地震减灾工作现状及需求，讨论"一带一路"地震减灾合作机制、重点及阶段性目标。来自亚美尼亚、蒙古国、哈萨克斯坦、乌兹别克斯坦、缅甸、柬埔寨、泰国、厄瓜多尔和亚洲地震委员会等 17 个国家和国际组织以及中国外交部、发改委、应急管理部、国际科学减灾联盟及地震系统的代表出席会议。

6 月 17—21 日

中国地震局党组理论学习中心组举办"不忘初心、牢记使命"主题教育集中学习读书班。中国地震局机关各内设机构和京区部分单位主要负责同志参加学习，6 名同志作交流发言。

6 月 17 日

22 时 55 分，四川省宜宾市长宁县发生 6.0 级地震，震源深度 16 千米。地震共造成 351969 人受灾，13 人因灾死亡，273 人受伤；倒塌房屋 3198 间，严重损坏房屋 47409 间，一般损坏房屋 123845 间。地震发生后，习近平总书记高度重视并作出重要指示，李克强总理等中央领导同志作出批示，要求全力组织抗震救灾，切实保障人民群众生命财产安全。应急管理部党组书记黄明，应急管理部副部长、中国地震局党组书记、局长郑国光等同志就贯彻落实习近平总书记等中央领导同志重要指示批示作出部署，并指导抗震救灾工作。中国地震局党组成员、副局长牛之俊作为应急管理部现场工作组组长带队赶赴灾区指导抗震救灾工作。中国地震局立即启动应急区域协作联动机制，四川省地震局、云南省地震局、重庆市地震局等派出现场工作队赴现场开展应急工作，20 日正式发布《四川长宁 6.0 级地震烈度图》。

6 月 26 日

中国地震局组织召开 2019 年年中全国地震趋势跟踪会商会。

7 月 2 日

应急管理部副部长、中国地震局党组书记、局长郑国光主持召开中国地震局党组专题会议，听取 2019 年第一轮内部巡视工作汇报。会议听取了 6 个巡视组对内蒙古自治区地震局、浙江省地震局、湖北省地震局、重庆市地震局、中国地震灾害防御中心、中国地震局地球物理勘探中心等局属单位党委（党组）开展巡视情况汇报。

7 月 13 日

应急管理部副部长、中国地震局党组书记、局长郑国光赴甘肃省永靖县调研定点扶贫工作。

7 月 15 日

应急管理部副部长、中国地震局党组书记、局长郑国光分别主持召开中国地震局机关内设机构、京直单位主要负责人座谈会和局机关青年干部座谈会，征求对中国地震局党组"不忘初心、牢记使命"主题教育检视问题初步清单的意见建议，进一步检视剖析、查摆问题。

7 月 16 日

应急管理部副部长、中国地震局党组书记、局长郑国光主持召开 2019 年全面深化改革领导小组第五次会议，传达学习贯彻习近平总书记在深化党和国家机构改革总结会议上的重要讲话精神，审议《中国地震局全面深化改革评估实施方案》。中国地震局党组成员、副局长闵宜仁、阴朝民、牛之俊参加。

7 月 17 日

中国地震局党组召开巡视工作领导小组会议，专题研究中央巡视整改工作，持续深化中央巡视整改。

7 月 19 日

中国地震局党组印发《中国地震局地震应急响应机制改革方案》。

7 月 19 日

中国地震局党组印发《中国地震局内设机构主要职责、处室设置和人员编制规定》。

7月22日

中国地震局局属单位及机关内设机构主要负责人专题研讨班在中央党校（国家行政学院）开班，应急管理部副部长、中国地震局党组书记、局长郑国光作主题报告。中国地震局党组成员、副局长闵宜仁、阴朝民、牛之俊参加。

7月26日

应急管理部副部长、中国地震局党组书记、局长郑国光集体约谈2019年第一轮被巡视单位主要负责人和纪委书记（纪检组长），中国地震局党组成员、副局长阴朝民参加。

7月27日

中国地震局与河北省人民政府签订《共同推进唐山市高质量建设全国防震减灾示范城市合作框架协议》。中国地震局局长郑国光、河北省省长许勤代表双方签署协议。中国地震局党组成员、副局长闵宜仁，河北省副省长时清霜等出席签署仪式。

7月27—28日

第二届全国防震减灾知识大赛决赛在济南举行。来自全国31个省（区、市）代表队同场竞技，10支代表队进入总决赛，甘肃省和福建省代表队荣获大赛一等奖。

7月31日

应急管理部副部长、中国地震局党组书记、局长郑国光主持召开中国地震局党组"不忘初心、牢记使命"主题教育调查研究成果交流会议，中国地震局党组成员、副局长闵宜仁、阴朝民、牛之俊参加。

7月31日

应急管理部副部长、中国地震局党组书记、局长郑国光主持召开中国地震局党组"不忘初心、牢记使命"主题教育检视问题会议，对标对表查找问题，中国地震局党组成员、副局长闵宜仁、阴朝民、牛之俊参加。

8月9日

应急管理部副部长、中国地震局党组书记、局长郑国光会见董树文教授一行，并主持座谈会。中国地震局党组成员、副局长牛之俊参加座谈。

8月14日

中国地震学会成立四十周年学术大会在辽宁省大连市召开，应急管理部副部长、中国地震局党组书记、局长郑国光出席开幕式并讲话。在大连期间，郑国光赴大连理工大学调研，与大连理工大学党委书记王寒松同志座谈。

8月20—21日

第二届地震预警国际研讨会在北京召开。来自中国、美国、德国、日本、加拿大、韩国、印度尼西亚、亚美尼亚等国家和中国台湾地区的共60余位专家学者参加会议。

8月26日

应急管理部副部长、中国地震局党组书记、局长郑国光主持召开中国地震局党组"不忘初心、牢记使命"主题教育专题民主生活会，中国地震局党组成员、副局长闵宜仁、阴朝民、牛之俊参加。

8月29日

中国地震局召开地震系统"不忘初心、牢记使命"主题教育先进事迹报告会。

9 月 4 日

中国地震局召开地震系统"不忘初心、牢记使命"主题教育总结大会。

9 月 8 日

06 时 42 分，四川省内江市威远县（29.55°N，104.79°E）发生 5.4 级地震，震源深度 10 千米。截至 9 月 10 日晚 20 时，共 1 人遇难，3 人重伤，31 人中轻度受伤。地震发生后，应急管理部和中国地震局领导第一时间作出指示。中国地震局专家组、四川省地震局、重庆市地震局、宜宾市防震减灾局和威远县应急管理局工作人员展开地震灾害调查工作，进行灾害特征分析、伤亡成因调查。

9 月 9 日

应急管理部副部长、中国地震局党组书记、局长郑国光主持召开专题会议，深入学习领会习近平总书记关于安全生产、防灾减灾救灾和自然灾害防治重要论述精神，认真贯彻全国安全防范工作视频会议要求，研究部署中华人民共和国成立 70 周年地震安全保障服务工作。

9 月 17 日

京区离退休老同志举行"喜迎新中国 70 华诞"文艺汇演。

9 月 19 日、25 日

中国地震台网中心组织多单位联合召开全国震情跟踪研判工作会议，应急管理部副部长、中国地震局党组书记、局长郑国光参加会议，对中华人民共和国成立 70 周年地震安全保障工作作出部署。

9 月 24 日

中国地震局召开"与共和国同行——庆祝中华人民共和国成立 70 周年"离退休干部座谈会。

9 月 24 日

中国地震局工程力学研究所研究员曲哲入选 2019 年国家百千万人才工程，被人力资源与社会保障部授予"有突出贡献中青年专家"荣誉称号。

9 月 26 日

中国地震局举行"庆祝中华人民共和国成立 70 周年"纪念章颁发仪式，组织老中青三代地震工作者畅谈新中国伟大历程和防震减灾事业发展变化，全国地震系统共有 218 名同志荣获纪念章。

9 月 27 日

中国地震局与中国地质大学（北京）在北京签署战略合作协议，应急管理部副部长、中国地震局党组书记、局长郑国光与中国地质大学（北京）党委书记马俊杰出席签署仪式并致辞。

9 月

中国地震局党组开展对新中国成立前老战士、老同志、老党员和退休老领导慰问工作，传达中华人民共和国成立 70 周年节日问候。

10 月 2 日

20 时 04 分，贵州省铜仁市沿河县（28.40°N，108.38°E）发生 4.9 级地震，震源深度

10千米。地震造成沿河县部分群众房屋受损，生命线工程和水库大坝无损毁情况，沙沱电站运行正常。

地震发生后，应急管理部和中国地震局领导第一时间作出指示。贵州省地震局、重庆市地震局现场工作队17人赴现场开展地震灾害调查工作，进行灾害特征分析、伤亡成因调查。积极开展应急科普宣传和舆情监测，密切关注网络舆论态势，主动回应社会关切。地震现场工作队于10月2—3日在灾区共调查21个村（组），30余个调查点，确定此次地震的烈度分布。

10月10日

应急管理部副部长、中国地震局党组书记、局长郑国光主持召开2019年全面深化改革领导小组第六次会议，传达学习贯彻习近平总书记在中央全面深化改革委员会第十次会议上的重要讲话精神，审议《关于进一步深化地震安全性评价管理改革的意见》《中国地震局武汉地球观测研究所建设方案》《福建省地震局全面深化改革评估实施方案》，听取各专项改革进展情况和改革办工作汇报。

10月12日

22时55分，广西玉林北流市（22.18°N，110.51°E）发生5.2级地震，震源深度10千米。地震没有造成人员伤亡。

地震发生后，应急管理部党组书记黄明，应急管理部副部长、中国地震局党组书记、局长郑国光等领导第一时间作出指示。广西壮族自治区地震局与广东省地震局工作人员共46人赶赴地震现场，开展地震监测、灾害调查、烈度评定等工作。积极开展应急科普宣传和舆情监测，密切关注网络舆论态势，主动回应社会关切。截至10月14日零时，地震现场工作队共完成覆盖整个震区94个抽样点的现场调查，确定了此次地震的烈度分布图。

10月14—18日

中国地震局举办2019年防震减灾法治培训班，地震系统各单位从事法规工作的骨干力量共37人参加培训。

10月15日

中国地震局党组部署开展2019年第二轮巡视工作。

10月17日

驻应急管理部纪检监察组、中国地震局党组专题研究党风廉政建设和反腐败工作。

10月18日

《预警管理办法（草案）》（征求意见稿）面向有关部委和社会公开征求意见。

10月27日

13时29分，新疆阿克苏地区乌什县（41.21°N，78.82°E）发生5.0级地震，震源深度11千米。18时52分，新疆阿克苏地区乌什县（41.18°N，78.83°E）发生4.5级地震，震源深度9千米。据了解，两次地震均未造成人员伤亡和房屋倒塌情况。

地震发生后，应急管理部党组书记黄明作出指示，要求继续加强调度和趋势研判，做好应对充分准备。应急管理部副部长、中国地震局党组书记、局长郑国光在部指挥中心调度了解灾情。中国地震局副局长阴朝民在中国地震局应急指挥大厅与新疆维吾尔自治区地震局开展视频连线，了解震区有关情况。新疆维吾尔自治区地震局派出6人现场工作队赶赴震中开展应急处置工作。

10 月 28 日

01 时 56 分，甘肃省甘南州夏河县（35.10° N，102.69° E）发生 5.7 级地震，震源深度 10 千米。截至 10 月 28 日晚 20 时，共收集到 2 名重伤人员和 19 名轻度受伤人员信息。

地震发生后，国务委员王勇对抗震救灾工作作出重要批示，应急管理部、中国地震局和甘肃省委省政府领导高度重视，应急管理部党组书记黄明连线调度应急处置工作，应急管理部副部长、中国地震局党组书记、局长郑国光，党组成员、副局长阴朝民迅速作出指示批示。甘肃省地震局派出由副局长石玉成带队的 16 人地震现场工作队赶赴灾区开展地震灾害调查、烈度评定和损失评估工作。地震现场工作队在甘南州 2 个县市共 22 个乡镇 68 个调查点展开实地调查，于 10 月 31 日发布《甘肃夏河 5.7 级地震烈度图》。

10 月 28 日

中国地震局、国家发展改革委、河北省人民政府联合印发《河北雄安新区地震安全专项规划》，该规划成为雄安新区"1+4+26"规划体系中第一个印发的重点专项规划。

11 月 1 日

应急管理部党组书记黄明主持召开应急管理部党组专题会议，传达学习贯彻党的十九届四中全会精神，应急管理部副部长、中国地震局党组书记、局长郑国光出席会议。

11 月 4 日

应急管理部党组书记黄明主持召开应急管理部党组会议和部务会议，深入学习贯彻党的十九届四中全会精神，研究部署推进机关党建高质量发展和近期安全生产、灾害防治等工作，应急管理部副部长、中国地震局党组书记、局长郑国光出席，中国地震局党组成员、副局长闵宜仁、阴朝民、牛之俊列席。

11 月 5 日

中国地震局党组成员、副局长、直属机关党委书记阴朝民主持召开直属机关党委全委会。

11 月 6 日

中国地震局党组理论学习中心组召开学习会议，传达学习《中共中央关于坚持和完善中国特色社会主义制度、推进国家治理体系和治理能力现代化若干重大问题的决定》，深入学习领会习近平总书记关于《决定》说明的重要讲话精神。

11 月 7 日

中国地震局党组召开理论学习中心组学习会议，全面传达学习习近平总书记在党的十九届四中全会第一次全体会议上关于中央政治局工作的报告和在第二次全体会议上的讲话。

11 月 8—9 日

中国地震局 2019 年规划财务工作座谈会在山西太原召开。

11 月 11 日

应急管理部党组书记黄明主持召开应急管理部党组会议，学习贯彻习近平总书记重要指示批示精神，分析近期全国安全生产形势，部署当前重点防范措施，中国地震局副局长闵宜仁、牛之俊列席。

11月11日

中国地震局组织开展地震系统全面从严治党调研座谈。

11月13日

中国地震局召开新时代防震减灾事业现代化领导小组和防震减灾"十四五"规划编制领导小组会议。

11月13日

中国地震局举办学习贯彻党的十九届四中全会精神专题辅导报告会,邀请国家行政学院公共管理教研部副主任,二级教授、博士生导师宋世明作专题辅导报告。

11月18日

应急管理部党组书记黄明主持召开应急管理部党组会议暨理论学习中心组学习,深入学习党的十九届四中全会精神,研究部署贯彻落实措施,应急管理部副部长、中国地震局党组书记、局长郑国光出席会议。

11月19—20日

应急管理部副部长、中国地震局党组书记、局长郑国光主持召开党组理论学习中心组(扩大)学习会议,深入学习贯彻党的十九届四中全会精神,紧紧围绕坚持和完善中国特色社会主义制度、推进国家治理体系和治理能力现代化的总目标,研究贯彻落实措施。

11月20—21日

中国地震局党组先后召开巡视工作领导小组会议、党组会,听取2019年第二轮对山东省地震局、湖南省地震局、中国地震局地球物理研究所等6家局属单位开展巡视情况的汇报,审议巡视报告及反馈意见,研究部署巡视反馈、整改落实等后续工作。

11月21—22日

中国地震局在长沙召开防震减灾公共服务与法治工作座谈会。

11月22日

应急管理部副部长、中国地震局党组书记、局长郑国光向地震系统全体干部职工宣讲党的十九届四中全会精神。

11月24—29日

中国地震局举办2019年地震系统科普人员素质提升培训班,来自地震系统74名一线科普工作人员参加此次培训。

11月25日

09时18分,广西壮族自治区百色市靖西市(22.89°N,106.65°E)发生5.2级地震,震源深度10千米。地震造成6人伤亡(其中1人死亡,5人轻伤);一般损坏房屋48户66间。

地震发生后,王勇国务委员作出重要批示。应急管理部党组书记黄明作出批示。应急管理部副部长、中国地震局党组书记、局长郑国光立即作出部署,要求认真贯彻落实国务院领导同志和黄明书记批示要求,切实做好震情监视跟踪、分析研判和灾害调查等工作,指导帮助地方做好地震应急处置,保护人民群众生命财产安全。郑国光同志在中国地震局指挥大厅与应急管理部指挥中心、广西壮族自治区地震局、中国地震台网中心等开展视频连线,部署震情趋势监视跟踪、应急处置和舆情监控引导等工作,安排广西壮族自治区地震局派出31人现场队赶赴震区开展流动监测、灾情调查,协助地方党委政府开展震后应急处置工作。中国地震局党组成员、副局长闵宜仁、阴朝民、牛之俊参加视频连线。地震现场工作组于 11 月 25—26 日在灾区 4 个乡镇完成 56 个点的调查工作，确定此次地震的烈度分布。

11 月 29 日

中央政治局就全国应急管理体系和能力建设进行第十九次集体学习。应急管理部党组书记黄明，应急管理部副部长、中国地震局党组书记、局长郑国光列席。

12 月 1 日

应急管理部党组书记黄明主持召开应急管理部党组扩大会议，传达学习贯彻习近平总书记在主持中央政治局第十九次集体学习时的重要讲话精神，分析近期全国安全生产形势，研究部署当前重点工作。应急管理部副部长、中国地震局党组书记、局长郑国光出席会议，中国地震局党组成员、副局长闵宜仁、阴朝民、牛之俊列席。

12 月 2 日

中国地震局第八届科学技术委员会在北京召开全体会议。应急管理部副部长、中国地震局党组书记、局长郑国光出席会议并讲话。

12 月 3—4 日

2020 年度全国地震趋势会商会在北京召开，对 2020 年全国地震趋势与地震重点危险区进行综合研判，经中国地震预报评审委员会审议通过，形成 2020 年全国地震趋势预报意见。应急管理部副部长、中国地震局党组书记、局长郑国光出席会议并讲话。

12 月 4 日

中国地震局党组印发《关于促进事业单位人才干事创业的指导意见》。

12 月 6 日

中国地震局党组印发《关于深化局属单位机构改革的指导意见》。

12 月 9 日

应急管理部党组书记黄明主持召开应急管理部党组会议和部务会议，集体学习《2019—2023 年全国党政领导班子建设规划纲要》，听取应急管理部系统第二批"不忘初心、牢记使命"主题教育进展情况汇报，分析近期全国安全生产形势，研究部署当前重点工作，中国地震局党组成员、副局长闵宜仁、阴朝民列席。

12 月 10 日

国家市场监督管理总局（国家标准化管理委员会）正式批准发布推荐性国家标准 GB/T 38226—2019《地震烈度图制图规范》，将于 2020 年 7 月 1 日起正式实施。

12 月 13 日

应急管理部党组书记黄明主持召开应急管理部党组会议，传达学习中央经济工作会议精神，研究部署贯彻落实措施，应急管理部副部长、中国地震局党组书记、局长郑国光出席会议，中国地震局党组成员、副局长闵宜仁、阴朝民列席。

12 月 16 日

应急管理部副部长、中国地震局党组书记、局长郑国光主持召开 2019 年全面深化改革领导小组第 7 次会议，深入学习贯彻党的十九届四中全会精神，传达学习中央全面深化改革委员会第十一次会议、中央经济工作会议和中央政治局第十九次集体学习精神，进一步学习领会深化党和国家机构改革总结会议精神，谋划推进 2020 年地震系统全面深化改革工作。会议审议了《关于推进地震台站改革的指导意见》《推进防震减灾公共服务的工作思路》《2019 年全面深化改革总结和 2020 年工作要点》。

12 月 16 日

应急管理部副部长、中国地震局党组书记、局长郑国光主持召开 2019 年第 9 次局务会。会议审议并原则通过天津市地震局、福建省地震局、山东省地震局、广东省地震局和中国地震台网中心 5 个试点单位现代化建设三年行动方案。

12 月 18 日

中国地震局召开新时代防震减灾事业现代化领导小组会议。会议审议并原则通过 2019 年新时代防震减灾事业现代化建设工作总结和中国地震局新时代防震减灾事业现代化建设领导小组 2020 年工作要点，研究讨论现代化重大项目凝练工作。

12 月 19 日

应急管理部党组书记黄明主持召开应急管理部党组理论学习中心组（扩大）学习视频报告会，深入学习贯彻党的十九届四中全会精神，应急管理部副部长、中国地震局党组书记、局长郑国光，中国地震局党组成员、副局长闵宜仁、阴朝民、牛之俊参加会议。

12 月 20 日

国务院安委会办公室、应急管理部召开全国安全防范暨专项督查工作视频会议，应急管理部党组书记黄明，应急管理部副部长、中国地震局党组书记、局长郑国光出席会议。中国地震局党组成员、副局长闵宜仁、阴朝民、牛之俊参加会议。

12 月 20 日

中国地震局举办学习贯彻中央经济工作会议精神专题辅导报告会，邀请国务院发展研究中心党组成员、副主任，第十三届全国政协委员、经济委员会委员王一鸣同志作中央经济工作会议专题辅导报告。应急管理部副部长、中国地震局党组书记、局长郑国光主持报告会，中国地震局党组成员、副局长闵宜仁、阴朝民、牛之俊参加会议。

12 月 23 日

应急管理部党组书记黄明主持召开应急管理部党组会议和部务会议，研究深入推进创建"让党中央放心、让人民群众满意的模范机关"，部署近期安全生产和防灾减灾救灾工作。应急管理部副部长、中国地震局党组书记、局长郑国光出席会议，中国地震局党组成员、副局长闵宜仁、阴朝民、牛之俊列席。

12 月 24 日

地震易发区房屋设施加固工程协调办公室组织召开协调工作组联络员全体会议。

12 月 25—26 日

应急管理部副部长、中国地震局党组书记、局长郑国光主持召开党组理论学习中心组（扩大）学习会议。学习领会党的十九届四中全会以及中央经济工作会议精神，总结 2019 年防震减灾工作，研究 2020 年防震减灾各领域重点工作。

12 月 30 日

应急管理部党组书记黄明出席应急管理部和中国科学院在京召开的国家自然灾害防治研究院成立启动会，签署联合共建国家自然灾害防治研究院协议和战略合作协议，国家自然灾害防治研究院正式挂牌。应急管理部副部长、中国地震局党组书记、局长郑国光，中国地震局党组成员、副局长闵宜仁、阴朝民、牛之俊参加会议。

12 月 30 日

应急管理部副部长、中国地震局党组书记、局长郑国光主持召开局务会，审议防震减灾事业现代化评价指标体系等。中国地震局领导班子全体同志、机关各内设机构和有关单位负责同志参加会议。会议审议并原则通过《新时代防震减灾事业现代化评价指标体系》。

12 月 30—31 日

中国地震局震害防御司在京举办 2019 年度活动断层探察项目检查暨重点工作研讨会，来自全国各省、自治区、直辖市的 59 家单位共 122 名代表参加会议。

12 月 31 日

应急管理部党组书记黄明主持召开应急管理部党组会议暨党组中心组学习会议、部务会议，深入学习贯彻党的十九届四中全会精神、中央经济工作会议精神和习近平总书记在中央政治局第十九次集体学习时的重要讲话精神，研究当前和今后一个时期重点工作。应急管理部副部长、中国地震局党组书记、局长郑国光出席会议，中国地震局党组成员、副局长闵宜仁、阴朝民、牛之俊参加会议。

12 月 31 日

应急管理部召开元旦安全防范视频调度会议，中国地震局副局长闵宜仁、阴朝民、牛之俊参加会议。

12 月

通过局属各单位党委（党组）推荐、专家评审遴选审核，中国地震局人才库新增具有培养潜力的领军人才 3 人、骨干人才 9 人、青年人才 15 人、创新团队 8 个。

（中国地震局办公室）

2019 年中国地震局系统各单位离退休人员人数统计

（截至时间：2019 年 12 月 31 日）

序号	项目	合 计	离休干部				退休干部						工人
			小计	局级	处级	其他	小计	局级	处级	研究员	副研究员	其他	小计
	总 计	10647	164	30	114	20	8514	446	1645	517	2267	3639	1969
1	北京市地震局	105					99	8	31	6	31	23	6
2	天津市地震局	211					194	8	33	13	57	83	17
3	河北省地震局	411	2			2	356	13	55	14	88	186	53
4	山西省地震局	224	2		2		198	12	49	6	43	88	24
5	内蒙古自治区地震局	192	6		6		167	8	29	1	27	102	19
6	辽宁省地震局	353	10	4	6		289	19	77	10	103	80	54
7	吉林省地震局	98	3		2	1	84	7	25		32	20	11
8	黑龙江省地震局	114	1		1		103	11	29	1	33	29	10
9	上海市地震局	152	4		4		126	13	31	8	31	43	22
10	江苏省地震局	302	2	1	1		267	15	37	16	101	98	33
11	浙江省地震局	91	1	1			79	11	17	2	16	33	11
12	安徽省地震局	156	4		3		137	8	29	5	31	64	15
13	福建省地震局	301	2	1		1	243	12	41	11	67	112	56
14	江西省地震局	46	1		1		43	4	13		9	17	2
15	山东省地震局	339	9	1	7	1	279	11	64	3	79	122	51
16	河南省地震局	165	4	1	3		147	5	35	5	34	68	14
17	湖北省地震局	486	8	2	6		352	15	46	39	115	137	126
18	湖南省地震局	85	3	2	1		69	6	34		10	19	13
19	广东省地震局	408	4	1	2	1	293	11	59	17	58	148	111
20	广西壮族自治区地震局	94	1		1		89	8	25		11	45	4
21	海南省地震局	68					51	6	16		12	17	17
22	重庆市地震局	25					22	3	12		5	2	3
23	四川省地震局	707	10	2	8		526	12	79	18	111	306	171
24	贵州省地震局	40	2	1	1		33		11		6	16	5
25	云南省地震局	641	7	3	4		514	12	57	19	153	273	120
26	西藏自治区地震局	33					29	6	14		3	6	4
27	陕西省地震局	242	7	1	6		199	8	38	7	51	95	36

序号	项目	合 计	离休干部				退休干部						工人
			小计	局级	处级	其他	小计	局级	处级	研究员	副研究员	其他	小计
28	甘肃省地震局	617	7	3	2	2	495	5	49	33	117	291	115
29	宁夏回族自治区地震局	122					110	9	15	3	25	58	12
30	青海省地震局	105	1		1		85	7	20	1	12	45	19
31	新疆维吾尔自治区地震局	324	3	1	2		264	14	34	17	63	136	57
32	中国地震局地球物理研究所	416	11		9	2	369	8	54	65	145	97	36
33	中国地震局地质研究所	342	9		9		284	9	46	69	78	82	49
34	中国地震局地壳应力研究所	414	10		6	4	304	11	38	25	115	115	100
35	中国地震局地震预测研究所	217	6	1	3	2	195	11	69	11	64	40	16
36	中国地震局工程力学研究所	345	3		3		263	5	21	37	96	104	79
37	中国地震台网中心	201	1	1			190	15	37	22	61	55	10
38	中国地震灾害防御中心	304	3		3		121	4	18	3	18	78	180
39	中国地震局发展研究中心	5					5	2	3				
40	中国地震局地球物理勘探中心	330	4		3	1	248	11	43	15	62	117	78
41	中国地震局第一监测中心	273	3		3		171	5	46	7	39	74	99
42	中国地震局第二监测中心	201	3		2	1	119	7	28	2	22	60	79
43	防灾科技学院	114					102	4	28	6	32	32	12
44	中国地震局机关服务中心	97					80	12	49			19	17
45	中国地震局驻深圳办事处	11					10	4	3		1	2	1
46	中国地震局机关	120	7	2	3	2	111	51	58			2	2

（中国地震局离退休干部办公室）

地震科技图书简介

中国地震年鉴（2008）

《中国地震年鉴》编辑部　编

16 开　定价：198.00 元

　　《中国地震年鉴（2008）》是一部全面、系统地记载全国地震灾害概况、防震减灾现状与发展的资料性工具书。它反映 2008 年度地震与地震灾害、防震减灾、地震科技、机构人事、规划财务、合作交流和党的建设等工作以及重要会议活动等的基本情况，记载以政府为主导、依靠科技、依靠法制、依靠全社会力量，不断提高防震减灾综合能力的基础资料，为有关部门履行防震减灾社会管理，了解防震减灾领域发展提供依据；为有关人员查阅地震事件和相关数据提供方便；同时对各级地方人民政府制定本行政区域防震减灾工作的方针政策提供参考。本册是《中国地震年鉴》时隔 10 年重启编纂工作后出版的首卷本。

地震浅说

陈运泰　著

16 开　定价：128.00 元

　　本书通过 50 个专题，把地震这个神奇的自然现象，有声有色地回归到地球系统之中，又从整个地球系统的有机联系演绎地震的发生、发展，既揭示了地震的形成机理，又展现了它的行为特征。每个章节看似各自独立，实则形散而神聚，聚焦于地震科学基础知识的普及，图文并茂、深

入浅出地漫谈地球科学知识，知识性、科学性、启发性、通俗性和趣味性兼具，是一本学思相融的实用科普读物，适合广大读者阅读。

海啸灾害

陈　颙　著

16 开　定价：58.00 元

　　本书是由中国科学院院士陈颙创作的科普读物，生动地讲述了什么是海啸、海啸的特点、海啸的破坏性、如何减轻海啸灾害，披露了许多鲜为人知的重大海啸事件，给人启迪。全书深入浅出，通俗易懂，图文并茂，科学性、知识性和实用性兼具，是一本经典的教科书式的科普图书，适合广大读者阅读。

　　本书内容概括为：海啸是具有超大波长和周期的大洋行波；海啸的产生条件；历史上的海啸灾害；海啸灾害的减轻。

空间灾害

陈　颙　著

16 开　定价：58.00 元

　　本书是由中国科学院院士陈颙创作的科普读物，书中讨论的"空间"是指与地球上的人类生活密切相关的那部分宇宙空间，主要范围在太阳系内，是指从太阳到地球的空间区域，也叫作日地空间，又称日地系统。全书深入浅出，通俗易懂，图文并

茂，科学性、知识性和实用性兼具，是一本经典的教科书式的科普图书，适合广大读者阅读。

本书内容概括为：日地空间是一个空间系统；日地环境与人类活动的关系；星体撞击；空间灾害的减轻。

中小学生防震减灾知识读本

河南省地震局　编

16 开　定价：58.00 元

本书针对中小学生不同年龄的特点和阅读能力，精心设计了认识地震、我国深受地震灾害之苦、学校是减灾的摇篮、地震来了别怕、地震过后要坚强、减灾希望之路等内容。配有生动的卡通漫画，在每个章节设置了"小贴士""想一想""练一练"环节，是一本集科学性、知识性、趣味性于一体的防震减灾知识读本。对提高中小学生防震减灾能力有所帮助，可起到"教育一个孩子，带动一个家庭，影响整个社会"的作用，促进全社会防震减灾意识和综合素质全面提升，提高全社会共同抵御地震灾害风险的能力。

投资城市韧弹性——适应世界变化、保护和促进发展

世界银行　全球减灾与恢复基金　著

中国地震局发展研究中心　译

16 开　定价：78.00 元

随着城市化进程的明显加快，城市人口、功能和规模不断扩大，城市这个开放的复杂系统面临的不确定性因素和未知风险也在不断增加。如何提高城市面对不确定性因素的抵御力、恢复力和适应力，发

展韧弹性城市已经引起世界各国及其重要部门的重大关注。本书即立足于此，探讨了城市及其居民在抵御自然灾害和气候变化方面增加投资的理由，指导并帮助他们应对更广泛的冲击和压力。重点围绕以下问题进行探讨：我们为什么关注城市韧弹性，城市韧弹性对贫困人口的重要性，投资城市韧弹性的需求和障碍，以及世界银行如何帮助城市和城市贫困人口提高韧弹性。本书对我国当前发展具有重要借鉴和现实意义。

南北地震带南段防震减灾综合研究

高孟潭　俞言祥　主编

16 开　定价：280.00 元

本书是中国地震局地球物理研究所基本科研业务费重点项目"南北地震带南段防震减灾综合研究"中 30 个专题研究成果的集成。项目在研究南北地震带南段地震地质环境的基础上，开展了地震危险性动态监测、玉溪盆地结构探测和结构模型研究、玉溪地区地震区划与地震风险研究，以及大震快速响应技术及应用研究。本书对促进云南玉溪地区地震监测、震害防御和地震应急工作的具体化、产品化和政策化具有重要价值。

大陆地震构造和地震预测探索

张家声　著

16 开　定价：120.00 元

本书介绍不同尺度的地震构造分析，研究大陆地震构造特征和地球动力学背景。根据对抬升剥蚀而出露地表的深层次断裂构造、地质历史时期发生的地震震源产物

的地质（化石地震）和地震实验模拟研究，认识震源过程和地震发生环境；利用地震相关的多学科数值化海量数据资源和强大的计算机运算功能，建立基于统计的量化地震过程模型，以及基于触发机制的地震预测计算机平台，提出数值化地震预测方案，并应用于四川松潘—甘孜地区，试图探索实现地震预测和预报的新途径。

地震高精度测氢、测汞和气辉观测原理与实践

张晓东　何　锏　田维坚　刘佳琪

董　会　卢　显　著

16 开　定价：68.00 元

本书针对高精度测氢仪观测原理与仪器研制，详细叙述了高灵敏氢传感器的研究现状、地震与氢气观测和高精度痕量氢观测技术的应用与发展；对微型纳米氢传感器、混合气体分离方法的研究、高精度氢分析仪控制系统的研制、仪器特点及性能进行了论述；尤其针对高精度痕量氢观测系统的整体观测技术与应用，包括测氢观测点的勘选、建设、仪器架设、仪器使用与维护、应用案例进行了重点论述。

乌兰县希里沟镇地震小区划

杨丽萍　主编

16 开　定价：88.00 元

本书内容包括地震活动环境评价、区域地震地质环境、近场区地震地质环境、地震危险性分析、场地地震工程地质条件、场地地震反应分析等。研究成果给出了乌兰县规划区范围的地震动峰值加速度区划图、地震动特征周期区划图和地震地质灾害区划图，并建立地震小区划基础数据库。

地震应急管理基本概念

张　俊　李伟华　张玮晶

高　娜　等　编著

16 开　定价：48.00 元

本书搜集整理了应急管理以及地震应急管理领域的相关研究成果，通过资料的汇编与梳理，将具有代表性的概念和解释提炼出来，去粗取精，并遵循灾害应急管理的脉络，按照基础、准备、响应和恢复的基本框架，尝试厘清地震应急管理的相关基本概念，并通过延伸阅读、案例分享等方式更好地诠释不同概念，希望对不同领域的相关人员能有所帮助。

应急演练指南——设计、实施与评估

李亦纲　张　媛　赖俊彦　杜晓霞　著

16 开　定价：68.00 元

本书介绍了应急演练的定义、分类和作用，从演练的规划管理、设计准备、具体实施、评估改进等环节对如何设计和组织开展应急演练活动进行深入的讲解，并介绍基于软件开展桌面推演的应用实例。对于应急救援专业，尤其是地震应急救援领域的管理和技术人员开展演练活动具有很强的指导意义和参考价值。

地震专业救援队伍能力分级测评
——搜救技术培训教材

贾群林　步　兵　主编

16 开　定价：118.00 元

本书共分为十篇，介绍了搜索技术、破拆技术、顶升技术、木支撑技术、障碍物移除技术、建筑结构与现场结构评估、犬搜索、吊装技术、工程机械救援技术、绳索救援技术。可为各级救援队伍的专业技能培训提供一些指导和帮助。

强震动台站建设定额：TSSC—2019

中国地震学会　著

16 开　定价：40.00 元

本标准规定了强震动台站工程建设的场地勘察费、勘选设计费、土建工程费、观测设备费、工程管理费及其他费用的定额标准。本标准适用于自由场地强震动台站新建单项工程经费预算的编制和核定，不包含项目立项可行性研究、初步设计、运行维护及其他专项费用。强震动台站改扩建工程和强震动观测专用台站/阵建设工程可参照使用。

中国地震学会成立四十周年学术大会
论文摘要集

中国地震学会　编

16 开　定价：80.00 元

为庆祝中国地震学会成立 40 周年，充分展示 40 年来地震行业的新理论、新成果、新进展，中国地震学会组织编写了本论文摘要集。本论文集涉及地震学、地震地质、地震预测、地震观测、工程地震、工程减灾与灾害管理 6 部分内容，收录的论文都是在防灾减灾、地震预测、灾害预测、工程地震等方面的最新研究成果，可为地震科学的发展提供科学依据。

地震预测研究年报（2018）

中国地震局地震预测研究所　编

16 开　定价：138.00 元

本书内容由汶川地震十周年国际研讨会等重要学术会议、解剖地震专题、国际地震预测研究概述和价值、中国地震局地震预测研究所学术研究构成等四部分组成。针对地震预测这一重要科学问题，通过系统总结，以求最大限度减轻地震灾害风险的效果。

中国震例（2014—2015）

蒋海昆　主编

16 开　定价：240.00 元

本书收录了 2014—2015 年发生的 22 次地震的共 18 篇震例总结报告。每个报告大体包括摘要、前言、测震台网及地震基本参数、地震地质背景、烈度分布及震害、地震序列、震源机制解和地震主破裂面、观测台网及前兆异常、前兆异常特征分析、应急响应和抗震设防工作、总结与讨论等基本内容。本书是以地震前兆异常为主的系统的、规范化的震例研究成果，文字简明、图表清晰，便于查询、对比和分析研究。本书可供地震预测预报、地球物理、地球化学、地震地质、工程地震、震害防御等领域的科技人员、地震灾害管理专家学者、大专院校师生及关心地震及其监测、地震预测研究、地震直接和间接灾害防御等方面的读者使用和参考。

中国震例（2013）

蒋海昆　主编　杨马陵　付　虹　副主编

16 开　定价：200.00 元

本书收录了 2013 年发生的 17 次地震的共 14 篇震例总结报告。每个报告大体包括摘要、前言、测震台网及地震基本参数、地震地质背景、烈度分布及震害、地震序列、震源机制解和地震主破裂面、观测台网及前兆异常、前兆异常特征分析、应急响应和抗震设防工作、总结与讨论等基本内容。本书是以地震前兆异常为主的系统的、规范化的震例研究成果，文字简明、图表清晰，便于查询、对比和分析研究。本书可供地震预测预报、地球物理、地球化学、地震地质、工程地震、震害防御等领域的科技人员、地震灾害管理专家学者、大专院校师生及关心地震及其监测、地震预测研究、地震直接和间接灾害防御等方面的读者使用和参考。

2017 年九寨沟 7.0 级地震总结

中国地震台网中心　编著

16 开　定价：80.00 元

本书总结了与 2017 年九寨沟 7.0 级地震有关的中国大陆及震中周边的中长期、中期、短临地震及地球物理、地球化学资料异常变化、预测结论及预测依据，震后趋势判定结论及其依据，各种预测效果、难点问题讨论，以及对九寨沟 7.0 级地震孕育条件和发生模式的认识总结，基于九寨沟 7.0 级地震总结的现今地震监测预报能力的认识总结。

中国及邻区地震震中分布图（1∶400 万）

魏　星　刘素剑　主编

16 开　定价：500.00 元

本图由地震出版社和中国地震台网中心联合策划编制，在《中国活动构造图（1∶400 万）》基础上，叠加了中国国境以内和邻近地区自公元前 1800 年至 2019 年 6 月 30 日发生的地震震中分布图。

1920 年海原特大地震诱发黄土滑坡图集

李孝波　薄景山　著

16 开　定价：118.00 元

本书通过对滑动类型、滑坡环境、滑坡基本特征、影响因素以及稳定性分析等 5 个方面 17 个要素的采集，详细调查了 620 个地震黄土滑坡，获得了丰富的基础资料，为进行地震黄土滑坡分布规律、形成机理等方面的深入研究打下了坚实的基础。图集依据县域分为 5 章，每个滑坡除进行简要介绍以外，重点展现地震滑坡的全貌、后壁、左侧壁和右侧壁等形态特征，力争为读者呈现一个较为完整、清晰的地震诱发黄土滑坡形态。本图集能让更多的人了解地震黄土滑坡，加深对地震诱发滑坡形态要素的认识。本图集对开展地震黄土滑坡形成机理、风险评估以及黄土斜坡地震稳定性宏观快速判别等方面的研究工作也具有一定的参考价值。

吉林松原 5.7 级地震图集

于宏伟　王禹萌　主编

16 开　定价：68.00 元

本图集较系统地整理了 2018 年 5 月 28 日吉林松原 5.7 级地震烈度调查和灾害损失评估调查中记录的建筑物典型震害、地震地质灾害图片，同时收集了部分地震应急处置、灾民安置等照片记录。力求记录历史，警醒后人，为农居安全建设、工程抗震研究、地震应急处置等提供参考。

风雨兼程五十载　砥砺前行谱新章
——中国地震局第一监测中心志暨成立 50 周年纪念

宋彦云　主编

16 开　定价：128.00 元

本书是对中国地震局第一监测中心 50 年来日复一日、年复一年在祖国辽阔大地上不畏艰险，开展卓有成效的地震形变监测，取得海量的观测数据的忠实记载。中国地震局第一监测中心在一系列大地震前后观测得到的非常宝贵的地震形变成果，为我国地震预测水平的提高和防震减灾事业的发展作出了卓越的贡献。

山东省地震目录（2008—2018）

山东省地震局　编

16 开　定价：48.00 元

本书详细记载了 2008—2018 年山东省地震台网记录的所有地震事件，包括天然地震和非天然地震（爆破、塌陷事件等），它是《山东省地震目录（1968—1980）》《山东省地震目录（1981—1990）》和《山东省地震目录（1991—2007）》三本目录的延续。本书也详细记载了山东省的一些台站信息和一些典型序列情况，为地震学、地震地质学、地震分析预报及工程地震等方面的研究人员提供了连续、可靠的基础资料。

大地的守望——地震台站故事

中国地震灾害防御中心
中国地震局监测预报司　编著

16 开　定价：78.00 元

本书内容以地震台站为主角，以采访中国大陆 31 个省、自治区、直辖市 33 个地震台站的故事为素材，从青藏高原到东海之滨，从南海椰林到大漠边疆，为大家讲述地震台站和地震台站人的故事。广大台站一线科技人员长年坚守在这个平凡艰苦寂寞的岗位上，他们真实感人的故事正是对"开拓创新、求真务实、攻坚克难、坚守奉献"行业精神最精确的解读。开拓创新是核心，求真务实是基础，攻坚克难是动力，坚守奉献是根本。台站人正是这种行业精神的实践者、传承者。坚守奉献是台站人的情怀写照，我们的台站守望者是地震行业最可爱的人。让更多的读者了解地震人，了解地震台站人。

预测之心

中国地震局地震预测研究所
中国地震局离退休干部办公室　编

16 开　定价：70.00 元

本书是中国地震局地震预测研究所老一代地震人撰写的回忆录，书中讲述了他们在创业、从业的过程中，在工作面临高潮低谷、成功挫折时的亲身感受，还有他们的情感生活和心路历程。他们在工作中的亲力亲为、不畏艰难、不懈探索、勇于担当、无私奉献，富有责任感和使命感，对地震事业的热爱以及矢志不渝的执着，充分体现了"开拓创新、求真务实、攻坚克难、坚守奉献"的地震行业精神。本书客观生动地记述了自邢台地震50年来老一代地震人的成长史、单位的创业史和事业的发展史，内容丰富，真实可信，颇具感染力和可读性。

中国矿业年鉴（2016—2017）

《中国矿业年鉴》编辑部 编

16开 定价：380.00元

本书全面、系统地反映了2016—2017年中国矿业基本情况以及全国矿业经济发展和运行情况。主要内容涉及全国矿产资源勘查、开发利用、行业生产、地方矿业、矿山安全等，既记述了2016—2017年中国矿业概况、管理、行业、地方矿业等方面发展变化等情况；又收录了这两年原国土资源部（现自然资源部）有关部门提供的相关政策性法律法规和全国矿业统计资料。设有大事记、概况、矿业管理、矿业行业、地方行业、政策法规、统计资料、附录等8个栏目。表述方式以条目为单位，有文章、图、表等多种形式，图文并茂。本书资料翔实、内容和信息量大，具有权威可比性、可读性，有较高的参考价值。

黑河市防震减灾志

黑河市地震局 编

16开 定价：138.00元

本书全面、系统地介绍了1976—2018年黑河市防震减灾事业的发展历程，是防震减灾工作的历史总结，主要由黑河市防震减灾事业行政管理、地震活动、地震地质、地震监测预报、地震灾害防御、防震减灾宣传教育、地震应急救援、防震减灾合作与交流、地震科研、党建工作等10章及概述、大事记、附录等部分组成。本书图文并茂，集中展现了黑河市各级党委、政府和地震工作战线防震减灾工作风貌，是社会公众了解防震减灾工作的重要读本，对宣传防震减灾工作、调动全社会参与防震减灾工作积极性、推动黑河市防震减灾事业不断发展将产生积极作用。该志丰富了黑河市地方志书体系，也为全国防震减灾志书大家庭增添了新的成员，具有重要的史料价值和宣传意义。

京津冀一体化地震灾害损失快速评估系统研究与实践应用

谭庆全 刘博 郁璟贻 著

16开 定价：58.00元

京津冀三省市地缘相接、构造相通、灾害相连，将京津冀地区作为研究和应用对象，构建一体化地震灾害损失快速评估系统，十分有必要且意义重大。基于公里网格的分区分类快速评估方法，加强京津冀一体化地震灾害损失评估数据，实现基于B/S架构和移动APP的集多种业务功能于一体的业务应用系统，尤其是基于独立开发的二维GIS应用平台，将快速评估结果与GIS地图进行了无缝集成应用。本书所讨论的相关理论与技术方法，对防震减灾业务领域的研究和系统开发具有一定借鉴和参考意义，同时对相关领域业务信息系统研发也具有一定的参考价值。

福建地下流体典型异常核实及分析应用

廖丽霞　著

16 开　定价：80.00 元

本书是对福建区域流体台网多年来已取得的震例及流体观测中存在的典型干扰和异常进行归纳、总结、梳理、研究、探讨及反思。结合多年异常核实工作中的认识、体会及有代表性的典型异常核实、跟踪、预报及流体资料应用实例，同时将 32 年监测预报经验所撰写的已发表的异常核实及监测预报方面文章中的精华部分归类，汇编成书。本书可为一线监测预报人员日常震情跟踪、周会商及年中、年度震情趋势判定等提供指导，亦可当作各类培训班的辅助教材。

东莞市中心城区及松山湖开发区抗震防灾规划编制

何　萍　聂树明　主编

16 开　定价：98.00 元

为了适应东莞市中心城区及松山湖开发区发展和建设的需要，减轻地震灾害损失，保证人民生命和财产的安全，保障经济建设和社会稳定，广东省工程防震研究院受东莞市地震局的委托，编制东莞市中心城区及松山湖开发区抗震防灾规划，以全面提高规划区的综合防震减灾能力，增强城市可持续发展的能力，保障城市抗震防灾水平和救灾能力。本书共分为 9 章，全面介绍了东莞市中心城区及松山湖开发区抗震防灾规划方案的内容和编制依据，推广了城市抗震防灾规划的编制，让城市减灾从规划先行。本书是广大地震工作者的城市抗震防灾规划编制范本。

1856 年小南海地震地质灾害调查研究

王赞军　秦娟等　著

16 开　定价：98.00 元

本书核实了展布在震中区的前人曾经认为的地震裂缝实为顺节理裂隙发育的岩溶，采用多种经验方法重新测算了地震震级，研究了黔江断裂带的总体活动特点，分析了分段活动性与发震构造，估算了震中区主要滑坡崩塌的体量、重力势能和垮塌震级，详细解译了震区滑坡、崩塌的特点，分析了可能诱发本地区滑坡崩塌的外因条件，提出了小南海地区地质灾害的可能诱因，对黔江地区几个历史地震记载进行了追踪分析和判断。其成果是科研单位、大学、学术机构良好的案例教材，也是防震减灾科学普及的良好读本。

重大岩土工程风险评估与管理基础理论研究

于　汐　薄景山　唐彦东　等　著

16 开　定价：60.00 元

本书主要研究重大岩土工程风险评估基础理论，在工程风险的基本概念、风险评估框架、风险因素分析与风险评估方法、可接受风险标准、风险管理的基本概念、风险管理流程和方法等方面开展一系列基础理论研究。可供相关专业领域的高校教师、科研院所科研人员以及研究生参考使用。

土木工程施工

张文江　编著

16 开　定价：80.00 元

本教材内容包括：土方工程；基础工程；砌筑工程；混凝土工程；预应力混凝

土工程；脚手架工程；高层结构模板工程；结构安装工程；防水工程；装饰工程；流水施工基本原理；网络计划技术；施工组设计等。可作为高等学校土木工程领域中建筑工程、桥梁工程、道路工程、市政工程等专业的本科生教材，也可供从事这些行业的工程施工技术人员学习参考，适用面广泛。

高危项目风险管理

冯海成　主编

16 开　定价：32.00 元

本书是一本关于高危项目风险管理的科普手册，理论与实践相结合，通过作者的调查研究与实际教学经验，既在理论上立足现实需要，又有实践操作技巧，为高危项目风险管理的科普宣传教育实践奠定了理论基础，提供了典型案例。

张衡地动仪

冯　锐　著

16 开　定价：98.00 元

本书围绕张衡地动仪，全面展现作者所收集的历史资料及当前阶段的科学分析，以满足有兴趣的读者们的探寻。同时以张衡地动仪为主线，从历史和科学的角度来介绍地震学的发展，探讨东西方追求真理的认识过程。全书共分为三篇：开篇——走进地动仪；上篇——地动仪的前世；下篇——地动仪的今生，是一本非常好的科普图书，适合广大青少年朋友阅读。

地震知识与应急避险

张　英　编绘

16 开　定价：28.00 元

本书是以低年级儿童为目标读者的防灾安全类图书，教导孩子们正确应对地震灾害，合理避险，保护自我。本书知识精炼，配以漫画、图片，图文并茂，寓教于乐，读者能轻松接受科普知识，锻炼安全技能。

地震与科普

中国地震灾害防御中心　编

16 开　定价：26.00 元

本书紧扣防震减灾科普展有关内容，结合当下科普工作的创新性，例如三维全息、人工智能、VR 等新技术，突出科普、人文、开放、活泼、创新的特色，定位公众科普，引导公众参与到地震科普之中，使地震科普知识更加融入社会、融入百姓生活，不断激发全社会参与防震减灾科普的创新活力和动力。

你要 GET 的防震知识

中国地震灾害防御中心　编

16 开　定价：32.00 元

本书为少儿科普读物，主要介绍防震减灾方面的各种知识。相比传统科普读物而言，本书的突出特色与优势分为两个方面：画面卡通人物栩栩如生；言简意赅，适合青少年阅读。本书突出科普工作的大众性、基层性、基础性，让科普活动更多地走进社区、走进乡村，走进生产、走进生活。

甜豆地震历险记

上海市地震局宣传教育中心　著

张圣逸　绘

16开　定价：39.80元

　　甜甜和豆豆是一对5岁的双胞胎。在一天夜里跟妈妈道完晚安后，两人在梦境中遇到地震，从地上的裂缝掉落地心，在地心实验室遇到白胡子博士、田博士和窦博士，他们带领甜豆二人认识地震成因、了解地震灾害，并学习如何在地震中避险自救，学到知识后的甜豆二人在告别时才知道，原来田博士和窦博士就是未来的自己。甜豆二人立志学好知识，研究地震，帮助人们避免在地震中受到伤害。

地震灾害防治实务手册

沈繁銮　编著

16开　定价：28.00元

　　本书摘编整理了防灾减灾救灾体制机制改革要点和防震减灾主要法规涉及市县地震工作的内容，介绍了灾害风险管理的基本常识及有关防震减灾重大工程项目，并对政策、法规等内容进行解读，讨论减轻地震灾害风险的对策，对于重大工程项目以案示例地予以说明；从地震灾害特点和减轻地震灾害风险的角度，结合案例经验，介绍了工作体系机制、综合减灾社区、抗震设防要求、地震安全农居和防震减灾宣教等社会防震的落实措施；从地震直接

灾害及其次生、衍生灾害的角度，按照预防、自救、互救的次序，叙述了个人应对垮塌与埋压、火灾及毒气、落水和冲撞、电击或爆炸等情况的防灾意识和应急避险技能，并结合案例进行讲述。本书对于了解我国防震减灾政策导向和总体布局、落实社会防震具体措施和提高个人地震等灾害应急避险技能及其科普宣传具有一定的使用价值。

天津防震减灾知识读本

天津市地震局　编

32开　定价：38.00元

　　本书主要介绍地震基本知识和天津地震概况，包括地震及其灾害的基本常识，天津地震活动、地震灾害、地震地质、地震区划等情况，通过通俗易懂、贴近实际的语言，帮助社会公众正确认识地震及其灾害，掌握防震避险技能。

海南省农村民居抗震设防技术指南

刘俊华　段晓农　唐能　著

16开　定价：58.00元

　　本书包括地震基本知识、建筑结构典型震害分析、建筑结构基础知识、农村民居抗震设防要求、海南典型农居框架结构施工图案例5部分内容。通过对海南省广大农村采用框架结构的既有居住建筑形式进行调研、整理、归纳，提炼出4种典型建筑形式，有针对性地编写海南农居抗震设防技术指南，为海南省农居建设提供一个简明易懂、有高度参考价值的指导文献。

防震小常识

广西壮族自治区地震局

百色市地震局　编著

32 开　定价：20.00 元

本书由广西壮族自治区地震局和百色市地震局联合编写，是广西首本汉、壮双语版防震减灾科普读物。

书中以身穿壮族服饰的卡通人物形象生动地展示了避震自救技巧，以汉、壮双语配述地震基本常识、地震前兆识别、震前防震准备、震中应急避险、震后自救互助五方面的知识。该书的编写对于开展广西的防震减灾科普工作，增强人民群众的防震减灾意识具有十分重要的作用。

漫话地震预警（第二版）

王彩云　刘兴业　张芝霞　谢迪菲

姚兰　杨帆　罗彬　雷羽南

董星宏　舒优良　李建梁　编著

32 开　定价：10.00 元

近几年地震频发，社会关注度不断增多，但一定规模的地震发生后，社会舆论、大众媒体对地震预警的理解出现了偏差，将地震预警和地震预报混为一谈。本书通过"邪恶教授""S 市市长""震震""小 E"四个卡通形象，采用漫画的形式解释了什么是地震预警、地震预警利与弊、我国地震预警的发展现状和未来计划，旨在向广大社会公众介绍地震预警的基本知识、原理，有效消除社会公众对地震预警的误读，进一步提升地震预警宣传的影响力。

中国地震科学实验场科学设计

中国地震科学实验场科学设计编写组　编著

16 开　定价：158.00 元

聚焦地震科技原始创新，瞄准世界地震科技前沿方向，描绘中国地震科学实验场未来十年战略行动。全书包括总体目标、实验场区基本情况、主要科学问题、重要研究内容、实验场基础观测能力建设、预期成果与效益等六部分。

地震的防抗救

李松阳　李巧萍　巩克新　程新宇

韩杰　詹碧华　编著

16 开　定价：49.80 元

本书包括地震科普小常识、家庭防震六步走、保障孩子安全的方法、地震应急救援常识、震后防灾与救助常识、打造地震安全社区、房屋抗震小常识、农村房屋抗震知识等内容。本书实用性强，有助于读者掌握防震避险知识。

京津冀区域环境风险分析与控制研究

田佩芳　著

16 开　定价：68.00 元

针对日益恶化的京津冀区域环境，本书从环境风险管理视角，对京津冀历年来的环境污染事件以及京津冀协同环保政策实施有效性进行了分析，旨在识别京津冀区域环境风险源及其影响因素，并利用京津冀分省市面板数据进行经验考察、评价，让环境风险管理者对不同风险源、不同风险受体有清晰的认识，可以为风险管理者提供环境风险管理和决策的科学依据。同时，书中提出了科学的环境风险管控策略，为京津冀地区的生态环境建设和可持续发展研究提供参考依据，具有重要的理论意义和应用价值。

秦皇岛柳江向斜地层剖面典型岩石图册

于晓辉　著

16 开　定价：58.00 元

本书共八章，主要包括自然地理和人文景观、柳江向斜地质概况、青白口系张崖子——东部落地层、寒武系东部落——潮水峪地层、奥陶系石门寨西亮甲山地层、柳江向斜地质演化历史等内容。

《中国地震年鉴》特约审稿人名单

谷永新	北京市地震局	张永久	四川省地震局
郭彦徽	天津市地震局	陈本金	贵州省地震局
翟彦忠	河北省地震局	毛玉平	云南省地震局
李　杰	山西省地震局	张　军	西藏自治区地震局
弓建平	内蒙古自治区地震局	王彩云	陕西省地震局
卢　群	辽宁省地震局	石玉成	甘肃省地震局
孙继刚	吉林省地震局	马玉虎	青海省地震局
张明宇	黑龙江省地震局	张新基	宁夏回族自治区地震局
李红芳	上海市地震局	王　琼	新疆维吾尔自治区地震局
付跃武	江苏省地震局	李　丽	中国地震局地球物理研究所
王秋良	浙江省地震局	单新建	中国地震局地质研究所
张有林	安徽省地震局	杨树新	中国地震局地壳应力研究所
朱海燕	福建省地震局	张晓东	中国地震局地震预测研究所
熊　斌	江西省地震局	李　明	中国地震局工程力学研究所
李远志	山东省地震局	孙　雄	中国地震台网中心
王志铄	河南省地震局	陈华静	中国地震灾害防御中心
晁洪太	湖北省地震局	吴书贵	中国地震局发展研究中心
曾建华	湖南省地震局	杨振宇	中国地震局地球物理勘探中心
钟贻军	广东省地震局	董　礼	中国地震局第一监测中心
李伟琦	广西壮族自治区地震局	范增节	中国地震局第二监测中心
陈　定	海南省地震局	何本华	防灾科技学院
杜　玮	重庆市地震局	高　伟	地震出版社

《中国地震年鉴》特约组稿人名单

赵希俊	北京市地震局	何濛滢	四川省地震局
丁　晶	天津市地震局	何国文	贵州省地震局
张帅伟	河北省地震局	孔　燕	云南省地震局
和　炜	山西省地震局	赵立宁	西藏自治区地震局
王石磊	内蒙古自治区地震局	吴玉如	陕西省地震局
韩　平	辽宁省地震局	许丽萍	甘肃省地震局
赵春花	吉林省地震局	胡爱真	青海省地震局
李丽娜	黑龙江省地震局	沙曼曼	宁夏回族自治区地震局
刘　欣	上海市地震局	唐丽华	新疆维吾尔自治区地震局
杜成航	江苏省地震局	肖春艳	中国地震局地球物理研究所
沈新潮	浙江省地震局	高　阳	中国地震局地质研究所
李　昊	安徽省地震局	郑月军	中国地震局地壳应力研究所
郭　皓	福建省地震局	李晶晶	中国地震局地震预测研究所
曹　健	江西省地震局	彭　飞	中国地震局工程力学研究所
董莹莹	山东省地震局	吴银锁	中国地震台网中心
滕　婕	河南省地震局	权　利	中国地震灾害防御中心
安　宁	湖北省地震局	王有涛	中国地震局发展研究中心
孙慧璇	湖南省地震局	万　亮	中国地震局地球物理勘探中心
袁秀芳	广东省地震局	孙启凯	中国地震局第一监测中心
吕聪生	广西壮族自治区地震局	屈　佳	中国地震局第二监测中心
佘正斌	海南省地震局	张玉琛	防灾科技学院
朱　宏	重庆市地震局	刘　丽	地震出版社